„Altern ja – aber gesundes Altern"

Mone Spindler

„Altern ja – aber gesundes Altern"

Die Neubegründung der
Anti-Aging-Medizin in Deutschland

Mone Spindler
Universität Tübingen, Deutschland

Dissertation Freie Universität Berlin, 2012

D 188

ISBN 978-3-658-04335-3   ISBN 978-3-658-04336-0 (eBook)
DOI 10.1007/978-3-658-04336-0

Die Deutsche Nationalbibliothek verzeichnet diese Publikation in der Deutschen Nationalbibliografie; detaillierte bibliografische Daten sind im Internet über http://dnb.d-nb.de abrufbar.

Springer VS
© Springer Fachmedien Wiesbaden 2014
Das Werk einschließlich aller seiner Teile ist urheberrechtlich geschützt. Jede Verwertung, die nicht ausdrücklich vom Urheberrechtsgesetz zugelassen ist, bedarf der vorherigen Zustimmung des Verlags. Das gilt insbesondere für Vervielfältigungen, Bearbeitungen, Übersetzungen, Mikroverfilmungen und die Einspeicherung und Verarbeitung in elektronischen Systemen.

Die Wiedergabe von Gebrauchsnamen, Handelsnamen, Warenbezeichnungen usw. in diesem Werk berechtigt auch ohne besondere Kennzeichnung nicht zu der Annahme, dass solche Namen im Sinne der Warenzeichen- und Markenschutz-Gesetzgebung als frei zu betrachten wären und daher von jedermann benutzt werden dürften.

Gedruckt auf säurefreiem und chlorfrei gebleichtem Papier

Springer VS ist eine Marke von Springer DE. Springer DE ist Teil der Fachverlagsgruppe Springer Science+Business Media.
www.springer-vs.de

Danksagung

Bei der voliegenden Untersuchung handelt es sich um meine soziologische Dissertation, die ich im November 2012 am Otto-Suhr-Institut der Freien Universität Berlin verteidigt habe. Mein herzlicher Dank gilt neben meinen Betreuern, Hans-Joachim von Kondratowitz und Georg Marckmann, den beiden Entstehungskontexten meiner Arbeit. Dies ist erstens das Sheffield Institut for Studies on Ageing der University of Sheffield (UK), an dem ich als Marie Curie Training Fellow mit der großen Unterstützung von Anthony Warnes den Grundstein meiner Arbeit legen konnte. Zweitens habe ich dem Graduiertenkolleg Bioethik am Internationalen Zentrum für Ethik in den Wissenschaften (IZEW) der Universität Tübingen, insbesondere Eve-Marie Engels und Thomas Potthast, die Förderung und fruchtbare interdisziplinäre Herausforderung dreier Stipendienjahre zu verdanken. Mein Dank gilt auch den OrganisatorInnen der untersuchten Anti-Aging-Veranstaltungen für die freundliche Genehmigung meiner Feldforschung und meinen InterviewpartnerInnen für ihre Gesprächsbereitschaft. Und 1000 Dank an meine WegbegleiterInnen und WegbereiterInnen Dörte Naumann, Lorna Warren, Christiane Streubel, Julia Dietrich, Hans-Jörg Ehni, Lea Schumacher, Sebastian Schuol, Swantje Reimann, Paula Ballester, Johannes Kleinstreuer, Anselm Spindler, Margrit Spindler, Klaus Spindler und Stefan Büttner.

Danksagung

Bei der voliegenden Untersuchung handelt es sich um meine soziologische Dissertation, die ich im November 2012 am Otto-Suhr-Institut der Freien Universität Berlin verteidigt habe. Mein herzlicher Dank gilt neben meinen Betreuern, Hans-Joachim von Kondratowitz und Georg Marckmann, den beiden Entstehungskontexten meiner Arbeit. Dies ist erstens das Sheffield Institut for Studies on Ageing der University of Sheffield (UK), an dem ich als Marie Curie Training Fellow mit der großen Unterstützung von Anthony Warnes den Grundstein meiner Arbeit legen konnte. Zweitens habe ich dem Graduiertenkolleg Bioethik am Internationalen Zentrum für Ethik in den Wissenschaften (IZEW) der Universität Tübingen, insbesondere Eve-Marie Engels und Thomas Potthast, die Förderung und fruchtbare interdisziplinäre Herausforderung dreier Stipendienjahre zu verdanken. Mein Dank gilt auch den OrganisatorInnen der untersuchten Anti-Aging-Veranstaltungen für die freundliche Genehmigung meiner Feldforschung und meinen InterviewpartnerInnen für ihre Gesprächsbereitschaft. Und 1 000 Dank an meine WegbegleiterInnen und WegbereiterInnen Dörte Naumann, Lorna Warren, Christiane Streubel, Julia Dietrich, Hans-Jörg Ehni, Lea Schumacher, Sebastian Schuol, Swantje Reimann, Paula Ballester, Johannes Kleinstreuer, Anselm Spindler, Margrit Spindler, Klaus Spindler und Stefan Büttner.

Inhalt

Abbildungsverzeichnis 15

Abkürzungen, Schreib- und Zitierweisen 17

Einleitung 19
1   Anti-Aging am Scheideweg: Eine Neubegründung
    der Anti-Aging-Medizin in Deutschland 19
2   Konträre Thesen über die Anti-Aging-Medizin in Deutschland 20
3   Ausgangsfrage: Wie wird Anti-Aging neu begründet
    und was ist daran problematisch? 23
4   Zur Konzeption der Arbeit 24

Teil 1:
Anti-Aging im Kontext 29
1   Von der Systematisierung zur Kontextualisierung
     des Anti-Aging-Begriffs 30
1.1 Anti-Aging: Ein Schlagwort, viele Kontexte 30
1.2 Vom Umgang mit der „komplizierten Kartografie" des Feldes 31
1.2.1 In der Anti-Aging-Kritik: Systematisierungen des Feldes 32
1.2.2 Im Anti-Aging-Feld: Ambivalente Grenzziehungen
      in konkreten Kontexten 34
1.3 Ein systematisch kontextualisierter Anti-Aging-Begriff
     zur empirischen Fundierung der Kritik 38
2   **Zwei viel diskutierte Kontexte des Anti-Agings** 39
2.1 Die American Academy of Anti-Aging Medicine (A4M) 40

2.1.1 Eine kommerzielle Medizingesellschaft
und ein „patient/practitioner movement" 40
2.1.2 Altern zwischen behandelbarer Metakrankheit
und optimierbarer Natur 42
2.1.3 Kompression der Morbidität und „practical immortality"
als medizinische Pflicht und volkswirtschaftliches Gebot 45
2.1.4 Ein sportmedizinisches Konzept zur Maximierung
alternder Körper 46
2.2 Die SENS Foundation, ehemals Methuselah Foundation 47
2.2.1 Eine medienwirksame, spendenfinanzierte Forschungsstiftung 48
2.2.2 Altern als tödliche, aber reparierbare Zell- und Molekülschädigung . . . 50
2.2.3 Lebensverlängerung als Leidensvermeidung,
Lebensrettung und Anti-Agism 53
2.2.4 Ein „engineering approach" zur Reparatur sekundärer,
molekularbiologischer Alterungsursachen 55
**3 Der untersuchte Kontext: Anti-Aging im Umfeld
der Deutschen Gesellschaft für Prävention
und Anti-Aging Medizin e. V. (GSAAM)** 57
3.1 Organisation: Von der A4M-Tochter
zum eigenständigen Dienstleistergefüge 58
3.2 AkteurInnen: Ein ärztlich-unternehmerischer Interessenverbund . . . 64
3.3 Aktivitäten: Ärztliche Weiterbildung, gesundheitliche
Aufklärung, Marketing und Lobbyarbeit 69
3.4 Gründe und Folgen der Auswahl dieses Anti-Aging-Kontexts 75
**4 Eine an Kontext und Theorie orientierte Erarbeitung
des Anti-Aging-Begriffs** 77
4.1 Der Forschungsstil Grounded Theory nach Strauss und Corbin 77
4.1.1 Vorannahmen: Pragmatistisch-interaktionistischer
Wirklichkeits- und Erkenntnisbegriff 79
4.1.2 Forschungslogik: Iterative Zyklen der Abduktion, Induktion,
Deduktion und Hypothesentests 81
4.1.3 Forschungspraxis: Iterativ zyklisches Vorgehen,
theoretisches Sampling und ständiger Fallvergleich 84
4.1.4 Gütekriterien: Konzeptuelle Dichte, Reichweite
und empirische Verankerung 87
4.1.5 Begründung der Wahl des methodologischen Vorgehens 88
4.2 Dokumentation des Forschungsprozesses 90
4.2.1 Theoretisches Sampling: Konferenzen, ihre BesucherInnen
und die Suche nach AnwenderInnen 90
4.2.2 Erarbeitung des empirischen Materials: Teilnehmende Beobachtung,
Dokumentensammlung und (halb)formelle (Gruppen)Interviews . . . 93

4.2.3	Entwicklung der Hauptkategorie: Was ist? Was soll sein? Was ist zu tun?	96
4.2.4	Abbruchkriterien: Theoretische Sättigung und Member Check	101
5	**Kontextbezogene Ausarbeitung der Fragestellung**	103

Teil 2:
Anti-Aging-Kritik zwischen Evidenz, Zielen und sozialen Kontingenzen 105

1	**Der multidisziplinäre Problemhorizont**	107
1.1	Medizin und Naturwissenschaften: Anti-Aging als Problem der Evidenz	108
1.1.1	Der (bio)gerontologische „Krieg" gegen kommerzielle Anti-Aging-AnbieterInnen: Anti-Aging als Quacksalberei	108
1.1.2	Die Polarisierung der Biogerontologie über Theorien der Eliminierung des Alterns: Anti-Aging als Science-Fiction?	113
1.1.3	Die Geriatrie zwischen Kritik und verbandlicher Zurückhaltung: Anti-Aging als Konkurrent?	116
1.2	Ethik: Anti-Aging als Problem der Wünschbarkeit radikaler Anti-Aging-Ziele	118
1.2.1	Anti-Aging als Bedrohung der menschlichen Natur, des guten Lebens und der traditionellen Ziele der Medizin?	121
1.2.2	Anti-Aging als Fürsorge für (gesundes) Leben und gesellschaftliche Ressourcen?	128
1.2.3	Anti-Aging als Verstärkung der Ungleichverteilung von Lebenserwartung und der Altersdiskriminierung?	133
1.3	Sozialwissenschaften: Anti-Aging als Problem der unsozialen Konstruktion	137
1.3.1	Gerontologische Gegenreaktionen: Anti-Aging als anti-menschliche und anti-gerontologische Kultur	141
1.3.2	Disziplinen: Anti-Aging als Legitimitätsproblem der Biogerontologie	144
1.3.3	Akteurinnen und Akteure: Anti-Aging aus der Perspektive von AnwenderInnen und AnbieterInnen	146
1.3.4	Ökonomie: Anti-Aging als Marketingstrategie, Medizin-Industrie-Komplex und sozialstaatliche Rationale	152
1.3.5	Fokus: Anti-Aging als Wissensform	154
2	**Anti-Aging-Wissen zwischen Natur und Kultur**	155
2.1	Körperliches und soziales Alter(n)	156
2.1.1	Dichotome Konzepte des Alter(n)s	157
2.1.2	Gerontologische Gegenreaktionen auf Anti-Aging: Der natürliche Altersverfall und daran ansetzende Abwertungen	158

2.1.3 Die ethische Anti-Aging-Diskussion: Zwischen Natürlichkeitskritik
und dualistischem Wissenschaftsverständnis 158
2.2 Körperliches Altern als soziales Konstrukt 160
2.2.1 (De)Konstruktivistische Konzepte des Alter(n)s 161
2.2.2 Vincent: Negative Altersbilder in biogerontologischen
Alterungsmodellen 161
2.2.3 Katz und Marshall: Das Ideal funktionsfähigen Alter(n)s als Effekt
gerontologischer, medizinischer und kapitalistischer Diskurse 163
2.2.4 von Kondratowitz: Anti-Aging als Effekt gerontologischer Diskurse
und neuer Standard der Lebensführung 166
2.3 Körperliches Altern als biologische und soziale Ko-Konstruktion 168
2.3.1 Materiell-dekonstruktivistische Konzepte des Alter(n)s 168
2.3.2 Tulle: Fitness im Alter als Körpererfahrung und Effekt
sportwissenschaftlicher Diskurse 170
2.4 Positionierung: Wissen über Alter(n), seine soziale Konstruiertheit
und normative Strukturiertheit 171
3 Anti-Aging-Kritik zwischen Beschreibung und Bewertung 174
3.1 Beschreibung und Bewertung in der sozialwissenschaftlichen
Anti-Aging-Kritik 175
3.1.1 Übergabe der Bewertung an Ethik und Gesellschaft (Binstock) 175
3.1.2 Kulturrelativistischer Verzicht auf Bewertung (Mykytyn) 176
3.1.3 Sozialgerontologische Bewertungen
(Katz/Marshall, Vincent, von Kondratowitz) 176
3.1.4 Körpererfahrungen als besserer Bewertungsmaßstab (Tulle) 179
3.2 Sozialwissenschaften und Bioethik:
(Un)Möglichkeiten empirisch-normativer Kooperation 180
3.2.1 Bioethische Kooperationsmodelle: Parallele, symbiotisch
oder integrative Zusammenarbeit? 181
3.2.2 Sozialwissenschaftliche Gegen- und Parallelprogramme
zur Bioethik 183
3.2.3 Ein (Selbst)Verständigungsversuch: Deskriptive
und präskriptive Prämissen und eine antiuniversalistische
Forschungshaltung 187
3.3 Positionierung: Sozialgerontologische Bewertung
mit explizierten präskriptiven Prämissen 190
4 Konzeptbezogene Ausarbeitung der Fragestellung 194

Teil 3:
Wissen über Alter(n) im Umfeld der GSAAM 197
1 Altern als Risiko und ein Konzept für dessen Management 200
1.1 Eine (Neu)Konzeption der Natur des Alterns:
Die riskante Natur des Alterns 200
1.1.1 Zwischen biogerontologischem Anspruch
und Primat der medizinischen Praxis 200
1.1.2 Von der Systemkrankheit zum Haupterkrankungsrisiko Alter(n) 202
1.1.3 Nachholende Ansätze der Verwissenschaftlichung 208
1.2 Ein besseres Prinzip der Gestaltung des Alterns: Prävention 215
1.2.1 Von schulmedizinischer Heilung zur zuvorkommenden
Vermeidung gesundheitlicher Alterungsrisiken 215
1.2.2 Selbstbezeichnungen zwischen Anti-Aging und Prävention 220
1.3 Das Konzept der Praxis: Intensives Case Management
individueller Alterungsrisiken 227
1.3.1 Die sieben Säulen der Präventions- und Anti-Aging-Medizin 227
1.3.2 Individuelle Risikodiagnostik als neues Fundament
der sieben Säulen 233
1.4 Inhaltliche Fokussierung: (Neues) Wissen über Alterungsrisiken 236
2 Die Beschaffenheit der Risikokonstruktion 236
2.1 Argumentative Trennarbeiten zwischen schlechtem
und gutem Alter(n) 237
2.2 Die schlechte Wirklichkeit des Alter(n)s:
Variationen des demografischen Krisendiskurses 239
2.2.1 Die individuellen Leiden des Alter(n)s:
Der kontinuierliche Verlust von Lebensqualität 240
2.2.2 Die bedrohte Zukunft der alternden Gesellschaft:
Von der Überalterung zum Kollaps der Solidargemeinschaft 245
2.2.3 Ein unhintergehbares Doppelargument?
Gegenläufige Darstellungen der Wirklichkeit des Alter(n)s 249
2.3 Die Möglichkeit guten Alter(n)s: Altern ja – aber gesundes Altern 255
2.3.1 Grenzverläufe: Durch Lebensstil und Gene begünstigtes Alter(n) 256
2.3.2 Vorstellungen guten Alter(n)s: Gesundheit und Funktionsfähigkeit
als Voraussetzungen für Selbstverwirklichung im Alter 259
2.3.3 Ziele der Gestaltung des Alter(n)s: Von der Verjüngung
zur Entkrankung 266
2.3.4 Sozialpolitische Kontextualisierung: Gesundes Altern
als gerontologisches und sozialpolitisches Ziel 276
2.4 Inhaltliche Fokussierung: Die medizinische Operationalisierung
gesundheitlicher Alterungsrisiken 278

3	**Individuelle Risikodiagnostik als normative Basis der Anti-Aging-Praxis**	279
3.1	Ein neuer Diagnoseraum zwischen Krankheit und Gesundheit	279
3.1.1	Die Präsymptomatisierung kranken Alter(n)s und die Begründung ärztlichen Handelns an Gesunden	280
3.1.2	Kontrastierender Fallvergleich: Die geriatrische Frailty-Testung	282
3.1.3	Neukonzeptionen des Normalen	283
3.1.4	Vereinzelte Kritik an der Risikodiagnostik	286
3.2	Fallbeispiel: Prädiktive Gentests	287
3.2.1	Eine Schlüsseltechnik für die Personalisierung der Anti-Aging-Behandlung	288
3.2.2	Zur Einordnung: Gentests in der medizinischen Praxis und Perspektiven der Kritik	291
3.3	Die Begründung genetischer Alterungsrisiken und ihrer Behandelbarkeit	294
3.3.1	Molekulargenetische Alterungstheorien: Die genetische Prognostizierbarkeit des Alter(n)s	295
3.3.2	Gen-Umwelt-Interaktionsmodelle: Von der Determiniertheit zur Gestaltbarkeit des Alter(n)s	307
3.3.3	Umweltbezogene Alterungstheorien: Die lebensstilbezogene Kontrollierbarkeit des Alter(n)s	310
3.3.4	(Selbst)Kritische Stimmen	314
3.4	Handlungsbezüge der Risikokonstruktion	315
3.4.1	Die Verortung von Alterungsrisiken im Individuum	316
3.4.2	Die Technisierung und Ökonomisierung der Risikokalkulation	317
3.4.3	Die Zumutung von Risikowissen zur Aktivierung Eigenverantwortung	319
3.5	Inhaltliche Fokussierung: Verantwortlichkeiten für gesundheitliche Alterungsrisiken	321
4	**Eigenverantwortung für gesundheitliche Alterungsrisiken**	**322**
4.1	Die Kritik bestehender Unverantwortlichkeiten für eine gute Alterszukunft	322
4.1.1	Die individuelle Verschuldung kranken Alterns durch die schlechte Lebensführung	322
4.1.2	Uneingelöste Vollversorgungsversprechen und präventionsbezogene Verantwortungslosigkeit des Sozialstaats	330
4.1.3	Sozialpolitische Kontextualisierung: Das Scheitern des Präventionsgesetzes	332
4.2	Anti-Aging verändert das Gesundheitswesen: Die Neujustierung der Verantwortung für gutes Altern	337

4.2.1 Von wissenschaftlichen Pflichten und individuellen Freiheiten
       zur Verpflichtung auf Eigenverantwortlichkeit 338
4.2.2 Gesundheitliche Eigenverantwortung als gerechtere Form
       intergenerationeller Solidarität 341
4.2.3 Die Verantwortung der Politik für Aktivierung und Deregulierung . . . 351

Teil 4:
Diskussion 359
1   **Evidenz: Quacksalberei oder Stand geriatrischer Forschung?** 362
1.1   Schwierigkeiten der Evidenzprüfung 362
1.2   Sind Risiken besser kalkulierbar und kontrollierbar?
      Eindrücke am Beispiel von Gentests 365
2   **Ziele: „Forever young" und/oder Prävention**
      für gesundes Altern? 368
2.1   Was ist das Phänomen? Altern ja – aber gesundes Altern 369
2.2   Was ist das Problem? 371
2.2.1 Negative Darstellungen der Wirklichkeit des Alter(n)s
      als Drohkulisse 372
2.2.2 Ein eindimensionales Konzept guten Alter(n)s
      mit ungleichen Chancen auf gutes Leben 374
2.2.3 Mangelnde demokratische Aushandlung 380
3   **Bedeutungsverschiebungen: Eine Pathologisierung**
      des Alterns? 381
3.1   Was ist das Phänomen? Die Medikalisierung
      von Alterungsrisiken und Lebensführung
      und die Präsymptomatisierung des Alter(n)s 382
3.2   Was ist das Problem? 385
3.2.1 Schwache Evidenz für Diagnoseraum
      und Lebensstilempfehlungen 385
3.2.2 Die Nichtthematisierung des Einflusses von Diskursen
      und Interessen auf die Wissensproduktion 387
3.2.3 Eine Beschneidung von Deutungsspielräumen des Alter(n)s 389
3.2.4 Mangelnde inter- und innerdisziplinäre Aushandlung 389
4   **Verantwortung: Eine gute oder schlechte Stärkung**
      gesundheitlicher Eigenverantwortung? 391
4.1   Was ist das Phänomen? Lebensstilbezogene und finanzielle
      Eigenverantwortung mit staatsbürgerlicher Verpflichtung 392
4.2   Was ist das Problem? 394
4.2.1 Ungerechtfertigte, diskriminierende
      Verantwortungszuschreibungen 395

4.2.2 Ein ungerechtes Konzept intergenerationeller Solidarität 398
4.2.3 Eine dreifache Ökonomisierung 401
4.2.4 Eine Beschneidung von Spielräumen der Gestaltung des Alter(n)s . . . 404

Zusammenfassung 407

Schluss und Ausblick 419

Liste der untersuchten empirischen Materialien 423

Literatur 437

Abbildungsverzeichnis

Abbildung 1	„The dimensions of contemporary anti-ageing medicine" nach Vincent	34
Abbildung 2	„Aktuelle und zukünftige Anti-Aging-Methoden" nach Spindler	35
Abbildung 3	„Einordnung/Übersicht von Interventionsfeldern" nach Grothe et al.	36
Abbildung 4	Die pragmatistische Forschungslogik nach Strübing	82
Abbildung 5	Die Entwicklung der Hauptkategorien	97
Abbildung 6	In GSAAM-Publikationen diskutierte Alterungstheorien in der Reihenfolge ihrer Nennung	210
Abbildung 7	Die Namenswechsel des GSAAM-Journals	221
Abbildung 8	Die sieben Säulen der Präventions- und Anti-Aging-Medizin	228
Abbildung 9	Biologisches Altern nach Wolf	241
Abbildung 10	Zu bekämpfende Vorurteile gegen alte Menschen nach Moltz	253
Abbildung 11	Die Entwicklung der Überlebensrate mit Anti-Aging nach Römmler	274
Abbildung 12	Die Entwicklung der Vitalität und Leistungsfähigkeit mit Anti-Aging nach Jacobi	274
Abbildung 13	Der diagnostische Raum der Risikokalkulation nach Wolf	281
Abbildung 14	Das Logo der GSAAM	290
Abbildung 15	Der Einfluss des genetischen Erbes auf die Alterung nach Huber und Klentze	296
Abbildung 16	Der Aufbau von Chromosomen	300
Abbildung 17	Die Struktur von Single Nucleotid Polymorphisms (SNPs)	301
Abbildung 18	ApoE-Allele und ihre Risiken nach Huber und Klentze	305

Abbildung 19 Gen-Umwelt-Interaktion nach Klentze   308
Abbildung 20 Gen-Umwelt-Interaktion nach Schneeberger   309
Abbildung 21 Das untersuchte empirische Material   433

Abkürzungen, Schreib- und Zitierweisen

A4M: offizielle Abkürzung der American Academy of Anti-Aging Medicine
AA: In den Kurztiteln der Quellenangaben in den Fußnoten wird das Wort Anti-Aging mit AA abgekürzt.
AAM: In den Kurztiteln der Quellenangaben in den Fußnoten wird das Wort Anti-Aging-Medizin mit AAM abgekürzt.
ESAAM: offizielle Abkürzung der European Society of Preventive, Regenerative and Anti-Aging Medicine
GSAAM: offizielle Abkürzung der Deutschen Gesellschaft für Prävention und Anti-Aging Medizin e. V. Die Abkürzung steht für ihren englischen Namen German Society of Anti-Aging Medicine.
SENS: offizielle Abkürzung des Forschungsprogramms der SENS Foundation von Aubrey de Grey. SENS steht für Strategies for Engineering Negligible Senescence, sinngemäß: Ingenieursstrategien für vernachlässigbare Zellalterung.

Für das Wort Anti-Aging finden sich unterschiedliche Schreibweisen. Im Folgenden wird die ursprüngliche US-amerikanische Schreibweise in der im Deutschen üblichen Großschreibung gewählt und Komposita des Wortes Anti-Aging mit Bindestrich verbunden, also z. B. Anti-Aging-Medizin. In Zitaten und bei Eigennamen (z. B. Antiaging News) wird jedoch die dort verwendete Schreibweise beibelassen.

Die Zitierweise von Interviews und Feldnotizen folgt der Systematik der Software Atlas.ti. P steht darin für Primary Document, was sich mit Primärquelle übersetzen lässt. Ein Zitat mit der Quellenangabe P25:530 findet sich in der 25. Primärquelle in Abschnitt 530. Die Liste der untersuchten empirischen Materialien findet sich auf S. 423 ff.

Einleitung

1   Anti-Aging am Scheideweg: Eine Neubegründung der Anti-Aging-Medizin in Deutschland

Im September 2008 veröffentlichten die Präsidenten der deutschen, der österreichischen und der schweizerischen Anti-Aging-Medizingesellschaften eine gemeinsame Presseerklärung. „Die sogenannte *Anti-Aging Medizin hat in den Vereinigten Staaten und in Europa einen sehr unterschiedlichen Verlauf* genommen",[1] beginnen die Anti-Aging-Mediziner ihre Erklärung und kritisieren im Folgenden die US-amerikanischen Begründer der Anti-Aging-Medizin aufs Schärfste. Denn die American Academy of Anti-Aging Medicine (kurz: A4M) hätte der Anti-Aging-Medizin durch ihre reißerische Rhetorik und die massive Propagierung zum Teil dubioser Therapien den „Beigeschmack einer unwissenschaftlichen Paramedizin"[2] verschafft. Bei der A4M handle es sich um eine Gruppe finanzstarker Investoren, die den Kongress der Europäischen Anti-Aging-Medizingesellschaft ESAAM nutzten, um mit ihrem merkantil geprägten Konzept von Anti-Aging auch den deutschsprachigen Markt zu erobern.

Vor diesem Hintergrund wähnen die deutschsprachigen Anti-Aging-Medizingesellschaften „Anti-Aging am Scheideweg."[3] Sie erklären den offiziellen Bruch mit ihrer US-amerikanischen Muttergesellschaft A4M und wollen stattdessen einen zweiten Weg einschlagen: Sie erklären es als ihr Ziel, die Anti-Aging-Medizin als *„seriöse und wissenschaftlich fundierte Präventivmedizin"*[4] *neu zu begründen* und zu rehabilitieren. Im

---

1   Römmler et al. 2008: *AA am Scheideweg*, S. 1, eigene Hervorhebungen.
2   ebd. S. 2.
3   ebd.
4   ebd. S. 3, eigene Hervorhebungen.

Jahr zuvor hatte die deutsche Anti-Aging-Medizingesellschaft GSAAM[5] zwei Neuigkeiten zu vermelden, die in der Tat wenig reißerisch und unseriös waren: Zusammen mit einer Tochterorganisation hatte sie den Europäischen Präventionstag ins Leben gerufen. Für dessen Eröffnung im ehemaligen Bundestag in Bonn konnte die damalige Bundesgesundheitsministerin Ulla Schmitt (SPD) gewonnen werden.[6] Zudem gelang es der GSAAM nach längeren Bemühungen, einen Masterstudiengang Präventionsmedizin an der Dresden International University (DIU) einzurichten,[7] in dem approbierte MedizinerInnen zu „Experten für Gesundes Altern"[8] ausgebildet werden.

Im Mai 2011 war Bernd Kleine-Gunk, der zweite GSAAM-Präsident, von der IHK Frankfurt zu einer Konferenz über „Longevity & Anti-Aging – Neue Märkte für die Gesundheit" geladen.[9] Im Anschluss an den Eröffnungsvortrag des Biodemografen James Vaupel wurde Kleine-Gunk als Biogerontologe begrüßt und um seine Expertise gebeten zu dem Thema: „Wie wir altern – und was wir dagegen tun können." Kleine-Gunk referierte eine Reihe molekularbiologischer Alterungstheorien und davon ausgehend *v. a. drei Maßnahmen:* erstens die Einnahme von antioxidativen, antiinflamatorischen und solchen Substanzen, die eine Kalorienrestriktion imitieren, zweitens die Durchführung von Hormonersatztherapien und drittens eine gesunde Lebensführung. Der Begriff Anti-Aging wurde von seiner Zuhörerschaft zwar kritisch kommentiert. Abgesehen von einer Publikumsfrage bezüglich der Dosierung von Vitaminpräparaten stieß Kleine-Gunks unterhaltsamer Vortrag auf positive Resonanz bei den anwesenden WissenschaftlerInnen und WirtschaftsvertreterInnen.

2   Konträre Thesen über die Anti-Aging-Medizin in Deutschland

Während gerontologische Fachgesellschaften im angloamerikanischen Raum um das Jahr 2000 einen „Krieg gegen Anti-Aging-Medizin"[10] führten und diesen recht erfolgreich in die wissenschaftliche, politische und öffentliche Diskussion trugen (siehe Teil 2, Kapitel 1.1.1), hat die deutsche Anti-Aging-Medizin bisher kaum Kontroversen ausgelöst. Mittlerweile findet sich zwar auch im deutschsprachigen Raum eine vielstimmige, wissenschaftliche Diskussion über Anti-Aging, insbesondere in der Ethik.[11] Es fällt jedoch auf, dass die deutsche Neubegründung der Anti-Aging-Medizin darin wenig Er-

---

5   Die Abkürzung steht für German Society of Anti-Aging Medicine. Die deutsche Übersetzung des Namens lautet Deutsche Gesellschaft für Prävention und Anti-Aging Medizin.
6   vgl. [N. N.] 2007: *Gipfeltreffen zum Thema Prävention.*
7   siehe http://www.dresden-international-university.com/index.php?id=61 (25. 11. 2013) und Ziese 2007: *Masterstudiengang Präventionsmedizin.*
8   [N. N.] 2009: *Armutszeugnis der Ärztekammern & Universitäten.*
9   vgl. Feldnotizen „Longevity & Anti-Aging – Neue Märkte für die Gesundheit", Frankfurt Global Business Week, IHK Frankfurt, Mai 2011.
10 Binstock 2003: *War on AAM.*
11 vgl. z. B. Maio 2010: *Altwerden ohne alt zu sein?* und Schicktanz et al. 2011: *Pro-Age oder AA?*

währung findet. Denn zum einen sind häufig angloamerikanische Kontexte des Anti-Agings Gegenstand der Untersuchungen. Zum anderen wird Anti-Aging oft auch nicht von konkreten Handlungskontexten her, sondern von einzelnen Methoden oder Zielen her konzipiert. Dennoch finden sich einige Thesen über die deutsche Anti-Aging-Medizin, die sich jedoch teilweise widersprechen. In diesen konträren Thesen deutet sich neben dem Forschungsbedarf auch das Spektrum der Kontroverse über Anti-Aging an:

In seinem Buch „Die Wahrheit über Anti-Aging"[12] kritisiert der Augsburger Neurologieprofessor Manfred Stöhr den „aktuellen Anti-Aging Boom".[13] Er beschreibt, dass die profitgierige Anti-Aging-Medizin mit quacksalberischen Methoden ihren todesängstlichen und wundergläubigen AnhängerInnen einen erfolgreichen Kampf gegen das Altern oder gar den Tod in Aussicht stellt. Der *natürliche Abfall der körperlichen Lebenskurve werde dabei als pathologischer Prozess umgedeutet.*[14] Dagegen schlägt Stöhr sein eigenes Anti-Aging-Programm vor, welches nicht gegen diese „Gesetze des Alterns" verstößt.[15] Der Mediziner sieht jedoch auch eine positive Auswirkung des Anti-Aging-Booms, nämlich dass die *Eigenverantwortlichkeit für Gesundheit im Alter gestärkt* werde. Die GSAAM beschreibt Stöhr als das deutsche „Aktions- und Koordinationszentrum" dieses Anti-Aging-Booms,

> „von dem unzählige ,Anti-Aging-Kliniken', ,Life-Extension-Institute', Fettschmelzen, Praxen und Kliniken für ästhetische Chirurgie, Fitnessstudios, Ernährungs- und Lifestyle-Berater ihre Direktiven erhalten."[16]

Die GSAAM lud ihren Kritiker daraufhin als Diskutanten zu der Podiumsdiskussion „Ist Altern eine erfundene Krankheit?" auf ihre sechste Jahreskonferenz ein.[17] Stöhr wurde dort mit seinem Argument, dass Anti-Aging die Alterung pathologisiert und deshalb unnatürlich ist, als uninformiert und rückschrittlich kritisiert.

Auch der Züricher Theologe und Gerontologe Hans-Martin Rüegger steht Anti-Aging kritisch gegenüber. Er bewertet den „Anti-Aging-Wunsch, nicht zu altern, […] als pathologisch, als Verweigerung einer zum Menschsein gehörenden Entwicklung."[18] Rüegger unterscheidet schlechtes Anti-Aging von gutem Pro-Aging. Anti-Aging ist in seinem Verständnis nicht wissenschaftlich fundiert und zielt durch biomedizinisches Enhancement auf eine Verlängerung der Lebensspanne. Pro-Aging hingegen strebt mittels fundierter geriatrischer Therapien und Präventionsmaßnahmen auf eine Kompression der Morbidität im Alter. Das Konzept der GSAAM beschreibt Rüegger als eine se-

---

12 Stöhr 2005: *Wahrheit über AA.*
13 ebd. S. 101 ff.
14 siehe auch Feldnotizen 6. Konferenz der GSAAM, Düsseldorf, 2006, P11:83 ff.
15 vgl. Stöhr 2005: *Wahrheit über AA*, S. 113 ff.
16 ebd. S. 113.
17 vgl. Feldnotizen 6. Konferenz der GSAAM, Düsseldorf, 2006, P11:83 ff.
18 Rüegger 2009: *Alter(n) als Herausforderung*, S. 96.

riöse, um „nüchterne Wissenschaftlichkeit"[19] bemühte „Alters- und Präventivmedizin,"[20] die sich „weitgehend auf dem Boden traditioneller Geriatrie"[21] bewegt. So kommt er zu dem Schluss, dass es sich *eigentlich gar nicht um ein wirkliches Anti-Aging handelt, sondern um gesundes Altern,* um „Good Aging" oder „Pro-Aging."[22] Problemtisch ist daran nach Rüegger in erster Linie die irreführende „philosophische Gedankenlosigkeit,"[23] mit der sich diese seriöse Präventionsmedizin als Anti-Aging-Medizin bezeichnet.

Der Geriater Hermann Wolfgang Heiß ist diesbezüglich skeptischer. Er legt kein Selbstmissverständnis, sondern eher eine *Täuschung* nahe. Heiß beschreibt, dass die deutsche Anti-Aging-Medizin „im Gleichklang mit der amerikanischen Gesellschaft ihre Ziele neu formuliert"[24] hätte. Inoffiziell würden jedoch

> „unverändert Überlegungen angestellt und medizinische Handlungen praktiziert, die den früheren/bisherigen normativen Ansprüchen der Anti-Aging-Medizin entsprechen."[25]

Diese Ansprüche bestehen Heiß zufolge darin, die Erfüllung der illusionären Wünsche der Anti-Aging-Klientel in Aussicht zu stellen, nämlich das *Aufhalten oder die Umkehrung des Alterungsprozesses oder gar das Erreichen von Unsterblichkeit.*[26]

Der Ethiker Tobias Eichinger zeichnet ein vielschichtigeres Bild dieser normativen Ansprüche.[27] Er macht *mehrere Ziele* der deutschen Anti-Aging-Medizin aus: erstens die Verhinderung von altersbedingten Erkrankungen, zweitens die Ausweitung der jugendlich-leistungsfähigen Lebensphase und drittens perspektivisch auch die Verlängerung der absoluten Lebensspanne. Anders als Stöhr lehnt Eichinger die Lebensverlängerung nicht primär deshalb ab, weil sie den Gesetzen der Alterung widerspricht, sondern auch weil sie die *traditionellen Ziele der Medizin überschreitet.*

Auch Eichinger kritisiert, dass die Alterung im Kontext des Anti-Agings als Krankheit umgedeutet wird. Er beschreibt jedoch auch zwei weitere Rechtfertigungen, mit denen die Anti-Aging-Medizin das traditionelle Tätigkeitsfeld der Medizin erweitert: Zum einen wird „auf die Plausibilität und Seriosität des Präventionsgedankens"[28] gesetzt und Erkrankungswahrscheinlichkeiten zum Gegenstand medizinischen Handelns erhoben. Zum anderen werden individuelle Wünsche und Präferenzen der KlientInnen, die keine Krankheitsbezüge aufweisen, medizinisch verwirklicht.

---

19 ebd. S. 94.
20 ebd. S. 92.
21 ebd.
22 ebd. S. 94.
23 ebd. S. 100 und Rüegger 2011: *AA & Menschenwürde,* S. 255 f.
24 Heiß 2011: *AAM & Geriatrie,* S. 98.
25 ebd. S. 107.
26 vgl. ebd. S. 94.
27 Eichinger 2011: *AA als Medizin?*
28 Eichinger 2011: *AA als Medizin?* S. 125.

Eine Stärkung der Eigenverantwortung macht auch Eichinger aus, wertet sie jedoch negativ. Die PatientInnen werden Eichinger zufolge in die Freiheit eines fortdauernden, medizinischen Selbstmanagements entlassen, dem sie u. a. durch eine gesunde Lebensführung und selbst zu zahlende medizinische Dienstleistungen nachkommen sollten. Dies wertet Eichinger als eine Bedrohung für die traditionelle, heilende Medizin. Denn u. a. verkomme die *Medizin zu einer privat zu zahlenden Dienstleistung* und die *ärztliche Praxis werde Kundenwünschen untergeordnet*. Denn Eichinger zufolge rückt in der Anti-Aging-Medizin an die Stelle von

> „ärztlicher Urteilskraft und Behandlungsfreiheit als maßgebliches Kriterium für die Durchführung medizinischer Altersbekämpfung die subjektive Einschätzung und das individuelle Begehren des mit seinem Älterwerden Unzufriedenen."[29]

Dieser Kritik der Präferenzorientierung steht Eichingers Befund gegenüber, dass die Anti-Aging-Medizin ihrerseits Kundenwünsche stimuliert und sich dabei zur Komplizin eines Defizitmodells des Alterns macht.

3 Ausgangsfrage: Wie wird Anti-Aging neu begründet und was ist daran problematisch?

Angesichts der Neubegründung der Anti-Aging-Medizin in Deutschland und den wenigen konträren Thesen darüber war ein Ausgangspunkt der vorliegenden Untersuchung die schlichte Frage: *Was ist der Fall?* In dieser Ausgangsfrage, die im Verlauf der Untersuchung eine kontext- und eine konzeptbezogene Ausarbeitung erfährt,[30] ist eine beschreibende und eine bewertende Fragedimension angelegt:[31]

Zum einen fragt sich, welche *(neuen) Begründungen* für die Neubegründung der Anti-Aging-Medizin in Deutschland angeführt werden. Hier werfen die konträren Thesen z. B. die Fragen auf, ob und wenn ja welche (neuen) Ziele verfolgt werden. Werden die Abschaffung des Alterns und/oder die Vermeidung von altersbezogenen Krankheiten angestrebt? War die Neubegründung als Präventionsmedizin nur ein strategischer Etikettenwechsel, unter dem weiterhin eine Verlängerung des Lebens anvisiert wird? Auch fragt sich, wie die Alterung genau verstanden wird. Wird sie als Krankheit um-

---

29 ebd. S. 114 f.
30 Dass die Fragestellung hier nicht gesetzt, sondern im Text in Auseinandersetzung mit empirischem und theoretischem Material erst entwickelt wird, spiegelt die iterativ zyklischen Forschungslogik des zugrundegelegten Forschungsstils Grounded Theory nach Strauss und Corbin wieder (siehe Teil 1, Kapitel 4). Die Konkretisierungen der Fragestellung finden sich in Teil 1, Kapitel 5 und in Teil 2, Kapitel 4.
31 Das zugrunde gelegte Konzept vom Zusammenwirken von Beschreibung (deskriptiven Prämissen) und Bewertung (präskriptiven Prämissen) im Erkenntnisprozess wird im zweiten Teil der Untersuchung erarbeitet (siehe insb. Teil 2, Kapitel 3.2.3).

definiert? Werden Erkrankungswahrscheinlichkeiten und Kundenwünsche als behandlungsbedürftig erklärt? Und lässt sich eine Stärkung der Eigenverantwortung ausmachen?

Zum anderen stellt sich die Frage, ob und wenn ja *was an dieser Neubegründung problematisch ist*. In den bisherigen Thesen über die deutsche Anti-Aging-Medizin wird z. B. der Mangel an Evidenz problematisiert. Auch die Ziele des Anti-Agings werden abgelehnt, einmal, weil sie gegen die natürlichen Gesetze des Alterns verstoßen und einmal, weil sie über traditionelle Ziele der Medizin hinausgehen. Die Stärkung gesundheitlicher Eigenverantwortung wird hingegen unterschiedlich bewertet.

4   Zur Konzeption der Arbeit

Sucht man nach Gründen dafür, weshalb sich die bisherigen Wahrnehmungen des Falls unterscheiden, fallen entsprechend der beiden Fragedimensionen – Was ist das Phänomen? Was ist das Problem? – zwei Dinge ins Auge. Erstens haben die AutorInnen verschiedene Annahmen darüber, was die Anti-Aging-Medizin in Deutschland ist, will und tut. Ein Ziel der vorliegenden Untersuchung ist deshalb, die Kritik an der deutschen Anti-Aging-Medizin *empirisch zu fundieren*. Zweitens unterscheiden sich die Problemzugriffe der AutorInnen. Ausgehend von verschiedenen normativen Bezugspunkten greifen sie bestimmte Aspekte des Anti-Agings für ihre Kritik heraus und kommen zu entsprechenden Bewertungen. Vorliegende Untersuchung zielt deshalb darauf, den gewählten sozialgerontologischen Problemzugriff systematisch im interdisziplinären Problemhorizont zu verorten, um die Kritik auch *konzeptuell zu schärfen*. Die Antwort auf die Ausgangsfrage – Wie wird Anti-Aging neu begründet? Was ist daran problematisch? – wird deshalb in vier hermeneutischen Zirkeln erarbeitet, die den vier Teilen der Arbeit entsprechen:

Die vier Untersuchungsschritte im Überblick

Begriffsklärung & methodisches Vorgehen (Anti-Aging im Kontext): Ausgangspunkt ist ein systematisch kontextualisierter Begriff von Anti-Aging. Der untersuchte Kontext – die Anti-Aging-Medizin in Deutschland – wird skizziert und mit anderen Anti-Aging-Kontexten verglichen. Das kontextorientierte Vorgehen im Forschungsstil Grounded Theory wird begründet und dokumentiert. Es folgt eine kontextbezogene Ausarbeitung der Fragestellung.

Erarbeitung des Problemzugriffs (Anti-Aging-Kritik zwischen Evidenz, Zielen und sozialen Kontingenzen): Der multidisziplinäre, internationale Forschungsstand über Anti-Aging wird aufgearbeitet. Ausgehend von einer Vermittlung zwischen soziologischen und ethischen Ansätzen wird ein wissenssoziologischer Zugriff gewählt und ethisch erweitert. Es folgt eine konzeptbezogen Ausarbeitung der Fragestellung.

Empirische Untersuchung (Wissen über Alter(n) im Umfeld der GSAAM): Aus Feldnotizen, Interviews und Veröffentlichungen wird eine systematisch in empirischen Daten gegründete Theorie (Grounded Theory) über das altersbezogene Wissen im Umfeld der GSAAM erarbeitet. Dabei werden vier hermeneutische Zirkel durchlaufen, von denen die ersten drei in eine inhaltliche Fokussierung der Fragestellung münden.
Diskussion: Die Ergebnisse der empirischen Untersuchung werden mit bisherigen Befunden über Anti-Aging diskutiert. Systematischer als in sozialwissenschaftlichen Arbeiten üblich, wird herausgearbeitet, was aus welchen Gründen an dem Behandlungskonzept problematisch ist.

Im *ersten Untersuchungsschritt und Teil* der Arbeit (Anti-Aging im Kontext) wird der Anti-Aging-Begriff erarbeitet, der vorliegender Untersuchung zugrunde gelegt wurde. Als ein erster Beitrag zur empirischen Fundierung der Anti-Aging-Kritik wird für einen systematisch auf einen sozialen Kontext bezogenen Anti-Aging-Begriff argumentiert. Denn im Gegensatz zu Anti-Aging-Begriffen, die aus Systematisierungen des heterogenen Feldes abgeleitet sind, können diese die ambivalenten Grenzziehungen innerhalb des Feldes abbilden. Dies erhöht die Chance, dass die empirischen Prämissen der Kritik nicht am Feld vorbei gehen. Vor diesem Hintergrund wird Anti-Aging im Umfeld der GSAAM als untersuchter Kontext fokussiert und in zweierlei Hinsicht genauer umrissen: Erstens werden zwei vieldiskutierte Anti-Aging-Kontexte vorgestellt – die American Academy of Anti-Aging Medicine (A4M) und der SENS Foundation –, um Ähnlichkeiten und Unterschiede der GSAAM herauszuarbeiten. Anschließend wird gezeigt, welche Handlungsstrukturen sich im Umfeld der GSAAM finden. Schließlich wird das kontextorientierte Vorgehen im Forschungsstil Grounded Theory (Strauss/Corbin) begründet und dokumentiert. Dies mündet in eine kontextbezogene Konkretisierung der Fragestellung.

Im *zweiten Schritt* der Untersuchung (Anti-Aging-Kritik zwischen Evidenz, Zielen und sozialen Kontingenzen) wird die Verschiedenheit der Problemzugriffe, die sich in der multidisziplinären Diskussion über Anti-Aging finden, fruchtbar gemacht, um den Problemzugriff der vorliegenden Untersuchung zu konzipieren. Zunächst wird ein bisher fehlender Überblick über medizinisch-naturwissenschaftliche, ethische und sozialwissenschaftliche Untersuchungen über Anti-Aging im englisch- und deutschsprachigen Raum gegeben. Aus diesem Spektrum werden Problemzugriffe der kritischen und foucaultschen Gerontologie fokussiert, in denen Anti-Aging als Wissensform problematisiert wird. Zum einen wird untersucht, wie in diesen die Deutungs- und Gestaltungsansprüche des Anti-Agings zwischen Natur und Kultur verortet werden. Denn es wird argumentiert, dass im empirischen Nachweis der Kontingenz von Anti-Aging-Wissen ein wichtiger sozialgerontologischer Beitrag zur ethischen Anti-Aging-Diskussion liegt. Zum anderen wird herausgearbeitet, wie die sozialgerontologischen AutorInnen ihre Befunde bewerten. Denn es wird gezeigt, dass ein wichtiger ethischer Beitrag zur sozialwissenschaftlichen Anti-Aging-Diskussion in der Sensibilisierung dafür liegt, dass die sozialgerontologische Kritik durch die Explikation ihrer Bewertungspraxis an Gewicht gewinnen kann. Der Problemzugriff der vorliegenden Untersuchung wird zwischen Natur und Kultur sowie zwischen Beschreibung und Bewertung positioniert und die Ausgangsfrage entsprechend konkretisiert.

Im *dritten hermeneutischen Zirkel* wird eine Grounded Theory über das Alter(n)swissen erarbeitet, das im Untersuchungszeitraum (2004–2011) im Umfeld der GSAAM handlungsleitend war. Ausgangspunkt ist die Frage, welche Darstellungen körperlicher Alterungsprozesse sich finden. Hier zeigt sich, dass die Alterung mit dem Strategiewechsel der GSAAM nicht mehr als Krankheit, sondern als Haupterkrankungsrisiko konzipiert wird. Es wird herausgearbeitet, wie dieses Risikokonzept der GSAAM mit ihrem Gestaltungsprinzip Prävention korrespondiert und auch das medizinische Konzept, herkömmliche Behandlungsansätze durch eine vorgeschaltete individuelle Risikodiagnostik zu erneuern, leitet. Das für die Risikodiagnostik zentrale (neue) Wissen über gesundheitliche Alterungsrisiken wird fokussiert.

Vor diesem Hintergrund wird die Beschaffenheit der Risikokonstruktion untersucht. Diese findet ihren Ausgang nicht in biologischen Alterungstheorien, sondern in argumentativen Trennarbeiten zwischen der schlechten Wirklichkeit und der guten Möglichkeit des Alter(n)s. Es wird gezeigt, wie die Alterung durch den Entwurf zweier polar gewerteter Alter(n)szukünfte als ein durch menschliches Wissen und Handeln vermeidbares Risiko konstruiert wird. Hinweise auf die Selektivität der Darstellungen der Wirklichkeit des Alter(n)s werden gegeben und die Vorstellungen guten Alterns, welche der argumentativen Trennarbeit und die Zielformulierungen der GSAAM zugrunde liegen, werden expliziert. Darauf wird die Frage fokussiert, wie diese Risikokonstruktion in der medizinischen Praxis am Einzelnen operationalisiert wird.

In diesem Zusammenhang ist die individuelle Risikodiagnostik, welche die GSAAM zur Optimierung ihrer Behandlungen anbietet, von zentraler Bedeutung. Dieser liegt die Eröffnung eines neuen Diagnoseraumes zugrunde. Über die Ermittlung präsymptomatischer Vorboten kranken Alterns werden Prognosen individueller Alter(n)szukünfte erstellt, welche das medizinische Handeln an Gesunden legitimiert und normativ ausrichtet. Am Beispiel prädiktive Gentests zur Ermittlung von Erkrankungswahrscheinlichkeiten wird untersucht, wie dieser neue Diagnoseraum konkret erschlossen wird. Es wird gezeigt, wie die Alterung durch die Engführung molekulargenetischer und umweltbezogener Alterungstheorien als genetisch kalkulierbar und durch gesunde Lebensführung kontrollierbar konstruiert wird. Die Handlungsbezüge, die in dem Konzept der individuellen Risikodiagnostik angelegt sind, werden beleuchtet. Die Individualisierung, Technisierung und Ökonomisierung der Generierung von Risikowissen wird herausgearbeitet und gezeigt, wie Risikowissen zur Aktivierung prospektiver Eigenverantwortlichkeit eingesetzt wird.

Vor diesem Hintergrund wird schließlich untersucht, wem die GSAAM-MedizinerInnen welche Verantwortlichkeit für gesundheitliche Alterungsrisiken zuschreiben. Das doppelte Verantwortungsproblem wird untersucht, welches viele Ärztinnen und

Ärzte im Umfeld der GSAAM als eine Ursache der schlechten Wirklichkeit des Alterns erachten: die individuelle Verschuldung schlechten Alter(n)s durch unverantwortliche Lebensführung und sozialstaatliche Verantwortungslosigkeiten für Prävention. Es wird gezeigt, dass zur Neujustierung der Verantwortung für gutes Alter(n) eine Stärkung der (finanziellen) Eigenverantwortung für das Management gesundheitlicher Alterungsrisiken vorschlagen wird.

Auf die Erarbeitung der Grounded Theory über Alterswissen im Umfeld der GSAAM folgt ihre *Diskussion*. Erstens wird die Frage der naturwissenschaftlichen Evidenz des Konzepts der GSAAM nicht beantwortet, aber aus sozialwissenschaftlicher Perspektive ausdifferenziert. Darauf wird für drei Aspekte des Wissens über Altern diskutiert, was genau das Phänomen ist und was daran problematisch ist. So wird zweitens das Ziel gesundes Alter(n) diskutiert, drittens die Bedeutungsverschiebungen hin zu einer Präsymptomatisierung und Medikalisierung gesundheitlicher Alterungsrisiken und viertens die um lebensstilbezogene und finanzielle Eigenverantwortung zentrierte Verantwortungskonstruktion. Abschließend wird die Reformulierung der Kritik in sechs Fazits zusammengefasst.

Teil 1:
Anti-Aging im Kontext

Ausgehend von der Frage nach der empirischen Beschaffenheit des Falls wird zunächst der Begriff des Phänomens Anti-Aging erarbeitet, der vorliegender Untersuchung zugrunde gelegt wurde. Im *ersten Kapitel* wird ein Eindruck davon vermittelt, dass sich mit dem Schlagwort Anti-Aging unterschiedliche Konzepte und Maßnahmen verbinden. Es wird untersucht, wie in der Anti-Aging-Kritik und im Anti-Aging-Feld mit dieser „komplizierten Kartografie" des Anti-Agings umgegangen wird. Dabei fällt auf, dass die Systematisierungsversuche der KritikerInnen häufig die ambivalenten Grenzziehungen der AkteurInnen nicht abbilden. Vor diesem Hintergrund wird für einen systematisch auf einen sozialen Kontext bezogenen Anti-Aging-Begriff plädiert.

Im *zweiten und dritten Kapitel* wird deshalb der untersuchte Kontext – Anti-Aging im Umfeld der GSAAM – in zweierlei Hinsicht genauer konturiert, um den Geltungsbereich des Anti-Aging-Begriffs zu umreißen. Im *zweiten Kapitel* werden zwei vieldiskutierte Anti-Aging-Kontexte vorgestellt, um die Positionalität des untersuchten Kontexts im heterogenen Anti-Aging-Feld in den Blick zu bekommen: die American Academy of Anti-Aging Medicine (A4M) und die SENS Foundation. Im *dritten Kapitel* werden die Ergebnisse der empirischen Untersuchung über die Struktur des Handlungskontexts vorgestellt. Die organisatorischen Strukturen der GSAAM, ihre AkteurInnen und deren Aktivitäten werden herausgearbeitet.

Wie dieser ärztlich-unternehmerische Interessenverbund die Anti-Aging-Medizin als seriöse Präventionsmedizin neu begründet hat, wird im Forschungsstil Grounded Theory (Strauss/Corbin) untersucht. Dessen iterativ zyklische Forschungslogik wird im *vierten Kapitel* skizziert, u. a. um zu verdeutlichen, welche Vorteile dieses stark kontextorientierte Vorgehen bei der Untersuchung des ambivalenten, schnelllebigen Feldes bietet. Anschließend wird der Forschungsprozess dokumentiert, dessen Ausgangspunkt die teilnehmende Beobachtung von Anti-Aging-Konferenzen war. Auf Grundlage des auf diese Weise empirisch geschärften Anti-Aging-Begriffs wird die Ausgangsfrage im *fünften Kapitel* kontextbezogen ausgearbeitet.

1 Von der Systematisierung zur Kontextualisierung des Anti-Aging-Begriffs

1.1 Anti-Aging: Ein Schlagwort, viele Kontexte

Die erstaunlich kontinuierliche Geschichte medizinischer Konzepte zur Verjüngung und Lebensverlängerung[1] ist mittlerweile bis in die frühe Neuzeit geschichtswissenschaftlich dokumentiert.[2] Nicht systematisch geklärt sind bisher jedoch die Umstände der Entstehung und Verbreitung des Kunstwortes „Anti-Aging" um das Jahr 1990. Der Chicagoer Osteopath Roland Klatz bezeichnet sich selbst als Schöpfer des Begriffs.[3] Die von Klatz und seinem Kollegen Robert Goldman im Jahr 1992 gegründete American Academy of Anti-Aging Medicine (kurz: A4M, vgl. Teil 1, Kapitel 2.1) ist in der Tat eine der ersten Institutionen, deren öffentlichkeitswirksame Aktivitäten maßgeblich zur Verbreitung des Begriffs beitrugen. Die u. a. sportmedizinisch und biogerontologisch inspirierte, stark kommerziell ausgerichtete medizinische Fachgesellschaft löste mit ihrer provokanten Botschaft von der medizinischen Vermeidbarkeit des Alter(n)s schon bald medial vermittelte, wissenschaftliche und politische Kontroversen aus. Diesem kontroversen, zwischen Kommerz, Wissenschaft, Medizin und Medien angesiedelten Handlungskontext entsprechend wurde das Schlagwort Anti-Aging in unterschiedlichen gesellschaftlichen Sphären eingebracht und aufgegriffen und auf spezifische Weise handlungsleitend:

- In der *Wirtschaft* als neue Marketingstrategie der Gesundheitswirtschaft, die neue wie alte Produkte mit Verweis auf deren Anti-Aging-Eigenschaften zu bewerben begann,
- in der *Forschung* als öffentlichkeitswirksames Stichwort einiger BiogerontologInnen sowie auch des National Institute of Aging (NIA), das den Begriff Anti-Aging anfänglich aufgriff, um die Grundlagenforschungen ihrer jungen Wissenschaft bekannt zu machen,[4]
- in der *Medizin* als konstitutiver Begriff der neuen, wenn auch offiziell bisher nicht anerkannten, medizinischen Subdisziplin Anti-Aging-Medizin,

---

1 vgl. Ottaway 2009: *Mortal coil (Rezension Haycock)*, S. 297.
2 vgl. z. B. Haber 2001: *AA: Why now?* Harber 2004: *Life extension and history*, Stoff 2004: *Ewige Jugend*, Trüeb 2006: *AA von d. Antike zur Moderne*, Haycock 2008: *Mortal coil*.
3 vgl. Feldnotizen Anti-Ageing Medicine World Congress Paris 2006, P5:221 und 260, Weintraub 2006: *Guru of AA* und Klatz et al. 2007: *Official AA revolution*, Klappentext.
4 vgl. Juengst et al. 2003: *Biogerontology*, S. 22.

- in den *Medien* als Trendthema in Ratgeberliteratur, Frauenzeitschriften und anderen Unterhaltungsmedien und im Wissenschaftsjournalismus
- sowie in der *Anti-Aging-Kritik* als Fremdbezeichnung der sich bald formierenden sozialgerontologischen Anti-Aging-KritikerInnen für neue und alte Formen altersfeindlicher Deutungs- und Gestaltungsansprüche an das Alter(n).[5]

U. a. diese verschiedenen Verbreitungspfade des Begriffs Anti-Aging trugen dazu bei, dass mit dem griffigen Schlagwort ein einigermaßen unübersichtliches Feld verschiedener Anti-Aging-Konzepte und -Maßnahmen entstanden ist. Anti-Aging ist also nicht auf eine bestimmte medizinische Methode oder biogerontologische Entdeckung zurückzuführen, sondern wurde zur Bezeichnung für eine Vielzahl neuer und alter Konzepte und Maßnahmen der Gestaltung von Alterungsprozessen, die in unterschiedlichen Kontexten und Bezügen zueinander stehen. Die US-amerikanische Anthropologin Courtney Mykytyn spricht vor diesem Hintergrund von einer „complicated cartography of anti-aging medicine",[6] deren Grenzziehungen unter AkteurInnen des Feldes bisweilen fast ebenso umstritten sind wie unter Anti-Aging-KritikerInnen. Zudem ist diese Kartografie sehr lebendig, denn in dem sich schnell entwickelnden Feld sind die Identitäten verschiedener Gruppierungen bis heute in der Entstehung und im Wandel begriffen.[7] Was das Anti-Aging-Feld bei aller Diversität dennoch verbindet, ist die Vorstellung, dass körperliche Alterungsprozesse weitreichender als bisher angenommen medizinisch gestaltbar sind oder sein werden. Und diese Gestaltungsmöglichkeiten sollen zur Vermeidung individueller Leiden und gesellschaftlicher Kosten des Alter(n)s bestmöglich genutzt werden.

1.2 Vom Umgang mit der „komplizierten Kartografie" des Feldes

Sowohl diejenigen, die Anti-Aging betreiben, als auch ihre KritikerInnen sind mit der Heterogenität des Feldes konfrontiert. Für beide spielt die Verortung ihres Anti-Aging-Begriffs in der komplizierten Kartografie des Anti-Agings eine wichtige Rolle bei der Legitimierung ihrer Praxis: Im Bereich Anti-Aging Tätige sind spätestens seit dem (bio)gerontologischen „Krieg gegen Anti-Aging-Medizin" (siehe Teil 2, Kapitel 1.1.1) einem gewissen Rechtfertigungsdruck ausgesetzt und häufig bemüht, sich von anderen Praktiken und Traditionen im Feld abzugrenzen. In der Forschung über Anti-Aging

---

5 So versteht z. B. der US-amerikanische Philosoph und Geschichtswissenschaftler Thomas Cole unter Anti-Aging das wirkmächtig in der amerikanischen Kultur verwurzelte Thema der Negierung des Alterns (vgl. Cole et al. 2001: *Introduction*, S. 6). Die US-amerikanische Historikerin Carole Harber überträgt den Begriff Anti-Aging auch auf Verjüngungskonzepte des 19. Jahrhunderts (vgl. Harber 2004: *Life extension and history*).
6 Mykytyn 2006: *Contentious terminology*.
7 vgl. z. B. Mykytyn 2008: *Medicalizing the optimal*, S. 314.

hingegen ist die Entscheidung darüber, wie das Feld systematisiert wird und welche Ausschnitte zur Untersuchung herausgegriffen werden, eine wichtige Weichenstellung der Kritik. Die folgende Untersuchung des Umgangs mit der komplizierten Kartografie des Anti-Agings in der Kritik und im Feld soll den Blick für die Notwendigkeit klarer Begriffsarbeit und Vor- und Nachteile verschiedener Anti-Aging-Begriffe schärfen.

1.2.1 In der Anti-Aging-Kritik: Systematisierungen des Feldes

Den frühen Kampagnen US-amerikanischer (Bio)Gerontologen gegen die Anti-Aging-Medizin[8] liegt ein sehr konkreter Begriff von Anti-Aging zugrunde. Unter Anti-Aging verstehen die AutorInnen vor allem die von der American Academy of Anti-Aging Medicine (A4M) propagierte Konzeption von Anti-Aging, insbesondere deren nicht evidenzbasierte Behandlungen mit Hormonpräparaten und Nahrungsergänzungsmitteln. Zugleich findet auch die Heterogenität der Anti-Aging-Landschaft Erwähnung und die Suche nach Möglichkeiten der Systematisierungen des Feldes begann. In den Arbeiten, die diesen wichtigen Debattenauftakten folgten, sind zwei, im Folgenden skizzierte Ansätze einer Differenzierung des Anti-Aging-Begriffs festzustellen: Zum einen wird das Feld anhand verschiedener Ziele und vermuteter Folgen des Anti-Agings systematisiert. Zum anderen werden Systematisierungen der zahlreichen Anti-Aging-Methoden entworfen. So etablierten sich im Verlauf der Diskussion unterschiedliche Begriffe von Anti-Aging, die als empirische Prämissen die Stoßrichtungen der Kritik mitprägen.

Einen wichtigen Impuls zur Differenzierung des Anti-Aging-Begriffs setzte der US-amerikanische Gerontologe Robert Binstock mit seiner These, dass sich neben dem Anti-Aging der A4M ein noch problematischerer Kontext des Anti-Agings finde, nämlich die im Gegensatz zur A4M als wissenschaftlich legitim geltende Anti-Aging-Forschung der Biogerontologie.[9] Der US-amerikanische Philosoph Eric Juengst und Kollegen brachten u. a. im Anschluss an Binstocks reformulierte Problemstellung eine vor allem in der Bioethik vielfach aufgegriffene Systematisierung des Anti-Agings in die Diskussion ein.[10] Sie unterscheiden – ähnlich wie vor ihnen der US-amerikanische Gerontologe und Philosoph Harry Moody[11] – vier Anti-Aging-Szenarien:

- Die von allen „Fraktionen" als nicht wünschenswert abgelehnte Expansion altersbezogener Morbidität (expansion of morbidity),
- die allseits als wünschenswert erachtete Kompression altersbezogener Morbidität (compression of morbidity),

---

8   insb. Butler 2001: *Is there an AAM?* und Olshansky et al. 2002: *No truth to the fountain of youth*.
9   vgl. Binstock 2003: *War on AAM*.
10 vgl. Juengst et al. 2003: *Biogerontology*.
11 vgl. Moody 1994: *Four scenarios of an aging society*.

- die kontroverse substanzielle Verlängerung der menschlichen Lebenserwartung (decelerated aging)
- sowie die aufgrund ihrer Radikalität im Zentrum vieler philosophischer Gedankenexperimente stehende Abschaffung des Alterungsprozesses (arrested aging).

Bei dieser Systematisierung des Anti-Agings handelt es sich um eine Kombination empirisch feststellbarer Ziele von AkteurInnen und antizipierter demografischer Szenarien.[12] U. a. an diesem Anti-Aging-Begriff regte sich die Kritik stärker empirisch ausgerichteter Anti-Aging-KritikerInnen. So hält Courtney Mykytyn der bioethischen Diskussion die komplizierte Kartografie des Anti-Agings entgegen und argumentiert, dass der zugrunde gelegte Anti-Aging-Begriff am empirischen Phänomen vorbeigehe, denn: „Anti-Aging is not necessarily anti-death."[13]

Auch der britische Kulturanthropologe und Gerontologe John Vincent kritisiert, die Debatte sei bisher „simply based on *a priori* reasoning from established ethical and professional perspectives"[14] und plädiert für systematisch-empirische Untersuchungen über Anti-Aging. Seine „dimensions of contemporary anti-aging medicine"[15] lesen sich wie der Versuch, die bioethische Systematisierung nach Szenarien in dreierlei Hinsicht der Heterogenität des Feldes anzunähern (siehe Abbildung 1): Erstens werden die Ziele nicht in klar getrennten Kategorien abgebildet, sondern als Achse mit fließenden Übergängen. Zweitens eröffnet Vincent eine weitere Dimension der Anti-Aging-Medizin. Über den Zielen trägt er in seiner Matrix den naturwissenschaftlichen Realitätsgehalt auf, um die Realisierbarkeit der Szenarien im Blick zu behalten. Drittens verortet Vincent in seinem Koordinatensystem exemplarisch konkrete Anti-Aging-Methoden, um die Systematisierung an die Anti-Aging-Praxis rückzubinden.[16]

Ähnlich konzipiert ist die Systematisierung des Feldes, die ich zu Beginn meiner Feldforschung entworfen habe (siehe Abbildung 2). Wie in Juengsts und Vincents Entwurf werden die „Strategien" gegen Altern abgebildet, allerdings weder als strikt getrennte Kategorien noch als gänzlich offene Achse, sondern als graduell differenziertes Kontinuum. Als zweites graduell differenziertes Kontinuum ist die Art der Technisierung der Mittel gegen das Altern aufgetragen, um zu verdeutlichen, dass sich neben medizinischen Interventionen auch Lebensstilmaßnahmen finden. Auf dieser Matrix sind verschiedene Gruppen von Anti-Aging-Methoden aufgetragen: plastische Chirurgie, äs-

---

12 Eine philosophische Kritik der Szenarienwahl findet sich bei Ehni et al. 2009: *Social justice & age-related innovations*, S. 285 ff.
13 Mykytyn 2009: *AA is not anti-death*.
14 Vincent et al. 2008: *AA enterprise*, S. 291, Hervorhebung im Original.
15 Vincent 2007: *Science & imagery in 'war on old age'*, S. 955.
16 Noch detailreicher ist Vincents „typology of anti-aging science" (vgl. Vincent 2007: *Science & imagery in 'war on old age'*, S. 946 f.). Auf einer zweiseitigen Tabelle stellt er verschiedene Typen der Anti-Aging Wissenschaft (kosmetisch, medizinisch, biologisch und „immortalist") und deren Praktiken, anvisierte Lebensverlängerung, Altersdarstellungen, Techniken und Ziele dar.

Abbildung 1 „The dimensions of contemporary anti-ageing medicine" nach Vincent

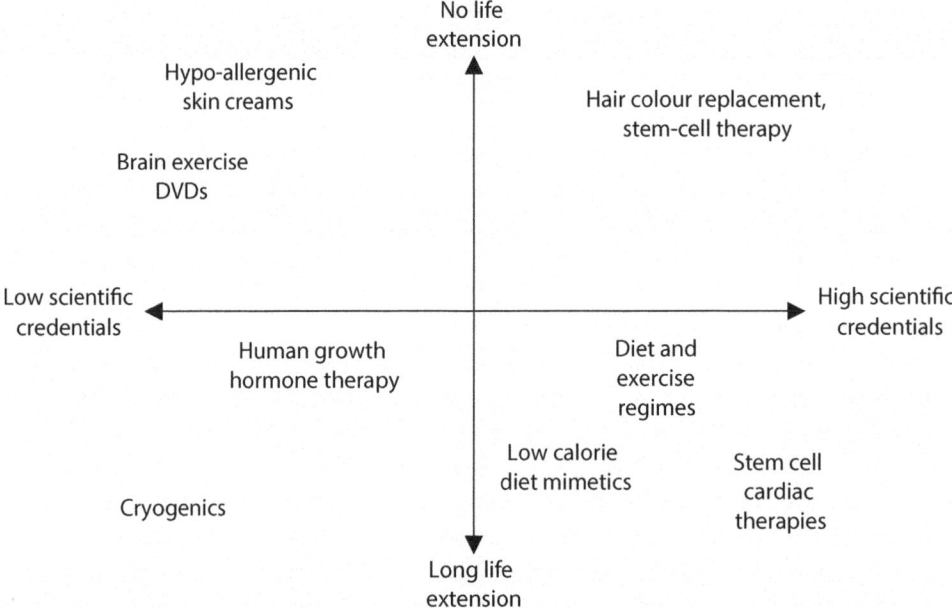

Quelle: Vincent 2007: *Science & imagery in ‚war on old age',* S. 955.

thetische Dermatologie, Kosmetik, Lebensstilmaßnahmen, medikamentöse Therapien mit Nahrungsergänzungsmitteln und Hormonpräparaten sowie zukünftige, derzeit beforschte Methoden.

Eine weitere Systematisierung des Feldes, die auch den deutschen Anti-Aging-Kontext einbezieht, schlagen Holger Grothe und KollegInnen vor.[17] Sie unterscheiden drei Innovationsfelder der Anti-Aging-Medizin: Lebensweise, Leistung und Formung (siehe Abbildung 3).

1.2.2 Im Anti-Aging-Feld: Ambivalente Grenzziehungen in konkreten Kontexten

Nicht nur die Anti-Aging-KritikerInnen, sondern auch diejenigen, die den Begriff Anti-Aging als Selbstbezeichnung ihrer Praktiken wählen, sind mit der Heterogenität des Feldes konfrontiert. Fragt man diese AkteurInnen nach ihren Begriffen von Anti-Aging, bekommt man häufig Definitionen ex negativo. Auf unterschiedliche Weisen werden Grenzen gezogen zu den Bereichen des Anti-Agings, die nicht oder nur unter bestimmten Bedingungen vertreten werden. Denn auch im Feld identifiziert sich kaum jemand

---

17 vgl. Grothe et al. 2011: *Innovationen i. d. AAM*, S. 87 ff.

Von der Systematisierung zur Kontextualisierung des Anti-Aging-Begriffs 35

Abbildung 2 „Aktuelle und zukünftige Anti-Aging-Methoden" nach Spindler

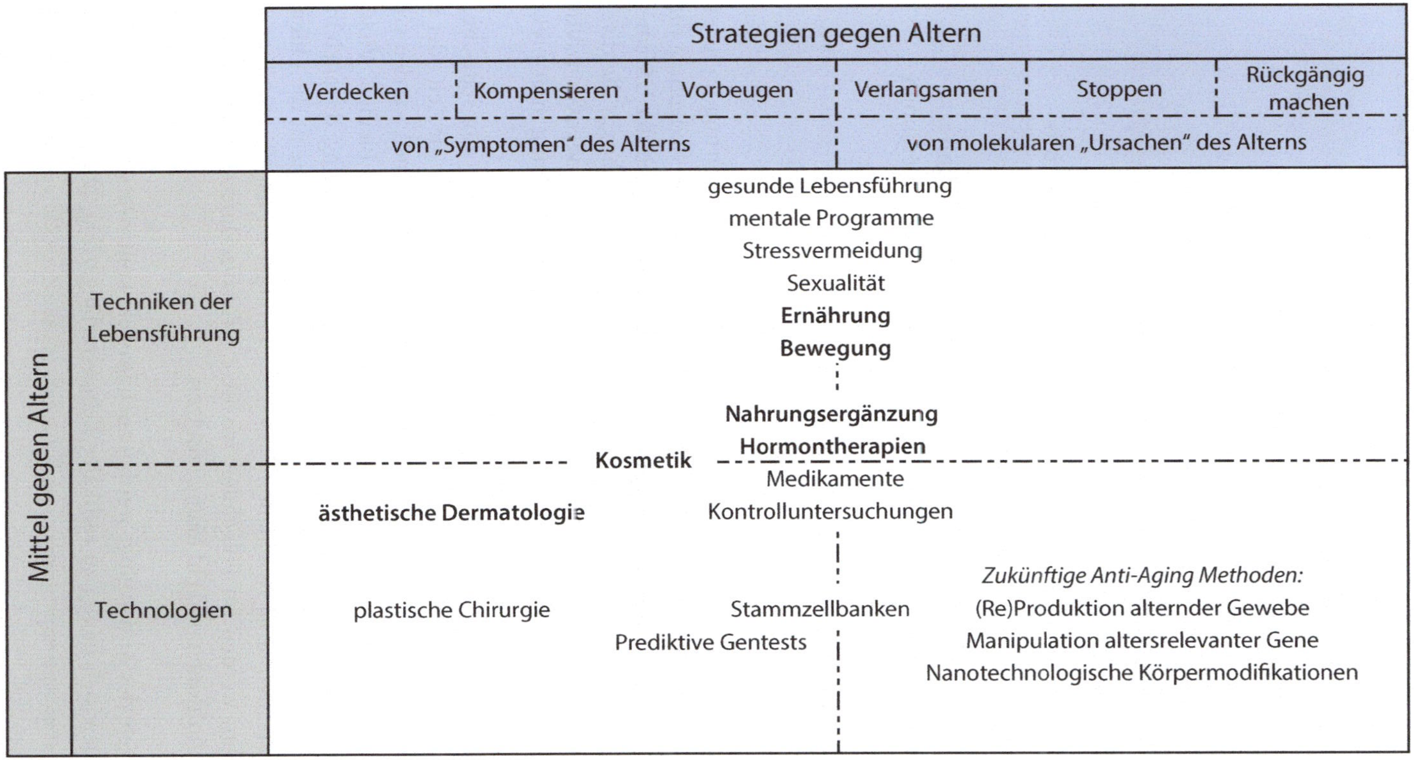

Mittel gegen Altern	Strategien gegen Altern					
	Verdecken	Kompensieren	Vorbeugen	Verlangsamen	Stoppen	Rückgängig machen
	von „Symptomen" des Alterns			von molekularen „Ursachen" des Alterns		
Techniken der Lebensführung			gesunde Lebensführung mentale Programme Stressvermeidung Sexualität **Ernährung** **Bewegung**	**Nahrungsergänzung** **Hormontherapien** Medikamente Kontrolluntersuchungen		
		Kosmetik				
	ästhetische Dermatologie					
Technologien	plastische Chirurgie		Prediktive Gentests	Stammzellbanken		*Zukünftige Anti-Aging Methoden:* *(Re)Produktion alternder Gewebe* *Manipulation altersrelevanter Gene* *Nanotechnologische Körpermodifikationen*

Quelle: Spindler 2007: *Neue Konzepte für alte Körper*, S. 101.

Abbildung 3 „Einordnung/Übersicht von Interventionsfeldern" nach Grothe et al.

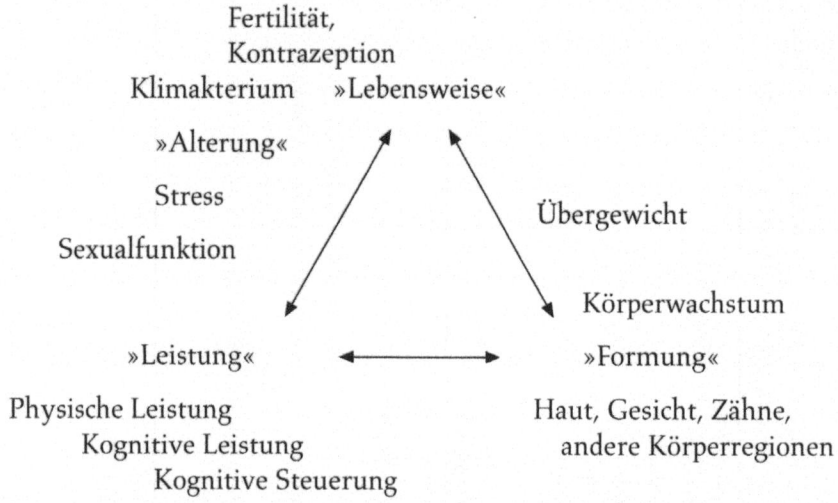

Quelle: Grothe et al. 2011: *Innovationen i. d. AAM*, S. 88.

mit allen Zielen und Maßnahmen des Anti-Agings. Diese Positionierung im heterogenen und zudem umstrittenen Feld ist für AkteurInnen von zentraler Bedeutung für die Legitimierung ihrer Anti-Aging-Konzepte. „Boundary work" nennen der US-amerikanische Gerontologe Robert Binstock und seine Kollegin Jenifer Fishman die diversen Aktivitäten von AkteurInnen und Organisationen zur Grenzziehung oder Grenzöffnung gegenüber anderen (Anti-Aging-)Kontexten, deren Ziel die Herstellung ihrer prekären Legitimität in einem umstrittenen Feld ist.[18]

Bei dieser „boundary work" handelt es sich in vielen Fällen nicht um statische, eindeutige Grenzziehungen. Vielmehr fällt auf, dass Abgrenzungen über die Zeit oder auch je nach Kommunikations- oder Praxiskontext moduliert werden. Auch werden Grenzverläufe teilweise nicht trennscharf gezogen, sodass Ambivalenzen bleiben. Viele der AkteurInnen beklagen einerseits die Unschärfe des Begriffs Anti-Aging, die auch ihnen immer wieder heikle Definitionsarbeit abverlangt. Andererseits scheint die Offenheit des Begriffs auch Freiräume zu schaffen. Um den Charakter dieser Abgrenzungsarbeit zu verdeutlichen, werden im Folgenden wichtige Grenzverläufe skizziert, an denen Anti-Aging-Definitionen im Feld häufig ansetzen:

- *Ziele:* Die Ziele des Anti-Agings werden auch im Feld kontrovers diskutiert. Abgrenzungen finden sich häufig zu radikaler Lebensverlängerung, aber auch zu ästheti-

---

18 vgl. z. B. Fishman et al. 2008: *AA science*.

schen oder leistungsbezogenen Zielsetzungen. Häufig wird nicht nur ein klares Ziel formuliert, sondern es finden sich vielschichtigere Zielkonstruktionen mit mehreren gleichrangigen oder auch unterschiedlich gewerteten Zielen. Neben den Zielen werden teilweise auch tolerierte oder problematische Nebenfolgen genannt. Zudem ist zwischen gegenwärtig verfolgten und zukünftig anvisierten Zielen zu unterscheiden.

- *Strategien der Intervention:* Für die Positionierungen der AkteurInnen im Feld sind auch die Strategien der Intervention zentral. Grenzziehungen verlaufen häufig zwischen Lebensstilmaßnahmen, derzeit erhältlichen medizinischen Interventionen und von der biogerontologischen Forschung in Aussicht gestellten weiter reichenden Interventionen. Auch hier finden sich oft keine kategorischen Grenzziehungen, sondern u. a. in den jeweiligen Praxiszusammenhängen begründete, spezifische Zusammenstellung von befürworteten und/oder praktizierten Verfahren.
- *Evidenz:* Auch innerhalb des Anti-Aging-Feldes ist die medizinische und naturwissenschaftliche Evidenz der Verfahren Anlass zahlreicher Grenzziehungen. Viele AkteurInnen sind bemüht, ihre Ansätze von schlecht belegten Verfahren und Forschungen abzugrenzen. Wie die Anti-Aging-KritikerInnen sind auch die AkteurInnen im Feld dabei jedoch mit Schwierigkeiten der Evidenzprüfung konfrontiert (vgl. Diskussion Kapitel 1.1). Nicht nur deshalb bleiben viele der diesbezüglichen Positionierungen im Feld ambivalent.
- *gesellschaftliche Bereiche:* Das Schlagwort Anti-Aging ist, wie eingangs beschrieben, in unterschiedlichen gesellschaftlichen Bereichen handlungsleitend geworden: vor allem in der Wirtschaft, der Wissenschaft, der Medizin und den Medien. Zwischen diesen Bereichen bestehen vielfältige Synergien, aber auch deutliche Abgrenzungen. So grenzen sich z. B. VertreterInnen biogerontologischer Ansätze oft von medizinischen Ansätzen ab. Auch das Verhältnis der Anti-Aging-Medizin zu großen Pharmaunternehmen und zu den Medien ist spannungsreicher als häufig vermutet wird.
- *regionale Kontexte:* Bisher kaum thematisiert wurden zudem sozialräumliche Grenzziehungen im Anti-Aging-Feld.[19] Wie Untersuchungen über Anti-Aging in Frankreich, der Schweiz, Japan, Australien und Deutschland zeigen,[20] haben sich in manchen Ländern u. a. aufgrund unterschiedlicher wirtschaftlicher Faktoren sowie alters-, gesundheits- und forschungspolitischer Strukturen und Diskussionen im Detail unterschiedliche Anti-Aging-Ansätze herausgebildet. Hier finden sich viele konzeptuelle Ähnlichkeiten und infrastrukturbezogene Synergieeffekte, aber auch Abgrenzungen.

---

19 Mykytyn 2009: *AA is not anti-death*, S. 4.
20 z. B. für den französischen Kontext Robert 2004: *Three avenues of gerontology*, für den schweizerischen Kontext So-Barazetti 2008: *AAM in Switzerland*, für den japanischen Kontext Stuckelberger 2008: *AAM. Myths & chances*, S. 214 ff., für den australischen Kontext Cardona 2009: *AAM in Australia*.

1.3 Ein systematisch kontextualisierter Anti-Aging-Begriff zur empirischen Fundierung der Kritik

Die in der Anti-Aging-Kritik vorgeschlagenen Systematisierungen sind wichtige Orientierungshilfen in der komplizierten Kartografie des Anti-Agings – auch wenn die Kategorienbildung in meinem und in dem Entwurf von Grothe und KollegInnen teilweise nicht konsistent ist und die Auswahl der genannten Methoden in Vincents und Grothes Entwurf das Spektrum der Methoden nur ungenügend spiegelt. Im Vergleich zu den Anti-Aging-Begriffen im Feld wird jedoch eine prinzipielle Schwierigkeit der Systematisierungsversuche deutlich: Die changierenden, ambivalenten Grenzziehungen, durch die sich das Feld auszeichnet, sind in kategorial konzipierten Systematisierungen nicht abbildbar. Auch Bemühungen um eine Binnendifferenzierung der Kategorien und ihre exemplarische Bebilderung mit konkreten Methoden ändert dies nicht prinzipiell.

Problematisch wird dies jedoch erst dann, wenn die vorgeschlagenen Systematisierungen nicht als Orientierungshilfen in der komplizierten Kartografie des Anti-Agings, sondern als Abbildungen des Feldes verstanden werden. So lassen sich z. B. die kontextgebundenen Gemengelagen vorrangiger und nachrangiger Ziele und tolerierter oder forcierter Nebeneffekte in keiner der vorgeschlagenen Systematisierungen befriedigend fassen. In der Thematisierung dieser Ambivalenzen besteht jedoch eine besondere Herausforderung der Kritik. Denn geht man davon aus, dass jeder der möglichen Punkte in den vorgeschlagenen Matrizes einen bestimmten Ausschnitt des Feldes repräsentiert, kommt man zu Befunden, zu denen sich in konkreten Anti-Aging-Kontexten fast immer Ausnahmen finden, die AkteurInnen des Anti-Agings zu Recht zu ihrer Verteidigung anführen. Kategoriale Anti-Aging-Begriffe bergen deshalb die Gefahr, zu einer Kritik zu führen, die in konkreten Kontexten keine ausreichende Entsprechung findet und deshalb nur schwer und nur teilweise berechtigt an konkrete AkteurInnen gerichtet werden kann.

Vor diesem Hintergrund scheint die Art der Verbindung von konkreten Kontexten und einer Systematik des heterogenen Feldes eine besondere Herausforderung der Begriffsbildung. Im Anschluss an Mykytyns Plädoyer für „keen attention on contextualizing"[21] in der Diskussion über Anti-Aging liegt vorliegender Untersuchung deshalb ein im doppelten Sinne „systematisch" kontextualisierter Anti-Aging-Begriff zugrunde:

- Ein konkreter Kontext des Anti-Agings wird untersucht: Anti-Aging im Umfeld der Deutschen Gesellschaft für Prävention und Anti-Aging Medizin (GSAAM). Dieser Kontext wird jedoch nicht isoliert betrachtet, sondern systematisch in Beziehung zu der Heterogenität des Feldes gesetzt. Die Mikroperspektive auf den untersuchten Kontext wird durch die Erarbeitung seiner Positionalität im heterogenen Feld immer wieder geweitet. Dies ermöglicht die Formulierung differenzierter Kritikpunkte, die

---

21 vgl. z. B. Mykytyn 2006: *Contentious terminology*, S. 284.

auf konkrete Kontexte zutreffen und entsprechend auch an AkteurInnen gerichtet werden können.
- Der systematisch gewählte Kontext wird zudem systematisch nach Methoden der empirischen Sozialforschung untersucht. Denn ein wichtiger Beitrag der sozialwissenschaftlichen Anti-Aging-Kritik liegt in einer systematischen, empirischen Fundierung der deskriptiven Annahmen über das Anti-Aging-Feld. Gemäß des Forschungsstils Grounded Theory wurde kein Begriff von Anti-Aging zu Beginn des Forschungsprozesses festgelegt. Ziel der Untersuchung war vielmehr, einen systematisch in empirischen Daten gegründeten Begriff von Anti-Aging zu erarbeiten, also eine Grounded Theory darüber, wie das Schlagwort Anti-Aging im Umfeld der GSAAM handlungsleitend wird (vgl. Teil 1, Kapitel 4).

Im Folgenden wird deshalb zunächst genau umrissen, welchen Handlungskontext des Anti-Agings ich als Gegenstand meiner Arbeit gewählt habe: Anti-Aging im Umfeld der Deutschen Gesellschaft für Prävention und Anti-Aging Medizin (GSAAM). Um diesen Kontext systematisch im heterogenen Feld zu verorten, wird er von zwei häufig diskutierten Anti-Aging-Kontexten – der American Academy of Anti-Aging Medicine (A4M) und der SENS Foundation – abgegrenzt. Anschließend wird das Vorgehen bei der systematischen, empirischen Erarbeitung des Kontexts erläutert. Anhand einer Skizze des Forschungsstils Grounded Theory wird die Wahl des methodischen Vorgehens begründet und die Beschaffenheit der Ergebnisse verdeutlicht. Gemäß der Gütekriterien der Grounded Theory folgt eine ausführliche Dokumentation des Forschungsprozesses. Anhand des systematisch kontextualisierten Anti-Aging-Begriffs wird schließlich die Fragestellung der Untersuchung empirisch konkretisiert.

2 Zwei viel diskutierte Kontexte des Anti-Agings

Zwei Anti-Aging-Kontexte, auf die sich viele Diskussionsbeiträge explizit oder implizit beziehen, sind die American Academy of Anti-Aging Medicine (A4M) und die SENS Foundation, ehemals Methuselah Foundation, des Biogerontologen Aubrey de Grey. Folgende Skizze der recht unterschiedlichen Handlungskontexte, Alters- und Behandlungskonzepte beider Organisationen dient zum einen der systematischen Abgrenzung der deutschen Anti-Aging-Medizin gegenüber dem heterogenen Anti-Aging-Feld. Denn erst im Vergleich werden die „disparities in material and rhetorical approaches"[22] des untersuchten Kontexts sichtbar, wie Mykytyn in ihrer Kritik des bisherigen Fehlens komparativer Anti-Aging-Studien anmerkt.[23] Die Erläuterung der beiden Vergleichs-

---

22 Mykytyn 2009: *AA is not anti-death*, S. 4.
23 Ein Vergleich der A4M, der SENS Foundation, der GSAAM und ihrer Berichterstattung in den Medien findet sich auch in Spindler et al. 2009: *Media & AAM*.

kontexte liest sich zum anderen auch als eine kleine Geschichte der Anti-Aging-Medizin, die als eine empirische Grundlage der im zweiten Teil der Arbeit untersuchten Kontroverse über Anti-Aging dient (siehe Teil 2, Kapitel 1).

2.1 Die American Academy of Anti-Aging Medicine (A4M)

Anfang der 1990er Jahren entwickelten die Chicagoer Osteopathen Ronald Klatz und Robert Goldman zusammen mit KollegInnen ein von der olympischen Sportmedizin und der Biogerontologie inspiriertes medizinisches Programm zur Vermeidung des Alterns. In diesem Zusammenhang kreierte Roland Klatz das Kunstwort „anti-aging"[24] und prägte für ihr Konzept den Begriff „Anti-aging medicine". Zur Etablierung ihrer neuen medizinischen Subdisziplin gründeten Klatz und Goldman im Jahr 1993 die American Academy of Anti-Aging Medicine (A4M),[25] die schon bald zu einer der bekanntesten und umstrittensten Organisationen im Anti-Aging-Feld wurde und dessen Struktur bis heute maßgeblich prägt. Die American Academy of Anti-Aging Medicine ist eine als medizinische Fachgesellschaft angelegte, gemeinnützige Organisation, die nach eigenen Angaben derzeit über 22 000 Mitglieder zählt.[26]

2.1.1 Eine kommerzielle Medizingesellschaft und ein „patient/practitioner movement"

Im Mittelpunkt der Aktivitäten der A4M steht erstens die Rekrutierung und Ausbildung von Anti-Aging-ÄrztInnen. So veranstaltet oder vermittelt die Organisation vielfältige Weiterbildungsangebote, durch die im Gesundheitsbereich tätige Personen Zusatzqualifikationen im Bereich der Anti-Aging-Medizin erwerben können. Zweitens stimulieren die Begründer der Anti-Aging-Medizin eigenen Angaben zufolge gezielt den „Anti-Aging Marketplace".[27] Sie vernetzen Hersteller von Anti-Aging-Produkten mit ÄrztInnen, die als Bindeglied zu ihren EndkundInnen, den AnwenderInnen, fungieren. Eine der zentralen Aktivitäten der A4M ist vor diesem Hintergrund die Veranstaltung und Förderung von Anti-Aging-Medizinkonferenzen, die sich durch das für Medizinkongresse übliche Nebeneinander von Produktpräsentationen und Weiterbildungsvorträgen für ÄrztInnen auszeichnen.[28] Aussteller sind dabei meist keine der großen Pharmaunternehmen, sondern eher mittelständische Produzenten von Nah-

---

24 vgl. Feldnotizen Anti-Ageing Medicine World Congress Paris 2006, P5:221 und 260, Weintraub 2006: *Guru of AA* und Klatz et al. 2007: *Official AA revolution*, Klappentext.
25 Die umfangreiche Website der A4M findet sich unter http://www.worldhealth.net (29.11.2013).
26 vgl. http://www.worldhealth.net/about-a4m/ (29.11.2013).
27 vgl. z. B. Klatz et al. 2007: *Official AA revolution*, S. xii.
28 Die größte ihrer Art ist der Annual World Congress on Anti-Aging medicine and Biomedical Technologies in Las Vegas.

rungsergänzungsmitteln oder Hormonpräparaten, medizinische Laboratorien und auf Kosmetik und ästhetische Dermatologie spezialisierte Firmen.

Drittens zielt die Organisation auf gesundheitliche Aufklärung und informiert potenzielle AnwenderInnen über Hintergründe und Möglichkeiten der Anti-Aging-Medizin. Dazu dienen die massive Internetpräsenz der A4M[29] und Veröffentlichungen wie Klatz' und Goldmans Kompendium „The official Anti-Aging Revolution".[30] Darüber hinaus haben die Begründer der Anti-Aging-Medizin viertens mit enormem Aufwand in der ganzen Welt die Gründung regionaler und überregionaler Anti-Aging-Medizingesellschaften vorangetrieben. So ist ein kleines, aber weitverzweigtes, internationales Netzwerk der Anti-Aging-Medizin entstanden, dessen Muttergesellschaft die A4M ist.[31] Auch die German Society of Anti-Aging Medicine wurde nach dem Vorbild und mit Unterstützung der A4M gegründet.

Der sogenannte Krieg gegen die Anti-Aging-Medizin (vgl. Teil 2, Kapitel 1.1.1) entzündete sich nicht nur am Programm der A4M, sondern auch an der damit verknüpften Ambivalenz des Handlungskontextes zwischen Wissenschaft und Kommerz:

Zum einen präsentieren sich die Begründer der Anti-Aging-Medizin als eine an neuesten biogerontologischen Fortschritten orientierte Medizingesellschaft. Die Präsidenten der A4M sind von ihren Werdegängen und umstrittenen akademischen Titeln her jedoch keine wissenschaftlichen Autoritäten. Auch ist die Organisation deutlich schlechter mit WissenschaftlerInnen vernetzt als mit ÄrztInnen und UnternehmerInnen. So finden sich z. B. auf ihren Konferenzen kaum Beiträge von WissenschaftlerInnen, die positiv Bezug auf die A4M nehmen. Auch ist die mit reißerischen Parolen und vollmundigen Versprechungen gespickte Rhetorik der Organisation kaum um Wissenschaftlichkeit bemüht. So lauten z. B die drei von der A4M ausgegebenen „rules for immortality": „Don't get sick, don't get old, don't die!"[32]

Zum anderen sind die kommerziellen Verflechtungen der gemeinnützigen Organisation offensichtlich. Die A4M-Konferenzen sind stark auf die ausstellenden Unternehmen zugeschnitten und werden häufig weniger als medizinische Fachtagungen denn als Messen beworben.[33] Kommerzielle Interessenverflechtungen sind nicht nur

---

29 siehe www.worldhealth.net (29.11.2013), vgl. auch Mykytyn 2006: *Contentious terminology*, S. 280 ff.
30 Klatz et al. 2007: *Official AA revolution*.
31 Die Mitgliederliste der World Anti-Aging Academy of Medicine gibt einen Eindruck des internationalen Netzwerks der Anti-Aging Medizin, siehe http://www.waaam.org/affiliated-member-organizations-medical-societies-and-educationa (29.11.2013).
32 Klatz et al. 2007: *Official AA revolution*, S. 16.
33 So wurde z. B. die Jahrestagung der von der A4M dominierten European Society of Anti-Aging Medicine (ESAAM) 2008 in Düsseldorf auf der Konferenzwebsite in erster Linie beworben mit den Worten: „This exciting new pan-European conference and exhibition will provide hundreds of global anti-aging suppliers with the opportunity to showcase their groundbreaking treatments to European physicians and healthcare professionals. (vgl. Feldnotizen ESAAM Konferenz, Düsseldorf, 2008, P3:49)

Gesprächsthemen unter Tagungsgästen.[34] Offen erzählte mir eine Vertreterin der A4M auf einer Jahrestagung der A4M dominierten European Society of Anti-Aging Medicine (ESAAM), dass das Konferenzprogramm „stark" von der Industrie gekauft sei.[35] Ein Aussteller auf einer anderen A4M-Konferenz berichtete amüsiert, dass der Witz kursiere, die Abkürzung A4M stehe für „all for money".[36] In der Tat erwiesen sich die A4M-Konferenzen als finanziell so erfolgreich,[37] dass Klatz und Goldman im November 2006 80 % ihrer Anteile an der von ihnen gegründeten Eventagentur MCI für 49 Millionen US-Dollar an das Londoner Medienunternehmen Tarsus Group verkauften.[38] Diese betreibt seither massiv die Erschließung der Märkte Europas, Chinas und des Mittleren Ostens durch A4M-Konferenzen. Die verbliebenen 20 % folgten im März 2010 für 10 Millionen US-Dollar.[39]

Die US-amerikanische Anthropologin Courtney Mykytyn beschreibt, dass im Umfeld der American Academy of Anti-Aging Medicine ein stetig wachsendes „patient/practitioner movement" aus VertreterInnen verschiedenster medizinischer Fachrichtungen und Gesundheitsberufe entstanden ist.[40] Lediglich die Geriatrie ist interessanterweise nicht vertreten. Mykytyn bezeichnet die Mitglieder dieser Bewegung als „patient/practitioner", weil viele – wie auch Roland Klatz selbst[41] – zunächst als PatientInnen mit Anti-Aging in Kontakt kamen und aufgrund selbst erlebter therapeutischer Erfolge begannen, sich auch beruflich für Anti-Aging zu interessieren. Drei Themen durchziehen nach Mykytyn die „involvement stories" dieser Anti-Aging-MedizinerInnen: eine starke Fürsorgepflicht zur Bekämpfung leidvoller Alterungserfahrungen, eine enorme, nicht nur finanzielle Unzufriedenheit mit dem Gesundheitssystem sowie das durchaus revolutionäre Bestreben, die als korrupt empfundene Schulmedizin durch die Einbeziehung neuer, wissenschaftlicher Erkenntnisse erneuern zu wollen.

2.1.2 Altern zwischen behandelbarer Metakrankheit und optimierbarer Natur

Alles begann mit einer „new definition of aging itself,"[42] beschreiben die Begründer der American Academy of Anti-Aging Medicine im Vorwort ihres Handbuchs „The official

---

34 z. B. Feldnotizen ESAAM Konferenz, Düsseldorf, 2008 P3:113 und 258, Feldnotizen Anti-Ageing Medicine World Congress Paris 2006, P5:147.
35 vgl. Feldnotizen Anti-Ageing Medicine World Congress Paris 2006, P5:125 ff.
36 vgl. Feldnotizen ESAAM Konferenz, Düsseldorf, 2008, P3:201 ff.
37 vgl. Fishman et al. 2008: *AA science*, S. 299.
38 vgl. Wilson 2007: *Aging: Disease or business opportunity?*
39 vgl. http://fusiondiginet.com/2010/03/14/tarsus-increases-exposure-to-us-growth-opportunities-through-acquisition-of-remaining-20-minority-interest-in-medical-conferences-international/ (29.11.2013).
40 vgl. Mykytyn 2006: *AAM (patient/practitioner movement)*.
41 vgl. Feldnotizen Anti-Ageing Medicine World Congress Paris 2006, P5:286.
42 Klatz et al. 2007: *Official AA revolution*, S. x.

anti-aging revolution".⁴³ Ronald Klatz und Robert Goldman erklären, dass die für normale Alterung charakteristischen Gebrechlichkeiten und Verfallsprozesse nicht wie bisher angenommen natürlich und unvermeidbar seien und akzeptiert werden müssten. Auch die maximale Lebensspanne des Menschen sei nicht natürlich begrenzt. Denn die moderne Medizin und Technologie böte nicht nur theoretische Aussichten, sondern schon heute praktische Möglichkeiten, die Jugend weit über das chronologische Alter hinweg aufrechtzuerhalten.⁴⁴ So lautet der offizielle Slogan der A4M: „Aging is not inevitable! The war on aging has begun!"⁴⁵

Zwei Themen dominieren die Darstellungen der Wirklichkeit des Alter(n)s, die diesem neuen Gestaltungsversprechen zugrunde liegen: „Aging's pain and pain's costs."⁴⁶ Im Vordergrund stehen die individuellen Leiden, welche die „frailties and physical and mental failures associated with normal aging"⁴⁷ verursachen. Gängige Stereotype der Hässlichkeit, Dysfunktionalität, Asexualität, Krankhaftigkeit und Angsterfülltheit des Alter(n)s, die sich ab dem 40. Lebensjahr „im Spiegel [...] und auf dem Arbeitsmarkt"⁴⁸ bemerkbar machten, werden in bunten Farben gezeichnet. Bisweilen wird das moderne Konzept des Altersverfalls insofern zugespitzt, als dass die Funktionseinbußen und Krankheiten, die bisher als „altersassoziiert", also statistisch mit dem Alter korreliert, erachtet wurden, als Alterssymptome präsentiert werden.⁴⁹ Daraufhin werden die gesellschaftlichen Kosten des Alter(n)s in die Waagschale geworfen. Auch die gesellschaftliche Wirklichkeit des „greying America" wird als bedrohlich beschrieben, insbesondere die Massen der alternden Babyboomer, die zunehmend das Budget des Gesundheitswesens zu „verschlingen" drohten⁵⁰ und damit eine Entsolidarisierung der Gesellschaft verursachen könnten.⁵¹

Der mit euphorischen Berichten wissenschaftlicher Fortschritte untermauerten These der biomedizinischen Gestaltbarkeit des Alter(n)s liegt eine erstaunlich unfortschrittliche Konzeption der Natur des Alter(n)s zugrunde. Klatz und Goldman legen ihrem Konzept vier „commonly held theories of aging" zugrunde.⁵² Im Zentrum steht

---

43 Im persönlichen Gespräch ließ Klatz seine Anti-Aging-Idee an anderer Stelle beginnen: Eines Tages in seinen „30ern" habe er in den Spiegel geschaut, erste Falten entdeckt und beschlossen: „Physician, treat yourself!" Gleichzeitig analysierte er die „vier Todesursachen" – entzündliche Krankheiten, Unfälle, genetische Krankheiten und degenerative Alterskrankheiten – und machte eine medizinische Marktlücke aus: „,When I want to make the world a market,' dann ziele ich doch auf die letztere Art von Todesursachen. Denn das ist ein ganz großes Feld." (vgl. Feldnotizen Anti-Ageing Medicine World Congress Paris, 2006, P5:268)
44 Klatz et al. 2007: *Official AA revolution*, S. 1.
45 ebd. S. 9.
46 Mykytyn 2006: *AAM (predictions, moral obligations & biomedical interventions)*, S. 18.
47 Klatz et al. 2007: *Official AA revolution*, S. x.
48 ebd. S. 3.
49 vgl. Mykytyn 2008: *Medicalizing the optimal*.
50 Klatz et al. 2007: *Official AA revolution*, S. 4.
51 ebd. S. 12.
52 ebd. S. 20 ff.

die Vorstellung von der Alterung als einer alle Abstraktionsebenen des menschlichen Körpers – von Molekülen bis hin zu Körpersystemen – umfassenden Verschleiß- und Zerfallserscheinung. Diese „wear an tear' theory" wird nicht weiter belegt, sondern mit alltagsweltlichen Alterskonzepten bebildert. So stellen die Autoren z. B. fest: „Cellular processes slow down, and our organs and tissues become less robust in performing their tasks and functions."[53] Darüber hinaus finden drei weitere Alterstheorien knappe Erwähnung: die neuroendokrine Theorie (Alterung durch sinkende Hormonspiegel), die „genetische Kontrolltheorie" (Alterung durch Schädigung der DNA) sowie die „Freie-Radikale Theorie" (Alterung durch oxidative Zellschädigung).

Klatz und Goldman erklären, dass die rapide fortschreitenden Biomedizinwissenschaften gezeigt hätten, dass es sich bei diesen Ursachen altersbedingten Verfalls um „physiologische Dysfunktionen" handle, die „in vielen Fällen"[54] durch gezielte medizinische Interventionen beeinflusst werden könnten. Das Altern sei entsprechend eine durchaus behandelbare „constellation of degenerative metabolic processes that lead to degenerative disease and finally to death."[55] So bezeichnen die Begründer der Anti-Aging-Medizin Altern als eine „treatable medical condition".[56] Diese ist den körperlichen Verfallserscheinungen wie z. B. altersassoziierten Krankheiten ursächlich vorgelagert. Es handelt sich also quasi um eine Krankheit ‚hinter' der Krankheit, um eine Metakrankheit. Die Präsidenten der A4M eröffnen damit den Ausblick auf die „Heilung" des Alterns und grenzen ihren Anti-Aging-Ansatz damit aufs Schärfste von bisherigen geriatrischen Ansätzen ab, die sie der aussichtslosen Symptomkurierung bezichtigen. Entgegen aller Neuheitsrhetorik steht die Anti-Aging-Medizin im Umfeld der A4M mit ihrem neo-biologistischen Entwürfen von Alter(n) in einer bis in die frühe Neuzeit geschichtswissenschaftlich aufgearbeiteten Tradition medizinischer und populärer Neukonzeptionen der menschlichen Alterung.[57]

Mykytyn kommt jedoch zu dem Ergebnis, dass Anti-Aging-MedizinerInnen im Umfeld der A4M die Alterung – anders als noch zu Beginn der Anti-Aging-Bewegung – nicht mehr als Krankheit bezeichneten: „Both advocates and opponents of anti-aging share a consensus that aging is not really a disease."[58] Im Gegenteil werde das Altern als „natürlich" beschrieben. Diese Natürlichkeit werde jedoch als von „inhärentem Schmerz überschattet" und dem ebenfalls natürlichen, menschlichen Streben nach der Befreiung von Schmerzen nachgeordnet[59] verstanden. Mykytyn argumentiert deshalb, dass die Medikalisierung des Alterns im „practitioner discourse" der US-amerikanischen Anti-

---

53 ebd. S. 33.
54 ebd. S. x.
55 Kienzlen 2007: *Praxis Dr. Jungbrunnen*, S. 5.
56 Klatz et al. 2007: *Official AA revolution*, S. 12.
57 vgl. z. B. Schäfer 2004: *Alter & Krankheit i. d. frühen Neuzeit*.
58 Mykytyn 2008: *Medicalizing the optimal*, S. 317.
59 ebd. S. 313.

Aging-Szene nicht, wie häufig angenommen, über eine Pathologisierung, sondern über eine „Optimierung" des Alterns stattfinde.[60]

2.1.3 Kompression der Morbidität und „practical immortality" als medizinische Pflicht und volkswirtschaftliches Gebot

Die Klage über leidvolle individuelle Alterserfahrungen korrespondiert mit dem Ziel der A4M, zunächst die gesunde Lebenserwartung der Menschen zu erhöhen. So sollte jeder „a greater number of those middle, healthy years"[61] genießen können. Angestrebt wird nicht weniger als „a new reality for humankind, an adulthood free from the fear of disease, infirmity, and lingering death in old age".[62] „Anti-Aging is freedom"[63] schwärmt Roland Klatz vor diesem Hintergrund. Das so optimierte Altern sollte statt dessen von Produktivität und Vitalität gekennzeichnet sein. „For a younger, stronger, happier you", lautet der Untertitel von Klatz und Goldmans Kompendium „The official anti-aging revolution". Als Beispiele gelungenen Alterns führen die A4M Präsidenten gerne „senior athletes" und „senior body builders" an.[64] Für die Zukunft verheißen die beiden Anti-Aging-Ärzte nicht weniger als die Abschaffung kranken Alter(n)s:

> „In a few decades, the traditional enfeebled, ailing elderly person will be but a grotesque memory of a barbaric past, just as we sadly recall the millions who suffered horrible deaths to the then non-treatable diseases such as tuberculosis, smallpox, whooping cough, and dysentery."[65]

Der von der A4M entwickelten „technodemography theory on aging"[66] zufolge solle zukünftig jedoch nicht nur die gesunde Lebenserwartung, sondern auch die maximale Lebensspanne des Menschen verlängert werden. Klatz und Goldman sprechen in diesem Zusammenhang von „practical immortality", worunter sie gesunde Lebensspannen von 120 und mehr Jahren verstehen.[67] Mykytyn betont, dass Anti-Aging in diesem Kontext nicht als „anti-death" naturalisiert werden dürfe. Denn das Ziel sei nicht die Befreiung der Menschen vom Tod, sondern von leidvollem Altern.[68] Bis dieser Zeitpunkt erreicht sei, raten die Begründer der Anti-Aging-Medizin: „Everyday that you

---

60 vgl. insb. Mykytyn 2004: *Natural coming of age.*
61 Klatz et al. 2007: *Official AA revolution*, S. 10.
62 ebd. S. 9.
63 vgl. Interview mit Roland Klatz, Feldnotizen Anti-Ageing Medicine World Congress Paris 2006, P5:297.
64 vgl. z. B. Klatz in Kienzlen 2007: *Praxis Dr. Jungbrunnen*, S. 6.
65 Klatz et al. 2007: *Official AA revolution*, S. 13.
66 vgl. Klatz et al. 2007: *Official AA revolution*, S. 30 ff.
67 vgl. ebd. S. 5.
68 vgl. Mykytyn 2009: *AA is not anti-death.*

stay healthy and alive is another day medical science comes closer to finding the ultimate cure for aging."[69]

Aus den individuellen Leiden und gesellschaftlichen Kosten der Alterung wird schließlich die wissenschaftliche Pflicht zur Bekämpfung der individuellen Leiden des Alter(n)s abgeleitet. Die Verantwortung für die Realisierung der skizzierten Vorstellung des guten Alterns wird vor allem der ÄrztInnenschaft und den Naturwissenschaften zugeschrieben.[70] In Klatz und Goldmans an LaiInnen gerichtetes Handbuch klingt zudem eine nicht weiter ausgeführte, werbewirksame Fürsorgepflicht des Individuums gegenüber sich selbst und seinen Angehörigen an. Dort heißt es z. B.: „You owe it to yourself and your loved ones to take full advantage of all that the anti-aging medical revolution can offer."[71]

Die Kompression altersassoziierter Morbidität und das Erreichen praktischer Unsterblichkeit werden nicht nur als Gegenstand der ärztlichen und wissenschaftlichen Pflicht zur Leidensvermeidung beschrieben, sondern auch als ein Gebot volkswirtschaftlicher Verantwortung. U. a. mit Blick auf politische Entscheidungsträger wird argumentiert, dass sich durch die Anti-Aging-Medizin die Ängste vor den hohen gesellschaftlichen Kosten des „greying of America" schlicht nicht materialisieren würden, da klar sei, dass durch die Anti-Aging-Medizin Gesundheitskosten gespart würden.[72]

2.1.4 Ein sportmedizinisches Konzept zur Maximierung alternder Körper

Dem medizinischen Konzept zur Gestaltung des Alter(n)s der A4M liegt die Idee zugrunde, dass die von altersbezogenen physiologischen Dysfunktionen betroffenen Körpersysteme „systematisch revitalisiert"[73] werden müssten. Den vorgeschlagenen Anti-Aging-Maßnahmen ist das Bestreben der A4M, die Medizin durch die Anwendung neuer Techniken und Forschungsergebnisse zu revolutionieren, bisher noch kaum anzumerken. Roland Klatz beschreibt, dass die Ursprünge der Anti-Aging-Medizin vielmehr auf die olympische Sportmedizin zurück gingen: „the [...] technologies that were used for Olympic athletes were the same technologies that were incorporated into anti-aging medicine".[74]

Entsprechend umfasst das derzeitige Therapiekonzept der A4M[75] im Wesentlichen Hormontherapien, Therapien mit Nahrungsergänzungsmitteln und Lebensstil- und Einstellungsänderungen. Den Maßnahmen liegt in vielen Fällen die leistungssportmedizinische Theorie zugrunde, dass die von altersbezogenen physiologischen Dys-

---

69 Klatz et al. 2007: *Official AA revolution*, S. 16.
70 vgl. Mykytyn 2006: *AAM (predictions, moral obligations & biomedical interventions)*.
71 Klatz et al. 2007: *Official AA revolution*, S. xi.
72 ebd. S. 13.
73 ebd. S. 2.
74 Kienzlen 2007: *Praxis Dr. Jungbrunnen*, S. 3.
75 Klatz et al. 2007: *Official AA revolution*, S. 61 ff.

funktionen betroffenen Körpersysteme systematisch „maximiert" werden müssten. Diese Vorstellung ist auch mit der von der A4M vertretenen „Verschleißtheorie" des Alterns gut kompatibel.[76] Mykytyn, die nicht von einer Maximierung, sondern einer Optimierung des Alterns spricht, beschreibt, dass der Maßstab hierfür nicht wie bisher ein „normaler", für ein bestimmtes chronologisches Alter typischer Zustand sei, sondern „the best-a-body-can-and-has-ever-been".[77]

Konkret empfehlen die Begründer der Anti-Aging-Medizin z. B. zur Behandlung der Alterung des endokrinen Systems neben Sport und gesunder Ernährung zweierlei Maßnahmen: Da der „Verschleiß" des endokrinen Systems auf Ansammlungen freier Radikale und Toxine zurückgeführt wird, schlagen Klatz und Goldman erstens die Vermeidung von Toxinen und die Einnahme von Antioxidantien vor. In Bezug auf antioxidative Nahrungsergänzungsmittel steht die Anti-Aging-Medizin der in der Schulmedizin umstrittenen orthomolekularen Medizin nahe, die mit hoch dosierten Vitaminen und Mineralstoffen arbeitet. Die Dosierungen variieren je nach Substanz und Patient, Klatz und Goldman deuten jedoch an, dass unter Umständen das Zwei- bis Fünffache der in den USA empfohlenen Tagesdosis zu empfehlen sei.[78]

Zweitens wird der neuroendokrinen Alterungstheorie folgend eine Hormontherapie empfohlen, je nach Fall mit menschlichem Wachstumshormon („The ‚fountain of youth'"), Dehydroepiandrosteron (DHEA) („The ‚Grace' Factor"), Melatonin („The ‚wonder drug'"), Östrogen und Progesteron („The ‚female's monitor'"), Testosteron („The ‚male motor'") sowie dem Schilddrüsenhormon.[79] Auch hier spiegelt sich die Maximierungsidee in der Dosierung der Präparate. Roland Klatz zielt darauf, die Hormonspiegel wiederherzustellen, die das Individuum zu „symptomfreien" Zeiten hatte. Er erklärt: „It is very common for someone who is in their 60ies or 70ies who is on testosterone or growth hormone or DHEA and to replace levels to about 20 years younger."[80] Roland Klatz berichtet, dass er selbst täglich 60 Pillen einnehme.[81]

2.2 Die SENS Foundation, ehemals Methuselah Foundation

Ein zweiter Kontext des Anti-Agings, der nach den Kampagnen gegen die A4M in den Fokus der Kritik geriet, findet sich im Umfeld der ehemaligen Methuselah Foundation, die sich mittlerweile SENS Foundation nennt.[82] Bereits in der Abkürzung SENS deutet sich an, dass sich dieser Anti-Aging-Ansatz nicht nur inhaltlich deutlich von der Anti-

---

76 Kienzlen 2007: *Praxis Dr. Jungbrunnen*, S. 4.
77 Mykytyn 2008: *Medicalizing the optimal*, S. 317.
78 Klatz et al. 2007: *Official AA revolution*, S. 170.
79 vgl. Klatz et al. 2007: *Official AA revolution*, S. 61 ff.
80 Kienzlen 2007: *Praxis Dr. Jungbrunnen*, S. 9.
81 vgl. z. B. P5:293 und Kienzlen 2007: *Praxis Dr. Jungbrunnen*, S. 10.
82 siehe http://sens.org/ (29.11.2013).

Aging-Medizin der A4M unterscheidet, sondern auch in einen anders strukturierten Handlungskontext eingebettet ist: SENS steht für „strategies for engineering negligible senescence". Die Stiftung ist also mit Strategien zur biotechnischen Realisierung vernachlässigbarer Zellalterung befasst.

2.2.1 Eine medienwirksame, spendenfinanzierte Forschungsstiftung

Zwar ist auch die SENS Foundation eine gemeinnützige US-amerikanische Organisation, ihre Strukturen, Aktivitäten und ihre Außenwirkung sind jedoch anders gelagert als die der A4M. Die SENS Foundation ging im Jahr 2009 aus der Methuselah Foundation hervor, die der US-amerikanische Unternehmer und Technologiefinancier David Gobel zusammen mit dem Cambridger Computeringenieur und theoretischem Biogerontologen Aubrey de Grey im Jahr 2003 gründete. Bis zur Gründung der SENS Foundation war die Methuselah Foundation stark auf das provokante Forschungsprogramm und die charismatische Erscheinung Aubrey de Greys zugeschnitten, der damals Chief Science Officer der Stiftung war. Im Jahr 2009 verließ Aubrey de Grey die Methuselah Foundation und leitet seitdem die neu gegründete und maßgeblich durch die von der Methuselah Foundation eingetriebenen Spenden finanzierte SENS Foundation.

Ziel der Stiftungen ist, die von de Grey entworfenen, theoretischen Interventionsmöglichkeiten in molekularbiologische Alterungsprozesse durch entsprechende Grundlagenforschung zu überprüfen, auszuarbeiten und möglichst schnell in die klinische Anwendung zu bringen. Über diesen Entwurf einer zukünftigen „real anti-ageing medicine"[83] kam es um das Jahr 2005 zu einer Polarisierung zwischen „radikalen", „moderaten" und „konservativen" BiogerontologInnen (vgl. Teil 2, Kapitel 1.1.2). Diese Auseinandersetzungen prägten auch den Zuschnitt der Aktivitäten der Stiftung:

Aubrey de Grey ist Herausgeber der Zeitschrift „Rejuvenation Research", die mittlerweile einen Impact Factor von 2,919 hat.[84] Von 1998 bis 2003 hieß die Zeitschrift „Journal of Anti-Aging Medicine" und wurde zwecks der Abgrenzung von kommerziellen Anti-Aging-AnbieterInnen umbenannt. Die SENS Foundation organisiert zudem Konferenzen und Roundtables, u. a. vier SENS Konferenzen in Cambridge, deren Teilnehmerlisten schon bald zum Politikum in der Biogerontologie wurden.[85]

Im Gegensatz zur A4M führt die SENS Foundation auch eigene Forschungsarbeiten durch. Sie betreibt sowohl eigene Forschungen in ihrem SENS Foundation Research Centre, als auch „extra mural research" durch die Förderung von Kooperationen mit Universitäten, anderen Forschungseinrichtungen und Biotechnologieunternehmen. Die SENS Foundation Academic Initiative bietet Studierenden und DoktorandInnen ideelle und finanzielle Förderung für Weiterbildungen und Forschungen.

---

83 de Grey 2004: *An engineer's approach*.
84 vgl. http://www.liebertpub.com/products/product.aspx?pid=127 (29. 11. 2013).
85 vgl. Gray et al. 2006: *SENS & polarization of aging research* und de Grey 2006: *SENS's detractors*.

Die Methuselah Foundation widmet sich seit der Gründung der SENS Foundation verstärkt dem Aufbau von Betroffenennetzwerken. In Zusammenarbeit mit der Organisation „My Bridge 4 Life" und dem „NewOrgan Network" wirbt sie unter Schwerkranken und deren Angehörigen und Freunden für Spenden zur Unterstützung der Forschung von SENS und biomedizintechnischer Verfahren zur Regeneration und Züchtung von Endorganen.[86]

Bekannt wurde die Methuselah Foundation jedoch vor allem aufgrund von zwei für den Wissenschaftsbetrieb ungewöhnliche Public Relations Aktionen: Die Stiftung richtete mit ihrer Gründung zum einen den sogenannten „Methuselah Mouse Prize" ein. Ausgezeichnet werden WissenschafterInnen, denen es gelingt, die maximale Lebensspanne von Mäusen im Labor zu verlängern oder die „jugendliche Physiologie" alter Mäuse wiederherzustellen. Das Preisgeld errechnet sich durch die erzielte Lebensverlängerung bzw. den Grad der „Verjüngung". Zum andern eröffnete das renommierte Magazin Technology Review des Massachusetts Institute of Technology 2005 den von der Methuselah Foundation kofinanzierten „SENS Challenge".[87] Ein Preisgeld von 20 000 US-Dollar wurde ausgeschrieben für WissenschafterInnen, die endlich klären könnten, ob Aubrey de Greys Forschungsprogramm der Sphäre der Wissenschaft oder der Fantasie zuzurechnen sei.

Zum Ärger seiner biogerontologischen KritikerInnen[88] verhalfen die medienwirksamen Aktivitäten der Stiftung Aubrey de Grey zu einem recht positiven Presseecho. Viele Medien schlossen sich nicht wie im Falle der A4M der biogerontologischen Kritik an, sondern besprachen das Programm der Methuselah Foundation als zukunftsweisende Science-Fiction.[89] Auch über seine populärwissenschaftlichen Veröffentlichungen,[90] deren „Smart-Boy"[91] Rhetorik sich deutlich vom Jargon der A4M unterscheidet, erlangten de Grey und seine Mitstreiter über die wissenschaftliche Fachdiskussion hinausreichende, internationale Bekanntheit. So entstand um Aubrey de Grey und seine Stiftungen ein Netzwerk radikaler BiogerontologInnen sowie eine kleine Fangemeinde technikbegeisterter[92] und mittlerweile auch auf Heilung hoffender LaiInnen.

Eng verbunden mit dieser Medienstrategie ist das ebenso unkonventionelle Finanzierungssystem der SENS Foundation. Die Stiftung finanziert sich weder aus staatlichen Forschungsgeldern noch über Mitgliederbeiträge und Messen wie die A4M, sondern über private Spenden. Die Grundfinanzierung der Stiftungen besteht in der Zusage der sog. „The 300", einer Gruppe von 300 Privatpersonen, welche die Stiftung für die ersten

---

86 vgl. http://www.mprize.org/?pn=mj_history (29.11.2013).
87 vgl. Pontin 2005: *SENS challenge*.
88 z. B. Warner et al. 2005: *Science fact & SENS agenda*, S. 1006 und Gray et al. 2006: *SENS & polarization of aging research*.
89 vgl. Spindler et al. 2009: *Media & AAM*, S. 241 ff.
90 insb.(de Grey et al. 2007: *Ending aging*), deutsche Ausgabe: de Grey et al. 2010: *Niemals alt!*
91 vgl. Rippe 2008: *Abschaffung d. Alters*, S. 429 ff.
92 vgl. Feldnotizen ESAAM Konferenz, Düsseldorf, 2008, P3:302.

25 Jahre ihres Bestehens mit einer jährlichen Spende von 1 000 US-Dollar unterstützen.[93] Die Liste der mittlerweile auch veröffentlichten SpenderInnen umfasst Millionäre wie Studierende, die mit großen wie kleinen Beträgen die Eliminierung pathologischen Alterns fördern wollen.

2.2.2 Altern als tödliche, aber reparierbare Zell- und Molekülschädigung

Die Darstellungen der Wirklichkeit des Alter(n)s im Programm der SENS Foundation ähneln denen der A4M. Auch hier finden sich Beschreibungen der leidvollen individuellen und kostspieligen gesellschaftlichen Wirklichkeit des Alterns und eine Neukonzeption der biologischen Wirklichkeit des Alterns als reparierbare körperliche Verschleißerscheinung. Die Argumente sind jedoch anders akzentuiert und die biologische Alterungstheorie eilt dem biogerontologischen Forschungsstand voraus und nicht hinterher.

Während die Begründer der A4M gängige Beschreibungen der individuellen Leiden und gesellschaftlichen Kosten des Alter(n)s lediglich aufgreifen und zuspitzen, um die Legitimität ihres medizinischen Programms zu verdeutlichen, verfolgen Aubrey de Grey und seine Mitarbeiter ein doppeltes aufklärerisches Ziel. Sie schlagen nicht nur eine revolutionär neue Beschreibung der biologischen Wirklichkeit des Alterns vor, sondern zielen auch darauf, gängige Beschreibungen der individuellen und gesellschaftlichen Wirklichkeit des Alterns zu „entmystifizieren".[94] De Grey kritisiert spöttisch, dass in der Gesellschaft eine „Pro-Aging Trance"[95] vorherrsche. In diesem Trancezustand erscheine das Altern als eine zu akzeptierende, zu positivierende und zu verteidigende Lebensphase. Biomedizintechnische Interventionen, die über eine Kompression der Morbidität hinaus auf die Verlängerung der Lebensspanne zielten, würden deshalb tabuisiert.

Dieses Altersbild sei lange Zeit „psychologisch sinnvoll" gewesen, um Individuen ihre Anpassung an das „unausweichliche Schicksal" des Alterns zu erleichtern. Jedoch heute, wo man etwas gegen das Altern tun könne, müsse man sich „peinlicher", „irrationaler" Konversationstaktiken bedienen, um die Pro-Aging Trance zu verteidigen. Ziel des Gründers der SENS Foundation ist deshalb nicht nur, das Altern biomedizintechnisch zu gestalten, sondern auch der Menschheit zu einer „rationalen Anti-Aging-Einstellung" zu verhelfen. Dabei hat de Grey vor allem seine bioethischen und biogerontologischen KritikerInnen im Visier und versucht, deren „SENS scepticism" auf einer übergeordneten Ebene als unwissenschaftlich zu enttarnen. Um die öffentliche Wahrnehmung des Alterns zu „korrigieren", versucht Aubrey de Grey u.a., darüber aufzuklären, wie leidvoll Menschen das Altern in Wirklichkeit erführen. „It's really bad for

---

93 vgl. http://www.mprize.org/?pn=mj_donations_the300 (29.11.2013).
94 de Grey et al. 2007: *Ending aging*, S. 16 ff.
95 z. B. de Grey et al. 2007: *Ending aging*, S. 10 f.

you,"⁹⁶ spricht de Grey seine LeserInnen als Individuen an. Gesellschaftliche Kosten des Alterns werden dagegen – anders als im Konzept der A4M – nur am Rande erwähnt.

Während de Grey in seiner biogerontologischen und auch ethischen Argumentation umsichtig an die jeweiligen Forschungsstände anknüpft, wird er seinem rationalistischen Anspruch in seinen Beschreibungen der sozialen Wirklichkeit des Alterns nicht gerecht. Das Altern müsse als der „Fluch",⁹⁷ die „humanitäre Krise"⁹⁸ und die „horror show"⁹⁹ wahrgenommen werden, die es in Wahrheit sei. Wie auch die Präsidenten der A4M verweist de Grey auf die „grimmigen Jahre"¹⁰⁰ der Gebrechlichkeit, Behinderung und Krankheit, mit denen die meisten Menschenleben endeten. Altern wird als die leidvolle Erfahrung beschrieben, sich selbst „auseinanderfallen"¹⁰¹ zu sehen und von anderen dabei auch noch gesehen zu werden.

Anders als im Programm der A4M wird das Altern jedoch nicht nur als Auslöser von Krankheiten und Funktionseinbußen, sondern vor allem auch als Todesursache ins Visier genommen. De Grey beschreibt den Tod als das ultimative Übel und erklärt, dass etwa zwei Drittel aller Todesfälle weltweit auf das Altern zurückzuführen seien. Den Schaden, den der altersbedingte Verlust von Menschenleben erzeuge, veranschlagt de Grey weit über dem von Katastrophen wie dem 11. September oder dem Hurrikan Katrina.¹⁰² Seine Beschreibungen von Altern als lebensverkürzendem und todbringendem Übel kulminieren in dem Appell: „Wake up – aging kills!"¹⁰³

Ähnlich provokant ist die Neukonzeption der biologischen Wirklichkeit des Alterns, die der Arbeit der SENS Foundation zugrunde liegt. Zwar handelt es sich im Prinzip wie im Falle der A4M um eine Verschleiß- und Verfallstheorie. Biologische Alterung wird als ein progressiver, degenerativer Verfallsprozess verstanden, der auf sich akkumulierende Verschleißerscheinungen normaler Lebensprozesse zurückgeht. Diese Variante ist jedoch biogerontologisch ausbuchstabiert und konsequent auf Interventionsmöglichkeiten zugeschnitten. „Many things go wrong with aging bodies,"¹⁰⁴ erklärt de Grey, es sei jedoch wichtig, zwischen drei Abstraktionsstufen biologischer Alterungsprozesse zu unterscheiden:

- *Metabolism:* Primäre Ursachen der Alterung seien keine krankhaften, aber nicht intendierte, biochemische Nebenwirkungen normaler Stoffwechselprozesse. De Grey beschreibt, dass die biogerontologische Forschung in der Regel an dieser Abstrak-

---

96 de Grey et al. 2007: *Ending aging*, S. 10.
97 ebd. S. 14.
98 ebd. S. 36.
99 ebd. S. 36.
100 ebd. S. 8.
101 ebd. S. 10.
102 vgl. ebd. S. 8.
103 ebd. S. 7.
104 http://www.sens.org/sens-research/research-themes (2.1.2012).

tionsebene ansetze. Ihr Ziel sei es, die komplexen Stoffwechselvorgänge zu verstehen und auf lange Sicht auch Interventionen zu entwickeln, um sie zu verlangsamen.

- *Aging Damage:* Diese unintendierten Stoffwechselfehler akkumulierten sich in den funktionalen, zellulären und molekularen Strukturen zu sogenanntem „aging damage", der zur Folge habe, dass diese ihre normale Funktion im Stoffwechsel nicht mehr ausführen könnten. Auch an dieser Stelle ist noch nicht von Krankheit, sondern von Schäden die Rede, die jedoch bereits die Gesundheit betreffen. Auf dieser Abstraktionsstufe des biologischen Alterungsprozesses siedelt die SENS Foundation ihren „engineering approach" gegen das Altern an. Denn bereits heute wüsste man, wie alle Arten dieser Alterungsschäden zwar nicht verhindert, aber „repariert" werden könnten. De Grey zufolge unterteilen sich die Alterungsschäden in genau sieben verschiedene Klassen.[105] Diese „seven deadly things" sind: erstens extrazellulärer Müll, zweitens Zellverlust und Zellatrophie, drittens extrazelluläre Querverbindungen, viertens todesresistente Zellen, fünftens mitochondriale Mutationen, sechstens intrazellulärer Müll und siebtens nukleare (Epi)Mutationen.
- *Pathology:* Direkte Folgen des „aging damage" oder vergebliche Versuche des Körpers, diese zu kompensieren, seien zunächst z. B. vermehrte Entzündungen oder oxidativer Stress. Mit der immer schneller werdenden Akkumulation der Alterungsschäden wäre irgendwann jedoch die kritische Masse erreicht, die altersassoziierte Gebrechlichkeiten, Behinderungen, Krankheiten und letztlich auch den Tod zunehmend unausweichlich machte. Anders als im Ansatz der Begründer der A4M werden molekularbiologische Alterungsprozesse also nicht an sich als Krankheit verstanden, aber als Krankheitsursachen. Als das Ziel des Ansatzes wird dennoch u. a. die Heilung des Degenerationsprozesses Altern formuliert.

Für jede der sieben Schadensgruppen erklären de Grey und Rea den Dreischritt von Metabolismus, Schaden und Pathologie. In Bezug auf extrazellulären Müll erklären die Autoren z. B., dass durch genetische oder altersbedingte Fehler in der hochkomplexen Proteinsynthese „falsch gefaltete" Proteine entstünden, die toxische Verbindungen miteinander eingingen, welche der Körper nicht von sich aus abbauen könnte (metabolism). Im Laufe der Zeit sammelten sich diese „Spinnennetze" beschädigter, funktionsloser Proteine (meist Amyloide) zwischen Zellen und Geweben an, wo sie „Schlingen" bildeten, die „das Leben aus den Zellen und Organen quetschen"[106] (aging damage). Aus diesen „abnormalen" Proteinaggregaten könnten Alterskrankheiten entstehen. Nur eines der zahlreichen Beispiele sei die Alzheimer Demenz, bei der sich Beta Amyloid Proteine um die Gehirnzellen der PatientInnen ansammelten (pathology).

---

105 vgl. de Grey et al. 2007: *Ending aging*, S. 47 ff.
106 vgl. ebd. S. 134 ff.

2.2.3 Lebensverlängerung als Leidensvermeidung, Lebensrettung und Anti-Agism

Im Gegensatz zur A4M machte Aubrey de Grey, der Begründer der SENS Foundation, die moralische Ladung seines Stiftungsprogramms explizit. De Grey nahm aktiv an der biogerontologischen Wertediskussion über Anti-Aging teil und übte Schulterschluss mit den Anti-Aging-BefürworterInnen um den britischen Bioethiker John Harris und dessen umstrittenem starkem Fürsorgeargument für biogerontologische Anti-Aging-Forschung.[107] So entwickelte de Grey 2005 im Journal for Medical Ethics seine „nicht-kognitivistische" „Geronto-Ethik".[108] Darin unterzog er die Ethiken seiner biogerontologischen und bioethischen KritikerInnen einer „rationalen Verfeinerung", und versuchte zu zeigen, dass sich das Altern und die Ablehnung von substanzieller Lebensverlängerung in der heutigen Gesellschaft nicht kohärent verteidigen lassen.

Dabei geht de Grey weit über das auch von der A4M hervorgebrachte Doppelargument der Vermeidung individuellen Leidens und gesellschaftlicher Kosten hinaus. Er erweitert die in seinen Schilderungen der individuellen und gesellschaftlichen Wirklichkeit des Alterns angelegte Pflicht zur Vermeidung des „fast unermesslichen Leidens" älterer Menschen und ihrer Angehörigen sowie der in die „Trillionen" gehenden volkswirtschaftlichen Kosten des Alterns[109] um Menschenrechts- und Gerechtigkeitsargumente. Eine wichtige Vorannahme ist dabei sein Konzept des guten Alters in einer „post-aging world".[110] De Grey zielt auf die gänzliche „Entkopplung" des biologischen vom chronologischen Alter. Dadurch wären alle physiologischen Unterschiede zwischen älteren und jüngeren Erwachsenen aufgehoben. Die menschliche Lebensspanne wäre „unbegrenzt". Das bedeute jedoch nicht, dass die Menschen unsterblich wären, sondern lediglich nicht mehr aufgrund von Krankheit und Alter sterben könnten. Konkret ist von „vierstelligen" Lebensspannen die Rede. Eine Vorstellung des guten Todes findet sich nicht.

Moderaten BiogerontologInnen hält de Grey entgegen, dass ihr Ziel, die altersbezogene Morbiditätsphase zu verkürzen, dabei die Lebensspanne jedoch nicht zu verlängern, eine politische Lüge im Kampf um Forschungsgelder sei. Denn eine Kompression der Morbidität ohne die Verlängerung der Lebensspanne sei faktisch unmöglich. Zudem verzichte die Biogerontologie damit freiwillig auf ihre gesellschaftliche Pflicht, die Welt von der Geißel des Alterns zu befreien. Konservative BioethikerInnen säßen dagegen einem naturalistischen Fehlschluss auf, wenn sie die vorherrschende Abneigung gegen Lebensverlängerung zum unabänderlichen moralischen Gesetz erhöben.

De Grey geht in seiner ethischen Argumentation von zwei zentralen, in der Bevölkerung angeblich unkontroversen Werten aus: dem Recht auf Leben und der Vermei-

---

107 vgl. z. B. Harris 2004: *Immortal ethics*.
108 vgl. de Grey 2005: *Life extension & human rights*.
109 vgl. de Grey et al. 2007: *Ending aging*, S. 8.
110 de Grey 2005: *Life extension & human rights*, S. 662.

dung von Altersdiskriminierung. Er argumentiert erstens, dass das Recht eines gesunden Menschen, zu leben, in der westlichen Welt seit einigen Jahrzehnten Konsens sei und die aktive Herbeiführung unnötig frühen Todes (z. B. durch Mord, Todesstrafe oder Krieg) als schlecht gelte.[111] Da kein moralischer Unterschied zwischen Handlung und Nicht-Handlung bestehe, wäre es nicht nur unmoralisch, aktiv zu töten (Handlung), sondern auch, Möglichkeiten der Lebensverlängerung zu unterlassen (Nicht-Handlung). Nicht nur durch die Heilung von Krankheiten oder die Rettung junger Menschen in Lebensgefahr würden Leben gerettet, auch die Lebensverlängerung wäre Lebensrettung. Denn in allen Fällen werde Menschen zu einer potenziell längeren Lebensspanne verholfen. „I'm in this business to save lives,"[112] erklärt de Grey und appelliert „lives, lots of them, are at stake."[113] Während John Harris den übergeordneten moralischen Imperativ, Leben zu retten, am Kriterium der „für die Person akzeptablen Lebensqualität" festmacht,[114] geht de Grey weiter und spricht lediglich von „gesunden Menschen". So heißt es im Untertitel seines Artikels: „Healthy people have a right to carry on living."[115] Wer jedoch sterben wolle, könne dies selbstverständlich weiterhin tun.[116]

De Grey argumentiert zweitens, dass durch die Abschaffung des Alterns auch Probleme der Gleichheit vereinfacht würden.[117] Die häufige Befürchtung, durch Anti-Aging würden junge Menschen bei der Verteilung der knappen gesundheitlichen Ressourcen gegenüber Alten benachteiligt, obwohl Junge noch mehr im Leben zu gewinnen hätten, treffe schlicht nicht zu. Denn durch die Abschaffung des Alterns bestünden faktisch keine physiologischen Unterschiede mehr zwischen älteren und jüngeren Menschen. Entsprechend würden Ältere nur länger, aber nicht häufiger medizinische Ressourcen verbrauchen und hätten auch nicht wesentlich weniger im Leben zu gewinnen als Jüngere. Zudem sei die moralische Überzeugung, dass die Ungleichbehandlung von Menschen aufgrund ihres Alters schlecht sei, mittlerweile in der Gesellschaft tief verwurzelt – auch wenn es bei ihrer Umsetzung noch hapere. Rational betrachtet sei die substanzielle Lebensverlängerung eine Frage des Anti-Agism. Denn ein besonders fundamentaler Fall von Altersdiskriminierung sei, wenn älteren Menschen ihr Recht, länger zu leben, verwehrt würde.

Zur Umsetzung dieser Vorstellung des guten Alterns nimmt de Grey nicht wie die A4M die Medizin, sondern vor allem die Naturwissenschaften in die Pflicht. Insbesondere die Biogerontologie müsse endlich ihrer „public duty", die Welt von der Geißel des Alterns zu befreien, nachkommen.[118] Die Menschheit solle ihnen dafür die nötigen For-

---

111 vgl. de Grey 2005: *Life extension & human rights*, S. 661f.
112 de Grey et al. 2007: *Ending aging*, S. 332.
113 de Grey 2005: *Like it or not*.
114 Harris 2004: *Immortal ethics*, S. 528.
115 de Grey 2005: *Life extension & human rights*.
116 vgl. auch Imhasly 2008: *Wer sterben will, darf das weiterhin*.
117 vgl. de Grey 2005: *Life extension & human rights*, S. 662f.
118 vgl. ebd. S. 659.

schungsmittel bereitstellen. Und die Bioethik könne insofern zur Rettung der Welt beitragen, indem sie mithelfe, die vorherrschende Pro-Aging Trance zu beenden.[119] Individuen werden vornehmlich als potenzielle Spender von Forschungsgeldern adressiert. Ein gesunder Lebensstil wird ihnen nur am Rande empfohlen, um ihre Chance zu erhöhen, von der zukünftigen „real anti-aging medicine" selbst zu profitieren. Entsprechend rät die SENS Foundation dem Einzelnen: „Eat well, exercise and support the Methuselah Foundation."[120]

2.2.4 Ein „engineering approach" zur Reparatur sekundärer, molekularbiologischer Alterungsursachen

Die Interventionen in Alterungsprozesse, für welche die SENS Foundation Grundlagenforschung betreibt, unterscheiden sich grundlegend von den Therapievorschlägen der A4M und auch von den Interventionslogiken der Biogerontologie und der Geriatrie. De Grey kritisiert, dass die Biogerontologie bisher an den primären altersbedingten Veränderungen des Stoffwechsels (Metabolism) ansetze und u. a. daran scheitere, dass diese so komplex seien, dass sie bisher kaum verstanden, geschweige denn gestaltbar seien. Die Geriatrie und auch die A4M setzten hingegen an bereits manifesten altersassoziierten Pathologien an und scheiterten, weil diese bestenfalls im präsymptomatischen Stadium abgemildert, aber nicht mehr geheilt werden könnten. Der „engineering approach" der SENS Foundation versteht sich als „intermediate, best-of-both-worlds alternative to [bio]gerontology and geriatrics".[121] Er zielt deshalb darauf, biologische Alterungsprozesse zwar erst nach ihrer Entstehung im Stoffwechsel zu beeinflussen, aber bevor sie auf physiologischer Ebene zu Pathologien akkumulieren.

Die SENS Foundation schlägt für jede der sieben Klassen tödlicher Altersschäden molekularbiologische Interventionen vor, die diese in regelmäßigen Abständen reparieren oder neutralisieren könnten.[122] In vielen Fällen sollen dem Körper dabei neue Proteine zugeführt oder bestehende Proteine entfernt werden. Dies soll entweder durch Transplantation, Zelltherapie, somatische Gentherapie oder somatische Proteintherapie geschehen. So wird z. B. für „aging damage" der skizzierten Kategorie extrazellulären Mülls folgende „SENS solution" vorgeschlagen: Der extrazelluläre Müll könnte durch immunotherapeutische Reinigung beseitigt werden. Zu diesem Zweck würde das Immunsystem mit bestimmten Impfungen so stimuliert, dass es den Müll entsorgen könne. Dieser Ansatz wird im Forschungsbereich AmyloSENS der SENS Foundation erforscht.

Am Beispiel hormoneller Alterung wird die Unterschiedlichkeit der Ansätze noch einmal sehr deutlich. Die A4M hält sinkende Hormonspiegel durch Hormongaben auf

---

119 de Grey 2005: *Life extension & human rights*, S. 663.
120 de Grey et al. 2007: *Ending aging*, S. 339.
121 ebd. S. 42.
122 vgl. ebd. S. 43 ff.

jugendlichen Werten. Die Biogerontologie versucht, die primären Gründe dieser altersassoziierten Veränderung zu verstehen. Die Geriatrie versucht, u. a. daraus resultierende Krankheiten zu heilen. Die SENS Foundation schlägt hingegen vor, sekundäre Ursachen endokriner Alterung zu reparieren. De Grey versteht endokrine Alterung als eine Folge extrazellulärer crosslinks und intra- sowie extrazellulären Mülls. Wenn diese repariert seien, sei er „optimistic that the endocrine system will mostly fall off the list of things we need to fix."[123] Falls Hormonspiegel widererwartend doch absinken sollten, könnte dies wiederum relativ einfach behoben werden. Denn man könne einfach andere Zellen herstellen, z. B. genetisch modifizierte Muskelzellen, welche die Hormonproduktion übernehmen könnten.[124]

Aubrey de Grey betont – manchmal im Widerspruch zu seinen häufig mehr als optimistischen Formulierungen –, dass es sich hier bisher nur um das theoretische Konzept einer zukünftigen Anti-Aging-Medizin handle, das jedoch erste ermutigende Bestätigungen in der Grundlagenforschung erfahren hätte. Die Chancen stünden gut, dass durch seinen „Strategies for Engineering Negligible Senesence" (SENS) sekundäre Ursachen der Alterung so umfassend repariert werden könnten, dass sie sich nur noch in unwesentlichem Maße auf physiologischer Ebene manifestierten. Altersbezogene Schwächungen, Krankheiten und Tode würden „postponed to indefinitely greater ages so that people never reach it."[125] In nicht allzu ferner Zukunft könnte das Altern als Beeinträchtigungs-, Krankheits- und Todesursache abgeschafft sein, so dass „many people alive today [can be expected] to live to one thousand years of age."[126] Zukünftig seien noch höhere vierstellige Lebensspannen denkbar.

Entsprechend ist die zweite Kernbotschaft der SENS Foundation neben der Entmystifizierung der Pro-Aging-Trance: „The defeat of aging is *feasible*."[127] Häufig ist in diesem Zusammenhang vom „Ende" oder der „Eliminierung" des Alterns die Rede. Ziel ist jedoch nicht die Abschaffung primärer biologischer Alterungsprozesse, sondern vielmehr das kontinuierliche Reparieren von deren schädlichen Folgen bzw. sekundären Alterungsursachen. Denn „aging of the body, just like aging of a car or a house, is merely a maintenance problem."[128]

Aubrey de Greys Vorschlag für die zukünftige Gestaltung biologischer Alterungsprozesse wurde und wird von vielen seiner biogerontologischen KollegInnen scharf kritisiert. Anders als die A4M wird die SENS Foundation jedoch nicht wegen der Kapitalisierung quacksalberischer Anwendungen, sondern wegen spekulativer wissenschaftlicher Hypothesen kritisiert.

---

123 de Grey 2003: *Engineer's approach*, S. 2.
124 vgl. ebd. S. 4.
125 de Grey et al. 2007: *Ending aging*, S. 8.
126 ebd. S. 325.
127 de Grey et al. 2007: *Ending aging*, S. 12, Hervorhebung im Original.
128 ebd. S. 21.

3 Der untersuchte Kontext: Anti-Aging im Umfeld der Deutschen Gesellschaft für Prävention und Anti-Aging Medizin e. V. (GSAAM)

Im Folgenden wird erarbeitet, welcher Handlungskontext des Anti-Aging Gegenstand der Untersuchung ist. Dies dient, wie bereits erläutert, der Erarbeitung eines kontextbezogenen Anti-Aging-Begriffs. Denn Ausgangspunkt der Untersuchung ist keine bestimmte Definition des Anti-Agings, sondern die Auswahl eines Kontexts, dessen handlungsleitender Begriff des Schlagworts Anti-Aging erarbeitet und problematisiert wird. Die Positionalität dieses Kontexts im heterogenen Anti-Aging-Feld wird im Vergleich zur A4M und SENS Foundation deutlich.

Die folgende Skizze der Entstehung, der organisatorischen Strukturen, AkteurInnen und Aktivitäten der Deutschen Gesellschaft für Prävention und Anti-Aging-Medizin (GSAAM) bereitet auch zwei weitere Untersuchungsschritte vor: Zum einen wird das Vorgehen bei der Feldforschung (vgl. Teil 1, Kapitel 4.2) erst anhand der Struktur des Handlungskontexts plausibel. Zum anderen ist für die Einschätzung der Anti-Aging-Medizin in Deutschland nicht unerheblich, innerhalb welcher Handlungszusammenhänge sie entstanden ist und praktiziert wird. So verstehen wortführende GSAAM-MedizinerInnen ihr Programm als eine neue medizinische Subdisziplin. Es findet sich aber auch das Argument, dass es nicht sinnvoll sei, von einem neuen medizinischen Fachgebiet zu sprechen.[129] Auch von einer sozialen Bewegung ist die Rede.[130] Der GSAAM-Kritiker Manfred Stöhr beschreibt Anti-Aging hingegen primär als Wirtschaftsunternehmen und erklärt die GSAAM zu einem „Aktions- und Koordinationszentrum", von dem

> „unzählige ‚Anti-Aging-Kliniken', ‚Life-Extension-Institute', Fettschmelzen, Praxen und Kliniken für ästhetische Chirurgie, Fitnessstudios, Ernährungs- und Lifestyle-Berater ihre Direktiven erhalten."[131]

Eine empirische Prüfung dieser Thesen über den Handlungskontext der deutschen Anti-Aging-Medizin scheint wichtig, um u. a. transparent zu machen, welche gesellschaftliche Stellung ihre Protagonisten innehaben und welche anderen als altersbezogene Rationalitäten ihre Praxis leiten.

---

129 vgl. Jacobi 2005: *AA: Sinnbild, Sehnsucht, Wirklichkeit*, S. 11.
130 vgl. z. B. Römmler in Feldnotizen 8. GSAAM Konferenz, München, 2008, P6:75 und Spindler 2006: *AA als Forschungsgegenstand*, S. 11. In Bezug auf die A4M siehe Mykytyn 2006: *AAM (patient/practitioner movement)*, S. 644.
131 Stöhr 2005: *Wahrheit über AA*, S. 113.

3.1 Organisation: Von der A4M-Tochter zum eigenständigen Dienstleistergefüge

Die Deutsche Gesellschaft für Prävention und Anti-Aging Medizin e. V. wurde 1999 in München als gemeinnütziger Verein gegründet. Ihr ursprünglicher und bis heute vor allem in seiner Abkürzung geläufiger Name ist die englische Bezeichnung German Society of Anti-Aging-Medicine e. V., kurz GSAAM. Die GSAAM versteht sich als eine interdisziplinäre medizinisch-wissenschaftliche Fachgesellschaft.[132] Der Antrag der GSAAM auf die Zulassung der Zusatzbezeichnung „Anti-Aging-Mediziner" wurde jedoch 2006 von der Bundesärztekammer abgelehnt.[133] In ihrer Gründungsphase lassen sich mindestens drei richtungsweisende Einflüsse ausmachen: Sie wurde erstens als Tochtergesellschaft der American Academy of Anti-Aging Medicine (A4M) und zweitens in Zusammenarbeit mit der österreichischen Anti-Aging-Szene gegründet und drittens u. a. von dem Hormonpräparat- und Nahrungsergänzungsmittelhersteller VitaBasix® gesponsert. Um das Jahr 2008 durchlief die GSAAM einen ambivalenten Emanzipationsprozess von ihrer US-amerikanischen Muttergesellschaft und wurde zu einem europäisch gewichtigen Dienstleistergefüge ausgebaut. Drei wichtige Partnerorganisationen der GSAAM sind die medox Verlagsgesellschaft mbH, die GPeV – Gesellschaft für Prävention e. V. gesund älter werden und die GSAAM Hochschulpartner gGmbH (HSP). Diese organisatorische Seite des Handlungszusammenhangs wird im Folgenden skizziert.

Dass die GSAAM *nach dem Vorbild und in Zusammenarbeit mit der American Academy of Anti-Aging Medicine* entstanden ist, zeigt sich bereits im Namen der Organisation. Die Bezeichnung *German Society of Anti-Aging Medicine* fügt sich in die Nomenklatur des von der A4M aufgebauten, weltweiten Netzes an Anti-Aging-Medizingesellschaften.[134] Die deutsche Übersetzung und auch die Erweiterung des Namens in „Deutsche Gesellschaft für Prävention und Anti-Aging Medizin" wurden erst deutlich später in den Vordergrund gerückt. Weiterbildungsangebote der GSAAM wurden in den Anfangsjahren zeitweise u. a. im Rahmen einer GmbH angeboten, deren Name A3M lautete,[135] was mit Akademie für Präventiv- und Anti-Aging-Medizin übersetzt wurde. Einige der wortführenden GSAAM-MedizinerInnen nutzen oder nutzten die Konferenz- und Ausbildungsangebote der A4M oder bekleiden auch Posten in deren weltweitem Organisationsgefüge. In frühen Veröffentlichungen der GSAAM werden die USA bzw. die US-amerikanische Anti-Aging-Medizin gerne als Vorbild für die Etablierung der Disziplin in Deutschland herangezogen.[136]

Die A4M hatte jedoch nicht allein Vorbildcharakter für die GSAAM, vielmehr entspann sich eine für die Institutionalisierung beider Seiten dienliche, wechselseitige

---

132 Der Internetauftritt der Organisation findet sich unter http://gsaam.de (29.11.2013).
133 vgl. Feldnotizen Podiumsdiskussion 2. Europäischer Präventionstag, 2008, P13:79.
134 vgl. z. B. Schlink 2005: *AA World*.
135 vgl. [N. N.] 2005: *Schulungsprogramme*, S. 121.
136 z. B. Moltz et al. 2002: *Vorwort (1. GSAAM Konferenz)*, S. VI.

Nutzung von Ressourcen und Infrastruktur. „In unserem Institut verwenden wir bevorzugt eine modifizierte Form des Longevity-Tests der American Academy of Anti-Aging-Medicine,"[137] erklärte der spätere GSAAM-Präsident Kleine-Gunk beispielsweise in einem im Umfeld der GSAAM erschienenen Anti-Aging-Lehrbuch. Umgekehrt war für das GSAAM-Journal ursprünglich geplant, turnusmäßig eine gemeinsame, englischsprachige Ausgabe mit der A4M herauszugeben.[138] Auch wenn dies nicht realisiert wurde, findet sich doch das Logo der A4M auf den Journalausgaben der Jahre 2005 und 2006.

Eine zweite Wurzel der deutschen Anti-Aging-Medizin reicht nach Österreich. Für die Gründung der GSAAM war auch die ebenfalls eng mit der A4M verbundene „*österreichische Gruppe um die Professoren Huber, Metka und Clementi*"[139] von zentraler Bedeutung, welche – als die GSAAM noch in ihren Kinderschuhen steckte – bereits Wien als europäische Hauptstadt des Anti-Agings profiliert hatten. So lässt Kleine-Gunk seine humoristische Geschichte der ersten 4000 Jahre der Anti-Aging-Medizin bei dem „derzeitigen Papst des Anti-Agings", Johannes Huber, enden,[140] dessen Vorträge bis vor Kurzem auf kaum einer GSAAM-Konferenz fehlten und als hochinteressante, wegweisende, wissenschaftliche Höhepunkte gefeiert wurden.[141]

Der Wiener Gynäkologieprofessor, katholische Theologe und Leiter der ersten österreichischen Bioethikkommission Johannes Huber[142] war wichtiger Impulsgeber für die GSAAM was seine Forderung nach einer Präventionsorientierung, biomedizintechnischen Erneuerung und genetische Personalisierung der Altersmedizin und eine entsprechende Erweiterung von Hormonersatztherapien angeht. Seine wissenschaftlichen, politischen und religiösen Referenzen machten Huber zudem zu einem glaubhaften Garanten der Anti-Aging-Medizin als die Präsidenten der A4M. Von der in Österreich öffentlich geführten Kontroverse über Hubers liberale Position zur Stammzellforschung,[143] die Strittigkeit seiner Präsidentschaft der Bioethikkommission[144] sowie seine vielfältigen ökonomischen Verwicklungen,[145] aufgrund derer er sein Amt als Präsident der Bioethikkommission schließlich niederlegte,[146] ist im Umfeld der GSAAM wenig zu hören.[147] Neben Johannes Huber ist der Gynäkologe Christian Lauritzen zu nennen, der auf dem ersten ESAAM Kongress in Wien als „großer Vater der

---

137 Kleine-Gunk 2005: *AA. Institute & Sprechstunden*, S. 376.
138 Hennig et al. 2005a: *Editorial*.
139 vgl. Hennig et al. 2005b: *Editorial* und Feldnotizen Menopausekongress, Wien, 2005.
140 Kleine-Gunk 2007: *AA. Die ersten 4000 Jahre*, S. 16.
141 Hennig et al. 2006a: *Editorial*.
142 siehe auch Spindler 2008: *Surrogate religion, spiritual materialism or protestant ethic?* S. 326 ff.
143 vgl. z. B. Spindelböck 2000: *Dem Leben a. d. Spur?*
144 vgl. z. B. Prat 2007: *Bioethikkommission*.
145 vgl. z. B. Taschwer 2007: *Ganz klar Mist*.
146 vgl. z. B. Taschwer 2007: *Spitzenmediziner im Kreuzfeuer*.
147 vgl. Feldnotizen 6. Konferenz der GSAAM, Düsseldorf, 2006, P11:245.

Hormonersatztherapie" geehrt und als „Genius und Spiritus der frühen Anti-Aging Medizin"[148] bezeichnet wurde.

Richtungsweisend bei der Gründung der GSAAM war neben der A4M und der österreichischen Anti-Aging-Szene auch der niederländische Hersteller von Hormonpräparaten und Nahrungsergänzungsmitteln *VitaBasix*®.[149] Das Unternehmen fiel lange Zeit durch aufwendige Stände auf den Industrieausstellungen der GSAAM-Konferenzen auf,[150] war in großen Anzeigen mit ihrem Slogan „Stop Aging – Start Living!" im GSAAM-Journal vertreten, wurde in zahlreichen Konferenzvorträgen empfohlen und scheint auch an den Gründungsaktivitäten der GSAAM finanziell beteiligt gewesen zu sein. Auf der sechsten Jahrestagung der GSAAM wurde ein Festabend anlässlich des zehnjährigen Jubiläums der Firma VitaBasix gegeben, auf dem die damals wortführenden GSAAM-Ärzte Alexander Römmler, Michael Klentze und Jan-Dirk Fauteck die gemeinsame Geschichte des Unternehmens und der GSAAM rekapitulierten. Der Firmengründer von VitaBasix kam Römmler und Klentze zufolge aus den USA nach Europa, um in den europäischen Markt einzusteigen:

> „In Wien traf er auf die Anti-Aging-Riege, die ihm, der damals noch keine Ahnung von Hormonen hatte, in durchzechten Nächten die biochemischen Grundlagen erklärten. [...] Im Gegenzug unterstützte [... er] den Aufbau der GSAAM und vor allem auch der ESAAM [European Society of Preventive, Regenerative and Anti-Aging Medicine]."[151]

Die Festredner der GSAAM dankten dem Inhaber der Firma VitaBasix für seine außerordentliche Großzügigkeit und überreichten ihm zum Dank ein wertvolles Gemälde.[152] Auch andere Unternehmen wirkten bei der Gründung der GSAAM mit, wie z. B. das u. a. auf Hormonpräparate spezialisierte pharmazeutische Unternehmen Dr. Kade.[153]

Wie in der Einleitung bereits angedeutet fanden sich jedoch neben der Allianz mit der A4M bald auch kritische Stimmen in Bezug auf die US-amerikanische Muttergesellschaft. Insbesondere Bernd Kleine-Gunk nahm die A4M schon früh kritisch aufs Korn. In seinem Editorial „Sind wir alle Quaksalber *[sic]?*" kritisiert der GSAAM-Arzt, dass im Newsletter der A4M „zumeist unsäglich dummes Zeug publiziert und noch der letzte Quatsch als ‚Wunderdroge gegen das Altern' angepriesen"[154] würde. Auch mit der Faustregel der A4M „Don't get sick, don't get old, don't die!"[155] und ihrer Sek-

---

148 Hennig et al. 2006a: *Editorial*.
149 vgl. http://www.vitabasix.com (29.11.2013).
150 z. B. Feldnotizen 6. Konferenz der GSAAM, Düsseldorf, 2006, P11:278.
151 Feldnotizen 6. Konferenz der GSAAM, Düsseldorf, 2006, P11:804 ff.
152 ebd.
153 vgl. Feldnotizen 7. GSAAM Konferenz, München, 2007, P8:42 und http//www.kade.de (29.11.2013).
154 Kleine-Gunk 2002 oder 2003: *Sind wir alle Quaksalber[sic]?* S. 1.
155 vgl. Feldnotizen 8. GSAAM Konferenz, München, 2008, P6:87.

tion „Anti-Aging for Pets",[156] erntet er auf Konferenzen das Gelächter seiner Zuhörerschaft.[157] Kleine-Gunk trug damit den im angloamerikanischen Raum geführten Krieg gegen Anti-Aging-Medizin ins Umfeld der GSAAM. Dabei schlägt er sich nicht etwa auf die Seite der US-amerikanischen Muttergesellschaft, sondern schließt sich explizit dem Positionspapier der A4M kritischen (Bio)Gerontologen[158] an[159] und fordert eine neue Standortbestimmung der Anti-Aging-Medizin.[160]

Zum *offiziellen Bruch mit der A4M,* der sich „bereits seit längerer Zeit angedeutet"[161] hatte, kam es jedoch erst im September 2008 anlässlich eines Führungsstreits in der europäischen Dachorganisation der nationalen Anti-Aging-Medizin Gesellschaften ESAAM. Die European Society of Anti-Aging Medicine – die heute ähnlich wie die GSAAM den erweiterten Namen European Society of Preventive Regenerative and Anti-Aging Medicine trägt[162] – wurde unter maßgeblicher Beteiligung von wortführenden GSAAM-Ärzten, ihrer österreichischen und US-amerikanischen KollegInnen im Jahr 2003 in Paris gegründet.[163] Als Teil des von der A4M initiierten weltweiten Netzwerks an Anti-Aging-Organisationen veranstaltet die ESAAM u. a. Anti-Aging-Konferenzen und Weiterbildungsangebote für ÄrztInnen. Im September 2008 fand der jährliche ESAAM-Kongress in Düsseldorf statt.[164] Zwei Tage vor Konferenzbeginn veröffentlichten die deutschsprachigen Anti-Aging-Medizin-Gesellschaften – GSAAM (Deutschland), Androx[165] (Österreich) und SSAMMP[166] (Schweiz) – die einleitend zitierte, gemeinsame Presseerklärung. In dieser distanzierten sie sich nicht nur vom ESAAM-Kongress und erklärten ihren Austritt aus der ESAAM, sondern verkündeten auch offiziell ihren Bruch mit der A4M (vgl. Einleitung, Kapitel 1).

Hintergründe dieses Konflikts mit der ESAAM wurden bereits auf der Mitgliederversammlung der GSAAM im Mai 2008 heftig diskutiert.[167] Hier stand jedoch weniger die Unwissenschaftlichkeit der A4M, sondern ihr aggressives Drängen auf den europäischen und insbesondere deutschen Markt im Vordergrund. So wurde auf der Mitglie-

---

156 Kleine-Gunk 2002 oder 2003: *Sind wir alle Quaksalber[sic]?* S. 1.
157 vgl. Feldnotizen 8. GSAAM Konferenz, München, 2008, P6:87.
158 Olshansky et al. 2002: *Position statement on human aging.*
159 z. B. Kleine-Gunk 2002 oder 2003: *Sind wir alle Quaksalber[sic]?* Kleine-Gunk 2007: *AAM. Hoffnung oder Humbug?* und Kleine-Gunk 2008: *Prävention braucht mehr als Medizin.* In seinem 2005 erschienenen Editorial „Anti-Aging am Scheideweg" grenzt sich Kleine-Gunk zwar gegen die „paramedizinisches" Anti-Aging ab, übt aber keine direkte Kritik an der A4M (vgl. Kleine-Gunk 2005: *AA am Scheideweg*).
160 Kleine-Gunk 2007: *AAM. Hoffnung oder Humbug?* S. A2059.
161 Kleine-Gunk 2005: *AA am Scheideweg* Römmler et al. 2008: *AA am Scheideweg,* S. 1.
162 vgl. http://www.esaam-org.eu/ (29.11.2013).
163 Hennig et al. 2005a: *Editorial.*
164 vgl. Feldnotizen ESAAM Konferenz, Düsseldorf, 2008, P3.
165 The Society for the Aging Male and Female, siehe http://www.androx.com/ (23.02.2011).
166 Swiss Society for Anti Aging Medicine and Prevention, siehe http://www.ssaamp.ch/ (29.11.2012).
167 vgl. Feldnotizen 8. GSAAM Konferenz, München, 2008, P6:51ff.

derversammlung berichtet, dass sich zwei offensichtlich A4M treue „Köpfe" der ESAAM per Handschlag und ohne Abstimmung mit den Mitgliedern der ESAAM verpflichtet hätten, die ESAAM-Kongresse für die nächsten Jahre über die Eventagentur MCII abzuwickeln. Diese von der A4M gegründete und mittlerweile für insgesamt 59 Millionen US-Dollar an das Londoner Medienunternehmen Tarsus Group verkaufte Agentur betreibt die systematische Erschließung u. a. des europäischen Anti-Aging-Marktes.[168]

Der GSAAM-Präsident Alexander Römmler erklärte auf der Mitgliederversammlung, dass neben der untragbaren undemokratischen Vorgehensweise dieser Vertrag eine bedenkliche kommerzielle Bindung der GSAAM bedeute. Diese habe es mühsam geschafft, dass Anti-Aging und Prävention nicht mit Kommerz gleichgesetzt würden. Die Anti-Aging-Konferenzen der MCII seien hingegen reine Verkaufsveranstaltungen, auf denen häufig vor den Vortragsräumen die im Vortrag gepriesenen Produkte verkauft würden und die ästhetischen Disziplinen sehr präsent seien. Bei der GSAAM handle es sich dagegen um eine „neutrale, rein wissenschaftliche Gesellschaft". „Wir lassen uns nicht einkaufen. [...] NO THANKS," war der Tenor der aufgebrachten GSAAM-Mitglieder. In einem Kommentar zu dem Konflikt im GSAAM-Newsletter führt Alexander Römmler neben der wissenschaftlichen Neutralität der GSAAM auch deren Gewinnchancen ins Feld. Er vermittelt einen Eindruck davon, dass die GSAAM mit Rücklagen in Höhe von 182 000 € im Jahr 2008[169] nicht ansatzweise so finanzstark ist wie die A4M:

> „Eine britisch-US-amerikanische Investorengruppe und eine Kongressagentur haben uns ein finanzielles Angebot gemacht, unsere Aktivitäten nur noch unter deren Leitung, kommerziellen Ausrichtung und wirtschaftlichen Power zu entfalten. Man beabsichtigt, damit viel Geld zu verdienen, ‚wir' sollten natürlich unsere Engagements wie stets üblich kostenfrei einbringen."[170]

VertreterInnen der drei deutschsprachigen Anti-Aging-Medizingesellschaften beschlossen deshalb die Gründung einer Gegenorganisation zur ESAAM. Im Rahmen von Johannes Hubers jährlichem „Menopause, Andropause, Anti-Aging-Kongress" in Wien gründeten sie das „European Board of Leading Anti-Aging Societes" oder auch „Leading Scientific Anti Aging Societies",[171] von der sich heute jedoch kein Internetauftritt mehr findet.

---

168 vgl. Wilson 2007: *Aging: Disease or business opportunity?* und http://fusiondiginet.com/2010/03/14/tarsus-increases-exposure-to-us-growth-opportunities-through-acquisition-of-remaining-20-minority-interest-in-medical-conferences-international/ (29.11.2013).
169 vgl. Feldnotizen 8. GSAAM Konferenz, München, 2008, P6:48.
170 Römmler 2008: *Newsletter Editorial.*
171 z. B. http://www.ssaamp.ch/veranstaltungen/kongress-2010/referenten-alphabetisch/ballier-roland/ (23.02.2011).

Nicht nur auf europäischer, sondern auch auf nationaler Ebene war die Etablierung der GSAAM als Organisation begleitet von der ebenso professionellen wie erfinderischen Gründung weiterer Organisationen, die die Institutionalisierung der Anti-Aging-Medizin in Deutschland vorantreiben sollten. Zu nennen sind insbesondere drei Partnerorganisationen der GSAAM, auf welche über die Kompetenzen einer medizinischen Fachgesellschaft hinausgehende Aktivitäten ausgelagert wurden:

Erstens die Bonner *medox Verlagsgesellschaft mbH*, die zur marketingstrategischen und publizistischen Unterstützung der GSAAM gegründet wurde.[172] Die Marketingoffensive, die u. a. der Geschäftsleiter Peter Schlink zur Begleitung der ersten, politischen Schritte „in Richtung ‚freie Marktwirtschaft' im Gesundheitswesen" entwarf, zielte darauf, Dienstleister und Kunden im Bereich Präventions- und Anti-Aging-Medizin zusammenzubringen. Die neue Kommunikationsstrategie der GSAAM verfolgte zum einen das Ziel, dem „Schock", den die hormonersatzkritischen WHI-Studien ausgelöst hatten, dementierend entgegenzuhalten und zu „zeigen, wir sind seriös."[173] Zum anderen sollte mehr Nachfrage auf Kundenseiten generiert werden, vor allem durch das Aufbrechen der „verkrusteten Einstellung, dass man als Patient alles bezahlt bekommt". Zu diesem Zweck initiierte medox u. a. zwei Aktivitäten, die sich durch ihr auf Klasse bedachtes Design, ihre geschickte politische Anbindung und auch eine aggressive Eigenverantwortungsrhetorik deutlich von dem Marketingkonzept der A4M abheben: Das GSAAM-Journal und den Europäischen Präventionstag (vgl. Teil 1, Kapitel 3.3). Einer meiner Gesprächspartner berichtete, dass der Verlag im Zuge der Wirtschaftskrise aufgelöst worden sei.[174] Auch besteht die Internetseite von medox und dem GSAAM-Journal nicht mehr und als Veranstalter des Präventionstags ist eine Firma namens medox publishing GmbH angegeben.

Teil der medox Strategie war die Gründung der „*GPeV — Gesellschaft für Prävention e. V. gesund älter werden*"[175] im Jahr 2007, die u. a. als Trägerin des Europäischen Präventionstags fungiert. Während sich die medizinische Fachgesellschaft GSAAM primär an die ÄrztInnenschaft wendet, zielt die u. a. von Claudia Hennig und Alfred Wolf aufgebaute GPeV darauf, den „Zugang zu Entscheidungsträgern" aus Politik, Industrie, Verbänden, Kassen und Versicherungen herzustellen,[176] um präventions- und standespolitische Lobbyarbeit betreiben zu können. „Wem nützt es, wenn vermehrt Prävention betrieben wird?", fragt eine Presseerklärung zum 1. Europäischen Präventionstag und antwortet sogleich: „[...] dem Staat, den Apothekern und den Versicherungen. Ergo müssen auch die Nutznießer der Präventionsmedizin für deren Etablierung Sorge tra-

---

172 vgl. Schlink et al. 2007: *Gemeinsam stark* und Feldnotizen „Menopause Andropause Anti-Aging" Kongress, 2005, Wien, handschriftlich.
173 ebd.
174 vgl. Interview P25:1083.
175 Internetauftritt siehe http://www.gpev.eu/ (19. 11. 2013).
176 vgl. Ziese 2008: *GSAAM & GPeV*, S. 110.

gen. Auch in finanzieller Hinsicht [...]."[177] So gehörten dem „Experten-Forum" der GPeV anfangs ein Vertreter des Hartmannbundes NRW, der präventionspolitische Sprecher der FDP, die Vorstände der Axa Krankenversicherung, des Marburger Bundes und der Privaten Krankenversicherung sowie VertreterInnen der GSAAM an.[178] Gegenüber der Öffentlichkeit und den VerbraucherInnen wird die GPeV gerne als „ADAC der Präventionsmedizin"[179] empfohlen, als „Kompass für den Verbraucher durch das sich schnell wandelnde Segment der Präventionsmedizin".[180]

2007 gründete die GSAAM schließlich eine weitere Abteilung in haftungsbeschränkter Rechtsform, die mit der Etablierung eines Hochschulstudiengangs in Präventions- und Anti-Aging-Medizin befasst sein sollte. Die *GSAAM Hochschulpartner gGmbH (HSP)* sollte die GSAAM, aber auch die ESAAM und andere Fachgesellschaften bei der Einrichtung von Studiengängen und Stipendienprogrammen im europäischen Studienraum beraten.[181] Seit der Etablierung des GSAAM-Studiengangs an der Dresden International University findet die HSP keine Erwähnung mehr im untersuchten empirischen Material und betreibt auch keine Internetpräsenz mehr.

Die organisatorische Entwicklung lässt sich also wie folgt zusammenfassen: Die GSAAM hat einen ambivalenten Emanzipationsprozess von ihrer US-amerikanischen Muttergesellschaft A4M durchlaufen und auch an Eigenständigkeit gegenüber der österreichischen Anti-Aging-Szene gewonnen. An ihrer Gründung waren auch Hersteller von Nahrungsergänzungsmitteln und Hormonpräparaten beteiligt, die teilweise auch heute noch eng mit der Organisation verbunden sind. Die GSAAM wurde zu einem geschickt aufgestellten Dienstleistergefüge ausdifferenziert, das zu einem der gewichtigsten Akteure der europäischen Anti-Aging-Medizin avancierte.

3.2 AkteurInnen: Ein ärztlich-unternehmerischer Interessenverbund

Während die A4M und insbesondere die SENS Foundation stark auf ihre Präsidenten zugeschnitten sind bzw. häufig auf diese reduziert werden, zeichnet sich im Hinblick auf die GSAAM ein weniger monolithisches Bild: Zum einen ist der GSAAM-Präsident von einem kleinen, ebenfalls einflussreichen Kreis wortführender ÄrztInnen umgeben und zum anderen hat sich in diesem Leitungsteam bereits ein Generationswechsel vollzogen. Insbesondere Alexander Römmler, Bernd Kleine-Gunk, Alfred Wolf, Claudia Hennig, Johannes Huber und Michael Klentze haben die Entwicklung der GSAAM im Zeitraum der Feldforschung maßgeblich geprägt. Im Folgenden werden die beiden bisherigen Präsidenten der GSAAM, Alexander Römmler und Bernd Kleine-Gunk kurz vorgestellt.

---

177 [N.N.] 2007: *Gesundheitsplanung statt Krankheitsmanagement.*
178 vgl. [N.N.] 2007: *Gesundheitsplanung statt Krankheitsmanagement.*
179 vgl. z. B. [N.N.] 2007: *ADAC gesundheitlicher Prävention.*
180 Ziese 2007: *Transparenz f. Qualität & Stärkung d. Patientenrechte*, S. 378, siehe auch Ziese 2008: *GPeV*.
181 vgl. Weilers 2007: *Zukunftsweisende Weichenstellungen d. GSAAM.*

Ihre Hintergründe und Tätigkeiten im Umfeld der GSAAM vermitteln einen ersten Eindruck davon, dass das Feld weder maßgeblich von biomedizinwissenschaftlichen Visionären (SENS Foundation) noch von einem „patient/practitioner movement"[182] (A4M) getragen ist. Vielmehr handelt es sich um einen ärztlich-unternehmerischen Interessenverbund:

PD Dr. med. *Alexander Römmler* war von 1999 bis 2009 der erste Präsident der GSAAM und ist bis heute ihr Ehrenpräsident. Der Endokrinologe und Gynäkologe war in der medizinischen Forschung tätig, bis er in den 1980er Jahren das Hormon Zentrum München gründete.[183] Zunächst vor allem mit Reproduktionsmedizin befasst, begann Römmler in seinem Zentrum Mitte der 1990er Jahre auch hormonelle Anti-Aging-Behandlungen anzubieten[184] und durch zahlreiche Vorträge, Fortbildungen und Publikationen bekannt zu machen.[185] U.a. hielt er den hormonersatzkritischen WHI-Studien sein Buch „Die Wahrheit über Hormone"[186] entgegen. Auch im Umfeld der GSAAM ist Römmler als profilierter Hormonexperte bekannt.[187]

Römmlers Nachfolge trat 2009 *Prof.*[188] *Dr. med. Bernd Kleine-Gunk* an, der seit 2005 Vorstandsmitglied der GSAAM war. Der Gynäkologe ist leitender Arzt des Fachzentrums Gynäkologie der Schön Klinik Nürnberg Fürth[189] und bietet in Zusammenarbeit mit der Fürther ABF Apotheke eine „Produktlinie Hormonkosmetik" an.[190] Endokrinologie ist auch ein Behandlungsschwerpunkt des zweiten GSAAM-Präsidenten, neben Knochengesundheit, Ernährungsmedizin, Anti-Aging-Medizin und medizinischer Kosmetik.

Im Vergleich zu A4M und SENS Foundation fällt auf, dass die beiden GSAAM-Präsidenten – wie auch andere wortführende AkteurInnen der GSAAM – approbierte MedizinerInnen sind, deren Ausbildungen und beruflichen Tätigkeiten kaum Schnittstellen zur Biogerontologie aufweisen. Im Gegensatz zu den A4M Präsidenten Roland Klatz und Robert Goldman sind die wortführenden GSAAM-MedizinerInnen nicht sportwissenschaftlich, sondern häufig gynäkologisch-endokrinologisch spezialisiert. Zudem fällt auf, dass sie meist keine Außenseiter im Medizinbetrieb sind, sondern vergleichsweise etablierte Positionen bekleiden, von denen aus sie das Feld von innen zu verändern gedenken. Auch finden sich interessante Unterschiede in ihren ebenfalls deutlichen un-

---

182 vgl. Mykytyn 2006: *AAM (patient/practitioner movement).*
183 vgl. http://www.alexanderroemmler.com/curriculum-vitae.html (24.02.2011).
184 vgl. http://www.hormonzentrum.de/ueber-uns/historie.html (24.02.2011).
185 vgl. http://www.alexanderroemmler.com/publikationen.html (24.02.2011).
186 Römmler 2006: *Wahrheit über Hormone.*
187 vgl. z.B. Feldnotizen Podiumsdiskussion 2. Europäischer Präventionstag, 2008, P13:56.
188 Kleine-Gunks Professorentitel findet sich im Internet häufig mit der Fußnote versehen, dass er assoziierter Professor der Universität Oradea in Rumänien ist.
189 vgl. http://www.schoen-kliniken.de/ptp/kkh/nfu/faz/gynaekologie/ und http://www.kleine-gunk.de/ (29.11.2013).
190 vgl. http://www.a-b-f.de/ABF_Apotheke_Eigene_Herstellung_Medizinische_Kosmetik_Dr_Kleine_Gunk.abf (29.11.2019).

ternehmerischen Ausrichtungen. Im Vordergrund steht nicht nur die Vermarktung von Anti-Aging-Mitteln, sondern die professionelle und experimentierfreudige Erprobung neuartiger, auf Klasse bedachter Dienstleistungskonzepte zur Erschließung neuer Segmente des Gesundheitsmarktes.

Auf ihrer Website spricht die GSAAM von sich selbst als der größten europäischen Anti-Aging-Gesellschaft[191] und verweist auf die „dynamische Entwicklung ihrer Mitgliederzahlen",[192] die sie auf über 1000 beziffert. Auf der GSAAM-Website findet sich eine Datenbank, in der sich nach Adressen von Anti-Aging-MedizinerInnen recherchieren lässt.[193] Im Februar 2011 waren dort die Kontaktdaten von 818 Anti-Aging-MedizinerInnen verzeichnet.[194] Im Verhältnis zu der Gesamtzahl erwerbstätiger ÄrztInnen in Deutschland – im Jahr 2008 waren dies dem Mikrozensus zufolge 332 000[195] – scheint dies zunächst sehr wenig. Verglichen mit medizinischen Fachgesellschaften von ähnlicher Organisationsstruktur wie z.B. der Deutschen Gesellschaft für Sozialmedizin und Prävention e.V. (DGSMP)[196] ist dies jedoch keine geringe Mitgliederzahl.[197] Jedoch fanden sich drei Jahre früher, im September 2008, bei gleicher Zählung die Kontaktdaten von 1064 MedizinerInnen auf der GSAAM-Website, was darauf hindeuten könnte, dass die Dynamik der Mitgliederentwicklung zumindest in den letzten Jahren rückläufig war.[198]

Weitere Eckdaten lassen sich der GSAAM-Datenbank entnehmen. Was z.B. die regionale Verteilung betrifft, finden sich in den südwestdeutschen Postleitzahlengebieten die höchsten Anzahlen von Anti-Aging-ÄrztInnen. Viele von ihnen sind in Großstädten und Ballungsräumen angesiedelt, wobei sich für München mit Abstand die meisten, nämlich 88 Einträge finden. Ein bis zum Bruch mit der A4M einflussreicher GSAAM-Arzt erklärte diese räumliche Verteilung mit dem Vorhandensein eines spezifischen „Milieus" der „happy few":

> „In Großstädten ist das Interesse an Anti-Aging eindeutig größer. In Düsseldorf sind es die ‚happy few', die zu ihm kommen. In Wuppertal habe er versucht, Wachstumshormone anzubieten, aber das hatte gar nicht geklappt! [...] Das ist einfach nicht die Szene dort. Herr Klentze könnte in Garmisch Partenkirchen auch nicht das machen, was er in München macht. Das ist schon sehr stark an ein Milieu, eine Szene, eine Kultur gebunden. Er arbeitet auch viel in Dubai."[199]

---

191 vgl. http://www.gsaam.de/gsaam-ueber-uns.html (29.11.2013).
192 http://www.gsaam.de/gsaam-ueber-uns/definition-ziele.html (29.11.2013).
193 vgl. http://www.gsaam.de/arzt-suche.html (29.11.2013).
194 Quelle: eigene Zählung.
195 Statistisches Bundesamt 2009: *Beruf, Aubildung & Arbeitsbedingungen (Mikrozensus 2008)*, S. 38.
196 vgl. http://www.dgsmp.de/ (29.11.2013)
197 vgl. Feldnotizen gemeinsame Jahrestagung der DGSMP und DGMS 2009, Hamburg.
198 vgl. Spindler et al. 2009: *Media & AAM*, S. 238.
199 vgl. Feldnotizen 6. Konferenz der GSAAM, Düsseldorf, 2006, P11:219 ff.

Was die beruflichen Qualifikationen der GSAAM-ÄrztInnen betrifft, zeigt sich, dass sich nicht wie in den USA verschiedenste Gesundheitsberufe finden[200] oder wie So-Barazetti für die Schweiz beschreibt „all profiles, from highly respected professionals to unorthodox".[201] Mit sehr wenigen Ausnahmen tragen die in der GSAAM-Datenbank aufgeführten Anti-Aging-MedizinerInnen medizinische Doktoren- und bisweilen auch Professorentitel. Etwa die Hälfte der gelisteten ÄrztInnen ist aufgrund ihrer Teilnahme an Ausbildungsangeboten der GSAAM zudem als „GSAAM zertifiziert" gekennzeichnet. Wie im Falle der wortführenden GSAAM-ÄrztInnen finden sich viele GynäkologInnen, aber auch ebenso viele weitere Fachrichtungen. Das Spektrum umfasst u. a. Allgemeinmedizin, Innere Medizin, Dermatologie, Neurologie, Orthopädie, Chirurgie, Labormedizin, Augen- und Zahnheilkunde, Urologie, Sport-, Ernährungs- und Reisemedizin, naturheilkundliche Disziplinen und auch Spezialisierungen wie Radiologie oder Pädiatrie, die auf den ersten Blick weniger mit Anti-Aging in Verbindung zu stehen scheinen. Wie bereits auch für andere Anti-Aging-Kontexte beschrieben wurde,[202] finden sich jedoch keine GeriaterInnen unter den deutschen Anti-Aging-ÄrztInnen.

„Man ist ja nie *nur* Anti-Aging-Ärztin,"[203] erklärte eine meiner Gesprächspartnerinnen. „Die meisten Leute haben ja große Praxen und machen Anti-Aging nur so nebenher,"[204] erläuterte Herr Dr. D. in diesem Sinne. Dies deckt sich auch mit So-Barazettis Beobachtung, dass Anti-Aging-Medizin in der Schweiz meist nicht als Haupt-, sondern als Zusatzaktivität betrieben wird, die häufig bewusst organisatorisch von der Hauptaktivität getrennt wird.[205] Um gänzliche Seitenwechsel zur Anti-Aging-Medizin, wie Mykytyn sie als typisch für die die US-amerikanische Anti-Aging-Szene beschreibt,[206] handelt es sich also meist nicht.

Vielen meiner GesprächspartnerInnen waren niedergelassene ÄrztInnen, die im Umfeld der GSAAM mehr oder weniger intensiv und erfolgreich nach Möglichkeiten einer Neuausrichtung ihrer Praxis suchten. Zwei der Motive, die Mykytyn in den „involvement stories" US-amerikanischer Anti-Aging-MedizinerInnen ausmacht, fanden im untersuchten empirischen Material kaum Erwähnung: Selbstverständlich zielten meine GesprächspartnerInnen darauf, individuelle Leiden des Alterns medizinisch zu mildern. Als primäres Motiv für das Interesse an der GSAAM wurde „aging as enemy"[207] jedoch nicht genannt. Auch die von Mykytyn beschriebenen Bestrebungen, die Medizin mit neusten biogerontologischen und medizintechnischen Erkenntnissen und Verfah-

---

200 vgl. Mykytyn 2006: *AAM (patient/practitioner movement)*.
201 vgl. So-Barazetti 2008: *AAM in Switzerland*.
202 vgl. Mykytyn 2006: *AAM (patient/practitioner movement)* und So-Barazetti 2008: *AAM in Switzerland*, S. 184.
203 Feldnotizen 6. Konferenz der GSAAM, Düsseldorf, 2006, P11:382, eigene Hervorhebung.
204 Interview P25:1099.
205 vgl. So-Barazetti 2008: *AAM in Switzerland*.
206 vgl. Mykytyn 2006: *AAM (patient/practitioner movement)*.
207 vgl. ebd. S. 646 ff.

ren grundlegend „revolutionieren" zu wollen, artikulierte nur einer meiner Gesprächs-partnerInnen.[208] Im Vordergrund standen hingegen Unzufriedenheiten erstens mit der Schulmedizin und zweitens mit dem Gesundheitssystem, die Mykytyn auch für die US-amerikanische Anti-Aging-Szene ausmacht:

Die Unzufriedenheit mit schulmedizinischen Behandlungsweisen wurde häufig als Begründung für die Suche nach einer Neuausrichtung der medizinischen Praxis angeführt. Eine plastische Chirurgin erklärte, dass sie wie viele ihrer KollegInnen erst gegen Ende ihres Berufslebens dazu kam, noch einmal etwas Neues, Mutigeres ausprobieren. Erst im Alter sei sie auf ihre „eigenen Wahrheiten" gekommen und hätte sich von Schulmedizin und Pharmaindustrie gelöst.[209] Auch Frau Dr. G. begründet ihre Immatrikulation im Studiengang der GSAAM wie folgt:

> „Jetzt bin ich über 30 Jahre in meinem Beruf und hab eigentlich so gedacht, ich möchte eigentlich schon eher früher eingreifen, bevor das Kind in den Brunnen gefallen ist."[210]

Auch die junge Rehabilitationsärztin Dr. G. möchte aufgrund ihres schulmedizinischen Alltags im Umgang mit unheilbarer Multimorbidität in die Primärprävention einsteigen.[211] Und Dr. A. betont, dass die Qualität des interdisziplinären Miteinanders auf GSAAM-Konferenzen besser sei als auf schulmedizinischen Medizinkonferenzen.[212]

Das Interesse der ÄrztInnen an der GSAAM ist, wie auch Mykytyn und So-Barazetti beschreiben, unter anderem ökonomisch motiviert. Zudem äußern sie große Unzufriedenheit mit den Gesundheitsreformen.[213] Sie beklagen, dass keine sinnvolle Behandlung mehr möglich ist und sie mit finanziellen Einbußen zu kämpfen haben. Stellvertretend für mehrere meiner GesprächspartnerInnen berichtete eine Ärztin, dass sie eine Hausarztpraxis im Münchner Umland betreibt. Dort hat sie sich jahrelang abgerackert. Und nun hat sich die Gesundheitsreform katastrophal auf ihre Arbeit ausgewirkt. Sie kann ihre Praxis nur noch kostendeckend betreiben, von Gewinn sei keine Rede mehr. Sie hängt zwar sehr an ihren Patienten, aber so geht es nicht weiter. Deshalb besucht sie die Kurse der GSAAM in München und plant eine Privatpraxis aufzubauen. Prävention findet sie absolut wichtig und bisher völlig vernachlässigt.

Anders berichtet ein Dermatologe über seine ökonomischen Motive.[214] Er erklärt, dass die ÄrztInnen, die GSAAM-Konferenzen besuchen, betriebswirtschaftlich fitter und gewitzter seien als andere. Anti-Aging sollte besser „Pro-Mafia" heißen, scherzte er in Anspielung auf die vielfältigen Verdienstquellen wortführender GSAAM-ÄrztIn-

---

208 vgl. Feldnotizen 6. Konferenz der GSAAM, Düsseldorf, 2006, P11:260.
209 Feldnotizen Anti-Ageing Medicine World Congress Paris 2006, P5:181.
210 Interview P19:47.
211 vgl. Interview P20:9.
212 vgl. Interview P16:75.
213 vgl. Feldnotizen 8. GSAAM Konferenz, München, 2008, P6:29.
214 vgl. Feldnotizen 6. Konferenz der GSAAM, Düsseldorf, 2006, P11:371, 345 und 375.

nen. Er findet jedoch, die „Anti-Aging Gurus" sollten ihr Geld nicht alleine verdienen. Darum will er selbst über das Präventionsmodell in den Gesundheitsmarkt einsteigen.

Derart offen artikulierte ökonomische Motive sind jedoch auch im Umfeld der GSAAM umstritten. Der GSAAM-Präsident Kleine-Gunk erklärt, dass es „den Typus des ebenso großsprecherischen wie geschäftstüchtigen Anti-Aging-Arztes"[215] sicherlich immer noch gäbe. Allerdings vor allem in den Vereinigten Staaten. Frau Dr. A. rät hingegen, auf GSAAM-Konferenzen die „Spreu vom Weizen" zu trennen und zwei Gruppen von ÄrztInnen zu unterscheiden: alte Idealisten und neue „IGeL-isten":

> „Es gibt eine kleine Gruppe, [...] die Oldies, die damals schon gut waren, die sind immer noch da, [...] die sich wirklich dann auch mal mit kritischen Fragestellungen auseinandersetzen möchten. [...] Aber das Gros derer, die einfach kommen und sagen: Ok, da gibt's einen Kuchen, den kann ich mir noch mitnehmen, [...] wächst halt auch. [...] Man kann auch nicht [...] das unbedingt verteufeln. Aber ich erklär mir das aus der realexisitierenden Not des Allgemeinmediziners auf dem Land, der seine Praxis den Bach runtergehen sieht, wenn er jetzt nicht schnell noch ein paar IGeL-Leistungen einbaut. Und das nimmt zu."[216]

Die ökonomischen Motive der Anti-Aging-Ärzte lassen sich jedoch nicht einfach in die USA oder auf jüngere GSAAM-ÄrztInnen „abschieben". Idealistische und ökonomische Motive sind insbesondere im Bereich der Selbstzahlermedizin verwoben. Auch der von Kleine-Gunk hervorgehobene Gegentypus des vernünftigen Präventionsmediziners zeigt durchaus geschäftstüchtige Züge. Ökonomische Motive der Medizin sind weder neu noch per se problematisch. Vielmehr gilt es herauszuarbeiten, ob und wenn ja wie ökonomische Motive das Anti-Aging-Wissen und die Anti-Aging-Praxis beeinflussen (siehe insb. Teil 3, Kapitel 3.4.2 und Kapitel 4.2).

3.3 Aktivitäten: Ärztliche Weiterbildung, gesundheitliche Aufklärung, Marketing und Lobbyarbeit

Drei wichtige Aktivitäten der Deutschen Gesellschaft für Prävention und Anti-Aging-Medizin (GSAAM) sind erstens öffentliche Konferenzen, zweitens Publikationen und drittens Weiterbildungskurse für ÄrztInnen. Im Folgenden wird die Entwicklung der Konferenz-, Publikations- und Ausbildungsaktivitäten der GSAAM nachgezeichnet. Darin dokumentieren sich der Institutionalisierungsprozess der Organisation sowie die Akzentverschiebungen ihrer Konzepte.

Die GSAAM tritt erstens als *Veranstalterin öffentlicher Konferenzen* in Erscheinung. Von konstitutiver Bedeutung für die Organisation sind ihre öffentlichen Jahrestagun-

---

215 Kleine-Gunk 2008: *Prävention braucht mehr als Medizin*, S. 127.
216 Interview P16:507 ff.

gen. Diese haben das *Format medizinischer Fachkonferenzen:* Dem Fachpublikum wird ein medizinisches Vortrags- und Workshopprogramm geboten und es findet sich eine Industrieausstellung. Im Rahmen der Konferenz wird eine Mitgliederversammlung der Organisation abgehalten. Die Jahrestagungen bewegen sich in einer Größenordnung von ca. 250 angemeldeten TeilnehmerInnen und ca. 35 Ausstellungsständen. Ein Mitarbeiter des Organisationsteams berichtete, dass sich der Stamm an TeilnehmerInnen und ReferentInnen über die Jahre kaum geändert hat.[217]

Die Industrieausstellungen haben auf GSAAM-Konferenzen eine andere Bedeutung als auf den Konferenzen der A4M. Die Konferenzen der A4M werden offen als Industriemessen auf Welttournee beworben. Auf einer Mitgliederversammlung der GSAAM herrschte hingegen der Tenor, dass es die Ausstellungen vor allem gibt, weil der „ideelle Kongress" ein absolutes Defizitgeschäft ist.[218] Ein Aussteller berichtete von einer „Revolte" der Aussteller wegen der ungünstigen, räumlichen Positionierung ihrer Stände und niedrigen Besucherzahlen.[219] Entsprechend wird im Umfeld der GSAAM beklagt, dass die Industrie zu den großen, kommerziellen ESAAM- bzw. A4M-Konferenzen z. B. in China abwandere.[220]

Bei den Ausstellern handelt es sich nicht um große Pharmaunternehmen.[221] So erklärte mir Aubrey de Grey, dass es nicht die üblichen Pharmafirmen seien, die in diesem Anti-Aging-Geschäft sind. Lever Hume käme vielmehr immer mit einer Delegation auf seine Konferenzen.[222] Bei den Ausstellern der GSAAM-Konferenzen handelt es sich vielmehr um kleinere und mittelständische Betriebe. So finden sich insbesondere Hersteller von Nahrungsergänzungsmitteln, Hormonpräparaten, Kosmetika und Risikotestverfahren, aber auch andere Dienstleister, die z. B. TV-Konzepte für das Wartezimmer anbieten.[223]

Im Jahr 2005 begann die GSAAM, ihre Konferenzaktivitäten um ein zweites Format zu erweitern: um einen *auf Gesundheitspolitik und gesundheitliche Aufklärung ausgerichteten Präventionstag.* Der erste Präventionstag war eine eintägige Vortragsveranstaltung auf der Messe Medica in Düsseldorf. Dabei handelte es sich bewusst nicht um eine medizinische Fachveranstaltung.[224] Der Präventionstag sollte vielmehr ein konstruktiver Gegenpol zu der „konfusen" Gesundheitspolitik sein. Ziel der Veranstaltung war es, eine fundierte, öffentlichkeitswirksame Diskussion zwischen Politik, Industrie,

---

217 vgl. Feldnotizen 8. GSAAM Konferenz, München, 2008, P6:191.
218 vgl. ebd. P6:63.
219 vgl. ebd. P6:143.
220 vgl. ebd. P6:63.
221 vgl. z. B. Feldnotizen 6. Konferenz der GSAAM, Düsseldorf, 2006, P11:80 und Feldnotizen 7. GSAAM Konferenz, München, 2007, P8:42.
222 vgl. Feldnotizen 7. GSAAM Konferenz, 2007, München handschriftlich, S. 8.
223 vgl. Feldnotizen 8. GSAAM Konferenz, München, 2008, P6:153.
224 vgl. Hennig et al. 2005b: *Editorial.*

Versicherungswirtschaft und Medizin über die Präventions- und Anti-Aging-Medizin anzuregen.

2007 entwickelte die GSAAM-Partnerorganisation „GPeV – Gesellschaft für Prävention e. V. gesund älter werden" dieses Veranstaltungsformat zu dem Ersten Europäischen Präventionstag[225] weiter. Der Europäische Präventionstag fand bisher dreimal im ehemaligen Bundestag in Bonn statt. Wie auf der Jahrestagung der GSAAM werden auch hier Vorträge, Workshops und eine Industrieausstellung geboten, wenn auch in kleinem Umfang. Die Veranstaltung zielt jedoch nicht auf medizinische Fachdiskussionen. Zielgruppe sind vielmehr „Entscheider" und am Thema Prävention interessierte Bürger[226] bzw. Endverbraucher.[227] Einerseits soll ein „breiter wissenschaftlicher, politischer und gesellschaftlicher Dialog zum Entwicklungsbedarf von Prävention und Gesundheitsförderung in Europa"[228] angestoßen werden. Dabei fand der europäische Anspruch im Veranstaltungsprogramm bisher kaum eine Entsprechung. Andererseits ist das Ziel, BürgerInnen „über die Möglichkeiten der Präventionsmedizin und die Eigenverantwortung des Einzelnen für seine Gesundheit aufzuklären."[229]

Der Europäische Präventionstag wird häufig als einmaliges Forum für einen gesellschaftlichen Dialog über Prävention beworben.[230] So konstatiert der gesundheitspolitisch wortführende GSAAM-Arzt Wolf Bleichrodt: „Die große Aufgabe des Umdenkens in der Medizin wird nun der Präventionstag in Bonn übernehmen."[231] In der gesundheitswissenschaftlichen und -politischen Diskussion gilt hingegen die Bundesvereinigung Prävention und Gesundheitsförderung e. V. als ein solches Forum,[232] das im untersuchten empirischen Material keine Erwähnung findet. Im Vergleich beider Organisationen fällt auf, dass die GSAAM für ihren Präventionsdialog tendenziell GesprächspartnerInnen aus der ÄrztInnenschaft, der liberalen und konservativen Politik und der Gesundheitswirtschaft wählt. In der Bundesvereinigung Prävention und Gesundheitsförderung sind hingegen über hundert für Prävention und Gesundheitsförderung relevante Institutionen und Verbände zusammengeschlossen.[233]

An diesem neuen Kongressformat der GSAAM zeigen sich zwei weitere Unterschiede zur A4M. Zum einen zeigt die GSAAM deutlich mehr gesundheitspolitisches Engagement und Fingerspitzengefühl als die A4M. Persönlichkeiten des öffentlichen Lebens und Medien sind geschickt eingebunden. Beispielsweise wurde der erste Europäische

---

225 Internetauftritt siehe http://www.praeventionstag-bonn.de (29. 11. 2013).
226 vgl. [N. N.] 2007: *Gesundheitsplanung statt Krankheitsmanagement*, S. 2.
227 Schlink et al. 2007: *Gemeinsam stark*, S. 118.
228 [N. N.] 2007: *Gipfeltreffen zum Thema Prävention*.
229 Ziese 2007: *Aufklärung tut Not*, S. 400.
230 vgl. z. B. Interview P17, 524.
231 Bleichrodt 2007: *Editorial*.
232 siehe http://www.bvpraevention.de (29. 11. 2013), Forum Prävention 2002: *Erklärung Gründung Forum Prävention* und Mosebach et al. 2007: *Gesundheitspolitische Umsetzung von Prävention*, S. 351 f.
233 vgl. http://www.bvpraevention.de/cms/index.asp?inst=bvpg&snr=6650&t=Mitglieder (29. 11. 2013).

Präventionstag von der damaligen Gesundheitsministerin Ulla Schmidt eröffnet[234] und mit einer Präventionsserie in der BILD Zeitung begleitet.[235] Zum anderen handelt es sich beim Europäischen Präventionstag ebenso wie bei den Jahrestagungen der GSAAM um sehr professionell organisierte, kostspielige und auf Klasse bedachte Veranstaltungen. Dennoch erwies es sich für das Organisationsteam als schwierig, PolitikerInnen zu mehr als Lippenbekenntnissen zu bewegen und BürgerInnen für den Präventionstag zu interessieren.

Eine ähnliche Betonung von Qualität und Niveau ist in der *publizistischen Tätigkeit der GSAAM* auszumachen. In den Anfangsjahren der GSAAM war die Publikationslandschaft in Deutschland zum Thema Anti-Aging-Medizin geprägt von verschiedenen Magazinen und Broschüren. Zu nennen sind zum einen die an medizinische LaiInnen gerichteten „Anti-Aging News".[236] Verlegt wird das Magazin in Wien und Las Vegas. Es zeigt rhetorische und ästhetische Anklänge an die US-amerikanische Anti-Aging-Medizin und hat eine deutlich kommerzielle Ausrichtung. Die Anti-Aging-News sind Partnerorganisation und auch Sponsor der GSAAM. „Anti-Aging-Medizin" war ein zweites von dem GSAAM-Arzt Bernd Kleine-Gunk mitgestaltetes Magazin.[237] Es war primär an ÄrztInnen gerichtet und enthielt kurze, journalistische Aufbereitungen medizinischer Studien[238] in Kombination mit Werbung für Anti-Aging-Mittel und Selbstzahlerleistungen. Die GSAAM veröffentlichte damals lediglich einen *internen Newsletter* für ihre Mitglieder in kleinem, schlichtem Heftformat.

Diesem Vereinsorgan wurde im Kontext der von der medox Verlagsgesellschaft mbH entwickelten Kommunikationsstrategie (siehe Teil 1, Kapitel 3.1) ein neues Format gegeben. Als offizielles Organ der GSAAM wurde 2005 ein *neues Anti-Aging-Fachjournal* herausgegeben, in das der kleine GSAAM-Newsletter integriert wurde. „Anti-aging for professionals – Journal of preventive, regenerative and aesthetic medicine"[239] lautete sein ursprünglicher Titel, der jedoch schon bald in schneller Folge geändert wurde (siehe Abbildung 7).

Von den bisherigen Magazinen unterschied sich das GSAAM-Journal vor allem in zweierlei Hinsicht: erstens durch sein edles, kühles Design und seine aufwendige Bindung und zweitens durch die Konzeption. Es richtete sich auch an ein medizinisches Fachpublikum, war aber nicht medizinjournalistisch ausgerichtet, sondern bestand aus längeren Autorenbeiträgen vor allem von wortführenden GSAAM-ÄrztInnen. Die me-

---

234 vgl. [N. N.] 2007: *Eine Frage von Humanismus*.
235 Erster Teil der Serie siehe: Wolf 2007: *Wie schütze ich mein Herz? (BILD-Serie)*.
236 DCC Notation des Magazins: 612.6705, Internetplattform des Magazins: http://www.antiagingnews.net (29.11.2013).
237 ISSN: 1618-9221 (2002–2003), spätere Umbenennungen in AAM, Alterns-, ästhetische, Präventivmedizin: Anti Aging Medizin (2004–2006) und Arzt & Prävention: AAM ; Präventiv- und Anti-Aging-Medizin für Praxis & Klinik (2006–2008).
238 vgl. Feldnotizen 6. Konferenz der GSAAM, Düsseldorf, 2006, P11:61.
239 ISSN 1860-871X.

dizinische Zentralrubrik war flankiert von einer Rubrik „Gesellschaft" mit gesundheits- und alterspolitischen Themen und einer Rubrik „Strategie, Marketing, Recht" mit praxisökonomischen Themen. Eine kleine Rubrik „Neues aus der Wissenschaft" wurde nur kurzzeitig geführt. Dr. D. kritisierte, dass keine Leserbriefe abgedruckt wurden,[240] auch wenn Römmler im GSAAM-Newsletter vom Dezember 2005 alle GSAAM-Mitglieder zur aktiven Mitarbeit herzlich einlud.

Analog zu der Erweiterung der medizinischen Fachkonferenzen um die öffentlichen Präventionstage wurde auch dem GSAAM-Journal 2007 ein weiteres Format an die Seite gestellt: ein an medizinische LaiInnen gerichtetes *„Consumer-Journal"*,[241] in dem die Themen des GSAAM-Journals populär aufbereitet wurden. Das Konzept dieses „Präventions-Tandems" war, das Consumer-Journal in Praxen, Apotheken und Gesundheitseinrichtungen für „gesundheitsbewusste und präventionsinteressierte Menschen" auszulegen, um eine „Nachfrage nach Prävention und Wahlleistungen" zu generieren. Eine Journalistin des GSAAM-Journals erklärte: „Und das Gute daran ist dann, dass der Arzt dann gleich genau das anbieten kann, was in dem Journal angepriesen wird."[242]

Mit dem zweiten, 2008 erschienenen Heft wurde das Erscheinen des GSAAM-Journals und seiner PatientInnenausgabe eingestellt. In diesem Zusammenhang wurde von wirtschaftlichen Problemen der medox Verlagsgesellschaft berichtet.[243] Kurze Zeit später setzte die GSAAM ihre Publikationstätigkeit jedoch fort. Anstatt die Etablierung der GSAAM mit einem eigenen Journal zu manifestieren, verfolgte sie dabei eine neue Kommunikationsstrategie: die *Einbindung der GSAAM Inhalte in etablierte, medizinische Publikationen*. Zunächst fand sich eine Anti-Aging-Serie von Bernd Kleine-Gunk in einer Beilage der Zeitschrift „Ärztliche Praxis: die Zeitung für den Hausarzt".[244] Der Titel der Beilage lautet „Prävention – Gesundheitsoptimierung, Frühdiagnostik, Lebensstilberatung".[245] Von 2003 bis 2008 erschien sie unregelmäßig unter dem Titel „IGeL aktiv". Diese Beilage wurde zum offiziellen Organ der GSAAM und ihrer Schweizer Tochtergesellschaft SSAAMP ausgebaut.

Im Vergleich zum GSAAM-Journal tritt die GSAAM in diesem neuen Publikationsweg in den Hintergrund und auch die Altersbezüge werden gegenüber dem Präventionsschwerpunkt gelockert. Das neue Format ist jedoch kostengünstiger, erreicht eine größere LeserInnenschaft und bietet auch noch einen weiteren Vorteil: Die GSAAM positioniert sich darin nicht mehr als ein neues Partikularfeld, sondern als selbstverständlicher Bestandteil der hausärztlichen Praxis.

Ein solcher Prozess der Normalisierung der Anti-Aging-Medizin durch Einbindung in etablierte, gesellschaftliche Strukturen lässt sich auch in dem dritten Tätigkeitsfeld

---

240 vgl. Interview P25:1055.
241 vgl. Schlink et al. 2007: *Gemeinsam stark*, S. 117.
242 Feldnotizen 7. GSAAM Konferenz, München, 2007, P8:30.
243 vgl. Interview P25:1083.
244 ISSN: 0001-9534.
245 ISSN: 1867-125X.

der GSAAM feststellen. Neben öffentlichen Konferenzen und Publikationen führt die GSAAM auch *Weiterbildungen für MedizinerInnen* durch. Die schnelle Folge unterschiedlicher Organisationsformen, in denen wortführende GSAAM-MedizinerInnen ihre Weiterbildungen anboten, spiegelt diesen Disziplinierungsprozess:

In den Anfangszeiten der GSAAM fanden sich verschiedene, privatwirtschaftliche Anbieter, die Weiterbildungen im Bereich Anti-Aging und Prävention durchführten. Beispiele sind Jan-Dirk Fauteks A3M (Akademie für Präventiv- und Anti-Aging-Medizin) in Münster und Claudia Hennigs „Anti-Aging Akademie" in Königswinter.[246] Ein erster um Eingliederung ins medizinische Ausbildungssystem bemühter Entwurf war ECARE, ein European Center for Aging Research and Education in Mainz, dem u. a. Kleine-Gunk und Klentze vorstanden.[247] ECARE warb mit der Zertifizierung ihrer Ausbildungsangebote durch die Ärztekammer und wies ein „seit 2002 erfolgreich durchgeführtes" Curriculum auf.[248]

Heute bietet die GSAAM zum einen selbst *Fortbildungen* an.[249] Mitglieder der GSAAM können sich ihre Teilnahme von der GSAAM in Form einer Urkunde zertifizieren lassen.[250] Zum anderen hat die GSAAM nach längeren Bemühungen ihr seit 2005 verfolgtes Ziel erreicht, einen *staatlich anerkannten, universitären Studiengang* im Bereich der Präventions- und Anti-Aging-Medizin ins Leben zu rufen.[251] Mit der Einrichtung eines Studiengangs zielte die GSAAM sowohl auf die Etablierung ihrer medizinischen Disziplin als auch darauf, sich auf dem privatwirtschaftlichen Weiterbildungsmarkt zu behaupten und Qualitätsstandards zu setzen. Eine Weiterbildungsmöglichkeit sollte geschaffen werden, die „in etwa der Qualifikation eines deutschen Facharztes"[252] entspricht, auch wenn die Zulassung der Zusatzbezeichnung „Anti-Aging-Mediziner" von der Bundesärztekammer im Jahr 2006 abgelehnt wurde.[253]

Träger des Studiengangs sollte zunächst die Steinbeis-Hochschule Berlin sein, mit der die wortführenden GSAAM-MedizinerInnen aus finanziellen Gründen jedoch nicht vertragseinig wurden.[254] Deshalb wurde ein Trägerwechsel zur Dresden International University (DUI) vollzogen und die GSAAM Hochschulpartner GmbH (HSP) (siehe Teil 1, Kapitel 3.1) gegründet.[255] Seit 2007 können dort MedizinerInnen in einem zweijährigen, berufsbegleitenden Masterstudiengang den „Master of Science der Preven-

---

246 vgl. [N. N.] 2005: *Schulungsprogramme*, S. 121 ff.
247 vgl. ebd. S. 124, Internetauftritt siehe http://www.ecare-antiaging.de/ (16. 11. 2011).
248 vgl. Wüster 2003: *Qualitätssicherung i. d. AAM*, S. 214.
249 vgl. http://www.gsaam.de/fortbildungen.html (29. 11. 2013).
250 vgl. http://www.gsaam.de/mitgliedschaft/vorteile-einer-mitgliedschaft.html (29. 11. 2013).
251 vgl. z. B. Grabowsi 2006: *Zukunftsgerichtetes Ausbildungsmodell*.
252 Grabowsi 2006: *Zukunftsgerichtetes Ausbildungsmodell*, S. 248.
253 vgl. Feldnotizen Podiumsdiskussion 2. Europäischer Präventionstag, 2008, P13:79.
254 vgl. Feldnotizen 8. GSAAM Konferenz, München, 2008, P6:48.
255 vgl. Römmler et al. 2007: *GSAAM leitet Trägerwechsel m. d. DIU ein* und Weilers 2007: *Zukunftsweisende Weichenstellungen d. GSAAM*.

tive Medicine" erwerben.[256] Auch wenn in diesem Titel kein Altersbezug erkenntlich ist, wird der Studiengang als „europaweit erster Master-Studiengang für Präventions- und Anti-Aging-Medizin" beworben, in dem „approbierte Ärzte und Professoren zu ‚Experten für Gesundes Altern' ausgebildet"[257] werden. Studienleiter sind die wortführenden GSAAM-MedizinerInnen Claudia Hennig und Alfred Wolf, und auch die DozentInnen werden von der GSAAM gestellt. Im Vergleich zu den Weiterbildungsangeboten der A4M und auch dem ehemals in Paris angebotenen „European Master in Aesthetic & Anti-Aging Medicine" ist der DIU Studiengang akademisch deutlich anspruchsvoller.[258] Mehrere meiner GesprächspartnerInnen zeigten Interesse an dem Studiengang, klagten aber auch, dass dieser aufgrund der hohen Studiengebühren nur etwas für „sanierte Privatpraxler" sei.[259]

Betrachtet man die Konferenz-, Publikations- und Weiterbildungsaktivitäten der GSAAM, fällt insgesamt folgendes auf: Im Gegensatz zur A4M hat sich die GSAAM erstens nicht als quasi sektiererisches Partikularfeld institutionalisiert, sondern zunehmend als ein Teil bestehender medizinischer und gesundheitspolitischer Strukturen. Eng verwoben ist dies mit ihrer Akzentverschiebung von Anti-Aging auf Prävention (siehe Teil 3, Kapitel 1.2). Die Aktivitäten der GSAAM sind nicht die einer „Kommandozentrale",[260] sondern die eines kommunikationsstrategisch und betriebswirtschaftlich geschulten und auch politisch aktiven Dienstleisters.

3.4 Gründe und Folgen der Auswahl dieses Anti-Aging-Kontexts

Zunächst stieß ich aus forschungspraktischen Gründen auf die Deutsche Gesellschaft für Prävention und Anti-Aging-Medizin, da die GSAAM-Konferenzen einen guten Feldzugang boten. Andere mögliche Anti-Aging-Kontexte wie z. B. die Praxis von Anti-Aging-AnwenderInnen, die Beratungspraxis einzelner Anti-Aging-MedizinerInnen, Unternehmen der Anti-Aging-Industrie oder biogerontologische Forschungslabore waren dagegen schwerer zugänglich.

Die inhaltlichen Gründe dafür, Anti-Aging im Umfeld der GSAAM zum Gegenstand der Untersuchung zumachen, deuten sich in der Beschreibung des Handlungskontexts bereits an. Zunächst weckte die Beobachtung mein Interesse, dass es sich bei der GSAAM um eine Tochtergesellschaft der A4M handelt, die anders als ihre umstrittene Muttergesellschaft bisher in der deutschsprachigen Altersforschung und Öffent-

---

256 vgl. Feldnotizen 8. GSAAM Konferenz, München, 2008, P6:116 ff. und Ziese 2007: *Masterstudiengang Präventionsmedizin*, Internetauftritt siehe http://www.dresden-international-university.com/index.php?id=182 (29.11.2013).
257 [N. N.] 2009: *Armutszeugnis der Ärztekammern & Universitäten*.
258 vgl. z. B. Feldnotizen 8. GSAAM Konferenz, München, 2008, P6:122.
259 vgl. z. B. Feldnotizen 8. GSAAM Konferenz, München, 2008, P6:116.
260 vgl. Stöhr 2005: *Wahrheit über AA*, S. 113.

lichkeit keine Kontroverse hervorgerufen hatte und sich im Gegenteil vergleichsweise unbemerkt institutionalisieren konnte. Während meiner Feldaufenthalte zeichneten sich Spannungen zwischen der GSAAM und der A4M ab, die im September 2008 zum offiziellen Bruch mit der Muttergesellschaft führten. In diesem Zusammenhang formulierten die deutschsprachigen Anti-Aging-Medizin-Gesellschaften unter Federführung der GSAAM ihr Ziel, die durch die A4M in Verruf gebrachte Anti-Aging-Medizin als „seriöse, wissenschaftlich fundierte, individualisierte Alterspräventivmedizin" neu zu begründen.[261] Es stellte sich die Frage, was das Neue an dieser Neubegründung der Anti-Aging-Medizin in Deutschland ist.

Aus ethischer Perspektive werden heutige Formen der Anti-Aging-Medizin häufig als „nothing new or special"[262] bewertet, weil sie ihr Versprechen, biologische Alterungsprozesse weitreichender zu gestalten, bisher schlicht nicht halten würden. Aus sozialwissenschaftlicher Perspektive ist jedoch interessant, dass Anti-Aging im Umfeld der GSAAM in relativ hohem Maße handlungsleitend geworden ist. Zwar finden sich in diesem Kontext nicht die radikalsten Ziele und Konzepte des Anti-Agings, aber insbesondere durch die systematische Ausbildung von Anti-Aging-ÄrztInnen und die aktive Mitgestaltung der präventionspolitischen Diskussion in Deutschland strukturiert die kleine Medizingesellschaft altersbezogene Handlungsräume mehr mit als manch anderer Anti-Aging-Kontext.

Durch die Fokussierung von Anti-Aging im Umfeld der GSAAM geraten zwangsläufig andere Anti-Aging-Kontexte aus dem Blickfeld. Dies betrifft nicht nur die vielen anderen Aspekte des heterogenen Anti-Aging-Feldes, sondern auch die Anti-Aging-Medizin in Deutschland. So ist die GSAAM zwar die größte und am weitesten institutionalisierte Anti-Aging-Medizinorganisation in Deutschland, jedoch nicht die einzige. Denn wie eine meiner Interviewpartnerinnen erklärte: Auch in Deutschland „ist es schon schwierig langsam, den Überblick zu bewahren."[263] Vor diesem Hintergrund ist wichtig zu erwähnen, dass zwei deutsche Kontexte der Anti-Aging-Medizin nicht Gegenstand der Untersuchung sind:

Nicht thematisiert wird die Geschichte der Anti-Aging-Medizin im Umfeld des Gynäkologen Thomas Rabe, der zusammen mit KollegInnen in den Jahren 1998 bis 2006 „Lifestyle und Anti-Aging-Medizin Kongresse" an der Universitäts-Frauenklinik Heidelberg veranstaltete.[264] Auch die neuerlichen Aktivitäten des Grünen Kreuzes zum Thema Anti-Aging[265] und das in diesem Zusammenhang von Rüdiger Schmitt und Simone Homm verfasste „Handbuch Anti-Aging und Prävention"[266] werden nicht systematisch untersucht, sondern nur in einigen Punkten kontrastierend erwähnt. Sowohl

---

261 vgl. Römmler et al. 2008: *AA am Scheideweg.*
262 Olson 2008: *Ethical aspects of AA Science,* S. 227.
263 Interview P15:333.
264 vgl. z. B. Rabe et al. 2002: *Lifestyle & AAM.*
265 siehe http://dgk.de/individuelle-praevention/anti-aging.html?o= (3. 11. 2011)
266 siehe Schmitt et al. 2008: *Handbuch AA & Prävention.*

das Konzept als auch der soziale Kontext dieses Anti-Aging-Ansatzes sind durchaus interessant. Sie weisen jedoch keine nennenswerten Verbindungen zur GSAAM auf und sind bisher nur ein Randphänomen der Anti-Aging-Medizin in Deutschland.

4 Eine an Kontext und Theorie orientierte Erarbeitung des Anti-Aging-Begriffs

Sozialwissenschaftliche Untersuchungen über Anti-Aging sind methodologisch unterschiedlich konzipiert (siehe auch Teil 2, Kapitel 1.3). Es finden sich diskursanalytische Ansätze,[267] linguistisch-anthropologische Untersuchungen,[268] ethnographisch-anthropologische Arbeiten,[269] einzelne qualitative Interviewstudien[270] und auch eine quantitative Fragebogenerhebung.[271] Im Folgenden wird erläutert, weshalb und auf welche Weise die vorliegende Untersuchung am Forschungsstil Grounded Theory nach Strauss und Corbin orientiert ist. Zunächst werden Vorannahmen, Forschungslogik, Forschungspraxis und Gütekriterien des Forschungsstils skizziert und begründet, weshalb ein gleichermaßen systematisch am empirischen Kontext und an theoretischen Konzepten orientiertes Vorgehen für die vorliegende Untersuchung sehr fruchtbar war. Anschließend folgt eine ausführliche Dokumentation des Forschungsprozesses, die angesichts des bewusst kaum standardisierten Forschungsstils von zentraler Bedeutung für die Bewertung einer Grounded Theory ist.

4.1 Der Forschungsstil Grounded Theory nach Strauss und Corbin

Viele am Forschungsstil Grounded Theory orientierte Arbeiten sind – wie auch in Strauss und Corbins Arbeiten – methodologisch stark von der Forschungspraxis her konzipiert. Diese lässt sich jedoch nur anhand von Vorannahmen über die Erkennbarkeit der Wirklichkeit und eine daran anschließende Forschungslogik schlüssig begründen. Im Folgenden wird deshalb die erkenntnistheoretische, forschungslogische und forschungspraktische Konzeption der Grounded Theory skizziert. Das Ergebnis dieser methodologischen Spurensuche ist dabei bisweilen systematischer geraten als die Darstellungen der Begründer der Grounded Theory. Auch trotz der hilfreichen theoreti-

---

267 insb. Katz et al. 2004: *Is the functional normal?* von Kondratowitz 2003: *AA* und Tulle 2008: *Acting your age?*
268 insb. Vincent 2008: *The cultural construction old age.*
269 insb. Mykytyn 2008: *Medicalizing the optimal.*
270 Arber et al. 2008: *Gendered attitudes towards life-prolongation* und Settersten et al. 2008: *From the lab to the front line.*
271 Stuckelberger 2008: *AAM. Myths & chances.*

schen Ausarbeitung der Grounded Theory von Jörg Strübing bleiben Unschärfen und Lücken, denen im Rahmen dieser Arbeit jedoch nicht nachgegangen wird.[272]

Die Grounded Theory ist eines der methodologischen Gegenmodelle, die im Rahmen der innerfachlichen Umbrüche der 1960er und 1970er Jahre in den Sozialwissenschaften gegen die quantitative empirische Sozialforschung in Stellung gebracht wurde.[273] Bei den Arbeiten, in denen die US-amerikanischen Soziologen Anselm Strauss und Barney Glaser die von ihnen entworfene Grounded Theory erstmals vorstellten,[274] handelt es sich entsprechend um methodenpolitische Streitschriften, deren spitze Induktionsrhetorik gegen nomologisch-deduktive Forschungsverfahren gerichtet war. Ihr „Forschungsstil zur Erarbeitung von in empirischen Daten gegründeten Theorien"[275] wurde in den 40 Jahren seit seiner Begründung auf unterschiedliche Weisen weiterentwickelt.

Anfang der 1990er Jahre brach Barney Glaser mit Anselm Strauss und dessen Kollegin Juliet Corbin, sodass zwei forschungspraktisch ähnliche, forschungslogisch jedoch deutlich unterschiedliche Varianten der Grounded Theory entstanden. Glaser steht für eine weiterhin stark empiristische, induktivistische Variante der Grounded Theory, deren Forschungslogik ein rein induktives, durch theoretisches Vorwissen „ungezwungenes" Emergieren von Daten vorsieht.[276] Strauss und Corbin räumten dagegen in späteren Arbeiten ein, dass die frühen, „übertriebenen" Darstellungen des induktiven Aspekts der Grounded Theory weder sachlich richtig noch auf lange Sicht methodenpolitisch hilfreich waren.[277] Beide prägten eine stärker pragmatistisch-interaktionistisch inspirierte Variante der Grounded Theory, in deren Mittelpunkt das durch die Forschenden zu leistende Herausarbeiten der Daten aus der empirischen Welt steht.[278] Adele Clarke, die Nachfolgerin auf Strauss' Lehrstuhl, unterzog dessen Variante der Grounded Theory einer postmodernen Kritik. Um den positivistischen „Widerspenstigkeiten" in der empirischen Praxis entgegenzuwirken, entwickelte sie die Grounded Theory zu einer materiell-sozialkonstruktivistischen „Situational Analysis" weiter.[279]

Im deutschsprachigen Raum wird Glasers induktivistische Variante der Grounded Theory überwiegend als schlecht begründet, dogmatisch und in ihrer methodischen Umsetzung widersprüchlich abgelehnt.[280] Die meisten an der Grounded Theory orientierten Arbeiten beziehen sich (noch) nicht auf Clarkes „Situational Analysis", sondern weiterhin auf Strauss und Corbins spätere Arbeiten. Dies ist nicht zuletzt darauf zurück-

---

272 insb. eine wissenschaftstheoretische Schärfung zentraler Begriffe des Kodierprozesses, die auch von Clarke geforderte Herausarbeiten normative Bezugspunkte und eine genaue Differenzierung von Merkmalen und Kriterien der Qualität einer Grounded Theory.
273 vgl. Korte 1995: *Einführung Geschichte d. Soziologie*, S. 217 f.
274 insb. Glaser et al. 1967: *Discovery of grounded theory*.
275 Strübing 2008: *Grounded theory*, S. 14.
276 insb. Glaser 1992: *Emergencs vs. forcing*.
277 vgl. Strübing 2008: *Grounded theory*, S. 52.
278 insb. Strauss et al. 1990: *Basics of qualitative research*.
279 insb. Clarke 2005: *Situational analysis*.
280 vgl. Strübing 2008: *Grounded theory*, S. 65 ff.

zuführen, dass einer der wichtigsten deutschsprachigen Vertreter der Grounded Theory, der Tübinger Soziologe Jörg Strübing, Strauss' und Corbins Variante durch seine theoretischen Ausarbeitungen Gewicht verlieh.[281] Nicht nur aus methodologischen Gründen, sondern auch aufgrund der räumlichen Nähe zu Strübings Forschungswerkstatt habe ich meine Umsetzung des Forschungsstils Grounded Theory an den späteren Arbeiten von Strauss und Corbin[282] und Strübings theoretischen Ausarbeitungen orientiert.

4.1.1 Vorannahmen: Pragmatistisch-interaktionistischer Wirklichkeits- und Erkenntnisbegriff

Die Arbeiten, mit denen die Grounded Theory bekannt wurden, zielten wie bereits angedeutet auf die Entwicklung und Vermittlung von Untersuchungsmethoden. Die Vorannahmen über die Beschaffenheit und Erkennbarkeit der Wirklichkeit, die diesen Methoden zugrunde liegen, hat Strauss dabei nie systematisch expliziert.[283] Als Schüler der späten Chicago School stellte er dennoch Bezüge zum amerikanischen Pragmatismus sowie dem daraus schöpfenden symbolischen Interaktionismus her, die Juliet Corbin der dritten Auflage ihres gemeinsamen Lehrbuchs erstmals in etwas ausgearbeiteter Form einleitend vorausschickt.[284] Vor diesem Hintergrund rekonstruiert Strübing Anselm Strauss mit Verweis auf dessen wenig beachtete sozialtheoretische Arbeit[285] als einen Hauptvertreter eines „pragmatistisch reformulierten Interaktionismus".[286] Ausgehend von den Hinweisen in Strauss Texten und den von Corbin zu „working axiomes" heruntergebrochenen Zitaten Blumers, Meads und Deweys, liefert Strübing der Grounded Theory ihre erkenntnis-, wissenschafts- und sozialtheoretische Herleitung und Ausarbeitung nach.[287]

Für die methodologische Grundlegung meiner Untersuchung scheint eine Skizze des von Strübing herausgearbeiteten Wirklichkeits- und Erkenntnisbegriffs der Grounded Theory ausreichend, um die Forschungslogik hinter dem methodischen Vorgehen hinreichend einordnen zu können. Theoriestrategische Stoßrichtung des pragmatistisch orientierten Interaktionismus ist die Kritik des universalen Wahrheitsbegriffs des auf den kritischen Rationalismus zurückgehenden nomologisch-deduktiven Forschungsparadigmas. Anders als in radikal konstruktivistischen Ansätzen wird die Existenz der physisch-stofflichen, objektiven Welt nicht grundsätzlich infrage gestellt. Es wird jedoch argumentiert, dass die objektive Realität nur in der Aktualität menschlichen Han-

---

281 insb. Strübing 2005: *Pragmatistische Wissenschafts- & Technikforschung* und Strübing 2008: *Grounded theory*.
282 insb. Corbin et al. 2008: *Basics of qualitative research*.
283 vgl. Strübing 2008: *Grounded theory*, S. 37 f.
284 vgl. Corbin et al. 2008: *Basics of qualitative research*, S. 1 ff.
285 z. B. Strauss 1993: *Continual permutations of action*.
286 Strübing 2008: *Grounded theory*, S. 66 ff.
287 vgl. Strübing 2005: *Pragmatistische Wissenschafts- & Technikforschung*.

delns existiere. Demnach schöpfen „soziale Akteure […] ihre ‚empirische Welt' aus Interaktionen in und über die soziale und dingliche Natur."[288]

An dieser Stelle seien nur drei für die Logik und Praxis des Forschungsstils Grounded Theory entscheidende Konsequenzen dieses voraussetzungsreichen Wirklichkeitsbegriffs erwähnt: Im pragmatistisch-interaktionistischen Modell ist erstens die klassische, dichotome Entgegensetzung von erkennendem Subjekt und objektiver Realität aufgehoben. Beide werden vielmehr als Pole eines Kontinuums verstanden, die sich in einem wechselseitigen Prozess konstituieren. Zweitens gilt die Wirklichkeit folglich nicht als unabhängig vom Beobachtenden gegeben, sondern als *akteursabhängig*. Sie wird kontinuierlich interaktiv hergestellt und wird entsprechend als *prozessural* begriffen. Da sich die Akteurinnen und Akteure drittens aus unterschiedlichen räumlich, zeitlich und sozial geprägten Interaktionskontexten mit der Wirklichkeit auseinandersetzen, werden durchaus unterschiedliche Bedeutungen derselben Wirklichkeit hervorgebracht, weshalb diese als *multiperspektivisch* verstanden wird.

Dieser nicht universale, sondern relationale Realitätsbegriff des Pragmatismus ist bereits eng verknüpft mit der Frage, wie Erkenntnis über die so beschaffene Wirklichkeit erlangt werden kann. Strübing beschreibt, dass sich dem Handelnden im pragmatistisch-interaktionistischen Modell die Realität nicht „apriorisch",[289] sondern im praktischen, tätigen Umgang mit der empirischen Welt erschließt. Die Fakten liegen also nicht in der objektiven Welt vor und werden im Erkenntnisprozess entdeckt. Sie müssen vielmehr von den erkennenden Subjekten erst aus der Wirklichkeit herausgearbeitet oder in Meads Analogie zu künstlerischen Schaffensprozessen „herausgemeißelt" werden. Dabei handelt es sich um einen dialektischen Prozess zwischen erarbeitendem Subjekt und bearbeitetem Objekt, in den sowohl das Wissen und die Fähigkeiten des Subjekts, als auch die Eigenschaften des Objekts einfließen und beide zu einem gewissen Grad neu geschaffen werden. Dies gilt sowohl für alltägliche als auch für wissenschaftliche Erkenntnisprozesse, die der insgesamt antidualistischen Haltung des Pragmatismus entsprechend nicht als prinzipiell, sondern nur graduell unterschiedlich verstanden werden.

Theorien über die empirische Welt sind demnach keine Ausformulierungen entdeckter Aspekte einer bereits existierenden Wirklichkeit. Theorien werden vielmehr als beobachtergebundene, aber auch objektgebundene und damit keineswegs wie in radikal konstruktivistischen Ansätzen als arbiträre Rekonstruktionen der Realität verstanden. Auch Wissen über die Welt ist der Grounded Theory zufolge also relational und damit prinzipiell riskant. Es entsteht in der räumlich und zeitlich gebundenen Interaktion von Subjekt und Objekt. Allgemeingültige, akteursunabhängige Wahrheitskriterien werden entsprechend abgelehnt und stattdessen ebenfalls relationale Wahrheitskriterien vorge-

---

288 Strübing 2008: *Grounded theory*, S. 39.
289 ebd.. „Entdeckend" scheint hier jedoch der passendere Gegenbegriff, weil auch im nomologisch-deduktiven Forschungsparadigma Erkenntnis nicht als vor jeder Erfahrung konzipiert ist.

schlagen, anhand derer sich durchaus die Konsistenz und die Erklärungskraft von Theorien bestimmen lässt. Dies gilt gleichermaßen für Natur- und Sozialwissenschaften, die nur auf graduell unterschiedliche Weise mit der riskanten Natur von Erkenntnis konfrontiert sind.

4.1.2 Forschungslogik: Iterative Zyklen der Abduktion, Induktion, Deduktion und Hypothesentests

Aus den pragmatistisch-interaktionistischen Vorannahmen folgt der forschungslogische Grundgedanke der Grounded Theory: Der prinzipiellen Relationalität von Erkenntnis kann durch die exakte Befolgung methodischer Regeln nur scheinbar zu absoluter Gültigkeit verholfen werden. Aus dieser Kritik an nomologisch-deduktiven Verfahren des Hypothesentestens, die auf den kritischen Rationalismus zurückgehen, entwarf Strauss einen Forschungsstil, in dem die durchaus kreative Arbeit des Herstellens von Daten explizit ein produktiver Teil der Forschungslogik ist. Dabei orientierte er sich an der Untersuchungslogik des Pragmatismus, die Strübing von ihren wissenschaftstheoretischen Grundlagen her herausgearbeitet.[290] Das von Strauss zwar bereits vor Jahren eingestandene, im Methodenstreit jedoch häufig noch mobilisierte „induktivistische Selbstmissverständnis" der Grounded Theory räumt Strübing damit noch einmal forschungslogisch aus.[291]

In Anlehnung an die von dem Pragmatisten John Dewey aus der Logik alltäglichen Erkenntnisgewinns entwickelte „Logik der Forschung" beschreibt Strübing die Untersuchungslogik von Strauss' Grounded Theory als eine Reihe sich wiederholender Zyklen des Schlussfolgerns. Diese schrauben sich gewissermaßen zwischen dem im Wandel begriffenen empirischen Feld und der evolvierenden Theorie pendelnd auf ein zunehmend konzeptuelles Niveau (vgl. Abbildung 4). Ein Zyklus besteht aus einer Folge unterschiedlicher Arten des Schlussfolgerns und zielt damit auf die Überwindung des Dualismus von deduktiven und induktiven Verfahren. Aus qualitativen Induktionen und Abduktionen werden *ad hoc*-Hypothesen erarbeitet, die deduktiv ausgearbeitet und experimentell an der Empirie getestet werden. Aus dem Ergebnis dieses Hypothesentests, weiteren qualitativen Induktionen und Abduktionen werden beim zweiten Durchlaufen des Schlusszyklus modifizierte oder auch neue *ad hoc*-Hypothesen erarbeitet, die dann wieder ausgearbeitet und am Material getestet werden usw.

Der erste Halbkreis des Schlussfolgerns beschreibt, wie neue Wahrnehmungsinhalte aus dem Feld, die durch das Zusammenwirken von Empfindungen, Sinneseindrücken und Vorwissen in unwillkürlichen, vorsprachlichen Schlussfolgerungen entstehen, zu Wahrnehmungsurteilen werden. Strübing beschreibt in Anlehnung an die späteren Arbeiten des Pragmatisten Charles Peirce, dass dies entweder durch qualitative Induktion

---

[290] vgl. Strübing 2008: *Grounded theory*, S. 41 ff.
[291] vgl. ebd. S. 51 ff.

Abbildung 4 Die pragmatistische Forschungslogik nach Strübing

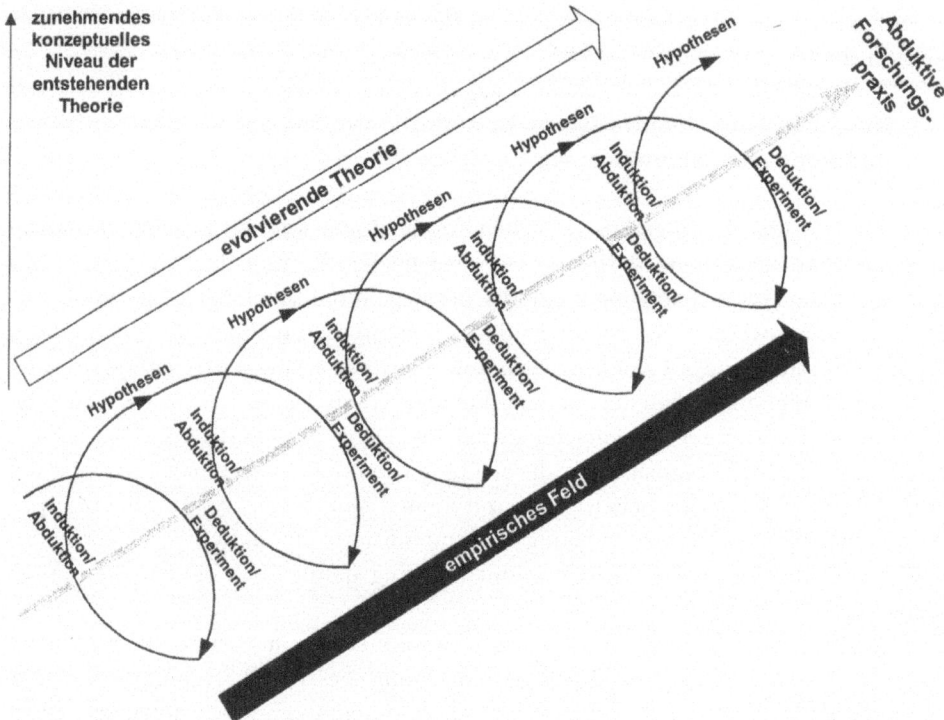

Quelle: Strübing 2008: *Grounded theory*, S. 48.

oder Abduktion geschieht: Bei qualitativer Induktion meinen wir, einen neuen Wahrnehmungsinhalt einem bekannten Wahrnehmungsurteil zuordnen zu können. Findet sich dagegen, wie häufig im Falle von Forschungsfragen, keine Entsprechung eines neuen Wahrnehmungsinhaltes mit bekannten Wahrnehmungsurteilen, muss ein neues Wahrnehmungsurteil abduktiv „erfunden", oder aus bekannten Wahrnehmungsurteilen neu konfiguriert werden.[292] Aus pragmatistischer Sicht ist dieser unwillkürliche, intersubjektiv nicht nachvollziehbare Prozess unabdingbar für jede Art der Erkenntnis.

---

[292] Ein weiteres, im Methodenstreit verstärktes Selbstmissverständnis qualitativer Sozialforschung besteht in dem aus Peirce frühen Arbeiten zur Abduktion abgeleiteten Argument, interpretative Verfahren beruhten auf einer dritten logischen Schlussform, der Abduktion, durch die erstmals wirklich neues Wissen generiert werden könne. Peirce selbst präzisierte schon bald ein, dass es sich bei Abduktion nicht um eine logische, sondern um eine äußerst schwache Schlussform handle, in der auch nicht gänzlich neues Wissen generiert, sondern hypothetisch von einer Regel und einem Resultat auf einen Fall geschlossen wird. (vgl. Strübing 2008: *Grounded theory*, S. 44 ff.)

Er sollte deshalb produktiv in den Forschungsprozess einbezogen werden, anstatt ihn durch Regeln vergeblich ausschließen zu wollen.

Die im ersten Teil des Schlusszyklus entwickelte *ad hoc*-Hypothese wird also weder wie in nomologisch-deduktiven Verfahren aus theoretischem Vorwissen deduziert noch emergiert sie, wie in Glasers Variante der Grounded Theory, gänzlich aus der Empirie. In der pragmatistischen Untersuchungslogik werden die Hypothesen vielmehr in einem aktiven, kreativen und nicht strikt logischen Prozess durch das Zutun der Forschenden erarbeitet. Wäre dies die ganze Forschungslogik, hätten die so erzielten Ergebnisse keinerlei intersubjektive Gültigkeit. Diese ganz bewusst geforderte „abduktive Forschungshaltung" ist jedoch nur ein Teil der Schlusslogik. Im zweiten Halbkreis, der in Strauss' Arbeiten allerdings weniger im Vordergrund steht als der erste, werden die *ad hoc*-Hypothesen deduktiv ausgearbeitet und im empirischen Experiment auf ihre Plausibilität und Funktionsfähigkeit hin geprüft. Mit anderen Vorannahmen, jedoch erstaunlich ähnlich wie in Poppers kritischem Rationalismus, werden sie so entweder falsifiziert oder vorübergehend bestätigt.

Das anfänglich auch von Strauss nur als notwendiges Übel erachtete wissenschaftliche und alltägliche Vorwissen der Forschenden[293] ist ein notwendiger, positiver Bestandteil der skizzierten Forschungslogik: Sowohl bei der Abduktion, der qualitativen Induktion, der deduktiven Ausarbeitung als auch dem Experiment soll das Vorwissen explizit „kreativ und phantasievoll"[294] genutzt werden, um das Forschungshandeln anzuregen. Ihm kommt dabei jedoch lediglich der Status sog. sensibilisierender Konzepte zu, welche den Forschungsprozess mitleiten, diesen aber nicht bestimmen sollen.

Ein solcher Zyklus des Schlussfolgerns wird im Forschungsprozess nicht nur einmal, sondern vielfach wiederholend im Sinne eines flexiblen Wechselspiels von Beobachtung, Interpretation, Reflexion und Erprobung durchlaufen. Die iterativ zyklische Forschungslogik gibt keinen Endpunkt des Forschungsprozesses vor, da sowohl die Empirie als auch die Theorie als in ständiger Entwicklung begriffen konzipiert sind. Die Schlusszyklen werden stattdessen so lange durchlaufen, bis die entstehende Grounded Theory dem Ermessen der Forschenden nach und konsensuellen Gütekriterien genügend die Forschungsfrage befriedigend klärt. Die Überprüfung der Hypothesen findet also nicht wie in hypothetico-deduktiven Verfahren am Ende des Forschungsprozesses statt und liefert das endgültige Ergebnis der Untersuchung. Vielmehr soll durch das kontinuierliche Entwerfen, Ausarbeiten und Prüfen bewusst für den Moment entworfener Hypothesen das konzeptuelle Niveau der entstehenden Theorie über den Forschungsgegenstand im Forschungsprozess stetig zunehmen.

Ergebnis des Durchlaufens dieser Forschungslogik sind Grounded Theories. Sie sind Ausformulierungen von plausiblen und passenden Beziehungen zwischen den erarbeiteten Kategorien. „Grounded" nannten Glaser und Strauss ihre Ergebnisse bzw. ihren

---

293 vgl. Strübing 2008: *Grounded theory*, S. 57 ff.
294 ebd. S. 59.

Forschungsstil, weil sie in empirischen Daten „gegründet" und nicht wie in nomologisch-deduktiven Verfahren aus Vorwissen abgeleitet und mit empirischen Daten belegt oder falsifiziert sind. Ihre Bezeichnung als „Theories" grenzt sie u. a. von den dichten Beschreibungen der Ethnografie ab. Grounded Theories sollen soziale Prozesse nicht nur zutreffend beschreiben, sondern zudem verstehend erklären, warum sie auf bestimmte Weisen verlaufen.

4.1.3 Forschungspraxis: Iterativ zyklisches Vorgehen, theoretisches Sampling und ständiger Fallvergleich

Entsprechend der Vorannahme, dass Erkenntnis im kreativen Umgang der Forschenden mit der Wirklichkeit entsteht, schreibt die Grounded Theory bewusst keine standardisierte Abfolge von Arbeitsschritten, Forschungsregeln oder Erhebungsinstrumenten vor. Vielmehr werden Vorschläge für die Anwendung sog. essenzieller Operationen unterbreitet, aus denen die Forschenden je nach Forschungskontext, Arbeitsrhythmus und Erfahrungen selbst eine Forschungspraxis entwickeln. Vor diesem Hintergrund versteht Strübing die Grounded Theory auch nicht als Methodologie im engeren Sinne, sondern als Forschungsstil, der zum Ziel hat, die methodische Systematisierung des Forschungshandelns und die kreative Eigenleistung der Forschenden in eine produktive Balance zu bringen. Die im Folgenden beschriebenen „notwendigen Funktionsbedingungen" der Grounded Theory sind nach Strübing ein iterativ zyklisches Vorgehen, das sog. theoretische Sampling und die Methode des ständigen Fallvergleiches:[295]

Der Forschungsprozess ist im Forschungsstil Grounded Theory also *erstens* nicht linear konzipiert, sondern verläuft gemäß der Forschungslogik iterativ zyklisch. Phasen der Datenerhebung, Datenanalyse und Theoriebildung folgen nicht sequenziell aufeinander, sondern werden in wiederholtem Wechsel durchgeführt. So soll das Vorgehen in allen drei Bereichen im Verlauf des Forschungsprozesses weiterentwickelt werden: Beispielsweise werden Beobachtungsleitfäden anhand der ersten Datenauswertungen verbessert, Analysekategorien im Verlauf der Theoriebildung modifiziert und die Theorie durch Auswertungsergebnisse verändert.

Unabdingbar ist in diesem Zusammenhang *zweitens* die Sampling Strategie der Grounded Theory. Die iterativ zyklische Untersuchungslogik wäre obsolet, wenn die zu erhebenden Fälle wie in nomologisch-deduktiven Verfahren zu Beginn der Forschung z. B. nach Kriterien der statistischen Repräsentativität für eine dafür notwendigerweise bekannte Gesamtpopulation festgelegt würden. Stattdessen wird davon ausgegangen, dass erst im Prozess des ständigen Generierens, Ausarbeitens, Überprüfens und Modifizierens von *ad hoc*-Hypothesen entschieden werden kann, welche Fälle für die Entwicklung einer konzeptuell repräsentativen Grounded Theory überhaupt relevant sind. Die Entscheidungen über die Auswahl der zu erhebenden und auch der zu analysierenden

---

295 vgl. ebd. S. 92.

Fälle werden also aus den Postulaten der jeweils aktuellen Fassung der im Entstehen begriffenen Grounded Theory abgeleitet, weshalb etwas missverständlich von „theoretischem" Sampling die Rede ist.[296]

Wie bereits erwähnt, gibt die Untersuchungslogik der Grounded Theory bewusst keinen festen Endpunkt des Forschungsprozesses vor, da die Vorstellung, Forschung sei endgültig abschließbar und ihr Schlusspunkt objektiv aus Daten oder Theorien ableitbar, dem pragmatistisch-interaktionistischen Erkenntnismodell zuwiderläuft. Das konsensuelle Kriterium zur Beendigung weiterer Erhebung und Auswertung von Daten ist vielmehr die sog. theoretische Sättigung der entstehenden Grounded Theory.[297] Diese wird als die Phase im Forschungsprozess beschrieben, in der die Grounded Theory bereits so weit ausgearbeitet ist, dass die Erhebung und Analyse neuen empirischen Materials nur noch unwesentlich zu Neuerungen oder Verfeinerungen führt. Da sich aufgrund des prozessuralen Feldes und der Relationalität von Erkenntnis jedoch fast immer weitere Variationen einer empirisch gegründeten Theorie finden, ist zudem die *konzeptuelle* Repräsentativität der entwickelten Grounded Theory wichtig. In nomologisch-deduktiven Verfahren wird *statistische* Repräsentativität angestrebt, die stichprobenartig für alle Fälle (meist Personen), in denen ein Phänomen vorkommt, nachgewiesen wird. Im Gegensatz dazu zielt die Grounded Theory auf konzeptuelle Repräsentativität, worunter die möglichst umfassende, hinreichend detaillierte Entwicklung der Eigenschaften theoretischer Konzepte verstanden wird. Wann genau nun theoretische Sättigung bzw. konzeptuelle Repräsentativität erreicht ist, ist ganz explizit eine subjektive, durchaus riskante Entscheidung der Forschenden, deren plausible Begründung eines der zentralen Gütekriterien der Grounded Theory ist.

Leitidee der Datenanalyse ist nach Strübing *drittens* die in der Chicago School entwickelte Methode des ständigen Vergleichens. Im ständigen Vergleichen von Fällen – seien es Personen, Handlungen, Veranstaltungen, Textsequenzen, Begriffe etc. – findet das für die Forschungslogik zentrale kontinuierliche Erarbeiten, Ausarbeiten und Erproben von ad hoc-Hypothesen über Beziehungen zwischen Fällen statt. Corbin und Strauss schlagen mehrere Vergleichsheuristiken vor, insbesondere den Vergleich ähnlicher bzw. divergierender Fälle, den Vergleich empirischer Vorkommnisse mit wissenschaftlichen oder praktischen Vorkenntnissen und den Vergleich möglicher Lesarten von Schlüsselbegriffen.[298] Es wird so lange an weiteren Vergleichsfällen geprüft, ob die Hypothesen die Beziehungen zwischen Fällen plausibel und passend erklären, ob sie bestätigt werden können oder verworfen bzw. modifiziert werden müssen, bis die Hypothesen das Abstraktionsniveau einer Theorien über das Feld erreicht haben. Die wiederholte Bewährung am empirischen Material macht die Theorie zu einer Grounded Theory, also zu einer in empirischen Daten gegründeten Theorie.

---

296 vgl. Strübing 2008: *Grounded theory*, S. 30 ff. und Corbin et al. 2008: *Basics of qualitative research*, S. 143 ff.
297 vgl. ebd. S. 33 ff. und ebd. S. 263 ff.
298 vgl. Corbin et al. 2008: *Basics of qualitative research*, S. 65 ff.

Die forschungspraktische Umsetzung der Methode des ständigen Vergleichens steht im Zentrum der Arbeiten von Strauss und Corbin. Um diesen explizit kreativen Prozess zwar nicht zu verregeln, ihn aber dennoch zu systematisieren und die intersubjektive Geltung seiner Ergebnisse zu erhöhen, schlägt die Grounded Theory einen hier nur skizzierten dreistufigen Kodierprozess vor:[299]

- Dem „Aufbrechen" der Daten dient das stark abduktiv geprägte offene Kodieren, in dem erste relevante Konzepte aus dem Material erarbeitet und in ihm verortet werden. Ziel dieser frühen Kodierphase ist die Erzeugung analytischer Vielfalt, die unter anderem durch die Technik des Dimensionalisierens[300] angeregt werden soll.
- Der nächste Kodierprozess, das axiale Kodieren, zielt darauf, die bisher eher isoliert betrachteten, vielfältigen Phänomene in einen analytischen Strukturzusammenhang zu bringen, in dem ihr Kontext systematisch aufgearbeitet wird. Eine Hilfstechnik des axialen Kodierens ist die Anwendung eines Katalogs aus der Alltagsheuristik entlehnter generativer Fragen (Kodierparadigma).[301] Dabei können sich die im offenen Kodieren vergebenen Kodes durchaus als nicht mehr dem aktuellen Stand der in Entwicklung begriffenen Konzepte erweisen und werden im Einklang mit der Forschungslogik entsprechend geändert. Im Verlauf des axialen Kodierens werden insofern wichtige Relevanzentscheidungen getroffen, als Kategorien, die für die Beantwortung der Forschungsfrage besonders fruchtbar erscheinen, als Kernkategorien ausgewählt werden.
- Diese Kernkategorien werden schließlich im dritten Kodierprozess, dem selektiven Kodieren, systematisch zu einer umfassenden Theorie über das Feld ausgearbeitet, indem ihre Beziehungen zu untergeordneten Kategorien und anderen Kernkategorien im ständigen Vergleich geklärt werden. Auch hierfür werden Teile des empirischen Materials re-kodiert. Hauptergebnis des Kodierprozesses ist ein dichtes System empirisch erarbeiteter Konzepte und Kategorien, die über die vergebenen Kodes auch konkret im empirischen Material gegründet sind.

Eine wichtige Hilfstechnik, die das ständige Vergleichen systematisieren und intersubjektiv nachvollziehbar machen soll, ist das Verfassen sogenannter Memos. Darin werden von Beginn des Forschungsprozesses an analytische Entscheidungen und entstehende theoretische Konzepte schriftlich ausformuliert, um den kreativen Auswertungsprozess sich selbst bewusst und anderen zugänglich zu machen.[302] Eine der kommunikativen Validierungsstrategien der Grounded Theory sind zudem sogenannte Forschungswerkstätten, in denen Forschende ihr Vorgehen intervidieren. Im Mittelpunkt stehen dabei

---

299 vgl. Strübing 2008: *Grounded theory*, S. 19 ff. und Corbin et al. 2008: *Basics of qualitative research*, S. 159 ff.
300 vgl. ebd. S. 22 ff. und ebd. S. 45 ff.
301 vgl. ebd. S. 26 ff. und ebd. S. 69 ff.
302 vgl. ebd. S. 34 ff. und ebd. S. 117 ff.

weniger inhaltliche Ergebnisse als die forschungslogische Konsistenz und die fruchtbare Anwendung der vorgeschlagenen Verfahren, Techniken und Hilfsmittel für den ständigen Fallvergleich.[303]

Diese auf den ersten Blick liberale Forschungspraxis räumt den Forschenden vergleichsweise viele Handlungs- und Entscheidungsspielräume ein. Sie erhöht jedoch auch die Anforderungen an die Begründung der gewählten Ausgestaltung des Forschungsstils, da diese sich in Ermangelung verbindlicher Forschungsregeln nicht auf den Verweis auf Regelbefolgung beschränkt, sondern im Beleg der Übereinstimmung mit der Forschungslogik der Grounded Theory besteht.[304] Eine sorgfältige, nicht nur exemplarische Dokumentation des Forschungsprozesses ist deshalb ein wichtiger Bestandteil einer Grounded Theory.

4.1.4 Gütekriterien: Konzeptuelle Dichte, Reichweite und empirische Verankerung

Strübing beschließt seine theoretische Ausarbeitung der Grounded Theory mit der Diskussion der Frage, welches die Kriterien für die Beurteilung einer Grounded Theory sind.[305] Wie zu erwarten schlägt er dabei keine universalen, sondern relationale Gütekriterien vor. Denn die in nomologisch-deduktiven Verfahren angewandten Gütekriterien (Validität, Reliabilität, Repräsentativität und Objektivität) sind nur begrenzt mit den Vorannahmen der Grounded Theory vereinbar. Während die widerspruchsfreie und adäquate Repräsentation der sozialen Wirklichkeit (Validität) auch ein Gütekriterium der Grounded Theory ist, widerspricht das Kriterium der Wiederholbarkeit von Untersuchungen (Reliabilität) dem relationalen Erkenntnisbegriff der Grounded Theory. Die Verallgemeinerbarkeit (Repräsentativität) von Ergebnissen wird wie beschrieben nicht im statistischen, sondern im konzeptuellen Sinne angestrebt. Und die Unabhängigkeit der Instrumente und Ergebnisse einer Erhebung von den Forschenden (Objektivität) stellt der pragmatistisch-interaktionistische Ansatz ja gerade infrage. Strübing formuliert die Kriterien Validität und konzeptuelle Repräsentativität für die Grounded Theory zu den folgenden drei Aspekten aus, die je nach Forschungsvorhaben zu konkretisieren und durchaus auch zu modifizierenden sind:

- *Konzeptuelle Dichte, Systematik und Niveau:* Die Güte einer Grounded Theory bemisst sich zum einen daran, wie dicht die aus dem Material erarbeiteten Abstraktionen untereinander verknüpft sind, wie konsistent und systematisch sie angelegt sind und welchen Abstraktionsgrad sie erreichen.

---

303 vgl. z. B. Mruck et al. 1998: *Konzept einer Projektwerkstatt*.
304 vgl. Strübing 2008: *Grounded theory*, S. 13 ff.
305 vgl. ebd. S. 79 ff.

- *Varianz und Reichweite:* Für die Erklärungs- und Vorhersagekraft einer Grounded Theory ist zum anderen entscheidend, inwieweit divergierende Fälle erfasst und integriert wurden.
- *Empirische Verankerung:* Die Güte einer Grounded Theory hängt schließlich davon ab, wie stark und vielfältig ihre Kategorien und Konzepte im Datenmaterial verankert sind.

Eine zentrale Annahme der pragmatistischen Wissenschaftstheorie ist zudem, dass sich die Theorie maßgeblich in der Praxis validiert. Auf praktischer Ebene zeichnet sich eine gute Grounded Theory demnach dadurch aus, dass sie nicht nur die wissenschaftliche Theorie und Praxis voranbringt. Ziel der häufig emanzipatorisch motivierten Grounded Theory ist zudem, die autonome Handlungsfähigkeit der Akteurinnen und Akteure im Feld zu verbessern. Grundlage der Beurteilung, ob eine Grounded Theory diesen Gütekriterien genügt, ist eine systematische Dokumentation des Forschungsprozesses.

4.1.5 Begründung der Wahl des methodologischen Vorgehens

Aufgrund meiner methodischen Vorerfahrungen orientierte ich mein Forschungsvorgehen anfangs an Mykytyns ethnografischem Ansatz und begann, teilnehmende Beobachtungen von Anti-Aging-Veranstaltungen durchzuführen. Denn mich interessierten neben den in diskursanalytischen und linguistischen Arbeiten untersuchten schriftlichen Veröffentlichungen wortführender Akteurinnen und Akteure im Feld auch Äußerungen weniger prominenter Personen sowie nicht veröffentlicht, nicht schriftlich oder auch nicht sprachlich vorliegende Daten. Im Verlauf des Forschungsprozesses entschied ich, der Ethnografie zwar methodisch, aber nicht methodologisch zu folgen und bettete meine ethnografische Methode der Datenerhebung in ein Vorgehen im Forschungsstil der Grounded Theory nach Strauss und Corbin ein. Dies hatte die folgenden methodologischen Gründe:

Zunächst entschied ich, dass das Ergebnis meiner Arbeit nicht in ethnomethodologischer Tradition die Form einer dichten Beschreibung von Anti-Aging-Medizinkonferenzen haben sollte. Vielmehr zielte ich auf eine u. a. in dichten Beschreibungen gegründete, erklärende Theorie über die Anti-Aging-Medizin in Deutschland. Da bei der Untersuchung dieses Gegenstandes nur auf wenig Vorwissen zurückgegriffen werden konnte und das Feld stark im Wandel begriffen ist, bot zudem iterativ zyklisches Vorgehen folgende Vorteile:

Da nur wenige, kaum ausgearbeitete Thesen über die Anti-Aging-Medizin in Deutschland vorlagen, schien ein einmaliger, quantitativer Test von aus Vorwissen deduzierten Hypothesen nicht sinnvoll. Denn das Falsifikationsrisiko wäre sehr hoch gewesen und die entstehende Momentaufnahme wäre zwar statistisch repräsentativ gewesen, hätte aber wenig Kontextverständnis geliefert. Dies zeigt sich z. B. im Vergleich mit Stuckelbergers quantitativer Fragebogenerhebung. Um zu klären, was Anti-Aging eigentlich ist, legte Stuckelberger den Befragten eine sehr weite Definition von Anti-Aging vor und fragte, ob sie diese „fine", „incorrect" oder „incomplete" fänden.[306] Stuckelberger beschreibt in der Auswertung: „The opinion survey [...] shows clearly that there is no consensus among experts on AAM, what AAM is."[307] Ein vertieftes und kontextreiches Verständnis der Grenzverläufe im Feld lässt sich mit diesem methodologischen Vorgehen jedoch nicht erreichen. So kommt Stuckelbergers Mitautorin So-Barazetti lediglich zu dem Schluss: „anti-aging medicine is still ill-defined."[308]

Auch gegenüber qualitativen Verfahren, in denen Kodes zu Beginn des Forschungsprozesses aus Hypothesen abgeleitet und einmalig vergeben werden, bot der Ansatz, das Anti-Aging-Verständnis nicht mit Daten zu belegen, sondern in Daten zu gründen, Vorteile. Denn durch die Erarbeitung des Kodiersystems im wiederholten Wechsel von empirischer Erprobung und theoretischer Ausarbeitung konnten Veränderungen und Akzentverschiebungen des schnelllebigen Feldes systematisch in die Kategorienbildung einbezogen werden.

Vor diesem Hintergrund schien auch der Ansatz fruchtbar, die relevanten Untersuchungsfälle nicht zu Beginn des Forschungsprozesses nach statistischen Kriterien aus einer bekannten Grundgesamtheit auszuwählen. Denn zunächst stellte sich die Frage, wer überhaupt die Akteurinnen und Akteure und Organisationen der Anti-Aging-Medizin in Deutschland sind. So wurde im Verlauf der Untersuchung in Reaktion auf die beginnende Theoriebildung (daher: *theoretisches* sampling) erarbeitet, welche Fälle relevant sind. Anstatt also z. B. alle GynäkologInnen Baden-Württembergs per Fragebogen über ihre Erfahrungen mit Anti-Aging zu befragen, waren meine Untersuchungsfälle zunächst Anti-Aging-Kongresse. Im Verlauf meiner teilnehmenden Beobachtungen kam ich in Kontakt mit ÄrztInnen, die Erfahrungen mit Anti-Aging hatten. Sehr viele von ihnen waren keine GynäkologInnen und waren auch nicht aus Baden-Württemberg. So ist meine Stichprobe zwar nicht statistisch repräsentativ, aber sie repräsentiert mein in Daten gegründetes Konzept des Feldes und wurde anhand von reichem Kontextwissen ausgewählt.

Der Forschungsstil Grounded Theory bot sich jedoch nicht nur aufgrund des wenig beforschten Untersuchungsfeldes an. Da mich vor allem die Alterskonstruktionen der Anti-Aging-Medizin in Deutschland interessierten, lag ein qualitatives Verfahren nahe. Denn die entsprechenden altersbezogenen Konzepte und Praktiken wären nur in recht starker Abstraktion quantifizierbar gewesen. Zudem sind die Fallzahlen zumindest aufseiten der wortführenden Akteurinnen und Akteure im Feld sehr klein. Zur Beantwortung meiner Fragen schien mir ein Verfahren sinnvoll, dessen Ergebnisse die Alterskonstruktionen in ihrer Qualität möglichst aussagekräftig abbilden. Der Forschungsstil Grounded Theory zielt auf solche konzeptuell repräsentativen Ergebnisse. Die Quantifi-

---

306 Da ich eine der Befragten war, liegt mir der Fragebogen vor.
307 Stuckelberger 2008: *AAM. Myths & chances*, S. 245.
308 ebd. S. 180.

zierbarkeit von Ergebnissen oder ihre statistische Übertragbarkeit auf alle Anti-Aging-MedizinerInnen in Deutschland schienen mir dagegen für meinen Forschungsbeitrag weniger wichtig.

4.2 Dokumentation des Forschungsprozesses

Da der Forschungsstil Grounded Theory bewusst kein standardisiertes Vorgehen vorgibt, ist die Dokumentation des Forschungsprozesses wichtiger Bestandteil der Forschungsergebnisse.[309] Von besonderem Interesse ist dabei, wie die für die Grounded Theory charakteristischen, wiederholten Zyklen der Datenerhebung, Interpretation und erneuter empirischer Überprüfung für die Verfeinerung von Datenerhebungsstrategien und die Ausarbeitung der Grounded Theory genutzt wurden. Meine Entscheidung, teilnehmende Beobachtungen von Anti-Aging-Veranstaltungen als Ausgangspunkt meiner Datenerhebung zu wählen, legte bereits durch den zeitlichen Abstand der Veranstaltungen einen wiederholten Wechsel von Feldaufenthalten und Phasen der Auswertung und Theoriebildung nahe. Im Folgenden wird für vier Elemente der Forschungspraxis der Grounded Theory beschrieben, welches Vorgehen ich mir im wiederholten Wechsel von Datenerhebung und Theoriebildung erarbeitet habe. Dabei wird an mehreren Stellen deutlich, warum ich bestimmte Hypothesen formulierte, wie ich sie überprüft und ihrer eventuellen Diskrepanz zu den Daten Rechnung getragen habe.

4.2.1 Theoretisches Sampling: Konferenzen, ihre BesucherInnen und die Suche nach AnwenderInnen

Da zu Beginn der Untersuchung zunächst infrage stand, welches überhaupt relevante Akteurinnen und Akteure der Anti-Aging-Medizin in Deutschland sind, wählte ich als Falleinheit meiner Ausgangsstichprobe nicht Personen, sondern Veranstaltungen. Inspiriert von Mykytyns Feldforschung auf Anti-Aging-Veranstaltungen war ich bei explorativen Internetrecherchen auf medizinische Anti-Aging-Konferenzen in Deutschland aufmerksam geworden. Dies waren der 6. Lifestyle- und Anti-Aging-Kongress der Universitätsfrauenklinik Heidelberg (Dez. 2004), der Präventionstag der GSAAM auf der Medica in Düsseldorf (Nov. 2005) und der „Menopause, Andropause, Anti-Aging"-Kongress in Wien (Dez. 2005). Meine Kriterien der Fallauswahl waren dabei erstens, dass die VeranstalterInnen sich oder ihre Veranstaltungen selbst als Anti-Aging bezeichneten und zweitens, dass die Veranstaltungen öffentlich waren und somit ein unproblematischer Feldzugang möglich war.

Eine erste Richtungsentscheidung war, im Folgenden nur Veranstaltungen der German Society of Anti-Aging Medicine zu untersuchen. Denn zum einen wurden die

---

309 vgl. Strübing 2008: *Grounded theory*, S. 90.

„Lifestyle und Anti-Aging-Medizin Kongresse" der Universitäts-Frauenklinik Heidelberg um den Gynäkologen Thomas Rabe im Jahr 2006 eingestellt und die GSAAM verblieb als die wichtigste Anti-Aging-Medizingesellschaft in Deutschland. Zum anderen entschied ich, die Anti-Aging-Medizin in Österreich um den umstrittenen Gynäkologen und Theologen Johannes Huber trotz dessen erheblichen Einflusses auf die Szene in Deutschland nicht in meine Untersuchung einzubeziehen. Denn dies hätte die Erarbeitung eines weiteren regionalen Kontexts erforderlich gemacht.

Im Verlauf meines vierten Feldaufenthaltes auf dem Anti-Aging Medicine World Congress der A4M in Paris (März 2006) weitete ich meinen Blick auf eine andere Falleinheit aus: auf die Akteurinnen und Akteure der Anti-Aging-Veranstaltungen. Meine *ad hoc*-Hypothese war, dass ich wie Mykytyn auf ein „patient/practitioner movement" stoßen würde. Auf den Konferenzen traf ich jedoch fast ausschließlich auf regulär ausgebildete MedizinerInnen, UnternehmerInnen und einige WissenschaftlerInnen. Von Anti-Aging-AnwenderInnen, deren Umgang mit Anti-Aging mich anfangs besonders interessierte, fand sich hingegen fast keine Spur.

Der Zugang zu Praktiken von Anti-Aging-AnwenderInnen schien nur über MedizinerInnen möglich. Denn die wenigen Gespräche, die ich mit Anti-Aging-Anwenderinnen im Rahmen von Veranstaltungen von ÄrztInnen für PatientInnen führen konnte, bestätigten meine Hypothese, dass sich nur sehr wenige medizinische LaiInnen als Anti-Aging-AnwenderInnen verstehen. Wenn überhaupt binden sie durch ärztliche Anregung Anti-Aging-Elemente lose als Bewältigungsstrategien von gesundheitlichen und biografischen Umbruchsituationen ein. Ich versuchte also KonferenzbesucherInnen dafür zu gewinnen, mich an ihren Interaktionen mit PatientInnen teilhaben zu lassen. Es erwies sich jedoch als schwierig, MedizinerInnen im Umfeld der GSAAM dafür zu gewinnen, mir ihre Arzt-Patient-Interaktion als Forschungsfeld zu öffnen. Angesichts der Strittigkeit der Anti-Aging-Medizin und meiner Fachfremdheit im Feld, scheint dies im Rückblick wenig verwunderlich.

So begann ich, MedizinerInnen über ihre PatientInnen zu befragen und stellte fest, dass viele von ihnen selbst auf der Suche nach einem „Feldzugang" zu AnwenderInnen waren. Daraufhin verwarf ich meine Hypothese, dass es sich bei der Anti-Aging-Medizin in Deutschland um eine soziale Bewegung handelt. Vielmehr festigte sich die These, dass ich es mit einem ärztlich-unternehmerischen Interessenverbund zu tun hatte, der u. a. damit beschäftigt war, um KundInnen für seine Dienstleistungen zu werben. Statt für die Selbsttechnologien von Anti-Aging-AnwenderInnen begann ich mich, für die Subjektivierungs*appelle* dieses Netzwerks zu interessieren.

Meine Fälle waren dabei nach wie vor die auf Anti-Aging-Konferenzen versammelten Akteurinnen und Akteure. Schon bald konnte ich verschiedene Fallgruppen unterscheiden: ÄrztInnen, die Anti-Aging-Konferenzen zu Weiterbildungszwecken besuchen, darunter „Frischlinge" und „alte Hasen"; wortführende Anti-Aging-MedizinerInnen, die Ämter in der GSAAM innehatten und das Programm der Kongresse inhaltlich mitgestalteten und UnternehmerInnen, die ihre Produkte auf den Industrieausstellungen der Kongresse vertraten. Letztere beschloss ich, nicht systematisch in meine Untersuchung einzubeziehen. Denn meine Beobachtung war, dass die Industrieausstellungen der GSAAM eine deutlich geringere Rolle spielen als z. B. auf Kongressen der A4M. Interessanter erschienen mir hingegen die unternehmerischen Rationalitäten der ÄrztInnen selbst.

Während die Anzahl der wortführenden MedizinerInnen der GSAAM überschaubar ist, war zu entscheiden, welche KonferenzbesucherInnen ich ansprechen sollte. Die Auswahl meiner GesprächspartnerInnen ergab sich – entsprechend der Logik der teilnehmenden Beobachtung – zunächst aus den Gründen, aus denen man auf Tagungen mit Menschen ins Gespräch kommt: So sprach ich z. B. Personen an, deren Diskussionsbeiträge mich interessierten, die zufällig meine Sitznachbarn waren, die ich an Kaffeetischen und Ausstellungsständen oder auf Galaabenden traf. Im Laufe der Gespräche entschied ich, ob die GesprächspartnerInnen relevante Fälle für meine Untersuchung von Alterungskonzepten und Subjektivierungsappellen schienen, und fragte ggf., ob ich sie interviewen dürfte.

Insgesamt habe ich im Zeitraum von Dezember 2004 bis Mai 2011 13 Anti-Aging-Veranstaltungen teilnehmend beobachtet, darunter acht Anti-Aging-Medizinkongresse, drei Präventionstage der GSAAM, der Tag der offenen Tür eines Anti-Aging-Dienstleisters, der Vortrag eines Arztes für PatientInnen und das Wochenendseminar einer Ärztin für Patientinnen. Im Verlauf meiner Feldforschung habe ich formelle und halbformelle Interviews und Gruppengespräche mit 46 Personen geführt, darunter ÄrztInnen, UnternehmerInnen, WissenschaftlerInnen, PatientInnen, JournalistInnen, Konferenzorganisatorinnen und Medizinstudierende. Eine Liste der erarbeiteten, empirischen Materialien findet sich auf S. 423 ff.

Die Reichweite einer Grounded Theory hängt u. a. davon ab, welche Fälle der Methode des ständigen Vergleichens unterzogen werden und wie die Vergleiche angelegt sind. So wurden *zwei Fallgruppenvergleiche* durchgeführt: Erstens wurden die Akteurinnen und Akteure des Feldes im Hinblick auf ihre Nähe zu der GSAAM verglichen. Es zeigten sich wichtige Unterschiede zwischen wortführenden Anti-Aging-MedizinerInnen und eher lose mit der Organisation verbundenen Personen sowie zwischen seit längerem oder erst kürzlich im Bereich Anti-Aging engagierten MedizinerInnen. Zweitens wurden die untersuchten Dokumente wortführender Anti-Aging-ÄrztInnen im Hinblick auf ihren Entstehungszeitpunkt untersucht. Es zeigten sich deutliche Unterschiede zwischen früheren und späteren Texten sowie zwischen der ersten und der zweiten Generation wortführender MedizinerInnen.

Folgende *divergierende Fälle* wurden zu kontrastierenden Vergleichen herangezogen: Zwei in Sachsen praktizierende Anti-Aging-MedizinerInnen, die von deutlich anderen Sozialstrukturen ihrer PatientInnenschaft berichteten; ein ehemals wortführender Anti-Aging-Arzt, welcher der A4M auch nach dem offiziellen Bruch der GSAAM mit ihrer Mutterorganisation noch nahesteht; einer der wenigen wortführenden Akteure, der mit transhumanistischen Positionen sympathisiert; ein Mitglied der GSAAM, das die Organisation von innen heraus in vielen Punkten scharf kritisiert; und eine Anti-Aging-Ärztin, die nicht Mitglied der GSAAM ist und diese von außen in vielen Punkten kritisiert. Um die Positionalität der Anti-Aging-Medizin in Deutschland im heterogenen Anti-Aging-Feld herauszuarbeiten, habe ich das untersuchte Material zudem mit zwei anderen Anti-Aging-Kontexten verglichen. Wie bereits angeführt sind diese *Vergleichskontexte* die viel diskutierte American Academy of Anti-Aging Medicine (A4M) und die SENS Foundation (vgl. Teil 1, Kapitel 2).

4.2.2 Erarbeitung des empirischen Materials: Teilnehmende Beobachtung, Dokumentensammlung und (halb)formelle (Gruppen)Interviews

Für die Erarbeitung empirischer Daten schreibt die Grounded Theory keine bestimmten Erhebungsinstrumente vor. Das gesamte qualitative und explizit auch quantitative Instrumentarium kann in Reaktion auf das Forschungsfeld zum Einsatz kommen, wobei sich Erhebungsarten, die eine andauernde Interaktion zwischen Forschenden und Feld vorsehen, aus pragmatistisch-interaktionistischer Perspektive anbieten. Im Laufe meines Forschungsprozesses entwickelte ich drei, im Folgenden skizzierte Datenerhebungsstrategien: die teilnehmende Beobachtung von Anti-Aging-Veranstaltungen, das Sammeln von Veröffentlichungen wortführender Anti-Aging-MedizinerInnen und (halb)formelle (Gruppen)Interviews und „Ausstellungsführungen" mit BesucherInnen der Veranstaltung. Grundgedanke dabei war im Anschluss an den praxografischen Ansatz der Soziologen Hirschauer und Amman,[310] möglichst nahe an bestehenden Praktiken im Feld oder an bereits vorliegenden Protokollen über diese Praktiken zu bleiben.

Ausgangspunkt der Erarbeitung empirischer Materialien war die teilnehmende Beobachtung von Anti-Aging-Veranstaltungen. Die Interaktionen von ÄrztInnen und PatientInnen sind, wie beschrieben, in der Regel nicht ohne weiteres beobachtbar. Auf öffentlichen Anti-Aging-Konferenzen, auf denen sich MedizinerInnen aus eigener Motivation heraus über ihre Praktiken austauschen, können sich ärztliche Praxis und Beobachtungspraxis hingegen ohne viel forscherisches Zutun relativ nahe kommen. Rein organisatorisch war mein Feldzugang unproblematisch. Er bestand in meiner Anmeldung zu den entsprechenden Veranstaltungen. Zudem bat ich die OrganisatorInnen schriftlich um Erlaubnis, Beobachtungen und Interviews auf ihren Veranstaltungen durchzuführen, was mir in allen Fällen gestattet wurde.

Auf den jeweiligen Veranstaltungen meine Rolle im Feld zu etablieren, war hingegen schwieriger. Zum einen war meine disziplinäre Fremdheit im medizinisch geprägten Feld zu überwinden, aufgrund derer manche Kommunikationsangebote ins Leere liefen. In einem Fall führte auch das Stichwort „Bioethik" auf meiner Visitenkarte dazu, dass ein Wissenschaftler unseren bis dahin gut verlaufenen Kontakt abrupt abbrach und bereits zugesagte Verabredungen nicht einhielt. Zudem war der Statusunterschied zwi-

---

310 vgl. Hirschauer et al. 1997: *Befremdung der eigenen Kultur*.

schen den MedizinerInnen und mir als Promotionsstudentin unverkennbar. Die Gefahr eines „going native" bestand also nicht, sondern im Gegenteil ein tendenziell prekärer Feldzugang. Meist hatte ich erst gegen Ende einer dreitätigen Veranstaltung mit Mühe meine Rolle im Feld etabliert.

Vor Beginn eines Feldaufenthaltes erarbeitete ich Beobachtungsleitfäden, um mein Vorgehen im Feld entsprechend des Entwicklungsstands meines Kodiersystems zu fokussieren. Auf den Veranstaltungen tat ich alles das, was KonferenzteilnehmerInnen tun: Vor allem anfangs besuchte ich viele Konferenzvorträge, besuchte die Industrieausstellungen, nahm an einer Mitgliederversammlung der GSAAM teil und kam insbesondere an den Kaffeetheken, bei Mittagessen und Konferenzdinnern mit anderen TeilnehmerInnen ins Gespräch. Um meine Beobachtungen zu dokumentieren, verfasste ich anhand von über den Tag gesammelten Stichwörtern ausführliche Feldnotizen.[311] Zusätzlich zeichnete ich einzelne Konferenzvorträge digital auf, fotografierte PowerPoint-Präsentationen und Ausstellungsstände und sammelte Dokumente (z. B. Konferenzprogramme, Veröffentlichungen, Werbebroschüren) und Objekte (z. B. Proben von Anti-Aging-Mitteln).

Das Sammeln von Dokumenten erwies sich für die Erarbeitung der Positionen wortführender GSAAM-MedizinerInnen als besonders fruchtbar. Schon bald entschied ich, Daten über diese Fallgruppe nicht durch Interviews zu erheben. Denn da derart zahlreiche und vielfältige Protokolle über deren Konzepte bereits gut zugänglich vorlagen, schien der für eine Befragung notwendige Abstraktionsprozess und Routinebruch nicht nötig. So begann ich die Journale, Artikel, Lehrbücher, Ratgeber, Newsletter, Konzeptpapiere, Werbebroschüren, Presseerklärungen und Interviews der wortführenden Anti-Aging-MedizinerInnen in Deutschland zu sammeln und nahm an vielen ihrer zahlreichen Konferenzvorträge und Workshops beobachtend teil. Dieses Vorgehen war nicht allein praxografisch motiviert. Zudem umging ich durch die Verwendung von veröffentlichten Dokumenten das in dem kleinen, umstrittenen Feld nicht triviale Problem der effektiven Anonymisierung von Interviewaussagen.

Über die Konzepte der nicht-wortführenden ÄrztInnen im Umfeld der GSAAM lagen dagegen nicht bereits Protokolle vor. Da die Programme von Anti-Aging-Konferenzen nicht in einem öffentlichen „call for papers" Verfahren zusammengestellt werden, hielten die meisten BesucherInnen selbst keine Vorträge, die ich zur Datenerhebung hätte nutzen können. Für diese Fallgruppe entschied ich, mittels Interviews Daten zu erheben. Im Rahmen meiner teilnehmenden Beobachtung versuchte ich also, mit KonferenzteilnehmerInnen ins Gespräch zu kommen und bat diese, mir am Rande der Konferenz ein Interview zu geben. Vor jedem Feldaufenthalt entwickelte ich entsprechend Interviewleitfäden, die dem aktuellen Stand meiner Theoriebildung entsprachen. Dabei erwies es sich als sehr fruchtbar, das Thema Altern und den Begriff Anti-Aging zuneh-

---

311 vgl. Hirschauer 2001: *Ethnographisches Schreiben* und Emerson et al. 1995: *Writing ethnographic fieldnotes*.

mend aus der Einstiegsfrage herauszunehmen. Denn so ließ sich untersuchen, ob und wenn ja wie meine GesprächspartnerInnen in den Beschreibungen ihrer Praktiken und Konzepte auf beide rekurrierten.

Zunächst begann ich mit leitfadengestützten Interviews, die ich mit Mikrofon und MP3 Rekorder aufzeichnete. Vor Beginn eines Interviews beschrieb ich den Interviewten kurz mein Forschungsvorhaben und überreichte bei Interesse eine schriftliche Projektskizze und einen Überblick über mein weiteres Vorgehen mit dem Interviewmaterial. Ich erklärte mein Vorgehen bei der Anonymisierung der Transkripte, betonte die Möglichkeit der Interviewten, Fragen nicht zu beantworten oder das Interview zu beenden und bot an, nach Abschluss des Projekts eine Zusammenfassung meiner Ergebnisse zuzusenden.

Bei diesem Vorgehen erwies es sich als problematisch, dass mir im Konferenztrubel meist nicht viel Zeit blieb, um eine Beziehung zu potenziellen InterviewpartnerInnen aufzubauen. Die meisten bat ich bereits nach ein, zwei flüchtigen Begegnungen und kurzem Small Talk um ein Interview. Dies war meist just der Punkt, an dem sich der Small Talk zu einem interessanten Gespräch zu entwickeln begann. Meine formelle Interviewanfrage und das Mikrofon brachten das Gespräch jedoch häufig zum Erliegen und konnte nur mühsam wieder in Gang gebracht werden. Meine Erfahrung war, dass die so erlangten Aufzeichnungen meist weniger gehaltvoll waren als meine Notizen über die Vor- und Nachgespräche mit den InterviewpartnerInnen. Einige GesprächspartnerInnen fühlten sich in ihrer Konferenzroutine gestört und lehnten ein Interview ab.

Deshalb entschied ich, auch in diesem Punkt ethnografischer vorzugehen. Ich führte Interviews, ohne sie aufzuzeichnen und verfasste stattdessen im Anschluss Feldnotizen über die Unterhaltung. Auch leitete ich die Gespräche nicht als formelle Interviews ein, sondern als halbformelle, leitfadengestützte Expertengespräche. Meine Rolle als Beobachterin wurde dabei gleichermaßen klar, behinderte jedoch weniger den Gesprächsverlauf. Zum methodischen Durchbruch verhalf mir eine meiner Gesprächspartnerinnen, als sie von sich aus zwei weitere Konferenzbesucher in unser Gespräch involvierte. Es entstand ein halbformelles Gruppeninterview, das u. a. durch die Fragen, die sich die MedizinerInnen untereinander stellten und den Fallvergleich, den ihre Kontroversen gleich mitlieferten, sehr reichhaltig und vielfältig wurde.[312] Als gewinnbringende Strategie erwies sich zudem, KonferenzbesucherInnen zu bitten, mich über die Industrieausstellung der Konferenz zu führen und zu beschreiben, welche Stände, Methoden und Personen für sie von Bedeutung sind. Auf diesen „Ausstellungsführungen" konnte ich u. a. Gesprächen der MedizinerInnen mit UnternehmerInnen beiwohnen.[313]

---

312 vgl. z. B. Feldnotizen ESAAM Konferenz, Düsseldorf, 2008, P3:278 ff.
313 vgl. z. B. Feldnotizen Anti-Ageing Medicine World Congress Paris 2006, P5:164.

4.2.3 Entwicklung der Hauptkategorie: Was ist? Was soll sein? Was ist zu tun?

Bei der Entwicklung der Kategorien, die ich in der Terminologie der Grounded Theory als „Hauptkategorien" in den Vordergrund meiner Untersuchung gestellt habe, durchlief ich drei im Folgenden skizzierte Phasen (siehe Abbildung 5). Diese spiegeln den dreistufigen Kodierprozess, zu dessen technischer Unterstützung die Software Atlas.ti verwandt wurde:

Mein ursprüngliches Interesse am Thema Anti-Aging war theoretischer Art. Während meines Soziologiestudiums hatte ich mich mit der postmodernen Wende in der feministischen Erkenntnistheorie beschäftigt, insbesondere mit Donna Haraways Konzept der sozialen und biologischen Ko-Konstruktion geschlechtlicher Körper. Ein erster „abduktiver Blitz" war, dass Anti-Aging ein Forschungsgegenstand sein könnte, an dem sich – analog zum Gegenstand Transsexualität in der Geschlechterforschung – die postmoderne Wende für die gerontologische Erkenntnistheorie nachvollziehen und die Natürlichkeit des Alterns neu denken ließe. Es zeigte sich, dass materiell-dekonstruktivistische Körperkonzepte in der deutschsprachigen gerontologischen Theoriediskussion in der Tat noch weitgehend unbekannt waren. Auch an die Diskussion über Anti-Aging ließ sich diese Überlegung anschließen, denn sie zeigte theoretische Schwächen des häufigen Arguments, Anti-Aging sei unnatürlich.[314]

Meine ersten Projektbeschreibungen waren stark von der umständlichen Formel der „sozialen und biologischen Ko-Konstruktion alternder Körper" geprägt.[315] Als Ausgangspunkt meiner empirischen Untersuchung nahm ich das materiell dekonstruktivistische Körperkonzept, das ich zunächst am Beispiel Anti-Aging ausarbeiten wollte, und nutzte es umgekehrt als Theorie mittlerer Reichweite über meinen Gegenstand. Ich wollte herausfinden, wie im Falle von Anti-Aging die soziale und biologische Ko-Konstruktion alternder Körper abläuft.

Normativer Bezugspunkt sollte nicht die Natürlichkeit des Alterns sein, sondern die Machtstrukturen, innerhalb derer die biotechnische Flexibilisierung des Alters stattfindet. Als sensibilisierendes Konzept für Machtstrukturen zog ich Foucaults spätere Arbeiten über das Wechselverhältnis von Herrschaftstechnologien und Selbsttechnologien hinzu. Denn sein Konzept der Gouvernementalität brachte die Anti-Aging-AnwenderInnen, deren Praktiken und Erfahrungen ich in den Untersuchungen über Anti-Aging vermisste, in den Blick und fasste zudem die im Kontext von Anti-Aging häufig beschworene Notwendigkeit einer rationalen, selbstkontrollierenden Lebensführung.[316]

Entsprechend abstrakt waren die Kategorien, mit denen ich erstmals ins Feld ging und die Phase des offenen Kodierens begann. Anhand von drei Kategorien versuchte ich, meine Beobachtungen zu kartieren: Alterskonzepte, Appelle und Machtstrukturen

---

314 vgl. Spindler 2007: *Neue Konzepte für alte Körper*.
315 vgl. Spindler 2006: *AA als Forschungsgegenstand*.
316 vgl. ebd.

Abbildung 5 Die Entwicklung der Hauptkategorien

	1. Phase (offenes Kodieren)	2. Phase (axiales Kodieren, Bsp. Gentests)	3. Phase (selektives Kodieren)
sensibilisierende Konzepte	soz. & biolog. Ko-Konstruktion von Körper Governementalität	Analystik der Biopolitik (Lemke) sozialwiss. Literatur über Anti-Aging	Sozialwissenschaften + Bioethik Modell ethischer Urteilsbildung (Dietrich)

Hauptkategorie	alternder Körper
	– Konzepte
	    Anti-Aging
	    Alter: Natur – Kultur
	    Körper
	– Appelle
	– Machtstrukturen
	    Herrschafts-/Selbsttechniken
		Regierung von Alterungsprozessen
		– Wissen
		    Neukonzeption d. Natur d. Alterns
		– Macht
		    Neukonzeption d. Moralität d. Alterns
		– Subjektivierung
		    biomedizintechn. Gestaltung d. Alterns
			biopolitisches Programm
			– IST: Wirklichkeiten des Alterns
			    Individuum/Gesellschaft/Natur
			– SOLL: Vorstellungen des guten Alterns
			    Individuum/Gesellschaft/Natur
			– TUN: Gestaltungen des Alterns
			    Individuum/Gesellschaft/Biomed.wiss.

Nebenkategorie	Handlungskontext	Handlungskontext	Handlungskontext
empirische Beobachtungen	Körper nur schwer beobachtbar selbstkontrollierende Lebensführung präventionspolitische Wende	Wissen: Natur plus Gesellschaft + Individuum „Moralität" + Ungleichheit in allen drei Bereichen keine Subjektivierungsformen	Kategorisierung läßt sich gut im Material gründen, wird im member check bestätigt

Fokus: Ungleichheiten (2. und 3. Phase)

Quelle: eigene Systematisierung

(vgl. Abbildung 5). Diese theoretisch gegründeten Kategorien erwiesen sich für mein Verständnis der beobachteten medizinischen Praxis zunächst als nur wenig hilfreich. Erst allmählich begann ich, die meist impliziten Konzepte hinter den Praktiken zu erkennen und zwischen medizinischen und sozialwissenschaftlichen Begriffen vermitteln zu können. Zudem explizierten häufig nur die wortführenden MedizinerInnen ihre Konzepte von Anti-Aging und Altern. Vor allem aber waren auf den von mir als Ausgangspunkt meiner Feldforschung gewählten Anti-Aging-Konferenzen die alternden Körper, für deren Konstruktion ich mich zunächst interessierte, in der Regel nicht „material" anwesend. U. a. deshalb konnte ich meine Beobachtungsbögen anfangs nicht bedeutungsvoll ausfüllen.

Was ich anstatt der sozialen und biologischen Ko-Konstruktion alternder Körper jedoch faktisch beobachtete, waren die Konzeptionen der Natur des Alterns in Dokumenten wortführender Akteurinnen und Akteure.[317] Auch an ganz anderer Stelle fiel mir das offene Kodieren unerwartet leicht. Themen, die sich aus dem Feld heraus anboten, waren die Vor- und Rückschritte der Institutionalisierung der GSAAM und ihre aufwendige „Boundary Work" gegenüber anderen (Anti-Aging) medizinischen Kontexten. Besonders interessant schien mir das ab 2007 verstärkte gesundheits- und präventionspolitische Engagement der GSAAM.

In der zweiten Phase der Entwicklung meiner Hauptkategorie versuchte ich also, meine ersten Beobachtungen im Feld, mein faktisch diskursanalytisches Vorgehen und mein materiell-dekonstruktivistisches Konzept näher zusammenbringen und so einen breiteren interpretativen Zugang zu meinem empirischen Material zu finden. Für die entsprechende Ausarbeitung meiner Hauptkategorie waren vor allem drei Richtungsentscheidungen wichtig: *Erstens* entschied ich, zur Reduzierung der Komplexität des Feldes die zweite Phase des axialen Kodierens anhand einer Modelluntersuchung durchzuführen und fokussierte mich auf die von deutschen Anti-Aging-MedizinerInnen propagierten prädiktiven Gentests zur Bestimmung von Altersrisiken. *Zweitens* hatte ich die Erfahrung gemacht, dass Körperpraktiken von Anti-Aging-AnwenderInnen nur schwer zu beobachten waren und Anti-Aging-ÄrztInnen auch häufig selbst noch auf der Suche nach PatientInnen waren. Damit waren die Weichen für Entscheidung gestellt, im Rahmen meiner Promotion keine Anti-Aging-AnwenderInnen zu untersuchen.

Drittens verschob sich mein Erkenntnisinteresse in Bezug auf die gerontologische Theoriediskussion über alternde Körper. Das Verhältnis von Natur und Kultur interessierte mich nicht mehr primär im Hinblick auf die Konstruiertheit von Anti-Aging. Vielmehr beschäftigte mich die Frage, wie man biomedizinwissenschaftliche Praktiken sozialwissenschaftlich verstehen und kritisieren kann. Zu diesem Zweck untersuchte ich sozialwissenschaftliche Forschungen über Anti-Aging im Hinblick auf die Konzeptionen des Verhältnisses von Natur und Kultur, die ihren Problemzugriffen zugrunde liegenden. Inspiriert von Emannuelle Tulle-Wintons diskursanalytisch-phänomenolo-

---

317 vgl. Spindler 2007: *Neue Konzepte für alte Körper* und Spindler 2009: *Natürlich alt?*

gischen Arbeiten wollte ich mein diskursanalytisches Vorgehen um die Untersuchung von Selbsttechnologien erweitern, um den Wissenspraktiken der Anti-Aging-MedizinerInnen gegenüber den eigenlogischen Aneignungsformen der AnwenderInnen nicht mehr Macht als nötig einzuräumen. Auch wenn ich mich schon gegen die Durchführung einer entsprechenden Datenerhebung entschieden hatte, versuchte ich auf theoretischer Ebene, das Konzept der Gouvernementalität für meine Kategorisierung weiter zu konkretisieren.

Sowohl für meine Modelluntersuchung über Gentests als auch für die konkretere konzeptuelle Einbindung von Selbsttechnologien bot sich die von dem Frankfurter Soziologen Thomas Lemke vorgelegte Analytik der Biopolitik an.[318] In seinen theoretischen Arbeiten über Gouvernementalität und Biopolitik fand ich eine konzeptuelle Konkretisierung und systematische Verbindung meiner beiden theoretischen Stränge:[319] Bisher hatte ich mich auf erkenntnistheoretischer Ebene mit der sozialen und biologischen Ko-Konstruktion von Körpern beschäftigt und nach den Herrschafts- und Selbsttechnologien gefragt, die diese prägen. Ausgehend von ähnlichen Vorannahmen fokussiert Lemke empirische Fälle der Regierung von Lebensprozessen und skizzierte zu deren Kritik eine „Analytik der Biopolitik".[320] Dabei handelt es sich um eine Theorie mittlerer Reichweite über das Zusammenwirken von Wissen, Macht und Subjektivierung in der Regierung von Lebensprozessen, die Forschende dabei unterstützen soll, die Selektivität und Ungleichheitsstrukturen von Biopolitiken offen zu legen.

Ebenso wichtig wie Lemkes theoretische Arbeiten, die ich lange in den Vordergrund meiner Problemstellung stellte, war für mich sein Fragenkatalog zu den drei Analysebereichen Wissen, Macht und Subjektivierung.[321] Seine empirisch recht konkreten Fragen dienten mir nicht als Forschungsfragen, sondern in der Terminologie der Grounded Theory als generative Fragen an mein empirisches Material, die meine interpretative Arbeit anregten und differenzierten. Ich begann, Lemkes Kategorien in Reaktion auf mein empirisches Material in Kategorien für meine Untersuchung zu übersetzen. Ein erster Entwurf meiner Hauptkategorie, die jetzt nicht mehr „alternde Körper", sondern die „Regierung von Alterungsprozessen" hieß, sah folgende drei Kategorien vor, die u.a. in der Gliederung von Vorträgen und Veröffentlichungen erster Ergebnisse meiner Untersuchung dokumentiert sind:[322] Wissen (Neukonzeption der Natur des Alterns), Macht (Neukonzeption der Moralität des Alterns) und Subjektivierung (biomedizinische Neugestaltung des Alterns).

Die praktische Erprobung meiner neuen Kategorisierung im Feld verlief deutlich reibungsloser als in der ersten Phase. Schnell war klar, dass es sich im Fall der Anti-Aging-Medizin in Deutschland weder um eine Biopolitik, noch um eine biopolitische

---

318 vgl. Lemke 2007: *Biopolitik zur Einführung* und Lemke 2007: *Gouvernementalität & Biopolitik*.
319 vgl. Lemke 2007: *Gouvernementalität & Biopolitik*.
320 vgl. Lemke 2007: *Biopolitik zur Einführung*, S. 147 ff. und Lemke 2007: *Gouvernementalität & Biopolitik*.
321 vgl. Lemke 2007: *Biopolitik zur Einführung*, S. 149 ff.
322 vgl. z.B. Spindler 2010: *Vom Recht auf Gesundheit zur Pflicht zum gesunden Altern*.

Bewegung, sondern um ein Konzept für eine altersbezogene Biopolitik handelt. Bei der Ausarbeitung der Analysedimension „Wissen" fiel auf, dass die Neukonzeption der Natur des Alterns anders als im Fall der A4M und der SENS Foundation gar nicht so sehr im Vordergrund stand, sondern Beschreibungen der problematischen gesellschaftlichen und individuellen Wirklichkeiten des Alterns. Was ich für den Bereich Macht als „Moralitäten des Alterns" bezeichnet hatte, war kaum zu trennen von wertenden Hintergrundannahmen im Bereich Wissen und von stark moralisch aufgeladenen Appellen zur Gestaltung des Alterns. Auch die Suche nach Ungleichheitsstrukturen, die Lemke schwerpunktmäßig in der Analysedimension „Macht" ansiedelt, beschränkte sich nicht auf diesen Bereich.

Den Beginn der dritten Phase der Erarbeitung meiner Hauptkategorie markierte die späte, endgültige Verabschiedung von dem Vorhaben, auch Anti-Aging-AnwenderInnen systematisch in meine Untersuchung einzubeziehen. Wie auch in den Untersuchungen von Tulle[323] und Lemke[324] hätte die Einbeziehung von Subjektivierungsformen eine zweite, gänzlich andere Datenerhebungsstrategie erfordert, die ich entschied, nicht im Rahmen meiner Untersuchung durchzuführen. Damit war mein ursprüngliches Ansinnen, die im weitesten Sinne diskursanalytisch geprägte sozialwissenschaftliche Forschung über Anti-Aging durch die Einbeziehung von Konstruktionsanteilen materialer Körper bzw. von Subjektivierungsformen materiell-dekonstruktivistischen zu erweitern, obsolet.

Mit zunehmender Sicherheit im Feld und im Umgang mit meinen sensibilisierenden Konzepten begann ich, meine stark an Lemkes Analytik der Biopolitik orientierte Kategorisierung noch einmal auszuarbeiten. Eine wichtige theoretische Anregung war dafür mein interdisziplinärer Lernprozess am Graduiertenkolleg Bioethik in Tübingen. Im Rahmen meiner Auseinandersetzung mit (Un)Möglichkeiten empirisch-normativer Kooperation wurde mir bewusst, dass Lemke seine Analytik der Biopolitik als ein soziologisches Gegenprogramm zur Bioethik entworfen hatte, zu der ich mich am Graduiertenkolleg ja auch positionieren musste. Anhand von Julia Dietrichs Modell ethischer Urteilsbildung[325] versuchte ich, ethische Kritikpunkte an sozialwissenschaftlichen Ansätzen produktiv als methodische Dienstleistung im Hinblick auf mein Vorgehen zu nutzen. Dabei fand ich Antworten auf zwei Aspekte, die mir in Lemkes Skizze unklar geblieben waren und die mir nicht allein auf die wechselseitige Bedingtheit seiner drei Analysebereiche zurückzugehen schienen:

Die Suche nach Machtstrukturen verortet Lemke in seiner Analytik vor allem im Analysebereich Macht. Sie trägt jedoch auch seine Untersuchung der Bereiche Wissen und Subjektivierung. Ich entschied, die Suche nach Ungleichheitsstrukturen in meiner

---

323 Tulle führte sowohl eine Diskursanalyse sportwissenschaftlicher Lehrbücher als auch eine ethnografische Studie über ältere ProfisportlerInnen durch (vgl. Tulle 2008: *Acting your age?*).
324 Lemke greift in seiner Analyse prädiktiver Gentests zur Beschreibung von Subjektivierungsformen auf bereits bestehende Interviewstudien zurück (Lemke 2007: *Gouvernementalität & Biopolitik*, S. 182 ff.).
325 vgl. Dietrich 2009: *Verhältnis Ethik & Empirie*.

Kategorisierung als meine Bewertungsperspektive zu explizieren und als Fokus in allen Analysebereichen vor die Klammer zu ziehen (vgl. Abbildung 5). Lagert man die Suche nach Ungleichheitsstrukturen aus Lemkes Analysebereich „Macht" aus, so verbleiben in seinem Fragekatalog Fragen nach der normativen Strukturiertheit des Wissens. Schon im Bereich Wissen thematisiert Lemke jedoch neben kognitiven auch normative Inhalte und auch sein Bereich Subjektivierung ist stark moralisch getragen. Ich versuchte die normative Strukturiertheit des Feldes, die ich bisher allgemein als Moralität des Alterns thematisiert hatte, systematischer und über die drei Analysebereiche hinweg zu fokussieren. Auch schien es hilfreich, den weiten Begriff Wissen, der in Lemkes Analytik auch alle drei Bereiche durchzieht, auf verschiede Wissensformen herunter zu brechen.

Im Verlauf des selektiven Kodierens des gesamten empirischen Materials löste ich mich mehr und mehr von Lemkes Dreiteilung der Bereiche Wissen, Macht, Subjektivierung. Ich entwickelte die folgende Kategorisierung des Konzepts der Anti-Aging-Medizin in Deutschland. Sie spiegelt sowohl die Argumentationsmuster im empirischen Material als auch die Erkenntnisschritte in Dietrichs Modell ethischer Urteilsbildung (siehe auch Teil 2, Kapitel 3.2.3). Ihre Elemente sind systematischer aufeinander bezogen und weiter ausdifferenziert als in den ersten beiden Kategorisierungsentwürfen:

- Was IST der Fall? Wirklichkeiten des Alterns (Individuum, Gesellschaft, Natur)
- Wie SOLLte es sein? Vorstellungen des guten Alterns (Individuum, Gesellschaft, Natur)
- Was ist zu TUN? Gestaltungen des Alterns (Individuum, Gesellschaft, Biomedizinwissenschaften)
- Bewertungsperspektive in allen drei Bereichen: Ungleichheiten (alt/jung, arm/reich, krank/gesund, Mann/Frau, Diskurs/Subjekt, Arzt/Patient)

Diese dritte Kategorisierung meiner Hauptkategorie ist in der letzten Version meiner Kodeliste dokumentiert. Bei der empirischen Erprobung dieser dritten Kategorisierung häuften sich schon bald die Hinweise auf die theoretische Sättigung meiner Hauptkategorie.

4.2.4 Abbruchkriterien: Theoretische Sättigung und Member Check

Die wiederholten Zyklen von Datenerhebung und Interpretation wurden anhand der im Folgenden skizzierten Hinweise auf die theoretische Sättigung der Grounded Theory und einen „Member Check" abgebrochen. Auf der ESAAM-Konferenz in Düsseldorf (Sept. 2008) hatte ich erstmals den Eindruck, den Handlungskontext der Anti-Aging-Medizin in Deutschland und die zentralen Kontroversen im Feld gut erfasst zu haben. Mittlerweile waren mir alle wortführenden Akteurinnen und Akteure bekannt und ihre Positionen geläufig. Die Themen und Argumente in Gesprächen mit KonferenzbesucherInnen begannen sich zu wiederholen. Anders als zu Beginn des Forschungsprozesses konnte ich Konferenzvorträge bereits anhand ihrer Titel einschätzen und stellte fest, dass seit Beginn meiner Feldforschung im Jahr 2004 nur wenige inhaltliche Neuerungen hinzugekommen waren.

Während meines nächsten Feldaufenthalts auf dem 2. Europäischen Präventionstags der GSAAM in Bonn (Nov. 2008) bemerkte ich, dass ich den argumentativen Verlauf der zentralen, mit GSAAM Mitgliedern besetzten Podiumsdiskussion nicht mehr wie zu Beginn meiner Feldforschung mühsam rekonstruieren, sondern leicht verfolgen und zum Teil sogar antizipieren konnte. Der angekündigte Titel der Diskussionsrunde „Gesund ja – zahlen nein"[326] bestätigte zudem meine Beobachtung, dass die Anti-Aging-Medizin in Deutschland eine Moralisierung der eigenverantwortlichen Altersprävention vorantreibt. Mittlerweile war auch meine Kodeliste so weit entwickelt, dass sich die Kodes vielfältig und bedeutungsvoll im Material verankern ließen. Vor diesem Hintergrund entschied ich, meine Datenerhebung zu beenden.

Neben diesen Hinweisen auf die theoretische Sättigung meiner Grounded Theory war ein sog. „Member Check"[327] eine wichtige kommunikative Strategie der Validierung meiner Ergebnisse. Einer meiner Interviewpartner, Dr. D., interessierte sich für meine sozialwissenschaftliche Fragestellung. Im Verlauf mehrerer E-Mail-Wechsel, Telefonate und Treffen auf weiteren Konferenzen entstand eine Zusammenarbeit, in der ich mit Dr. D. Zwischenergebnisse meiner Untersuchung diskutierte. Ein ausführliches Gespräch im Rahmen des ESAAM Kongress in Düsseldorf (Sept. 2008) trug maßgeblich zu meinem Eindruck bei, dass ich den Handlungskontext und zentrale Kontroversen im Feld mittlerweile gut erfasst hatte.

Wie schwierig das Festlegen des Endpunkts einer Forschung in einem sich schnell entwickelnden Feld ist, zeigte sich im Juli 2009. Herr Dr. D. kontaktierte mich, um zu berichten, dass der Eigenverlag der GSAAM und damit auch das GSAAM Journal vermutlich im Zusammenhang mit der Wirtschaftskrise eingestellt wurden und auch der Informationsfluss zu den Mitgliedern zum Erliegen gekommen war.[328] Zudem wurde auf dem ersten GSAAM Kongress, den ich nicht mehr besucht hatte (Mai 2009), eine heftige Kontroverse über den Begriff „Anti-Aging" im Namen der Organisation ausgetragen, der für meine Untersuchung sehr interessant gewesen wäre. Internetrecherchen ergaben, dass die GSAAM bald ein neues Verlagsarrangement schuf und dass das „Pro-Anti-Aging"-Lager um Bernd Kleine-Gunk den Richtungsstreit für sich entschieden hatte. Mein letzter Feldaufenthalt (Mai 2011) bestätigte meine Eindrücke.

---

326 vgl. Feldnotizen 2. Europäischer Präventionstag, Düsseldorf, 2008, P12:39.
327 vgl. Flick 2007: *Qualitative Sozialforschung*, S. 501.
328 vgl. Interview P25:1083.

5 Kontextbezogene Ausarbeitung der Fragestellung

Auf Grundlage des erarbeiteten Anti-Aging-Begriffs kann die Ausgangsfrage „Was ist der Fall?" nun zunächst kontextbezogen konkretisiert werden. Der untersuchte Fall ist Anti-Aging im Umfeld der Deutschen Gesellschaft für Prävention und Anti-Aging-Medizin (GSAAM). Untersucht wird dieser im Forschungsstil Grounded Theory (Strauss/Corbin). Ausgehend von teilnehmenden Beobachtungen auf GSAAM-Konferenzen und anderen Anti-Aging-Veranstaltungen wird eine in empirischen Daten gegründete (und nicht mit empirischen Daten belegte) Theorie über den Fall erarbeitet. Im Mittelpunkt stehen dabei die Verständnisse von Anti-Aging, die für wortführende GSAAM-ÄrztInnen und für BesucherInnen von GSAAM-Konferenzen handlungsleitend sind.

Die bisherigen Thesen über Anti-Aging-Medizin in Deutschland (siehe Einleitung, Kapitel 2) divergieren jedoch nicht nur deshalb, weil sie auf unterschiedlichen Annahmen darüber beruhen, was die GSAAM ist, will und tut. Die AutorInnen haben auch verschiedene Problemzugriffe auf Anti-Aging. Denn in der Frage „Was ist der Fall?" sind zwei verwobene Fragedimensionen angelegt,[329] die unterschiedlich konzipiert sein können. Zum einen fragt sich, wie das *Phänomen* konzipiert wird. So kann Anti-Aging z. B. verstanden werden als ein Beitrag zur medizinischen Forschung, als ein Konzept guten Alter(n)s, als Teil des medizinisch-industriellen Komplexes oder als Wissensform. Verwoben ist damit zum anderen die Frage, wie das *Problem* konzipiert wird. So kann Anti-Aging z. B. als Problem der medizinischen Evidenz, als Problem der Wünschbarkeit von Anti-Aging-Zielen oder als Problem der „Sozialverträglichkeit" seiner sozialen Konstruiertheit verstanden werden. Im zweiten Teil der Untersuchung wird die Forschungsfrage deshalb konzeptuell konkretisiert. Ausgehend von einer Skizze des multidisziplinären Problemhorizonts wird der Problemzugriff erstens zwischen Natur und Kultur und zweitens zwischen Beschreibung und Bewertung verortet.

---

[329] Das zugrunde gelegte Konzept vom Zusammenwirken von Beschreibung (deskriptiven Prämissen) und Bewertung (präskriptiven Prämissen) im Erkenntnisprozess wird in Teil 2, Kapitel 3 erarbeitet, siehe insb. Teil 2, Kapitel 3.2.3.

Teil 2:
Anti-Aging-Kritik zwischen Evidenz, Zielen und sozialen Kontingenzen

In verschiedenen Disziplinen finden sich verschiedene „Traditionen" von Problemzugriffen auf Anti-Aging. In Medizin und Naturwissenschaften steht die Machbarkeit des Anti-Agings im Vordergrund. Viele ethische Untersuchungen haben die Wünschbarkeit der Ziele des Anti-Agings zum Gegenstand. Und in sozialwissenschaftlichen Arbeiten werden häufig die sozialen Kontingenzen des Anti-Agings fokussiert. Innerhalb der Disziplinen besteht häufig wenig Notwendigkeit, die gewählten Problemzugriffe zu explizieren und zu begründen. Zwischen den Disziplinen ist die grundlegende Verschiedenheit der Problemzugriffe hingegen häufig schwer vermittelbar. So fragte mich z.B. einer meiner philosophischen Kollegen am Graduiertenkolleg Bioethik einmal: „Warum arbeitest Du eigentlich *empirisch* über Anti-Aging?"

Die Auseinandersetzung mit solch grundlegenden, häufig erst im interdisziplinären Dialog gestellten Fragen, birgt neben zahlreichen Schwierigkeiten auch großes Potenzial. Zum einen gewinnt die Anti-Aging-Kritik mit der Reflexion des eigenen Problemzugriffs an Kontur. Zum anderen kann die Positionierung zu anderen Problemzugriffen die interdisziplinäre Anschlussfähigkeit der Kritik erhöhen. Denn trotz anfänglicher interdisziplinärer Debattenauftakte sind die ethische und die sozialwissenschaftliche Diskussion über Anti-Aging bisher weitgehend getrennt verlaufen. In beiden Disziplinen finden sich kaum systematische, interdisziplinäre Bezugnahmen. Dies ist nicht nur in Differenzen zwischen Ethik und Sozialwissenschaften begründet. Die ethische und die sozialwissenschaftliche Anti-Aging-Kritik sind zudem bereits auf eine andere „interdisziplinäre Front" fokussiert, nämlich auf die Kritik medizinischer und naturwissenschaftlicher Deutungs- und Gestaltungsansprüche in Bezug auf das Alter(n).

Die unterschiedlichen Problemzugriffe auf Anti-Aging in diesen drei disziplinären Kontexten und zwei Diskussionen über diese Unterschiedlichkeit werden im Folgenden fruchtbar gemacht, um den Problemzugriff der vorliegenden Untersuchung zu erarbeiten. Die Problemstellung wird hier also von ihrer theoretischen Geltung her entwickelt, während sie im Forschungsprozess im wiederholten Wechsel empirischer und theoretischer Arbeit entstand (siehe Teil 1, Kapitel 4.2.3).

Im *ersten Kapitel* wird der multidisziplinäre Problemhorizont skizziert. Ein bisher fehlender Überblick über medizinisch-naturwissenschaftliche, ethische und sozialwissenschaftliche Untersuchungen über Anti-Aging im englisch- und deutschsprachigen Raum wird gegeben. Neben deren Ergebnissen wird auch die Unterschiedlichkeit der Problemzugriffe herausgearbeitet. Es wird gezeigt, dass Anti-Aging in Medizin und Naturwissenschaften primär als ein Problem mangelnder Evidenz behandelt wird. In ethischen Untersuchungen steht hingegen häufig die Wünschbarkeit der Ziele des Anti-Agings im Mittelpunkt. In der weniger bekannten sozialwissenschaftlichen Diskussion wird Anti-Aging hingegen als soziales Konstrukt problematisiert.

Aus diesem Spektrum werden die sozialwissenschaftlichen Problemzugriffe fokussiert, in denen Anti-Aging als Wissensform untersucht wird. Denn wie im *zweiten Kapitel* gezeigt wird, können diese für die ethische Anti-Aging-Diskussion fruchtbar gemacht werden. In ethischen Untersuchungen wird medizinisch und naturwissenschaftlich evidentes Anti-Aging-Wissen häufig als außerdiskursiv verstanden. Mit dem empirischen Nachweis, dass auch diese Deutungs- und Gestaltungsansprüche in Bezug auf das Alter(n) nicht objektiv sind, sondern soziale Kontingenzen aufweisen, kann hier die ethische Diskussion bereichert werden. Um das kritische Potenzial dieses Problemzugriffs zu verdeutlichen, wird untersucht, wie und warum im Umfeld der kritischen und foucaultschen Gerontologie die soziale Konstruiertheit von Anti-Aging-Wissen nachgewiesen wird. In Analogie zu der sozialgerontologischen Theoriediskussion über Körper finden sich dabei dichotome, (de)konstruktivistische und materiell-dekonstruktivistische Konzepte des Verhältnisses von Natur und Kultur in Bezug auf die Alterung.

Im *dritten Kapitel* wird gezeigt, wie ethische Problemzugriffe für sozialwissenschaftliche Anti-Aging-Kritik fruchtbar gemacht werden können. Zu diesem Zweck wird zunächst untersucht, welche Bewertungspraktiken sich in sozialgerontologischen Untersuchungen über Anti-Aging als Wissensform finden. Um diese wiederum bewerten zu können, wird die in Sozialwissenschaften und Ethik vorherrschende Skepsis gegenüber den Bewertungspraktiken der anderen Disziplin genauer beleuchtet. (Un)Möglichkeiten empirisch-normativer Kooperation werden anhand der ethischen Diskussion über die Empirical Ethics und sozialwissenschaftlichen Gegen- und Parallelprogrammen zur Bioethik aufgezeigt. Vor diesem Hintergrund wird deutlich, dass die sozialgerontologische Anti-Aging-Kritik durch die Explikation ihrer Bewertungspraxis an konzeptueller Schärfe gewinnen kann.

Auf Grundlage der Positionierungen zwischen Natur und Kultur und zwischen Beschreibung und Bewertung wird im *vierten Kapitel* eine konzeptuelle Konkretisierung der Fragestellung vorgenommen: Anti-Aging wird demnach als sozial konstruiertes Wissen untersucht. Um dessen normative Strukturiertheit in den Blick zu bekommen werden drei Arten von Wissen über Alter(n) unterschieden: Darstellungen der Wirklichkeit des Alter(n)s (IST), Vorstellungen guten Alterns (SOLL) und Verantwortlichkeiten für die Gestaltung des Alterns (TUN). Die sozialgerontologische Bewertung der Befunde wird in der Diskussion um eine Explikation ihrer präskriptiven Prämissen erweitert.

1 Der multidisziplinäre Problemhorizont

Die wissenschaftliche Diskussion über Anti-Aging ist mittlerweile ein wenig in die Jahre gekommen. Schon länger lässt sich nicht mehr mit guten Gründen von einer weitgehend fehlenden wissenschaftlichen Auseinandersetzung sprechen. Ein Sichten des Forschungsstandes schien nicht nur zur Schärfung des eigenen Problemzugriffs wichtig. Auch fehlten bisher ein multidisziplinärer und über die angloamerikanische Diskussion hinausgehender Debattenüberblick und eine systematische Aufarbeitung des sozialwissenschaftlichen Forschungsstandes zum Thema Anti-Aging.

Im Folgenden wird die Diskussion über Anti-Aging in drei disziplinären Kontexten vorgestellt: in der medizinischen und naturwissenschaftlichen, in der ethischen und in der sozialwissenschaftlichen Forschung. Dabei werden nicht nur die entsprechenden Ergebnisse und Argumente berichtet, sondern auch die jeweiligen Problemzugriffe erarbeitet. Aufgrund der Fülle insbesondere ethischer Debattenbeiträge wird dabei notwendigerweise exemplarisch vorgegangen. Untersucht werden ausschließlich wissenschaftliche Statements und Untersuchungen, die sich explizit mit dem Phänomen Anti-Aging befassen. Keine Berücksichtigung finden also die für den Diskussionsverlauf ebenso wichtigen journalistischen Arbeiten.[1] Verzichtet wird im Rahmen dieser Arbeit auch auf die Aufarbeitung der Debattenbeiträge einer vierten Disziplin, der Geschichtswissenschaft,[2] auch wenn dies zur Schärfung der zahlreichen historischen Argumente in den Debatten sehr gewinnbringend wäre.

Erstens wird beschrieben, wie die Diskussion über Anti-Aging im angloamerikanischen Raum als überwiegend medizinische und innerbiogerontologische Auseinandersetzung über die derzeitige Wirksamkeit und zukünftige Machbarkeit von Anti-Aging-Interventionen begann. Aufgrund ihrer fachpolitischen Sprengkraft wurden diese Diskussionen in die außerfachliche und außerwissenschaftliche Öffentlichkeit getragen.

Zweitens werden die daraufhin entstandenen ethischen Arbeiten über die Wünschbarkeit der Ziele des Anti-Agings, insbesondere der substanziellen Lebensverlängerung, vorgestellt. Diese gewannen im Kontext der innerethischen Kontroverse zwischen

---

1 vgl. dazu Spindler et al. 2009: *Media & AAM*.
2 z. B. Haber 2001: *AA: Why now?* Gruman 1966: *History of prolongation of life*, Boia et al. 2004: *Forever young*, Stoff 2004: *Ewige Jugend*, Trüeb 2006: *AA von d. Antike zur Moderne* und Haycock 2008: *Mortal coil*.

den „biokonservativen" Anti-Aging-KritikerInnen des US-amerikanischen President's Council on Bioethics und ihren „utilitaristischen" GegnerInnen politisches Gewicht.

Sozialwissenschaftliche Beiträge zu der Diskussion über Anti-Aging sind in der biomedizinwissenschaftlich und ethisch geprägten Debatte eher am Rande vernehmbar. Im dritten Schritt wird erläutert, auf welche Weise darin die soziale Konstruiertheit des Phänomens Anti-Aging herausgearbeitet und kritisiert wird. Fokussiert werden kritisch-gerontologische Arbeiten über Anti-Aging als Wissensform. Deren Problemzugriff wird in den folgenden Kapiteln genauer untersucht.

Mit der üblichen zeitlichen Verzögerung begann die wissenschaftliche Diskussion über Anti-Aging auch im deutschsprachigen Raum. Selbst in deutschsprachigen Arbeiten wird diese jedoch erstaunlich wenig rezipiert. Für die drei untersuchten disziplinären Kontexte werden deshalb jeweils auch deutschsprachige Debattenbeiträge diskutiert. Dabei zeigen sich Ähnlichkeiten, aber auch interessante Unterschiede zur angloamerikanischen Debatte. Beispielsweise sind Biogerontologie und kritische Gerontologie deutlich schwächer vertreten. Medizinische Debattenbeiträge verhallten ohne verbandlichen Rückhalt vergleichsweise ungehört. Und die stark vertretenen „biokonservativen" ethischen Positionen haben bisher kaum innerethische Kontroversen ausgelöst.

1.1 Medizin und Naturwissenschaften: Anti-Aging als Problem der Evidenz

Die wissenschaftliche Diskussion über Anti-Aging begann um die Jahrtausendwende in der US-amerikanischen medizinischen und naturwissenschaftlichen Altersforschung. Zwei Problemzugriffe erlangten dabei erstaunliche Bekanntheit und politische Wirkung: zunächst die (bio)gerontologische Kampagne gegen kommerzielle Anti-Aging-AnbieterInnen und später die biogerontologische Kontroverse über Möglichkeiten einer substanziellen Verlängerung der menschlichen Lebensspanne. Im Mittelpunkt stehen dabei Probleme der aktuellen Wirkung und Wirksamkeit und der zukünftigen Realisierbarkeit von Anti-Aging-Interventionen. Die Frage, ob Anti-Aging medizinisch und naturwissenschaftlich funktioniert oder nicht, wird dabei meist nicht wie in der bioethischen und sozialwissenschaftlichen Diskussion mittels eigens dafür durchgeführten Untersuchungen beantwortet. Bei den meisten Diskussionsbeiträgen handelt es sich vielmehr um nachholende Peer Reviews, in denen Anti-Aging-Methoden und -Konzepte mit den aktuellen Forschungsständen kontrastiert werden.

1.1.1 Der (bio)gerontologische „Krieg" gegen kommerzielle Anti-Aging-AnbieterInnen: Anti-Aging als Quacksalberei

Der Beginn der wissenschaftlichen Diskussion über Anti-Aging wird in den meisten Diskussionsbeiträgen an den bisweilen erbitterten Auseinandersetzungen zwischen US-amerikanischen (Bio)Gerontologen und kommerziellen Anti-Aging-AnbieterInnen – insbesondere der A4M – festgemacht. Diese als „Krieg gegen ‚Anti-Aging' Medizin"[3] in die gerontologische Geschichtsschreibung eingegangenen Debatten wurden ab dem Jahr 2001 u. a. in gerontologischen Fachjournalen, verbandlichen Mitteilungsorganen und populären Medien geführt. In diesem Zusammenhang fand das Schlagwort Anti-Aging erstmals breiten Eingang in alterswissenschaftliche Diskussionen.

Kein Geringerer als der Geriater und Gerontologe Robert N. Butler, der Gründungsdirektor des National Institute on Aging (NIA) sowie des International Longevity Center (ILC), trug die Auseinandersetzung wortführend in die Öffentlichkeit. Ausgehend von einem interdisziplinären Expertenworkshop des International Longevity Center[4] spitzten Butler und seine KollegInnen die aufkeimende Diskussion über Anti-Aging primär biomedizinisch zu. Die in einem ersten Themenheft über Anti-Aging noch scheinbar ergebnisoffen gestellte Frage „Anti-Aging: Are you for it or against it?"[5] beantwortete Butler mit der rhetorischen Gegenfrage „Is there an ‚anti-aging' medicine?"[6]

In zahlreich folgenden, an die inner- wie außerfachliche Öffentlichkeit gerichteten Statements stellten Butler und seine KollegInnen die naturwissenschaftliche und medizinische Legitimität der Anti-Aging-Medizin prinzipiell in Abrede.[7] Vielmehr handle es sich um „nonscientists seeking to attract consumers to untested remedies."[8] Butler verschaffte seinem Befund erstaunliches politisches Gehör, u. a. in einer öffentlichen Anhörung des United States Senate Special Committee on Aging,[9] einem Bericht des Gouvernement Accounting Office.[10] Diese politischen Initiativen rückten jedoch angesichts der Anschläge auf das World Trade Center am 11. September 2001 in den Hintergrund der politischen Diskussion und blieben weitgehend folgenlos.[11]

Einen zweiten Höhepunkt erreichte die Auseinandersetzung unter Federführung von Butlers Kollegen Jay Olshansky. Der mit biodemografischer Altersforschung befasste Soziologe[12] versammelte gemeinsam mit den Biogerontologen Leonhard Hayflick und Bruce Carnes über sonstige fachliche Differenzen hinweg[13] weitere 48 teils namhafte BiogerontologInnen[14] hinter einem „Position statement on human aging".[15]

---

3   vgl. Binstock 2003: *War on AAM*.
4   Workshop Report siehe International Longevity Center; AARP Andrus Foundation 2002: *Is there an AAM?*
5   Cole et al. 2001: *AA: Are you for ore against it?* siehe auch Teil 2, Kapitel 1.3.1.
6   Butler 2001: *Is there an AAM?*
7   v. a. Butler et al. 2002: *Is there an AAM?* International Longevity Center; AARP Andrus Foundation 2002: *Is there an AAM?*
8   Butler 2001: *Is there an AAM?*
9   vgl. Special Committee on Aging 2001: *Swindlers, hucksters, & snake oil salesman*.
10 vgl. GOA 2001: *AA products pose potential harm*.
11 vgl. Olshansky et al. 2004: *Introduction (AAM: hype & reality)*, S. v.
12 z. B. Olshansky et al. 2001: *Quest for immortality*.
13 vgl. Au 2006: *AA im Spiegel der Literatur*, S. 8.
14 vgl. Olshansky et al. 2002: *Position statement on human aging*, S. B295.
15 Olshansky et al. 2002: *Position statement on human aging*.

Geschickt über gerontologische Kanäle und die Medien[16] veröffentlicht, wurden dieses Manifest[17] und dessen an die nicht-wissenschaftliche Öffentlichkeit gerichtete Zusammenfassung „No truth to the fountain of youth"[18] zu dem meist veröffentlichten[19] und breit diskutierten Beitrag zu der biogerontologischen Kampagne gegen Anti-Aging-Medizin. Fortführung fand diese Kontroverse unter anderem in dem 2004 erschienenen zweiteiligen Themenheft des Journals of Gerontology „Anti-Aging medicine: The hype and the reality".[20]

Unter Anti-Aging-Medizin verstehen die AutorInnen dabei vor allem die von der A4M und anderen Unternehmen angebotenen Anti-Aging-Maßnahmen, insbesondere Behandlungen mit Hormonpräparaten und Nahrungsergänzungsmitteln. Charakteristisch für den von Butler und Olshansky gewählten Problemzugriff ist, dass Anti-Aging primär als ein Beitrag zu altersmedizinischen und biogerontologischen Debatten problematisiert wird. Bewertungsmaßstab sind medizinische und naturwissenschaftliche Wissensbestände. Im Kern geht es um die Frage, ob die *Anti-Aging-Versprechen evidenzbasiert und damit auch realisierbar* sind.[21] Entsprechend werden in den Streitschriften die Wirkungen und Wirksamkeiten von Anti-Aging-Methoden anhand altersmedizinischer (v. a. Butler et al.) und biogerontologischer (v. a. Olshansky et al.) Erkenntnisse untersucht. Zwei Kernargumente führen die Autoren in ihren Streitschriften ins Feld:

Im Vordergrund steht erstens das Argument, dass die derzeit angebotenen Anti-Aging-Methoden schlicht nicht funktionieren. Die Wirksamkeit keiner der Maßnahmen sei medizinisch zufriedenstellend (d. h. randomisiert, doppelblind und placebokontrolliert (v. a. Butler et al.)) nachgewiesen. Auch ihre Wirkungen seien biogerontologisch (d. h. anhand konsensueller Biomarker molekularbiologischer Alterungsprozesse (v. a. Olshansky et al.)) nicht belegt. Bisweilen seien zudem erhebliche Nebenwirkungen und Interaktionen mit anderen Medikamenten zu befürchten sowie die Reinheit der Substanzen fraglich. Ihre zentrale Botschaft ist, dass „no currently marketed intervention – none – has yet been proved to slow, stop or reverse human aging, and some can be downright dangerous."[22] Butler, Olshansky und ihre KollegInnen weisen damit insbesondere der American Academy of Anti-Aging Medicine wissenschaftliches Fehlver-

---

16 Spindler et al. 2009: *Media & AAM*.
17 Vincent 2003: *What is at stake in the ‚war on AAM'*?
18 Olshansky et al. 2002: *No truth to the fountain of youth*.
19 vgl. Fishman et al. 2008: *AA science*, S. 299.
20 Olshansky et al. 2004: *AAM (hype & reality)*.
21 In den von Butler geschriebenen und inspirierten Arbeiten werden neben medizinischen und naturwissenschaftlichen Fragen der Evidenz und Realisierbarkeit auch Bedenken bezüglich der Altersdiskriminierung aufgeworfen. Im Sinne der Systematisierung unterschiedlicher wissenschaftlicher Zugriffe auf Anti-Aging wird dieser von Butler angestoßene Argumentationsstrang im Rahmen sozialwissenschaftlicher Problemzugriffe diskutiert (siehe Teil 2, Kapitel 1.3.2).
22 Olshansky et al. 2002: *No truth to the fountain of youth*.

halten, Geldmacherei sowie im Falle der Verabreichung von menschlichen Wachstumshormonen auch illegale Behandlungen nach.

Sie kommen deshalb zu dem Schluss, dass es sich bei Anti-Aging-Medizin nicht um einen legitimen Beitrag zur akademischen Diskussion, sondern vielmehr um eine stark kommerzialisierte Neuauflage der bis in die Antike reichenden Tradition auf Verjüngung zielender Quacksalberei handele. Auf dieses Argument der medizinischen und naturwissenschaftlichen Dysfunktionalität von Anti-Aging gründen Butler und Olshansky ihre öffentlichkeitswirksamen Aufklärungskampagnen, deren politische Wirkung sich selbst im Policy Framework „Active Ageing" der WHO[23] niederschlug. Ihr Ziel ist es, die bisweilen als unmündig und todesängstlich überzeichneten KonsumentInnen von Anti-Aging-Maßnahmen zur Ausübung einer rationalen, autonomen Gesundheitsvorsorge zu befähigen, sowie den Staat zur Regulierung des Anti-Aging-Marktes zu bewegen.[24]

Vor allem Olshansky und seine biogerontologischen KollegInnen vermitteln aber auch eine zweite Botschaft. Zwar seien Alterungsprozesse bisher definitiv nicht modifizierbar und damit weiterhin unvermeidbar. Angesichts vielversprechender Fortschritte der biogerontologischen Grundlagenforschung sind die WissenschaftlerInnen jedoch einigermaßen hoffnungsvoll, dass es bald Interventionen geben werde, die den Ausbruch altersbezogener Krankheiten weiter verlangsamen, stoppen oder verhindern könnten oder gar eine Verlangsamung molekularbiologischer Alterungsprozesse ermöglichen könnten.

Schnelle, einfache Anti-Aging-Methoden werde es zwar auch in Zukunft nicht geben. Die von Butler vorgeschlagene wissenschaftlich fundierte „Longevity medicine"[25] und die von Olshansky et al. vertretene biogerontologische Forschung könnten aber einen wichtigen Beitrag nicht vornehmlich zur Verlängerung der maximalen, aber der gesunden Lebensspanne leisten. Diese Argumentation resultierte in unermüdliche Bemühungen, auf wissenschaftlicher und gesellschaftlicher Ebene die pseudowissenschaftliche Spreu vom biomedizinischen Weizen der Altersforschung zu trennen.

Insbesondere der Scientific American Artikel „No truth to the fountain of youth"[26] provozierte neben viel Zustimmung auch kritische Reaktionen. Die schärfsten Erwiderungen kamen erwartungsgemäß vonseiten der attackierten Anti-Aging-MedizinerInnen. So antwortete die A4M mit zahlreichen Veröffentlichungen, einem Gerichtsprozess gegen Olshansky[27] und vor allem mit einem „Official Position Statement on The Truth About Human Aging".[28] Im gewohnt unwissenschaftlichen Jargon ihrer Präsidenten vermögen die „factual responses" der A4M auf Olshanskys „gerontological biases" die biomedizinischen Bedenken kaum auszuräumen. Diese werden stattdessen – ungeachtet

---

23 vgl. WHO 2002: *Active Ageing*, S. 40.
24 vgl. z. B. Mehlman et al. 2004: *AAM Can consumers be better protected?*
25 vgl. z. B. Butler 2001: *Is there an AAM?* S. 64.
26 Olshansky et al. 2002: *No truth to the fountain of youth.*
27 vgl. z. B. Vincent 2009: *Ageing, AA, & anti-anti-ageing,* S. 200.
28 A4M 2002: *Truth about Aging.*

der biogerontologischen Hoffnungen Olshanskys – als ein konservativer, der Natürlichkeit und Unvermeidbarkeit altersbezogener Abbauprozesse das Wort redender „Todeskult" der Gerontologie interpretiert und als u. a. ökonomisch motivierte Ausschlusspraktik des gerontologischen Establishments enttarnt.

In der deutschsprachigen Diskussion findet dieser Problemzugriff u. a. in den einleitend skizzierten Arbeiten des Neurologen Manfred Stöhr[29] seine Entsprechung (siehe Einleitung, Kapitel 2). Auch der Züricher Gerontopsychologe Ralph Trüeb arbeitet die mangelnde Evidenzbasis der heutigen Anti-Aging-Medizin heraus und grenzt sie von guten, medizinischen Gestaltungsweisen des Alter(n)s ab.[30] Zudem finden sich diverse kürzere Artikel in medizinischen Zeitschriften mit bezeichnenden Titeln wie z. B. „Märchen gibt es immer wieder"[31], „Wundermittel gegen das Altern?"[32] oder „Warnen Sie Ihre Patienten vor falschen Versprechungen!"[33] Auf die deutsche Übersetzung von Olshanskys Streitschrift[34] wird dabei jedoch kaum Bezug genommen. Ohne einen verbandlichen Zusammenschluss, wie ihn die US-amerikanischen (Bio)GerontologInnen in ihrem Krieg gegen die Anti-Aging-Medizin wirkungsvoll einzusetzen wussten, verhallten diese kritischen Stimmen jedoch relativ ungehört.

Auf andere Weise als ihre medizinischen KollegInnen befasst sich die Schweizer Psychologin *Astrid Stuckelberger* mit der medizinischen und naturwissenschaftlichen Machbarkeit der Anti-Aging-Medizin.[35] Als ein Hauptziel ihrer umfangreichen Untersuchung für das Berner Zentrum für Technologiefolgen-Abschätzung (TA-SWISS) formuliert Stuckelberger, „interdisziplinäres Licht" auf die Grauzonen von „existing, emerging and missing evidence"[36] aktueller und geplanter Anti-Aging-Interventionen zu werfen. Zu diesem Zweck ging sie sozialwissenschaftlich vor und führte auf internationaler Ebene umfangreiche Fragebogenerhebungen, Interviews und Analysen wissenschaftlicher und wissenschaftsjournalistischer Dokumente über Anti-Aging-Medizin durch.

Für Irritationen bei ihren sozialgerontologischen KollegInnen sorgt zum einen die Tatsache, dass Stuckelbergers Einschätzung der Wirksamkeit derzeitiger Anti-Aging-Produkte positiver ausfällt als die medizinischer und biogerontologischer Anti-Aging-KritikerInnen. Bei Stuckelberger finden sich auch Formulierungen, die nahelegen, dass lediglich unklar sei, ob Anti-Aging-Medizin den Alterungsprozess generell verbessert oder nur in bestimmten, individuellen Fällen.[37] An anderer Stelle erklärt sie, dass viele

---

29 insb. Stöhr 2005: *Wahrheit über AA*.
30 vgl. Trüeb 2006: *AA von d. Antike zur Moderne*.
31 Gaßmann 2007: *Märchen gibt es immer wieder*.
32 Halbekath 2003: *AA*.
33 Brückel 2002: *Hormonelle „Verjüngungskuren"*.
34 vgl. Olshansky et al. 2002: *Ewig jung?*
35 Stuckelberger 2008: *AAM. Myths & chances*.
36 ebd. S. 4.
37 vgl. ebd. S. XIV.

Interventionen effektiv seien, aber einige mit hohen Risiken für spezifische Krankheiten verbunden seien.[38] Insgesamt bleibt Stuckelberger, wie ihre Kollegin So-Barazetti (siehe Teil 2, Kapitel 1.3.3), sehr nah an den von ihr erhobenen Narrationen führender Anti-Aging-MedizinerInnen. So argumentiert sie z. B.: „Research demonstrates that healthy and successful ageing is not a myth but a possible reality for all [...]."[39] Grundtenor ihrer Empfehlungen ist dennoch, nicht wirksame Anti-Aging-Interventionen kenntlich zu machen oder zu unterbinden und funktionierende Anti-Aging-Medizin und -Forschung dagegen zu fördern.[40]

Zum anderen steht Stuckelbergers Untersuchung auch aufgrund ihres normativen Bezugspunkts quer zur sozialwissenschaftlichen Diskussion über Anti-Aging. Auch hier bleibt sie nah an ihrem empirischen Material und macht die Fürsorgepflicht für gute Lebensqualität im Alter stark. Diese stellt sie – ohne Rekurs auf die auch in ihrem Buch entfaltete komplexe ethische Diskussion[41] und kritisch gerontologischen Beiträge zur Anti-Aging-Diskussion – über mögliche andere Argumente für oder gegen Anti-Aging. So scheint sie fast gegen kapitalismuskritische Einwände zu argumentieren, wenn sie hervorhebt: „Anti-aging medicine is not only a commercial trend, but also an opportunity for society to increase the quality of life of a growing ageing population."[42]

1.1.2 Die Polarisierung der Biogerontologie über Theorien der Eliminierung des Alterns: Anti-Aging als Science-Fiction?

Auch innerhalb der biogerontologischen Forschungsgemeinde regte sich vielfältige Kritik an Olshanskys „No fountain of youth" Statement. Denn bezüglich zentraler Fragen besteht innerhalb der Biogerontologie keineswegs so viel Einigkeit wie über die Illegitimität kommerzieller Anti-Aging-AnbieterInnen: Ist die maximale menschliche Lebensspanne nach oben hin biologisch begrenzt oder nicht?[43] Wie eng sind die Zusammenhänge zwischen biologischer Alterung und altersassoziierten Krankheiten wirklich?[44] Gibt es molekularbiologische Indikatoren, sogenannte Biomarker, die ursächlich für biologische Alterungsprozesse sind und diese entsprechend messbar, vorhersagbar und eventuell auch modulierbar machen könnten?[45] Inwieweit sind die Ergebnisse aus Ver-

---

38 vgl. ebd. S. 177.
39 ebd. S. 11.
40 ebd. S. 253 ff.
41 vgl. Olson 2008: *Ethical aspects of AA Science*.
42 Stuckelberger 2008: *AAM. Myths & chances*, S. 3.
43 Einen Überblick über die Argumente der Befürworter und Gegner einer „limit theory" geben z. B. Arking et al. 2004: *Life span not that limited*.
44 vgl. z. B. die Debatte zwischen Robin Holliday und Leonhard Hayflick in Olshansky et al. 2004: *AAM (hype & reality)*, S. 543–553.
45 Einen Überblick über die biogerontologische Suche nach Biomarkern gebt z. B. Butler et al. 2004: *Biomarkers of aging*.

suchen an Modellorganismen wie Hefe, Fadenwürmern oder Mäusen auf den menschlichen Organismus übertragbar?[46]

Im Zentrum der Kontroverse stand jedoch die Frage, wie weitreichend biologische Alterungsprozesse zukünftig gestaltbar sein werden.[47] Ist lediglich mit einer von „konservativen" BiogerontologInnen (z. B. Leonhard Hayflick) im Einklang mit der WHO[48] vertretenen weiteren „compression of morbidity"[49] zu rechnen, also der durchschnittlichen Verkürzung von Phasen altersassoziierter Morbidität vor dem Tod? Oder ist das von „moderaten" BiogerontologInnen (z. B. Hubert Warner) vorgeschlagene Szenario eines „decelerated ageing", also der wie auch immer verstandenen Verlangsamung biologischer Alterungsprozesse, wahrscheinlicher? Oder wird, wie „radikale" BiogerontologInnen (z. B. Aubrey de Grey) behaupten, durch biogerontologische Interventionen, gar „arrested aging", also das Stillstellen biologischer Alterungsprozesse realisierbar sein? Vor allem über die Antworten eines der 48 Unterstützer des „Position statements on human aging" auf diese Fragen kam es um das Jahr 2005 zu einer Polarisierung der Biogerontologie in ein konservatives, ein moderates und ein radikales Lager:[50]

Aubrey de Grey[51] und sein Kollege Michael Rea[52] kritisierten den „exzessiven Pessimismus"[53] bezüglich der zukünftigen Gestaltbarkeit biologischer Alterungsprozesse in dem von Olshansky et al. editierten Anti-Aging-Themenheft des Journals of Gerontology.[54] Insbesondere widersprachen sie der These des renommierten Biogerontologen Leonard Hayflick, dass „no intervention will slow, stopp, or reverse the aging process in humans."[55] De Grey und Rea bezichtigen das biogerontologische Establishment einer irrationalen „pro-aging trance".[56] Diese widerspreche den bahnbrechenden biogerontologischen Fortschritten und sei nur mit einer Verhaftung in der populären Vorstellung, Altern sei ein natürlicher, unabänderlicher Prozess, zu erklären. De Grey profilierte dagegen das auf die Reparatur sekundärer, biologischer Alterungsursachen abzielende Forschungsprogramm „Strategies for Engineering Negligible Senesence" (SENS) (siehe Teil 1, Kapitel 2.2), welches erst im Zuge dieser Debatte einer weiteren Öffentlichkeit bekannt wurde.

Dem biogerontologischen Krieg gegen kommerzielle Anti-Aging-AnbieterInnen nicht unähnlich, entspann sich eine in biogerontologischen Journalen und populä-

---

46 vgl. z. B. Demetrius 2005: *Of mice and men.*
47 vgl. Moody 1994: *Four scenarios of an aging society*, Juengst et al. 2003: *Biogerontology* und siehe Teil 1, Kapitel 1.2.1 (S. 32 ff.).
48 vgl. Kalache et al. 2002: *Compression of morbidity & active ageing.*
49 vgl. Fries 1980: *Aging, natural death, & compression of morbidity.*
50 vgl. Gray et al. 2006: *SENS & polarization of aging research.*
51 insb. de Grey 2005: *Resistance to debate.*
52 insb. Rea; Michael 2005: *AAM.*
53 vgl. Rea 2005: *All hype, no hope?*
54 Olshansky et al. 2004: *AAM (hype & reality).*
55 Hayflick 2004: *AA is an oxymoron*, zu Hayflicks Reaktionen siehe Heyflick 2005: *AAM.*
56 vgl. de Grey et al. 2007: *Ending aging*, S. 11.

ren Medien geführte innerbiogerontologische Debatte, in der unter anderem der wissenschaftliche Gehalt beider Positionen verhandelt wurde. So argumentierten der renommierte US-amerikanische Biowissenschaftler Hubert Warner und seine 27 MitautorInnen in ihrem Positionspapier „Science fact and the SENS agenda", de Greys Forschungsprogramm verdiene „keinerlei wissenschaftlichen Respekt".[57] Denn es beruhe auf sehr wenigen, extrem optimistischen Hypothesen, deren Bestätigung in der Grundlagenforschung sowie deren Übertragung in biotechnische Therapien alles andere als wahrscheinlich seien. Warner et al. fordern dagegen eine diversifiziertere, induktivere Forschungs- und Forschungsförderungsstrategie.

Mit ähnlichen Argumenten distanzierten sich auch der Biowissenschaftler Preston Estep und seine KollegInnen in ihrer detaillierten Auseinandersetzung mit dem Forschungsprogramm SENS von de Greys „life extension pseudoscience".[58] De Grey konterte, dass seine biogerontologischen KritikerInnen bisher stichhaltige Beweise für die Unwissenschaftlichkeit seines Programms schuldig geblieben seien.[59] Im Sommer 2005 lobte er zusammen mit dem Herausgeber des Magazins Technology Review des Massachusetts Institute of Technology den öffentlichkeitswirksamen, mit 20 000 US-Dollar dotierten „SENS Challenge" aus, der entscheiden sollte, ob es sich dabei um „science or fantasy" handle.[60]

Der (bio)gerontologische „Krieg" gegen kommerzielle Anti-Aging-AnbieterInnen war in der wissenschaftlichen und politischen Diskussion leicht gewonnenen – was für die Praktiken von Anti-Aging-AnbieterInnen und AnwenderInnen jedoch weitgehend folgenlos blieb.[61] Die innerbiogerontologische Auseinandersetzung mit de Greys Entwurf einer zukünftigen „wirklichen" Anti-Aging-Medizin endete hingegen in einem Patt: Die Jury des SENS Challenge entschied, dass der Preis nicht vergeben werden könne. Die fundierteste Einreichung, die Analyse von Estep et al.,[62] hätte nicht zeigen können, dass das SENS Programm dem biogerontologischen Forschungsstand widerspreche.

Jedoch legten Estep et al. offen, dass de Greys Theorien dem derzeitigen Forschungsstand so weit vorauseilen, dass empirisch nicht nachgewiesen werden könne, dass sie niemals funktionieren können. U. a. deshalb sei eine induktive Forschungsstrategie de Greys extrem selektiven und optimistischen Hypothesen vorzuziehen.[63] De Grey und seine BefürworterInnen argumentierten hingegen, dass es aus dem gleichen Grund je-

---

57 vgl. Warner et al. 2005: *Science fact & SENS agenda*, S. 1007.
58 vgl. Estep et al. 2006: *Life extension pseudoscience*.
59 vgl. z. B. de Grey 2005: *Like it or not*.
60 Ausschreibung siehe Pontin 2005: *SENS challenge*, eine der drei Einreichungen war Estep et al. 2006: *Life extension pseudoscience* (vgl. Pontin 2006: *Is defeating aging a dream?*).
61 vgl. Olshansky et al. 2004: *Introduction (AAM: hype & reality)*.
62 Estep et al. 2006: *Life extension pseudoscience*.
63 vgl. Warner et al. 2005: *Science fact & SENS agenda*.

doch auch vorschnell sei, SENS als Pseudowissenschaft zu diffamieren.[64] Vor diesem Hintergrund verbuchten beide Seiten das Patt als ihren Sieg. Offenkundig an den Grenzen naturwissenschaftlicher Erkenntnismöglichkeiten angelangt, suchten die KritikerInnen radikaler biogerontologischer Theorien vermehrt Schulterschluss mit ethischen MitstreiterInnen. Denn zu den wissenschaftlichen Zweifeln an der Abschaffung des Alterns mischte sich auch moralisches Unbehagen (siehe Teil 2, Kapitel 1.2).

Während die junge Biogerontologie im angloamerikanischen Raum über ihre Ziele und deren Realisierbarkeit stritt, war die biologische Altersforschung in Deutschland erst im Aufbau begriffen. Hier galt die Biogerontologie seit Längerem als „vergleichsweise unterentwickelt"[65] und ihre Institutionalisierung nahm erst mit dem 2007 gefällten Beschluss der Max-Planck-Gesellschaft konkretere Formen an. Entsprechend finden sich kaum deutschsprachige Bezugnahmen auf die Kontroverse. Auch die deutsche Übersetzung von de Greys Hauptwerk „Ending Aging!"[66] scheint eher Anlass für journalistische Berichterstattungen als für innerfachliche Kontoversen gewesen zu sein.

1.1.3 Die Geriatrie zwischen Kritik und verbandlicher Zurückhaltung: Anti-Aging als Konkurrent?

„There is a heated debate [between biogerontology and antiaging medicine] going on out there, one that we as geriatricians ignore at our peril,"[67] mahnte William Hazzard, einer der führenden US-amerikanischen Geriater, als der biogerontologische Krieg gegen kommerzielle Anti-Aging-AnbieterInnen seinen Höhepunkt bereits überschritten hatte. Zwar finden sich durchaus Geriater unter den KritikerInnen der Anti-Aging-Medizin, insbesondere Robert Butler,[68] Thomas Perls, Alfred Fisher und John Morleys.[69] Dennoch sprangen geriatrische Berufsverbände den (bio)gerontologischen KritikerInnen der Anti-Aging-Medizin erst spät und wenig geschlossen zur Seite.[70] Dies ist Hazzard zufolge insofern erstaunlich, als dass die Anti-Aging-Medizin explizit darauf zielt, die angeblich nur symptomkurierende Geriatrie überflüssig zu machen.[71] Auch hatte die A4M, wie Hazzard bemerkte, schon bald deutlich mehr Mitglieder als die American Geriatrics Society (AGS) aufzuweisen.[72]

---

64 vgl. Pontin 2006: *Is defeating aging a dream?*
65 vgl. Ahlert 1999: *Biogerontologie*.
66 de Grey et al. 2010: *Niemals alt!*
67 Hazzard 2005: *Conflict between biogerontology and AAM*, S. 1434 (Editorial commentary zu Whitehouse et al. 2005: *AAM & mild cognitive impairment*).
68 vgl. Butler 2000: *AAM*.
69 vgl. Fisher et al. 2002: *AAM*.
70 vgl. Whitehouse et al. 2005: *AAM & mild cognitive impairment* und Hazzard 2005: *Conflict between biogerontology and AAM*.
71 siehe auch Whitehouse et al. 2005: *AAM & mild cognitive impairment*.
72 vgl. Hazzard 2005: *Conflict between biogerontology and AAM*, S. 1434.

Der von William Hazzards eingeforderte, genuin geriatrische Beitrag zum Kampf gegen Anti-Aging-Medizin könnte Hinweise auf Ursachen der Getrenntheit geriatrischer und biogerontologischer Debatten liefern. So argumentiert Hazzard, die Geriatrie könne den Kampf gegen die quacksalberische und pseudowissenschaftliche Anti-Aging-Medizin mit ihren Erkenntnissen aus der „real world of geriatrics"[73] gewissermaßen erden. Denn während sich BiogerontologInnen vor ihren Computern mit Laborergebnissen herumschlügen, hätten GeriaterInnen mit den komplexen Problemlagen realer PatientInnen zu tun, um die es ja eigentlich ginge. Vielleicht aufgrund dieser spezifisch geriatrischen Perspektive macht Hazzard einen nicht rein biomedizinwissenschaftlichen Problemzugriff in seiner Argumentation stärker als viele seiner KollegInnen: die von Whitehouse und Juengst in die geriatrische Diskussion eingebrachte Kritik an der Medikalisierung insbesondere von Mild Cognitive Impairment durch Anti-Aging-Maßnahmen.[74]

In der von dem US-amerikanischen Geriater Robert Kane 2002 im Journal of Gerontology angestoßenen Diskussion darüber, wie die junge Geriatrie aus ihrer Marginalität zu führen sei,[75] findet Anti-Aging keine Erwähnung, obwohl zeitgleich im selben Journal heftige Kontroversen darüber geführt wurden. Im deutschsprachigen Raum findet sich jedoch ein kurzer Kommentar zu Kanes Frage nach der Zukunft der Geriatrie, in der Anti-Aging nicht als Bedrohung, sondern als Erneuerungsmöglichkeit der Geriatrie Erwähnung findet. So sehen Jean-Pierre Michel, Katharina Pils und Cornel Sieber in der Anti-Aging-Medizin eine Möglichkeit, der Geriatrie zukünftig zu Anerkennung und Attraktivität zu verhelfen. Ohne kritische Einschränkung plädieren sie für geriatrisches Engagement in Bereich des Anti-Agings:

„Antiaging medicine should be supported by a high-quality level of both biological research and well-planned randomized control trials. The demand of the population at stake for this rapidly involving field should foster geriatricians' involvement in this field."[76]

Eine weiterführende Debatte über diesen vereinzelten Kommentar findet sich jedoch nicht. Systematischer eingebunden in die Diskussion über Anti-Aging in Deutschland sind die Arbeiten des Geriaters Wolfgang Heiß, dessen Skepsis bezüglich der Neubegründung der GSAAM bereits einleitend Erwähnung fand (siehe Einleitung, Kapitel 2). Heiß sieht die Anti-Aging-Medizin und die Geriatrie im „Widerstreit für ein gutes Altern". Sein Versuch, die Anti-Aging-Medizin von der Geriatrie und Altersmedizin abzugrenzen,[77] verdeutlicht jedoch die Schwierigkeit der konsistenten Abgrenzung beider medizinischer Entwürfe. Beispielsweise spricht Heiß einerseits davon, dass Anti-Aging und Geriatrie eigentlich das gleiche Ziel verfolgen. Andererseits weist er jedoch auch auf die Unver-

---

73 Hazzard 2005: *Conflict between biogerontology and AAM*, S. 1435.
74 vgl. Whitehouse et al. 2005: *AAM & mild cognitive impairment*.
75 vgl. Kane 2002: *Future of geriatrics*.
76 Michel et al. 2002: *Commentary (future of geriatrics)*.
77 vgl. Heiß 2011: *AAM & Geriatrie*.

einbarkeit der Ziele beider Disziplinen hin. Im Vergleich zu Hazzard schließt Heiß mit einer moderaten, nicht grundsätzlichen Kritik. Anti-Aging sei, wenn es denn zukünftig funktionieren sollte, ein legitimer Wunsch von PatientInnen. Dieser solle aber individuell bezahlt werden und nicht über das umlagefinanzierte Kassensystem.

1.2 Ethik: Anti-Aging als Problem der Wünschbarkeit radikaler Anti-Aging-Ziele

Über die viel beachteten (bio)gerontologischen Kampagnen gegen kommerzielle Anti-Aging-AnbieterInnen und Pläne der Eliminierung des Alterns gerät leicht in den Hintergrund, dass die Auseinandersetzung mit Anti-Aging von Anfang an über Fragen der medizinischen und naturwissenschaftlichen Machbarkeit hinausging. Im Zuge des biogerontologischen Krieges gegen Anti-Aging-Medizin veröffentlichten US-amerikanische GerontologInnen auch viel beachtete interdisziplinäre Debattenauftakte, die u. a. auf eine Erweiterung des Problemzugriffs zielten. Die AutorInnen forderten, Anti-Aging nicht in erster Linie als Frage biomedizinischer Machbarkeit, sondern auch als ethisches Problem und als gesellschaftliches Phänomen zu diskutieren.

Für den Beginn der ethischen Debatte war in diesem Zusammenhang v. a. Robert Binstocks Problematisierung der Biogerontologie und seine Forderung nach einer ethischen Bearbeitung des Problems wichtig (ausführlich siehe Teil 2, Kapitel 1.3.2). In der englischsprachigen philosophischen und theologischen Ethik sowie in der Bio- und Medizinethik begann die wissenschaftliche Bearbeitung der normativen Fragen insbesondere der biogerontologischen Anti-Aging-Forschung. Daraus entspann sich eine politisch verstärkte, innerfachliche Auseinandersetzung zwischen konservativen, politisch einflussreichen EthikerInnen, die Anti-Aging mit Verweis auf die menschliche Natur und die Ziele der Medizin prinzipiell ablehnen, und utilitaristisch inspirierten Autorinnen und Autoren, die für eine antizipative Deliberation möglicher positiver und negativer Konsequenzen wirksamer Anti-Aging-Forschung plädieren.

Weniger bekannt als diese viel besprochene Kontroverse ist hingegen, dass es mittlerweile auch im deutschsprachigen Raum eine breite ethische Auseinandersetzung mit dem Thema Anti-Aging gibt. Es finden sich zahlreiche Aufsätze und mehrere Sammelbände,[78] sodass das Thema in der deutschsprachigen Philosophie heute nicht mehr „merklich unterrepräsentiert"[79] zu sein scheint. Zudem stehen diesen ethischen Diskussionsbeiträgen anders als in der angloamerikanischen Debatte relativ wenige medizinische, naturwissenschaftliche und sozialwissenschaftliche an der Seite. Entsprechend findet die wissenschaftliche Auseinandersetzung mit Anti-Aging im deutschspra-

---

78 insb. Höhn et al. 2004: *Welt ohne Tod,* Knell et al. 2009: *Länger leben?* Maio 2010: *Altwerden ohne alt zu sein?* und Schicktanz et al. 2011: *Pro-Age oder AA?*
79 Knell et al. 2009: *Länger leben?* S. 13.

chigen Raum hauptsächlich in der philosophischen und theologischen Ethik sowie in der Bio- und Medizinethik statt. Mehrere der deutschsprachigen AutorInnen sind angesichts der starken Polarisierung der angloamerikanischen Debatte zwischen naturrechtlichen Gegnern und utilitaristischen Befürwortern substanzieller Lebensverlängerung um Differenzierung bemüht. Sie entwerfen in ihren Arbeiten alternative normative Konzepte der Kritik und beginnen mit der systematischen Ausarbeitung einzelner Argumente.[80]

Ein Großteil der ethischen Arbeiten zum Thema Anti-Aging stehen im Kontext einer seit einigen Jahren zentralen, ethischen Kontroverse: die Kontroverse über die biomedizintechnische Verbesserung des Menschen. Die Möglichkeit einer substanziellen Verlängerung der menschlichen Lebensspanne wird darin als ein besonders prägnantes Beispiel menschlichen Enhancements untersucht. Im deutschsprachigen Raum finden sich zudem Beiträge, die Teil von Entwürfen einer spezifisch gerontologischen Ethik sind.[81]

Zur Vermittlung zwischen ethischen und sozialwissenschaftlichen Problemzugriffen scheint wichtig, vorab auf einige Charakteristika ethischer Problemzugriffe hinzuweisen. Wie bereits erwähnt, werden aus dem heterogenen Anti-Aging-Feld in den ethischen Arbeiten häufig die von der Biogerontologie in Aussicht gestellten zukünftigen Interventionsmöglichkeiten fokussiert. Im Mittelpunkt stehen dabei nicht z. B. die derzeitigen Forschungspraktiken der Disziplin, sondern die von ihr verfolgten Ziele. Gegenstand der ethischen Beurteilung sind antizipierte Konsequenzen der unterschiedlichen, von der Biogerontologie angestrebten Anti-Aging-Interventionen. Die meisten Untersuchungen beziehen sich dabei auf die beiden radikalsten Szenarien in der Systematik von Juengst und KollegInnen:[82] substanzielle Lebensverlängerung (decelerated aging) und die Abschaffung des biologischen Alterungsprozesses (arrested aging).

Für diesen Problemzugriff über Gedankenexperimente mit den radikalsten Anti-Aging-Zielen werden in den Debattenbeiträgen vor allem zwei Gründe angeführt. Erstens wird argumentiert, dass der reflexive Nutzen solcher Untersuchung nicht vom Realitätsgehalt der Entwürfe abhänge. So erläutert Peter Derkx den Sinn dieser Gedankenexperimente:

---

80 Die Arbeiten mehrerer AutorInnen wären in diesem Zusammenhang zu nennen, z. B. Fuchs 2006: *Biomedizin als Jungbrunnen?* Knell 2009: *Sollen wir viel länger leben wollen?* Schramme 2009: *Ist Altern eine Krankheit?* Wittwer 2009: *Warum Lebensverlängerung nicht geboten ist* und Schicktanz et al. 2011: *Pro-Age oder AA?* Im Folgenden werden die Arbeiten der Medizinethiker Hans-Jörg Ehni und Georg Marckmann fokussiert. Diese sind für vorliegende Untersuchung von besonderem Interesse, u. a. weil sie nicht substanzielle Lebensverlängerung, sondern absehbare altersbezogene Innovationen der Biogerontologie zum Gegenstand haben, die im Kontext der GSAAM anvisiert werden.
81 Rieger 2008: *Altern anerkennen & gestalten*, Birkenstock 2008: *Angst vor Altern?* und Rüegger 2009: *Alter(n) als Herausforderung*.
82 vgl. Juengst et al. 2003: *Biogerontology*, ausführlich siehe Teil 1, Kapitel 1.2.1.

„From an ethical point of view, arrested senescence is significant. It forces us to think in new ways about what we consider most important in our lives and societies. This is significant even if arrested senescence itself turns out to be impossible."[83]

Zweitens wird argumentiert, dass es wichtig sei, sich mit der Möglichkeit signifikant verlängerter Lebensspannen „bereits zu einem Zeitpunkt auseinanderzusetzen, an dem die Eigendynamik der technischen Entwicklung sein Eintreten noch nicht unausweichlich gemacht hat."[84] Denn nur so könne die Bioethik agieren, anstatt nur auf technische Entwicklungen zu reagieren.[85]

Ziel der Arbeiten ist, zu einem ethischen Urteil über die Wünschbarkeit radikaler Anti-Aging-Ziele zu gelangen und diese teilweise auch in mehr oder weniger konkrete Handlungsvorschläge auszubuchstabieren. Für die Urteilsbildung werden unterschiedliche Maßstäbe angelegt, z. B. die menschliche Natur, die Ziele der Medizin, Fürsorge für (gesundes) Leben, Leidensvermeidung und Gerechtigkeit. Diese normativen Bezugspunkte werden auf unterschiedliche Weisen ausgewählt, kombiniert und konzipiert. So kommen die EthikerInnen sowohl zu negativen als auch zu positiven Urteilen, während in sozialwissenschaftlichen Arbeiten kaum für Anti-Aging plädiert wird.

Im Folgenden wird ein Überblick über die ethische Diskussion über Szenarien einer substanziellen Lebensverlängerung durch Anti-Aging gegeben. Diese ist nicht nur als innerethische Fachdebatte interessant. Denn auch in nicht wissenschaftlich-ethischen Diskussionen über Anti-Aging wird – wenn auch auf andere Weisen – die Wünschbarkeit des Anti-Agings verhandelt. Dabei werden häufig ähnliche normative Bezugspunkte zugrunde gelegt. Hier bieten sich trotz oder wegen der unterschiedlichen Problemzugriffe Möglichkeiten eines produktiven, interdisziplinären Austausches. Denn die normativen Bezugspunkte werden in ethischen Arbeiten erwartungsgemäß besonders systematisch expliziert und können u. a. als „Dienstleistung" zur Schärfung der eigenen präskriptiven Prämissen verstanden werden.

Der Überblick ist in Anlehnung an die von Stephen Post[86] und Peter Derkx[87] vorgeschlagenen Systematisierungen der ethischen Debatte strukturiert. Erstens werden teleologisch-eudämonistische Argumente mit der Natur des Menschen, dem Sinn des Lebens und den traditionellen Zielen der Medizin skizziert und die Gegenargumente der KritikerInnen dieser „biokonservativen" Positionen beschrieben. Zweitens werden die für oder auch gegen Anti-Aging hervorgebrachten deontologischen Argumente der Fürsorge für (gesundes) Leben und Leidensvermeidung diskutiert. Schließlich werden drittens deontologische Argumente der Gerechtigkeit vorgestellt.

---

83 Derkx 2009: *Engineering prolonged life spans*, S. 181.
84 Knell et al. 2009: *Einleitung. Länger Leben?* S. 11.
85 vgl. Gesang 2007: *Perfektionierung des Menschen*, S. 34.
86 vgl. Post 2004: *Establishing an ethical framework*.
87 vgl. Derkx 2009: *Engineering prolonged life spans*.

Diese Unterteilungen in teleologische und deontologische Argumente und deren jeweilige Ziele und Prinzipien schien der interdisziplinären Verständigung dienlich, weil in ihnen relativ wenig Kenntnis über innerethische Systematiken vorausgesetzt wird, sie aber dennoch eine hilfreiche Systematik an die Hand geben. Selbstverständlich finden sich andere Systematisierungsvorschläge.[88] Wie jede andere Systematisierung trägt auch diese der Tatsache nicht ausreichend Rechnung, dass es sich häufig um Mischargumente handelt, deren systematische Bezüge nicht abgebildet werden.[89]

Den klassischen vier bioethischen Prinzipien zufolge[90] müssten neben Argumenten der Fürsorge, Leidensvermeidung und Gerechtigkeit auch Argumente der Autonomie diskutiert werden. Hier ist die Möglichkeit zur Selbstgestaltung des individuellen Lebens normativer Bezugspunkt. Peter Derkx beschreibt jedoch, dass diese in der wissenschaftlich-ethischen Diskussion über substanzielle Lebensverlängerung nicht prominent seien.[91] Stattdessen stünden kollektive Fragen z. B. nach gesellschaftlichen Forschungsprioritäten im Vordergrund. Thematisiert wird dennoch z. B., dass die reproduktive Autonomie eingeschränkt werden könnte, um Überbevölkerung zu verhindern.[92] Auch wird mit Verweis auf die Autonomie des Einzelnen argumentiert, dass jeder die Freiheit haben sollte, Anti-Aging-Medizin zu konsumieren. Auch hierin besteht ein Unterschied zur sozialwissenschaftlichen Debatte, in der sich zahlreiche Autonomieargumente gegen Anti-Aging finden. Hier wird – wie später ausgeführt wird (siehe Diskussion, Kapitel 4.2.3) – befürchtet, dass Anti-Aging nicht zur Emanzipation beitrage, sondern die Möglichkeiten einer autonomen Gestaltung des Alterungsprozesses einschränken.

1.2.1 Anti-Aging als Bedrohung der menschlichen Natur, des guten Lebens und der traditionellen Ziele der Medizin?

Die insbesondere von Harry Moody,[93] Eric Juengst[94] und Stephen Post[95] eingeforderte ethische Auseinandersetzung mit Anti-Aging ist nicht allein als Reaktion auf neue bzw.

---

88 z. B. werden prinzipielle und praktische Argumente (vgl. Olson 2008: *Ethical aspects of AA Science*), prudentielle und moralische (vgl. Knell et al. 2009: *Einleitung. Länger Leben?*), forschungsethische und -rechtliche, medizinethische, individuell-eudämonistische, gesellschaftlich-eudämonistische und gerechtigkeitstheoretische und rechtliche (vgl. Ehni et al. 2008: *Normative dimensions of life extension*) oder naturwissenschaftlich-technische, soziopolitisch-ökonomische, medizintheoretische und philosophisch-anthropologische (vgl. Eichinger et al. 2011: *Bioethische Debatte um AA*) Argumente unterschieden.
89 vgl. Ehni et al. 2008: *Normative dimensions of life extension*.
90 vgl. Beauchamp et al. 1994: *Principles of biomedical ethics*.
91 vgl. Derkx 2009: *Engineering prolonged life spans*, S. 181 f.
92 vgl. z. B. Gesang 2007: *Perfektionierung des Menschen*.
93 vgl. insb. Moody 2001: *Who's afraid of life-extension?*
94 vgl. insb. Juengst et al. 2003: *Biogerontology*.
95 vgl. insb. Post et al. 2004: *Fountain of youth*.

aufgewertete biogerontologische Thesen zu lesen. Sie zielt auch gegen eine erste ethische Gegenposition zu Anti-Aging: die sogenannte „natural law position",[96] deren VertreterInnen Anti-Aging prinzipiell als eine Bedrohung der menschlichen Natur ablehnen. Dabei handelt es sich keineswegs um eine ausschließlich von ethischen ExpertInnen vertretene Position. Auch in anderen Disziplinen und in nicht-wissenschaftlichen Debattenbeiträgen wird das Unbehagen an Anti-Aging häufig an dessen Unnatürlichkeit festgemacht.

Die prominenten US-amerikanischen Vertreter der Naturrechtsposition stehen in unterschiedlichen ethischen Kontexten: der für seine religiös-konservativen Debattenbeiträge bekannte ehemalige Leiter des President's Council of Bioethics Leon Kass,[97] der führende Posthumanismuskritiker und Council Mitglied Francis Fukuyama[98] und der Befürworter einer strikten Altersrationierung von Gesundheitsleistungen Daniel Callahan.[99] Was sie eint, ist ihre Kritik am Posthumanismus, dessen technikenthusiastische, liberitaristische VertreterInnen den nächsten evolutionären Schritt der Spezies Menschen anstreben: die biotechnische Verbesserung der menschlichen Natur.

Folgende Argumentationsweise ist charakteristisch für diesen, insbesondere von religiösen wie säkularen „Konservativen" und „Naturalisten" vertretenen Problemzugriff:[100] Aus dem heterogenen Anti-Aging-Feld werden moderate und radikale biogerontologische Ansätze fokussiert, die auf die Verlangsamung bzw. Abschaffung biologischer Alterungsprozesse zielen. Alter(n) wird in der „natural law" Perspektive als integraler Teil des biologischen und sozialen Lebenszyklus des Menschen von Geburt, Wachstum, Abbau und Tod verstanden. Diesem Lebenszyklus wird eine fundamentale Bedeutung für die menschliche Natur im Sinne einer für die Menschheit charakteristischen Lebensform zugeschrieben. Daniel Callahan spricht in diesem Sinne auch von „life cycle traditionalism".[101] Diese Bedeutung des Alter(n)s in diesem natürlichen Lebenszyklus wird dabei unterschiedlich begründet:

So wird z. B. argumentiert, dass das Alter(n) die Chance auf einen Zugewinn an Lebensweisheit berge und dass diese Alterstugend unabdingbar für die menschliche Reifung sei.[102] In der Tradition von Heideggers Hermeneutik ist der Tod, nicht das Leben, Referenzpunkt der Alterstugend. Alter(n) wird hier als ein graduelles „Vorlaufen zum Tode" verstanden, das eine unabdingbarere Vorbereitung auf die Akzeptanz des Todes sei.[103] Auch wird befürchtet, dass die Befreiung der Menschen von der zeitlichen Be-

---

96 vgl. Post 2004: *Establishing an ethical framework*, S. 535.
97 z. B. Kass 2004: *L'Chaim & its limits*; President's Council on Bioethics 2003: *Beyond therapy*.
98 z. B. Fukuyama 2002: *Posthuman future*.
99 z. B. Callahan 1995: *Aging & life cycle*, Callahan 2000: *Death & research imperative*.
100 vgl. Derkx 2009: *Engineering prolonged life spans*, S. 187 ff., Post 2004: *Establishing an ethical framework*, S. 535 ff. und Juengst et al. 2003: *Biogerontology*.
101 vgl. Callahan 1995: *Aging & life cycle*, S. 23 ff.
102 vgl. z. B. Cole et al. 2001: *Introduction*.
103 vgl. z. B. Kass 2004: *L'Chaim & its limits*.

grenzung ihrer Existenz dem menschlichen Leben seinen Sinn nehmen würde. Denn das Bewusstsein über die Endlichkeit wäre der Motor allen Strebens und Handelns. Eine substanzielle Verlängerung der menschlichen Lebensspanne würde folglich zu Gesellschaften ohne Engagement, Verbindlichkeit, Erneuerung und Fortpflanzung und individuellen Leben in Langeweile und Unkreativität führen.[104] Auf gesellschaftlicher Ebene findet sich auch das Argument, Alter(n) und Tod seien Garanten der natürlichen und für den Bestand der Gesellschaft unabdingbaren Generationenfolge sowie der „demografischen Balance" und der sozialen Fürsorge zwischen den Generationen.[105] Und in westlich-religiöser Tradition wird argumentiert, der natürliche Lebenszyklus, an dessen Ende die Begegnung mit Gott im Tode stehe, sei eine Reflexion der zu heiligenden schöpferischen Kraft Gottes und damit eine zu nutzende spirituelle Chance.[106]

Anti-Aging wird also als ein Problem des Sinnes des Lebens[107] diskutiert. Die menschliche Natur dient dabei als moralischer Bezugspunkt für die Argumentation, dass das, was von der Natur bzw. von Gott gegeben ist, gut ist. Alter(n) ist folglich ein zu akzeptierendes und zu kultivierendes Gut und kein zu bekämpfendes Übel. So argumentiert Leon Kass: „The finitude of human life is a blessing for every human individual, whether he knows it or not."[108] Vor diesem Hintergrund wird die These einiger Anti-Aging-BefürworterInnen, dass Alter(n) eine zu bekämpfende Krankheit sei, scharf zurückgewiesen. Altersbedingte körperliche Abbauprozesse sind der Naturrechtsposition zufolge keine krankhafte Abweichung von der menschlichen Natur, die es medizinisch zu beheben gilt, sondern im Gegenteil ein integraler Bestandteil der Natur des Menschen.

Dabei wird wohlgemerkt nicht infrage gestellt, dass die „Naturgesetze" des Alterns überhaupt biomedizintechnisch gestaltbar sind. Vielmehr wird betont, dass die Menschheit im Laufe ihrer Zivilisationsgeschichte ihre Natur schon immer auf unterschiedliche Weise technisch gestaltet habe. Da aber zukünftige Veränderungen der Natur des Menschen heute nicht absehbar seien, müsse die menschliche Natur in ihrer derzeitigen Gestalt als Bewertungsmaßstab herangezogen werden, auch wenn diese sicher nicht die Beste aller möglichen Naturen des Menschen sei. So wird argumentiert, dass dem also ebenfalls natürlichen menschlichen Streben nach der Verlängerung seiner Lebensspanne nicht nur biologische, sondern vor allem auch moralische Grenzen gesetzt sind.

Dieser Problemzugriff auf Anti-Aging löste schon bald heftigen, innerethischen Protest aus. Dies war nicht zuletzt darin begründet, dass die Arbeiten des US-amerikanischen President's Council of Bioethics der naturrechtlichen Kritik an Anti-Aging zu

---

104 vgl. President's Council on Bioethics 2003: *Beyond therapy*, S. 187 ff. Eine Kritik dieses Arguments findet sich u. a. in Horrobin 2005: *Ethics of aging interventions*.
105 vgl. z. B. Fukuyama 2002: *Posthuman future*.
106 vgl. z. B. Kass 2004: *L'Chaim & its limits*.
107 vgl. Derkx 2009: *Engineering prolonged life spans*, S. 187 ff.
108 Kass 2004: *L'Chaim & its limits*, S. 311.

beachtlicher politischer Geltung verhalfen.[109] Vorsitzender des Councils, der von Anbeginn als Präsident Bushs christlich-konservativer Thinktank galt,[110] war Leon Kass und auch Francis Fukuyama war darin vertreten. Der Council setzte das bisher randständige Thema Anti-Aging auf seine Agenda und stellte damit seine naturrechtliche Anti-Aging-Kritik ins Rampenlicht der öffentlichen Debatte. So schließen die AutorInnen des Kapitels „Ageless Bodies" in dem Bericht des Councils[111] mit der rhetorischen Frage:

> „Is the purpose of medicine and biotechnology, in principle, to let us live endless, painless lives of perfect bliss? Or is their purpose rather to let us live out the humanly full span of life within the edifying limits and constraints of humanity's grasp and power?"[112]

Auch im deutschsprachigen Raum ist dieser Problemzugriff in der ethischen Diskussion mittlerweile stark vertreten. Zu nennen sind insbesondere die Arbeiten von Giovanni Maio, Hans-Martin Rieger,[113] Eva Birkenstock[114] und Hans Rüegger.[115] Ihre Anti-Aging-Kritik hat jedoch nicht ansatzweise die politische Bedeutung erlangt wie die ihrer US-amerikanischen KollegInnen. Insgesamt war Anti-Aging im deutschen Nationalen Ethikrat bisher kein nennenswertes Thema. Recht zeitnah übertrug der Bonner Philosoph Michael Fuchs die im angloamerikanischen Raum hitzig geführte ethische Debatte zwischen BefürworterInnen und GegnerInnen der Naturrechtsposition ins Deutsche. Zwar schließen die deutschsprachigen AutorInnen nicht systematisch an diese Debatte an. Anders als ihre US-amerikanischen KollegInnen deuten sie jedoch auf unterschiedliche Weisen auf konzeptuelle Schwierigkeiten ihrer Positionen hin:

Der Jenaer Theologe Hans-Martin Rieger argumentiert, dass Altern „als natürlich Vorgegebenes dankbar anzuerkennen" und nicht „als Herausforderung zur Selbstgestaltung im Sinne des Verbesserns, Überbietens oder Überwindens aufzufassen" ist.[116] Er schränkt sein Urteil jedoch in zweierlei Hinsicht ein: Erstens gelte dies konkret nur für die Bereiche des Anti-Agings, die auf extreme Langlebigkeit oder Unsterblichkeit zielten. Zweitens müssten neben anthropologischen Gesichtspunkten auch subjektive Repräsentationen sowie individual- und sozialethische Argumente hinzugezogen werden. Was Letzteres für seine ethische Bewertung von Anti-Aging bedeutet, führt Rieger nicht aus.

---

109 vgl. Courtney Mykytyns ethnografische Forschung über die Deliberationen des President's Council of Bioethics (Mykytyn 2009: *AA is not anti-death*).
110 vgl. z. B. Meltzer 2008: *Human dignity & bioethics*.
111 vgl. President's Council on Bioethics 2003: *Beyond therapy*.
112 President's Council on Bioethics 2003: *Beyond therapy*, S. 201.
113 Rieger 2008: *Altern anerkennen & gestalten*.
114 Birkenstock 2008: *Angst vor Altern?*
115 Rüegger 2009: *Alter(n) als Herausforderung*. Weitere in diesem Umfeld entstandene Arbeiten sind z. B. Müller et al. 2010: *Endlichkeit & Technisierung* und Eichinger et al. 2011: *Bioethische Debatte um AA*.
116 Rieger 2008: *Altern anerkennen & gestalten*, S. 35.

Die Heidelberger Philosophin und Gerontologin Eva Birkenstock stellt nicht den inhärenten Sinn des Alterns, sondern den instrumentellen Nutzen des Alterns für die Persönlichkeitsentwicklung in den Mittelpunkt ihrer Argumentation. Birkenstock geht davon aus, dass die Endlichkeit und Fragilität des Menschen physiologische und existenzielle Konstanten seien.[117] Diese stellten zwar eine persönliche Kränkung des modernen Individuums dar, böten aber die Chance zur persönlichen Reifung durch die Anpassung der Seele an den alternden Körper. In diesem Sinne sei Anti-Aging also die technische Anpassung des Körpers an die Seele und damit eine Verweigerung von Persönlichkeitsentwicklung. Birkenstock macht ihren Dualismus von Reifung versus Verjüngung jedoch an einer Stelle durchlässig, indem sie „die Möglichkeit einer zeitweiligen Befreiung von der Last des Alterns durch die Mittel der Kultur, der Reflexion"[118] einräumt. Es wäre zu fragen, inwieweit dies auch Mittel der biomedizinischen Kultur beinhalten kann.

Zu einer ähnlichen Bewertung kommt der Züricher Theologe, Ethiker und Gerontologe Heinz Rüegger. Den „Anti-Aging-Wunsch, nicht zu altern," erachtet Rüegger als „pathologisch, als Verweigerung einer zum Menschsein gehörenden Entwicklung,"[119] nämlich einer Reifung und Sinnfindung durch das „Vorlaufen zum Tode". Anders als Birkenstock legt er seinen Überlegungen jedoch einen Dualismus zwischen guten und schlechten biomedizinischen altersbezogenen Interventionen zugrunde. Er unterscheidet zwischen zu befürwortendem Pro-Aging, das durch geriatrische Therapie und Prävention auf eine Kompression der Morbidität zielt, und abzulehnendem Anti-Aging, das durch biomedizinisches Enhancement nach einer Verlängerung der Lebensspanne strebt. Wie einleitend beschrieben, bewertet er vor diesem Hintergrund die GSAAM als Pro-Aging (siehe Einleitung, Kapitel 2). Häufig lässt sich jedoch nicht eindeutig zwischen guter „Gestaltung" und schlechter „Bekämpfung" des Alterns unterscheiden.

Der Freiburger Bioethiker Giovanni Maio stellt ein zweites Argument in den Mittelpunkt seiner Argumentation, das auch bei seinen angloamerikanischen KollegInnen von zentraler Bedeutung ist. Er sieht Anti-Aging nicht nur im Konflikt mit der Natürlichkeit des Alterns, sondern vor allem auch im Widerspruch zu den traditionellen Zielen der Medizin: der Therapie und Prävention von Krankheiten. Die Anti-Aging-Medizin dient Maio als Beispiel für seine Kritik des derzeitigen Transformationsprozesses der „Identität" der Medizin von einer Institution der heilerischen Hilfe zu einem präferenzorientierten Dienstleister.[120] In diesem Zusammenhang wäre das Ergebnis von Maios sozialwissenschaftlichem Kollegen Holger Grothe et al., dass derzeitige altersbezogene Innovationen keine Präferenzorientierung aufweisen, genauer zu untersuchen.[121] Maio beschäftigt sich dabei weniger mit der medizinischen Abschaffung des Alterns als mit

---

117 vgl. Birkenstock 2008: *Angst vor Altern?* S. 153.
118 Birkenstock 2008: *Angst vor Altern?* S. 13.
119 Rüegger 2009: *Alter(n) als Herausforderung*, S. 96.
120 vgl. Maio 2006: *Präferenzorientierung in Medizin als ethisches Problem*.
121 vgl. Grothe et al. 2011: *Innovationen i .d. AAM*.

der schon heute zunehmend praktizierten „Prävention und Behandlung von altersbedingten [...] Einschränkungen mit fraglichem Krankheitswert".[122]

Einerseits diskutiert Maio die konzeptionellen Probleme der Dualismen, die naturrechtlichen Positionen in der medizinethischen Debatte über die Ziele[123] und die Differenzierungskonzepte[124] der Medizin zugrunde liegen. Er argumentiert vor diesem Hintergrund, dass sich Grenzen der Präferenzorientierung nicht alleine aus den Zielen der Medizin ableiten ließen, sondern immer auch die zugrunde liegenden Konzepte eines guten Lebens zur Debatte stünden. Ethisch bedenklich sei aus dieser Perspektive, dass sich präferenzorientierte medizinische Dienstleistungen vornehmlich an den Wünschen der KundInnen orientierten, denen auch die Verantwortung der Wunscherfüllung zugeschrieben würde.

Andererseits nimmt Maio in seinem Urteil ungeachtet seiner konzeptuellen Zweifel Rekurs auf die inhärente Moralität der Medizin[125] und nähert sich einer, wenn auch explizit nicht als universalisierbar gemeinten, Naturrechtsposition an. Er kommt zu dem Schluss, dass die Medizin als Institution der Hilfe andere Aufgabe habe, als alternden Menschen dabei zu helfen, das Altsein zu ignorieren und zu verdrängen. Sie sollte stattdessen dem medizinischen „Defizitmodell" ein ganzheitliches „Erfüllungsmodell" des Alterns entgegenhalten:

> „Anstatt [...die mittlere] Lebensphase zur Modellphase für das ganze Leben zu machen, erschiene es – freilich nicht ganz ohne Naturalismus – vorzugswürdig, einer jeden Lebensphase ihren eigenen inhärenten Wert zuzuschreiben."[126]

Wie bereits angedeutet rief dieser ethische Problemzugriff auf Anti-Aging als Bedrohung der menschlichen Natur, des Lebenssinns und der traditionellen Ziele der Medizin von unterschiedlicher Seite heftige Kritik hervor. Anti-Aging-VertreterInnen lieferte er eine Steilvorlage für ihren Kampf gegen den „death cult of gerontology"[127] (A4M) bzw. die vorherrschenden irrationalen „pro-aging stance"[128] (de Grey). Und zahlreiche US-amerikanische BioethikerInnen begannen der Position – stellvertretend für den christlich-konservativen Kurs von Bushs Ethikrat – erkenntnistheoretische und logi-

---

122 Maio 2006: *Präferenzorientierung in Medizin als ethisches Problem*, S. 342.
123 Insbesondere diskutiert er die Dualismen „innere Moralität" versus „äußere Rahmenbedingungen" der Medizin und Wunscherfüllung versus Krankheitsbehandlung.
124 Insbesondere diskutiert er die Dualismen physiologischer Alterungsprozess versus altersbezogene Krankheiten und damit auch krankes Altern versus gesundes Altern.
125 Einen anderen Weg schlägt der Bonner Philosoph Dirk Lanzerath vor. Sein normativer Bezugsrahmen ist nicht die „inhärente Moralität" der Medizin, sondern ihre veränderten „äußeren Rahmenbedingungen". Er schlägt vor, dem Transformationsprozess der Medizin mit einer Reformulierung des Krankheitsbegriffs zu begegnen (Lanzerath 2003: *Krankheitsbegriff & Ziel d. Medizin*).
126 Maio 2006: *Präferenzorientierung in Medizin als ethisches Problem*, S. 348.
127 vgl. A4M (American Academy of Anti-Aging Medicine) 2002: *Truth about Aging*.
128 vgl. de Grey et al. 2007: *Ending aging*, S. 11.

sche Schwächen nachzuweisen. Auch im deutschsprachigen Raum regte sich schon früh Kritik u. a. an der „Verklärung des Natürlichen".[129] Dabei wurden vor allem die folgenden Argumente starkgemacht:[130]

Auf erkenntnistheoretischer Ebene liege auf der Hand, dass der zugrunde gelegte Dualismus von Natur und Technik unhaltbar sei. Dies werde nicht zuletzt an den Selbstwidersprüchen der Naturrechtsposition deutlich. So werde zwar betont, dass die Menschheit schon immer ihre eigene Natur technisch verändert hätte. Dennoch werde der ethische Standpunkt an dem Dualismus zwischen Natürlichkeit und Unnatürlichkeit festgemacht, anstatt der artifiziellen Natur des Menschen und der mit ihr einhergehenden unklaren Grenzziehungen konsequent Rechnung zu tragen. Schlüssige Begründungen fehlten deshalb für Fragen wie z. B., warum gerade die menschliche Natur in ihrer derzeitigen Form das Maß für Natürlichkeit sei; warum nicht das offensichtlich auch natürliche Streben des Menschen nach Verbesserung zu kultivieren sei und ob eine in der Natur vorkommende substanzielle Verlängerung der Lebensspanne folglich zu begrüßen sei.

Ähnlich wenige ethische Probleme löse das Festhalten an den abgeleiteten Dualismen Krankheit/Alter und Therapie/Enhancement, da sich aus der Natur des Menschen keine eindeutige Grenzziehung ableiten lasse. Die Unmöglichkeit, mit naturrechtlichen Argumenten eine begründete Unterscheidung pathologischer und normaler Alter(n)serscheinungen vorzunehmen, zeige sich u. a. in Callahans umstrittenem Vorschlag. Er plädiert dafür, die Prävention von altersbedingten Krankheiten und „vorzeitigem Tod" auf die Altersgruppe der bis 65-jährigen zu begrenzen. Ältere Menschen sollten hingegen der „natürlichen Alterung" überlassen werden.[131]

Auf argumentationslogischer Ebene wurde u. a. eingewandt, dass zu erwarten sei, dass sich mit der Realisierung lebensverlängernder Interventionen der soziale Kontext und das Moralsystem der Gesellschaft grundlegend wandeln werden. Vor diesem Hintergrund sei es unzulässig, das derzeitige Moralverständnis als alleinige Bewertungsgrundlage heranzuziehen.[132] Kritisch wurde zudem gefragt, ob ein tugendethischer Ansatz, der auf die Tugenden der körperlichen Begrenztheit des natürlichen Alter(n)s abhebe, zur Förderung dieser Tugend nicht konsequenterweise für eine Verlängerung der Altersphase plädieren müsse.[133] Religiösen Varianten des Antiposthumanismus wurden durch den Nachweis der religiösen Wurzeln des Posthumanismus wichtige Argumentationsgrundlagen genommen.[134] Auch wurde kritisiert, dass der Verweis auf das

---

129 Wittwer 2004: *Risiken & Nebenwirkungen d. Lebensverlängerung*, S. 41 ff. Siehe z. B. auch Fuchs 2006: *Biomedizin als Jungbrunnen?* und Helmchen et al. 2006: *Ethik i. d. Altersmedizin*, S. 28.
130 vgl. Derkx 2009: *Engineering prolonged life spans*, Post 2004: *Establishing an ethical framework* und Juengst et al. 2003: *Biogerontology*.
131 vgl. z. B. Callahan 2000: *Death & research imperative*.
132 vgl. z. B. Overall 2004: *Longevity, identity & moral character*.
133 vgl. Juengst et al. 2003: *Biogerontology*, S. 24 f.
134 vgl. Post 2004: *Establishing an ethical framework*, S. 535 f.

Göttliche in bioethischen Deliberationen einer pluralistischen Gesellschaften (z. B. in der Form des President's Council of Bioethics) ein nur schwaches Argument sei.[135]

Mit der fundamentalen Kritik an Naturrechtspositionen scheint der Sinn des Lebens als ethisches Prinzip in der Debatte über Anti-Aging insgesamt ins Abseits geraten zu sein. Viele KritikerInnen stellen Argumente der Fürsorge und Schadensvermeidung (beneficience und nonmaleficience) sowie der Gerechtigkeit in den Vordergrund ihrer Gegenentwürfe.[136] Der niederländische Philosoph Peter Derkx hält jedoch nicht als Einziger dagegen: „A concern with meaning [of life] is not the prerogative of natural-law critics of substantial life extension."[137] Derkx fordert, dass die biogerontologische Forschung in einen interdisziplinären und demokratischen Dialog mit einer humanistischen Gerontologie und der Öffentlichkeit treten müsse über den Lebenssinn und die Bedeutung des Alter(n)s. Aufgabe der Humanisten in diesem Dialog sei „to find a wise balance between accepting humanity as it is and aiming for an enhanced humanity that could be. Humanity never just is; inevitable it must be interpreted in a changing context."[138]

1.2.2 Anti-Aging als Fürsorge für (gesundes) Leben und gesellschaftliche Ressourcen?

In der ethischen Debatte über Anti-Aging wird der Wert bzw. Unwert substanzieller Lebensverlängerung nicht nur prinzipiell mit der Natur des Menschen, dem Sinn menschlichen Lebens und den Zielen der Medizin begründet. Es finden sich auch Problemzugriffe, in denen konsequenzialistische Argumente gegeneinander abgewogen werden. Neben Gerechtigkeit (siehe Teil 2, Kapitel 1.2.3) stehen die biomedizinethischen Prinzipien der Fürsorge (beneficience) und des Nichtschadens (non-maleficience) im Mittelpunkt dieser Argumentationen. Die Konsequenzen, die „vernünftigerweise" von einer Entscheidung für oder gegen Anti-Aging-Forschung zu erwarten sind, werden dabei an der moralischen Pflicht, gute Erfahrungen zu fördern (Fürsorge) und schlechte Erfahrungen zu vermeiden (Leidensvermeidung), gemessen. Durch die utilitaristische Deliberation antizipierter Konsequenzen[139] soll erwogen werden, ob Anti-Aging-Interventionen „net positive or negative"[140] für Individuum und Gesellschaft wären.

Entscheidend für Argumente der Fürsorge und Leidensvermeidung ist zum einen, welche Konsequenzen einer Entscheidung für biogerontologische Anti-Aging-Forschung angenommen werden. Da diese Konsequenzen in der Zukunft liegen, kann

---

135 vgl. Derkx 2009: *Engineering prolonged life spans*, S. 187.
136 Das Prinzip Autonomie spielt hingegen in der Diskussion Peter Derkx zufolge eine untergeordnete Rolle (vgl. Derkx 2009: *Engineering prolonged life spans*, S. 181).
137 Derkx 2009: *Engineering prolonged life spans*, S. 189.
138 ebd. S. 191.
139 vgl. z. B. das Plädoyer von Juengst et al. für die Tugend der „antizipativen Deliberation" Juengst et al. 2003: *Biogerontology*, S. 28 f.
140 Stock et al. 2004: *Point-counterpoint*.

nicht auf empirische Befunde zurückgegriffen werden. Die deskriptiven Prämissen der Argumente gründen deshalb z. B. auf Extrapolationen empirischer Befunde, auf populären literarischen, meist dystopischen Entwürfen einer Welt der Unsterblichkeit oder auf Gedankenexperimenten. Zum anderen finden sich unterschiedliche präskriptive Annahmen darüber, welche Erfahrungen als gut bzw. als schlecht bewertet und deren Förderung bzw. Verhinderung zur moralischen Pflicht erhoben werden. Die Kosten und der Nutzen der Anti-Aging-Forschung werden vor allem im Hinblick auf drei im Folgenden diskutierte Güter erwogen: Erstens Leben an sich, zweitens körperlich und geistig gesundes Leben und drittens ökologische und gesellschaftliche Ressourcen:

Erstens finden sich Fürsorgeargumente, die am *Wert des Lebens an sich* ansetzen. Leben gilt darin – im Gegensatz zum Tod – als ein primäres Gut, weil es die Grundvoraussetzung dafür ist, dass Menschen ihre Potenziale, Wünsche und Erfahrungen überhaupt entfalten können.[141] Daraus wird die moralische Pflicht abgeleitet, Leben zu erhalten und zu verlängern, sowie den Tod und dessen Ursachen zu meiden. Denn „a longer life provides greater chance for human flourishing, for learning virtues, and for living a good life."[142] Mit dieser Begründung fordert z. B. die kanadische Philosophin Christine Overall eine Politik des „affirmative prolongevitism".[143] Anders als viele Anti-Aging-AnbieterInnen fordert sie dies jedoch vor allem für die Bevölkerungsgruppen, die in Bezug auf ihre Lebenserwartung bisher benachteiligt sind (vgl. Teil 2, Kapitel 1.2.3).

Overall argumentiert u. a. gegen den Anti-Aging-Gegner Daniel Callahan. Dieser kritisiert dieses Fürsorgeargument aus naturrechtlicher Perspektive mit dem Argument: „More of the same is not, by itself, a very good argument."[144] Denn nicht die Dauer, sondern die Qualität mache ein Leben wertvoll. Anders als Overall vermutet Callahan nämlich, dass die substanzielle Lebensverlängerung zu einem Mehr an Stillstand und Sinnlosigkeit und nicht an potenzieller Entwicklung führe. Aus humanistischer Perspektive kritisiert Peter Derkx an Overalls „quasi-neutralem" Argument, dass es die Werte der liberalen, individualistischen Gesellschaft spiegele, über welche die „soziale Dimension" in Vergessenheit gerate.[145]

Nichtschadensargumente für Anti-Aging, die am Unwert von Altern, Sterben und Tod *an sich* ansetzen – wie Aubrey de Greys provokante Position (siehe Teil 1, Kapitel 2.2.3) – werden in der bioethischen Debatte über Anti-Aging nicht vertreten. De Grey wird im Gegenteil häufig als Paradebeispiel für eine ethisch nicht überzeugend begründete Verabsolutierung solcher Nichtschadensargumente zitiert.[146]

---

141 vgl. z. B. Overall 2004: *Longevity, identity & moral character*, S. 287.
142 ebd. S. 300.
143 vgl. Overall 2003: *Aging, death, & longevity*.
144 Callahan 1977: *Defining natural death*, S. 37, vgl. auch Overall 2004: *Longevity, identity & moral character*, S. 288.
145 vgl. Derkx 2009: *Engineering prolonged life spans*, S. 183.
146 vgl. z. B. Olson 2008: *Ethical aspects of AA Science*, S. 236.

Häufiger als mit dem Wert des Lebens *an sich* wird in der bioethischen Debatte jedoch mit dem *Wert körperlich und geistig gesunden Lebens* argumentiert.[147] Eine gute, häufig biomedizinisch definierte Lebensqualität wird dabei zur Voraussetzung für den Wert zusätzlicher Lebenszeit gemacht. Dem Fürsorge- und Nichtschadensprinzip entsprechend wird die moralische Pflicht formuliert, gesundes Leben zu erhalten und zu verlängern sowie Krankheit und Tod zu verhindern. Sowohl BefürworterInnen als auch GegnerInnen der Anti-Aging-Forschung führen dieses Argument an, denn beide zeichnen unterschiedliche Szenarien einer Anti-Aging-Zukunft:

So stellt z. B. der US-amerikanische Bioethiker Stephen Post das Fürsorgeprinzip ins Zentrum seiner viel beachteten Argumentation für die biogerontologische Anti-Aging-Forschung.[148] Post entwirft ein Szenario, demzufolge der demografische Wandel mit einer Expansion der Morbidität, insbesondere der Alzheimererkrankungen, einhergeht. Dabei zieht er Jonathan Swifts Dystopie der Unsterblichen in Gullivers Reisen als Vergleich heran. Vor diesem Hintergrund stellt Post das Fürsorgeprinzip explizit über die menschliche Natur und Argumente der Gerechtigkeit: „The intended and direct moral goal must be to free older adults from senility and decrepitude."[149]

Da derzeit keine Aussichten auf die Heilung altersbezogener Krankheiten bestünden, sei dies nur durch zukünftige biotechnische Interventionen in den Alterungsprozess möglich. Die Anti-Aging-Forschung sei deshalb kein posthumanistisches Unsterblichkeitsprojekt. Das Ziel sei vielmehr „the healing of the aged".[150] Die weitere Verlängerung der Lebenserwartung sei dabei lediglich ein Nebeneffekt. Unproblematisch seien Anti-Aging-Interventionen deshalb nicht. Gegenüber der Fürsorgepflicht seien jedoch moralische Bedenken im Hinblick auf die Natur des Menschen und die Gerechtigkeit sekundär.

Auch der britische Bioethiker John Harris sieht keine substanziellen ethischen Einwände gegen Anti-Aging-Forschung, die schwerer wögen als die Pflicht, die „terrible diseases" des Alterns zu heilen.[151] In der deutschen Diskussion vertritt z. B. der Mannheimer Philosoph und Journalist Bernward Gesang eine ähnliche Position. Gesang geht von einem „Idealfall von Enhancement"[152] aus, in dem „ein Altern ohne Verfall" biomedizintechnisch realisiert wäre. Er argumentiert, dass keine stichhaltigen kategorialen

---

147 vgl. Derkx 2009: *Engineering prolonged life spans*, S. 182, eigene Hervorhebung. Wie Peter Derkx bereits andeutet, setzt bei genauerer Betrachtung auch Christine Overall in ihrem Plädoyer für Lebensverlängerung einen zumindest „minimal guten Gesundheitszustand" voraus. Ebenso begründet auch Aubrey de Grey seine Forderung nach der Abschaffung des Alterns nicht nur mit der Pflicht, den Tod an sich zu vermeiden. Da er Altern als Krankheit versteht, schwingt auch immer das Argument der Vermeidung krankhafter Lebenszeit mit.
148 vgl. z. B. Post 2004: *Establishing an ethical framework* und Post 2004: *Decelerated aging*.
149 Post 2004: *Establishing an ethical framework*, S. 539.
150 ebd. S. 537.
151 vgl. z. B. Harris 2004: *Immortal ethics*
152 Gesang 2007: *Perfektionierung des Menschen*, S. 143.

Argumente gegen eine drastische Verlängerung der Lebensspanne vorlägen, sondern diese individuell und sozial sogar durchaus reizvoll sein könnte.[153]

Auch VertreterInnen der Naturrechtsposition führen Fürsorgeargumente ins Feld. Sie gehen jedoch davon aus, dass eine substanzielle Verlängerung der menschlichen Lebensspanne ihrerseits mit einer Expansion der altersbezogenen Morbidität einhergehe. Vor diesem Hintergrund ist für sie die moralische Pflicht, Gesundheit und Leben zu fördern und Krankheit und Tod zu vermeiden, ein Argument gegen Anti-Aging-Forschung. So beginnt z. B. Leon Kass seine Aufzählung unbeabsichtigter Nebenwirkungen der Anti-Aging-Forschung mit der Annahme, dass „more and more people are kept alive by artificial means in greatly debilitated and degraded conditions."[154]

Auch Peter Derkx weist darauf hin, dass die von Post vorausgesetzte Kompression der Morbidität durch Anti-Aging keineswegs selbstevident sei. Er argumentiert, dass eine Erhöhung der Lebenserwartung auch neue, wenig bekannte Krankheiten zu Tage fördern könnte. Derkx fragt: „Because we *might* be able to prevent the strong negative value of age-related chronic disease by anti-ageing interventions, *must* we develop these?"[155] Einen weiteren Kritikpunkt an Fürsorge- und Schadensvermeidungsargumenten mit dem gesunden Leben formuliert die britische Medizinethikerin Leslie Olson. Sie kritisiert, dass nicht das Leben *an sich* von Wert ist, sondern nur das gesunde Leben. Damit bestünde die Gefahr, dass der Unwert altersbezogener Krankheiten leicht mit dem Unwert alter Kranker gleichgesetzt werden könnte. Dies könnte zu Diskriminierungsproblemen führen, denn „inevitably some people are worth more than others."[156] (siehe Teil 2, Kapitel 1.2.3)

Die Wünschbarkeit der biogerontologischen Anti-Aging-Forschung wird in der ethischen Diskussion nicht nur im Hinblick auf die Fürsorge für (gesundes) Leben bewertet. Auch die Fürsorge für eine dritte Gruppe von Gütern wird – wenn auch häufig eher andere Argumente flankierend – thematisiert. Dabei handelt es sich im weitesten Sinne um *Ressourcen gesellschaftlichen Zusammenlebens*, insbesondere um ökologische, volkswirtschaftliche und (re)produktive Ressourcen. Aufgrund von deren Knappheit bestehen auch enge Verbindungen zu Fragen der Verteilungsgerechtigkeit.[157] Ausgangspunkt sind dabei meist Szenarien einer Überbevölkerung und die Frage nach der Entwicklung von Krankheits- und Forschungskosten.

Nicht wenige AutorInnen der Debatte gehen davon aus, dass die substanzielle Verlängerung der menschlichen Lebensspanne zu einer Überbevölkerung führen würde.[158] Dabei wird angenommen, dass ein „explosives Anwachsen" der älteren Generation u. a. die verfügbaren *ökologischen Ressourcen* bei Weitem übersteigen wird und deshalb die

---

153 vgl. Gesang 2007: *Perfektionierung des Menschen*.
154 Kass 2004: *L'Chaim & its limits*, S. 305.
155 Derkx 2009: *Engineering prolonged life spans*, S. 184, Hervorhebungen im Original.
156 Olson 2008: *Ethical aspects of AA Science*, S. 230 f.
157 vgl. Ehni et al. 2008: *Normative dimensions of life extension*, S. 967.
158 vgl. z. B. Olson 2008: *Ethical aspects of AA Science*, S. 236.

Existenz des Planeten[159] und der Gesellschaft nachhaltig gefährdet sind.[160] Diesem Argument gegen Anti-Aging hält Aubrey de Grey entgegen, dass dies nicht das Ende der Gesellschaft bedeuten müsse. Vielmehr müsse demokratisch entschieden werden, ob man die Geburtenrate verringern oder die Sterberate erhöhen soll. Persönlich plädiert de Grey für eine möglicherweise sehr strenge Restriktion der Geburtenrate.[161] Peter Derkx hält wie viele EthikerInnen dagegen: „A society with children might still be better than one without."[162]

Auch die Fürsorge für *wohlfahrtsstaatliche Ressourcen* wird angeführt. KritikerInnen der Anti-Aging-Forschung, die von einer Expansion der Morbidität ausgehen, argumentieren, dass diese die Ressourcen der umlagefinanzierten Gesundheitsversorgung bei Weitem überschreiten werde und die Gesellschaft damit langfristig in ihrem Bestand bedroht sei. Dagegen wird zum einen eingewandt, dass die Gesellschaft ihre sozialen Institutionen mit der Lebensverlängerung verändern und anpassen werde.[163] Zum anderen wird argumentiert, dass das angenommene Szenario zu pessimistisch sei. Eine Kompression der Morbidität sei – zumal mit Anti-Aging-Interventionen – wahrscheinlicher. Anti-Aging dient aus dieser Perspektive also im Gegenteil dem Erhalt wohlfahrtsstaatlicher Ressourcen.[164]

Häufig weisen GegnerInnen der Anti-Aging-Forschung auch darauf hin, dass sich die Produktions- und Reproduktionsformen der Gesellschaft durch substanzielle Lebensverlängerung zum Schaden der Gesellschaft gravierend verändern würden. Arbeitsmarkt, Erwerbsbiografien, das Rentensystem und Familienstrukturen würden sich demnach so verändern, dass die produktiven und reproduktiven Ressourcen gesellschaftlichen Zusammenlebens gefährdet seien.[165] Dem wird entgegengehalten, dass sich diese Probleme durch vorausschauende politische Planungen lösen ließen und sich die Gesellschaft auf lange Sicht erfolgreich an die neuen technischen Möglichkeiten anpassen würde. In diesem Sinne argumentiert Overall: „Increasing longevity creates opportunities for new ways of living."[166]

---

159 vgl. Chapman 2004: *Social & justice implications*, S. 359.
160 vgl. z. B. Moody 2001: *Who's afraid of life-extension?* S. 35.
161 vgl. de Greys Ausführungen zu den „wider concerns" bezüglich seines Forschungsprogramms http://www.sens.org/index.php?pagename=sensf_faq_concerns#c1 (18. 02. 2010).
162 Derkx 2009: *Engineering prolonged life spans*, S. 183.
163 vgl. Moody 2001: *Who's afraid of life-extension?* S. 35.
164 vgl. z. B. Post 2004: *Establishing an ethical framework*, S. 537.
165 vgl. z. B. Kass 2004: *L'Chaim & its limits*, S. 308.
166 Overall 2004: *Longevity, identity & moral character*, S. 290.

1.2.3 Anti-Aging als Verstärkung der Ungleichverteilung von Lebenserwartung und der Altersdiskriminierung?

In der bioethischen Diskussion über Anti-Aging finden sich neben teleologischen Naturrechtsargumenten nicht nur deontologische Argumente der Fürsorge und Leidensvermeidung, sondern auch der Gerechtigkeit. Ausgangspunkt ist die Annahme, dass alle Menschen den gleichen moralischen Status haben. Daraus entsteht die moralische Pflicht, diese Gleichheit der Menschen zum Wohle der gesamten Menschheit auch im gesellschaftlichen Zusammenleben zu realisieren.[167] Im Kern geht es dabei um die Frage, was die Mitglieder einer Gemeinschaft einander schuldig sind.[168] Nur wenige bioethische AutorInnen stellen Argumente der Gerechtigkeit in den Mittelpunkt ihrer Bewertungen der Anti-Aging-Forschung und arbeiten diese auch systematisch aus.[169] Jedoch wird am Rande vieler Untersuchungen diskutiert, welche Konsequenzen eine substanzielle Lebensverlängerung erstens für die Verteilungsgerechtigkeit von Lebenserwartung und zweitens für die altersbezogene Gleichberechtigung hätte.

Unter dem Stichwort *Verteilungsgerechtigkeit* wird meistens die ungleiche Verteilung gesunder Lebenserwartung zwischen sozioökonomisch besser und schlechter gestellten Bevölkerungsgruppen bzw. Ländern problematisiert. Weitere Aspekte der Verteilungsgerechtigkeit – z.B. die Verteilung der Gesundheitsversorgung,[170] die Verteilung zwischen älteren und jüngeren Kohorten und zwischen derzeitigen und zukünftigen Generationen[171] – stehen dagegen eher im Hintergrund. Anders als in der Diskussion über Argumente der Fürsorge und Leidensvermeidung steht dabei kaum zur Debatte, welche Konsequenzen eine substanzielle Lebensverlängerung auf die Verteilungsgerechtigkeit überhaupt haben werden. Vielmehr besteht Konsens darüber, dass wirksame Anti-Aging-Interventionen bestehende gesundheitliche Ungleichheiten noch verstärken würde und dass dies nicht wünschenswert wäre. Dennoch wird kaum diskutiert, welche Theorien der Verteilungsgerechtigkeit nun anzuwenden sind. Denn eine viel grundlegendere Frage steht im Mittelpunkt der Diskussion: Welches Gewicht sollte Argumenten der Verteilungsgerechtigkeit in einer Abwägung gegen andere Güter beigemessen werden?

VertreterInnen eines Primats von Argumenten der Verteilungsgerechtigkeit kritisieren aus christlich-naturrechlicher,[172] sozialwissenschaftlich inspirierter[173] oder auch de-

---

167 vgl. z. B. Post 2004: *Establishing an ethical framework*, S. 537.
168 vgl. Ehni et al. 2008: *Normative dimensions of life extension*, S. 967.
169 z. B. Chapman 2004: *Social & justice implications*, Mauron 2005: *Choosy reaper* und Ehni et al. 2008: *Normative dimensions of life extension*.
170 vgl. Ehni et al. 2009: *Social justice & age-related innovations*, S. 283.
171 vgl. Chapman 2004: *Social & justice implications*, S. 356.
172 z. B. Chapman 2004: *Social & justice implications*.
173 z. B. Mauron 2005: *Choosy reaper*, Overall 2004: *Longevity, identity & moral character* und Dumas et al. 2007: *Life-extension project*.

ontologisch-kantianischer Perspektive,[174] dass das Prinzip der Gerechtigkeit in der ethischen Auseinandersetzung mit der Anti-Aging-Forschung nicht ausreichend Beachtung fände. Argumentativer Ausgangspunkt ist häufig die Feststellung der bereits bestehenden, gravierenden Ungleichverteilung von gesunder Lebenserwartung zwischen, aber auch innerhalb von Gesellschaften. Daran anschließend wird antizipiert, dass zunächst vermutlich nur wohlhabende und ohnehin durchschnittlich gesündere und langlebigere Bevölkerungsschichten Zugang zu wirksamen Anti-Aging-Interventionen hätten. Dadurch würde die bestehende Ungleichverteilung von Gesundheitskosten, Gesundheitsversorgung und gesunder Lebenserwartung noch verstärkt.[175] Deshalb wird den Bedürfnissen der ohnehin Benachteiligten nach besserer Gesundheit und höherer Lebenserwartung mehr moralisches Gewicht beigemessen als den Präferenzen der Bessergestellten für ein biotechnisch verlängertes Leben.

VertreterInnen dieser Argumentation kommen durchaus zu unterschiedlichen Schlüssen. So empfiehlt Audrey Chapman, die Entwicklung und Anwendung von Anti-Aging-Interventionen nicht weiter zu verfolgen.[176] Alex Mauron betont dagegen, dass er nicht für ein Verbot biogerontologischer Innovationen plädiere, sondern dafür, dass diese als ein Gerechtigkeitsproblem thematisiert werden sollte. Seine Feststellung, es gäbe bereits eine wirksame Anti-Aging-Medizin, nämlich: „Be born in an affluent, well-educated family in a Western country,"[177] liest sich wie ein Appell für eine gesellschaftspolitisch an Wohlstands- und Bildungsförderung ansetzende Gesundheitsförderung.[178] Deutlicher fordert Christine Overall, dass es bei der Förderung von „prolongevity" keine Benachteiligungen aufgrund von Geschlecht, Klasse, sexueller Orientierung, Rasse oder Behinderung geben dürfe.[179]

In der deutschsprachigen Diskussion finden sich in diesem Zusammenhang u. a. zwei Positionen, die sich auf unterschiedliche Weise mit der Einbindung von Anti-Aging in die umlagefinanzierte Gesundheitsversorgung befassen. So knüpft Bernward Gesang seine Befürwortung von substanzieller Lebensverlängerung für autonome Menschen u. a. an die Bedingung, dass Anti-Aging zur Vermeidung innergesellschaftlicher Probleme der Verteilungsgerechtigkeit sozialstaatlich geregelt und damit jedermann zugänglich gemacht werden sollte.[180] Falls ein solcher „Liberalismus mit Auffangnetz"[181] jedoch zu teuer sei, wäre die Freigabe des Marktes die beste Lösung, um einen „Durchsickereffekt" zu erzielen. Diejenigen, die sich in der Zeit vor dem „Durchsickern" Anti-Aging nicht

---

174 z. B. Ehni et al. 2008: *Normative dimensions of life extension.*
175 vgl. z. B. Mauron 2005: *Choosy reaper*, S. 70.
176 vgl. Chapman 2004: *Social & justice implications*, S. 360.
177 Mauron 2005: *Choosy reaper*, S. 70.
178 vgl. z. B. First international conference on health promotion 1986: *Ottawa Charter.*
179 vgl. Overall 2003: *Aging, death, & longevity*, S. 200.
180 vgl. Gesang 2007: *Perfektionierung des Menschen*, S. 151 f.
181 Gesang 2009: *Enhancement.*

leisten könnten, wären dabei nicht schlechter gestellt als in einer Welt ohne Anti-Aging. „Sie [...] hätten keine Nachteile, außer einem stark verletzten Gerechtigkeitsgefühl."[182]

Konkreter thematisieren Hans-Jörg Ehni und Georg Marckmann[183] die gerechte Verteilung von Anti-Aging im Kontext der umlagefinanzierten Gesundheitsversorgung. Nicht die substanzielle Lebensverlängerung, sondern derzeit von der Biogerontologie in Aussicht gestellte medizinische Innovationen[184] stehen im Mittelpunkt ihrer Untersuchungen. Ehni und Marckmann fragen nach deren voraussichtlicher Verteilung im deutschen Gesundheitssystem und kommen zu der Einschätzung, dass diese Innovationen nicht unter den Leistungskatalog der GKV fallen, weil sie nicht dessen Kriterium des Krankheitsbezugs genügen. Dies bewerten sie als ungerecht. Denn anders als Wittwer[185] argumentieren sie, dass es sich bei den durch die Innovationen geschaffenen Gütern um sogenannte Grundgüter handelt, die John Rawls' Theorien der Grundgüter folgend in einer gerechten Gesellschaft fair verteilt sein sollten.

Da aufgrund der Mittelknappheit jedoch nicht davon auszugehen sei, dass die berechtigten Ansprüche auf altersbezogene biomedizintechnische Innovationen in vollem Umfang von der gesetzlichen Krankenversicherung getragen werden, empfehlen Ehni und Marckmann dreierlei. Erstens sollten bereits aktuelle Forschungen an altersbezogenen biotechnischen Innovationen im Hinblick auf Verteilungsgerechtigkeit priorisiert werden, anstatt erst im Nachhinein Probleme des gerechten Zugangs anzugehen.[186] Zweitens sollte das „zu enge Kriterium des Krankheitsbezugs" im Leistungskatalog der GKVen entsprechend Norman Daniels' Theorie der gerechten Gesundheitsversorgung um die „Norm der ‚normalen arttypischen Funktionsfähigkeit'"[187] ergänzt werden. Drittens könnte die Erstattung der altersbezogenen Innovationen durch die GKV an die Bedingung geknüpft werden, dass der oder die Versicherte einen eigenverantwortlichen, gesunden Lebensstil führt.

Gegner einer starken Gewichtung von Gerechtigkeitsargumenten in der ethischen Bewertung von Anti-Aging argumentieren hingegen häufig gegen einen in der Debatte kaum vertretenen radikalen „Egalitarismus".[188] Anti-Aging-Forschung wäre aus strikt egalitaristischer Perspektive solange unmoralisch und zu unterbinden, bis alle Menschen dieser Welt gleichen Zugang zu gesundheitlicher Grundversorgung hätten und bis sichergestellt sei, dass alle Menschen gerechten Zugang zu Anti-Aging-Innovationen haben würden. Wortführend halten z. B. Stephen Post und John Harris dagegen, dass

---

182 Gesang 2007: *Perfektionierung des Menschen*, S. 152.
183 vgl. Ehni et al. 2008: *Normative dimensions of life extension*, Ehni et al. 2009: *Social justice & age-related innovations* und Ehni et al. 2009: *Lebensverlängerung & distributive Gerechtigkeit*.
184 z. B. eine Therapie gegen das sogenannte Mild Cognitive Impairment (MCI) (vgl. Ehni et al. 2008: *Normative dimensions of life extension*) oder eine Stammzelltherapie zur Behebung alterungsbedingten Zellverlusts (vgl. Ehni et al. 2009: *Lebensverlängerung & distributive Gerechtigkeit*).
185 vgl. Wittwer 2009: *Warum Lebensverlängerung nicht geboten ist*.
186 vgl. Ehni et al. 2009: *Social justice & age-related innovations*, S. 233 f.
187 Ehni et al. 2009: *Lebensverlängerung & distributive Gerechtigkeit*, S. 285.
188 vgl. Post 2004: *Establishing an ethical framework*, S. 537.

es ein Fehlschluss sei, die Legitimität der Anti-Aging-Forschung an die Bedingung zu knüpfen, dass in der Gesellschaft „perfekte"[189] Verteilungsgerechtigkeit herrsche.

Denn erstens bestehe die Ungleichverteilung von gesunder Lebenserwartung, Gesundheitsversorgung und biotechnischen Innovationen schon immer und es gäbe keinen plausiblen Grund dafür, dies nur im Falle von Anti-Aging-Interventionen unterbinden zu wollen. Wenn zweitens alle technologischen Entwicklungen an das Kriterium der Verteilungsgerechtigkeit geknüpft würden, „there would be absolutely no scientific progress."[190] Drittens ist für Post und Harris die Ausweitung der gesunden Lebenserwartung schlicht ein höheres Gut als die gerechte Verteilung medizinischer Interventionen. So argumentiert John Harris: „If immortality or increased life expectancy is a good it is doubtful ethics to deny palpable goods to some people because we cannot provide them for all."[191] Der Karlsruher Philosoph Klaus Peter Rippe argumentiert darüber hinaus, dass die viel diskutierten Probleme der Verteilungsgerechtigkeit erst dann fundiert bewertet werden könnten, wenn detaillierte Folgenabschätzungen mit Bezug auf konkrete Sozialsysteme vorlägen.[192]

Die GegnerInnen eines strikten Egalitarismus argumentieren vor diesem Hintergrund, dass die Anti-Aging-Forschung kein (primäres) Gerechtigkeitsproblem sei. Bestehende und antizipierte Verteilungsungerechtigkeiten seien deshalb keine prinzipiellen Argumente gegen Anti-Aging-Forschung, wohl aber für die Bekämpfung der prinzipiell behebbaren Ungleichverteilung[193] und auch für eine geringere Priorisierung von Anti-Aging-Forschung.[194] Wie viele VertreterInnen von Argumenten der Verteilungsgerechtigkeit mahnt Peter Derkx, dass die angeführten Probleme der Verteilungsgerechtigkeit keine Entschuldigung dafür sein dürften, nichts dagegen zu unternehmen und Gerechtigkeitsaspekte nachrangig zu behandeln.[195]

Neben der Verteilungsgerechtigkeit wird in der bioethischen Diskussion über Anti-Aging-Forschung auch ein zweiter Gerechtigkeitsaspekt diskutiert: die Auswirkungen substanzieller Lebensverlängerung auf die *Gleichberechtigung* aller Mitglieder der Gesellschaft. Einige AutorInnen befürchten, dass wirksame Anti-Aging-Interventionen zu verstärkten oder neuen Formen der Diskriminierung und Benachteiligung führen könnten. Insbesondere beträfe dies Personen, die aus freier Entscheidung oder mangelnden Möglichkeiten keinen Gebrauch von den neuen technischen Möglichkeiten machen und weiterhin „normal altern" würden. So argumentieren z.B. Eric Juengst und Kollegen, dass die Stigmatisierung des Alterungsprozesses als pathologisch mit ver-

---

189 vgl. ebd. S. 537.
190 ebd. S. 537.
191 Harris 2004: *Immortal ethics*, S. 529.
192 vgl. Rippe 2008: *Abschaffung d. Alters*.
193 vgl. Harris 2004: *Immortal ethics*, S. 530 und Post 2004: *Establishing an ethical framework*, S. 537.
194 vgl. Olson 2008: *Ethical aspects of AA Science*, S. 230.
195 vgl. Derkx 2009: *Engineering prolonged life spans*, S. 186.

mehrten politischen Nachteilen und gesellschaftlicher Intoleranz einhergehen könnte.[196] Bernward Gesang fürchtet hingegen eher die Diskriminierung jüngerer Menschen und knüpft deshalb seine Befürwortung einer substanziellen Lebensverlängerung an die Bedingung, dass gegebenenfalls ein Minderheitenschutz für Jüngere einzurichten sei.[197]

Ähnlich wie im Falle der Verteilungsgerechtigkeit argumentieren einige AutorInnen, dass diese Gleichberechtigungsprobleme dennoch kein prinzipielles Argument gegen Anti-Aging sind. Leslie Olson verweist darauf, dass bereits ein weniger radikaler „Healthy Ageing" Ansatz zur Kompression der Morbidität zu einer Marginalisierung oder gar zur Stigmatisierung derjenigen führen könnte, die nicht davon profitierten. Eine prinzipielle Ablehnung von Anti-Aging lasse sich damit jedoch nicht begründen, denn „there is no reason we cannot both suffer less and behave better."[198] Auch Klaus Peter Rippe argumentiert, dass Probleme der Diskriminierung keine prinzipiellen Argumente gegen Anti-Aging-Forschung seien, sondern vielmehr Argumente für die Bekämpfung von Vorurteilen und Ungleichbehandlung.[199]

Gleichberechtigungsargumente werden von einigen ethischen AutorInnen jedoch auch grundsätzlich zurückgewiesen. So sieht Stephen Post „keine logische Verbindung" zwischen Anti-Aging-Forschung und Altersdiskriminierung. Im Gegenteil betont Post die „offensichtlich inkludierenden Aspekte" einer Verlängerung der gesunden Lebensspanne, die dem bisher „unwillkommenen" Alter zu Akzeptanz verhelfen könnten.[200]

1.3 Sozialwissenschaften: Anti-Aging als Problem der unsozialen Konstruktion

In der wissenschaftlichen Diskussion über Anti-Aging sind sozialwissenschaftliche Stimmen im Vergleich zu medizinischen, naturwissenschaftlichen und ethischen Stimmen eher am Rande vernehmbar. Im Jahr 2007 erklärten die kanadischen Soziologen Bryan Turner und Alex Dumas gar: „Sociology has yet to make a tangible contribution to these debates."[201] Diese Einschätzung scheint insofern verwunderlich, als an mehreren der Debattenauftakte im angloamerikanischen Raum sozialwissenschaftlich ausgerichtete Altersforscher maßgeblich beteiligt waren.[202] Auch hatten wichtige AutorInnen der sozialwissenschaftlichen Debatte über Anti-Aging wie Robert Binstock,[203] John

---

196 Juengst et al. 2003: *Biogerontology*, S. 27.
197 vgl. Gesang 2007: *Perfektionierung des Menschen*, S. 156.
198 Olson 2008: *Ethical aspects of AA Science*, S. 229.
199 vgl. Rippe 2008: *Abschaffung d. Alters*.
200 vgl. Post 2004: *Establishing an ethical framework*, S. 534.
201 Dumas et al. 2007: *Life-extension project*, S. 5.
202 insb. Cole et al. 2001: *AA: Are you for ore against it?* Binstock 2003: *War on AAM* und Vincent 2003: *What is at stake in the ‚war on AAM'?*
203 z. B. Binstock 2004: *Search for prolongevity*.

Vincent,[204] Stephen Katz und Barbara Marshall[205] sowie Courtney Mykytyn[206] zum damaligen Zeitpunkt bereits mit der Publikation von Ergebnissen ihrer Untersuchungen begonnen. Die beiden sozialwissenschaftlichen Themenhefte „The anti-aging enterprise"[207] (Journal of aging studies, 2008) und „Anti-aging and biomedicine"[208] (Medicine studies, 2009) erschienen hingegen erst nach 2007.

Turners und Dumas Einschätzung lässt sich besser einordnen, wenn man die Rezeption sozialwissenschaftlicher Debattenbeiträge betrachte. Erstens wurde die Diskussion über Anti-Aging im angloamerikanischen Raum maßgeblich über drei Kontroversen bekannt: über den Krieg gegen kommerzielle Anti-Aging-AnbieterInnen, den innerbiogerontologischen Disput über Pläne der Eliminierung des Alterns und über die innerethische Kontroverse über die Anti-Aging-Kritik des President's Council on Bioethics. In allen drei Diskussionszusammenhängen standen medizinische, naturwissenschaftliche und ethische Problemzugriffe im Vordergrund. Diese fanden entsprechend mehr mediale Verstärkung als sozialwissenschaftliche Problemzugriffe.

Zweitens haben Turner und Dumas eine spezifische Vorstellung davon, worin der „handfeste" Beitrag der Sozialwissenschaften bestehen sollte. Konkret fordern sie mehr alterssoziologische Beiträge zu den in der ethischen Diskussion bearbeiteten Fragen der Gerechtigkeit in Bezug auf Szenarien substanzieller Lebensverlängerung. Zu diesem Fragekomplex finden sich – abgesehen von Robert Binstocks Extrapolation aktueller alterspolitischer Machtverhältnisse in eine Anti-Aging-Zukunft[209] – in der Tat kaum empirisch-sozialwissenschaftliche Beiträge. Denn die Problemzugriffe sozialwissenschaftlicher AutorInnen unterscheiden sich von denen ihrer ethischen KollegInnen. Zur interdisziplinären Verständigung seien also auch hier vorab einige Charakteristika sozialwissenschaftlicher Problemzugriffe genannt. Ausführlich untersucht werden die Problemzugriffe im Umfeld der kritischen und foucaultschen Gerontologie im 2. und 3. Kapitel (siehe S. 155 ff. und S. 174 ff.).

Zunächst unterscheiden sich ethische und sozialwissenschaftliche Begriffe von Anti-Aging. In der ethischen Diskussion sind zumeist – wie auch bei Turner und Dumas – Szenarien substanzieller Lebensverlängerung Gegenstand der Untersuchung (siehe Teil 2, Kapitel 1.2). Anti-Aging wird als die weitreichende, biomedizinische Verhinderung des Alterns verstanden. Aus dieser Perspektive gibt es derzeit noch gar kein „wirkliches" Anti-Aging. U. a. deshalb stehen Gedankenexperimente mit Szenarien substanzieller Lebensverlängerung im Mittelpunkt der Untersuchungen. In sozialwissenschaftlichen Problemzugriffen wird Anti-Aging hingegen meist von der Empirie her

---

204 z. B. Vincent 2003: *Old age, sickness, death & immortality.*
205 z. B. Katz et al. 2003: *New sex for old.*
206 z. B. Mykytyn 2004: *Natural coming of age.*
207 Vincent et al. 2008: *AA enterprise.*
208 Kampf et al. 2009: *AA & biomedicine.*
209 vgl. Binstock 2004: *The prolonged old.*

gedacht. Untersucht werden soziale Kontexte, in denen der Begriff Anti-Aging bereits heute handlungsleitend ist, also z. B. Forschungspraktiken der Biogerontologie, Marketing-Kampagnen der Kosmetikindustrie, Motive und Konzepte von Anti-Aging-ÄrztInnen oder auch die ethische Diskussion über Anti-Aging.

In der Ethik interessiert also vor allem, ob es gut wäre, wenn substanzielle Lebensverlängerung möglich werden würde. Diese Frage ist in der sozialwissenschaftlichen Diskussion nicht irrelevant. Aber Anlass zur Forschung ist vielmehr die Beobachtung, dass schon heutige Praktiken gegen die Alterung gerichtet sind und dass AkteurInnen ihre Praktiken auch explizit als Anti-Aging bezeichnen. Und aus dieser Perspektive haben sozialwissenschaftliche AutorInnen u. a. Fragen der Gerechtigkeit des Anti-Agings auch vielfältig bearbeitet. Im sozialwissenschaftlichen Problemzugriff stellen sich Fragen der Gerechtigkeit jedoch auf andere Weise als im ethischen Problemzugriff. Gefragt wird nicht nach empirisch gestützten Hinweisen darauf, dass eine substanzielle Lebensverlängerung nicht wünschenswerte Folgen haben wird. Diese Art empirischer Beiträge wäre aus bioethischer Perspektive zur Überprüfung deskriptiver Prämissen ethischer Urteilsbildungen wichtig. Aus sozialwissenschaftlicher Perspektive lautet die Gerechtigkeitsfrage vielmehr, ob in das aktuell beobachtbare Phänomen Anti-Aging-Strukturen der Ungerechtigkeit eingeschrieben sind.

Zu diesem Zweck wird anhand unterschiedlicher Methoden der qualitativen Sozialforschung (siehe Teil 1, Kapitel 4) erarbeitet, wie die untersuchte Anti-Aging-Praxis sozial konstruiert ist. Ziel ist, die Kontingenz des Phänomens transparent zu machen. Denn es wird angenommen, dass die Praktiken nicht einfach „gegeben" sind und nicht allein auf medizinische Heilungs- und naturwissenschaftliche Erkenntnisinteressen zurückgehen. Es wird offengelegt, welche andern Motive, z. B. ökonomische, forschungspolitische oder berufsbiografische Motive, eine Rolle spielen. Auch die Diskurse, in denen das Phänomen steht, werden herausgearbeitet (siehe ausführlich Teil 2, Kapitel 2). Nur wenige AutorInnen ziehen sich dabei auf eine „rein" beschreibende Position zurück. Die „Gemachtheit" des Phänomens wird im Hinblick auf ihre „Sozialverträglichkeit" erarbeitet und bewertet (siehe ausführlich Teil 2, Kapitel 3). Im Mittelpunkt sozialwissenschaftlicher Problemzugriffe auf Anti-Aging stehen also weder Evidenz, Realisierbarkeit oder Wünschbarkeit radikaler Anti-Aging-Ziele, sondern die Konstruiertheit des Phänomens. Vor diesem Hintergrund sind insbesondere die frühen sozialwissenschaftlichen Debattenbeiträge Ausdruck des Ringens um eine mehr oder weniger weitreichende kulturelle und empirische Wende der stark biomedizinwissenschaftlich und ethisch geprägten Debatte über Anti-Aging.

Im Unterschied zur ethischen Diskussion steht dabei die Offenlegung dieser Kontingenzen mehr im Vordergrund als die systematische Explikation und Konzeption der normativen Bezugspunkte der Bewertung. Wie in der ethischen Debatte finden sich z. B. Argumente der Natürlichkeit, des Lebenssinns und der Gerechtigkeit. Auch wird mit der Autonomie älterer Menschen argumentiert. Ein wichtiger Unterschied ist zudem, dass die in der ethischen Diskussion prominenten Argumente der Fürsorge für die Ausweitung der gesunden Lebenserwartung kaum ins Feld geführt werden.[210] Abgesehen von anfänglichen postmodernen Hoffnungen, körperliche Ansatzpunkte der Altersdiskriminierung könnten biotechnisch überwunden werden,[211] sind die sozialwissenschaftlichen AutorInnen fast einstimmig skeptisch gegenüber Anti-Aging.

Nur wenige der sozialwissenschaftlichen Debattenbeiträge stehen im Kontext der allgemeinen Soziologie oder Kulturwissenschaft. Die meisten sozialwissenschaftlichen Anti-Aging-KritikerInnen sind im Umfeld des sozialgerontologischen „third-age movement" anzusiedeln. Dieser gemeinsame normative Bezugspunkt erklärt vielleicht, weshalb die sozialwissenschaftliche Diskussion im Vergleich zur ethischen Diskussion recht unkontrovers ist. In der „mainstream social gerontology" mit ihrem Fokus auf Politikberatung und Praxisgestaltung hat Anti-Aging allerdings kaum Aufmerksamkeit geweckt.[212] Anders hingegen in der „critical gerontology" und deren fließenden Übergängen zur „foucauldian gerontology".[213] Deren gerontologische (Selbst)Kritik ist u. a. gegen ein positivistisches Wissensverständnis und biologistische, funktionalistische und kapitalistische Konzepte des Alterns gerichtet. Vor diesem Hintergrund stieß Anti-Aging dort auf besonderes Interesse. Die Tatsache, dass die kritische und foucaultsche Gerontologie in Deutschland kaum vertreten ist, liefert vielleicht einen Hinweis darauf, weshalb auch die sozialwissenschaftliche Anti-Aging-Diskussion in Deutschland schwächer ausgeprägt ist als im angloamerikanischen Raum.

Vor allem frühe sozialwissenschaftliche Veröffentlichungen über Anti-Aging machten zunächst das Phänomen und die biomedizinwissenschaftlichen Kontoversen bekannt und eröffneten mit gerontologischen *Anti*-Anti-Aging-Statements die sozialwissenschaftliche Debatte. Die darauf folgenden systematischen Untersuchungen befassen sich vor allem aus vier Perspektiven mit dem Thema Anti-Aging:

Erstens wird Anti-Aging wissenschaftssoziologisch als ein Legitimitätsproblem der Biogerontologie thematisiert. Zweitens finden sich Untersuchungen über die Akteurinnen und Akteure des Anti-Aging-Feldes, in denen Anti-Aging z. B. als Berufsfeld, Handlungsoption oder MedizinerInnendiskurs untersucht wird. Anti-Aging wird drittens aus der Perspektive der politischen Ökonomie des Alter(n)s als Phänomen des Medizin-Industrie-Komplexes verstanden und z. B. als Marketingdiskurs oder politiko-ökonomisches Kurzzeitphänomen problematisiert. Viertens findet sich im Umfeld der kritischen und foucaultschen Gerontologie eine Reihe von Arbeiten, in denen Anti-Aging als Wissensform untersucht wird. Auf unterschiedliche Weise wird darin die Produktion und Beschaffenheit des im Kontext des Anti-Agings handlungsleitenden Wissens über das Altern thematisiert. Anti-Aging wird darin z. B als problematische Wissenschaftskultur oder Diskursformation kritisiert.

---

210 z. B. Astrid Stuckelberger (Stuckelberger 2008: *AAM. Myths & chances*, siehe Teil 2, Kapitel 1.1.1).
211 vgl. z. B. Featherstone 1995: *Post-bodies*.
212 vgl. Vincent 2009: *Ageing, AA, & anti-anti-ageing*, S. 202.
213 vgl. z. B. Katz 2003: *Critical gerontological theory* und Baars et al. 2006: *Aging, Globalization & Inequality*.

Dieser vierte Problemzugriff auf Anti-Aging als Wissensform wird fokussiert und in den folgenden Kapiteln genauer untersucht. Denn im Nachweis der sozialen und normativen Kontingenzen des Anti-Aging-Wissens liegt – wie gezeigt wird – ein zentraler Beitrag empirisch-sozialwissenschaftlicher Untersuchungen zur medizinisch-ethisch geprägten Diskussion über Anti-Aging. Vor diesem Hintergrund wird Anti-Aging auch in vorliegender Untersuchung als Wissensform problematisiert.

1.3.1 Gerontologische Gegenreaktionen: Anti-Aging als anti-menschliche und anti-gerontologische Kultur

Eine der ersten umfangreichen Veröffentlichungen über Anti-Aging ist das 2001 von dem US-amerikanischen Philosophen und Geschichtswissenschaftler Thomas Cole und seiner medizinischen Kollegin Barbara Thompson herausgegebene Themenheft „Anti-Aging: Are you for or against it?" der Zeitschrift Generations.[214] Die übergeordnete Fragestellung des interdisziplinär konzipierten Themenheftes trägt deutlich die Handschrift Thomas Coles und seiner viel beachteten Kulturgeschichte des Alterns der US-amerikanischen Mittelschicht.[215] So stellen Cole und Thompson in ihrem Themenheft nicht z. B. Probleme der staatlichen Eindämmung dieses Medizin-Industrie-Komplexes oder einer gerechten Gesundheitsvorsorge in den Mittelpunkt. Vielmehr fragen sie scheinbar ergebnisoffen, welche Bedeutung die Anti-Aging-Bewegung für ältere Menschen hat, insbesondere ihre „subtle and not-so-subtle antipathy toward aging".[216]

Unter Anti-Aging werden in diesem Problemzugriff nicht mehr nur konkrete Organisationen wie die A4M oder die SENS Foundation gefasst, sondern „a powerful theme in American culture".[217] Entsprechend führen sie kulturwissenschaftliche Belege für die allgegenwärtige und verschärfte Abwertung des Alterns an. Ihr Befund, dass „,aging' is going out of style,"[218] machen sie an kulturellen Praktiken der Negierung des Alterns fest und argumentierten, dass „all linguistic and visual references to bodily decline are being eliminated in popular culture."[219] Das Altern verstehen sie als „the most fundamental and ineradicable paradox of the human condition,"[220] das in der Spannung zwischen unendlichen Ambitionen und endlicher physikalischer Existenz bestünde. Altern böte deshalb die wenn auch ungleich verteilte Chance, „to become more fulfilled human beings."[221] Cole und Thomson stehen damit naturrechtlichen Positionen der ethischen

---

214 vgl. Cole et al. 2001: *AA: Are you for ore against it?*
215 vgl. Cole 1992: *Journey of life.*
216 Cole et al. 2001: *AA: Are you for ore against it?* S. 4.
217 Cole et al. 2001: *Introduction,* S. 6.
218 ebd.
219 Cole et al. 2001: *AA: Are you for ore against it?* S. 6.
220 Cole et al. 2001: *Introduction,* S. 7.
221 ebd.

Debatte nahe und kommen zu dem Schluss, dass Anti-Aging anti-menschlich bzw. entmenschlichend sei.

Mit einem ähnlichen, nicht weiter ausgearbeiteten Argument flankiert auch Robert Butler seine viel beachtete medizinische Kritik an der Anti-Aging-Medizin. Auch Butler kritisiert, dass durch Anti-Aging der „agism"[222] verstärkt würde, also die gesellschaftliche Stigmatisierung und damit Ungleichbehandlung älterer Menschen.[223] Anders als Cole und Thompson belegt Butler seine Gleichberechtigungsbedenken jedoch nicht mit kulturellen Praktiken der Negierung,[224] sondern mit der Pathologisierung und Negativierung des natürlichen und unausweichlichen Alterungsprozesses.[225] Butler kritisiert, dass diese Entwicklung die letzten fünfzig Jahre gerontologischer Arbeit konterkariere. Denn die Gerontologie sei u. a. angetreten, um durch die Sichtbarmachung positiver psychosozialer Aspekte des Alterns negativen, biomedizinischen Stereotypen des Alterns entgegenzuwirken. Diese würden jedoch nun von Anti-Aging wieder erfolgreich propagiert.[226] Da Butler die präskriptive Prämisse gerontologischer Arbeit implizit lässt, bleibt sein Urteil, dass Anti-Aging gewissermaßen anti-gerontologisch sei, scheinbar auf fachpolitischer Ebene.

Die skizzierten *Anti*-Anti-Aging-Statements[227] von Cole, Thompson und Butler sind charakteristisch für den „reponse of mainstream gerontology to anti-aging medicine".[228] Anti-Aging wird überwiegend als eine das Altern abwertende Kultur kritisiert, die gegen die menschliche Natur und das emanzipatorische Ansinnen der Gerontologie gerichtet ist. Diese ersten gerontologischen Gegenreaktionen basierten noch nicht auf systematischen sozialwissenschaftlichen Untersuchungen, sondern z. B. auf Reflexionen über das Kunstwort Anti-Aging oder den beruflichen und auch persönlichen Erfahrungen der AutorInnen. Bald folgten jedoch systematische sozialwissenschaftliche Arbeiten über Anti-Aging, die auf unterschiedliche Weise an diesen Debattenstart anknüpfen.

Im deutschsprachigen Raum verlief der Beginn der sozialwissenschaftlichen Diskussion über Anti-Aging anders. Sie begann nicht mit gerontologischer Empörung darüber, dass negative Stereotypisierungen des Alterns, die durch gerontologische Aufklärung überwunden geglaubt waren, durch Anti-Aging noch verstärkt und kapitalisiert würden. Der Berliner Soziologe Hans-Joachim von Kondratowitz stellte vielmehr die skeptische Frage, ob die Gerontologie mit ihrer Emphase gesunden Alterns nicht auch selbst

---

222 vgl. Butler 1968: *Age-ism*.
223 vgl. Butler 2001: *Is there an AAM?* S. 64.
224 Cole und Thompson weisen zu Recht darauf hin, dass Robert Butler mit seinem Vorschlag, „aging medicine" in „longevity medicine" umzubenennen, selbst zu der Negierung des Alterns beiträgt (vgl. Cole et al. 2001: *Introduction*, S. 7.
225 vgl. Butler 2000: *AAM*, S. 64.
226 vgl. auch von Kondratowitz 2003: *AA*.
227 vgl. Mykytyn 2006: *AAM (patient/practitioner movement)*, z. B. S. 646.
228 Moody 2001: *Who's afraid of life-extension?* S. 36.

dazu beigetragen habe und die Probleme des Anti-Agings nicht andere seien (siehe Teil 2, Kapitel 2.2.4).[229]

Kondratowitz berichtet in diesem Zusammenhang von starken Reserven deutscher Gerontologen und Sozialmediziner gegenüber Anti-Aging. Anders als in den USA finden sich im deutschsprachigen Raum jedoch keine prominent publizierten gerontologischen *Anti*-Anti-Aging-Statements. Dies könnte zum einen damit zusammenhängen, dass Kondratowitz seine deutschsprachige Leserschaft zunächst erst überzeugen zu müssen scheint, dass es sich bei Anti-Aging nicht nur um ein fernes, typisch US-amerikanisches Phänomen, sondern auch um ein deutsches Problem handelt. Auch scheint wenig verwunderlich, dass auf Kondratowitz' kritisch gerontologische Frage keine solchen gerontologischen Gegenreaktionen folgten. Drei Jahre später erneuerte Kondratowitz seinen sozialwissenschaftlichen Debattenauftakt mit dem Themenheft „Anti-Aging oder Pro-Aging?"[230] des Informationsdiensts Altersfragen. Auch die darin enthaltenen Beiträge wichtiger GerontologInnen unterscheiden sich von den gerontologischen Gegenreaktionen der angloamerikanischen Debatte:

Der Heidelberger Gerontologe Andreas Kruse stellt sein „Plädoyer für ein Pro-Aging" und nicht gegen Anti-Aging in den Vordergrund seines Beitrags. Kruse stellt primär sein Konzept „Gesund altern"[231] vor, welches die altersbezogene Gesundheitsförderung und Krankheitsprävention der rot-grünen Bundesregierung maßgeblich prägte.[232] Seine Anti-Aging-Kritik fällt deutlich nüchterner und beiläufiger aus als die seiner US-amerikanischen KollegInnen. Kruse erklärt, dass durch das gesellschaftliche Leitbild eines immer jugendlichen Alterns falsche Heilungs-, Verjüngungs- oder gar Unsterblichkeitserwartungen an die Medizin herangetragen würden. Wie seine US-amerikanischen Kollegen kritisiert Kruse erstens, dass das „forever young"-Ideal die Verletzlichkeit und Endlichkeit der menschlichen Existenz verdecke. Zweitens könne die Entwicklung zu einer problematischen Altersrationierung im Gesundheitswesen führen. Kruse weist drittens auf die Opportunitätskosten des Anti-Agings hin. Er argumentiert, dass es sinnvoller sei, in die finanzielle Eigenvorsorge für die Erhaltung und Wiederherstellung von Gesundheit zu investieren.[233]

Auch bei dem Beitrag des Berliner Gerontologen Clemens Tesch-Römer und seiner Kollegin Susanne Wurm handelt es sich nicht um ein gerontologisches *Anti*-Anti-Aging-Statement US-amerikanischen Zuschnitts.[234] Tesch-Römer und Wurm thematisieren Anti-Aging nicht direkt. Vielmehr berichten sie die Befunde des Alterssurveys über subjektive Lebenszufriedenheit im Alter. Dabei widerlegen sie kommentarlos die

---

229 vgl. von Kondratowitz 2003: AA.
230 Informationsdienst Altersfragen, 2006, Band 33, Heft 5.
231 vgl. Kruse 2002: *Gesund altern.*
232 vgl. BVPG et al. 1999: *15 Regeln für gesundes Älterwerden*, Kruse et al. 2004: *Botschaften f. gesundes Älterwerden* und BMG 2006: *Gesund Altern.*
233 Kruse 2006: *Plädoyer f. Pro-Aging*, S. 6.
234 vgl. Tesch-Römer et al. 2006: *Subjektive Lebenszufriedenheit oder Unzufriedenheit im Alter?*

im Rahmen von Anti-Aging häufig verbreitete Vorstellung, dass das Alter unweigerlich mit einem Verlust von Lebensqualität und Lebenszufriedenheit einhergehe.

1.3.2 Disziplinen: Anti-Aging als Legitimitätsproblem der Biogerontologie

Eine der ersten systematischen, empirischen Untersuchung über Anti-Aging sind die Arbeiten des US-amerikanischen Gerontologen Robert Binstock und seinen Kolleginnen Jennifer Fishman und Marcie Lambrix. Binstock untersuchte die (bio)gerontologischen Kampagnen gegen kommerzielle Anti-Aging-AnbieterInnen,[235] für die er den Begriff „The war on ‚anti-aging medicine'" prägte,[236] aus „soziopolitischer" Perspektive. In seinem gleichnamigen Artikel, der vor allem in seiner Eigenschaft als erster Debattenüberblick viel Beachtung fand, stellte Binstock die Kampagnen von Olshansky und KollegInnen in den Kontext der wechselvollen Geschichte der jungen US-amerikanischen Biogerontologie. Er zeigte, dass es darin um weit mehr als nur um biomedizinwissenschaftlichen Wahrheitsgewinn zum Wohle der Volksgesundheit ging. Binstock interpretierte den Krieg gegen Anti-Aging-Medizin als einen fachpolitischen „boundary work response", durch den die Biogerontologie ihre schwer erkämpfte und noch kaum gesicherte Legitimität innerhalb der Altersforschung und der staatlichen Forschungsförderung zu verteidigen versuchte.[237]

In der 2008 erschienenen, durch umfangreiche empirische Untersuchungen ausgearbeiteten Fassung seines Arguments zeichnen Binstock, Fishman und Lambrix eindrücklich die Gratwanderung der Biogerontologie nach:[238] Das Ziel der Biogerontologie besteht darin, biologische Alterungsprozesse zukünftig durch biomedizinische Techniken gestaltbar zu machen. Zu dessen Popularisierung griffen einige BiogerontologInnen sowie das National Institute of Aging (NIA) anfangs die Anti-Aging-Rhetorik kommerzieller Anbieter auf.[239] Dieses wissenschaftliche Projekt galt es zum einen von dem der Disziplin von Anbeginn anhaftenden pseudowissenschaftlichen „Jungbrunnenimage" zu befreien. Zum anderen musste es mit der auf Krankheitsbekämpfung zielenden Förderungsstrategie des National Institute of Ageing (NIA) und anderen Organisationen in Einklang gebracht werden. Fishman et al. arbeiten die unterschiedlichen Grenzziehungsaktivitäten heraus, denen sich die Biogerontologie zur Herstellung dieser prekären Balance bediente:[240]

---

235 vgl. Teil 2, Kapitel 1.1.1.
236 vgl. Binstock 2003: *War on AAM*.
237 vgl. auch Vincent 2003: *What is at stake in the ‚war on AAM'*?
238 vgl. Fishman et al. 2008: *AA science*.
239 vgl. Juengst et al. 2003: *Biogerontology*, S. 22.
240 vgl. auch Juengst et al. 2003: *Biogerontology*, S. 23 ff.

- erstens die verschärfte Abgrenzung gegenüber kommerziellen Anti-Aging-AnbieterInnen, die das Projekt der Biogerontologie vorschnell auf dem privaten Markt ausschlachten,
- zweitens die aufgrund unterschiedlicher Philosophien innerhalb der Biogerontologie notwendige Grenzziehung zwischen „konservativen" („compressed morbidity"), „moderaten" („decelerated aging") und „radikalen („arrested aging") biogerontologischen Lagern,
- drittens terminologische Abgrenzungen von dem Begriff Anti-Aging durch Alternativbegriffe oder die Unterscheidung von „legitimem" und „illegitimem" Anti-Aging
- sowie viertens die Öffnung der Disziplin gegenüber der angesehenen Genforschung.

Der von Binstocks „Kriegsberichterstattungen" ausgehende Problemzugriff gab der Debatte über Anti-Aging in zweierlei Hinsicht eine neue Richtung: Die soziopolitische Kontextualisierung des Krieges gegen kommerzielle Anti-Aging-AnbieterInnen mündete erstens in ein neues Verständnis des Forschungsgegenstandes. Im Mittelpunkt des Forschungsinteresses stehen nicht mehr kommerzielle Anti-Aging-AnbieterInnen oder der radikale Entwurf de Greys. Stattdessen wird die wissenschaftlich und gesellschaftlich u. a. durch staatliche Forschungsförderung legitimierte Biogerontologie aufgrund ihres Strebens nach mehr oder weniger radikaler „prolongevity"[241] als „Anti-Aging Science"[242] problematisiert.

Binstock zielt in seinen späteren Arbeiten zweitens darauf, die Auseinandersetzung über Anti-Aging nicht nur öffentlich, sondern auch interdisziplinär zu führen. Während Binstock in seinem ersten Diskussionsbeitrag[243] zwar den strategischen Erfolg der biogerontologischen Kampagne bezweifelt, das Vorgehen der Biogerontologie gegen „pseudowissenschaftliche Elemente" jedoch im Hinblick auf „potential health benefits" noch begrüßt,[244] sucht er noch im gleichen Jahr Schulterschluss mit bioethischen Kollegen. Zusammen mit Eric Juengst, Maxwell Mehlmann, Stephen Post und Peter Whitehouse fordert Binstock einen antizipatorischen, deliberativen, öffentlichen Dialog über die tiefgreifenden ethischen Probleme[245] eines durch biogerontologische Forschung vielleicht zukünftig möglichen Enhancements des Menschen.

In ihrem Sammelband „The fountain of youth"[246] zielen Stephen Post und Robert Binstock noch ambitionierter auf eine ergebnisoffene Verständigung zwischen „scientists, philosophers, religious thinkers, bioethicists, historians, social scientists, and

---

241 vgl. z. B. Post et al. 2004: *Fountain of youth*, S. 2 ff.
242 vgl. Fishman et al. 2008: *AA science*.
243 vgl. Binstock 2003: *War on AAM*.
244 vgl. ebd. S. 11 f.
245 Diese sind: Ist Altern ein zu förderndes Gut oder ein zu verhinderndes Übel? Wie könnte ein möglicher Zugewinn an gesunder Lebensspanne gerecht verteilt werden? Wie würden sich soziale Institutionen ändern? vgl. Juengst et al. 2003: *AA research & need for public dialogue*.
246 Post et al. 2004: *Fountain of youth*.

students and citizens."[247] Dabei fordern die Autoren besonders das National Institute of Health (NIH) auf, eine führende Rolle in der öffentlichen Auseinandersetzung über „ethische und politische Implikationen" der u. a. vom NIH geförderten Anti-Aging-Forschung zu übernehmen.[248] In der Tat wurden in den USA im Folgenden vermehrt Forschungsgelder für ethische Untersuchungen über Anti-Aging bereitgestellt.[249]

1.3.3 Akteurinnen und Akteure: Anti-Aging aus der Perspektive von AnwenderInnen und AnbieterInnen

Neben dem Problemzugriff auf Anti-Aging als Disziplin finden sich mehrere Untersuchungen, in deren Mittelpunkt AnwenderInnen- und AnbieterInnenperspektiven auf Anti-Aging stehen. Darin werden Konzepte und Praktiken von Akteurinnen und Akteuren des Anti-Aging-Feldes systematisch untersucht. Hintergrund dieses Problemzugriffs ist zum einen, das Verständnis des Phänomens nicht allein auf leicht zugängliche Veröffentlichungen wortführender AnbieterInnen zu gründen, sondern um ein systematisches Verständnis der AnbieterInnenseite zu ergänzen. Zum anderen soll den „ungehörten" Stimmen der AnwenderInnen in emanzipatorischer Absicht Gehör verschafft werden.

Dabei finden sich weniger *Arbeiten über AnwenderInnen* als über AnbieterInnen. Medizinische und wissenschaftliche LaiInnen, die Anti-Aging anwenden, sind nicht nur, wie häufig beklagt, im Anti-Aging-Diskurs unterrepräsentiert,[250] sondern auch in der sozialwissenschaftlichen Forschung über Anti-Aging noch relativ wenig vertreten. Dies scheint zum einen darin begründet, dass es sich bei Anti-Aging bisher häufig um Konzepte von AnbieterInnen handelt, die bisher noch nicht oder nur anfänglich auch von AnwenderInnen praktiziert werden. Zudem ist eine Untersuchung von AnwenderInnen u. a. aufgrund des schwierigen Feldzugangs aufwendiger (vgl. Teil 1, Kapitel 4.2.2). Untersucht wird u. a. welche Motive AnwenderInnen haben, welche Ziele sie verfolgen und ob diese mit denen der AnbieterInnen übereinstimmen. Ansatzpunkt der Kritik ist die Annahme, dass die Ziele der Menschen Priorität gegenüber etwaigen Ansprüchen von Anti-Aging-AnbieterInnen haben. Wichtiges Kriterium ist auch, ob Menschen sich aus freien Stücken und gutzuheißenden Gründen für Anti-Aging entscheiden.

Beispielsweise untersuchen die australische Politikwissenschaftlerin *Helen Barlett und ihre Kollegin Mair Underwood* die Perspektiven von BürgerInnen und PolitikerInnen auf die politischen Implikationen und Präferenzen in Bezug auf eine deutliche Verlängerung der Lebensspanne.[251] Die US-amerikanische Soziologin Diane Watts-Roy

---

[247] ebd. S. 5.
[248] vgl. Juengst et al. 2003: *AA research & need for public dialogue*, S. 1323.
[249] vgl. z. B. Post et al. 2004: *Fountain of youth*, S. 5.
[250] vgl. z. B. Glaser 2009: *Personal profile (Vincent)*, S. 62.
[251] vgl. Bartlett et al. 2009: *Life extension technology*.

untersuchte die Motive von Anti-Aging-AnwenderInnen.[252] Sie zeigte, dass es diesen weniger um die Kontrolle körperlicher Alterungsprozesse geht als um die Suche nach einer „alternativen" Biomedizin. Denn das Engagement im Bereich des Anti-Agings gehe häufig auf Enttäuschungen bezüglich der allopathischen Medizin zurück.

Eine der wenigen Untersuchungen über die Perspektiven älterer Menschen auf Anti-Aging führte die britische Gerontologin und Genderforscherin *Sarah Arber* zusammen mit KollegInnen durch.[253] Sie untersuchten, welche sozialen und kulturellen Faktoren den Wunsch älterer Menschen beeinflussen, von lebensverlängernden medizinischen Technologien Gebrauch zu machen. Dabei zeigten sich deutliche Geschlechterunterschiede: Ältere Frauen befürworteten seltener lebensverlängernde Maßnahmen als ältere Männer. Dabei spielte die Befürchtung, anderen als Pflegefall zur Last zu fallen, eine wichtige Rolle. Arber und KollegInnen argumentieren vor diesem Hintergrund u. a., dass Anti-Aging nicht nur einkommens- und schichtbezogene, sondern auch geschlechtsbezogene Ungleichheiten verstärken werde.

Mehr und umfangreichere Untersuchungen liegen jedoch über *Perspektiven von Anti-Aging-AnbieterInnen* vor, also z. B. über diejenigen, die Anti-Aging-Forschung oder Anti-Aging-Medizin betreiben. Der US-amerikanische Gesundheitswissenschaftler *Richard Settersten und seine KollegInnen Michael Flatt und Poselle Ponsaran* untersuchten z. B. die „involvement stories", die „boundary work" und das Bedenkenmanagement von nicht wortführenden BiogerontologInnen.[254] Die Autoren zeigen, dass sich die von Binstock et al. herausgearbeiteten Legitimitätskämpfe der Disziplin auch in den prekären beruflichen und privaten Situationen einzelner WissenschaftlerInnen spiegeln. Settersten et al. kritisieren u. a., dass viele BiogerontologInnen ihre Tätigkeit als einen Beitrag zum „common good" legitimieren, sich jedoch nicht aktiv dafür engagieren, dass das von ihnen produzierte Wissen auch gemeinwohldienlich angewandt wird.

Neben den Arbeiten von Binstock, Vincent und Katz/Marshall zählen die Arbeiten *Courtney Mykytyns*[255] zu den bekanntesten und umfangreichsten sozialwissenschaftlichen Untersuchungen über Anti-Aging.[256] Die US-amerikanische Anthropologin brachte als Erste die Perspektiven von AkteurInnen in die Diskussion ein. Mykytyn ist eine der sozialwissenschaftlichen AutorInnen, die nicht im Umfeld der Gerontologie zu verorten sind. Mit ihrer umfangreichen Ethnografie der US-amerikanischen Anti-Aging-Medizin-Szene und der Deliberationen des President's Council on Bioethics über Anti-Aging betrat sie konzeptuelles und methodisches Neuland. Zentrale Thesen Mykytyns werden

---

252 vgl. Watts-Roy 2009: *A protest vote?*
253 Arber et al. 2008: *Gendered attitudes towards life-prolongation.*
254 Settersten et al. 2008: *From the lab to the front line.*
255 gesprochen wie „my kitten".
256 insb. Mykytyn 2004: *Natural coming of age,* Mykytyn 2006: *AAM (patient/practitioner movement),* Mykytyn 2006: *AAM (predictions, moral obligations & biomedical interventions),* Mykytyn 2006: *Contentious terminology,* Mykytyn 2007: *Executing Aging,* Mykytyn 2008: *Medicalizing the optimal* und Mykytyn 2009: *AA is not anti-death.*

im Folgenden ausführlicher vorgestellt, da diese für die vorliegende Untersuchung der deutschen Anti-Aging-Medizin als Vergleichsfolie besonders einschlägig sind.

Mykytyns Veröffentlichungen lesen sich u. a. als empirisch-sozialwissenschaftliche Erwiderungen auf die hitzigen normativ-ethischen Diskussionen über Anti-Aging in den USA. Denn deren ProtagonistInnen „often presume different definitions of anti-aging medicine that frustrate their discussion."[257] Vor diesem Hintergrund bezieht sie einen „kulturellen Standpunkt" und arbeitet den kulturellen Gebrauch des auch unter BefürworterInnen umstrittenen Begriffs Anti-Aging heraus. Mykytyn machte als erste auf die „complicated cartography of anti-aging medicine"[258] aufmerksam und arbeitete wichtige Orientierungspunkte darin heraus. Mit ihrer Forderung, den vieldeutigen Begriff Anti-Aging nicht ohne eine sorgfältige Kontextualisierung zu gebrauchen,[259] scheint sie u. a. die empirischen Prämissen der bioethischen Debatte schärfen zu wollen. Vor allem zwei Aspekte ihrer umfangreichen Befunde wurden vielfach wahrgenommen: erstens die „involvement stories" von Anti-Aging-ÄrztInnen und zweitens ihren „practitioner discourse":

In einer ihrer ersten Veröffentlichungen untersuchte Mykytyn die beruflichen und persönlichen Motive US-amerikanischer Anti-Aging-ÄrztInnen für ihren „Seitenwechsel" zur Anti-Aging-Medizin.[260] Mykytyn beschreibt, dass drei Themen ihre *„involvement stories"* durchziehen: der Kampf gegen die Leiden des Alterns, Unzufriedenheit mit dem Gesundheitssystem und das Bestreben, die „korrupte" Schulmedizin biowissenschaftlich zur „revolutionieren" (ausführlicher siehe Teil 1, Kapitel 2.1.1). Mykytyn zeigt, dass viele der Anti-Aging-ÄrztInnen das erste Mal als PatientInnen Kontakt mit Anti-Aging hatten und aufgrund selbst erlebter therapeutischer Erfolge begannen, sich auch beruflich für Anti-Aging zu interessieren. Vor diesem Hintergrund spricht Mykytyn von Anti-Aging-Medizin als einem *„patient/practitioner movement"*.

Häufig wird Mykytyn in der Literatur über Anti-Aging für diese Thematisierung von Anti-Aging als sozialer Bewegung zitiert. Der Bewegungsbegriff steht jedoch eher im Hintergrund ihrer Untersuchungen. Anders als zu vermuten wäre, interessieren Mykytyn soziale Bewegungen weniger als kollektive, politische Akteure, sondern vielmehr in ihrer Eigenschaft als (Re)Konstrukteure kultureller Interpretationen der Welt.[261] Sie untersucht, wie Anti-Aging-ÄrztInnen das Verhältnis von Biomedizinwissenschaften und Altern neu bestimmen und rhetorisch so rahmen, dass den von ihnen vorgeschlagenen Interventionen Legitimation verschafft wird. In diesem Zusammenhang spricht sie von dem *„practitioner discourse"*,[262] auch wenn ihre Untersuchung konzeptuell und methodisch nicht der Diskursforschung zuzurechnen ist.

---

257 Mykytyn 2006: *Contentious terminology*, S. 284.
258 vgl. Mykytyn 2006: *Contentious terminology*.
259 vgl. z. B. Mykytyn 2006: *Contentious terminology*, S. 284.
260 vgl. Mykytyn 2006: *AAM (patient/practitioner movement)*.
261 vgl. ebd. S. 644.
262 z. B. Mykytyn 2008: *Medicalizing the optimal*, S. 315.

Mykytyn beschreibt, dass sich trotz der komplizierten Kartografie des Feldes eine gemeinsame Orientierung der Akteurinnen und Akteure finde. Dies sei die Überzeugung, dass nicht nur „altersbezogene Krankheiten", sondern auch der bisher als „normal" erachteten „universale Alterungsprozess" Gegenstand biomedizinwissenschaftlicher Forschung und „Orte medizinischer Möglichkeiten" sein sollten. Dabei handle es sich um die „ultimative Form der Medikalisierung"[263] des Alters, durch die jede Person zum Patienten würde. Folgende rhetorische Rahmungen dieser Medikalisierung arbeitet Mykytyn heraus und widerlegt dabei zentrale Annahmen vieler Anti-Aging-KritikerInnen über die Ziele und Konzepte des Anti-Agings. Sie argumentiert, dass es sich weder um eine Pathologisierung des Alterns handle noch um Unsterblichkeitsbestrebungen, sondern um eine „Medikalisierung des Optimalen":

Mykytyn arbeitet heraus, dass die moderne Vorstellung von Altern als biologischem Verfallsprozess zugespitzt werde, u. a. indem die Funktionseinbußen und Krankheiten, die bisher als „altersassoziiert" galten, zu Alterssymptomen umgedeutet werden. Altern werde jedoch – anders als noch zu Beginn der Anti-Aging-Bewegung – nicht mehr als Krankheit bezeichnet: „Both advocates and opponents of anti-aging share a consensus that *aging is not really a disease.*"[264] Im Gegenteil werde das Altern als natürlich beschrieben, wobei diese Natürlichkeit jedoch als von „inhärentem Schmerz überschattet" dargestellt wird. Mykytyn argumentiert, dass viele Anti-Aging-ÄrztInnen nicht auf die „traditionellen" Kategorien natürlich/krank zurückgreifen. Die Medikalisierung des Alterns im „practitioner discourse" der US-amerikanische Anti-Aging-Szene finde also nicht, wie häufig angenommen, über eine Pathologisierung des Alterns statt.

Mykytyn zeigt zudem, dass Anti-Aging auch *nicht notwendigerweise „anti-death"* bedeutet.[265] Zwar gäbe es transhumanistische Positionen, die auf eine Abschaffung des Todes zielen, die Mehrheit der US-amerikanischen Anti-Aging-ÄrztInnen ziele jedoch ähnlich wie die Gerontologie auf: „adding years to life and life to years". In diesem Punkt wird Mykytyn sehr deutlich in ihrer Kritik der bioethischen Diskussion, aber auch in der Kritik von John Vincents Argument, dass die Unterscheidung von Leben und Tod nicht aufgehoben werden dürfe. Sie kritisiert, dass Anti-Aging häufig stark vereinfachend als anti-death „naturalisiert" werde, obwohl dieser apriorische Begriff von Anti-Aging fast nichts mit dem Anti-Aging „on the ground" zu tun habe.

Mykytyn argumentiert weiter, dass die meisten Anti-Aging-ÄrztInnen weder auf die Heilung der Krankheit Altern noch auf eine Verbesserung der schlechten Natur des Alterns zielen. Stattdessen konstruierten sie *„optimale Gesundheit" als ein neues Behandlungsziel* – allerdings mit der Hoffnung, bei optimalem Gesundheitszustand besser von zukünftigen „‚real' anti-aging therapies"[266] profitieren zu können. Maßstab der Optimie-

---

263 vgl. ebd. S. 317.
264 ebd. S. 317.
265 vgl. Mykytyn 2009: *AA is not anti-death*.
266 Mykytyn 2008: *Medicalizing the optimal*, S. 317.

rung ist nicht wie bisher der „normale", für ein bestimmtes chronologisches Alter typische Gesundheitszustand, sondern „the best-a-body-can-and-has-ever-been".[267] Dies beinhalte Prävention und Krankheitsbekämpfung, gehe aber darüber hinaus. Mykytyn argumentiert, dass diese Optimierung nur unzureichend mit dem Konzept Enhancement beschrieben werden könne, weil dies bereits eine „Definition" von Natur und guter Gesundheit voraussetze. Im Falle von Anti-Aging werde die Natur jedoch nicht obsolet, sondern vielmehr reanimiert und transformiert. Sie beschreibt eine neue „Hierarchie" der Natur, der zufolge das Streben nach medizinischer Leidensvermeidung gewissermaßen „natürlicher" oder „menschlicher" ist als der biologische Altersverfall.[268]

Mykytyn analysiert, wie diese Medikalisierung des Optimalen rhetorisch plausibilisiert wird. Vorhersagen über eine Zukunft mit oder ohne Anti-Aging spielen dabei eine zentrale Rolle.[269] Diese werden glaubwürdig, wenn sie sowohl machbar als auch moralisch notwendig erscheinen. Der Eindruck der Machbarkeit entstehe, durch eine historische Fundierung in Geschichten biotechnologischer Triumphe, die durch den Glauben an den eigenlogischen Fortschritt der rationalistischen Wissenschaften und die Perfektionierbarkeit des Menschen in die Zukunft projiziert werden. Das moralisches Mandat entstehe über das stark normative aufgeladene Altersbild und die Betonung wissenschaftlicher Fürsorgepflicht: Altern wird einerseits als verstehbarer und beeinflussbarer biologischer Verfallsprozess präsentiert. Andererseits wird die Alterung noch ausschließlicher als bisher als individuelles und gesellschaftliches Übel konstruiert. Anti-Aging-BefürworterInnen verabsolutieren die Pflicht der Biomedizinwissenschaften, dieses Leiden zu vermeiden und stellen sich auf diese Weise als Retter alter Menschen und Gesellschaften dar.

Courtney Mykytyn enthält sich fast jeglicher Bewertung ihrer Ergebnisse. Sie betont, von ihrem „kulturellen Standpunkt" aus weder für noch gegen Anti-Aging-Medizin zu plädieren.[270] Zu ihrer *kulturrelativistischen Position* gesellen sich jedoch insbesondere in späteren Veröffentlichungen einzelne, nur angedeutete normative Bezüge. So beschreibt Mykytyn, dass die kulturelle Umdeutung des Verhältnisses von Alter und Biomedizin zu „kulturellen Spannungen" führe, die sie durchaus als problematisch bewertet.[271] Es finden sich Andeutungen zweier Gerechtigkeitsargumente. So vermutet Mykytyn, dass die von ihr beschriebene Medikalisierung des Optimalen zu noch größeren Problemen sozialer Gerechtigkeit führen könnte als die in der Bioethik perhorreszierten Unsterblichkeitsszenarien.[272] Auch kritisiert sie, dass die Deutungshoheit über das Altern nicht

---

267 ebd. S. 317.
268 ebd. S. 313.
269 vgl. Mykytyn 2006: *AAM (predictions, moral obligations & biomedical interventions)*.
270 vgl. z. B. Mykytyn 2006: *Contentious terminology*, S. 279.
271 vgl. Mykytyn 2008: *Medicalizing the optimal*, S. 320.
272 vgl. Mykytyn 2009: *AA is not anti-death*, S. 223 f.

gerecht verteilt sei zwischen biologischen, philosophischen und psychologischen Konstruktionen des Alterns.[273]

Auch im *deutschsprachigen Raum* finden sich an AkteurInnen orientierte Problemzugriffe auf Anti-Aging. Vorliegende Untersuchung ist zwar methodisch an AkteurInnen orientiert, konzeptuell jedoch an kritisch gerontologischen Problemzugriffen auf Anti-Aging-Wissen (siehe Teil 2, Kapitel 1.3.5). In Astrid Stuckelbergers Studie über die Mythen und Chancen der Anti-Aging-Medizin (siehe Teil 2, Kapitel 1.1.1) gibt jedoch die Schweizer Übersetzerin und Evaluatorin *Barbara So-Barazetti* einen Überblick über das heterogene Bild der Anti-Aging-Medizin in der Schweiz.[274] Auf der Grundlage von Interviews und Dokumentenanalysen skizziert sie u. a. berufliche Hintergründe, Tätigkeitsfelder und Motivationen von Schweizer Anti-Aging-ÄrztInnen.

Die Swiss Society for Anti-Aging Medicine and Prevention (SSAAMP)[275] ist eine Schwestergesellschaft der GSAAM. Beide Kontexte des Anti-Agings ähneln sich in vielen Punkten (siehe Teil 1, Kapitel 3). So-Barazetti beschreibt jedoch, dass die Schweizer Anti-Aging-ÄrztInnen unterschiedlichste berufliche Profile aufweisen: vom Medizinprofessor bis zu „Unorthodoxen". In der GSAAM finden sich hingegen kaum „Unorthodoxe". Wie in der A4M und der GSAAM sind auch in der SSAAMP kaum GeriaterInnen vertreten. So-Barazetti weist auf das Nebeneinander von Präventionszielen und ökonomischen Interessen der MedizinerInnen hin. Unter der Überschrift „Problems and Challanges" berichtet So-Barazetti, welche Probleme und Herausforderungen die interviewten ÄrztInnen sehen. Zum einen seien sich die MedizinerInnen der schwachen Evidenzlage vieler Diagnoseverfahren und Behandlungen bewusst und fühlten sich schlecht vorbereitet, selbst zu entscheiden, was sinnvoll ist und was nicht. Zum anderen seien viele mit dem kontroversen, unscharfen Begriff Anti-Aging unzufrieden.

Insbesondere bei den Bewertungen dieser Beobachtungen fällt auf, dass So-Barazetti wenig analytische Distanz zu ihrem empirischen Material einnimmt. Nah an den Argumenten ihrer InterviewpartnerInnen kommt sie z. B. zu der Einschätzung, dass es sich bei der Strittigkeit des Begriffs Anti-Aging um ein Problem der begrifflichen „ill-definition" handelt. Einer ihrer Schlüsse, der direkten Eingang in Stuckelbergers Politikempfehlungen findet ist, dass Anti-Aging besser definiert werden muss. Abgesehen davon, dass ihr Begriff „ill-definition" vor dem Hintergrund der Medikalisierungskritik nicht einer gewissen Komik entbehrt, reproduziert So-Barazetti die Abgrenzungsbemühungen innerhalb des Feldes, anstatt die dahinterstehende „boundary work" sichtbar zu machen.

---

273 vgl. Mykytyn 2008: *Medicalizing the optimal*, S. 316 f.
274 So-Barazetti 2008: *AAM in Switzerland*.
275 http://www.ssaamp.ch/ (29.11.2013).

1.3.4 Ökonomie: Anti-Aging als Marketingstrategie, Medizin-Industrie-Komplex und sozialstaatliche Rationale

In den meisten sozialwissenschaftlichen Untersuchungen über Anti-Aging finden sich mehr oder weniger ausgearbeitete kapitalismuskritische Argumente. In einigen steht die Ökonomie des Anti-Agings auch im Mittelpunkt des Problemzugriffs. Sie sind der kritisch gerontologischen Erweiterung[276] der Political Economy of Old Age[277] zuzuordnen. Diese Arbeiten befassen sich mit verschiedenen betriebs- und volkswirtschaftlichen Aspekten des Anti-Agings. Ansatzpunkt der Kritik ist die Beobachtung, dass die Strukturen der neo-liberalen, globalen Ökonomie Erfahrungen der Altersdiskriminierung maßgeblich beeinflussen.

Der Problemzugriff auf Anti-Aging als „Symptom" des Kapitalismus ist ein weiterer Punkt, in dem sich die ethische und sozialwissenschaftliche Diskussion über Anti-Aging unterscheiden. Zwar würden nur sehr wenige EthikerInnen so weit gehen wie Bernward Gesang mit seiner These, dass mit Anti-Aging keine „Wettbewerbsmentalität" verbunden sei und deshalb auch „keine Komplizenschaft mit falschen sozialen Normen zu diagnostizieren ist."[278] Dennoch steht Kapitalismuskritik in der ethischen Diskussion bisher im Hintergrund. Zwei Untersuchungen seien im Folgenden vorgestellt. Anti-Aging wird darin als Marketing-Diskurs, Medizin-Industrie-Komplex und volkswirtschaftliche Strategie westlicher Sozialstaaten problematisiert:

Die US-amerikanische Soziologin *Toni Calasanti* untersuchte den *Marketingdiskurs der Anti-Aging-Industrie.*[279] In ihrer umfangreichen Inhaltsanalyse von Internetwerbung für Anti-Aging-Produkte kommt Calasanti vor allem zu zwei Ergebnissen. Erstens seien die als alt bezeichneten Personen in den Werbungen mit all den Merkmalen ausgestattet, an denen Altersdiskriminierung gewöhnlich ansetzt: Krankheit, Hässlichkeit, Unselbstständigkeit, Traurigkeit und Abhängigkeit von teuren Therapien und Pflege. Angepriesen würden Konsumgüter, die das bedrohliche Abrutschen in diese diskriminierte Statusgruppe zu verhindern versprächen.

Zweitens bestünde ein auffälliger Zusammenhang zwischen alters- und geschlechtsbezogenen Ungleichheiten. Das Aufrechterhalten der hierarchischen Geschlechterordnung werde als ein zentraler Aspekt des Jungbleibens dargestellt. So werde an Frauen appelliert, ihr jugendliches Aussehen und damit ihre Attraktivität für Männer aufrechtzuerhalten. Männer sollten dagegen ihre berufliche und sexuelle Leistungs- und Konkurrenzfähigkeit beibehalten. Calasanti kritisiert vor diesem Hintergrund, dass im Marketingdiskurs der Anti-Aging-Industrie zwar „Empowerment" versprochen würde, Altersdiskriminierung und Geschlechterhierarchien würden aber nicht überwunden,

---

276 vgl. z. B. Baars et al. 2006: *Aging, Globalization & Inequality.*
277 vgl. z. B. Walker 1981: *Towards a political economy of old age* und Walker 2005: *Towards an international political economy of old age.*
278 Gesang 2007: *Perfektionierung des Menschen*, S. 151.
279 vgl. Calasanti 2007: *Bodacious berry.*

sondern im Gegenteil verstärkt und zudem mit einer starken Konsum- und Aktivitätspflicht verbunden.[280]

In ihrer Gegenüberstellung der Empowermentansätze der kritischen Gerontologie und der Anti-Aging-Industrie argumentiert Calasanti, dass beide die gleichen normativen Wurzeln hätten: die zutiefst individualistischen Werte des globalen Nordens.[281] Auch die „missionarische" Sprache des Empowerments beider Projekte ähnele sich. Calasanti kritisiert vor diesem Hintergrund, dass die Gerontologie versäumt hätte zu verdeutlichen, dass sie Empowerment auf grundsätzlich andere Weise erreichen wolle als die Anti-Aging-Industrie: nicht durch freien Marktindividualismus, sondern durch eine gleichberechtigte, solidarische Diversität.

Weitreichender ist der Erklärungsanspruch des australischen Soziologen *Alan Petersen* und seiner Kollegin *Kate Seear*. Sie untersuchen die Entstehung und die mögliche Zukunft der Anti-Aging-Medizin aus der Perspektive der politischen Ökonomie des Alterns.[282] Anders als die mit Wissen befassten AutorInnen sehen Petersen und Seear die Wurzeln der Anti-Aging-Medizin primär in politikoökonomischen Faktoren. Auch wenn das Verhältnis von Wissen und Ökonomie genauer bestimmt und der Anti-Aging-Begriff stärker kontextualisiert sein könnte, erweiterten Petersen und Seear die Diskussion um die Ausarbeitung zweier ökonomischer Zusammenhänge: den Medizin-Industrie-Komplex und volkswirtschaftliche Interessen.

Zum einen thematisieren Petersen und Seear die „Symbiose" zwischen Anti-Aging-Medizin, Wissenschaft und Industrie und arbeiten die starken ökonomischen Verflechtungen der Non-Profit Organisation A4M heraus. Sie argumentieren, dass diese Symbiose für den *Medizin-Industrie-Komplex* insgesamt und besonders für die Entwicklung neuer Technologien charakteristisch sei. Im Falle der Anti-Aging-Medizin sei die Verflechtung von Medizin, Forschung und Wirtschaft jedoch besonders stark ausgeprägt. Petersen und Seear zeichnen interessanterweise jedoch ein wenig symbiotisches Bild. Vielmehr verdeutlichen sie die Abhängigkeit der Anti-Aging-Medizin von staatlichen Forschungsgeldern und „venture capitalists", also von sog. Risiko- oder Wagniskapitalgebern.

Vor diesem Hintergrund zeichnen sie eine wenig rosige Zukunft der Anti-Aging-Medizin. Ihre Hypothese ist, dass das ohnehin aufgrund biomedizinwissenschaftlicher Mängel und ethischer Probleme instabilisierte Feld aus zwei Gründen seiner ökonomischen Grundlagen entledigt wird. Erstens durch die aktuelle Wirtschafts- und Finanzkrise und zweitens durch den unausweichlichen Vertrauensverlust der Geldgeber bei Ausbleiben der versprochenen medizinischen Durchbrüche.[283] Demnach würde also der

---

280 vgl. auch King et al. 2006: *Empowering the old.*
281 vgl. King et al. 2006: *Empowering the old.*
282 vgl. Petersen et al. 2009: *In search of immortailty.*
283 vgl. ebd. S. 276.

freie Markt im Gesundheitswesen, der das Problem Anti-Aging hervorgebracht habe, dieses Problem auch selbst wieder lösten.

Zum anderen thematisieren Petersen und Seear Anti-Aging als eine *volkswirtschaftliche Rationale westlicher Sozialstaaten*. Sie beschreiben die Anti-Aging-Medizin als die altersbezogene Variante der Strategie vieler westlicher Nationalstaaten, durch die Förderung von Biotechnologien sowohl zu ökonomischem Wachstum als auch zur Volksgesundheit beizutragen. Angesichts des demografischen Wandels sähen viele Regierungen Potenzial in den von der Anti-Aging-Medizin versprochenen neuen Formen der „aktiven" Prävention.[284] Petersen und Seear deuten das Potenzial dieses Problemzugriffs lediglich an. Z. B. thematisieren sie nicht, ob und wenn ja wie sich diese Strategie in aktuelle Sozialstaatskonzepte fügt. Ihren Befund, dass biogerontologische Anti-Aging-Forschung und Active Aging Programme zu Prioritäten vieler nationaler Regierungen geworden seien, belegen Petersen und Seear interessanterweise u. a. mit einem nicht weiter ausgearbeiteten Verweis auf einen Artikel des GSAAM-Arztes Alfred Wolf,[285] der seinerseits allerdings keinen volkswirtschaftlichen Schwerpunkt aufweise.

1.3.5 Fokus: Anti-Aging als Wissensform

Mehrere sozialwissenschaftliche Untersuchungen über Anti-Aging befassen sich mit der Produktion und der Beschaffenheit des im Rahmen von Anti-Aging verbreiteten Wissens über das Altern. Zu nennen sind in diesem Zusammenhang die Arbeiten von John Vincent, Stephen Katz, Barbara Marshall, Emmanuelle Tulle und Hans-Joachim von Kondratowitz. Diese AutorInnen stehen mehr oder weniger im Kontext der Critical Gerontology (im Folgenden: kritische Gerontologie). Genauer handelt es sich um einen frühen Strang der kritischen Gerontologie und dessen fließende Übergänge zur foucaultschen Gerontologie, in dem erstmals die soziale Konstruiertheit der Natur des Alterns problematisiert wurde. Dessen VertreterInnen wenden sich u. a. gegen ein positivistisches Verständnis medizinischen und naturwissenschaftlichen Wissens über das Altern. Sie kritisierten vor diesem Hintergrund Tendenzen der Medikalisierung des Alter(n)s.[286]

In Problemzugriffen auf Anti-Aging als Wissensform wird deshalb auf unterschiedliche Weise empirisch untersucht, wie medizinisches und naturwissenschaftliches Anti-Aging-Wissen über das Alter(n) sozial konstruiert ist. Ausgehend von Belegen dafür, dass dieses Wissen nicht objektiv ist, wird zum einen argumentiert, dass die Deutungsansprüche des Anti-Agings nicht unhintergehbar sind, sondern gesellschaftlich verhandelt werden müssen. Zum anderen ist die Art und Weise, wie das Wissen sozial

---

284 vgl. ebd. S. 269.
285 vgl. Wolf 2005: *Was ist AAM?*
286 vgl. z. B. Baars et al. 2006: *Aging, Globalization & Inequality*, S. 123 ff. und Bengtson et al. 2005: *Problem of theory in gerontology*, S. 15 f.

konstruiert ist, Gegenstand der gerontologischen Kritik. Die Arbeiten unterscheiden sich jedoch u. a. darin, wie weitreichend die Konstruiertheit des Wissens über Altern darin angelegt ist und welche normativen Bezugspunkte zur Bewertung herangezogen werden.

Im Folgenden wird der Problemzugriff auf Anti-Aging als Wissensform genauer untersucht. Denn dieser Problemzugriff ist eine der zentralen Perspektiven, die von sozialwissenschaftlicher Seite in die medizinisch-ethisch geprägte Diskussion über Anti-Aging eingebracht werden kann. Denn in der ethischen Anti-Aging-Diskussion wird zwar instruktiv herausgearbeitet, dass Natürlichkeitsargumente gegen Anti-Aging einen nicht haltbaren Dualismus von Natur und Kultur voraussetzen. Dennoch wird in den meisten ethischen Debattenbeiträgen naturwissenschaftliche Erkenntnis als getrennt von Gesellschaft und damit als außerdiskursiv verstanden. Die umfangreichen sozialwissenschaftlichen Ergebnisse über die Kontingenz biomedizinischen Wissens über das Alter(n) sind bisher in der medizinischen, naturwissenschaftlichen und ethischen Diskussion nur wenig bekannt. Vor diesem Hintergrund wird Anti-Aging auch in vorliegender Untersuchung als Wissensform problematisiert. Die genauere Untersuchung dieses Problemzugriffs dient also auch der konzeptuellen Konkretisierung meiner eigenen Fragestellung.

Der Problemzugriff auf Anti-Aging als Wissensform wird in zweierlei Hinsicht untersucht: Erstens wird herausgearbeitet, wie die sozialwissenschaftlichen AutorInnen ihr Verständnis von Anti-Aging-Wissen zwischen Natur und Kultur verorten. Dies scheint ein wichtiger sozialwissenschaftlicher Beitrag zur medizinischen, naturwissenschaftlichen und ethischen Diskussion über Anti-Aging. Zweitens wird untersucht, wie die sozialwissenschaftlichen AutorInnen ihre Untersuchungen zwischen Beschreibung und Bewertung positionieren. Denn darin scheint ein wichtiger ethischer Beitrag für die sozialwissenschaftliche Anti-Aging-Diskussion zu liegen.

2 Anti-Aging-Wissen zwischen Natur und Kultur

Weshalb wird Anti-Aging in der sozialgerontologischen Diskussion u. a. als Wissensform thematisiert? Um die Konzeption und das kritische Potenzial dieses Problemzugriffs zu verstehen, ist es hilfreich, ihn im Kontext der erkenntnistheoretischen Positionen seiner AutorInnen zu betrachten. Diese sind mehr oder weniger im Umfeld der kritischen und foucaultschen Gerontologie zu verorten, welche die sozialgerontologische Theoriediskussion über die Erkenntnisbedingungen ihrer Zentralkategorie Alter(n) maßgeblich mitgestaltet haben. Zur Diskussion steht darin die Frage, ob und wenn ja in welchem Maße das Alter(n) ein natürliches oder/und ein soziales Phänomen ist. An den verschiedenen Problemzugriffen in der sozialgerontologischen Diskussion über Anti-Aging lässt sich exemplarisch die Geschichte dieser sozialgerontologischen Theoriediskussion über die Natur des Alter(n)s nachvollziehen:

Zunächst werden theoretische Positionen und Anti-Aging-Kritiken vorgestellt, in denen das Alter(n) dichotom konzipiert ist. Körperliches Altern wird darin als natürlich vorausgesetzt. In Abgrenzung zu gänzlich biologistischen Konzepten des Alter(n)s wird jedoch erstmals kritisiert, dass an die Naturbasis des Alter(n)s ungerechte, soziale Konstruktionen ansetzen. Sowohl in ersten, gerontologischen Gegenreaktionen auf Anti-Aging als auch in der ethischen Anti-Aging-Kritik scheint ein solches dichotomes Konzept der Alterung durch.

Daraufhin wird beschrieben, wie (de)konstruktivistische TheoretikerInnen in Abgrenzung zu dichotomen Alterungskonzepten darauf hinwiesen, dass auch körperliches Altern kein gänzlich natürliches und damit außerdiskursives Phänomen ist. Sie zeigten, dass auch die Natur des Alter(n)s bereits sozial konstruiert ist. In dieser Tradition stehen die Untersuchungen über Anti-Aging von John Vincent, Stephen Katz, Barbara Marshall und Hans-Joachim von Kondratowitz. Entsprechend arbeiten die AutorInnen auf unterschiedliche Weisen heraus, dass es sich bei den medizinischen und naturwissenschaftlichen Deutungsansprüchen des Anti-Agings nicht um objektive Tatsachen, sondern um diskursiv geformtes und damit verhandlungsbedürftiges Wissen handelt.

An dekonstruktivistischen Positionen wurde schon bald kritisiert, dass körperliches Altern darin gänzlich als Effekt von Diskursen „verschwände". Entsprechend wurden materiell-dekonstruktivistische Konzepte entworfen, in denen die Alterung als biologische und soziale Ko-Konstruktion verstanden wird. In der Tradition dieser „Neuerfindung der Natur" des Alterns steht Tulles phänomenologisch erweiterte Anti-Aging-Kritik, in der sie nicht nur den sportwissenschaftlichen Anti-Aging-Diskurs, sondern auch Körpererfahrungen älterer AthletInnen untersucht.

Vor diesem Hintergrund wird der Problemzugriff der vorliegenden Untersuchung zwischen Natur und Kultur positioniert. Es wird begründet, weshalb Anti-Aging in Anlehnung an (de)konstruktivistische Problemzugriffe als Wissensform untersucht wird und wie dessen soziale Konstruiertheit und normative Strukturiertheit verstanden und untersucht werden.

2.1 Körperliches und soziales Alter(n)

Im Folgenden wird zunächst die erste Phase der sozialgerontologischen Begriffsbildung skizziert. Hier wird körperliches Altern erstmals analytisch von sozialem Altern getrennt. Dieses dichotome Konzept von Altern scheint v. a. an zwei Stellen in der Diskussion über Anti-Aging durch. Erstens wird in gerontologischen Gegenreaktionen auf Anti-Aging u. a. kritisiert, dass an den natürlichen Altersverfall abwertende Zuschreibungen ansetzen, die gewissermaßen gegen die Natur des Alterns gerichtet sind. Zweitens wird in der ethischen Anti-Aging-Diskussion dieses Natürlichkeitsargument u. a. deshalb kritisiert, weil der zugrunde liegende Dualismus zwischen Natur und Technik erkenntnistheoretisch nicht haltbar ist. Trotz dieser Natürlichkeitskritik wird jedoch

2.1.1 Dichotome Konzepte des Alter(n)s

Die sozialgerontologische Diskussion über die Erkenntnisbedingungen der Kategorie Alter begann in Abgrenzung zu den bis dahin vorherrschenden biologischen Konzepten.[287] Die frühen sozialgerontologischen TheoretikerInnen machten darauf aufmerksam, dass an den altersbedingten körperlichen Abbauprozess bedeutsame gesellschaftliche, kulturelle Alterszuschreibungen ansetzten. Was heute selbstverständlich scheint, war anfangs neu und provokant, denn mit dieser „Entdeckung des Sozialen" wurde Alter(n) erstmals ein Stück weit aus dem Bereich des Natürlichen in den Bereich des Gesellschaftlichen gerückt und damit sozialwissenschaftlich analysierbar und politisch verhandelbar.

Diese sozialwissenschaftliche Begriffsbildung begann – wenn auch weniger explizit und stringent als in der feministischen Forschung – mit der analytischen Trennung von natürlichem und sozialem Alter(n). Diesem dichotomen Konzept von Alter(n) zufolge werden körperliche Manifestationen des Alter(n)s weiterhin als universal vorausgesetzt. Alter(n) wird aber auch als das Ergebnis sozialer und kultureller Interpretationen dieser biologischen Fakten des Alter(n)s verstanden. Eine ähnlich griffige Terminologie wie das Begriffspaar Sex und Gender in der feministischen Forschung setzte sich in der sozialgerontologischen Forschung trotz vorliegender Vorschläge – z. B. chronology und ageing[288] – allerdings nicht durch.

Die Vorstellungen einer Dichotomie von biologischem und sozialem Alter(n) prägt bis heute den gesellschaftlichen und wissenschaftlichen Umgang mit Alter(n). Dies schlägt sich unter anderem in der Tatsache nieder, dass die Bearbeitung der körperlichen Dimension des Alter(n)s nach wie vor der Geriatrie oder neuerdings der Biogerontologie zugeordnet ist. Die psychologische und soziale Dimension des Alter(n)s sind hingegen Gegenstand psycho- und sozialgerontologischer Forschung.[289] Eine ähnliche Arbeitsteilung zwischen feministischer Forschung und Gynäkologie wäre dagegen wohl kaum denkbar.

---

287 vgl. Kontos 1999: *Local biology*, Tulle-Winton 2000: *Old bodies* und Twigg 2006: *Body in health & social care*.
288 vgl. Rubinstein 1990: *Nature, culture, gender, age*.
289 vgl. Öberg 1996: *Absent body*.

2.1.2 Gerontologische Gegenreaktionen auf Anti-Aging: Der natürliche Altersverfall und daran ansetzende Abwertungen

Auch in der sozialwissenschaftlichen Anti-Aging-Diskussion finden sich Positionen, in denen ein dichotomes Verständnis von dem Verhältnis von Natur und Kultur in Bezug auf die Alterung durchscheint. Vor allem die skizzierten Debattenauftakte von Cole/Thompson und Butler sind in diesem Zusammenhang zu nennen, deren Argumentationen Moody als charakteristisch für die Empörung des gerontologischen Establishments über Anti-Aging beschreibt (ausführlich siehe Teil 2, Kapitel 1.3.1).

So fragen *Thomas Cole und Barbara Thompson* in der Einleitung zu ihrem Themenheft „Anti-Aging. Are you for or against it?"[290] nach der kulturellen Bedeutung von Anti-Aging für ältere Menschen.[291] In ihrem knappen Problemaufriss wird körperlicher Verfall im Alter als biologische Tatsache beschrieben. Cole und Thompson weisen jedoch nach, dass an diese „natürliche Basis" des Alterns eine kulturelle Konstruktion ansetzt: die Negierung altersbedingten Verfalls. Diese kulturelle Konstruktion bewerten sie als problematisch, insbesondere weil sie der Endlichkeit der menschlichen Verfasstheit zuwiderlaufe. Ein ähnliches Konzept zeigt sich in *Robert Butlers* Diskriminierungsargument. Butler kritisiert, dass der natürliche, unausweichliche Alterungsprozess pathologisiert und negativiert wird.[292] Wie Cole und Thompson problematisiert er die abwertenden Zuschreibungen, die an der Naturbasis des Alterns ansetzen.

Die analytische Trennung von natürlichem, körperlichem und sozialem Altern geht häufig damit einher, dass die Naturbasis des Alterns bei der Bewertung von Anti-Aging als zentraler, normativer Bezugspunkt herangezogen wird. Wie viele ethische Anti-Aging-KritikerInnen (siehe Teil 2, Kapitel 1.2.1) argumentieren viele GerontologInnen, dass Anti-Aging unnatürlich und deshalb schlecht ist. Dieses Argument findet sich auch bei sozialgerontologischen AutorInnen, die das Altern nicht dichotom konzipieren und sich konzeptuell bewusst gegen die Annahme einer Naturbasis des Alterns wenden (ausführlicher siehe Teil 2, Kapitel 3.1.3)

2.1.3 Die ethische Anti-Aging-Diskussion: Zwischen Natürlichkeitskritik und dualistischem Wissenschaftsverständnis

Über Natürlichkeitsargumente gegen Anti-Aging entzündete sich eine politisch aufgeladene, innerethische Kontroverse (ausführlich siehe Teil 2, Kapitel 1.2.1). In diesem Zusammenhang wurden gewichtige Argumente dafür hervorgebracht, dass die Naturbasis des Alter(n)s als universalisierbarer, normativer Bezugspunkt einer Anti-Aging-Kritik schlecht geeignet ist. U. a. wurde argumentiert, dass der zugrunde gelegte Dualismus

---

290 Cole et al. 2001: *AA: Are you for ore against it?*
291 vgl. Cole et al. 2001: *Introduction*.
292 vgl. Butler 2000: *AAM*, S. 64.

von „Natur" und „Technik" erkenntnistheoretisch nicht haltbar sei und der „artifiziellen Natur" des Menschen nicht konsequent Rechnung getragen werde. Auch für die sozialwissenschaftliche Diskussion über Anti-Aging ist diese Kontroverse sehr gewinnbringend.

Aus sozialwissenschaftlicher Perspektive fällt jedoch auf, dass der Technikbegriff der ethischen NatürlichkeitskritikerInnen seinerseits häufig dualistisch bleibt. Dies wird z. B. in Harry Moodys (Selbst)Zweifel an der gerontologischen Gegenreaktion auf Anti-Aging deutlich.[293] Der US-amerikanische Gerontologe und Bioethiker, der in der Gerontologie als ein führender Altersethiker wahrgenommen wird,[294] in der ethischen Anti-Aging-Diskussion jedoch im Hintergrund steht, hinterfragt die gerontologische Empörung über die Möglichkeit einer „life-extension technology". Moody argumentiert, dass zentrale Einwände der Anti-Aging-KritikerInnen unzureichend begründet sind. Die gerontologische Empörung sei weniger Ausdruck philosophischer Bedenken, sondern einer ideologischen Krise der Gerontologie.

Moodys Argumentation ist eng verwoben mit einem spezifischen Verständnis technischer Entwicklung. Er formuliert z. B., dass wissenschaftliche Entdeckungen auf unvorhersehbare Weise passieren und die Sicht der Menschen auf die Welt bestimmen. Jenseits des heute Erkennbaren liegen deshalb immer neue Möglichkeiten. Vor diesem Hintergrund schätzt er die Möglichkeit, die Lebensspanne technisch zur verlängern, aufgrund der „Wucht" der derzeitigen technologischen Entwicklung als möglicherweise unausweichlich ein.[295] Anstatt dies durch „gerontological correctness"[296] zu verdrängen, sollte sich die Gerontologie damit auseinandersetzen, weshalb sie eigentlich Angst vor Lebensverlängerung habe und wie sie sich stattdessen kreativ an die technischen Entwicklungen anpassen könnte.

Ähnliche Wissenschaftskonzepte liegen vielen ethischen Diskussionsbeiträgen zugrunde. Zwar wird betont, dass körperliche Alterungsprozesse immer bereits das Ergebnis technischer Selbstgestaltung des Menschen sind. Die technische Gestaltung des Alterns wird hingegen als gegeben verstanden. Demnach fördern Naturwissenschaften und Medizin immer vollständigeres, objektives Wissen über körperliches Altern zutage. Dieses Erkenntnismodell setzt seinerseits einen essenzialistischen Begriff von Natürlichkeit voraus. Ein eigenlogischer Fortschritt der Medizintechnik wird angenommen, durch den körperliches Altern immer weitreichender gestaltbar wird. Aus dieser Perspektive gilt zu prüfen, ob Anti-Aging-Wissen den Kriterien der Wissenschaftlichkeit entspricht. Ansonsten gilt es, sich an die quasi „natürlichen" Fortschritte der Technik kreativ und produktiv anzupassen. Dieses Wissenschaftsverständnis haben ethische KritikerInnen und BefürworterInnen des Anti-Agings mit ihrem Untersuchungsgegen-

---

293 vgl. Moody 2001: *Who's afraid of life-extension?*
294 vgl. Vincent 2003: *What is at stake in the ‚war on AAM'?* S. 675.
295 vgl. Moody 2001: *Who's afraid of life-extension?* insb. S. 37.
296 ebd. S. 36.

stand gemein. Der eigenlogische Fortschritt der technischen Beherrschung der Natur wird im Anti-Aging-Feld vielfach vorausgesetzt.

Dieses Wissenschaftsverständnis schlägt sich auch in der von ethischer Seite vorgeschlagenen interdisziplinären Arbeitsteilung der Anti-Aging-Kritik nieder. Dies wird z. B. an *Stephen Posts und Robert Binstocks* Sammelband „The fountain of youth"[297] deutlich. Post und Binstock zielen auf eine ergebnisoffene Verständigung zwischen „scientists, philosophers, religious thinkers, bioethicists, historians, social scientists, and students and citizens".[298] Auswahl und Arrangement der Sammelbandbeiträge sind beispielhaft dafür, wie diese interdisziplinäre Verständigung in naturwissenschaftlich-ethischen Problemzugriffen häufig ausbuchstabiert wird. Naturwissenschaftliche Fragen der Machbarkeit sind erstens analytisch getrennt von ethischen Fragen der Wünschbarkeit. Zweitens setzen die ethischen Fragen an den naturwissenschaftlichen Erkenntnissen an. Die Naturwissenschaften schaffen durch ihren kontinuierlichen Fortschritt also neue Realitäten, die es anschließend ethisch zu bearbeiten gilt.

2.2 Körperliches Altern als soziales Konstrukt

Im Folgenden wird zunächst die zweite Phase der sozialgerontologischen Begriffsbildung skizziert. Hier wird aus (de)konstruktivistischer Perspektive argumentiert, dass es sich auch bei der in dichotomen Alterskonzepten vorausgesetzten Naturbasis des Alterns um ein soziales Konstrukt handelt. Drei wichtige Positionen der sozialwissenschaftlichen Anti-Aging-Kritik sind in dieser Theorietradition zu verorten. Ihre Problemzugriffe und Befunde werden im Folgenden vorgestellt:

Erstens wird beschrieben, wie John Vincent mit seinem linguistisch-anthropologischen Ansatz u. a. nachweist, dass negative Stereotypen des Alter(n)s in die biogerontologische Wissensproduktion einfließen. Zweitens werden die diskursanalytischen Arbeiten von Stephen Katz und Barbara Marshall vorgestellt. Eine ihrer Thesen ist, dass das Anti-Aging-Ideal des alterslosen, funktionstüchtigen Alterns ein Effekt gerontologischer, medizinischer und kapitalistischer Diskurse ist. Drittens werden die Thesen vorgestellt, mit denen Hans-Joachim von Kondratowitz die sozialgerontologische Diskussion über Anti-Aging im deutschsprachigen Raum eröffnete. Auch Kondratowitz weist nach, dass die Gerontologie mit ihrer Positivierung des Alterns die Anti-Aging-Bewegung mit verursacht hat. U. a. problematisiert er, dass es sich bei Anti-Aging um einen biomedizinwissenschaftlich legitimierten, neuen Standard der allumfassenden Lebensführung handelt.

---

297 Post et al. 2004: *Fountain of youth*.
298 ebd. S. 5.

2.2.1 (De)Konstruktivistische Konzepte des Alter(n)s

In den 1990er Jahren wurden im Kontext des „Cultural Turn" und der Konjunktur postmoderner und poststrukturalistischer Arbeiten in den Sozialwissenschaften dichotome Konzepte von Alter(n) schon bald problematisiert. Maßgeblich inspiriert von den viel diskutierten, dekonstruktivistischen Arbeiten der US-amerikanischen Philosophin Judith Butler[299] wurde die Annahme einer klar von kulturellen Konstruktionen unterscheidbaren natürlichen Basis des Alter(n)s in dichotomen Konzepten infrage gestellt.

Stattdessen wurde argumentiert, dass auch bereits die scheinbar natürliche Basis des Alter(n)s ein Effekt von Diskursen sei und nicht nur der Ursprung von Diskursen. Körperliche Alterungsprozesse sind aus dieser Perspektive also keine unhintergehbaren, biologischen Tatsachen, sondern das Ergebnis kultureller Konstruktionen. Vor diesem Hintergrund wurde kritisiert, dass die dominanten, biologistischen Diskurse über das Alter(n) in dichotomen Konzepten nicht gänzlich überwunden würden. Nach wie vor werde darin das Alter(n) auf biologischen Verfall festgeschrieben. Damit werde die Grundlage für die faktische Aberkennung kontinuierlicher gesellschaftlicher Teilhabe älterer Menschen geliefert.

So entstanden vor allem in der englischsprachigen kritischen Gerontologie Arbeiten, in denen der Einfluss diskursiver Kräfte auf die Produktion medizinischen und naturwissenschaftlichen Wissens über das Alter(n) untersucht wurde. Die AutorInnen führen darin Belege dafür an, wie scheinbar natürliche körperliche Merkmale des Alter(n)s durch soziale Konstruktionsprozesse erst als die Endstufe eines biologischen Verfallsprozesses definiert werden.[300] Diese „kritische Wende" ging als der Anfang explizit sozialgerontologischer Untersuchungen der „natürlichen Basis" des Alter(n)s in die sozialgerontologische Geschichtsschreibung ein.[301]

2.2.2 Vincent: Negative Altersbilder in biogerontologischen Alterungsmodellen

Der britische Anthropologe John Vincent ist einer der Autoren, der diese konstruktivistische Perspektive auf das Altern in die Diskussion über Anti-Aging einbrachte. Vincent machte im Jahr 2003 mit seiner viel zitierten Rezension „What is at stake in the ‚war on anti-ageing medicine'?"[302] die Anti-Aging-Diskussion auch in der europäischen Altersforschung bekannt. Binstock stellte in seiner zeitgleich erschienenen Analyse des „war on anti-aging medicine" zwar den strategischen Nutzen der biogerontologischen Kam-

---

[299] insb. Butler et al. 1991: *Unbehagen d. Geschlechter* und Butler 1997: *Körper von Gewicht,* siehe auch Becker-Schmidt et al. 2001: *Feministische Theorie.*
[300] insb. Katz 1996: *Disciplining old age.*
[301] vgl. Kontos 1999: *Local biology,* Öberg 1996: *Absent body,* Tulle-Winton 2000: *Old bodies* und Twigg 2004: *Body, gender & age.*
[302] Vincent 2003: *What is at stake in the ‚war on AAM'?*

pagnen infrage, nicht jedoch die biogerontologische Forschung an sich.[303] Vincent hingegen forderte einen noch grundlegenderen Wechsel von einer „technologischen" zu einer „kulturellen" Perspektive:[304]

Der Kern des Problems sei nicht die Frage, ob Anti-Aging medizinisch und naturwissenschaftlich machbar ist oder nicht. Problematisch sei vielmehr, dass im Kontext von Anti-Aging ein Verständnis von Wissenschaft als „außerkulturellem" Wahrheitsproduzenten vorherrsche. Unkritisch werde angenommen, dass naturwissenschaftliche Erkenntnis objektiv, technischer Fortschritt unausweichlich und der Mensch technisch perfektionierbar sei. Die Vorstellung, die Biomedizinwissenschaften könnte in absehbarer Zeit das Altern oder gar den Tod abschaffen, sei nicht das Ergebnis einer unhintergehbaren, eigenlogischen Fortschrittsgeschichte. Vielmehr handle es sich dabei um eine kulturelle, also verhandelbare Konstruktion mit äußerst bedenklicher kultureller Funktion: eine modernistische, altersdiskriminierende Ideologie, die den gesellschaftlichen Umgang mit sozialen Problemen präge. In diesem Zusammenhang kritisierte Vincent auch, dass Moody in seiner skizzierten gerontologischen (Selbst)Kritik (siehe Teil 2, Kapitel 2.1.3) individualistische und materielle Konstruktionen von Altern und Tod als gegeben voraussetze.[305] Andere Konzeptionen eines guten Alterns würden dadurch von vorneherein verunmöglicht.

In seinen Untersuchungen hält Vincent dem essenzialistischen Wissenschaftsverständnis die komplexen Wechselbeziehungen zwischen Wissenschaft und Kultur entgegen. Aus sozialkonstruktivistischer Perspektive untersucht Vincent die kulturellen Prozesse, in denen sich biogerontologisches Wissen und kulturelle Altersbilder gegenseitig beeinflussen. Auch wenn er bisweilen selbst von Diskursen spricht, grenzt er seinen Ansatz damit konzeptuell von Diskursanalysen ab, insbesondere von Ansätzen, in denen Anti-Aging-Wissen einseitig als Ursprung bzw. als Effekt von altersdiskriminierenden Diskursen verstanden wird.

Seinen Ansatz beschreibt Vincent hingegen als *linguistische Anthropologie*. Er untersucht die Sprache und die symbolischen Praktiken von AkteurInnen in ihrer Lebenswelt und arbeitet heraus, wie darin Bedeutungen des Alterns entstehen und ausgehandelt werden. Seine umfangreiche empirische Forschung umfasst Analysen wissenschaftlicher und populärer Veröffentlichungen zum Thema Anti-Aging, teilnehmende Beobachtungen von biogerontologischen Veranstaltungen sowie Interviews mit (biogerontologischen) AkteurInnen im Anti-Aging-Feld.

Unter anderem untersuchte Vincent den Gebrauch der im Kontext von Anti-Aging weitverbreiteten Kriegsmetaphorik[306] und die soziale Konstruktion der biogerontologischen Konzepte von Zellalterung (Seneszenz) und Zelltod (Apoptose).[307] Besonders

---

303 vgl. Binstock 2003: *War on AAM*.
304 vgl. Vincent 2003: *What is at stake in the ‚war on AAM'?* S. 682 f.
305 vgl. ebd. S. 679.
306 vgl. Vincent 2007: *Science & imagery in ‚war on old age'*.
307 vgl. Vincent 2008: *The cultural construction old age*.

anschaulich und ausgearbeitet ist seine Argumentation in seiner *Analyse der biogerontologischen Begriffe Seneszenz und Apoptose*. Vincent rekonstruiert zunächst den erstaunlichen Bedeutungswandel des biologischen Begriffs Seneszenz und dessen relativ jungen, häufig metaphorischen Gebrauch zur Beschreibung von Zellalterung. Kennzeichnend für diese kulturelle Konstruktion der Zellalterung ist nach Vincent vor allem dreierlei:

Vincent weist erstens nach, dass alltagsweltliche Alterskonzepte stark in die biogerontologische Wissensproduktion eingebettet sind. Negative, diskriminierende Stereotypen des Alterns fließen in die biologischen Beschreibungen des Alterns ein, sodass die Alterung an sich als biologisches Übel konstruiert wird. Altern werde zweitens ausschließlich biologisch definiert und damit „biologisiert".[308] Denn die komplexen sozialen und psychologischen Aspekte des Alterns werden ausgeblendet und damit die Natur als „getrennt von der Menschlichkeit" konstruiert. Drittens werde angenommen, dass der wissenschaftliche Wahrheitsgewinn im Hinblick auf die technische Beherrschung der Natur selbstverständlich fortschreite und unfehlbar sei. Altern erscheine aus dieser Perspektive als ein früher oder später biogerontologisch lösbares Problem.

Insgesamt werde *Altern als ein selbstverständlich negatives, biologisches Versagen konstruiert*, das biomedizinwissenschaftlich behoben werden kann und muss. Vincent argumentiert, dass diese keineswegs objektive biogerontologische Alterskonstruktion wiederum Auswirkungen auf das gesellschaftliche Verständnis des Alterns hat, weil die Naturwissenschaften in unserer Kultur als wichtige Wissensproduzenten gelten. Auch vor Anti-Aging dominierten negative Alterskonstruktionen den gesellschaftlichen Umgang mit Altern. Durch die biogerontologischen Versprechen der technischen Lösbarkeit des Altersproblems bekämen diese jedoch eine noch negativere, naturalisiertere und allumfassende Qualität: „There is an irredeemable cultural logic – if death is a solvable problem, then old age will be a failure."[309]

2.2.3 Katz und Marshall: Das Ideal funktionsfähigen Alter(n)s als Effekt gerontologischer, medizinischer und kapitalistischer Diskurse

Dem Dekonstruktivismus näher als Vincent sind die Diskursanalysen des kanadischen Soziologen Stephen Katz und seiner Kollegin Barbara Marshall u. a. über Sexualität und Gedächtnis im Kontext des Anti-Agings.[310] Katz beschreibt seine Arbeiten als „intellectual fieldwork" über das „Leben von Ideen".[311] Anders als Vincent untersuchen Katz und Marshall entsprechend nicht z. B die linguistischen Praktiken von BiogerontologIn-

---

308 vgl. z. B. auch Vincent 2007: *Science & imagery in ‚war on old age'*, S. 941.
309 Vincent 2006: *Ageing contested*, S. 694.
310 insb. Katz 2001: *Growing older without aging?* Marshall et al. 2002: *Forever functional*, Katz et al. 2003: *New sex for old*, Katz 2006: *From chronology to functionality*, Katz et al. 2004: *Is the functional normal?* Katz et al. 2008: *Enhancing the mind* and Marshall 2009: *Rejuvenation's return*.
311 vgl. Katz 2003: *Critical gerontological theory*.

nen, sondern wie Ideen „emerge, travel, mutate".[312] Auch wenn beide Ansätze sich forschungspraktisch ähneln, stehen unterschiedliche Konzepte dahinter, die sich u. a. in der Reichweite der Ergebnisse und der Beschaffenheit der Bewertungen niederschlagen. Was Vincent als „kulturellen Kontext" der biogerontologischen Forschung thematisiert, arbeiten Katz und Marshall differenzierter als ökonomische und gerontologische Diskurse heraus. Sie arbeiten v. a. drei diskursive Rahmungen des Anti-Agings heraus, die im Folgenden skizziert werden: erstens das Anti-Aging-Ideal des „Growing older without aging", zweitens die Medikalisierung und drittens die Funktionalisierung des Alterns.

In seinem Beitrag zu Cole und Thompsons Themenheft untersucht Stephen Katz die Idealvorstellung der Anti-Aging-Kultur, möglichst alt zu werden, ohne jedoch zu altern *(Growing older without aging)*.[313] Katz verortet die Entstehung dieses Ideals am Übergang von der Moderne zur Postmoderne und dem damit einhergehenden Wandel von Lebensläufen und normativen Altersbildern. Zwei Entwicklungen kämen dabei zusammen: zum einen die Entstandardisierung von Lebensläufen und die Neukonzeption der Lebensphase Alter als eine zunehmend privatisierte „consumer experience" und zum anderen die von der Gerontologie propagierten einflussreichen Ideale „positive aging" und „anti-agism". Anhand von Marketingliteratur über die Erschließung des Seniorenmarktes zeigt Katz, wie Anti-Aging-Firmen diese emanzipatorisch gedachten Ideale aus gerontologischer Fachliteratur direkt aufgreifen und mit kommerziellen Absichten zu folgender Anti-Aging-Kultur zuspitzen:

> „The advertising industry [...] portrays the new anti-ageist, positive old person as an independent, healthy, flexi-retired ‚citizen,' who bridges middle age and old age without suffering the time-related constraints of either."[314]

Katz dekonstruiert das Anti-Aging-Ideal also als eine Verzerrung und Kommerzialisierung der gerontologischen Positivierung des Alterns. Er argumentiert, dass das von gerontologischer Seite mit bester emanzipatorischer Absicht vertretene Ideal des „positive aging" selbst zu der Vorstellung beitrage, dass Altern *an sich* nicht positiv, sondern ein individuell und gesellschaftlich zu fürchtendes Problem ist.

Seine These, dass das Anti-Aging-Ideal in gerontologischen Konzepten bereits angelegt ist, hält Katz provokant der gerontologischen Empörung über Anti-Aging entgegen. Während z. B. Thomas Cole beklagt, dass die Gerontologie den kulturellen Wandel hin zu einer Negierung des Alterns im Gegensatz zur Wirtschaft bisher schlicht verschlafen hätten,[315] hält Katz dagegen: „There may be more bridges connecting the marketing and gerontological camps than walls separating them."[316] An dieser von Katz auf das Thema

---

312 Katz 2003: *Critical gerontological theory*, S. 20.
313 Katz 2001: *Growing older without aging?*
314 ebd. S. 28.
315 vgl. Cole et al. 2001: *Introduction*, S. 6.
316 Katz 2001: *Growing older without aging?* S. 30.

Anti-Aging übertragene gerontologische Selbstkritik entspann sich erstaunlicherweise keine innergerontologische Diskussion. Vielen Debattenbeiträgen liegt nach wie vor die Unterscheidung von schlechtem Anti-Aging und gutem Pro-Aging zugrunde.

In den gemeinsamen Veröffentlichungen von Stephen Katz und Barbara Marshall stehen die diskursiven Beiträge der Medizin und der Naturwissenschaften zu Anti-Aging stärker im Fokus. Besonders systematisch arbeiteten sie Zusammenhänge zwischen Anti-Aging und der *Medikalisierung des Alterns* heraus. Sie fokussieren in ihren Analysen vor allem drei Phänomene: die Sexualität älterer Männer,[317] die „Andropause"[318] sowie Altern und Gedächtnis.[319] Bekannt sind vor allem ihre umfangreichen Arbeiten zur Sexualität älterer Männer, die sie an den „genealogischen Orten" Sexualwissenschaft, Gerontologie und Marketing untersuchten. Katz und Marshall zeigen, dass zu Beginn des 20. Jahrhunderts in der „mainstream medicine" die Vorstellung vorherrschte, dass „sexual decline" eine unausweichliche Folge des Alterns sei. Normativ gerahmt war dieses Wissen durch eine „Ethik" der würdevollen Anpassung an diese Altersfolge sowie Verweisen auf die „moral benefits of postsexual maturity".[320] Marshall und Katz belegen, dass sich mit der Postmoderne eine Entkopplung von Sex und Altern in der Schulmedizin durchsetzte. Das Nachlassen der sexuellen Aktivität älterer Männer wurde zu einer altersbezogenen organischen Dysfunktion umgedeutet, „that require corrective self-care practices, remedial goods and services, and expedient lifestyle therapeutics."[321]

Sexualität und Alter wurden zu sich ausschließenden Gegensätzen – „No sex with ageing, no ageing with sex"[322] – und aktive Sexualität zu einem Indikator und Garant für positives, erfolgreiches Altern. Nicht nur medizinische Diskurse wirkten in dieser Medikalisierung der Sexualität älterer Männer zusammen. Katz und Marshall weisen auf mehrere diskursive Stränge hin: die emanzipatorische Bemühungen der Gerontologie, ältere Menschen vom Stereotyp sexueller Inaktivität zu befreien; die kommerzielle Zuspitzung dieser gerontologischen Positivierung zu einem Ideal sexueller Aktivität im Alter; neue, erstaunlich wenig fundierte Erkenntnisse über die medizinische Gestaltbarkeit männlicher Sexualität; sowie der im Folgenden beschriebene neue Standard der Funktionalität.

Ein dritter Diskursstrang, den Marshall und Katz neben der kommerziellen Zuspitzung der Positivierung des Alterns und der Medikalisierung des Alterns ausmachen, ist eine *Funktionalisierung des Alterns*.[323] Eine ihrer zentralen Thesen ist, dass der Erfolg oder Misserfolg des Alterns in der Postmoderne an einem neuen Standard bemessen

---

317 vgl. insb. Marshall et al. 2002: *Forever functional*, Katz et al. 2003: *New sex for old*, Katz 2006: *From chronology to functionality* und Katz et al. 2004: *Is the functional normal?*
318 vgl. insb. Marshall 2009: *Rejuvenation's return*.
319 vgl. insb. Katz et al. 2008: *Enhancing the mind*.
320 Katz et al. 2003: *New sex for old*, S. 4.
321 Marshall et al. 2002: *Forever functional*, S. 4.
322 ebd. S. 44.
323 vgl. auch Katz 2006: *From chronology to functionality*.

wird. Die ältere Unterscheidung von normalem vs. krankem Altern wurde von der binären Figur funktionales vs. dysfunktionales Altern absorbiert.[324] Gegenstand ihrer genealogischen Untersuchungen ist wieder die Sexualität älterer Männer. Sie rekonstruieren, wie in der Gerontologie gegen die Vorstellung chronologischer Alterung in emanzipatorischer Absicht das Konzept eines funktionellen, nicht an Lebensjahren, sondern an Biomarkern gemessenen Alterns propagiert wurde. In der Sexologie hingegen wurde sexuelle Funktionstüchtigkeit von Reproduktion entkoppelt und avancierte zu einem wichtigen Indikator für verantwortliches und erfolgreiches Selbstmanagement.

Marshall und Katz deuten auch auf weitere diskursive Rahmungen des Anti-Agings hin: das neoliberale Mandat für „Self-Care", das Diktat der Konsumgesellschaft und posthumane Fantasien der biomedizinwissenschaftlichen Optimierbarkeit alternder Körper. Marshall und Katz argumentieren, dass all diese Bedeutungsverschiebungen bewirkten, dass nicht allein die sexuelle Aktivität, sondern insbesondere die erektile Funktionsfähigkeit des Mannes zu einem wichtigen Indikator für positives und erfolgreiches Altern wurde.

2.2.4 von Kondratowitz: Anti-Aging als Effekt gerontologischer Diskurse und neuer Standard der Lebensführung

Ähnlich weitreichende Historisierungen des Alterns, wie Stephen Katz sie in die englischsprachige sozialgerontologische Theoriediskussion einbrachte,[325] finden sich auch im deutschsprachigen Raum, auch wenn ihnen im multidisziplinären Gefüge der Gerontologie weniger Gewicht zuzukommen scheint als im angloamerikanischen Raum. Beispielsweise rekonstruiert der Soziologe und Gerontologe Hans-Joachim von Kondratowitz die „Konjunkturen" der Leitbilder des Alterns von professionellen ExpertInnen seit dem 19.Jh. im deutschsprachigen Kulturkreis.[326] „Altersbilder" und der Bedeutungswandel des Alters stehen im Mittelpunkt der Arbeiten des Soziologen Gerd Göckenjan.[327] Und der Soziologe Klaus Schroeter analysiert die korporale Performanz im Alter als das Ergebnis von „doing age".[328]

Im deutschsprachigen Raum wurde die sozialgerontologische Diskussion über Anti-Aging in diesem theoretischen Zusammenhang angestoßen. Im Jahr 2003 entfaltete Hans-Joachim von Kondratowitz in seinem Debattenauftakt auf dichtestem Raum drei der skizzierten Problemzugriffe auf Anti-Aging.[329] Wie Binstock problematisiert er

---

324 vgl. insb. Marshall et al. 2002: *Forever functional*, Katz 2006: *From chronology to functionality* und Katz et al. 2004: *Is the functional normal?*
325 insb. Katz 1996: *Disciplining old age*, ausführlich siehe Teil 2, Kapitel 2.2.1.
326 insb. von Kondratowitz 2000: *Konjunkturen des Alters* und von Kondratowitz 2002: *Konjunkturen, Ambivalenzen, Kontingenzen*.
327 insb. Göckenjan 2000: *Alter würdigen*.
328 insb. Schroeter 2007: *Symbolik des korporalen Kapitals*.
329 vgl. von Kondratowitz 2003: *AA*.

Anti-Aging erstens als Legitimitätsproblem von Disziplinen. Im Gegensatz zu seinem US-amerikanischen Kollegen fokussierte er jedoch nicht die Legitimitätsprobleme der jungen Biogerontologie (ausführlich siehe Teil 2, Kapitel 1.3.2), sondern die der Geriatrie. Kondratowitz beschreibt, wie das Aufkommen der Anti-Aging-Medizin den ohnehin niedrigen Status der Geriatrie innerhalb der Medizin und das entsprechend geringe professionelle Selbstbewusstsein der Disziplin schwächte. In diesem *Beitrag des Anti-Agings zum Legitimitätsproblem der Geriatrie* sieht er ein Motiv für den Krieg gegen kommerzielle Anti-Aging-AnbieterInnen.

Kondratowitz betrachtet Anti-Aging auch aus ökonomischer Perspektive. Die Dynamik der Anti-Aging-Bewegung führt er u. a. auf *ökonomische Interessen an der Erschließung des angeblich boomenden Seniorenmarktes* zurück. Ein realer Erfolg dieses allseits beschworenen neuen Marketingmodells sei bisher jedoch ausgeblieben. Kondratowitz äußert wie Petersen und Seear[330] Zweifel am ökonomischen Erfolg der Anti-Aging-Bewegung. Jedoch nicht wie seine Kollegen aufgrund des drohenden Wegbrechens von Sponsorengeldern, sondern weil abzuwarten bleibe, ob Anti-Aging u. a. angesichts Unsicherheit einer ausreichenden, finanziellen Altersvorsorge experimentierfreudigere Kaufkraft älterer Menschen mobilisieren könne.

Im Mittelpunkt des Debattenauftakts steht jedoch Kondratowitz' Problemzugriff auf Anti-Aging als Wissensform. Wie Katz und Moody stellt Kondratowitz die skeptische Frage, ob die gerontologische Erregung über Anti-Aging gut begründet sei. Dabei fokussierte er den gerontologischen Vorwurf, dass negative Altersstereotype, die durch gerontologische Aufklärung überwunden geglaubt waren, im Kontext des Anti-Agings sogar verschärft und kapitalisiert werden.

Vor diesem Hintergrund arbeitet Kondratowitz die diskursive Rahmung des Anti-Agings heraus. Der Soziologe zeigt, dass sich Anti-Aging in die „epochale Bewegung des Zurückdrängens des ‚kranken Alters'" einpasst.[331] Anders als gerontologische Gegenreaktionen auf Anti-Aging suggerierten, sei diese jedoch nicht Ausdruck des Scheiterns, sondern vielmehr des – wenn auch unbeabsichtigten – Erfolgs gerontologischen Handelns. Wie Katz fordert Kondratowitz die Gerontologie zur Selbstkritik heraus:

„Die multidisziplinäre Gerontologie hat zusammen mit anderen Akteuren der Sozial- und Medizinreform dieser Umwertung der Altersdifferenzierung selbst aktiv über Jahre zugearbeitet und erntet damit heute die Früchte ihres eigenen Tuns."[332]

In anderer Hinsicht sei die gerontologische Empörung über Anti-Aging jedoch sehr wohl begründet. Denn anders als die „vergleichsweise engstirnige Medikalisierung vergangener Jahrhunderte" sei die von Anti-Aging betriebene Biomedikalisierung des Al-

---

330 vgl. Petersen et al. 2009: *In search of immortailty*, ausführlich siehe Teil 2, Kapitel 1.3.4.
331 vgl. von Kondratowitz 2003: *AA*, S. 157.
332 ebd. S. 157.

terns beunruhigend anspruchsvoller und allumfassend. Diese neue Qualität sieht Kondratowitz nicht in der Medikalisierung des biologischen Alterungsprozesses an sich (Vincent), der Medikalisierung des Funktionalen (Katz/Marshall) oder des Optimalen (Mykytyn). Vielmehr sieht er die markante Bedeutungsverschiebung darin, dass diese *Medikalisierung zu einem Standard der Lebensführung erhoben* wird. Er beschreibt, dass es sich bei der Anti-Aging-Bewegung um eine umfassende, biomedizinwissenschaftliche Legitimierung eines Standards der eigenverantwortlichen, selbstkontrollierenden und sich auf den gesamten Organismus und Lebenslauf erstreckenden Lebensführung handelt. Problematisch sei vor allem, dass Anti-Aging „zu einem neuen Ethos […] für eine dauerhafte, rastlose und letztlich niemals abgeschlossene Selbstauseinandersetzung mit der eigenen Lebensführung"[333] mutieren könnte.

2.3 Körperliches Altern als biologische und soziale Ko-Konstruktion

Im Folgenden wird zunächst die dritte Phase der sozialgerontologischen Theoriediskussion skizziert. Denn die postmoderne Wende hin zu einer mehr oder weniger radikalen Historisierung der Natur des Alterns wurde in der sozialgerontologischen Theoriediskussion schon bald hinterfragt. Es wurde kritisiert, dass Körper darin als Effekte von Diskursen fast gänzlich „verschwinden". So begann die Suche nach Konzepten, in denen Körper weder wie in dichotomen Konzepten naturalisiert werden, noch wie in (de)konstruktivistischen Konzepten entmaterialisiert werden. Im Folgenden wird Emmanuelle Tulles Arbeiten über Anti-Aging vorgestellt. Ihre Anti-Aging-Kritik steht im Kontext der Suche nach neuen Konzepten für alte Körper. Entsprechend kontrastiert sie den sportmedizinischen Anti-Aging-Diskurs mit Körpererfahrungen älterer AthletInnen.

2.3.1 Materiell-dekonstruktivistische Konzepte des Alter(n)s

Ende der 1990er Jahre entstanden in der englischsprachigen Sozialgerontologie Arbeiten, die diese mehr oder weniger radikale Dekonstruktion der „natürlichen Basis" von Alter(n) nicht generell ablehnten, aber aus dekonstruktivistischer Perspektive kritisierten und weiterentwickelten. Der wichtige Beitrag dekonstruktivistischer Arbeiten zur dringend notwendigen Destabilisierung biologistischer Annahmen über die Natürlichkeit von altersbedingten körperlichen Verfallsprozessen wird dabei hervorgehoben. Im Kontext des Erstarkens der Körpersoziologie wird aber kritisiert, dass die biologische Natur alternder Körper nicht gänzlich auf kulturelle Zuschreibungen reduziert werden kann. Die Materialität von Körper und Erfahrungen von Verkörperung werde in dekonstruktivistischen Arbeiten nicht systematisch thematisiert oder gar geleugnet. Vor diesem Hintergrund begann die Suche nach gänzlich neuen erkenntnistheoretischen

---

333 ebd. S. 158.

und methodologischen Konzepten zur Erforschung alternder Körper, jenseits naturalisierender biologistischer Konzepte und entmaterialisierender dekonstruktivistischer Ansätze.

Auch hier waren feministische Konzepte richtungsweisend für die sozialgerontologische Diskussion, insbesondere der „materiell dekonstruktivistische" Ansatz der US-amerikanischen Biologin und Wissenschaftshistorikerin Donna Haraway.[334] Unter anderem am Beispiel technowissenschaftlicher Neuschöpfungen von Natur wie dem Clon-Schaf Dolly argumentierte Haraway, dass geschlechtliche Körper trotz ihrer weitreichenden sozialen Konstruiertheit auch außerdiskursive Anteile haben, die ihrerseits eigenständigen Einfluss auf soziale Konstruktionsprozesse haben. Die Materialität von Geschlechtskörpern sei aber nicht gänzlich außerdiskursiv, sondern teilweise auch schon das Ergebnis im weitesten Sinne technischer Eingriffe in die Natur, also gewissermaßen „artefaktische", „neu erfundene" Natur. In dieser viel diskutierten konzeptuellen „Neuerfindung der Natur" wird Geschlecht als das Ergebnis eines flexiblen, kontextabhängigen, symmetrischen, sozialen und biologischen Ko-Konstruktionsprozesses beschrieben, dessen Rahmenbedingungen im Zentrum der wissenschaftlichen und politischen Kritik rücken.[335]

Auch in der englischsprachigen Sozialgerontologie wurden bald die „Exzesse postmoderner Epistemologie"[336] und ihr Beitrag zur Entmaterialisierung alternder Körper kritisiert und das Fehlen adäquater theoretischer und methodologischer Konzepte beklagt.[337] Anders als in der feministischen Theoriediskussion bezog sich die Kritik andererseits auch darauf, dass die theoretischen Entwicklungen der kritischen Gerontologie dichotome Konzepte von der Natur und Kultur des Alter(n)s, nicht gänzlich überwunden hätten.[338]

Ausgelöst wurde diese Diskussion unter anderem durch den viel zitierten Artikel „The Absent Body – A Social Gerontological Paradox" des schwedischen Soziologen Peter Öberg.[339] Darin zeichnet Öberg nach, wie die Trennung von Körper und Sozialem in der sozialgerontologischen Diskussion über Alter(n) zum teilweisen „Verschwinden des Körpers" in der Sozialgerontologie führte. Zwar würden medikalisierte oder dysfunktionale Körper sehr wohl thematisiert und so die dominanten „narratives of decline" mitgetragen, die phänomenologische Dimension des Körpers, also Erfahrungen von Verkörperung, würden dagegen durch das Fehlen entsprechender Konzepte und Methodologien in sozialgerontologische Analysen systematisch ausgespart. Die Thema-

---

334 insb. Haraway et al. 1995: *Neuerfindung d. Natur* und Haraway 1997: *Modest witness second millenium*.
335 vgl. Becker-Schmidt et al. 2001: *Feministische Theorie*.
336 Twigg 2006: *Body in health & social care*, S. 63.
337 vgl. Kontos 1999: *Local biology*, Tulle-Winton 2000: *Old bodies* und Twigg 2004: *Body, gender & age*.
338 vgl. z. B. Öberg 1996: *Absent body*, Kontos 1999: *Local biology* und Backes 2008: *(Un-)Freiheit körperlichen Alter(n)s*.
339 Öberg 1996: *Absent body*.

tisierung von Verkörperung außerhalb restriktiver, medizinischer, funktionaler Konzepte von Körper sei deshalb bisher nicht möglich.

Vor diesem Hintergrund begann eine konzeptuelle „Neuerfindung der Natur" des Alter(n)s. Deren erklärtes Ziel war die Entwicklung ausgefeilterer Konzepte des Verhältnisses von Natur und Kultur in Bezug auf Alter(n) zum Zwecke der „Rückeroberung" der körperlichen Dimension des Alter(n)s in ihrer Interaktion mit dem soziokulturellen Umfeld.[340] So erklärte z. B. die kanadische Anthropologin Pia Kontos mit deutlichen Anklängen an Haraway, dass Kultur und Biologie keine dichotomen Entitäten seien. Vielmehr seien sie „engaged in an ongoing process of mutually determining and interpenetrating each other."[341] Erste in diesem Zusammenhang entstandene Arbeiten untersuchen alternde Körper allerdings nicht primär erkenntnistheoretisch wie in der feministischen Forschung. In Anlehnung an körpersoziologische Arbeiten und in scharfer Abgrenzung zu dem poststrukturalistischen „Theorizismus" gingen die AutorInnen vor allem phänomenologisch vor.[342]

2.3.2 Tulle: Fitness im Alter als Körpererfahrung und Effekt sportwissenschaftlicher Diskurse

In ihren Untersuchungen über Anti-Aging setzt die britische Soziologin Emmanuelle Tulle diese von ihr mitentworfene phänomenologische Weiterführung dekonstruktivistischer Arbeiten über Alter und Körper um.[343] Die für Vincent, Katz, Marshall und Kondratowitz zentrale Dekonstruktion biologistischer Annahmen z. B. über die Natürlichkeit altersbedingten Verfalls (vgl. Teil 2, Kapitel 2.2) ist auch für Tulle zentraler Bestandteil ihrer Untersuchungen. Dennoch kritisiert sie, dass die Materialität alternder Körper und die Körpererfahrungen älterer Menschen darin als Effekte von Diskursen fast gänzlich „verschwänden". Zudem würden nicht selten die überwunden geglaubten universalen Begriffe des körperlichen Verfalls zu normativen Bezugspunkten. Tulle plädiert deshalb dafür, Diskursanalysen durch einen radikal phänomenologischen Zugang zu alternden Körpern zu ergänzen, um endlich die inter- sowie intraindividuelle Heterogenität von Körpererfahrungen offen zu legen und damit Raum für Widerstand bzw. Ansatzpunkte der Bewertung zu schaffen.

Vor diesem Hintergrund führt Tulle in ihrer Analyse von sportlicher Aktivität als Schlüsselelement von Anti-Aging-Programmen diskursanalytische und phänomenologische Argumente zusammen. Zunächst dekonstruiert sie die auch von Anti-Aging-GegnerInnen häufig als selbstverständlich angenommene These, dass sportliche Aktivität altersbedingte Funktionsverluste aufhalte oder gar verhindern könnten. Sie zeigt,

---

340 vgl. Öberg 1996: *Absent body*, Kontos 1999: *Local biology*, Tulle-Winton 2000: *Old bodies* und Twigg 2004: *Body, gender & age*.
341 Kontos 1999: *Local biology*, S. 685.
342 vgl. insb. Twigg 2006: *Body in health & social care* und Tulle-Winton 2008: *Ageing, body, & social change*.
343 insb. Tulle 2008: *Acting your age?* und Tulle-Winton 2008: *Ageing, body, & social change*.

wie sich die Sportwissenschaft mit in mehrerer Hinsicht extrem reduktionistischen und zudem erstaunlich schwachen Befunden über den Zusammenhang von Bewegung und Alter sportliche Betätigung als ein zentrales Element des Anti-Aging-Projekts positionieren konnte. Dabei werde sportliche Betätigung im Alter auf die Verhinderung biologistischer Funktionsverluste reduziert.

Anhand phänomenologischer Befunde über die Körpererfahrungen älterer ProfiläuferInnen argumentiert Tulle zudem, dass sportliche Betätigung im Alter anders als im Anti-Aging-Projekt auch als kreative Aneignung körperlichen Kapitals gerahmt sein und zur selbstbestimmten Aushandlung von Weisen der Verkörperung von Alter beitragen kann. Das eigentliche Problem seien nicht die im Anti-Aging-Diskurs konstruierten biologischen Funktionsverluste, sondern die schicht-, geschlechts- und ethnizitätsbezogenen kulturellen Barrieren bezüglich des Erwerbs körperlicher Kompetenzen im Laufe des Lebens. Vor diesem Hintergrund fordert Tulle, erstens diese Barrieren abzubauen und zweitens sportliche Aktivitäten im Alter diskursiv nicht als Anti-Aging zu rahmen, sondern als ein Mittel, die Menschen zu befähigen, die Bedeutungen körperlicher Kompetenz neu auszuhandeln.

2.4 Positionierung: Wissen über Alter(n), seine soziale Konstruiertheit und normative Strukturiertheit

Auch in der vorliegenden Untersuchung wird Anti-Aging als Wissensform problematisiert. Erarbeitet wird eine Grounded Theory über das im Umfeld der GSAAM handlungsleitende Wissen über Alter(n). Dabei werden die soziale Konstruiertheit und die normative Strukturiertheit dieses Wissens herausgearbeitet. Der Prozess der Entwicklung der Hauptkategorie wurde bereits skizziert (siehe Teil 1, Kapitel 4.2.3). Im Folgenden wird sie ins Verhältnis zu bisherigen Untersuchungen über Anti-Aging als Wissensform gestellt.

Was die *soziale Konstruiertheit des Wissens* betrifft, werden in Anschluss an die (de)konstruktivistischen Arbeiten von Vincent, Katz/Marshall und Kondratowitz Bedeutungsverschiebungen der Kategorie Alter(n) fokussiert. Es wird untersucht, inwiefern diese in Verbindung mit Altersdiskursen, mit dem „Disziplinierungsprozess" der neuen medizinischen Fachrichtung und mit ökonomischen Motiven der GSAAM-MedizinerInnen stehen. In Reaktion auf die verstärkte politische Orientierung der GSAAM und angeregt durch Lemkes Analytik der Biopolitik (siehe Teil 2, Kapitel 3.2.2) wird auch nach gesundheitspolitischen Zusammenhängen der Bedeutungsverschiebungen gefragt. So finden sich z. B. bei Katz und Marshall nicht weiter ausgearbeitete Hinweise auf diskursive Einflüsse der „active society"[344] und des „neoliberalen Mandats"

---

344 vgl. Katz et al. 2003: *New sex for old*, S. 16.

der „self-care".[345] Auch Kondratowitz thematisiert das Ethos der Selbstsorge im Kontext des Anti-Agings. Während Thomas Cole auf eine „kulturell-existenzielle" Erweiterung der politischen Kritik zielte,[346] scheint mir die sozialpolitische Kontextualisierung[347] des Anti-Aging-Wissens von zentraler Bedeutung für die Kritik.

Die soziale Konstruiertheit des Anti-Aging-Wissens wird nicht mittels historischer Vergleiche mit übergeordneten Diskursen sichtbar gemacht, wie in den historischen Diskursanalysen von Katz/Marshall und Kondratowitz. In Anlehnung an Vincent, Tulle und Mykytyn werden Kontingenzen innerhalb des Feldes herausgearbeitet. So finden sich im Verlauf der kurzen Geschichte der GSAAM Veränderungen der Wissensbestände über das Alter(n). Auch die zahlreichen Unterschiede zwischen Konzepten wortführender und nicht wortführender GSAAM-MedizinerInnen und externer ExpertInnen deuten auf die Selektivität der Alter(n)skonstruktionen hin.

Hintergrund dieser Suche nach feldinternen Kontingenzen ist zum einen, dass die historischen Diskursverläufe von Katz/Marshall und Kondratowitz bereits herausgearbeitet wurden. Im Hinblick auf die Anti-Aging-Medizin in Deutschland bestand deshalb zunächst Bedarf an einer systematischen Erarbeitung ihrer aktuellen Deutungsansprüche, für deren Einordnung und Bewertung die historischen Befunde jedoch von zentraler Bedeutung sind. Zum anderen soll die Nutzung des kritischen Potenzials im Feld die Anschussfähigkeit der Kritik für die Akteurinnen und Akteure der GSAAM erhöhen.

Im Verlauf der Feldforschung fiel auf, dass die argumentative Trennarbeit von der schlechten Wirklichkeit und der guten Möglichkeit des Alterns vielfach zur Legitimation der neuen medizinischen Praxis herangezogen wurde. Angeregt durch Julia Dietrichs Modell ethischer Urteilsbildung (siehe Teil 2, Kapitel 3.2.1) schien es analytisch gewinnbringend, die *normative Strukturiertheit des Anti-Aging-Wissens* expliziter als in bisherigen Untersuchungen herauszuarbeiten. Deshalb werden drei miteinander verknüpfte Formen von Wissen über das Alter(n) unterschieden:

- *Darstellungen der Wirklichkeit des Alter(n)s* (IST): Ein erstes Ergebnis war, dass im Umfeld der GSAAM weniger die biologische Wirklichkeit des Alterns von Bedeutung ist als Darstellungen der individuellen Leiden und gesellschaftlichen Kosten des Alterns. In allen drei Bereichen – Natur, Individuum und Gesellschaft – fragt sich, ob die Darstellungen der Wirklichkeit des Alter(n)s mit entsprechenden wissenschaftlichen Wissensbeständen übereinstimmen.
- *Vorstellungen guten Alter(n)s* (SOLL): In vielen der untersuchten Argumentationen von GSAAM-MedizinerInnen dienen Darstellungen der Wirklichkeit des Alter(n)s als Negativfolie zur Entfaltung einer Vorstellung guten Alter(n)s. Dabei handelt es

---

345 vgl. Katz et al. 2004: *Is the functional normal?* S. 58.
346 vgl. Cole et al. 2001: *AA: Are you for ore against it?* S. 4.
347 vgl. Silke van Dyks Kritik der soziopolitischen und ökonomischen „De-Kontextualisierung" der gerontologischen Auseinandersetzung mit der Aktivierung des Alterns van Dyk 2009: *Junge Alte im Spannungsfeld*.

sich um Konzepte darüber, wie der Einzelne und die Gesellschaft optimalerweise altern sollten. Diese zunächst als normative Konzepte kenntlich zu machen und ihre meist nur angedeuteten normativen Begründungen zu explizieren scheint ein wichtiger Schritt der Kritik. Denn durch die Offenlegung dieser Kontingenz wird Freiraum für Kontroversen über Vorstellungen guten Alterns geschaffen.

- *Wissen über die Gestaltung des Alter(n)s* (TUN): Eine dritte Form von Wissen über das Alter(n) betrifft seine Gestaltung. Wer soll was tun, damit die schlechte Wirklichkeit des Alterns der Vorstellung guten Alter(n)s angenähert wird? Hier werden nicht nur Medizin und Naturwissenschaften in die Verantwortung genommen, sondern auch Individuum und Gesellschaft. Diese Verantwortlichkeitskonstruktion wird herausgearbeitet und untersucht, auf welche Weisen darin Handlungsräume strukturiert werden.

Diese Rekonstruktion des Wissens über Alter(n) im Umfeld der GSAAM zielt in drei Richtungen: Erstens soll das objektivistische Selbstmissverständnis des Feldes aufgeklärt werden. Denn das Wissen über Alter(n) wird im Umfeld der GSAAM meist als objektiv und alternativlos präsentiert und verstanden. Durch das Herausarbeiten der sozialen Konstruiertheit und normativen Strukturiertheit des Wissens wird Raum für Diskussion geschaffen. Da sich die meisten GSAAM-MedizinerInnen der Wissenschaftlichkeit ihres neuen Ansatzes stark verpflichtet fühlen, könnten Kontingenzen ihres Alter(n)swissens auch innerhalb des Feldes gewichtige Argumente werden.

Die Historisierung des Anti-Aging-Wissens ist zweitens gegen das dualistische Wissenschaftsverständnis vieler ethischer Debattenbeiträge gerichtet. In der ethischen Anti-Aging-Diskussion werden Natürlichkeitsargumente gegen Anti-Aging sehr instruktiv widerlegt, u. a. mit Verweis auf die Unhaltbarkeit eines Dualismus von Natur und Kultur. Dennoch wird Wissenschaft meist getrennt von Gesellschaft konzipiert. Anti-Aging-Wissen gilt entsprechend als außerdiskursiv. Zu prüfen ist nur, ob die Deutungsansprüche wissenschaftlichen Standards entsprechen. Insbesondere die normative Strukturiertheit des Anti-Aging-Wissens dürfte jedoch auch aus ethischer Perspektive von Interesse sein und das kritische Potenzial sozialwissenschaftlich-empirischer Anti-Aging-Forschung verdeutlichen.

Drittens ist der Problemzugriff auch innerhalb der sozialgerontologischen Diskussion wie die (de)konstruktivistischen Debattenbeiträge zum einen gegen dualistische Konzepte der Natur des Alterns gerichtet. Zum anderen wird die gerontologische Abgrenzung von Anti-Aging problematisiert. Anders als in den Analysen von Katz/Marshall und Kondratowitz werden dafür nicht direkt diskursive Beiträge der Gerontologie zu Anti-Aging-Wissen nachgewiesen. Vielmehr scheinen z. B. in den Vorstellungen guten Alterns und in dem gesundheitspolitischen Entwurf der GSAAM Ähnlichkeiten zwischen Gerontologie und Anti-Aging auf. Jedoch wird auch deutlich, worin die entscheidenden Unterschiede beider Konzepte bestehen. So soll einerseits gezeigt werden, dass pauschale Zurückweisungen des Anti-Agings vonseiten der Gerontologie problematisch sind. Andererseits werden Argumente für die notwendige differenzierte Positionierung zu den Deutungsansprüchen der Anti-Aging-Medizin in Deutschland erarbeitet.

3 Anti-Aging-Kritik zwischen Beschreibung und Bewertung

Zur konzeptuellen Schärfung und interdisziplinären Verständigung der Anti-Aging-Kritik sind neben der Positionierung des Problemzugriffs zwischen Natur und Kultur eine weitere Positionierung wichtig: die Positionierung der Anti-Aging-Kritik zwischen Beschreibung und Bewertung. Denn einer der Gründe, weshalb sich trotz anfänglicher interdisziplinärer Bemühungen kaum Bezugnahmen zwischen sozialwissenschaftlichen und ethischen Problemzugriffen auf Anti-Aging finden, liegt in der Skepsis beider Seiten gegenüber den Beschreibungs- und Bewertungspraktiken der jeweils anderen Disziplin:

Wie im Folgenden gezeigt wird, liegen viele sozialwissenschaftliche Arbeiten aus ethischer Perspektive einem empirizistischen Selbstmissverständnis auf. Demnach mangelt es an Reflexion über die sozialwissenschaftliche Bewertungspraxis und am Vorgehen nach Methoden der philosophischen Ethik. Aus sozialwissenschaftlicher Perspektive hingegen liegen viele ethische Arbeiten „idealistischen" Selbstmissverständnissen auf. Demnach mangelt es an der Reflexion der ethischen Beschreibungspraktiken und am Vorgehen nach Methoden der empirischen Sozialforschung. Zudem werden Normen als universal verstanden, weshalb die ethische Bewertungspraxis aus sozialwissenschaftlicher Perspektive oft als herrschaftsträchtig empfunden wird.

Lässt man sich auf diese prinzipiell verschiedenen Forschungsperspektiven ein, kann dies jedoch für beide Seiten fruchtbar sein und Perspektiven der gegenseitigen Rezeption oder gar Zusammenarbeit schaffen. In Bezug auf die Diskussion über Anti-Aging kann die interdisziplinäre Verständigung vor allem in zweierlei Hinsicht hilfreich sein. Erstens besteht ein wichtiger Impuls, den sozialgerontologische Untersuchungen für die ethische Debatte geben können, im Aufzeigen der Kontingenzen wissenschaftlicher Deutungsansprüche des Alter(n)s. Befunde über die soziale Konstruiertheit und normative Strukturiertheit von Anti-Aging-Wissen geben Anlass, Wissenschaft nicht als getrennt von Gesellschaft zu konzipieren (siehe Teil 2, Kapitel 2).

Was die sozialgerontologische Anti-Aging-Forschung hingegen von der ethisch-normativen Forschung lernen kann, ist zweitens, ihre Bewertungspraxis systematischer als bisher zu explizieren. Im Hinblick auf die konzeptuelle Konkretisierung des gewählten Problemzugriffs fragt sich demnach, auf welche Weise die Grounded Theory über Anti-Aging-Wissen der GSAAM mit Bewertungen verknüpft wird. Zur Debatte steht dabei nicht weniger als die Frage: Was ist Kritik?

Um genau zu begrenzen, mit welchem Erkenntnisinteresse das Verhältnis von Beschreibung und Bewertung im Folgenden diskutiert wird, wird zunächst untersucht, welche unterschiedlichen Praktiken der Bewertung sich in der sozialgerontologischen Diskussion über Anti-Aging finden. Vor diesem Hintergrund werden zwei Diskussionszusammenhänge der vorliegenden Untersuchung – Bioethik und Sozialwissenschaft – auf ihre methodologischen Vorschläge bezüglich des Verhältnisses empirischer Sozialforschung und normativer Urteilsbildung befragt. Zunächst werden drei im Rahmen der ethischen Diskussion über die Empirical Ethics entworfenen Modelle empirisch-normativer Kooperation vorgestellt. Anschließend werden zwei sozialwissenschaftliche Gegen- bzw. Parallelprogramme zur Bioethik vorgestellt. Wie zu erwarten führt dies zunächst weniger zur Klärung der Möglichkeiten als zur Offenlegung der Schwierigkeiten empirisch-normativer Kooperation. Deshalb werden wissenschaftstheoretische Hintergründe dieser interdisziplinären Verständigungsprobleme skizziert. Daran anschließend wird eine pragmatische Positionierung der vorliegenden Untersuchung zwischen Beschreibung und Bewertung vorgenommen: Die Befunde werden sozialgerontologisch bewertet. Der sozialgerontologischen Bewertung wird jedoch in einem interdisziplinären Transfer eine Explikation ihrer präskriptiven Prämissen angeschlossen.

3.1 Beschreibung und Bewertung in der sozialwissenschaftlichen Anti-Aging-Kritik

Die AutorInnen sozialwissenschaftlicher Untersuchungen über Anti-Aging positionieren sich auf verschiedene Weisen zwischen Beschreibung und Bewertung. So finden sich recht unterschiedliche Praktiken der Bewertung: Die Bewertung wird an Ethik und Gesellschaft delegiert, auf Bewertung wird verzichtet, sozialgerontologische Bewertungen werden vorgenommen und Körpererfahrungen als bessere Bewertungsmaßstäbe empfohlen. Die folgende Untersuchung dieser Bewertungspraktiken dient zum einen der Positionierung des eigenen Problemzugriffs zwischen Beschreibung und Bewertung. Zum anderen fehlte bisher ein systematischer Überblick der Urteile über Anti-Aging, zu denen die AutorInnen kommen.

3.1.1 Übergabe der Bewertung an Ethik und Gesellschaft (Binstock)

Robert Binstock war nicht nur einer der Ersten, der Anti-Aging als ein gesellschaftliches Phänomen beschrieb, er ist auch einer der wenigen sozialwissenschaftlichen AutorInnen, der dieses gesellschaftliche Phänomen als genuin ethisches Problem identifiziert. In mehreren seiner wichtigen Debattenbeiträge zielt Binstock zusammen mit bioethischen Kollegen darauf, seine empirischen Befunde über Anti-Aging zur Bewertung einer ethischen und gesellschaftlichen Deliberation zuzuführen.[348] Er schlägt damit implizit eine *arbeitsteilige Zusammenarbeit zwischen beschreibender Sozialwissenschaft und bewertender Bioethik* vor. Die Aufgabe der Bewertung seiner empirischen Ergebnisse

---

348 vgl. insb. Juengst et al. 2003: *AA research & need for public dialogue* und Juengst et al. 2003: *Biogerontology*.

übergibt er bioethischen KollegInnen. Zudem schneidet Binstock seine empirische Arbeit teilweise auch auf ethische Gedankenexperimente zu:[349] Er beschreibt die aktuellen alterspolitischen Machtverhältnisse und extrapoliert diese in eine Zukunft, in der Anti-Aging die substanzielle Verlängerung der menschlichen Lebensspanne ermöglicht hat. Binstocks Extrapolation dient der Untermauerung ethischer Thesen darüber, ob dies mit verschärften Gerechtigkeitsproblemen einhergehen wird.

3.1.2 Kulturrelativistischer Verzicht auf Bewertung (Mykytyn)

Mykytyn steht der ethischen Forschung skeptischer gegenüber als Binstock. Ihr Plädoyer für eine empirische Fundierung der Anti-Aging-Kritik ist u. a. an ethische Debattenbeiträge gerichtet. Insbesondere wendet sie sich gegen die in der ethischen Diskussion häufig zu findende Annahme, dass Anti-Aging die Abschaffung des Todes zum Ziel hätte.[350] Anders als Binstock wendet sie sich nicht an die normativen Kompetenzen ihrer ethischen KollegInnen, wenn es um die Bewertung ihrer Ergebnisse geht. Stattdessen bezieht Mykytyn einen kulturrelativistischen Standpunkt und betont, dass sie weder für noch gegen Anti-Aging-Medizin plädiere.[351] Sie zieht sich auf eine beschreibende Position zurück und *enthält sich fast jeglicher Bewertung ihrer empirischen Ergebnisse*. In späteren Veröffentlichungen gesellen sich jedoch auch Wertungen zu Mykytyns Beschreibungen. So kommt sie u. a. zu dem Schluss, dass die kulturelle Umdeutung des Verhältnisses von Alter und Biomedizin zu „kulturellen Spannungen" führe, die sie durchaus als problematisch bewertet.[352] Auch kritisiert sie, dass die Deutungshoheit über das Altern nicht „gerecht" verteilt sei zwischen biologischen, philosophischen und psychologischen Konstruktionen des Alter(n)s.[353]

3.1.3 Sozialgerontologische Bewertungen (Katz/Marshall, Vincent, von Kondratowitz)

Katz, Marshall, Vincent und Kondratowitz positionieren ihre Arbeiten nicht wie Mykytyn als rein beschreibende Unterfangen. Im Gegensatz zu anderen (de)konstruktivistischen Ansätzen, in denen lediglich die Offenlegung von Kontingenzen als sozialwissenschaftliche Kritik gilt (siehe ausführlich Teil 2, Kapitel 3.2.2), bewerten die AutorInnen die von ihnen empirisch erarbeiteten Bedeutungsverschiebungen der Kategorie Alter(n) auch.

Zur interdisziplinären Verständigung ist wichtig zu explizieren, was aus sozialwissenschaftlicher Perspektive selbstverständlich scheint: Anders als in ethischen Untersuchungen steht nicht die philosophische Begründung der Bewertungen im Mittelpunkt

---

349 vgl. Binstock 2004: *The prolonged old*.
350 vgl. Mykytyn 2009: *AA is not anti-death*.
351 vgl. z. B. Mykytyn 2006: *Contentious terminology*, S. 279.
352 vgl. Mykytyn 2008: *Medicalizing the optimal*, S. 320.
353 vgl. ebd. S. 316 f.

der sozialwissenschaftlichen Arbeiten, sondern die empirische Analyse. Die sozialgerontologischen AutorInnen verknüpfen ihre empirischen Ergebnisse mit Bewertungen, die meist auf normative Bezugspunkte der Sozialgerontologie zurückgehen und die deshalb häufig nicht weiter expliziert oder begründet werden. Die Bewertungen sind nicht wie in der ethischen Diskussion nach normativen Bezugspunkten systematisiert. Sie setzen vielmehr an den vielschichtigen empirischen Ergebnissen der AutorInnen an und sind deshalb häufig lediglich skizzierte komplexe Mischargumente. Folgende, durchweg Anti-Aging-kritische Bewertungen finden sich in den Untersuchungen von Vincent, Katz, Marshall und Kondratowitz:

Während Binstock ethische Zusammenarbeit sucht, bringt *John Vincent* die von ihm geforderte empirische Wende der Diskussion über Anti-Aging gegen ethische Debattenbeiträge in Stellung.[354] Bisher sei die Debatte „simply based on *a priori* reasoning from established ethical perspectives."[355] Die ersten systematisch-empirischen Untersuchungen über Anti-Aging würden das Verständnis des Phänomens nun erstmals fundieren. Seinem Befund, dass Alter(n) in der biogerontologischen Forschung als selbstevident negatives, biologisches Versagen konstruiert wird (siehe ausführlich Teil 2, Kapitel 2.2.2), schließt Vincent – um in seiner Begrifflichkeit zu bleiben – drei „aposteriorische", also in Erfahrungen gegründete, Urteile an:

Erstens wendet sich Vincent gegen eine vornehmlich biologische und medizinische Betrachtung des Menschen, in der insbesondere psychische und soziale Aspekte der menschlichen Existenz ausgeblendet werden. Zweitens antizipiert er im Gedankenexperiment die möglichen Folgen dieser Alterskonstruktion für ältere Menschen und argumentiert, dass bestehende Probleme der Gerechtigkeit verschärft würden. Die ohnehin schwache kulturelle Position von Gebrechlichkeit und Krankheit im Alter sowie Tod werde noch weitreichender marginalisiert und biologisch festgeschrieben. Dadurch werde ein gleichberechtigtes Nebeneinander unterschiedlicher Lebensphasen, Körper, Generationen und kultureller Alterskonstruktionen erschwert. Zudem würden Menschen daran gehindert, ihr Lebensende kulturell wertvoll und anerkannt zu gestalten. Zum anderen kritisiert Vincent, dass die biogerontologischen Alterskonstruktionen nicht von alten Menschen selbst, sondern von wissenschaftlichen Eliten hervorgebracht worden seien.

Vincent kritisiert drittens auch das Ziel der biogerontologischen Anti-Aging-Forschung, das er – entgegen seiner differenzierten Befunde – auf eine substanzielle Verlängerung der menschlichen Lebensspanne beschreibt. Diesem Ansinnen hält er Argumente des guten Lebens entgegen, denn er bezweifelt, dass ein Leben ohne Grenzen sinnstiftend sein könnte. Dass er sich dabei jedoch explizit von religiösen und naturrechtlichen Gründen abgrenzt[356] und stattdessen eine kulturelle, strukturalistische Va-

---

354 vgl. z. B. Vincent et al. 2008: *Editorial (The AA enterprise)*.
355 Vincent et al. 2008: *AA enterprise*, S. 291, Hervorhebung im Original.
356 Vincent 2006: *Ageing contested*, S. 693.

riante des Arguments entwickelt, wird leicht übersehen.[357] Vincent argumentiert, dass sich Lebenssinn über kulturelle Kategorien, u. a. über die fundamentale Unterscheidung Leben/Tod konstruiert. Daraus schließt er: „Without a point at which life is brought to a close, there can be no evaluation, summation, rounding off – no ritual demarcation to mark the transition."[358]

Zur Lösung dieser Probleme der Gerechtigkeit, der Autonomie und des Lebenssinns schlägt Vincent vor, die Biogerontologie ihrer altersdiskriminierenden Vorannahmen zu entledigen. Damit Altern ein bedeutungsvoller Lebensabschluss sein kann, dürfe es zudem kulturell nicht als kontinuierlicher körperlicher Verfall konstruiert sein. Vor diesem Hintergrund argumentierte Vincent in frühen Arbeiten für eine „Renaturalisierung" der Idee eines guten, gesunden Todes, ohne die eine positive Rekonstruktion des Alterns nicht möglich sei.[359] Dazu bräuchte man nicht nur auf „traditionelle" Alterstugenden zurückgreifen, sondern könne durchaus auch die „power of science" nutzen. Denn im Gegensatz zu der kulturellen Konstruktion der Zellalterung liege dem biogerontologischen Begriff des Zelltods (Apoptose) eine Vorstellung des guten Todes zugrunde, der zum Wohle des ganzen Körpers beitrage und integraler Bestandteil des Lebens sei.[360]

Mit seiner Forderung nach einer Renaturalisierung der Vorstellung eines guten Todes navigierte sich Vincent in die Nähe biokonservativer US-amerikanischer BioethikerInnen und damit auch ins Schussfeld deren KritikerInnen. Entsprechend kontrovers ist z. B. das „Personal Profile" von John Vincent in Aubrey de Greys Zeitschrift Rejuvenation Research,[361] in dem Vincent u. a. des Konservativismus und der Altersdiskriminierung verdächtigt wird. Vincent schärfte daraufhin seine Position und grenzte sie insbesondere von naturrechtlichen Argumentationen ab.[362] U. a. hebt er hervor, dass die Natur weder zur Norm erhoben noch zum Gegenstand biogerontologischer Kontrolle gemacht werden sollte, und plädiert stattdessen für eine demokratische Deliberation von Vorstellungen des guten Alterns.

Vincent argumentiert also vor allem mit einem ganzheitlichen Menschenbild, mit der Gleichberechtigung älterer Menschen und dem Lebenssinn. Ähnliche Argumente finden sich auch in den stärker diskursanalytisch orientierten Arbeiten von *Stephen Katz und Barbara Marshall*. Sie üben zudem jedoch auch Kapitalismuskritik und wenden sich gegen diskursive Zwänge des Subjekts. So bewertet Stephen Katz seinen Befund, dass es sich bei dem Anti-Aging-Ideal des „Growing older without aging" um eine kommerzielle Zuspitzung der gerontologischen Positivierung des Alterns handelt (siehe ausführlich Teil 2, Kapitel 2.2.3), aus mehreren Gründen negativ:

---

357 vgl. z. B. Mykytyn 2009: *AA is not anti-death*.
358 Vincent 2006: *Ageing contested*, S. 693.
359 ebd. S. 694.
360 vgl. Vincent 2008: *The cultural construction old age*.
361 vgl. Glaser 2009: *Personal profile (Vincent)*.
362 vgl. Vincent 2009: *Ageing, AA, & anti-anti-ageing*.

Er argumentiert, dass dieses Ideal die negativen Erfahrungen von Krankheit, Armut, Einsamkeit und Marginalisierung vieler älterer Menschen verschleiere. Die traditionell wichtigen Werte des Alterns wie Weisheit und Disengagement würden abgewertet und insbesondere Disengagement zu einem „Problem" von Inaktivität und Abhängigkeit umgedeutet.[363] Es werde suggeriert, dass dieses Problem nur bei Einhaltung eines als positiv normierten Altersstils zu lösen sei. Davon abweichende Altersformen würden indirekt missbilligt oder gar sanktioniert. Katz mahnt die Gerontologie nicht nur wegen ihrer diskursiven Anteile am Anti-Aging-Boom zur Selbstkritik. Er fordert sie auch auf, die Deutungshoheit über das Alter(n) nicht weiterhin der „corporate world" zu überlassen. Insgesamt zielen Katz und Marshall mit der Offenlegung der Kontingenzen des Anti-Agings darauf, Raum für die autonome Selbstdeutung der Subjekte zu schaffen. Explizit rufen sie zum Widerstand gegen die Diskursformation des Anti-Agings auf. Vor diesem Hintergrund fordern sie die „Erfindung" diverser neuer Lebensweisen, „that mobilize the true resources of time – tradition, wisdom, narrative, memory, change, generation, leadership."[364]

Hans-Joachim von Kondratowitz fokussiert in seinem Debattenauftakt zwei Aspekte des Anti-Agings als problematisch (siehe ausführlich Teil 2, Kapitel 2.2.4). Zum einen beschreibt er, dass die Alterung im Kontext von Anti-Aging fast ausschließlich biomedizinisch verstanden wird. Ähnlich wie Vincent kritisiert er, dass psychosoziale Aspekte des Alter(n)s ausgeblendet werden und fordert eine ganzheitlichere Betrachtung des Alter(n)s. Zum anderen weist Kondratowitz darauf hin, dass Anti-Aging zu einem neuen Ethos der permanenten Selbstsorge werden könnte. Ähnlich wie Katz und Marshall sieht Kondratowitz dadurch die autonome Wahl und Vielfalt von Konzepten des guten Alterns gefährdet. Denn das Ethos lasse keinerlei Legitimation mehr zu, Verhaltensänderungen begründet abzulehnen. Im Gegensatz zu Vincent, Katz und Marshall finden sich in Kondratowitz' Bewertungen keine Verweise auf die sinnstiftende Bedeutung der Endlichkeit des Lebens (Vincent) und traditionelle Alterswerte (Katz/ Marshall).

3.1.4 Körpererfahrungen als besserer Bewertungsmaßstab (Tulle)

Emmanuelle Tulle kritisiert in ihren körpertheoretischen Arbeiten nicht nur, dass in dekonstruktivistischen Untersuchungen des Alter(n)s die Körper und Körpererfahrungen älterer Menschen als Effekte von Diskursen fast gänzlich verschwinden. Sie problematisiert auch, dass nicht selten die universalen Begriffe des körperlichen Verfalls, die eigentlich dekonstruiert werden sollen, dennoch als normative Bezugspunkte beibehalten werden.

---

363 vgl. Katz 2001: *Growing older without aging?* S. 29.
364 Katz et al. 2003: *New sex for old*, S. 13.

In der Tat fällt auf, dass Vincent zwar eindrücklich zeigt, dass es sich bei dem Konzept von Alterung als biologischem Verfall um ein soziales Konstrukt handelt, dennoch argumentierte er lange Zeit universalistisch, dass die Endlichkeit des Lebens für die Sinnhaftigkeit menschlichen Lebens unabdingbar ist und Anti-Aging deshalb als schlecht zu bewerten ist. Ähnlich dekonstruieren Katz und Marshall das Anti-Aging-Ideal, berufen sich in ihren Bewertungen jedoch u. a. auf traditionelle Alterswerte und „wahre Ressourcen der Zeit" wie Tradition und Weisheit.

Vor diesem Hintergrund zielt Tulle mit ihrer phänomenologischen Erweiterung dekonstruktivistischer Analysen auch darauf, neue Ansatzpunkte der Bewertung zu schaffen. Die Offenlegung der Heterogenität von Körpererfahrungen älterer Menschen soll nicht nur Raum für Widerstand gegen wirkmächtige Diskurse schaffen. Tulle sieht darin auch stichhaltigere normative Bezugspunkte als universalistische Begriffe des Alterns. So ist ihr Befund, dass ältere AthletInnen ihre Trainingspraktiken anders empfinden als sportwissenschaftliche Diskurse es vorsehen, eines ihrer zentralen Argumente gegen die Deutungsansprüche sportwissenschaftlicher Anti-Aging-Programme.

3.2 Sozialwissenschaften und Bioethik: (Un)Möglichkeiten empirisch-normativer Kooperation

Die sozialgerontologischen Anti-Aging-KritikerInnen explizieren und begründen ihre Bewertungspraktiken im Kontext ihrer Untersuchungen über Anti-Aging nicht weiter. Um für die vorliegende Untersuchung eine begründete Positionierung vorzunehmen, ist ein Blick in methodologische Diskussionen über das Verhältnis von Beschreibung und Bewertung hilfreich. Im Folgenden wird deshalb untersucht, wie das Verhältnis empirischer und normativer Forschung aus normativ-ethischer und empirisch-sozialwissenschaftlicher Perspektive verstanden wird.

Drei bioethische Kooperationsmodelle werden vorgestellt: der kaum mehr vertretene „parallele" Ansatz, demzufolge keine empirisch-normativen Kooperationsmöglichkeiten bestehen, der weitreichende „integrative" Ansatz der „empirical ethics" und die zurückhaltenderen „symbiotischen" Ansätze von Birnbacher und van der Daele. Anschließend werden zwei sozialwissenschaftliche Gegen- bzw. Parallelprogramme zu den bioethischen Kooperationsmodellen vorgestellt: Lemkes Analytik der Biopolitik und Nassehis Soziologie der Praxis ethischen Entscheidens.

Mit zwei Positionen, welche wissenschaftstheoretische Hintergründe der interdisziplinären Verständigungsschwierigkeiten verdeutlichen, wird schließlich die Grundlage für eine pragmatische Positionierung zwischen Beschreibung und Bewertung gelegt. Dies ist zum einen Gesa Lindemanns Analyse der faktischen Kraft des Normativen. Lindemann klärt zunächst zwei gängige interdisziplinäre Missverständnisse auf. Dem ethischen Vorwurf, dass die Sozialwissenschaften das Sein zum Sollen erheben, und empirizistischen Selbstmissverständnissen der Sozialwissenschaften hält sie entgegen, dass

Beschreibung und Bewertung im Erkenntnisprozess verwobensein. Anhand von Julia Dietrichs Modell ethischer Urteilsbildung wird systematisch herausgearbeitet, wie sich deskriptive und präskriptive Prämissen im Erkenntnisprozess gegenseitig hervorbringen, aber dennoch analytisch unterscheidbar sind. Lindemann weist zweitens auf das grundlegende Problem hin, dass Normen in der Ethik als universal, in den Sozialwissenschaften hingegen als soziale Phänomene verstanden werden.

Vor diesem Hintergrund wird eine Positionierung der vorliegenden Untersuchung zwischen Beschreibung und Bewertung vorgenommen. Lindemanns Empfehlungen folgend, wird die gerontologische Bewertung der Befunde um eine Explikation ihrer normativen Bezugspunkte erweitert.

3.2.1 Bioethische Kooperationsmodelle: Parallele, symbiotisch oder integrative Zusammenarbeit?

In der „angewandten" Ethik ist seit Längerem der zunehmende Einbezug sozialwissenschaftlicher Forschungsergebnisse in ethische Untersuchungen zu beobachten, der in die Begründung der „Empirical Ethics" mündete. Im Zentrum dieses neuen Forschungsprogramms steht die Forderung, sozialwissenschaftlich erfassbare normative Überzeugungen der AkteurInnen im Forschungsfeld nicht nur zum Anwendungsfall, sondern zum Ausgangspunkt ethischer Beurteilung zu machen.[365] Während empirische EthikerInnen diesen „empirical turn" als die logische Weiterentwicklung der aus der praktischen Ethik hervorgegangenen „angewandten" Ethik feiern, sehen andere die Grundfesten der Disziplin in Gefahr. Zentraler Streitpunkt ist das Ansinnen der empirischen Ethik, die fundamentale metaethische Unterscheidung zwischen „Sein" und „Sollen" flexibler zu gestalten.[366]

Vor diesem Hintergrund wird in der angewandten Ethik seit geraumer Zeit verstärkt über die Rolle empirischer, insbesondere sozialwissenschaftlicher Aussagen bei der ethischen Urteilsbildung diskutiert.[367] Dabei steht mittlerweile kaum mehr zur Debatte, ob empirische Erkenntnisse über das Sein überhaupt relevant für normative Erkenntnisse über das Sollen sind. Die Kritik regt sich vielmehr an Positionen der empirischen Ethik, denen zufolge empirische Aussagen die Geltung ethischer Urteile (mit)begründen können. „Soziologische Befunde sind keine moralischen Argumente,"[368] erwidern die Kri-

---

365 vgl. z. B. Hoffmaster 1992: *Can ethnography save medical ethics?*
366 vgl. Borry et al. 2004: *Empirical ethics* und Lindemann 2006: *Faktische Kraft d. Normativen.*
367 Wichtige Diskussionsbeiträge sind Birnbacher 1999: *Ethics & social science*, das Themenheft „Empirical Ethics" der Zeitschrift Medicine, Health Care and Philosophy (Editorial: Borry et al. 2004: *Empirical ethics*), Borry et al. 2005: *Empirical turn in bioethics*, Musschenga 2005: *Empirical ethics*, van der Daele 2008: *Soziologische Aufklärung & moralische Geltung* und Levy 2009: *Empirically informed moral theory.* Hilfreiche Debattenüberblicke finden sich in Dietrich 2009: *Verhältnis Ethik & Empirie* und Schleidgen et al. 2009: *Mission: Impossible?*
368 van der Daele 2008: *Soziologische Aufklärung & moralische Geltung*, S. 147.

tikerInnen und argumentieren, dass dieses „einfache Überspringen"[369] der kategorialen Unterscheidung von empirischen Tatsachen und normativer Geltung mit einer unzulässigen normativen Aufwertung des Faktischen einhergehe. Vor diesem Hintergrund werden weniger weitreichende Modelle der empirisch-normativen Kooperation vorgeschlagen, die nicht in die Gefahr naturalistischer Fehlschlüsse laufen sollen.

Diese Selbstverständigung der Bioethik über die Rolle empirischer Aussagen in der ethischen Urteilsbildung wäre vermutlich auf noch weniger Resonanz in den Sozialwissenschaften gestoßen, wenn sie nicht in einigen Beiträgen auf die Frage nach den Modi der interdisziplinären Zusammenarbeit von Ethik und empirischen Sozialwissenschaften ausgeweitet worden wäre. Dabei wurden – zumeist nicht in Zusammenarbeit mit dem anvisierten Kooperationspartner – unterschiedlich weitreichende Idealtypen der empirisch-normativen Kooperation entworfen. Die Philosophen Sebastian Schleidgen, Michael Jungert und Robert Bauer diskutieren in Anlehnung an Weaver und Trentino[370] drei im Folgenden skizzierte Kooperationsmodelle:[371] Die parallele, die symbiotische und die integrative Position.

In der *parallelen Position* werden Sein und Sollen dichotom verstanden. Empirische Fakten werden entsprechend als irrelevant für die ethische Urteilsbildung erachtet. Empirische und normative Untersuchungen gelten als strikt getrennt bzw. zu trennen. Ein über die deskriptive Ethik, also die für die ethische Bewertung irrelevante Beschreibung moralischer Überzeugungen und Handlungen im Forschungsfeld, hinausgehender Beitrag der Sozialwissenschaften zu ethischer Forschung ist in diesem Modell nicht möglich. Diese parallele Position wird heute in der Diskussion über die empirische Ethik kaum mehr vertreten.

Häufig finden sich hingegen Formen der *symbiotischen Position,* die auch Schleidgen et al. in ihrem Artikel starkmachen. Wie in der parallelen Position werden Sein und Sollen als kategorial verschieden erachtet. Empirische Aussagen und normative Urteile gelten jedoch als im Erkenntnisprozess – unter Umständen und in gewissem Maße – aufeinander angewiesen. Interdisziplinäre Kooperation ist in diesem Modell also möglich oder gar nötig. Ausgehend von unterschiedlichen Konzepten der ethischen Urteilsbildung werden deshalb forschungslogische Schritte ausgewiesen, in denen empirische Aussagen in die ethische Urteilsbildung einbezogen werden müssen bzw. nicht einbezogen werden dürfen. Die interdisziplinäre Kooperation bezieht sich im symbiotischen Modell also auf unterschiedliche Teilschritte der ethischen Urteilsbildung:

So argumentiert der Philosoph Dieter Birnbacher in seinem viel beachteten Debattenbeitrag,[372] dass die angewandte Ethik empirischer und theoretischer Ergebnisse der Soziologie und Psychologie vor allem bedarf, um ihre Grundprinzipien wirksam in

---

369 ebd. S. 147.
370 vgl. Weaver et al. 1994: *Normative & empirical business ethics.*
371 vgl. Schleidgen et al. 2009: *Mission: Impossible?*
372 vgl. Birnbacher 1999: *Ethics & social science.*

praktische Regeln zu übersetzen. Empirische Ergebnisse haben hier vor allem die Funktion, ethische Urteile so zu formulieren, dass sie handlungsleitend werden können und nicht an den empirischen Strukturen der Praxis vorbeigehen. Der Soziologe und Bioethiker Wolfgang van der Daele hält „soziologische Aufklärung" dagegen vor allem zur Überprüfung der empirischen Prämissen von moralischen Ansprüchen für unentbehrlich. Empirische Erkenntnisse sollen hier vermeiden, dass ethische Urteile auf „ungeprüften Missbrauchs- oder Fehlentwicklungsszenarien" beruhen.[373]

In der von der empirischen Ethik vertretenen *integrativen Position* wird die Annahme der Unterscheidbarkeit von Sein und Sollen und damit auch von rein normativen und rein empirischen Aussagen hingegen grundsätzlich abgelehnt. Empirischen Aussagen wird entsprechend Relevanz für die ethische Urteilsbildung zugesprochen und nicht z. B. nur für die Prämissenprüfung oder die Herstellung wirksamer Handlungsbezüge. Vor diesem Hintergrund wird eine weitreichende Zusammenführung normativer und empirischer Theorien und Methoden angestrebt. Bioethische KritikerInnen der integrativen Position argumentieren jedoch, dass diese transdisziplinären Projekte häufig erkenntnistheoretisch, untersuchungslogisch und forschungspraktisch nicht zufriedenstellend ausgearbeitet sind.

3.2.2 Sozialwissenschaftliche Gegen- und Parallelprogramme zur Bioethik

Anders als zu vermuten wäre, wurden die weitreichenden „integrativen" Kooperationsangebote der empirischen Ethik von sozialwissenschaftlicher Seite kaum aufgegriffen. Die skeptische bis ablehnende Position des US-amerikanischen Sozialwissenschaftlers Robert Zussman[374] nennt Lindemann sechs Jahre nach ihrer Veröffentlichung noch als einzige sozialwissenschaftliche Reaktion auf die empirische Ethik.[375] In der Altersforschung finden sich hingegen mehrere Entwürfe einer solchen integrativen „Wiedervereinigung" der ethischen und empirischen Stränge der Disziplin. So fordert der Philosoph und Gerontologe Harry Moody in seiner Neubestimmung einer kommunikativen, gerontologischen Ethik u. a. die Überwindung der „prevalent, all-too-quickly assumed dichotomy between facts and values."[376] Auch der Theologe Hans-Martin Rieger argumentiert, dass „die Deskription der Verfasstheit des alternden Menschen […] nicht zu trennen ist von der Frage, wie wir als alternde Menschen (miteinander) leben *wollen* und *sollen.*"[377]

Deutlicher zu vernehmen ist hingegen die sozialwissenschaftliche Kritik an symbiotischen Kooperationsmodellen der Bioethik. Diese werden von sozialwissenschaftlicher Seite häufig als hierarchisch statt kooperativ und – um im Bild zu bleiben – „parasi-

---

373 vgl. van der Daele 2008: *Soziologische Aufklärung & moralische Geltung.*
374 Zussmann 2000: *Contributions of sociology to medical ethics.*
375 vgl. Lindemann 2006: *Faktische Kraft d. Normativen,* S. 346.
376 Moody 1993: *Ethics in and aging society,* S. 248.
377 Rieger 2008: *Altern anerkennen & gestalten,* S. 39.

tär" statt symbiotisch empfunden. Denn den Sozialwissenschaften werde darin lediglich die Rolle eines „junior partners"[378] oder einer „handmaiden"[379] zugewiesen. Das gleiche Argument findet sich interessanterweise auch in der ethischen Diskussion. Hier wird z. B. kritisiert, dass die Ethik in symbiotischen Modellen zu einer „Deutedisziplin zweiter Ordnung"[380] degradiert würde, die lediglich die Ergebnisse empirischer Disziplinen deutet.

Instruktiv ausgearbeitet sind die sozialwissenschaftlichen Vorbehalte gegen symbiotische Kooperationsangebote der Bioethik in der Auseinandersetzung des Soziologen Peter Wehling mit dem Kooperationsvorschlag Wolfgang van der Daeles.[381] Während der Soziologe und Bioethiker van der Daele in der Bioethik aufgrund des ersten partizipativen Technikfolgenabschätzungsverfahrens umstritten ist,[382] stieß sein symbiotisches Kooperationsmodell in den Sozialwissenschaften auf Kritik. Van der Daele zufolge ist „soziologische Aufklärung" vor allem zur Überprüfung der empirischen Prämissen ethischer Urteile wichtig, damit diese nicht auf „ungeprüften Missbrauchs- oder Fehlentwicklungsszenarien" beruhen.

Wehling sieht darin ein typisches Beispiel für die *„konzeptionelle Selbstbeschränkung"*[383] *der Soziologie* in den Debatten. Denn sowohl die Fragestellung („Freigeben" oder „nicht freigeben" einer Technologie?[384]) als auch die konzeptionellen Rahmungen (Selbstbestimmung als unhintergehbarer normativer Bezugspunkt[385]) des Projekts sind bioethisch und rechtlich vorbestimmt und nicht interdisziplinär erarbeitet. Wehling kritisiert, dass damit „weite Kompetenzbereiche" der Soziologie von vorneherein aus der interdisziplinären Zusammenarbeit ausgeklammert werden. Das Problem scheint jedoch nicht nur, dass soziologische Kompetenzbereiche ungenutzt bleiben. Die Kritik bezieht sich vielmehr darauf, dass der gesamte Problemzugriff der empirisch-normativen Zusammenarbeit nicht interdisziplinär ausgehandelt wird. Stattdessen wird vonseiten der Bioethik ein ethischer Problemzugriff zugrunde gelegt, der sich von sozialwissenschaftlichen Problemzugriffen grundlegend unterscheidet.

Vor diesem Hintergrund schlägt Wehling die symbiotischen Kooperationsangebote der Bioethik aus, ohne seinerseits ein interdisziplinäres Gegenangebot zu unterbreiten. Stattdessen entwirft er ein explizit gegen bioethische Diskurse gerichtetes, soziologisches Forschungsprogramm: die *„Perspektiven einer kritischen Soziologie der Biopolitik"*.[386] Wehling schließt damit an die bereits skizzierte „Analytik der Biopolitik" des Soziologen

---

378 Zussmann 2000: *Contributions of sociology to medical ethics*, S. 10.
379 Haimes 2006: *What can social sciences contribute to ethics?* S. 284.
380 Rieger 2008: *Altern anerkennen & gestalten*, S. 44.
381 vgl. Wehling 2008: *Selbstbestimmung o. sozialer Optimierungsdruck?* und van der Daele 2008: *Soziologische Aufklärung & moralische Geltung*.
382 vgl. z. B. Skorupinski et al. 1998: *Technikfolgenabschätzung & Ethik*.
383 Wehling 2008: *Selbstbestimmung o. sozialer Optimierungsdruck?* S. 250.
384 vgl. van der Daele 2005: *Soziologische Aufklärung zur Biopolitik*, S. 7.
385 vgl. ebd. S. 12.
386 v. a. Wehling 2008: *Selbstbestimmung o. sozialer Optimierungsdruck?* S. 280 ff.

Thomas Lemke an,[387] die bei der Entwicklung der Hauptkategorie der vorliegenden Untersuchung wichtige Impulse gab (vgl. Teil 1, Kapitel 4.2.3). Lemkes Analytik der Biopolitik zielt zum einen Teil darauf, den Verkürzungen und Überhöhungen, die Foucaults Konzepte Gouvernementalität und Biopolitik in der sozialwissenschaftlichen Rezeption häufig erfahren, entgegenzuwirken. Zum anderen will Lemke Gouvernementalität und Biopolitik als Analyseinstrumente für die empirische Forschung fruchtbar machen und damit dem bioethischen Diskurs eine sozialwissenschaftliche Untersuchungsperspektive entgegensetzen.

Lemkes Analytik der Biopolitik zielt darauf, Funktionsweisen der Regierung von Lebensprozessen sichtbar zu machen. Zu diesem Zweck schlägt er vor zu untersuchen, wie sich Wissenspraktiken, Machtbeziehungen und Subjektivierungsformen gegenseitig hervorbringen und vorbereiten.[388] Denn ein „Hintergrund" biopolitischer Praktiken sind Wissenssysteme über Lebensprozesse, durch deren Erweiterung oder Veränderung Raum für die Regierung von Lebensprozessen eröffnet wird. Lemke schlägt vor, dieses Wissen als „Wahrheitsregime" zu untersuchen und herauszuarbeiten, welches Wissen von Lebensprozessen als wahr präsentiert wird und welche alternativen Wirklichkeitsdeutungen dagegen ausgeblendet oder abgewertet werden. Im zweiten Schritt wird analysiert, welche Machtbeziehungen diese Wissenssysteme mobilisieren, hervorbringen und vorbereiten. Im Mittelpunkt des Forschungsinteresses steht hier, welche „Ungleichheitsstrukturen, Wertehierarchien und Asymmetrien" die biopolitischen Praktiken (re-)produzieren.

Die kritische Funktion dieser Analytik sieht Lemke in ihrem Potenzial, aufzuzeigen, dass biopolitische Phänomene nicht durch biologische Tatbestände und politische Sachzwänge determiniert sind, sondern sich in institutionell und normativ strukturiertem sozialem und politischem Handeln begründen. Die „Kontingenzen, Zumutungen und Zwänge"[389] dieses Handelns gilt es, aus sozialwissenschaftlicher Perspektive offenzulegen. Ziel der Kritik ist nach Lemke nicht die negative Zurückweisung des Bestehenden z. B. in Form ethischer Urteile. Vielmehr geht es um eine produktive und transformative Auseinandersetzung mit dem Bestehenden, durch die neue Möglichkeitshorizonte und Zielperspektiven erst wahrnehmbar und damit verhandelbar werden.

Das „kritische Ethos" dieser Analytik der Biopolitik ist u. a. gegen die „derzeitige institutionelle und diskursive Dominanz der Bioethik"[390] gerichtet. Lemkes Einführung in die Biopolitik endet mit einer nicht weiter ausgearbeiteten Pauschalabsage an den bioethischen Diskurs, da dieser zu einer Beschränkung der öffentlichen Auseinandersetzung mit biotechnischen Innovationen beigetragen habe. Lemke kritisiert, dass biopolitische Phänomene darin auf abstrakte, behandel- und entscheidbare Pro-oder-contra-Alter-

---

387 Lemke 2007: *Biopolitik zur Einführung*, S. 147 ff. und Lemke 2007: *Gouvernementalität & Biopolitik*.
388 vgl. Lemke 2007: *Biopolitik zur Einführung*, S. 147 ff. und Lemke 2007: *Gouvernementalität & Biopolitik*, S. 129 ff. und 173 ff.
389 Lemke 2007: *Biopolitik zur Einführung*, S. 153.
390 ebd. S. 154.

nativen reduziert und in universalismusverdächtigen Begriffen der akademischen Ethik verhandelt würden. Die historischen und systematischen Zusammenhänge von Biopolitiken sowie ihre Einbindung in Machtstrategien und Subjektivierungsweisen würden dagegen ausgeblendet. Die Analytik der Biopolitik brächte dagegen Probleme erst ans Licht und eröffnete so neue Fragehorizonte und Denkmöglichkeiten. „Sie ist nicht die Affirmation dessen, was ist, sondern eine *Antizipation dessen, was anders sein könnte*."[391]

Erst in einem solchen Forschungsansatz sieht Peter Wehling das Potenzial soziologischer Aufklärung: Es muss systematisch empirisch offengelegt werden, wie biopolitische – also auch bioethische – Diskurse und die Ausübung von Biomacht „funktionieren", um das gesellschaftliche Reflexionsvermögen angesichts wachsender Zustimmung zu Optimierungsprogrammen zu schärfen.[392] Wehling bringt das sozialwissenschaftliche Unbehagen an ethischen Beschreibungs- und Bewertungspraktiken auf den Punkt, indem er argumentiert:

> „Es treffen nicht einfach neue medizinisch-technische Möglichkeiten auf den immer schon vorhandenen Wunsch nach Selbstbestimmung und -optimierung, sondern es sind diskursive ‚Rahmungen', die biotechnische Entwicklungen erst als Verbesserungs-Optionen konstruieren."[393]

Vor diesem Hintergrund lehnt Wehling die von van der Daele vorgeschlagene Überprüfung der empirischen Prämissen von moralischen Ansprüchen als ein Verstärken bestehender biopolitischer Praktiken ab.[394]

Anders als Wehling und Lemke entwirft der Münchner Soziologe Armin Nassehi kein Gegenprogramm zur Bioethik, sondern eine *parallele, soziologische Forschungsperspektive*. Auch diese soll nicht auf die Bearbeitung von Implementierungsfragen allgemeiner ethischer Theorien beschränkt bleiben. Die Möglichkeit und Notwendigkeit ethischer Begründung wird jedoch explizit nicht negiert. Wie die US-amerikanische Soziologin Erica Haimes sieht Nassehi einen wesentlichen Beitrag der Sozialwissenschaften in der Begründung einer *Soziologie der Ethik*, die vorrangig die wissenschaftliche Disziplin Ethik sowie ethische Diskurse und Praktiken zum Gegenstand soziologischer Forschung macht.[395] Nassehi plädiert dafür, die empirischen Bedingungen ethischen Entscheidungen zum Gegenstand systemtheoretisch inspirierter soziologischer Forschung zu machen.

---

391 ebd. S. 155.
392 Wehling 2008: *Selbstbestimmung o. sozialer Optimierungsdruck?* S. 266 ff.
393 ebd. S. 267.
394 ebd. S. 250.
395 v. a. Nassehi 2006: *Praxis ethischen Entscheidens* und Haimes 2006: *What can social sciences contribute to ethics?*

Nassehis Plädoyer „für eine ergänzende, wirklich *empirische* Forschungsperspektive"[396] speist sich aus seiner Kritik der Praxis ethischen Begründens. Am Beispiel der Arbeiten des Philosophen Julian Nida-Rümelin argumentiert Nassehi, dass zentrale Konzepte ethischer Begründungspraxis wie z. B. „Würde", „Person" oder „Verantwortung" häufig einer empirischen Grundlage entbehren. Sie seien voll von „Unterstellungen, die exakt die Funktion haben, Uneindeutigkeiten wegzuarbeiten und das Bild einer Welt zu zeichnen, die letztlich einem Rationalitätskontinuum unterliegt"[397] und „bisweilen zur Karikatur einer Rationalitätsmaschinerie gerät."[398]

Zur Lösung „praktischer Ethik-Probleme" trüge eine solche philosophische „Letztbegründung bester Gründe" in einem „kohärenten Phantasma" der Welt jedoch wenig bei. Vor diesem Hintergrund plädiert Nassehi für eine soziologische Forschungsperspektive auf die *„Praxis ethischen Entscheidens"*.[399] Darin sollten insbesondere die Organisationsbedingungen der Orte ethischen Entscheidens, die Legitimierung ethischer Sprecher sowie die Funktion von Ethik und Moral in der modernen Gesellschaft in den Blick kommen werden. Während vonseiten der Ethik naturalistische Fehlschlüsse der Sozialwissenschaften befürchtet werden, mahnt Nassehi also gewissermaßen „idealistische Fehlschlüsse" der Ethik an und entwirft zu deren Aufdeckung sein soziologisches Parallelprogramm zur Bioethik.

3.2.3 Ein (Selbst)Verständigungsversuch: Deskriptive und präskriptive Prämissen und eine antiuniversalistische Forschungshaltung

Sowohl die einseitigen ethischen Kooperationsangebote als auch die sozialwissenschaftlichen Gegen- und Parallelprogramme zeugen von den Schwierigkeiten der interdisziplinären Verständigung über die in der Tat grundverschiedenen Forschungsansätze. Im Rahmen der vorliegenden Untersuchung wird kein Vorschlag unterbreitet, wie sich diese Differenzen – wenn überhaupt – überbrücken lassen. Zur Selbstvergewisserung über sozialwissenschaftliche Bewertungspraktiken ist es jedoch sehr hilfreich, genauer zu untersuchen, worin die interdisziplinären Verständigungsprobleme im Kern bestehen.

Auch diese Frage wird im Rahmen der Untersuchung nicht systematisch aufgearbeitet. Im Entstehungszusammenhang meiner Untersuchung finden sich jedoch zwei Positionen, die mich einer produktiven Auseinandersetzung mit ethischen und sozialwissenschaftlichen Beschreibungs- und Bewertungspraktiken näher brachten. Dies ist zum einen die Auseinandersetzung der Soziologin Gesa Lindemann mit den wissenschaftstheoretischen Hintergründen der Kooperationsschwierigkeiten zwischen Ethik und Sozialwissenschaften. Zum anderen arbeitet die Philosophin Julia Dietrich in ihrem

---

396 Nassehi 2006: *Praxis ethischen Entscheidens*, S. 370, Hervorhebungen im Original.
397 ebd. S. 370.
398 ebd. S. 370.
399 ebd. S. 367.

Modell ethischer Urteilsbildung u. a. die analytische Trennbarkeit, aber gleichzeitige Verwobenheit beschreibender und bewertender Erkenntnisschritte heraus. Sowohl für die Reflexion sozialwissenschaftlicher Urteilsbildung als auch für das Verständnis der normativen Strukturiertheit des untersuchten Anti-Aging-Kontexts erwies sich Dietrichs Modell als sehr anregend.

Einer der wenigen soziologischen Diskussionsbeiträge, der nicht explizit oder implizit auf den Entwurf paralleler Forschungsperspektiven zielt, ist der Versuch der Soziologin *Gesa Lindemann*, die Kooperationsschwierigkeiten von Sozialwissenschaften und Ethik von ihren *wissenschaftstheoretischen Hintergründen* her zu verstehen.[400] Lindemann ist darum bemüht, „beide Parteien wieder in eine produktive wechselseitige Kritik der eigenen Annahmen"[401] zu bringen, um so Voraussetzung für neue Perspektiven der Zusammenarbeit zu schaffen.

Lindemann beginnt dabei mit der wissenschaftstheoretischen Aufklärung zweier gängiger (Selbst)Missverständnisse bezüglich des Verhältnisses empirischer Tatsachen und normativer Wertungen in der soziologischen Forschung. Dies ist erstens der philosophische Vorwurf, der stärkere Einbezug der Soziologie in die Medizinethik würde empirische Tatsachen zu Normen erheben, also zu sogenannten naturalistischen Fehlschlüssen führen. Zweitens handelt es sich um das Selbstmissverständnis vieler SoziologInnen, dass sie rein empirisch arbeiten und selbst keine Wertungen vornähmen.

Lindemann skizziert zunächst die „theoretische Elementarkonstruktion soziologischer Forschung".[402] Diese sieht sie in der Annahme einer durch wechselseitige Erwartungs-Erwartungen gekennzeichneten, hochkomplexen Ich/Du-Beziehung. Aus dieser Annahme arbeitet Lindemann den meist impliziten normativen Gehalt soziologischer Sozialtheorien heraus. Diesen sieht sie in der Annahme einer „elementaren allinklusiven Gleichheit"[403] von Ich, Du und entsprechend allen sozialen Personen. In diesem Sinne ist soziologische Forschung immanent ethisch aufgeladen.

Lindemann argumentiert, dass normative Stellungnahmen zu empirischen Ergebnissen vor diesem Hintergrund keine typischen naturalistischen Fehlschlüsse seien, weil sie nicht zum Ziel hätten, Mehrheitsmeinungen zur Norm zu machen. Vielmehr werden empirische Beobachtungen an der unexplizierten Norm der Gleichheit sozialer Personen gemessen. Den beiden (Selbst)Missverständnissen hält Lindemann also die beiderseits übersehene „*faktische Kraft des Normativen*" entgegen. Anstatt naturalistische Fehlschlüsse zu perhorreszieren bzw. eigene Wertungen abzustreiten, täten PhilosophInnen und SoziologInnen besser daran, „zu sehen, wie normative Vorannahmen zu Tatsachen führen, denen dann ein normatives Gewicht zugemessen wird."[404] Lindemann liefert da-

---

400 vgl. Lindemann 2006: *Faktische Kraft d. Normativen*.
401 ebd. S. 347.
402 ebd. S. 343.
403 ebd. S. 342.
404 ebd. S. 346.

mit eine knappe Skizze erkenntnislogischer Schritte der soziologischen Urteilsbildung. Demnach führen Bewertungen zu Beschreibungen, denen wiederum Bewertungen beigemessen werden. Dieses Verständnis wissenschaftlicher Erkenntnisprozesse deckt sich mit den pragmatistisch-interaktionistischen Vorannahmen der Grounded Theory.

U. a. um dieses Zusammenspiel von Beschreibung und Bewertung genauer zu fassen, ist das *Modell ethischer Urteilsbildung der Philosophin Julia Dietrich* hilfreich.[405] Dietrichs Untersuchung des Verhältnisses von Ethik und Empirie steht auch im Kontext der ethischen Diskussion über die Empirical Ethics (siehe ausführlich Teil 2, Kapitel 3.2.1). Im Mittelpunkt stehen jedoch nicht Kooperationsmöglichkeiten zwischen Ethik und Sozialwissenschaften. Vielmehr untersucht Dietrich am Beispiel der Schmerzmedizin, welche Rolle empirische Aussagen für die Begründung konkreter ethischer Urteile spielen.

Ausgangspunkt ist ihr in der Tradition des praktischen Syllogismus stehendes Modell ethischer Urteilsbildung.[406] Demnach besteht die Grundstruktur ethischer Urteilsbildung in einer flexiblen Wechselwirkung der vier Elemente Wahrnehmung, Bewertung, Urteilen und Handlungsbezug. Deskriptive Prämissen über ein Faktum (Wahrnehmung) und präskriptive Prämissen (Bewertung) verbinden sich in ethischen Argumentationen zu Urteilen, die sich auf konkretes Handeln beziehen. Zur Veranschaulichung lässt sich Dietrichs Modell wie folgt auf Lindemanns Skizze soziologischer Urteilsbildung übertragen: Weil in der Gesellschaft Schichtunterschiede bestehen (deskriptive Prämisse), alle sozialen Personen aber gleich sein sollten (präskriptive Prämisse), sind die gesellschaftlichen Verhältnisse schlecht (Urteil) und sollten verändert werden (Handlungsbezug).

Dietrich betont, dass es sich bei dieser Grundstruktur ethischer Urteilsbildung nicht um einen linearen Ablauf handelt, sondern um eine flexible Wechselwirkung. Von zentraler Bedeutung für ihre Argumentation ist, dass empirische Aussagen und normative Bewertungen analytisch unterscheidbar sind, aber in ethischen und auch alltäglichen Erkenntnisprozessen wechselseitig aufeinander bezogen sind. Wie *Beschreibung und Bewertung sich gegenseitig hervorbringen*, konkretisiert Dietrich wie folgt:

„Ein Faktum [...] wird deshalb als ethisch relevant wahrgenommen, weil bestimmte Normen oder Werte vorausgesetzt werden; bestimmte Normen oder Werte werden deshalb als einschlägig aufgerufen, weil ein Faktum [...] als gegeben angenommen wird."[407]

Die Bedeutung, die Dietrich empirischen Aussagen für die Begründung konkreter ethischer Urteile zuspricht, ist entsprechend vielschichtiger und auch weitreichender konzipiert als in den skizzierten „symbiotischen" Konzepten von Birnbacher und van der

---

405 Dietrich 2009: *Verhältnis Ethik & Empirie.*
406 vgl. ebd. S. 230 ff.
407 ebd. S. 230 f.

Daele. Damit schließt Dietrich an die Diskussion über „gemischte Urteile" an und lotet die Grenze zwischen symbiotischen und integrativen Positionen aus.[408]

Neben den Konzepten des Zusammenwirkens von Beschreibung und Bewertung in der Urteilsbildung besteht nach Gesa Lindemann jedoch noch ein gravierenderes interdisziplinäres Verständigungsproblem zwischen Soziologie und Ethik. Dies betrifft das *Verständnis des erkenntnistheoretischen Status von Normen.* Wieder leitet Lindemann zunächst die sozialwissenschaftliche Position her. Sie verweist auf die sozialtheoretische Annahme, dass für soziales Leben ein zwangsläufig normatives Geflecht wechselseitiger Erwartungs-Erwartungen konstitutiv sei. Normen sind aus dieser Perspektive empirische Phänomene, die historisch und sozial gebunden sind. Ihre Emergenz und Aufrechterhaltung sind Gegenstand soziologischer Forschung.

Lindemann wirbt um Verständnis dafür, dass aus empirisch-soziologischer Sicht auch die für die Philosophie konstitutive Unterscheidung von empirischen Tatsachen und normativen Wertungen nicht als selbstverständlich vorausgesetzt werden kann. Vielmehr handelt es sich aus dieser Perspektive um eine „empirisch beobachtbar hergestellte und damit umstrittene Grenze."[409] Aus dieser „antiuniversalistischen Forschungshaltung"[410] speist sich sozialwissenschaftliches Unbehagen an ethischen Bewertungspraktiken. Denn präskriptive Prämissen werden nicht als universal und Urteile damit deduzierbar verstanden, sondern als verhandlungsbedürftig.

Die von Lindemann im Rahmen ihres kurzen Artikels skizzierten Vorschläge zur Steigerung des Diskussionsniveaus der Ethik und der Soziologie bleiben fragmentarisch. U. a. empfiehlt sie für gemeinsame Forschungsprojekte, dass SoziologInnen und EthikerInnen ihre Vorannahmen gegenseitig prüfen. So könnten PhilosophInnen soziologische Annahmen auf ihre möglicherweise impliziten ethischen Konzepte befragen. Konkret wünscht sich Lindemann EthikerInnen, die soziologische Ergebnisse über empirisch geltende Normen durch „explizierende Generalisierung" auf ihre transzendenten normativen Gehalte befragen. SoziologInnen könnten hingegen die sozialphilosophischen und anthropologischen Implikationen und eventuell verdeckten empirischen Prämissen in philosophischen Annahmen herausarbeiten.

3.3 Positionierung: Sozialgerontologische Bewertung mit explizierten präskriptiven Prämissen

Wie ist die vorliegende Untersuchung nun zwischen Beschreibung und Bewertung positioniert? Wie ist Kritik darin konzipiert und umgesetzt? Zunächst lässt sich vor dem Hintergrund der skizzierten (Un)Möglichkeiten empirisch-normativer Kooperation

---

408 vgl. ebd. S. 234 ff.
409 Lindemann 2006: *Faktische Kraft d. Normativen*, S. 345 f.
410 ebd. S. 345 f.

und Lindemanns Analyse der interdisziplinären Verständigungsprobleme differenzierter zu den unterschiedlichen Bewertungspraktiken der sozialgerontologischen Anti-Aging-Kritik Stellung beziehen:

Binstocks Ansatz, die Bewertung der Anti-Aging-Forschung Ethik und Gesellschaft zu übergeben (siehe Teil 2, Kapitel 3.1.1), lässt sich dem symbiotischen Kooperationsmodell der Ethik zuordnen. Sozialwissenschaftliche Beschreibungen sind hier Anlass für ethische Urteilsbildung und zur Überprüfung bestimmter Erkenntnisschritte ethischer Urteilsbildung relevant. Sozialwissenschaftliche Erkenntnisinteressen und Kritikansätze werden hier – wie von sozialwissenschaftlicher Seite kritisiert wird – ethischen Problemzugriffen untergeordnet.

Mykytyns kulturrelativistischer Ansatz, sich bewusst einer Bewertung des von ihr beschriebenen Anti-Aging-Kontexts zu enthalten (siehe Teil 2, Kapitel 3.1.2), ist aus Lindemanns Perspektive ein Beispiel für empirizistische Selbstmissverständnisse der Sozialwissenschaften. Denn da Beschreibung und Bewertung im Erkenntnisprozess verwoben sind, gibt es keine wertneutralen Beschreibungen. Zudem nimmt Mykytyn in späteren Veröffentlichungen auch Wertungen vor. Aus sozialgerontologischer Perspektive werden (de)konstruktivistische Praktiken der Nicht-Bewertung hingegen wegen normativer Defizite kritisiert.

Der phänomenologisch dekonstruktivistische Ansatz von *Tulle,* durch die empirische Untersuchung von Körpererfahrungen auch zu besseren Bewertungsmaßstäben zu gelangen, ist der integrativen Position der empirischen Ethik zuzuordnen. An dieser entzündete sich die skizzierte innerethische Kontroverse über die Rolle empirischer Aussagen für ethische Urteilsbildung. Denn viele EthikerInnen sehen darin naturalistische Fehlschlüsse, weil das Sein (z. B. die Körpererfahrungen) zum Sollen (den Bewertungsmaßstäben) erhoben wird. Wie Lindemann zeigt, werden Normen im sozialwissenschaftlichen Paradigma jedoch nicht als Universalien, sondern als empirische Phänomene verstanden. Vor dem Hintergrund der deskriptiven Prämisse der Sozialwissenschaften, dass alle sozialen Personen gleich sein sollten, scheint es geradezu zwingend, den Bewertungsmaßstäben der „Betroffenen" Geltung verschafft wird.

Vincent, Katz, Marshall und von Kondratowitz verstehen ihre (de)konstruktivistischen Untersuchungen im Gegensatz zu Mykytyn nicht als rein beschreibend, auch wenn sie ihre empirische Fundierung der Anti-Aging-Kritik teilweise gegen ethische Debattenbeiträge in Stellung bringen. Sie nehmen Bewertungen ihrer Befunde vor, die auf nicht weiter ausgeführten normativen Bezugspunkten der Sozialgerontologie basieren. Diese normative Ladung ist aus ethischer Perspektive explizierungs- und begründungsbedürftig. Während am Ende einer sozialgerontologischen Untersuchung z. B. der Befund steht, dass die Funktionalisierung des Alterns in mehrerer Hinsicht ungerecht ist, beginnt im Paradigma der anwendungsbezogenen Ethik an dieser Stelle erst die Begründung des Urteils. Philosophische Gerechtigkeitsbegriffe werden untersucht und ein Gerechtigkeitsbegriff gewählt oder entwickelt. Mit diesem wird ein konkretes Urteil über Anti-Aging erarbeitet. Dieses weist häufig auch Handlungsbezüge auf, also konkret Empfehlungen, was zu tun ist. Aus ethischer Perspektive ist die sozialgerontologische Bewertungspraxis also zweifach unterbestimmt: Zum einen werden normative Bezugspunkte nicht expliziert und zum anderen werden die aufgeworfenen Probleme nicht in Form von konkreten Urteilen gelöst.

Auch die vorliegende Untersuchung ist als *sozialgerontologische Kritik* konzipiert. Es handelt es sich also nicht um eine ethische Arbeit und auch nicht um eine wie auch immer konzipierte sozialwissenschaftliche und ethische Zusammenarbeit. Denn dafür wäre zunächst eine kooperative Verständigung auf einen Modus der interdisziplinären Zusammenarbeit notwendig, die den Rahmen der vorliegenden Arbeit überstiegen hätte. Jedoch umfasst die Untersuchung eine interdisziplinäre Transferleistung. Die sozialgerontologische Kritik erfährt eine *ethisch inspirierte Erweiterung*:

Im Rahmen der Untersuchung wird die soziale Konstruiertheit und normative Strukturiertheit des Wissens über Alter(n) im Umfeld der GSAAM offengelegt. Wie Lemke für seine Analytik der Biopolitik beschreibt, besteht das kritische Potenzial dieser Analyse des Anti-Aging-Wissens darin zu zeigen, dass das Programm der GSAAM nicht die logische Folge naturwissenschaftlicher Tatsachen und sozialpolitischer Sachzwänge ist. Die (de)konstruktivistische Kritik besteht darin, reflexiven Raum zu schaffen für Diskussionen darüber, *wie das Alter(n) stattdessen verstanden und gestaltet werden könnte*. Entsprechend der antiuniversalistischen Forschungshaltung der Soziologie[411] geht es also um die „Antizipation dessen, was anders sein könnte"[412] und nicht um eine Entscheidung, was sein *sollte*.

Die Offenlegung von Kontingenzen der Deutungsansprüche der Anti-Aging-Medizin ist jedoch *kein rein beschreibendes Unterfangen*, da Beschreibung und Bewertung im Erkenntnisprozess verwoben sind.[413] Lemke betont, dass er nicht vorschreiben will und kann, was sein sollte. Dennoch interessiert ihn das Funktionieren von Biopolitiken vermutlich deshalb, weil er eine Vorstellung davon hat, wie Lebensprozesse nicht regiert werden sollten. Neben der Gleichheit sozialer Personen scheint eine seiner präskriptiven Prämissen zu sein, dass Handlungsräume nicht gänzlich „fremdnormiert" sein sollten.

Auch Vincent, Katz, Marshall und von Kondratowitz zielen mit ihrer Kritik nicht auf konkrete, handlungsleitende Urteile über Anti-Aging. Stärker als bei Lemke scheinen bei ihnen jedoch *auch positive Bestimmungen* dessen durch, wie das Alter(n) verstanden und gestaltet werden sollte. So bemerken King und Calasanti, dass die kritische Gerontologie im Hinblick auf Anti-Aging keine „einfache Lösung" anbiete, sondern die Notwendigkeit – nicht wie in Lemkes Entwurf nur die Möglichkeit – eines massiven gesellschaftlichen Umbaus in Richtung Umverteilung nahelegt.[414]

---

411 ebd. S. 345.
412 Lemke 2007: *Biopolitik zur Einführung*, S. 155.
413 vgl. Dietrich 2009: *Verhältnis Ethik & Empirie*, S. 230 f.
414 vgl. King et al. 2006: *Empowering the old*, S. 152.

Der interdisziplinäre Transfer der Arbeit besteht nun darin, die *normativen Bezugspunkte dieser sozialgerontologischen Bewertungspraxis systematischer zu explizieren*, als dies in den bisherigen Untersuchungen über Anti-Aging der Fall ist. Im Sinne von Lindemanns Wunsch, EthikerInnen mögen soziologische Ergebnisse auf ihre normativen Gehalte hin befragen, werden die Untersuchungsergebnisse in zwei Schritten diskutiert (siehe Teil 4, Diskussion). Auch wenn beide wie erläutert im Erkenntnisprozess aufeinander bezogen sind, wird zunächst diskutiert, was das Phänomen ist (deskriptive Prämissen) und anschließend erörtert, was das Problem daran ist (präskriptive Prämissen).

Für die Diskussion der Frage, was eigentlich genau das Problematische an der deutschen Anti-Aging-Medizin ist, werden u.a. die Arbeiten von Vincent, Katz, Marshall und von Kondratowitz über Anti-Aging untersucht. Es wird herausgearbeitet, welche Probleme diese an den verschiedenen Aspekten des Anti-Agings sehen. Dabei werden die *präskriptiven Prämissen* der AutorInnen – soweit textimmanent möglich – *expliziert*. Dabei wird u.a. deutlich, dass sich neben dem von Lindemann beschriebenen normativen Bezugspunkt sozialwissenschaftlicher Forschung noch weitere finden. Die sozialgerontologischen Bewertungen des Anti-Agings gehen nicht nur auf die Forderung der Gleichheit sozialer Personen zurück. Z.B. werden auch die Diversität von Lebensformen, die ganzheitliche Betrachtung des Menschen oder die Autonomie des Subjekts gegenüber Diskursen als Bewertungsmaßstäbe angesetzt.

Durch die Explikation der normativen Bezugspunkte kritisch-gerontologischer Anti-Aging-Kritik soll transparent gemacht werden, auf welche präskriptiven Prämissen auch die in vorliegender Untersuchung vorgeschlagene Inszenierung des Problems zurückgeht. Aus ethischer Perspektive würde nun die Überprüfung und Ausarbeitung dieser Skizze einer Ethik der kritischen Gerontologie anstehen und daran anschließend die Begründung von Urteilen beginnen. Auch wenn sich Anschlussstellen für ethische Untersuchungen bieten, die auch für die sozialgerontologische Forschung sicher gewinnbringend wären, sind die Ergebnisse der Untersuchung nicht primär als eine solche Konkretisierungsanforderung an die Ethik gemeint. Die deskriptiv und präskriptiv geschärfte Reformulierung des Problems *kann, aber muss nicht ethisch begründet und entschieden werden.*

Dem sozialwissenschaftlich (de)konstruktivistischen Kritikverständnis folgend sind die Ergebnisse der Untersuchung einerseits als ein Beitrag zur *Ermöglichung einer aufgeklärten, demokratischen Deliberation* über das Verständnis und die Gestaltung des Alter(n)s zu lesen. Andererseits sind sie aber auch ein sozialgerontologischer Beitrag zu dieser Deliberation. Zwar wird nicht positiv bestimmt, wie Altern sein sollte. Aber es wird ein *Plädoyer dafür abgegeben, wie Altern sein könnte* und dabei auch Position dazu bezogen, warum Alter(n) nicht so sein sollte, wie es die deutsche Anti-Aging-Medizin vorschlägt.

4 Konzeptbezogene Ausarbeitung der Fragestellung

Auf Grundlage der vorgenommenen Positionierungen zwischen Natur und Kultur und zwischen Beschreibung und Bewertung kann die Ausgangsfrage „Was ist der Fall?" nun auch konzeptuell konkretisiert werden. Wie wird das Phänomen Anti-Aging und wie wird das Problem an Anti-Aging im Folgenden verstanden?

Das *Phänomen* Anti-Aging ist in vorliegender Untersuchung wie folgt konzipiert: Anti-Aging im Umfeld der GSAAM wird als Wissensform verstanden. Untersucht wird das Wissen über Alter(n), welches wortführende GSAAM-ÄrztInnen und BesucherInnen von GSAAM-Konferenzen zur Begründung ihrer medizinischen Praxis anführen. Dabei wird zum einen die *soziale Konstruiertheit* des Anti-Aging-Wissens fokussiert. Es wird gezeigt, dass die Deutungs- und Gestaltungsansprüche der GSAAM nicht primär in biologischen und medizinischen Tatsachen und sozialpolitischen Sachzwängen begründet sind. Vielmehr bestimmen u.a. der demografische Krisendiskurs, die Abgrenzungs- und Legitimationsbemühungen der neuen Disziplin, ökonomische Motive der ÄrztInnen sowie ihr gesundheits- und alterspolitisches Programm den Zuschnitt ihres Anti-Aging-Wissens. Zum anderen wird die *normative Strukturiertheit* des Anti-Aging-Wissens herausgearbeitet. Ein Aspekt des interdisziplinären Transfers der Untersuchung besteht darin, dass drei Arten des Wissens über Alter(n) unterschieden werden:

- Darstellungen der Wirklichkeit des Alter(n)s (IST) werden daraufhin befragt, ob sie mit der Wirklichkeit übereinstimmen. Um dies zu beurteilen, wird keine „wirklichere" Darstellung der Wirklichkeit vorgeschlagen. Vielmehr wird herausgearbeitet, dass sich auch im Umfeld der GSAAM gegenläufigen Darstellungen der Wirklichkeit des Alter(n)s finden, welche ihre eigenen Wirklichkeitsansprüche infrage stellen. Die sozialgerontologische Kritik des Altersdiskurses steht dabei jedoch im Hintergrund.
- Vorstellungen guten Alter(n)s (SOLL) werden herausgearbeitet, von denen Darstellungen der Wirklichkeit des Alter(n)s häufig getragen sind. Die analytische Trennung dieser verwobenen Wissensarten über das Alter(n) ist wichtig, um im Blick zu behalten, dass meist nicht nur empirische, sondern normative Fragen des Alter(n)s verhandelt werden. Die normativen Bezugspunkte der GSAAM-ÄrztInnen und deren Begründungen werden herausgearbeitet.
- Schließlich wird Wissen über die Gestaltung des Alter(n)s (TUN) daraufhin befragt, welche Verantwortungen für „schlechtes" Altern darin konstruiert werden und wie die Handlungsräume (älterer) Menschen strukturiert werden.

Ein weiterer Aspekt des interdisziplinären Transfers der Untersuchung ist, dass expliziter als in sozialgerontologischen Arbeiten üblich herausgearbeitet wird, was das *Problem* an Anti-Aging ist. Die Untersuchung schließt nicht mit der Diskussion der Befunde über die Selektivität der Ziele, Bedeutungsverschiebungen und Verantwortlichkeiten im Umfeld der GSAAM. Für alle drei Aspekte des Anti-Aging-Wissens wird zudem diskutiert, was daran aus sozialgerontologischer Perspektive aus welchen Gründen als problematisch bewertet wird. Zu diesem Zweck werden Problemwahrnehmungen sozialgerontologischer Anti-Aging-KritikerInnen untersucht und deren *präskriptive Prämissen* – soweit textimmanent möglich – *expliziert*.

Ziel der Untersuchung ist eine deskriptiv und präskriptiv geschärfte Reformulierung des Problems der Anti-Aging-Medizin in Deutschland. Es wird also kein ethisches Urteil erarbeitet und die Untersuchung ist auch nicht primär als eine Konkretisierungsanforderung an die Ethik konzipiert. Ihr kritisches Potenzial liegt vielmehr darin, durch das Herausarbeiten der Kontingenz des Anti-Aging-Wissens reflexiven Raum für eine aufgeklärte, demokratische Deliberation über die Konzeption und Gestaltung des Alterns zu schaffen. Durch die sozialgerontologische Bewertung der Befunde und die Explikation ihrer Prämissen wird transparent gemacht, welche Position die Sozialgerontologie in eine solche Deliberation einbringt.

Teil 3:
Wissen über Alter(n) im Umfeld der GSAAM

Ein erster Befund meiner Feldforschung bestand darin, dass es kein festgeschriebenes Programm ist, um welches die Anti-Aging-Medizin in Deutschland entstanden ist. Anders als im Falle der SENS Foundation findet sich *kein monolithischer „Kanon" des Wissens über das Alter(n)*. Die Wissensbestände sind vielstimmig, denn einerseits ist das Leitungsteam der GSAAM weniger auf Einzelpersonen zugeschnittenen (siehe Teil 1, Kapitel 3.2); andererseits werden im Folgenden auch Perspektiven nicht wortführender GSAAM-MedizinerInnen untersucht. Zudem finden sich nicht allein aufgrund des Strategiewechsels zur Neubegründung der Anti-Aging-Medizin über die Zeit gewichtige Akzentverschiebungen. Es handelt sich also nicht um einen kohärenten Wissensbestand und klare „Direktiven".[1] Vielmehr ist das Wissen – wie in den meisten sozialen Zusammenhängen – in vielen Punkten fluide, kontextgebunden und ambivalent.

Ziel der folgenden Untersuchung ist es nicht, das „eigentliche" Programm hinter dieser Vielstimmigkeit zu identifizieren. Vielmehr wird die *Vielstimmigkeit und Ambivalenz des Anti-Aging-Wissens* herausgearbeitet, das im Untersuchungszeitraum (2004–2011) im Umfeld der GSAAM handlungsleitend war. Dabei zeigen sich in den untersuchten Argumentationen von GSAAM-MedizinerInnen ähnliche Muster und auch klare Positionierungen, zu denen sich jedoch häufig auch weniger prominente gegenläufige Darstellungen finden. Die im Folgenden erarbeitete Grounded Theory fördert also u. a. einen bereits im Umfeld der GSAAM angelegten, aber von in vielen Punkten nicht offen geführten kritischen Diskurs zutage.

Auch bei der folgenden Erarbeitung der Grounded Theory über Anti-Aging im Umfeld der GSAAM werden vier hermeneutische Zirkel durchlaufen, von denen die ersten drei in eine inhaltliche Fokussierung der Fragestellung münden: Im *ersten Kapitel* wird

---

1   vgl. Stöhr 2005: *Wahrheit über AA*, S. 113.

untersucht, wie Darstellungen körperlicher Alterungsprozesse im Umfeld der GSAAM mit dem vorgeschlagenen Prinzip und dem medizinischen Konzept der Gestaltung des Alter(n)s korrespondieren. Zunächst wird die Konjunktur der Vorstellung von Alterung als dem Hauptrisikofaktor für altersassoziierte Erkrankungen herausgearbeitet sowie die damit einhergehende Abwendung von der Definition der Alterung als Krankheit. Die Ambivalenz dieser Alterungskonzepte zwischen biogerontologischem Anspruch und der Praxiswirksamkeit alltagsweltlicher Vorstellungen wird aufgezeigt.

Darauf werden die in dem neuen Risikokonzept angelegten Handlungsbezüge untersucht. Das Präventionsprinzip, welches die GSAAM gegen schulmedizinische Heilungsansätze vorschlägt, wird beschrieben. Es wird gezeigt, weshalb die GSAAM trotz ihres Präventionsansatzes auch an ihrer umstrittenen Selbstbezeichnung Anti-Aging festhält. Schließlich wird dargestellt, welches Konzept der medizinischen Praxis vor diesem Hintergrund für das „intensive case management" individueller Altersrisiken vorgeschlagen wird. Die sieben herkömmlichen Behandlungsansätze der GSAAM werden vorgestellt, deren Anwendung durch eine vorgeschaltete neue Risikodiagnostik personalisiert und damit optimiert werden soll. Das für die individuelle Risikodiagnostik zentrale (neue) Risikowissen über das Alter(n) wird abschließend fokussiert.

Im *zweiten Kapitel* wird deshalb untersucht, wie die Konstruktion der Alterung als Risiko beschaffen ist. Es wird gezeigt, dass diese ihren Ausgang nicht in biologischen Alterungstheorien, sondern in argumentativen Trennarbeiten zwischen gutem und schlechtem Alter(n)s findet. Durch den Entwurf zweier polar gewerteter Alter(n)szukünfte wird die Alterung als ein durch menschliches Wissen und Handeln vermeidbares Risiko konstruiert. Zunächst werden die zahlreichen Darstellungen der schlechten Wirklichkeit des Alter(n)s untersucht, in deren Zentrum in Anklang an den demografischen Krisendiskurs individuelle Leiden und gesellschaftliche Kosten des Alter(n)s stehen. Anhand gegenläufiger Argumentationen werden Hinweise auf die Selektivität dieses scheinbar unhintergehbaren Doppelarguments gegeben.

Darauf wird untersucht, welche gute Möglichkeit des Alter(n)s die GSAAM dieser schlechten Wirklichkeit entgegenstellt. Hier wird herausgearbeitet, wie Grenzen zwischen gutem und schlechtem Alter(n) gezogen werden, an welchen Vorstellungen guten Alter(n)s sich diese orientieren und welches Ziel der Gestaltung des Alter(n) darin eingeschrieben ist. Dabei zeigt sich, dass gutes Alter(n) häufig auf günstige genetische Prädispositionen und gute Lebensführung zurückgeführt wird. Körperliche Gesundheit und Funktionsfähigkeit werden als zentrale Kriterien für Lebensqualität im Alter erachtet. Das Ziel der medizinischen Gestaltung des Alter(n)s ist entsprechend nicht mehr die Verjüngung, sondern gewissermaßen eine „Entkrankung" des Alter(n)s. Vor dem Hintergrund wird die Frage fokussiert, wie diese Risikokonstruktion in der medizinischen Praxis am Einzelnen operationalisiert wird.

In diesem Zusammenhang ist die individuelle Risikodiagnostik von zentraler Bedeutung, die im *dritten Kapitel* untersucht wird. Denn hier werden über verschiedene medizinische Testverfahren Prognosen individueller Alter(n)szukünfte erstellt, die den

Einzelnen in der Risikokonstruktion verorten und ärztliches Handeln an Gesunden legitimiert und ausrichten. Es wird gezeigt, dass die Risikodiagnostik durch die Eröffnung eines neuen Diagnoseraumes zwischen Krankheit und Gesundheit ermöglicht wird. Bisher unbeachtete oder als normal geltende körperliche Zustände werden als Vorboten schlechten Alter(n)s gedeutet. Anhand dieser Neukonzeption des Normalen werden Alterungsverläufe präsymptomatisch prognostizierbar gemacht. Systematischer als in bisherigen Alterskonstruktionen wird eine Kategorie präsymptomatisch von krankem Alter(n) betroffener Menschen begründet.

Am Beispiel prädiktiver Gentests zur Ermittlung von Erkrankungswahrscheinlichkeiten wird untersucht, wie dieser neue Diagnoseraum konkret erschlossen wird. Diese genetischen Suszeptibilitätstests avancierten im Umfeld der GSAAM zu einer Schlüsseltechnik für die Individualisierung der Anti-Aging-Behandlung. Es wird herausgearbeitet, wie genetische Alterungsrisiken und ihre Behandelbarkeit argumentativ konstruiert werden. Zu diesem Zweck wird zunächst gezeigt, wie die Alterung u. a. durch die Engführung molekularbiologischer Alterungstheorien auf einzelne Polymorphismen als genetisch kalkulierbar dargestellt wird. Die metaphorischen Gen-Umwelt-Interaktionsmodelle wortführender GSAAM-MedizinerInnen werden vorgestellt, mit denen die Gestaltbarkeit genetischer Risiken argumentativ vorbereitet wird. Schließlich werden umweltbezogene Alterungstheorien untersucht und deren Engführung auf Lebensstilentscheidungen herausgearbeitet. (Selbst)kritische Stimmen im Umfeld der GSAAM liefern weitere Hinweise auf die Selektivität der These, dass gesundheitliche Alterungsrisiken genetisch kalkulierbar und durch den richtigen Lebensstil weitreichender als bisher kontrollierbar sind.

Schließlich wird untersucht, welche Handlungsbezüge in das Konzept der individuellen Risikodiagnostik eingeschriebenen sind. Es wird gezeigt, wie gesundheitliche Alterungsrisiken primär im Körper und Verhalten des Einzelnen verortet werden. Das Dienstleistungskonzept, in welches die Risikodiagnostik eingebettet ist, wird untersucht und dessen Tendenz zur Technisierung und Ökonomisierung der Generierung von Risikowissen herausgearbeitet. Den MedizinerInnen kommt dabei vor allem die Aufgabe der Vermittlung von Risikowissen zu. Es wird gezeigt, dass den getesteten Personen das Wissen über ihre Risiken häufig zunächst bewusst zugemutet wird, um prospektive Eigenverantwortlichkeit für gesundheitliche Alterungsrisiken zu mobilisieren.

Im *vierten Kapitel* wird deshalb untersucht, wem die GSAAM-MedizinerInnen welche Verantwortlichkeiten für gesundheitliche Alterungsrisiken zuschreiben. Es wird gezeigt, dass die schlechte Wirklichkeit des Alter(n)s häufig auf zwei Unverantwortlichkeiten zurückgeführt wird: Das Individuum verschuldet Krankheit im Alter durch unverantwortliche Lebensführung, während sich der Sozialstaat bei der Etablierung von Prävention unverantwortlich zeigt. Deshalb arbeiten die GSAAM-MedizinerInnen auf eine Stärkung der (finanziellen) Eigenverantwortung für das Management gesundheitlicher Alterungsrisiken hin. Denn Eigenverantwortung wird im Vergleich zum umlagefinanzierten Gesundheitssystem häufig als gerechteres Prinzip intergenerationeller Solidarität erachtet. Dem Staat kommt dabei die Verantwortung zu, seine BürgerInnen zu Eigenverantwortlichkeit zu aktivieren und den Gesundheitsmarkt zu deregulieren.

1 Altern als Risiko und ein Konzept für dessen Management

Ausgangspunkt des ersten hermeneutischen Zirkels ist die Frage, welche Darstellungen körperlicher Alterungsprozesse im Umfeld der GSAAM handlungsleitend sind. Es wird untersucht, in welcher Verbindung diese Konzeption der Natur des Alter(n)s mit dem vorgeschlagenen Prinzip der Gestaltung des Alter(n)s und dem Konzept der medizinischen Praxis steht. *Erstens* wird die (Neu)Konzeption der Natur des Alter(n)s als Risiko herausgearbeitet. Im *zweiten* Schritt wird gezeigt, dass die GSAAM entsprechend Prävention als besseres Prinzip der Gestaltung des Alter(n)s vorschlägt. Darauf wird *drittens* das medizinische Konzept vorgestellt, welches die GSAAM für das Management individueller Alterungsrisiken vorschlägt.[2]

1.1 Eine (Neu)Konzeption der Natur des Alterns: Die riskante Natur des Alterns

Zunächst wird untersucht, welche Konzepte der körperlichen Alterung im Umfeld der GSAAM handlungsleitend sind. Es wird gezeigt, dass biogerontologische Theorien dabei entgegen des Anspruchs wortführender GSAAM Ärzte, die medizinische Praxis biogerontologisch zu erneuern, eine ehr untergeordnete Rolle spielen. Vielmehr findet sich eine strategische und primär alltagsweltlich begründete Akzentverschiebung der Alterungskonzepte: Die Vorstellung von Alterung als einer chronisch-degenerativen Systemkrankheit wird von dem Konzept der Alterung als Hauptrisikofaktor für altersassoziierte Erkrankungen abgelöst. Die nachholenden Versuche wortführender GSAAM-MedizinerInnen, die medizinische Praxis mit Konzepten körperlicher Alterung zu verwissenschaftlichen, werden untersucht. Dabei zeigt sich neben der Selektivität und Normativität der vorgeschlagenen Konzepte die Ambivalenz zwischen Versuchen der wissenschaftlichen Erneuerung von Alterungskonzepten und dem faktischen Fortwirken alltagsweltlicher Alterungskonzepte. Das neue Risikokonzept findet dabei vor allem in molekularbiologischen und umweltbezogenen Alterungstheorien seine Entsprechung.

1.1.1 Zwischen biogerontologischem Anspruch und Primat der medizinischen Praxis

Stärker als die A4M betonen wortführende GSAAM-MedizinerInnen ihren biogerontologischen Anspruch, die medizinische Praxis durch neue Erkenntnisse über biologische

---

[2] Ein detaillierter Kapitelüberblick findet sich in der Einleitung zu Teil 3 (S. 197 ff.).

Alterungsprozesse zu erneuern. Bernd Kleine-Gunk, der zweite Präsident der GSAAM, beschreibt es als das Prinzip der Anti-Aging-Medizin, „die dem *Alterungsprozess zugrunde liegenden Mechanismen zu analysieren und daraus entsprechende Therapieoptionen abzuleiten.*"[3] In seiner mehrfach publizierten Abhandlung über Alterungstheorien argumentiert Kleine-Gunk, eine „rationale Anti-Aging-Therapie" könne „letztlich nur auf der Kenntnis und unter Berücksichtigung der molekularbiologischen Abläufe des Alterungsprozesses erfolgen."[4]

In diesem Zusammenhang wird häufig betont, dass der Erkenntnisstand der biogerontologischen Forschung „in den letzten Jahren enorm zugenommen"[5] habe. Der Prozess des Alterns sei molekularbiologisch bereits „ziemlich genau" verstanden,[6] „gut gesichert"[7] oder gar „weitgehend entschlüsselt".[8] Trotz dieser sehr optimistischen Einschätzungen des Forschungsstandes beschrieben Alexander Römmler und Alfred Wolf ursprünglich die weitere *„Erforschung des Alterns"* als einen Schwerpunkt ihrer Anti-Aging-Medizin.[9] Und auch heute lautet auf der Website der GSAAM das erste Ziel der „medizinisch-wissenschaftlichen" Fachgesellschaft:

> „Aufklärung und Erforschung physiologischer Alterungsprozesse sowie Beschreibung medizinischer Verfahren und Vorstellung von Arzneimitteln zur Verzögerung der Alterungsprozesse mit Verbesserung der Organgesundheit."[10]

Neben diesem biogerontologischen Anspruch lässt sich gleichzeitig eine starke *Ausrichtung des Konzepts der GSAAM an der medizinischen Praxis* feststellen. „Der [sic] Primat der Praxis soll auch in diesem Buch betont werden",[11] unterstreicht Kleine-Gunk beispielsweise in seinem Anti-Aging-Lehrbuch. In der Tat fällt auf, dass die Konzepte und Aktivitäten der GSAAM stärker medizinisch als biogerontologisch angebunden sind:

Nur sehr wenige Vorträge auf GSAAM Konferenzen widmen sich in nennenswertem Umfang biogerontologischen Themen. Die interviewten KonferenzbesucherInnen führen zur Begründung ihrer Praxis so gut wie keine biologischen Alterungstheorien an. Auch im Journal der GSAAM wurde erst im vierten Erscheinungsjahr der zentralen Rubrik „Medizin" eine kleine Unterrubrik „Neues aus der Wissenschaft"[12] angefügt. In

---

3 Kleine-Gunk 2007: *AAM. Hoffnung oder Humbug?* S. A2054, eigene Hervorhebungen.
4 Kleine-Gunk 2003: *Alterungstheorien*, S. 24. Siehe auch Kleine-Gunk 2003: *Wozu AA?* S. 7 und Römmler 2002: *Einführung i. d. AAM (1. GSAAM Konferenz)*.
5 Kleine-Gunk 2003: *Alterungstheorien* und [N. N.] 2009: *AA – Aussicht auf gesundes Altern*.
6 http://www.gsaam.de/was-ist-anti-aging/warum-anti-aging.html (27.11.2013).
7 Kleine-Gunk 2007: *AAM. Hoffnung oder Humbug?* S. 2054.
8 Kleine-Gunk 2007: *AAM. Hoffnung oder Humbug?* S. 2054.
9 Römmler et al. 2002: *Vorwort (AA Sprechstunde)*, S. X f.
10 http://www.gsaam.de/gsaam-ueber-uns/definition-ziele.html (27.11.2013).
11 Kleine-Gunk 2003: *Alterungstheorien*, S. 24.
12 [N. N.] 2008: *Neues a. d. Wissenschaft*.

dieser wurden jedoch fast ausschließlich medizinische und keine biogerontologischen Forschungsarbeiten vorgestellt.

Auch finden sich im untersuchten empirischen Material keine Hinweise auf umfangreichere Forschungsaktivitäten im Umfeld der GSAAM,[13] insbesondere was die Erforschung physiologischer Alterungsprozesse betrifft. Zwar war mit dem Dermatologen und Biogerontologen Christos Zouboulis biogerontologische Expertise in den wissenschaftlichen Beirat der GSAAM personell längere Zeit eingebunden. Stärker vernetzt ist die GSAAM über ihren wissenschaftlichen Beirat und Konferenzvorträge jedoch mit unterschiedlichen Bereichen medizinischer Forschung, die ihrerseits allerdings meist nur entfernte, implizite Altersbezüge aufweisen. Am umfassendsten scheint die „Aufklärung und Erforschung physiologischer Alterungsprozesse"[14] in sechs frühen Lehrbuchartikeln[15] und in drei neueren Zeitschriftenartikeln[16] stattzufinden (siehe Teil 3, Kapitel 1.1.3).

Bei den Darstellungen der Wirklichkeit des Alterns im Umfeld der GSAAM handelt es sich entsprechend nicht um biogerontologische Neukonzeptionen der Natur des Alterns wie beispielsweise im Falle der SENS Foundation. Nach detaillierteren Darstellungen der Gründe und Abläufe biologischer Alterungsprozesse sucht man in Konferenzvorträgen, Veröffentlichungen und in Gesprächen mit GSAAM-MedizinerInnen meist vergebens. Dennoch liegt dem Programm der GSAAM ein primär vom Körper her gedachtes Konzept von Alter(n) zugrunde, das im Folgenden erarbeitet wird. Dies wird jedoch nicht biogerontologisch begründet, sondern mit alltagsweltlichen Konzepten der Natur des Alterns.

1.1.2 Von der Systemkrankheit zum Haupterkrankungsrisiko Alter(n)

Öfter und öffentlicher als die Biologie des Alterns wird im Umfeld der GSAAM das Verhältnis von Alterung und Krankheit bestimmt. Im untersuchten empirischen Material finden sich unterschiedliche Konzepte des Zusammenhangs zwischen biologischen Alterungsprozessen und Krankheiten. Das Spektrum der Positionen wortführender Anti-Aging-MedizinerInnen reicht dabei im Gegensatz zu manch anderen biomedizinwissen-

---

13 Anders scheint dies in der österreichischen Anti-Aging Medizin zu sein (siehe Teil 1, Kaptiel 3.1). Ein Student berichtete, dass an Johannes Hubers Lehrstuhl am Wiener Universitätsklinikum für Frauenheilkunde Grundlagenforschung durchgeführt wird, und zwar zellbiologische Untersuchungen z. B. von Brustkrebszellen sowie chemische Analysen von Substanzen wie Progesteron, die Bestandteil von Hubers Anti-Aging Therapien sind und z. B. auf ihre antioxidative Wirkung hin untersucht werden. (vgl. Interview P14:1 ff.)
14 http://www.gsaam.de/gsaam-ueber-uns/definition-ziele.html (27. 11. 2013).
15 Römmler 2002: *Einführung i. d. AAM (1. GSAAM Konferenz)*, Römmler 2002: *Einführung i. d. AAM (AA Sprechstunde)*, Kleine-Gunk 2003: *Alterungstheorien*, Jacobi 2005: *AA: Sinnbild, Sehnsucht, Wirklichkeit*, Grune 2005: *Mechanismen zellulären Alterns* und Brockmann 2005: *Biodemografie*.
16 Kleine-Gunk 2007: *AAM. Hoffnung oder Humbug?* Kleine-Gunk 2009: *Individ. Altersprävention* und Wolf 2005: *Was ist AAM?*

schaftlichen Diskussionen zum Thema nicht von der Befürwortung eines Primats von Alterseffekten bis zu Befürwortung eines Primats von Krankheitseffekten. Vielmehr lässt sich eine *Ambivalenz zwischen starken, krankhaften und schwachen, stochastischen Alterseffekten* ausmachen, während Krankheitseffekten in der Regel unerwähnt bleiben. Diese Ambivalenz spiegelt sich in den unterschiedlichen begrifflichen Wendungen, mit denen die Stärke und Beschaffenheit der Alterseffekte bemessen werden:

Zum einen wird *die Alterung selbst als eine Krankheit* dargestellt, die Alterserkrankungen ursächlich vorgelagert ist. Wie auch im Falle der A4M wird die Alterung als ein „krankhafter körperlicher Prozess",[17] eine „chronisch-degenerative Systemerkrankung"[18] oder eine „klassische Krankheit"[19] beschrieben, die zu chronischen Erkrankungen und vorzeitigem Tod führt. In moderateren Formulierungen wird die Rede von der „Krankheit Altern" in Anführungsstriche gesetzt[20] und damit metaphorisch abgeschwächt. Auch finden sich verwissenschaftlichte Wendungen, in denen der alltagsweltliche Begriff Krankheit durch den wissenschaftlichen Begriff Pathologie ersetzt ist. So wird die biologische Wirklichkeit des Alterns gerne als „Pathophysiologie des Alterungsprozesses"[21] präsentiert. Gleichzeitig finden sich Formulierungen, in denen ein ebenso zwingender ursächlicher Zusammenhang zwischen Alterung und Krankheiten angenommen wird, ohne die Alterung an sich jedoch als Krankheit zu definieren. Hier wird der Alterungsprozess z. B. als „gemeinsame Grundlage"[22] der an sich sehr verschiedenen altersassoziierten Erkrankungen verstanden oder diese Krankheiten umgekehrt als „Folgeerkrankungen"[23] des Alterungsprozesses präsentiert.

Zum anderen finden sich Positionierungen, deren Autoren sich explizit von dem Konzept von Altern als Metakrankheit abgrenzen,[24] und in denen kein zwingender, aber ein mehr oder weniger starker *stochastischer Zusammenhang zwischen biologischen Alterungsprozessen und Erkrankungen* hergestellt wird. Viele dieser sprachlichen Wendungen sind um den Begriff „Risiko" zentrierte und stellen den Alterungseffekt als ein mehr oder weniger starkes Erkrankungsrisiko dar. Häufig werden biologische Alterungsprozesse als der „wichtigste",[25] „wesentliche"[26] „alles entscheidende"[27] „Risikofaktor schlechthin"[28]

---

17 Römmler et al. 2002: *Vorwort (AA Sprechstunde)*, S. XI.
18 Römmler 2002: *Einführung i. d. AAM (1. GSAAM Konferenz)*, S. 7.
19 Feldnotizen 6. Konferenz der GSAAM, Düsseldorf, 2006, P11:113.
20 [N. N.] 2009: *AA – Aussicht auf gesundes Altern*.
21 z. B. Kleine-Gunk 2007: *AAM. Hoffnung oder Humbug?* S. A2054 und Römmler 2002: *Einführung i. d. AAM (AA Sprechstunde)*, S. 19.
22 Kleine-Gunk 2003: *Wozu AA?* S. 6.
23 z. B. Römmler et al. 2002: *Vorwort (AA Sprechstunde)*, S. VII und Römmler 2002: *Einführung i. d. AAM (AA Sprechstunde)*, S. 2.
24 z. B. Harder 2009: *Alle reden von Prävention* und Kleine-Gunk 2009: *Individ. Altersprävention*, S. 14.
25 Kleine-Gunk 2007: *AAM. Hoffnung oder Humbug?* S. A2054.
26 http://www.gsaam.de/was-ist-anti-aging.html (27. 11. 2013).
27 Kleine-Gunk 2008: *Das Verstummen d. Walter Jens*, S. 4.
28 Harder 2009: *Alle reden von Prävention*.

oder „Hauptrisikofaktor"[29] für altersassoziierte Erkrankungen beschrieben. Auch hier finden sich jedoch schwächere Formulierungen, die zumindest potenziell offener für andere Krankheitsursachen und Altersfolgen gehalten sind. Hier wird die Alterung weniger monolithisch als „ein Risikofaktor"[30] bezeichnet, der „auch chronische Erkrankungen"[31] zur Folge haben kann oder diese lediglich „begünstigt".[32]

Untersucht man diese verschiedenen begrifflichen Wendungen für den Zusammenhang von Alterung und Krankheit im Hinblick auf ihre zeitliche Anordnung und ihre Bedeutung für das Programm der GSAAM, lässt sich eine *Akzentverschiebung* ausmachen. Die Vorstellung einer krankhaften Natur des Alterns wird dabei zunehmend von der einer riskanten Natur des Alterns überlagert und damit in einen Wahrscheinlichkeitsraum gestellt:

„Ist Altern eine erfundene Krankheit?" lautete der Titel einer Podiumsdiskussion auf der 6. Konferenz der GSAAM im Mai 2006 in Düsseldorf. Es diskutierten der Neurologe und GSAAM-Kritiker Manfred Stöhr[33] und der damalige GSAAM-Präsident Alexander Römmler.[34] Der als „Advocatus Diaboli"[35] geladene Manfred Stöhr argumentierte, dass die Alterung Teil einer biologischen Lebenskurve sei und diese natürlichen Gegebenheiten akzeptiert werden müssten und nicht pathologisiert werden dürften. Römmler konterte, dass die Vorstellung einer guten, natürlichen Altersphase ein Konstrukt sei. Denn das Alter(n) sei schon immer das Ergebnis menschlichen Eingreifens in den Verfall des Organismus gewesen. Natürlichkeit sei deshalb kein schlüssiges Argument dafür, dass Alterungsprozesse hingenommen werden müssten. Auf Stöhrs Vorwurf der Pathologisierung ging Römmler hingegen nicht ein. Vielmehr erneuerte er sein vor allem in frühen Lehrbuchartikeln platziertes Argument, dass es sich bei der Alterung zwar um einen natürlichen, aber dennoch um einen „ungesunden" und nicht erstrebenswerten Prozess handle.[36] Zwei Schlüsse zieht Römmler daraus: „Anti-Aging Maßnahmen stehen nicht im Gegensatz zur ‚Natürlichkeit' des Lebens"[37] und „Altern ist demnach eine *chronisch-degenerative Systemerkrankung.*"[38]

Diese Vorstellung der ungesunden Natur des Alterns scheint ohne viel argumentatives Zutun plausibel, denn Römmler kommt in den Ausführungen seiner These mit äußerst spärlichen Belegen aus. Es finden sich zirkuläre Argumentationen, die sinngemäß lau-

---

29 Harder 2009: *Alle reden von Prävention.*
30 Römmler et al. 2008: *AA am Scheideweg.*
31 [N.N.] 2009: *AA – Aussicht auf gesundes Altern.*
32 Kleine-Gunk 2009: *Individ. Altersprävention*, S. 14.
33 siehe Einleitung, Kapitel 2, S. 20 ff. und Stöhr 2005: *Wahrheit über AA.*
34 vgl. Feldnotizen 6. Konferenz der GSAAM, Düsseldorf, 2006, P11:83 ff.
35 Feldnotizen 6. Konferenz der GSAAM, Düsseldorf, 2006, P11:90.
36 vgl. z. B. Römmler 2002: *Einführung i. d. AAM (1. GSAAM Konferenz)*, Römmler et al. 2002: *Vorwort (AA Sprechstunde)* und Römmler 2002: *Einführung i. d. AAM (1. GSAAM Konferenz).*
37 Römmler 2002: *Einführung i. d. AAM (1. GSAAM Konferenz)*, S. 8.
38 ebd. S. 8, eigene Hervorhebungen.

ten: Altern ist eine Krankheit, weil es „keinesfalls gesund" ist;[39] Demenz wird von Krankenkassen als Krankheit eingestuft, also ist auch die Alterung, die Demenz verursacht, eine Krankheit;[40] oder die Alterung ist eine Krankheit, weil ihre Folgen Leid, Schmerz, Krankheiten und schließlich der Tod sind.[41] An anderer Stelle reicht der Einschub, dass es sich bei der These um eine „biologische"[42] oder auch „evolutionsbiologische"[43] Tatsache handle. Römmler führt auch politisches Kalkül als Begründung für eine Neudefinition von Alterung als Krankheit an. Er beklagt, dass medizinische Altersprävention bisher nicht von Krankenversicherern übernommen würde, weil das Altern bisher offiziell nicht als Krankheit definiert würde, also nicht unter den Leistungskatalog der Versicherer falle. „Hier ist dringend ein Umdenken erforderlich."[44]

Ein zentraler Unterschied zu dem Konzept der A4M (Alterung als physiologischer Metakrankheit) und dem der SENS Foundation (Alterung als tödliche Zell- und Molekülschäden) besteht darin, dass Römmler nur am Rande die Heilbarkeit der von ihm beschriebenen Systemkrankheit in Aussicht stellt. Anders als seine angloamerikanischen Kollegen ist Römmler weniger bemüht, neue biotechnologische Gestaltungs*möglichkeiten* zu eröffnen, als die *Behandlungsbedürftigkeit* des Alterns zu unterstreichen.

Bernd Kleine-Gunk nahm bereits im Jahr 2003 im Vorwort seines Anti-Aging-Lehrbuchs den Pathologisierungsvorwurf der Anti-Aging-KritikerInnen vorweg und stellte die rhetorische Frage: „Ist Altern nicht ein völlig natürlicher Prozess, der nun plötzlich zur Krankheit erklärt werden soll?"[45] Anders als Römmler distanziert sich Kleine-Gunk von Versuchen, die Alterung an sich als Krankheit umzudeuten. Direkten Bezug oder gar offene Kritik an Römmlers Position übt er dabei jedoch nicht. Er grenzt sich lediglich vom diesbezüglichen „Credo der strikten Anti-Aging-Päpste, vor allem in den USA"[46] ab. Kleine-Gunk präsentiert ein moderateres Konzept des Zusammenhangs von Alterung und Krankheiten wie Osteoporose, Arteriosklerose, Morbus Alzheimer und Krebs: „Obwohl es sich dabei um völlig verschiedene Krankheitsbilder handelt, haben sie dennoch eine gemeinsame Grundlage – den Alterungsprozess."[47]

Eine modifizierte und im Umfeld der GSAAM bald einflussreiche Lesart des Verhältnisses von Alterung und Krankheit legte Bernd Kleine-Gunk dem Artikel zugrunde, in dem er die deutsche Anti-Aging-Medizin im Deutschen Ärzteblatt zur Diskussion stellt. Hier ist erstmals an prominenter Stelle von Altern als dem *„wichtigsten Risikofaktor für*

---

39 vgl. Zitat bzw. Römmler 2002: *Einführung i. d. AAM (1. GSAAM Konferenz)*, S. 8.
40 vgl. Feldnotizen 6. Konferenz der GSAAM, Düsseldorf, 2006, P11:113.
41 vgl. Römmler 2002: *Einführung i. d. AAM (AA Sprechstunde)*.
42 z. B. ebd. S. 19.
43 z. B. ebd. S. 7.
44 Römmler et al. 2002: *Vorwort (AA Sprechstunde)*, S. XI.
45 Kleine-Gunk 2003: *Wozu AA?* S. 6, siehe auch Kleine-Gunk 2007: *AAM. Hoffnung oder Humbug?* S. A2054 und Kleine-Gunk 2009: *Individ. Altersprävention*, S. 14.
46 Harder 2009: *Alle reden von Prävention*.
47 Kleine-Gunk 2003: *Wozu AA?* S. 6.

die hauptsächlichen Zivilisationskrankheiten"[48] die Rede. Auf diesen Artikel bezieht sich Alexander Römmler im September 2008 in der von ihm federführend verfassten Presseerklärung der deutschsprachigen Anti-Aging-Medizingesellschaften, in der diese ihren offiziellen Bruch mit der A4M erklären. Scharf gebrochen wird darin mit deren Geschäfts- und Behandlungspraktiken, nicht aber mit deren Altersdefinition. Als hätten sie auch diesbezüglich „von Anfang an einen anderen Weg eingeschlagen",[49] präsentieren die Autoren folgende Altersdefinition:

> „[Die deutschsprachigen Anti-Aging-Gesellschaften] betrachten Altern im Wesentlichen als einen Risikofaktor für die in unserer Gesellschaft dominierenden Gesundheitsprobleme, wie Herz-Kreislauferkrankungen, Osteoporose und Alzheimer Demenz."[50]

Auch auf der Podiumsdiskussion des 2. Europäischen Präventionstags und im Interview mit den Antiaging News spricht Alexander Römmler nicht mehr von der Alterung als chronisch-degenerative Systemerkrankung, sondern als (einer) Ursache chronisch-degenerativer Erkrankungen.[51] Auch das neue Konzept von Alterung als Hauptrisikofaktor scheint kaum biologisch begründungsbedürftig. In den meisten Argumentationen wird die These als Allgemeinwissen präsentiert. So erklärte Kleine-Gunk z. B.: „Der Hauptrisikofaktor für [...altersassoziierte Erkrankungen] ist nun mal Alter."[52] Zur Begründung werden keine biologischen Theorien, sondern Darstellungen der individuellen Leiden und gesellschaftlichen Kosten des Alterns angeführt (siehe Teil 3, Kapitel 2.2).

Bernd Kleine-Gunk hat die Abkehr von Römmlers Definitionen der Alterung als Systemkrankheit maßgeblich vorangetrieben. Jedoch ist er es, der in seiner Rolle als zweiter Präsident der GSAAM die neue Definition von Alterung als Erkrankungsrisiko auch mit *krankheitsnäheren Formulierungen* umspielt. Trotz seiner vielfachen Betonung: „Nein, Altern ist keine Krankheit",[53] spricht er nicht mehr von der „Pathophysiologie der wichtigsten altersassoziierten Erkrankungen".[54] Stattdessen verkürzt er häufig die in altersmedizinischen Lehrbüchern gängige Formel der „Physiologie und Pathophysiologie des Alterns" und überschreibt naturwissenschaftliche Alterungstheorien insgesamt als „Pathophysiologie des Alterungsprozesses".[55] Metaphorisch spricht Kleine-Gunk in Anführungsstrichen von der „Krankheit Altern"[56] oder verbindet an anderer

---

48 Kleine-Gunk 2007: *AAM. Hoffnung oder Humbug?* S. A2054, eigene Hervorhebungen.
49 Römmler et al. 2008: *AA am Scheideweg*, S. 2.
50 ebd.
51 vgl. Feldnotizen 2. Europäischer Präventionstag 2008, P13:73 und [N. N.] 2009: *AA – Aussicht auf gesundes Altern*.
52 vgl. z. B. Feldnotizen 2. Europäischer Präventionstag 2008, P13:94.
53 Kleine-Gunk 2009: *Individ. Altersprävention*.
54 Kleine-Gunk 2003: *Wozu AA?* S. 7.
55 Kleine-Gunk 2007: *AAM. Hoffnung oder Humbug?* S. A2054, siehe auch Kleine-Gunk 2009: *Individ. Altersprävention*, S. 14.
56 [N. N.] 2009: *AA – Aussicht auf gesundes Altern*.

Stelle den Zugriff über Krankheit und Risiko zu der Formulierung „pathophysiologischer Risikofaktor."[57] Auf diese krankheitsnäheren Risikokonzepte folgen häufig Verweise darauf, dass das Konzept der GSAAM im Hinblick auf zukünftige, fundamentalere Interventionsmöglichkeiten der Biogerontologie offen ist.[58]

Insgesamt lässt sich in wichtigen Stellungnahmen des Leitungsteams der GSAAM also eine *entpathologisierende Akzentverschiebung* ausmachen. Das zu Beginn der Publikationstätigkeit der GSAAM einflussreiche Konzept Alexander Römmlers von Alterung als Systemkrankheit tritt mit der strategischen Neuausrichtung der GSAAM in den Hintergrund. Wie Courtney Mykytyn auch für den ärztlichen Diskurs im Umfeld der A4M beschreibt,[59] verlieren direkt und generell pathologisierende Definitionen der Alterung an Bedeutung. In den Vordergrund treten stattdessen Beschreibungen der Alterung als Hauptrisikofaktor für Erkrankungen. In den ambivalenten Positionierungen des zweiten GSAAM-Präsidenten, Bernd Kleine-Gunk, wird deutlich, dass die Systemkrankheit nicht gänzlich vom Hauptrisikofaktor ersetzt, sondern eher in einen Wahrscheinlichkeitsraum gestellt wird: Die Natur der Alterung wird nicht mehr in erster Linie als an sich krankhaft und damit schlecht dargestellt, sondern als riskant und damit als lediglich potenziell schlecht oder auch gut.

Diese Thematisierung des Zusammenhangs von Alterung und Krankheit ist – wie im Falle der A4M – weniger getragen von dem Bemühen, eine wissenschaftliche Antwort auf die bis heute offene Frage nach der sinnvollen Trennbar- bzw. Vereinbarkeit von Alterung und Krankheit[60] zu finden. Vielmehr handelt es sich um Modulationen mit Zentralbegriffen des medizinischen Altersdiskurses. Diese stehen im Zusammenhang mit *drei Grenzziehungen, die für die GSAAM von legitimatorischer Bedeutung sind*:

Erstens erwies sich eine Neudefinition der Alterung als Krankheit zur Legitimierung der neuen Disziplin nicht nur in den USA als schwer gesellschaftlich anschlussfähig. Mit der Stärkung der Altersbezüge von Krankheiten wird der neue ärztliche Handlungsbedarf hingegen legitimiert, ohne über die konsensuellen Ziele der Medizin hinauszugehen. Diese Annäherung an den gesellschaftlichen Konsens geht zweitens mit der Abgrenzung von der US-amerikanischen Anti-Aging-Medizin einher. Wortführende GSAAM-MedizinerInnen greifen mit ihrem Konzept von Alterung als Haupterkrankungsrisiko geschickt dem Vorwurf vorweg, Anti-Aging betreibe eine Pathologisierung des Alter(n)s. Drittens scheinen sich die wortführenden GSAAM-MedizinerInnen mit ihrer Akzentverschiebung auch ihrer Mitgliederbasis konzeptuell anzunähern. Denn diese kommt bei der Begründung ihrer Praxis meist mit dem herkömmlichen Konzept altersassoziierter Krankheiten aus und zeigen weder Sympathien für noch das Bedürfnis nach Abgrenzung von der Definition der Alterung als Krankheit.

---

57 Kleine-Gunk 2008: *Das Verstummen d. Walter Jens*, S. 4.
58 vgl. [N.N.] 2009: *AA – Aussicht auf gesundes Altern*.
59 Mykytyn 2008: *Medicalizing the optimal*, S. 315.
60 vgl. z. B. die Debatte zwischen Robin Holliday und Leonhard Hayflick in Olshansky et al. 2004: *AAM (hype & reality)*, S. 543–553.

Bei den untersuchten Positionierungen zwischen Alterung und Krankheit fällt neben der skizzierten Akzentverschiebung auch eine Tendenz zur *Modifikation des Konzepts altersbezogener Krankheiten* ins Auge. Dabei handelt es sich nicht, wie häufig befürchtet, um eine Neudefinition kleinster Leistungseinschränkungen in zu behandelnde Krankheiten.[61] Vielmehr werden in zahlreichen Argumentationen „Wohlstandskrankheiten" deutlich in die Nähe von „Alterskrankheiten" gerückt bzw. das Konzept der „Alterskrankheiten" für „Wohlstandskrankheiten" offen gehalten.

So findet sich z. B. häufig der synonyme Gebrauch der Begriffe Alterskrankheiten und Zivilisationskrankheiten.[62] Dieser scheint zum einen rhetorisches Mittel zur Verdeutlichung des Ausmaßes der gesellschaftlichen Bedrohung. Zum anderen rückt er Alterskrankheiten jedoch auch in die Nähe krankheitsverursachende Lebensumstände der „zivilisierten" Gesellschaft.[63] Deutlich ist dieser Zusammenhang auch in Hennigs und Klentzes These, dass altersbezogene Krankheiten „und ganz besonders – die Geisel *[sic]* der Zukunft – die Demenz"[64] auf „Wohlstandskrankheiten" wie Übergewicht, Bluthochdruck und Diabetes folgen. Noch mehr als einen Kausalzusammenhang stellt Wolf her, in dessen Auflistung der „üblichen Alterskrankheiten" sich auch Adipositas und Depression finden.[65]

1.1.3 Nachholende Ansätze der Verwissenschaftlichung

Das Konzept von Alterung als Erkrankungsrisiko steht also im Vordergrund der Alterungskonzepte vieler GSAAM-MedizinerInnen. *Theorien darüber, wie körperliche Alterungsprozesse konkret ablaufen,* spielen in deren Begründungen der Anti-Aging-Praxis hingegen *eine untergeordnete Rolle.* Systemtische Darstellungen der biologischen Wirklichkeit des Alterns finden sich vor allem in sechs frühen Lehrbuchartikeln[66] und in drei neueren Zeitschriftenartikeln[67] wortführender GSAAM-MedizinerInnen. In eines der GSAAM-Lehrbücher sind zudem Texte eines Biogerontologen und einer Biodemografin eingebunden.[68] Betrachtet man zunächst diese Quellenlage, fallen u. a. die folgenden drei Dinge ins Auge:

Erstens finden sich in den für die Etablierung der GSAAM wichtigen, frühen Lehrbüchern vermehrte und durchaus vielstimmige *Bemühungen um eine biogerontologi-*

---

61 vgl. Giovanni Maio in Müller 2010: *Für immer jung.*
62 vgl. z. B. [N. N.] 2009: *AA – Aussicht auf gesundes Altern.*
63 vgl. z. B. Jacobi 2005: *AA: Sinnbild, Sehnsucht, Wirklichkeit,* S. 2.
64 Hennig et al. 2007a: *Editorial.*
65 vgl. z. B. Wolf 2005: *Was ist AAM?* S. 315.
66 Römmler 2002: *Einführung i. d. AAM (1. GSAAM Konferenz),* Römmler 2002: *Einführung i. d. AAM (AA Sprechstunde),* Kleine-Gunk 2003: *Alterungstheorien,* Jacobi 2005: *AA: Sinnbild, Sehnsucht, Wirklichkeit,* Grune 2005: *Mechanismen zellulären Alterns* und Brockmann 2005: *Biodemografie.*
67 Kleine-Gunk 2007: *AAM. Hoffnung oder Humbug?* Kleine-Gunk 2009: *Individ. Altersprävention* und Wolf 2005: *Was ist AAM?*
68 Brockmann 2005: *Biodemografie* und Grune 2005: *Mechanismen zellulären Alterns.*

sche Begründung der deutschen Anti-Aging-Medizin. Zweitens handelt es sich bei den später erschienenen Texten um nur geringfügig geänderte Versionen des 2002 erschienenen Lehrbuchartikels „Alterstheorien" des zweiten Präsidenten der GSAAM, Bernd Kleine-Gunk. Dessen Lesart biologischer Alterungstheorien erlangte im Laufe der Jahre eine gewisse *Alleinstellung* im Programm der GSAAM. Auch scheint der Bedarf an Erneuerungen der biogerontologischen Legitimation der Anti-Aging-Medizin in den Hintergrund getreten zu sein. Drittens fällt auf, dass sich der viel beschworene rapide *Fortschritt der Biogerontologie kaum in den Darstellungen der Ärzte widerspiegelt*. So veränderte Kleine-Gunk seine Ausführungen im Zeitraum von 2003 bis 2009 nur geringfügig und in der 2007 erschienenen Version[69] datieren 17 der 21 Literaturverweise aus dem Jahr 1999 oder früher.

Durchgängig betonen die Autoren, dass es sich bei der Alterung um ein „multifaktorielles Geschehen"[70] handle. Multifaktoriell wird dabei meist in biomedizinwissenschaftlicher Tradition als das Zusammenwirken vieler biologischer Faktoren verstanden und nicht wie in der Gerontologie üblich als das Zusammenspiel biologischer, psychischer und sozialer Faktoren. Die GSAAM-MedizinerInnen diskutieren verschiedene „innere" und auch „äußere Zerstörungsprozesse" und deren jeweiligen inneren und äußeren Schutz- und Reparaturmechanismen.[71] Trotz ihrer optimistischen Berichterstattung über die biogerontologische Entschlüsselung des Alterns betonen sowohl Römmler als auch Kleine-Gunk, dass eine einheitliche Alterungstheorie „nicht existiert"[72] bzw. „immer noch aussteht"[73] und *lediglich Theorien* über „mechanistische Teilaspekte* des Alterns"[74] vorliegen. Welche dieser „zahllosen Facetten"[75] die Autoren in ihren Darstellungen herausgreifen, und wie sie diese darstellen und gewichten, ist recht unterschiedlich. Trotz der betonten Partialität biogerontologischen Wissens sind sie dennoch bemüht, eine einigermaßen *kohärente Alterungstheorie vorzulegen*. Abbildung 6 zeigt im Überblick, welche Theorien die Autoren herausgreifen und in welcher Reihenfolge sie diese diskutieren.

Außer der breiten Streuung fällt zunächst ins Auge, dass genetische Alterungsfaktoren, oxidative Schäden durch freie Radikale und die Akkumulation von Endprodukten fortgeschrittener Glykolisierung (AGE Theorie) oft an prominenter Stelle genannt werden. Hormonmangel und ungesunder Lebensstil, die für die Praxis der GSAAM von großer Bedeutung sind, werden hingegen tendenziell später genannt. Auf der Website der GSAAM ist diese Theorienvielfalt hingegen zu den drei „wichtigsten Alterungsfak-

---

69 Kleine-Gunk 2007: *AAM. Hoffnung oder Humbug?*
70 z. B. Römmler 2002: *Einführung i. d. AAM (1. GSAAM Konferenz)*, S. 7.
71 vgl. Römmlers frühe Systematik in Römmler et al. 2002: *Vorwort (AA Sprechstunde)*.
72 Kleine-Gunk 2003: *Alterungstheorien*, S. 18.
73 Kleine-Gunk 2009: *Individ. Altersprävention*, S. 14.
74 Römmler 2002: *Einführung i. d. AAM (AA Sprechstunde)*, S. 5.
75 ebd.

Abbildung 6 In GSAAM-Publikationen diskutierte Alterungstheorien in der Reihenfolge ihrer Nennung

GSAAM Ärzte:	genetische Prädisposition	zunehmende genomische Instabilität	freie Radikale	Glykolisierung	Hormonmangel	niedrigschwellige Entzündungen	ungesunder Lebensstil	nachlassende Mitochondrienfunktion	Telomerenverkürzung	Dehydration	Umweltgifte und Strahlungen	Methylierung und Acetylierung	Polymorphismen	Akkumulation von Lipofuszin	chronische Krankheiten
Römmler 2002a*	1	2	2	3	2	4		2	4						
Römmler 2002b**	3	1	1	2	1	4		1	4		1				
Kleine-Gunk 2003	1	2	4	6			3	5							
Wolf 2005***	1	2	2			3+5	2				1			4	
Jacobi 2005	1	1					2								
Kleine-Gunk 2007		1	2	3	5			4							
Kleine-Gunk 2009	1	2	4	5	7		3	6							

biogerontologischer bzw. biodemographischer Experten/-innen:

	genetische Prädisposition	zunehmende genomische Instabilität	freie Radikale	Glykolisierung	Hormonmangel	niedrigschwellige Entzündungen	ungesunder Lebensstil	nachlassende Mitochondrienfunktion	Telomerenverkürzung	Dehydration	Umweltgifte und Strahlungen	Methylierung und Acetylierung	Polymorphismen	Akkumulation von Lipofuszin	chronische Krankheiten
Grune 2005							3	1				2			
Brockmann 2005	3	2	1				1	2							

* (a = 1. GSAAM Konferenz) Alle mit 2 gekennzeichneten Theorien fasst Römmler unter „biochemischem Altern" zusammen.
** (b = Sprechstunde) Alle mit 1 gekennzeichneten Theorien fasst Römmler „biochemischem Altern" zusammen.
*** Wolf unterscheidet Lebensstil (3) und „funktionelle Anforderungen" von Muskulatur und Gehirn (5).

Quelle: eigene Auswertung

toren" eingedampft. Mit Verweis auf die nennenswerten Fortschritte der Biogerontologie heißt es dort:

„Ob oxidative Belastung, chronisch niederschwellige Entzündungsprozesse oder Hormonmangel – die wichtigsten Alterungsfaktoren sind inzwischen gut bekannt."[76]

Im untersuchten empirischen Material finden sich keine Hinweise auf eine Diskussion der Autoren über ihre recht unterschiedlichen Darstellungen der biologischen Wirklichkeit des Alterns. Auch finden sich – anders als im Falle der Darstellungen der individuellen und gesellschaftlichen Wirklichkeit des Alterns – in den Argumentationen nicht wortführender GSAAM-MedizinerInnen keine gegenläufigen Darstellungen der Biologie des Alterns. Jedoch fällt auf, dass sich die Theorieauswahl der GSAAM-MedizinerInnen von der des Biogerontologen Tilman Grune[77] und der Biodemographin Hilke Brockman[78] in Jacobis Anti-Aging-Lehrbuch unterscheiden.

In dem Sammelsurium der Theorien körperlicher Alterung, die im untersuchten Material Erwähnung finden, lassen sich *fünf Theoriegruppen* ausmachen: molekularbiologische Schadenstheorien, physiologische Mängeltheorien, evolutionsbiologische, molekularbiologische sowie umweltbezogene Alterungstheorien. Wie die Natur des Alter(n)s in diesen fünf Theoriegruppen konkretisiert wird, ist im Detail sehr verschieden. Genetische und lebensstilbezogene Alterungstheorien, die für das Risikokonzept der GSAAM von besonderer Bedeutung sind, werden in Teil 3, Kapitel 3.3 (S. 294 ff.) genauer untersucht. Folgende Skizze der Theoriegruppen dient dazu, allgemeine Charakteristika dieser Konzepte körperlichen Alterns herauszuarbeiten, um ihren Status für das Programm der GSAAM zu klären.

Erstens finden sich *molekularbiologische Schadenstheorien*, die auf die „Standardtheorie" des biochemischen Strangs der Biogerontologie zurückgehen.[79] Die Alterung von *In-vitro*-Zellpopulationen (zelluläre Seneszenz) wird darin im Prinzip als die Akkumulation von Schäden an Proteinen, Lipiden und DNA sowie das altersbedingte Nachlassen zellulärer Wartungsmechanismen für diese Schäden beschrieben. Die Alterstheoretiker der GSAAM übertragen diese Konzepte zellulärer Alterung auf die Alterung des Menschen. Vor diesem Hintergrund beschreiben sie die Alterung u. a. als Ursache, aber auch als Folge von oxidativen Zellschäden, nicht beseitigbaren Glykolisierungen, zunehmend funktionsunfähigen Mitochondrien und stetiger Verkürzung der Telomere. Die Übertragung von Ergebnissen über zelluläre Alterung auf die Alterung des Menschen wird dabei häufig mit Rückgriff auf alltagsweltliche Alterungskonzepte überbrückt. So werden z. B. Endprodukte fortgeschrittener Glykolisierung in einer Zelle als „typisch"[80]

---

76 http://www.gsaam.de/faqs.html (27.11.2013).
77 Grune 2005: *Mechanismen zellulären Alterns*.
78 Brockmann 2005: *Biodemografie*.
79 vgl. Gems 2009: *Revolution d. Alterns*, S. 30 f.
80 Kleine-Gunk 2003: *Alterungstheorien*, S. 22.

für „Alterssteifigkeit"[81] und im „Alter auftretenden Elastizitäts- und Funktionsverlust"[82] beschrieben. Insgesamt wird die Alterung als ein natürlich fortschreitender Schadensprozess beschrieben, welcher der medizinischen Wartung bedarf. Zur Wartung der Altersschäden wird z. B. die Einnahme antioxidativer Substanzen empfohlen.

Zweitens finden sich *Mangeltheorien*, die im Gegensatz zu den Schadenstheorien meist nicht auf molekularer oder zellulärer, sondern auf physiologischer Ebene ansetzen. Die physiologischen Mangeltheorien des Alterns sind weniger biogerontologisch inspiriert, sondern stehen in der Tradition alltagsweltlicher Vorstellungen des altersbedingten, körperlichen Verfalls. Hier wird die Alterung z. B. als Folge, aber auch als Ursache von Hormon- und Vitalstoffmangel beschrieben. Wie sich der jeweilige Mangel konkret auf die Alterung auswirkt oder umgekehrt, wird meist nicht beschrieben. Die Vorstellung, dass die Alterung ein kompensationsbedürftiger, natürlicher Mangelzustand ist, schein kaum weiterer Begründung zu bedürfen. In Bezug auf die Hormonmangeltheorie legt Kleine-Gunk die Diskrepanz zwischen konzeptueller Schwäche und praktischer Bedeutung selbst offen. Kleine-Gunk erklärt er, dass diese zu den „umstrittensten Alterungstheorien" gehöre. Nichtsdestoweniger fährt er fort: „Gleichwohl hat diese Theorie große praktische Bedeutung, weil sich aus ihr umfangreiche Behandlungsansätze ableiten."[83] In der Tat legen die Mangeltheorien eine einfache Logik der Intervention in Alterungsprozesse nahe: Die Alterung kann beeinflusst werden, wenn bestehende Mängel durch die Zufuhr der mangelnden Substanzen, insbesondere Hormone und Nahrungsergänzungsmittel, behoben werden.

Die wortführenden GSAAM-MedizinerInnen entwerfen auch genetische Alterungstheorien, in denen die Ursachen der Alterung in der DNA der Menschen verortet werden. In Anlehnung an die genetische Altersforschung finden sich sowohl evolutionsbiologische als auch molekulargenetische Alterungstheorien. Zunächst – drittens – zu den populationsbezogenen, *evolutionsbiologischen Alterungstheorien*: In vager Anlehnung an die biogerontologische Disposable Soma Theory[84] argumentieren Römmler und Kleine-Gunk, dass Körperzellen deshalb altern und sterben, weil es nach der Weitergabe der Keimzellen mit der Fortpflanzung evolutionsbiologisch keinen Sinn mehr mache, Körperzellen aufwendig am Leben zu erhalten. Sie zitieren zudem eine frühe Variante der Mutations-Akkumulationstheorie, der zufolge der Selektionsdruck nach Eintritt in Reproduktionsphase kontinuierlich absinkt, weshalb Mutationen, die sich erst im Alter negativ auswirken, nicht eliminiert werden und sich anhäufen können. Auch wenn die konkreten evolutionären Zusammenhänge nicht (exakt) berichtet werden, werden doch recht genau drei Kernbotschaften der evolutionsbiologischen Altersforschung vermittelt:

---

81 Römmler 2002: *Einführung i. d. AAM (AA Sprechstunde)*, S. 8.
82 Kleine-Gunk 2003: *Alterungstheorien*, S. 22.
83 Kleine-Gunk 2007: *AAM. Hoffnung oder Humbug?* S. 56.
84 einen Überblick gibt Brockmann 2005: *Biodemografie*, S. 29.

- Dass das Leben nicht zwangsläufig mit Alterung verbunden ist.
- Dass die Alterung eine starke genetische Komponente hat.
- Und dass die Alterung im biologischen Lebensverlauf des Menschen keinen guten Zweck erfülle, sondern prinzipiell sinnlos und schlecht ist. Römmler erklärt in diesem Zusammenhang z. B.: „So gesehen ist das Altern nicht naturgewollt, sondern wurde lediglich mangels Notwendigkeit nicht verhindert."[85]

Viertens finden sich *molekulargenetische Alterungstheorien*, insbesondere über sogenannte Single Nucletotid Polymorphisms (SNPs) und deren statistische Assoziation mit Krankheit im Alter. Fünftens werden *umweltbezogene Alterungstheorien* entworfen, denen zufolge die Lebensweise des Einzelnen den Verlauf seiner Alterung maßgeblich bestimmt. Während in Schadens- und Mangeltheorien und in evolutionsbiologischen Konzepten die Alterung als prinzipielles, biologisches Übel dargestellt wird, wird hier die potenzielle Schlechtigkeit des Alterns als Risiko problematisiert. In Teil 3, Kapitel 3.3 (S. 294 ff.) wird deshalb genauer untersucht, wie in diesen beiden Theoriegruppen die Alterung als genetisch kalkulierbar und lebensbezogen kontrollierbar konstruiert wird und gesundheitliche Altersrisiken damit weitreichender als bisher im Individuum verortet werden.

Drei allgemeinere Charakteristika dieser Theorien körperlicher Alterungsprozesse seien jedoch vorab erwähnt, um ihren Status für das Konzept der GSAAM zu klären: Erstens fällt die *normative Strukturiertheit der Konzepte* ins Auge. Körperliche Alterungsprozesse werden in den skizzierten Konzepten nicht nur beschrieben, sondern auch bewertet. In den Beschreibungen und Bewertungen sind bereits recht konkrete Handlungsbezüge angelegt. Die Alterung wird in allen fünf Theoriegruppen auf spezifische Weise als schlecht oder zumindest riskant dargestellt. Immer erscheint sie gestaltungsbedürftig und meist auch gestaltbar: In molekularbiologischen Schadenstheorien wird die Wartungsbedürftigkeit und Wartbarkeit alternder Körper begründet. In physiologische Mängeltheorien wird die Alterung als substituierungsbedürftig und substituierbar dargestellt. In evolutionsbiologischen Theorien wird der Nachweise über die evolutionäre Sinnlosigkeit des Alter(n)s geführt. Molekulargenetische Alterungstheorien legen die genetische Kalkulierbarkeit des Alterns nahe und umweltbezogenen Alterungstheorien zufolge kann das Alter(n) schließlich von jedem Menschen besser oder schlechter gelebt werden.

Im Vergleich zu den Alterungstheorien der SENS Foundation (siehe Teil 1, Kapitel 2.2.2) fällt zweitens auf, dass es sich nicht um eine eigenständige, biogerontologische Neukonzeption der Natur des Alterns handelt. Vielmehr findet sich ein *Nebeneinander populärer Adaptionen biogerontologischer Theorien und traditionsreichen, alltagsweltlichen Konzepten*. Dabei sind die GSAAM-MedizinerInnen zwar deutlich mehr um Sach-

---

85 Römmler 2002: *Einführung i. d. AAM (AA Sprechstunde)*, S. 19.

lichkeit bemüht als ihre KollegInnen der A4M. Um fundierte Beiträge zur naturwissenschaftlichen Diskussion über die Natur des Alterns handelt es sich jedoch nicht.

Drittens sind die genannten Alterungstheorien entgegen des biogerontologischen Anspruchs der GSAAM eher praxisgeleitet als praxisleitend. Bisher ist es nicht so, dass neues Wissen über körperliche Alterungsprozesse dazu dient, neue Behandlungsoptionen zu entwerfen. Vielmehr sind es Variationen bekannter Alterungstheorien, die zur *nachholenden Verwissenschaftlichung der bestehenden medizinischen Praxis* herangezogen werden. So wird z. B. die gängige Gabe von Antioxidantien mit Verweis auf Schadenstheorien begründet, Hormonersatztherapien mit endokrinen Mängeltheorien und Sportprogramme mit lebensstilbezogenen Alterungstheorien. Wie wenig diese nachholenden Rationalisierungen die medizinische Praxis leiten, zeigt sich u. a. darin, dass den meisten GSAAM-MedizinerInnen die Alterungstheorien ihres Leitungsteams nicht bekannt sind. Kleine-Gunk muss regelrecht um eine verstärkte Auseinandersetzung mit theoretischen Grundlagen des Alterungsprozesses werben.[86]

Dies bedeutet jedoch nicht, dass den nicht wortführenden GSAAM-MedizinerInnen ein Konzept körperlicher Alterungsprozesse fehlen würde. Vielmehr scheinen ihre alltagsweltlichen, häufig impliziten Alterungskonzepte zur Bewältigung ihrer Praxis ausreichend. So bleibt eine Diskrepanz zwischen dem Anspruch wortführender GSAAM-MedizinerInnen auf eine wissenschaftliche Modernisierung von Alterungskonzepten und dem tatsächlichen Weiterwirken lebensweltlich gebundener Deutungen des Alterns in den Argumentationen vieler GSAAM-MedizinerInnen. Die deutsche Anti-Aging-Medizin steht damit nicht alleine. *Ambivalenzen zwischen Verwissenschaftlichung und Alltagsweltlichkeit* von Konzepten und Behandlungen des Alterns durchziehen den modernen medizinischen Diskurs über das Altern.[87]

Das spannungsreiche Verhältnis zwischen wissenschaftlichen Konzepten und medizinischer Praxis wird auch im Umfeld der GSAAM problematisiert. Mehrere meiner GesprächspartnerInnen beschrieben Schwierigkeiten an der Schnittstelle zwischen der handlungsentlasteten Grundlagenforschung und der ärztlichen Praxis. Dabei werden sowohl *Theoriedefizite der medizinischen Praxis* als auch *Praxisdefizite der Forschung* ausgemacht. Zum einen beschreiben es viele GSAAM-MedizinerInnen als schwierig, sich neben ihrer Praxistätigkeit wissenschaftlich auf dem Laufenden zu halten.[88] Zum anderen findet sich das Argument, dass die Wissenschaft ihre Ergebnisse nicht so kommuniziere, dass sie für die Praxis anschlussfähig seinen.[89]

Was die diskutierten biogerontologischen Alterungskonzepte betrifft, scheint jedoch darüber hinaus ein weiteres Praxisproblem zu bestehen. Denn bei der *Biogerontolo-*

---

86 Kleine-Gunk 2003: *Alterungstheorien*, Kleine-Gunk 2007: *AAM. Hoffnung oder Humbug?* und Kleine-Gunk 2009: *Individ. Altersprävention*.
87 vgl. von Kondratowitz 2008: *Alter, Gesundheit & Krankheit*, S. 72.
88 vgl. z. B. Interview P25:223 und 1085.
89 vgl. z. B. Interview P25:1085 und Feldnotizen Workshop „Der Anti-Aging Patient", Hennig, 8. GSAAM Konferenz, München, 2008, P7:7.

gie handelt es sich um Grundlagenforschung, aus deren Ergebnissen sich *bisher keine medizinischen Anwendungen begründet ableiten lassen.* So wird in Kleine-Gunks Versuch, aus biologischen Alterungstheorien medizinische Theorieoptionen abzuleiten, die Praxisuntauglichkeit vieler dieser Konzepte deutlich. Von den fünf diskutierten Alterungstheorien kann Kleine-Gunk lediglich aus einer existierende Therapieoptionen ableiten: aus der Hormonmangeltheorie, die er selbst als strittig bezeichnet. Entsprechend scheint wenig verwunderlich, dass keiner meiner GesprächspartnerInnen die biogerontologische Forschung über körperliche Alterungsprozesse als Bezugswissenschaft erachtet, sondern stattdessen klinische Studien über die Wirksamkeit von Medikamenten, deren Altersbezüge häufig implizit und alltagsweltlicher Natur sind.

1.2 Ein besseres Prinzip der Gestaltung des Alterns: Prävention

Bei den untersuchten Konzepten körperlicher Alterungsprozesse handelt es sich – wie bereits angedeutet (siehe Teil 3, Kapitel 1.1.3) – um normative Konzepte, in denen oft bereits Handlungsbezüge angelegt sind. Ob die Alterung nun als Systemkrankheit oder als Haupterkrankungsrisiko definiert wird, verleiht diesem Handlungsbezug eine spezifische Prägung. Im Folgenden wird das Prinzip der Gestaltung des Alterns untersucht, das die GSAAM-MedizinerInnen im Anschluss an ihr Konzept von Alterung als Haupterkrankungsrisiko vorschlagen.

Erstens wird herausgearbeitet, wie die Vorstellung von Alterung als Haupterkrankungsrisiko mit dem von der GSAAM befürworteten Prinzip der Prävention korrespondiert. Anstatt bereits eingetretene Altersleiden zu heilen, soll die riskante Natur des Alterns durch verbeugende Maßnahmen kontrolliert werden. Mit diesem Ansatz der Risikokontrolle grenzt sich die GSAAM primär von der Schulmedizin ab, wobei altersbezogene Argumente kaum eine Rolle spielen. Zweitens werden die Strukturen und Motive der auf den ersten Blick widersprüchlichen Selbstbezeichnungen der GSAAM-MedizinerInnen untersucht. Denn auch wenn Prävention als das bessere Prinzip der Gestaltung des Alterns vorgeschlagen wird, wird dennoch an dem auch im Umfeld der GSAAM sehr umstrittenen Begriff Anti-Aging festgehalten. So changieren die Selbstbeschreibungen zwischen Anti-Aging und Prävention.

1.2.1 Von schulmedizinischer Heilung zur zuvorkommenden Vermeidung gesundheitlicher Alterungsrisiken

Krankheit gilt im Allgemeinen als nicht wünschenswert. Zur Bekämpfung dieses Übels wird meist die (medizinische) Heilung präferiert. Das Konzept Krankheit korrespondiert also mit dem Handlungsprinzip Heilung. Entsprechend werden auch im Kontext des Anti-Agings Darstellungen der Alterung als Krankheit häufig mit Heilungsansprüchen verknüpft. So argumentieren z. B. die Präsidenten der A4M im Anschluss an ihre

Beschreibung der Alterung als Metakrankheit, dass Medizin und Biowissenschaften stärker als bisher auf die Heilung der Alterung an sich hinarbeiten sollten (siehe Teil 1, Kapitel 2.1.3). Im Umfeld der GSAAM fanden sich jedoch auch vor der Akzentverschiebung von Systemkrankheit auf Hauptrisikofaktor *keine ähnlich klaren und weitreichenden Heilungsbezüge*. Die GSAAM-Präsidenten changieren in ihren Argumentationen vielmehr zwischen Alterung und Krankheit sowie Heilung und Prävention:

Alexander Römmler lässt seine frühe Definition von Alterung als chronisch-degenerative Systemkrankheit in die Forderung münden, dass die Alterung medizinisch behandelt, nicht aber explizit geheilt werden sollte. Er erklärt beispielsweise, dass viele seiner PatientInnen bereits Beschwerden haben, wenn sie zu ihm kommen. Viele sind bereits bei mehreren MedizinerInnen vorstellig geworden und bekamen dort gesagt: „Das ist das Alter, das musst Du aushalten und das wird auch nicht mehr besser, sondern im Gegenteil von Jahr zu Jahr schlechter."[90] Römmler kritisiert, dass das Altern in der Medizin oft nicht als behandlungsbedürftig erachtet werde[91] und die Medizin damit ihrem Behandlungsauftrag nicht nachkomme. Entsprechend betonte er: „Und wir machen das dann besser. Das ist angewandte Medizin, das ist klassische Medizin."[92]

Teilweise wird der Anti-Aging-Ansatz der GSAAM auch in die Nähe geriatrischer Heilungsansätze gerückt. Auf der Website der GSAAM wird Kleine-Gunk z. B. mit den Worten zitiert, dass das Ziel der Anti-Aging-Medizin u. a. die Entwicklung gezielter Therapien gegen altersabhängige Erkrankungen sei.[93] Auch Römmler spricht sich u. a. für eine „schon frühzeitig einsetzende Therapie von Altersbeschwerden und Folgeerkrankungen"[94] aus. Zunehmend präferieren auch Römmler und Kleine-Gunk jedoch ein anderes Prinzip der Gestaltung des Alterns und lehnen die „Cura Posterium" als suboptimale oder schlicht ineffektive Übergangslösung ab.[95] Denn mit dem neuen Verständnis von Alterung als Haupterkrankungsrisiko wird das *Gestaltungsprinzip Heilung zunehmend von dem Gestaltungsprinzip Prävention überlagert*:

In dem neuen Konzept von Alterung als Hauptrisikofaktor wird die Natur der Alterung nicht mehr als prinzipiell krankhaft verstanden, sondern als potenziell krankhaft oder aber auch gesund. In dieser Krankheits*wahrscheinlichkeit* liegt die riskante Natur des Alterns. Dieses Risikokonzept ist mit anderen Handlungsbezügen verbunden als das Krankheitskonzept. Instruktiv herausgearbeitet finden sich diese Handlungsbezüge in der Untersuchung des Soziologen Peter Fuchs über Prävention.[96] In den Mittelpunkt seiner systemtheoretischen Überlegungen stellt Fuchs den Begriff des Risikos:

---

90 Feldnotizen Podiumsdiskussion 2. Europäischer Präventionstag, 2008, P13:104.
91 Ähnlich argumentiert auch Dr. E., Interview P17:712.
92 Feldnotizen Podiumsdiskussion 2. Europäischer Präventionstag, 2008, P13:108.
93 http://www.gsaam.de/gsaam-ueber-uns.html (8. 4. 2011).
94 Römmler et al. 2009: *Wofür steht die AAM heute?*
95 vgl. z. B. Pasquale Calabrese, Feldnotizen Podiumsdiskussion 2. Europäischer Präventionstag, 2008, P13:121.
96 vgl. Fuchs 2008: *Prävention*.

Fuchs unterscheidet zunächst Risiken von Gefahren. Mit dem Eintreffen von Gefahren kann man nach Fuchs zwar rechnen, verhindern lässt es sich jedoch nicht. Handlungen richten sich hier entsprechend – wie im Beispiel der Krankheitsheilung – auf bereits eingetretene negative Ereignisse. Gefahren werden dann zu Risiken, wenn davon ausgegangen wird, dass durch menschliches Wissen und Handeln das zukünftige Eintreffen negativer Ereignisse vermieden oder aber auch zugelassen werden kann. Dabei handelt es sich jedoch nicht um eine „neutrale" Handlungsalternative. Die Möglichkeit der Vermeidung ist vielmehr mit der Erwartung verbunden, dass das Eintreten zukünftiger Übel durch gegenwärtige Maßnahmen der Risikokontrolle verhindert werden sollte – oder aber bei unterlassener Risikokontrolle Verantwortung für das Eintreten negativer Ereignisse übernommen werden muss. In dieser „Zuvorkommenheit" sieht Peter Fuchs den Kern des Prinzips Prävention.

Es ist diese *Vermeidung zukünftiger Altersleiden durch „zuvorkommende" Risikokontrolle* in der Gegenwart, welche die meisten ÄrztInnen im Umfeld der GSAAM als das richtige Prinzip der Gestaltung des Alterns erachten. Viele meiner GesprächspartnerInnen wiesen darauf hin, dass es sich nicht (nur) um die Früherkennung, sondern um die „Verhinderung von Ursachen"[97] von Altersleiden gehe. So ist für Frau Dr. G. entscheidend, dort anzusetzen „wo's verhindert werden soll, dass man überhaupt erst krank wird im Alter."[98] Auch Frau Dr. A. fordert ein entsprechendes Umdenken in der Medizin und führt „das alte China" als Vorbild an.[99] Sie erklärt, dass dort die ÄrztInnen nicht im Krankheitsfall bezahlt wurden, sondern wenn ihre PatientInnen nicht krank wurden. Entsprechend grenzt Frau Dr. A. das bessere Behandlungsprinzip der GSAAM wie folgt von der Schulmedizin ab:

> „Wir handeln [bisher], wenn Krankheit da ist. […] Und jetzt gehen wir […] wieder zurück in die Richtung und behandeln, solange Krankheit noch nicht da ist, damit sie gar nicht erst KOMMT.[100]

Um dieses neue Behandlungsprinzip zu plausibilisieren, zielen viele der untersuchten Argumentationen darauf zu zeigen, dass es sich bei negativen Altersverläufen nicht um eine unausweichliche Gefahr handelt, sondern Handlungsalternativen bestehen, durch die das Risiko vermieden werden kann (siehe Teil 3, Kapitel 2.1). Bernd Kleine-Gunk betont, dass „genau dies" die Botschaft der Anti-Aging-Medizin sei: „Durch das frühzeitige Erkennen von Risikofaktoren und durch eine gezielte Intervention […] lassen sich altersassoziierte Erkrankungen vermeiden oder zumindest hinausschieben."[101]

---

97 Feldnotizen 7. GSAAM Konferenz, München, 2007, P8:26.
98 Interview P19:63.
99 vgl. Interview P16:201 ff. Analog argumentiert Herr Dr. E. am Beispiel des „alten Griechenlands", siehe Interview P17:181.
100 Interview P16:201.
101 Kleine-Gunk 2009: *Individ. Altersprävention*, S. 14.

Auch die deutschen Anti-Aging-MedizinerInnen sind also angetreten, um das Alter(n) zu bekämpfen. Im Gegensatz zu anderen Anti-Aging-Ansätzen sehen sie sich jedoch nicht in der Pflicht, das Alter(n) selbst oder auch altersassoziierte Erkrankungen zu heilen. Vielmehr schlagen sie vor, das Erkrankungsrisiko Alter(n) so zu managen, dass die Wahrscheinlichkeit, dass die krankhafte Natur des Alterns durchbricht, minimiert wird. Sie verknüpfen – wie im Folgenden gezeigt wird – das Konzept von Alterung als Erkrankungsrisiko mit einer individuellen Pflicht zur Vermeidung und Verantwortung gesundheitlicher Altersrisiken.

Anders als die A4M und die SENS Foundation grenzt die GSAAM das von ihr befürwortete Prinzip der Gestaltung des Alterns nicht in erster Linie von der Altersmedizin und der altersmedizinischen Forschung ab. Während die A4M-Präsidenten gerne darüber spotten, dass die Gerontologie im Hinblick auf die Heilung altersassoziierter Erkrankungen versagt hätte,[102] finden sich im Umfeld der GSAAM *nur wenige und zudem gänzlich unkämpferische Bezugnahmen auf die Gerontologie*. Alfred Wolf stellt lediglich am Rande fest, dass das „demografische Szenario [...] bislang in den medizinischen Disziplinen der Gerontologie keinen Platz gefunden"[103] habe. Günther Jacobi argumentiert hingegen, dass Prävention in der Geriatrie bisher kein Schwerpunkt gewesen sei. Keinerlei Bezugnahmen finden sich auf die von der SENS Foundation erhobene Kritik an der biogerontologischen Forschung.

Umso deutlicher grenzt die GSAAM ihren Ansatz jedoch von der Schulmedizin" ab. Viele der meist schulmedizinisch ausgebildeten GSAAM-MedizinerInnen formulieren *harsche Kritik und enorme Frustration* bezüglich der Schulmedizin. Offensichtliche Industrieverflechtungen,[104] pauschale Pharmakotherapien,[105] der sinnlose Einsatz von Gerätemedizin[106] und ein reduktionistisches Menschenbild[107] werden teilweise aufs Schärfste kritisiert. Zudem ist es das Gestaltungsprinzip, weswegen die „Anti-Aging-Ärzte im Clinch mit der Schulmedizin"[108] sind. Es finden sich zahlreiche Variationen des Arguments, dass die Medizin bisher an bereits aufgetretenen, akuten Symptomen orientiert sei, die man dann aufwendig und nur mit wenig nachhaltigem Erfolg zu beheben versuche. Oft ist in diesem Zusammenhang nicht einmal von Heilung, sondern lediglich von „Reparatur" oder gar vom pharmakologischen Unterdrücken körperlicher Warnsignale die Rede. *Sinnvoller als eine symptomorientierte Reparaturmedizin sei hin-*

---

102 z.B. Feldnotizen Anti-Ageing Medicine World Congress Paris 2006, P5 280.
103 Wolf 2005: *Was ist AAM?* S. 315.
104 z.B. Interview P17:197; Interview P21:186, Interview P25:1085 und Feldnotizen Anti-Ageing Medicine World Congress Paris 2006, P5:181.
105 z.B. Interview P17:193 und Interview P25:237 und 641ff.
106 z.B. Interview P25:633 und Feldnotizen Anti-Ageing Medicine World Congress Paris 2006, P5:179.
107 z.B. Interview P19:47, Interview P21:708, Interview P25:393, Feldnotizen 6. Konferenz der GSAAM, Düsseldorf, 2006, P11:39 und 330 sowie Wüster 2003: *Qualitätssicherung i. d. AAM*.
108 Kienzlen 2007: *Praxis Dr. Jungbrunnen*, Grit Kienzlen fokussiert in ihrem gleichnamigen Radiomanuskript hingegen, weshalb die Schulmedizin ihrerseits mit den Anti-Aging-Ärzten im Clinch sind, nämlich wegen mangelnder Belege der Wirksamkeit der Anti-Aging-Medizin.

gegen eine ursachenorientierte Präventionsmedizin.[109] „Jemanden zu heilen, der [...] dement ist, ist schlecht [...] und die Erfolge sind dementsprechend miserabel [...] besser wär's natürlich [...] zu verhindern, also präventiv zu arbeiten",[110] erklärt Dr. D. die Vorzüge des Präventionsprinzips.

Als einer der wenigen stellt Dr. D. nicht die Neuheit dieses Ansatzes heraus, sondern weist darauf hin: „Diese Diskussion gibt's schon sehr lange."[111] Dabei fällt auf, dass die wortführenden GSAAM-MedizinerInnen ihren Präventionsansatz nur relativ vage im Kontext der gesundheitswissenschaftlichen Diskussion über Prävention verorten. Z. B. finden die pathogenetische Präventionstrias[112] sowie das Konzept der Salutogenese[113] eher am Rande allgemeine Erwähnung, ohne dass zu konzeptuellen Feinheiten und Kontroversen systematisch Stellung bezogen würde. Auch personell und institutionell finden sich *kaum Anknüpfungspunkte an die Gesundheitswissenschaften*.

In dem Slogan „Sackgasse Reparaturmedizin – Hoffnung Prävention",[114] der einem Interview mit Alexander Römmler in den AntiAging News voransteht, wird ein in diesem Zusammenhang häufig zu findendes Argumentationsmuster deutlich. Die Schulmedizin wird nicht selten recht *pauschal als wirkungslos* oder gar gescheitert dargestellt. Dagegen wird meist relativ *unkonkret die Hoffnung* gestellt, dass sich die Leiden durch zuvorkommendes Risikomanagement von vorneherein vermeiden ließen. Angesichts dieser Hoffnung wird das schulmedizinische Gestaltungsprinzip, erst nach zum Auftreten von Funktionseinbußen und Krankheiten medizinisch tätig zu werden, als geradezu idiotisch dargestellt. Herr Dr. E. vergleicht zur Verdeutlichung der Kurzsichtigkeit akuter „Reparaturen" und des gänzlichen Fehlens einer „Kultur für Vorbeugen" die medizinische Praxis mit einer Autowerkstatt:

> „Wir kommen mit unserem kaputten Auto in die Werkstatt und der Reparateur weiß, wie er das Auto wieder hinkriegt, [...] er sagt uns aber nicht, oder er ist nicht in der Lage, ein Fahrsicherheitstraining mit uns zu machen, wie wir es vermeiden, das nächste Mal aus der Kurve zu fliegen, damit nicht das Auto dann zerdeppert."[115]

Insgesamt fällt auf, dass die GSAAM-MedizinerInnen bei der Abgrenzung ihres ganzheitlichen Präventionsprinzips von der Schulmedizin *keine altersbezogenen Argumente* anführen. Lediglich Herr Dr. D. kritisiert, dass Altersunterschiede bei der schulmedizi-

---

109 z. B. Feldnotizen Podiumsdiskussion 2. Europäischer Präventionstag, 2008, P13:108; Interview P21, z. B. 68 ff.; Interview P17:193.
110 Interview P25:13 ff.
111 Interview P25:13 ff.
112 Feldnotizen Podiumsdiskussion 2. Europäischer Präventionstag, 2008, P13:27; Interview P20:9 ff. und Römmler et al. 2002: *Vorwort (AA Sprechstunde)*.
113 z. B. Jacobi 2005: *AA: Sinnbild, Sehnsucht, Wirklichkeit*.
114 [N. N.] 2008: *Sackgasse Reparaturmedizin – Hoffnung Prävention*.
115 Interview P17:428.

nischen Pharmakotherapie keine Berücksichtigung fänden[116] und HeimbewohnerInnen häufig „überfüttert, überdosiert"[117] seien mit Medikamenten. Die GSAAM-Präsidenten bleiben in ihren wenigen altersbezogenen Argumenten für ihr Interventionsprinzip dagegen eher unspezifisch. So legen Römmler und Kleine-Gunk z. B nahe, dass „die klassische Medizin den Menschen in seinem Bedürfnis nach gesundem Altern ziemlich im Regen stehen"[118] lässt.

1.2.2 Selbstbezeichnungen zwischen Anti-Aging und Prävention

Während im Umfeld der GSAAM also breiter Konsens darüber herrscht, dass die präventive Vermeidung von Altersrisiken das bessere Prinzip der Gestaltung des Alterns ist, besteht jedoch *keineswegs Einigkeit darüber, ob Anti-Aging oder Prävention die bessere Bezeichnung* für das neue medizinische Konzept ist. Zwar findet sich in Publikationen wortführender GSAAM-MedizinerInnen eine klare Akzentverschiebung von Anti-Aging auf Prävention. Der Begriff Anti-Aging wird jedoch insbesondere von den Präsidenten der GSAAM bewusst beibehalten, auch wenn sich viele nicht wortführenden GSAAM-MedizinerInnen nicht damit identifizieren. Entsprechend findet sich ein ambivalenter, paralleler Gebrauch der Begriffe Anti-Aging und Prävention, dessen Strukturen und Motive im Folgenden untersucht werden.

Die *Akzentverschiebung von Anti-Aging auf Prävention* wird besonders augenfällig in den eiligen Namenswechseln des GSAAM Journals (siehe Abbildung 7, zur Publikationsgeschichte der GSAAM siehe auch Teil 1, Kapitel 3.3). Der Begriff Prävention rückt hier mehr und mehr an die erste Stelle, während der ursprüngliche Aufmacher Anti-Aging in den Hintergrund tritt:

Parallel zu dem zweiten Namenswechsel des Journals wurde auch der ausgeschriebene deutsche Namen der GSAAM um den Zusatz „Präventionsmedizin" erweitert.[119] Der englische Name „German Society of Anti-Aging Medicine (GSAAM)" wird seit dem mit „Deutsche Gesellschaft für Prävention und Anti-Aging Medizin" übersetzt. Auch der ausgeschriebene Name der ESAAM, ehemals „European Society of Anti-Aging Medicine", wurde damals in „European Society of Preventive, Regenerative and Anti-Aging Medicie" umgeändert.

Es ließe sich vermuten, dass diese aufwendigen Umbenennungen die begriffliche Konsequenz einer konzeptuellen Neuausrichtung der GSAAM sind. In der Tat korrespondiert die Konjunktur des Begriffs Prävention mit der Akzentverschiebung von Krankheit auf Risiko in den Alterungskonzepten. Die Umbenennung wird jedoch meist nicht mit neuen Konzepten begründet, sondern mit Verweisen auf die negative Ladung

---

116 Interview P 25:225 ff.
117 Interview P25:757.
118 Römmler et al. 2009: *Wofür steht die AAM heute?*
119 vgl. Hennig et al. 2007b: *Editorial.*

Abbildung 7 Die Namenswechsel des GSAAM-Journals

Titel der zentralen GSAAM-Veröffentlichungen	Erscheinungszeitraum (Jahr/Heft)
Anti-aging for professionals Journal of preventive, regenerative and aesthetic medicine[1]	2005/1–2006/1
Prevention and anti-aging for professionals Journal of preventive, regenerative and aesthetic medicine	2006/2–2007/2
Journal of preventive medicine International journal of regenerative preventive anti-aging medicine	2007/3–2008/2
Prävention – Gesundheitsoptimierung, Frühdiagnostik, Lebensstilberatung[2]	2008/4–2010

1   ISSN 1860-871X.
2   ISSN: 1867-125X.

Quelle: eigene Recherche

und begriffliche Unschärfe des Schlagworts Anti-Aging. Hier wird die *marketingstrategische Dimension der Neuausrichtung* der GSAAM besonders deutlich. So erklären die HerausgeberInnen die aufwendige Umbenennung des GSAAM-Journals als eine „neue gemeinschaftliche Kommunikationsstrategie"[120] der GSAAM und der ESAAM. Ein positiver besetzter Begriff für die bestehende Praxis wurde gesucht, nicht ein passenderer Begriff für eine neue Praxis, wie z. B. in Claudia Hennigs Erklärung der ersten Umbenennung ihres Journals deutlich wird:

> „Nachdem in Deutschland der Begriff Anti-Aging mit einem negativen Image behaftet ist und zudem sachlich unrichtig mit Wellness assoziiert wird, haben wir uns zu dieser Namensänderung entschlossen. Inhalt und Intention der Zeitschrift bleiben selbstverständlich gleich."[121]

Insgesamt fällt auf, dass sich viele, auch wortführende GSAAM-MedizinerInnen erstaunlich negativ über den Zentralbegriff ihrer Fachgesellschaft äußern. Lediglich zwei meiner GesprächspartnerInnen beziehen sich in den Darstellungen ihrer Praxis positiv auf den Begriff Anti-Aging.[122] Wie So-Barazetti auch für die Schweizer Anti-Aging-Medizinszene beschreibt,[123] *kritisieren viele GSAAM-MedizinerInnen das Schlagwort Anti-*

---

120 Hennig et al. 2007b: *Editorial.*
121 Hennig et al. 2006b: *Editorial.*
122 vgl. Interview P15 und Interview P23.
123 vgl. So-Barazetti 2008: *AAM in Switzerland*, S. 182.

Aging aufs Schärfste. Von einem „schlecht gewählten",[124] „kaputten",[125] „unglücklichen",[126] „scheußlichen"[127] Begriff ist die Rede.

Meist wird argumentiert, dass Anti-Aging mit der quacksalberischen US-amerikanischen Anti-Aging-Medizin, der effekthascherischen ästhetischen Anti-Aging-Szene sowie mit durch die WHI-Studien in Verruf gebrachten Hormonersatztherapien in Zusammenhang gebracht wird. Da sich die GSAAM jedoch von diesen Anti-Aging-Kontexten abgrenzt, transportiere das Schlagwort Anti-Aging in seiner jetzigen Bedeutung nicht das Anliegen der GSAAM. Entsprechend könne nicht erfolgreich um KundInnen, neue Mitglieder und um Anerkennung in Medizin, Wissenschaft, Politik und Gesellschaft geworben werden. Ein Konferenzbesucher legt diese marketingstrategischen Nachteile des Begriffs offen:

> „Wenn ich eine Firma gründen würde, dann würde ich sie nicht Anti-Aging nennen. Vielleicht happy aging oder irgendwas, aber nicht Anti-Aging. [...] Sie [die wortführenden GSAAM-MedizinerInnen] brauchen sich nicht zu wundern, dass sie mit diesem Marketing Namen ein Problem mit Wissenschaftlichkeit haben."[128]

Bernd Kleine-Gunk sah Anti-Aging aufgrund der Entdeckung dieser marketingstrategischen Nachteile gar am Scheideweg.[129] In einem Editorial beschreibt er, wie sich inzwischen um das einstige „Zauberwort" Anti-Aging, mit dem sich die Hoffnung auf einen boomenden „Megatrend" verband, „Katerstimmung" breitgemacht habe. Zwar hätten „einige Modeärzte [...] gut Kasse gemacht", aber „viele der schicken Anti-Aging-Institute haben sang- und klanglos wieder ihre Tore geschlossen."[130] Kleine-Gunks vernichtende Einschätzung, dass Anti-Aging ein „verbrannter Begriff" sei, läuft nicht auf eine Absage an das Schlagwort hinaus. Vielmehr argumentiert er, dass diese marketinginduzierte Krise auch eine Chance biete, nämlich „Anti-Aging von seinem paramedizinischen Image zu befreien und zu einem seriösen Medizinzweig zu machen."[131]

Zur *Lösung dieser Imagekrise des Anti-Agings greifen die wortführenden GSAAM-MedizinerInnen nun vermehrt auf den Begriff Prävention* zurück. So zeichnete einer meiner Gesprächspartner das Bild eines klaren, strategischen Etikettenwechsels. Er erzählte, dass man nach dem „Hormonknick" durch die HRT-kritische WHI-Studie gemerkt habe, „dass mit Anti-Aging in Deutschland zumindest nichts anzufangen ist. Seit dem

---

124 Feldnotizen Podiumsdiskussion 2. Europäischer Präventionstag, 2008, P13:121.
125 Feldnotizen 6. Konferenz der GSAAM, Düsseldorf, 2006, P11:302.
126 Kleine-Gunk im Interview mit Müller 2010: *Für immer jung*.
127 Jacobi 2005: *AA: Sinnbild, Sehnsucht, Wirklichkeit*, S. 4.
128 Feldnotizen 6. Konferenz der GSAAM, Düsseldorf, 2006, P11:363.
129 vgl. Kleine-Gunk 2005: *AA am Scheideweg*.
130 vgl. ebd.
131 vgl. ebd.

setzten sie auf Präventionsmedizin. Aber machen tun sie genau dasselbe."[132] Auch mir riet eine Journalistin des Patientenjournals der GSAAM zu einem strategischen Etikettenwechsel. Sie schlug vor, meine Doktorarbeit nicht mehr unter dem Schlagwort Anti-Aging, sondern als Präventivmedizin zu „vermarkten", denn „Anti-Aging kennt keiner und hört sich abstrus an. Präventivmedizin ist im Fokus des Interesses."[133]

Die Präferenz für Prävention wird dabei meist nicht damit begründet, dass dies das bessere Gestaltungsprinzip des Alterns sei, sondern dass dem Begriff ein deutlich positiveres Image anhaftet als Anti-Aging. So argumentiert Dr. C.: „Ich denke, dem Wort [...] Prävention ist [...] eigentlich der Vorzug zu geben. Weil: [...] Anti-Aging wirkt halt wirklich sehr sehr schnell in dieser negativen Weise." [134] Denn, wie es in anderem Zusammenhang in einer Pressemitteilung zum Zweiten Europäischen Präventionstag heißt, kann man wohl „von einem *grundlegenden, gesellschaftlichen Wertekonsens zur Prävention* ausgehen".[135] Im Falle von Anti-Aging ist jedoch mit einem verfahrenen Wertedissens zu rechnen ist. In der Tat erfreut sich die Prävention in den unterschiedlichsten Bereichen des gesellschaftlichen Lebens großer Beliebtheit und Überzeugungskraft.[136] Auf den ersten Blick scheint es schlicht keine Argumente gegen die zuvorkommende Vermeidung gesundheitlicher Altersrisiken zu geben. So entgegnete eine meiner Gesprächspartnerinnen auf meine Erklärung, dass ich das Alterspräventionskonzept der GSAAM untersuche, entgeistert: „Was ist das für eine Soziologie, die Prävention kritisiert?!"[137]

In zweierlei Hinsicht ist die Akzentverschiebung von Anti-Aging auf Prävention bemerkenswert. Erstens war die Marketingidee anfänglich genau anders herum. Nicht die Prävention sollte das Imageproblem des Anti-Agings lösen, sondern umgekehrt. Dr. D. erzählt, dass die GSAAM ursprünglich mit Anti-Aging gestartet sei.[138] Sie versuchte „mit diesem Begriff Anti-Aging [...] aber eigentlich sozusagen eine Präventionsbotschaft rüberzubringen."[139] Ähnlich heißt es in Kleine-Gunks frühem Anti Aging-Handbuch: „Insofern wird mit der Anti-Aging-Medizin klassische Präventivmedizin nur besser verkauft, inhaltlich unterscheiden sich diese beiden Ansätze nur unwesentlich."[140]

Zweitens fällt auf, dass sich die GSAAM u. a. mit ihrer Akzentverschiebung von Anti-Aging auf Prävention geschickter zum gesellschaftlichen Wertekonsens positioniert als ihre US-amerikanische Muttergesellschaft A4M. „Die Anti-Aging Leute wissen nicht, wie man mit Politikern spricht und das trifft, was die wollen. Denn alle Medizin hängt

---

132 Feldnotizen 7. GSAAM Konferenz, München, 2007, P8:42.
133 ebd. P8 32.
134 Interview P20:71ff.
135 [N. N.] 2008: *Gesunde zum Arzt!* S. 2. eigene Hervorhebungen.
136 siehe auch Fuchs 2008: *Prävention*, S. 363.
137 Feldnotizen Menopause, Andropause, Anti-Aging Kongress, Wien, 2005, S. 11.
138 vgl. Interview P25:212.
139 Interview P25:77.
140 Wüster 2003: *Qualitätssicherung i. d. AAM*, S. 208.

von öffentlichem Funding ab,"[141] erklärte mir Aubrey de Grey mit Blick auf die A4M. Auf die deutsche Neubegründung der Anti-Aging-Medizin trifft dies jedoch nicht zu.

Die Akzentverschiebung von Anti-Aging zu Prävention als bloßen marketingstrategischen Etikettenwechsel zu verstehen, würde jedoch zu kurz greifen. Denn u. a. handelt es sich nicht um einen wirklichen Wechsel der Begriffe. Trotz aller Kritik *halten die wortführenden GSAAM-MedizinerInnen dennoch an dem Schlagwort Anti-Aging fest*, auch wenn dies anscheinend auf der GSAAM-Jahreskonferenz im Mai 2009 kontrovers diskutiert wurde. So berichtete Herr Dr. D., dass es heftige Kontroversen gegeben habe, ob der Name der GSAAM erneut geändert werden sollte. „Es gab wohl ein Statement Pro-Anti-Aging, wahrscheinlich von Herrn Kleine-Gunk, und ein Statement Contra-Anti-Aging, wahrscheinlich von Herrn Mück."[142] Da der Name der Gesellschaft nicht geändert wurde, scheinen sich die Anti-Aging-BefürworterInnen durchgesetzt zu haben. „Aber der Konflikt schwelt sicher intern weiter," fügte Dr. D. seinem Bericht an.

Entsprechend finden sich im untersuchten empirischen Material mindestens drei Varianten des Nebeneinanders der Begriffe Anti-Aging und Prävention in den Selbstbeschreibungen der GSAAM-MedizinerInnen: Erstens nutzen nicht wenige der MedizinerInnen im Umfeld der GSAAM, die den Begriff Anti-Aging ablehnen, den Begriff dennoch zur Beschreibung ihrer eigenen Praxis. Besonders augenfällig ist dieser *performative Selbstwiderspruch* in Jacobis kulturpessimistischer Schelte des „scheußlichen Modeworts Anti-Aging",[143] die sich im Vorwort zu dem von ihm mitherausgegebenen „Kursbuch Anti-Aging" findet.[144] Für viele KonferenzbesucherInnen scheint der Begriff Anti-Aging hingegen derart unbedeutend für ihre Selbstbeschreibung, dass sich nicht einmal davon abzugrenzen versuchen und konsequent von Prävention sprechen.[145] Dennoch besuchten sie die Veranstaltungen der GSAAM.

Eine zweite häufige Variante des Nebeneinanders von Anti-Aging und Prävention besteht darin, dass der Begriff Anti-Aging nicht abgelehnt wird, sondern eine weitere Dehnung erfährt. *Anti-Aging wird dabei meist schlicht als Prävention definiert.*[146] „Anti-Aging ist natürlich Krankheitsprävention", stellt Dr. C. auf meine Eingangsfrage im Interview klar.[147] Auch Römmler räumt ein: „Der Anti-Aging-Begriff ist vielleicht ein bisschen unglücklich gewählt. Es handelt sich hier um Präventivmedizin."[148] In

---

141 Feldnotizen 7. GSAAM Konferenz, 2007, München, S. 8.
142 Interview P25, 1083.
143 Jacobi 2005: *AA: Sinnbild, Sehnsucht, Wirklichkeit*, S. 4.
144 siehe z. B. auch Feldnotizen ESAAM Konferenz, Düsseldorf, 2008, P3:256.
145 Den entsprechenden Code „Begriff_Prävention statt AA" habe ich 29 Mal vergeben, vgl. z. B. Feldnotizen 8. GSAAM Konferenz, München, 2008, P6:29 und Feldnotizen 6. Konferenz der GSAAM, Düsseldorf, 2006, P11:421.
146 Den entsprechenden Code „Begriff_AA=Prävention" habe ich 28 Mal vergeben.
147 Interview P20:9.
148 Feldnotizen Podiumsdiskussion 2. Europäischer Präventionstag, 2008, P13:113, ähnliche Argumentationen finden sich in Wolf 2005: *Was ist AAM?* S. 315 und Kleine-Gunk 2009: *Individ. Altersprävention*, S. 14.

diesem Sinne spricht Otmar Müller von einer „reduzierten Selbstdefinition als reine Präventivmedizin".[149]

Viele GSAAM-MedizinerInnen gebrauchen die Begriffe *Anti-Aging und Prävention drittens ohne weitere Erklärungen synonym*. Es finden sich alle Arten von Komposita der Begriffe: „Präventiv – Anti-Aging Medizin",[150] „Anti-Aging-Präventivmedizin",[151] „Anti-Aging und Präventivmedizin" oder auch „Präventions- und Anti-Aging-Medizin".[152] Auf die Frage, in welchem Verhältnis beide Begriffe zueinander stehen, erwidert Frau Dr. B. offen: „Ach, da hab ich mir noch überhaupt keine Gedanken drüber gemacht."[153]

Dennoch finden sich – wenn auch selten und wenig ausgearbeitet – neben marketingstrategischen auch andere Argumente dafür, den Begriff Anti-Aging nicht gänzlich zu verbannen, sondern die begriffliche Gratwanderung zwischen Anti-Aging und Prävention auf sich zu nehmen. Zum einen wird auch nach dem Bruch mit der A4M das traditionalistische, pragmatische Argument angeführt, dass der schwierige Begriff Anti-Aging ein *Erbe der Begründer der US-amerikanischen Anti-Aging-Medizin* sei, mit dem man nun eben leben müsse, auch weil es schlicht zu aufwendig wäre, ihn zu ändern. Ähnliches beschreibt So-Barazetti auch für die Schweizer Anti-Aging-Szene.[154] Dr. E. erklärte beispielsweise, dass sich die Begrifflichkeit Anti-Aging leider einfach eingebürgert habe:

> „Im Prinzip würden wir Prävention für [...] besser halten [...]. Das ist aber ein eingeschliffener Begriff, der aus dem Anfang der Neunziger aus den USA rübergeschwappt ist und deshalb: GSAAM heißt einfach jetzt German Society Anti-Aging and Medicine."[155]

Auch Römmler argumentiert, dass der Begriff Anti-Aging etabliert sei und für „fortschrittliche Mediziner" weltweit weder unklar noch strittig sei.[156] Bernd Kleine-Gunk ist hingegen skeptischer in seiner Befürwortung: „Der Begriff [Anti-Aging] ist sicherlich nicht optimal, aber ich kenne derzeit auch keinen besseren. Deshalb nennen wir uns weiterhin ‚Anti-Aging-Mediziner'."[157] Statt „semantischer Diskussionen" über ihren Namen solle sich die GSAAM lieber darauf konzentrieren, „Anti-Aging mit positiven Inhalten zu füllen".[158]

---

149 Müller 2010: *Für immer jung*, S. 2.
150 Hennig et al. 2005b: *Editorial*.
151 Interview P19:63.
152 Interview P23:25 und 515.
153 Interview P23:695.
154 So-Barazetti 2008: *AAM in Switzerland*, S. 182.
155 Interview P17:383, siehe z. B. auch Feldnotizen Podiumsdiskussion 2. Europäischer Präventionstag, 2008, P13:121.
156 [N.N.] 2009: *AA – Aussicht auf gesundes Altern*, S. 1.
157 Harder 2009: *Alle reden von Prävention*, S. 24.
158 ebd.

Im Großen Antiaging News-Interview mit den beiden GSAAM-Präsidenten finden sich schließlich jedoch auch inhaltliche Argumente für die Beibehaltung des Begriffs Anti-Aging.[159] Auf die Frage, ob der Begriff Präventivmedizin nicht besser passe als Anti-Aging geben die beiden jedoch unterschiedliche Antworten: Römmler lehnt den Begriff Prävention als zu unpräzise ab, da dieser „sehr universell und unabhängig vom Patientenalter" sei und deshalb „das Zielobjekt [Alter] nicht gleich zu erkennen" wäre. Anti-Aging sei zudem mehr als die Prävention altersbezogener Krankheiten, nämlich „gleichzeitig auch eine schon frühzeitig einsetzende Therapie von Altersbeschwerden und Folgeerkrankungen."[160]

Auch Kleine-Gunk argumentiert: „Wir bleiben bei Anti-Aging Medizin, weil wir mehr machen als nur Prävention."[161] Dieses Mehr sieht er jedoch nicht wie Römmler in der frühzeitigen Therapie von Altersbeschwerden und -krankheiten, sondern in dem Streben nach *zukünftigen biogerontologischen Strategien gegen den Risikofaktor biologische Alterung an sich*. Kleine-Gunk erklärt:

> „Wir sagen: Die Risikofaktoren für die großen Volks- und Zivilisationskrankheiten [...] sind in erster Linie die Alterungsprozesse. Und deshalb müssen wir verstehen, wie wir altern [...], und auf diesen Erkenntnissen aufbauend mit gezielten Strategien gegen das Altern [...] vorgehen. Das ist die Aufgabe der Anti-Aging-Medizin und deshalb wollen wir uns auch von diesem Begriff nicht trennen."[162]

Kleine-Gunk begründet die Beibehaltung des Begriffs Anti-Aging also damit, dass die Risikovermeidung zukünftig auch an biologischen Alterungsprozessen ansetzen soll. Jedoch fällt auf, dass nur wenige meiner GesprächspartnerInnen in biogerontologischer Tradition biologische Alterungsprozesse als primäre Erkrankungsrisiken ansehen. Lediglich eine Journalistin des GSAAM-Journals erklärte auf mein Frage ganz explizit, dass sie keinen Unterschied im Anti-Aging-Verständnis zwischen der GSAAM und der SENS Foundation sähe.[163] Diese konzeptuelle Differenz findet sich nicht nur zwischen dem GSAAM-Präsidenten und vielen nicht wortführenden GSAAM-Mitgliedern, sondern auch im Hinblick auf das im Folgenden fokussierte Konzept von Anti-Aging bzw. Prävention.

---

159 vgl. [N.N.] 2009: *AA – Aussicht auf gesundes Altern*.
160 vgl. ebd. S. 1.
161 vgl. ebd.
162 vgl. ebd.
163 Feldnotizen 7. GSAAM Konferenz, München, 2007, P8:26.

1.3 Das Konzept der Praxis: Intensives Case Management individueller Alterungsrisiken

Wenn die Alterung nun als Risiko verstanden wird und die vorbeugende Vermeidung von Risiken als das bessere Prinzip der Gestaltung des Alterns gilt, welches Konzept schlagen die wortführenden GSAAM-MedizinerInnen konkret für ihre medizinische Praxis vor? Im Folgenden werden *erstens* die sieben Behandlungsansätze der GSAAM kurz skizziert: Lebensstil, ausgewogene Ernährung und Bewegung, Supplementierung, Hormonersatztherapie, mentale Balance und ästhetisches Anti-Aging. Diese „sieben Säulen der Präventions- und Anti-Aging Medizin" sind an sich nicht neu. Innovativer und weniger diskutiert ist hingegen das *zweites* untersuchte „diagnostische Fundament" der sieben Säulen. Dabei handelt es sich um verschiedene Verfahren zur Ermittlung individueller gesundheitlicher Altersrisiken, die u. a. als Grundlage für die individuelle Zusammenstellung der Behandlungsansätze dienen. Vor diesem Hintergrund wird für die weitere Untersuchung das (neue) Wissen über gesundheitliche Altersrisiken fokussiert.

1.3.1 Die sieben Säulen der Präventions- und Anti-Aging-Medizin

Auf ihrer Website zeigte die GSAAM längere Zeit unter dem Stichwort „Was ist Anti-Aging?" eine Abbildung der „sieben Säulen der Präventions- und Anti-Aging-Medizin" (siehe Abbildung 8). Darin werden die Behandlungsansätze, die im Umfeld der GSAAM gelehrt, angewandt und beworben werden, anschaulich systematisiert. Die sieben Säulen – Lebensstil, ausgewogene Ernährung, Bewegung, Supplementierung, Hormonersatztherapie, mentale Balance und ästhetisches Anti-Aging – stehen in der Abbildung auf einem gemeinsamen Fundament „spezieller Voruntersuchungen mit individueller Diagnostik".

Betrachtet man zunächst die sieben Säulen, fällt auf, dass diese im Vergleich zur A4M und SENS Foundation, aber auch angesichts Kleine-Gunks biogerontologischer Argumente für die Beibehaltung des Begriffs Anti-Aging in ihrer Auswahl und Anordnung moderat gehalten sind. Bei den ersten drei Säulen handelt es sich nicht etwa um neuartige molekularbiologische Biomedizintechniken oder Pharmakotherapien, sondern um bekannte Techniken der Lebensführung: *Lebensstil, ausgewogene Ernährung und Bewegung*. Auf der Podiumsdiskussion des Zweiten Europäischen Präventionstags erklärte Kleine-Gunk, dass es sich dabei um „die Basics" gesunder Lebensführung handle, die schlicht vorausgesetzt würden: „Anti-Aging heißt: man sollte nicht zu dick werden, man sollte aufhören zu rauchen, sich mehr bewegen und sein Gemüse aufessen."[164] Die Auswahl dieser ersten drei Säulen, die auch unter nicht wortführenden GSAAM-MedizinerInnen breite Befürwortung genießen, liest sich auch als klarer Akzent, der jeder Verdacht auf biomedizinische Enhancementpläne ausräumen soll.

---

164 Feldnotizen Podiumsdiskussion 2. Europäischer Präventionstag, 2008, P13:21ff.

Abbildung 8 Die sieben Säulen der Präventions- und Anti-Aging-Medizin

Die sieben Säulen der Präventions- und Anti-Aging-Medizin

Lebensstil · Ausgewogene Ernährung · Bewegung · Supplementierung · Hormonersatztherapie · Mentale Balance · Ästhetisches Anti-Aging

Fundament: Spezielle Voruntersuchungen mit individueller Diagnostik

Quelle: http://www.gsaam.de/was-ist-anti-aging.html (30.4.2011).

Auch wenn es sich dabei um die ersten drei Säulen des Behandlungskonzepts handelt, sind dies jedoch nicht die Bereiche, in denen sich die GSAAM mit neuen Konzepten profiliert. Zwar werden, insbesondere von ernährungs- und sportmedizinisch ausgebildeten GSAAM-MedizinerInnen, gesunde Lebensstile, Ernährungs- und Bewegungsprogramme zahlreich vorgeschlagen. Jedoch ist es nicht das Ansinnen der GSAAM, die Altersprävention über die Entdeckung neuer oder die wissenschaftliche Fundierung herkömmlicher Lebensstilempfehlungen zu reformieren. Auch wenn Claudia Hennig ganz im Sinne der Anordnung der sieben Säulen betont „Erst Lifestyle, Lifestyle, Lifestyle und dann die ganzen Drogen,"[165] fällt auf, dass in Konferenz- und Ausbildungsprogrammen der GSAAM das Verhältnis tendenziell umgekehrt ist. Hier nehmen – wie im Falle der A4M – die Supplementierung mit Mikronährstoffen (vierte Säule) und Hormonersatztherapie (fünfte Säule) großen Raum ein und es finden sich auch zahlreichere Innovationsbemühungen.

Fast alle meiner GesprächspartnerInnen beschreiben, dass ein zentraler Bestandteil ihrer medizinischen Praxis die *Supplementierung mit unterschiedlichsten Mikronährstoffen und Antioxidantien* ist. Viele formulieren in diesem Zusammenhang physiologische Mängeltheorien des Alterns, denen zufolge die Unterversorgung mit Vitaminen, Spurenelementen, Mineralstoffen, bestimmten Proteinen und Aminosäuren Ursache und

---

165 Feldnotizen Workshop „Der Anti-Aging Patient", Hennig, 8. GSAAM Konferenz, München, 2008, P7:47.

Folge von Erkrankung und Alterung sein kann.[166] Auch die populäre Freie Radikale Theorie, der zufolge reaktive Sauerstoffspezies und freie Stickstoffradikale oxidative Zellschäden verursachen und Ursache sowie Folge der Alterung sind, erfreut sich großer Beliebtheit und begründet unterschiedliche Behandlungen mit Antioxidantien.[167]

Die Dosierungsvorschläge sind dabei, wie Römmler betont, meist deutlich höher als die entsprechenden Empfehlungen der Deutschen Gesellschaft für Ernährung.[168] Allerdings betont Klentze, dass GSAAM-MedizinerInnen im Gegensatz zur A4M keine „Freunde riesiger Mengen" sind.[169] Viele GSAAM-MedizinerInnen lehnen ihre Behandlungen an Konzepte der orthomolekularen Medizin an.[170] Im GSAAM-Journal erklärt Rainer Schroth: „Anti Aging und orthomolekulare Medizin brauchen einander gegenseitig, sie wirken unter einem Dach, in einem Haus, in einer Zelle."[171]

Noch häufiger als die Supplementierung findet die fünfte Säule der Präventions- und Anti-Aging-Medizin im untersuchten Material Erwähnung:[172] Das maßgeblich von Alexander Römmler in die GSAAM eingebrachte Konzept einer *„erweiterten Hormonersatztherapie"*[173] insbesondere mit Östrogenen, Gestagen, Androgen, DHEA, Melatonin und bisweilen auch mit dem Wachstumshormon HGH.[174] Deren Grundlage ist die schon seit langem eng mit der Geschichte medizinischer Verjüngungsprojekte verwobene Theorie neuroendokriner Alterung. Der zufolge verhält sich der Kausalzusammenhang zwischen Hormonsekretion und Alterung umgekehrt als üblicherweise angenommen: „Nicht weil wir altern sinken die Hormonspiegel, sondern weil die Hormonspiegel sinken, altern wir."[175] Dr. D. beschreibt die Behandlung mit Hormonpräparaten als einen „spezielleren Ausgangspunkt"[176] auch der deutschen Anti-Aging-Medizin. In der Tat sind viele GSAAM-MedizinerInnen gynäkologisch oder endokrinologisch ausgebildet und u. a. aufgrund ihres Interesses für Hormonbehandlungen zur GSAAM gestoßen.[177]

---

166 vgl. z. B. Feldnotizen ESAAM 2008 P3:133 ff. und Interview P21. Ein Überblick über physiologische Mängeltheorien des Alterns im Umfeld der GSAAM findet sich in Teil 3, Kapitel 1.1.3 (S. 208 ff.).
167 vgl. z. B. Interview P21:864 und 156, Interview P23:143 und Interview P22:1537. Ein Überblick über molekularbiologische Schadenstheorien des Alterns im Umfeld der GSAAM findet sich in Teil 3, Kapitel 1.1.3 (S. 208 ff.).
168 Römmler 2002: *Einführung i. d. AAM (AA Sprechstunde)*, S. 8.
169 vgl. Klentze in Kienzlen 2007: *Praxis Dr. Jungbrunnen*.
170 vgl. z. B. Feldnotizen ESAAM Konferenz, Düsseldorf, 2008, P3:137 ff., Interview P15:135, Interview P21:178 und Interview P23:125.
171 Schroth 2005: *Chancen d. orthomolekularen Medizin*, S. 80.
172 Der entsprechende Code wurde 31 Mal vergeben, während der Code für Supplementierung 19 Mal vergeben wurde.
173 vgl. z. B. Römmler 2002: *Einführung i. d. AAM (AA Sprechstunde)*, Römmler 2006: *Wahrheit über Hormone* und Kleine-Gunk 2007: *AAM. Hoffnung oder Humbug?* S. A2058.
174 vgl. z. B. Feldnotizen 6. Konferenz der GSAAM, Düsseldorf, 2006, P11:268 und 382.
175 Kleine-Gunk 2003: *Alterungstheorien*, S. 23. Ein Überblick über endokrine Mangeltheorien der Alterung im Umfeld der GSAAM findet sich in Teil 3, Kapitel 1.1.3 (S. 226 ff.).
176 Interview P25:277.
177 vgl. z. B. Interview P17:45 ff. und Feldnotizen 6. Konferenz der GSAAM, Düsseldorf, 2006, P11:260.

Der „Hormonknick 2003/2004", den die kritischen Hormonstudien der Women's Health Initiative (WHI)[178] verursachten, bekamen die GSAAM-MedizinerInnen deutlich zu spüren.[179] Im Gegensatz zur ihren US-amerikanischen KollegInnen begannen sie als Teil einer neuen Kommunikationsstrategie, zum einen der WHI-Studie „dementierend entgegenzuhalten"[180] und zum anderen aber auch ihr Hormonersatzkonzept zu modifizieren, um den Leuten die „Angst vor Hormonen" zu nehmen.[181] Zu diesem Zweck verfolgten Römmler und KollegInnen vor allem zwei „Auswege zur Risikoreduktion"[182] von Hormonersatztherapien: Zum einen sollen mögliche Risiken von Hormongaben im Vorfeld pharmakogenetisch abgeklärt werden, was den im Folgenden eingehender untersuchten prädiktiven Polymorphismusanalysen zusätzlich Geltung verlieh. Zum anderen hebt die GSAAM stets ihre „europäische Verordnungsweise" hervor, um sich von den in Verruf geratenen Hormontherapien ihrer US-amerikanischen KollegInnen abzugrenzen.[183] Vor allem die folgenden Argumente werden dafür genannt, dass die Verordnungsweise der GSAAM risikoärmer ist als die herkömmlicher Hormontherapien:

Voraussetzung einer Hormonersatztherapie (HRT) ist eine klinische Symptomatik sowie ein laborchemisch nachgewiesener Hormonmangel. Die Hormongabe erfolgt teilweise nicht oral, sondern transdermal. Die Substanzen werden möglichst nicht synthetisch hergestellt, sondern aus Naturprodukten gewonnen. Es werden nicht nur einzelne Hormone substituiert, sondern auf das Zusammenspiel des gesamten Hormonhaushalts geachtet. Möglichst sollte ein günstiges „zeitliches Fenster" für den Beginn der HRT abgepasst werden, in dem noch keine gesundheitlichen Vorschädigungen vorhanden sind. Die HRT ist nur unter ärztlicher Anleitung durchzuführen. Zudem wird „individualisierte" Dosierung im physiologischen Bereich verordnet.

In Bezug auf die Dosierung sind viele GSAAM-MedizinerInnen bemüht, ihre Hormonbehandlungen von unethischem „Doping" abzugrenzen.[184] Nicht selten wird diese Grenze mit Verweis auf Natürlichkeitsargumente gezogen. So unterstreicht Alexander Römmler, dass es sich nicht um eine Hormontherapie, sondern um eine Hormon*ersatz*therapie handle,[185] weil lediglich ein durch Tests bestätigter „Hormonmangel" ausgegli-

---

178 siehe http://www.nhlbi.nih.gov/whi/whi_faq.htm (28. 11. 2013).
179 vgl. z. B. Feldnotizen 7. GSAAM Konferenz, München, 2007, P8:42.
180 Feldnotizen „Menopause Andropause Anti-Aging" Kongress, 2005, Wien, siehe auch Römmler 2006: *Wahrheit über Hormone* und Kleine-Gunk 2007: *AAM. Hoffnung oder Humbug?* S. A2058.
181 vgl. z. B. Feldnotizen Podiumsdiskussion 2. Europäischer Präventionstag, 2008, P13:60.
182 Römmler 2005: *Risikoreduktion einer HRT*, siehe auch Feldnotizen ESAAM Konferenz, Düsseldorf, 2008, P3:284.
183 Trotz der Betonung ihrer europäischen Verordnungsweise fanden sich auf GSAAM Konferenzen lange auch Vorträge von Ärzten, die ursprünglich von wortführenden GSAAM Ärzten gezielt gewonnen wurden und Wachstumshormontherapien nach US-amerikanischem Vorbild durchführen (vgl. z. B. P11:201 ff.), was jedoch „selbst von den Anti-Aging KollegInnen skeptisch begutachtet" wurde (vgl. P8:48).
184 vgl. z. B. Interview P15:43, Interview P25:293.
185 vgl. z. B. Feldnotizen Podiumsdiskussion 2. Europäischer Präventionstag, 2008, P13:60.

chen, aber keine „superphysiologischen Dosierungen" vorgenommen würden. In diesem Zusammenhang spricht er von der „Wiederherstellung natürlicher Verhältnisse", womit er zunächst Hormonspiegel im Alter von 25 bis 30 Jahren[186] und mittlerweile im Alter von 30 bis 40 Jahren[187] versteht. Kleine-Gunk hingegen betont, dass es sich dabei der erweiterten Hormonersatztherapie nicht um eine Wiederherstellung natürlicher Verhältnisse handle, sondern um eine „pharmakologische Intervention, deren Nutzen-Risiko-Verhältnis genau abgewägt werden muss."[188]

„*Mentale Balance*" stellt im Behandlungskonzept der GSAAM die sechste Säule dar, denn „Stress und unbewältigte Konflikte sind ein wichtiger Alterungsfaktor."[189] Viele GSAAM-MedizinerInnen sind wie Dr. A. überzeugt, dass der Präventionsmediziner auch „verpflichtet" sei, auf die Seele zu gucken[190] oder die Behandlung „im Grunde bei der Psyche" beginnen sollte.[191] Einige sind, wie z. B. Michael Klentze, Claudia Hennig und Dr. G., auch psychotherapeutisch ausgebildet. Im untersuchten empirischen Material finden sich jedoch keine Hinweise darauf, dass Methoden zur Erlangung der mentalen Balance für die Praxis der meisten GSAAM-MedizinerInnen von besonderer Bedeutung sind. Zwar enthalten die Konferenzprogramme einzelne Vorträge über Stressprävention durch Zeitmanagement, Meditation, Entspannungsmethoden und Ausdauersport.[192] Frau Dr. G. ist jedoch die einzige meiner GesprächspartnerInnen, die berichtet, psychische Aspekte systematisch zu bearbeiten. So sei es integraler Bestandteil ihres Präventionskonzepts,

„die Karten neu zu mischen für alle Lebensbereiche, Sinnfragen zu klären, Beziehungskonzepte zu überdenken, [...] Familienplanungen zu überlegen, zu gucken: Bin ich mit meinen Fähigkeiten in meinem Beruf am richtigen Platz?"[193]

Lediglich eine meiner GesprächspartnerInnen erklärt, dass in ihrer Behandlung u. a. in der Tradition Deepak Chopras[194] auch Spiritualität ein Thema sei.[195] Dagegen fällt auf, dass für die Anwenderin Frau M. ihre Suche nach seelischem Wohlbefinden, Lebenssinn und einer Glaubensgemeinschaft von deutlich zentralerer Bedeutung sind als das Streben nach körperlichem Wohlbefinden.[196]

---

186 vgl. Römmler 2002: *Einführung i. d. AAM (AA Sprechstunde)*, S. 11.
187 vgl. Feldnotizen Podiumsdiskussion 2. Europäischer Präventionstag, 2008, P13:62.
188 Kleine-Gunk 2007: *AAM. Hoffnung oder Humbug?* S. A2058.
189 http://www.gsaam.de/was-ist-anti-aging/das-anti-aging-konzept.html (28. 11. 2013).
190 vgl. Interview P16:153, 177 ff. und 201.
191 vgl. Michael Klentze in Kienzlen 2007: *Praxis Dr. Jungbrunnen*.
192 vgl. Feldnotizen Podiumsdiskussion 2. Europäischer Präventionstag, 2008, P13:51.
193 Interview P19:101.
194 vgl. Chopra 2008: *Ageless body* und zur Kritik Baer 2003: *Critique of holistic health/new age*.
195 vgl. Feldnotizen 7. GSAAM Konferenz, München, 2007, P8:18.
196 vgl. Interview P22 und Spindler 2008: *Surrogate religion, spiritual materialism or protestant ethic?* S. 325 f.

„Ästhetisches Anti-Aging" stellt schließlich die siebte Säule der Präventions- und Anti-Aging-Medizin dar, auch wenn im Umfeld der GSAAM ein recht ambivalentes Verhältnis zu plastischer Chirurgie, ästhetischer Dermatologie und Kosmetikprodukten vorherrscht. Einerseits grenzen viele GSAAM-MedizinerInnen ihr „medizinisches Anti-Aging"[197] fast ebenso scharf von ästhetischem Anti-Aging ab wie von der US-amerikanischen Anti-Aging-Medizin. So reagierten Römmler und einige seiner KollegInnen auf der Podiumsdiskussion des Zweiten Europäischen Präventionstags geradezu allergisch auf die Gleichsetzung ihres Programms mit ästhetischem Anti-Aging.[198]

Dabei wird häufig das „Kaschieren" äußerlicher Zeichen der Alterung als das falsche Anti-Aging-Ziel abgelehnt.[199] Insbesondere plastisch-chirurgische Verfahren zur Fettreduktion, Gesichts- und Brustliftings werden von vielen als riskant und nicht nachhaltig abgelehnt. Die stark marktgängigen, nichtchirurgischen Verfahren der ästhetischen Dermatologie[200] wie Behandlungen mit Laser, Botulinum-Toxin, Peelings und Fillern werden nicht selten wegen ihrer kommerziellen Ausrichtung kritisiert.[201] Entsprechend fiel auf, dass auf den Pharmaausstellungen der GSAAM im Gegensatz zu denen der ESAAM und der A4M kaum AnbieterInnen ästhetischer Anti-Aging-Maßnahmen präsent waren. „Viele der Besucher interessieren sich einfach nicht dafür", erklärte mir der Standleiter eines Filleranbieters auf der Achten GSAAM-Konferenz. „Nächstes Mal werden wir halt nicht mehr kommen. Aber ausprobieren muss man es halt. Auf dermatologischen oder plastisch-chirurgischen Kongressen ist das viel gefragter."[202]

Andererseits werden unter verschiedenen Bedingungen ästhetisch-dermatologische Anwendungen und Kosmetik dennoch als Teil des GSAAM-Programms angesehen. So wird auf der GSAAM-Website beispielsweise auf KundInnenwünsche verwiesen. Dort heißt es: „Dennoch – wer jünger bleiben will, möchte häufig auch jünger aussehen."[203] Und Kleine-Gunk, der selbst eine Hormonkosmetikserie vertreibt,[204] erklärt: „Nichtchirurgische Verfahren sind die Renner der ästhetischen Medizin."[205] Römmler hingegen erklärte anfänglich medizinisch-ästhetische Korrekturen im Falle „besonderer Entgleisungen" für legitim, weil dies positive gesundheitliche und psychische Auswir-

---

197 z. B. Wolf 2005: *Was ist AAM?* und Jacobi 2005: *AA: Sinnbild, Sehnsucht, Wirklichkeit*, S. 3.
198 vgl. z. B. Feldnotizen Podiumsdiskussion 2. Europäischer Präventionstag, 2008, P13:100.
199 vgl. z. B. Feldnotizen Podiumsdiskussion 2. Europäischer Präventionstag, 2008, P13:69 und http://www.gsaam.de/was-ist-anti-aging/das-anti-aging-konzept.html (28. 11. 2013).
200 vgl. z. B. Interview 24.
201 vgl. z. B. Feldnotizen ESAAM Konferenz, Düsseldorf, 2008, P3:137, 286 und 355, Feldnotizen Anti-Ageing Medicine World Congress Paris 2006, P5:147, Feldnotizen 8. GSAAM Konferenz, München, 2008, P6:53 und Interview P25:325.
202 Feldnotizen 8. GSAAM Konferenz, München, 2008, P6:149, vgl. auch Feldnotizen 6. Konferenz der GSAAM, Düsseldorf, 2006, P11:284.
203 http://www.gsaam.de/was-ist-anti-aging/das-anti-aging-konzept.html (28. 11. 2013).
204 vgl. Kleine-Gunk 2010: *Innovative Hormonkosmetik*.
205 Kleine-Gunk 2009: *Filler & Peelings*.

kungen haben könne.²⁰⁶ Ähnlich schränkte Günther Jacobi ein, dass lediglich „rein dekorative ‚ästhetische' Dienstleistungen [...] vom Kompetenzfeld ‚Gutes Älterwerden' abgegrenzt"²⁰⁷ werden sollten. Claudia Hennig und Michael Klentze legten in einer ihrer Argumentationen hingegen eher nahe, dass es sich bei ästhetisch-medizinischen und plastisch-chirurgischen Maßnahmen um einen wichtigen, aber nicht den einzigen Teil des Anti-Aging handele.²⁰⁸

1.3.2 Individuelle Risikodiagnostik als neues Fundament der sieben Säulen

Die sieben Säulen der Präventions- und Anti-Aging-Medizin sind an sich also nicht neu und in der Diskussion über Anti-Aging bekannt. Eine zentrale, bisher kaum diskutierte Neuerung der GSAAM ist hingegen, dass sie die bekannten Behandlungsansätze auf ein gemeinsames Fundament „spezieller Voruntersuchungen mit individueller Diagnostik" zu stellen sucht. Grundidee dieser Voruntersuchungen ist der Risikologik folgend, dass als Grundlage für eine Präventions- bzw. Anti-Aging-Behandlung zunächst möglichst frühzeitig und systematisch erhoben werden muss, welche Risiken für den Einzelnen überhaupt bestehen. Die „Chance" dieser neuen Form der Diagnostik wird darin gesehen, dass erst wenn Risiken bekannt sind, ihnen gezielter als bisher entgegengesteuert werden kann.²⁰⁹

Die „Entwicklung von Untersuchungssystemen zur Früherkennung gesundheitlicher Risiken"²¹⁰ ist entsprechend eines der Ziele der GSAAM. In der Tat sind im Umfeld der GSAAM eine Reihe von Untersuchungsverfahren entwickelt worden, deren Ziel die „Erhebung",²¹¹ „Berechnung",²¹² „Abschätzung",²¹³ „Diagnose"²¹⁴ oder auch „Definition"²¹⁵ von altersbezogenen Gesundheitsrisiken oder auch „Risikomarkern",²¹⁶ „life-time'- Krankheitsrisiken",²¹⁷ „Lebensgesundheitsrisiken"²¹⁸ oder „Gesundheitsdiagnosen"²¹⁹ ist.

Die Idee, anhand aktueller körperlicher Zustände, der Krankheitsgeschichte und einer Analyse des Lebensstils zukünftige problematische Entwicklungen im Alter abzuschätzen, ist an sich nicht neu. So stellt Michael Klentze in einem Vortrag über geneti-

---

206 vgl. Römmler 2002: *Einführung i. d. AAM (AA Sprechstunde)*, S. 21.
207 Jacobi 2005: *AA: Sinnbild, Sehnsucht, Wirklichkeit*, S. 11.
208 Hennig et al. 2006a: *Editorial*.
209 vgl. z. B. Siffert 2005: *Primär- & Sekundärprävention durch DNA-Diagnostik*, S. 277.
210 http://www.gsaam.de/gsaam-ueber-uns/definition-ziele.html (28. 11. 2013).
211 z. B. Wolf 2002: *Das AA Erstgespräch*, S. 25.
212 Interview P23:815.
213 Kley 2003: *AA Labor*.
214 Wolf et al. 2003: *Das Altern messbar machen*, S. 27.
215 Gruber et al. 2003: *Altern*, S. 57.
216 Siffert 2005: *Primär- & Sekundärprävention durch DNA-Diagnostik*, S. 278.
217 Gruber et al. 2003: *Altern*, S. 57.
218 ebd. S. 56.
219 Wolf et al. 2003: *Das Altern messbar machen*, S. 27.

sche Risikokalkulation z. B. die Korrelation von Insulinwerten, Alter und Rauchen oder die Messung des pH-Wertes der Arterieninnenwände als herkömmliche Methoden der Errechnung des Risikos für kardiovaskuläre Erkrankungen vor. Im Kursbuch Anti-Aging hebt Bernd Kleine-Gunk gar hervor: „Die kompetente Blutdruckmessung gilt als einfachste und wahrscheinlich aussagekräftigste Anti-Aging-Untersuchung überhaupt."[220] Die im Umfeld der GSAAM vertriebenen Verfahren zur Erstellung individueller Risikoprofile zeichnen sich jedoch dadurch aus, dass z. B. neue oder bisher nicht für die Risikokalkulation genutzte Techniken zum Einsatz kommen, die Untersuchungen computerunterstützt durchgeführt werden und auch neue oder auch zahlreichere Parameter in die Kalkulationen einbezogen werden. Durch die so erneuerte Evidenzbasis erfahren die Risikokalkulationen eine Aufwertung und können in der ärztlichen Praxis als neue Dienstleistung verkauft werden. U. a. folgende Verfahren der Risikokalkulation finden im untersuchten empirischen Material Erwähnung:

Großer Bekanntheit und Beliebtheit erfreuen sich im Umfeld der GSAAM die Risikokalkulationskonzepte des von Alfred Wolf und Söhnen gegründeten Unternehmens BioAging[221] (siehe auch Teil 1, Kapitel 3.2). Alfred Wolf profilierte sich im Leitungsteam der GSAAM schon früh mit seinen Arbeiten zur „biologischen Alters- und Vitalitätsmessung",[222] die bald von den Präsidenten der GSAAM aufgegriffen, aktiv beworben[223] und als Fundament des Behandlungskonzepts etabliert wurden. BioAging ist entsprechend Sponsor der GSAAM und auf keiner ihrer Konferenzen fehlt ein Stand der Firma.

BioAging vertrieb ursprünglich Geräte und heute vor allem Software für die systematische Kalkulation gesundheitlicher Alterungsrisiken. Dabei füllt die Testperson zunächst einen computergestützen Fragebogen zur Gesundheitsanamnese aus, in dem u. a. die persönliche und familiäre Krankheitsgeschichte sowie der Lebensstil und das Ernährungs- und Bewegungsverhalten intensiv abgefragt wird. Anschließend wird eine umfangreiche „Vitalitätsdiagnostik" durchgeführt, in der u. a. die Befindlichkeit, die Körperkomposition sowie die Funktionsfähigkeit von Gehirn, Muskulatur, Gelenken, Dehnbarkeit, Herz, Kreislauf und Lunge gemessen werden. Schließlich werden von dem assoziierten Labor BioLabs[224] biochemische Daten u. a. über Blutwerte, Hormonspiegel und ggf. auch genetische Polymorphismen erhoben. Diese drei Testbereiche fügt die Software anhand von „Textbausteinen im Hintergrund"[225] zu einem „Gesundheits-

---

220 Kleine-Gunk 2005: *AA. Institute & Sprechstunden*, S. 381.
221 http://www.bioaging.de/ (24. 2. 2011).
222 vgl. z. B. Wolf 2002: *Das AA Erstgespräch*, Wolf et al. 2003: *Das Altern messbar machen* und Wolf et al. 2005: *Biolog. Altersmarker*.
223 z. B. Römmler 2002: *Einführung i. d. AAM (AA Sprechstunde)*, S. 5, Feldnotizen Workshop „Der Anti-Aging Patient", Hennig, 8. GSAAM Konferenz, München, 2008, P7:29 und Kleine-Gunk 2005: *AA. Institute & Sprechstunden*, S. 378.
224 http://www.bio-labs.eu/ (24. 2. 2011).
225 Feldnotizen 6. Konferenz der GSAAM, Düsseldorf, 2006, P11:332.

bericht" zusammen. Erklärtes Ziel der Testung ist es, den biologischen Alternsprozess einer Person zu quantifizieren.[226] Deshalb werden die Werte für verschiedene Analysebereiche zu dem „biologischen Alter" der Testperson aggregiert. Durch eventuelle Abweichungen dieses biologischen Alters vom chronologischen Alter wird die Bewertung der Testergebnisse verdeutlicht.

Von zentraler Bedeutung sind zudem Verfahren zur Ermittlung genetischer Risikoprofile. Zum Zeitpunkt der Untersuchung waren insbesondere die Gentests eines damals, mit der GSAAM verknüpften Unternehmens, der Firma Genosens (siehe Teil 1, Kapitel 3.2), vielen GSAAM-MedizinerInnen als Marke bekannt. In diesen Tests wird ermittelt, welche der häufig vorkommenden Normabweichungen die Basestruktur einzelner Gene der Testperson aufweisen. Über die statistische Korrelation dieser genetischen Polymorphismen mit altersassoziierten Erkrankungen wird auf gesundheitliche Altersrisiken der Person geschlossen. Prädiktive Gentests zur Ermittlung genetischer Risikoprofile werden im Folgenden genauer vorgestellt und untersucht (siehe Teil 2, Kapitel 3.2 und 3.3).

Darüber hinaus finden sich in den Konferenzvorträgen, auf den Pharmaausstellungen und in den Erzählungen der KonferenzbesucherInnen auch andere Testverfahren zur Ermittlung gesundheitlicher Altersrisiken: Angebote verschiedener Labors für unterschiedliche Untersuchungen von Blutwerten;[227] Dr. E. bietet seinen PatientInnen an, mithilfe radiologischer Methoden ihr problematisches Bauchfett genauer zu bestimmen und zu visualisieren;[228] Frau Dr. B. hat sich für ihren Einstieg in die Anti-Aging-Medizin ein Gerät gemietet, das anhand einer Kapillarblutprobe aus den Fingern den oxidativen Stress einer Person messen soll[229] und mehrere meiner GesprächspartnerInnen liebäugeln damit, in die Hautfunktionsmessung einzusteigen.[230]

Die Einführung solcher Verfahren zur Erstellung „individueller Risikoprofile"[231] in die medizinische Praxis ist einer der Kernbereiche der medizinischen Innovation des Programms der GSAAM, die sowohl auf Anbieter- als auch auf Nachfrageseite beachtliche ärztlich-unternehmerische Interessen mobilisiert hat. In zahlreichen Vorträgen auf GSAAM-Konferenzen werden solche Verfahren der Risikoermittlung der ÄrztInnenschaft vorgestellt. Der ärztliche Umgang damit ist zentraler Bestandteil von Weiterbildungsangeboten der GSAAM und Stände von Firmen, die diese Untersuchungsverfahren anbieten, genießen große Beliebtheit bei BesucherInnen von GSAAM-Konferenzen.

---

226 vgl. Wolf et al. 2003: *Das Altern messbar machen.*
227 vgl. z. B. Feldnotizen Workshop „Der Anti-Aging Patient", Hennig, 8. GSAAM Konferenz, München, 2008.
228 vgl. Interview P25:585.
229 vgl. Interview P23:134ff.
230 vgl. z. B. Interview P23:922 und Interview P24:193.
231 Römmler 2002: *Einführung i. d. AAM (AA Sprechstunde),* S. 13.

Ein entsprechender „Messplatz" sollte Bernd Kleine-Gunk zufolge zur Grundausstattung eines Anti-Aging-Instituts gehören.[232]

1.4 Inhaltliche Fokussierung: (Neues) Wissen über Alterungsrisiken

Der innovative Beitrag der GSAAM zu Anti-Aging bzw. Prävention liegt also bisher weniger in der Eröffnung neuer oder weiterreichender, biomedizintechnischer Gestaltungsmöglichkeiten des Alter(n)s. Vielmehr sollen *auf der Grundlage individueller Risikoprofile bisherige Gestaltungsspielräume optimaler genutzt* werden. Zu diesem Zweck sollen vor Beginn einer Behandlung gesundheitliche Alterungsrisiken umfassender und zuverlässiger als bisher festgestellt werden. Voraussetzung hierfür ist (neues) Wissen über gesundheitliche Alterungsrisiken, durch welches die Alterung präsymptomatisch messbar und behandelbar gemacht werden soll.

Dieses für das Programm der GSAAM zentrale Risikowissen wird im folgenden Kapitel auf seine Selektivität, Normativität und Handlungsbezüge hin untersucht. Das Konzept von Alterung als Erkrankungsrisiko steht gängigen Altersbildern relativ nahe und scheint damit auf den ersten Blick weniger begründungsbedürftig als das Konzept von Alterung als Krankheit. Jedoch ist keinesfalls selbstverständlich, was genau als Risiko definiert wird, anhand welcher Vorboten dieses Risiko prognostiziert wird und wie und von wem es schließlich vermieden werden soll.

2 Die Beschaffenheit der Risikokonstruktion

Dass es sich bei der Alterung um ein Risiko handelt, wird im Umfeld der GSAAM nicht in erster Linie biomedizinwissenschaftlich begründet. Wie gezeigt wurde, haben Theorien über den Ablauf körperlicher Alterungsprozesse im Programm der GSAAM eher den Status nachholender Verwissenschaftlichungsversuche (siehe Teil 3, Kapitel 1.1.3). Die Risikologik, der zufolge die Alterung entweder gut oder schlecht verlaufen kann, dies jedoch nicht gänzlich vorherbestimmt, sondern durch Maßnahmen der Risikovermeidung schon heute beeinflussbar ist, wird auf andere Weise begründet. Die Konstruktion von Alterungsrisiken nimmt ihren Ausgang in der Kontrastierung *zweier alltagsweltlich begründeter, polar gewerteter Alter(n)sszenarien:* Einer schlechten, zukunftslosen Wirklichkeit der Alter(n)s, die es zu vermeiden gilt, und einer guten Alter(n)szukunft, auf welche zugearbeitet werden soll.

Im Folgenden werden *erstens* Relevanz und Charakteristika der argumentativen Trennarbeiten zwischen schlechtem und gutem Alter(n) im Umfeld der GSAAM herausgearbeitet. Darauf werden *zweitens* die zahlreichen Darstellungen der Wirklichkeit

---

232 Kleine-Gunk 2005: *AA. Institute & Sprechstunden.*

des Alter(n)s untersucht und Hinweise auf die Selektivität des Doppelarguments mit individuellen Leiden und gesellschaftlichen Kosten der Alterung herausgearbeitet. *Drittens* wird untersucht, welche gute Möglichkeit des Alter(n)s die GSAAM der schlechten Wirklichkeit entgegenstellt, auf welchen Vorstellungen guten Alterns diese zurückgehen und welche Ziele der medizinischen Gestaltung des Alterns darin eingeschrieben sind.[233]

2.1 Argumentative Trennarbeiten zwischen schlechtem und gutem Alter(n)

Ein Argumentationsmuster durchzieht das untersuchte empirische Material: *Zwei Szenarien des Alter(n)s werden entworfen und polar gewertet.* Diese argumentativen Trennarbeiten zwischen schlechtem und gutem Alter(n) nehmen in vielen der untersuchten Argumentationen großen Raum ein. Im Vordergrund steht die schlechte Wirklichkeit der individuellen Leiden und gesellschaftlichen Kosten des Alter(n)s, die mit Rückgriff auf Kernthesen des demografischen Krisendiskurses oft in dramatischen Farben gezeichnet wird. Dieser negative Pol des Alterns erscheint in den Darstellungen häufig „wirklicher" als positive Alterserfahrungen, die tendenziell eher in den Bereich des Möglichen als des Faktischen weisen.

Die Wirklichkeit des Alter(n)s wird im Umfeld der GSAAM jedoch nicht ausschließlich negativ dargestellt. Dies unterscheidet die GSAAM von dem radikal biogerontologischen Ansatz der SENS Foundation, welcher u. a. auf der Annahme basiert, dass gutes Altern bei dem derzeitigen Stand biomedizinischer Interventionsmöglichkeiten schlicht nicht möglich ist. Da die GSAAM im Gegensatz zur SENS Foundation die Alterung bereits mit den derzeit verfügbaren Mitteln besser zu gestalten verspricht, fällt ihre argumentative Trennarbeit ambivalenter aus. Diese *Gratwanderung zwischen der Hervorhebung des Handlungsbedarfs und der Plausibilisierung von Handlungsmöglichkeit* gibt ihren dichotomen Altersbeschreibungen ihre spezifische Prägung:

Einerseits werden leidvolle Erfahrungen älterer Menschen betont, um dringenden Handlungsbedarf zu signalisieren. Andererseits muss jedoch auch die Möglichkeit leidfreien Alterns unter heutigen technischen Bedingungen eingeräumt werden, um die Wirksamkeit der eigenen Gestaltungsvorschläge nicht ad absurdum zu führen. Der schlechten Wirklichkeit wird deshalb auch die Möglichkeit einer guten, von Gesundheit, Funktionsfähigkeit und Kostenneutralität geprägten Alter(n)szukunft entgegengehalten. Das Eintreten guten Alter(n)s wird dabei häufig an günstigen genetischen Dispositionen und einem gesunden Lebensstil des Einzelnen festgemacht. Die Güte von Alterungsprozessen wird also nicht nur unterschieden, sondern auch als genetisch vorhersagbar und lebensstilbezogenen steuerbar beschrieben. Schlechtes Alter(n) ist in dieser Konstruktion keine unvermeidbare Gefahr, deren Folgen lediglich verwaltet werden

---

[233] Ein detaillierter Kapitelüberblick findet sich in der Einleitung zu Teil 3 (S. 197 ff.).

können, sondern ein vermeidbares Risiko, welches durch Präventionsmaßnahmen verhindert werden kann.

Diese argumentativen Trennarbeiten sind *kein Spezifikum der deutschen Anti-Aging-Medizin*. In drei ganz unterschiedlichen Diskussionszusammenhängen, die für vorliegende Untersuchung relevant sind, findet diese Argumentationsfigur Erwähnung: Erstens zeigt Kondratowitz in seiner Analyse von Konjunkturen der Thematisierung des Alter(n)s, dass diese dichotome Ordnungsfigur bzw. davon abgeleitete Dichotomien insgesamt charakteristisch sind für weite Teile der modernen Thematisierung und Gestaltung des Alterns.[234] Zweitens beschreibt Peter Fuchs in seiner systemtheoretischen Untersuchung über Prävention die Eröffnung zweier alternativer Zukünfte als konstitutiv für die Begründung eines Risikos.[235] Drittens weist die Argumentationsfigur der GSAAM-MedizinerInnen Ähnlichkeiten zu Julia Dietrichs Modell ethischer Urteilsbildung auf:[236] Eine Wahrnehmung der Wirklichkeit des Alter(n)s und eine Vorstellung guten Alterns verbinden sich zu einer Probleminszenierung und einem Urteil, aus dem Handlungsbedarf abgeleitet wird. Diese gerontologischen, systemtheoretischen und argumentationstheoretischen Befunde schärfen den Blick für die folgende Untersuchung der Risikokonstruktion der GSAAM.

Die Beschaffenheit dieser Risikokonstruktion ist u. a. deshalb von Bedeutung für die Analyse des Programms der GSAAM, weil sie ebenso voraussetzungsvoll wie *folgenreich für den Zuschnitt ihrer Handlungsbezüge* ist. Beschreibung und Bewertung der Szenarien sind getragen von einer spezifischen Vorstellung guten Alterns, in welcher auch das Ziel der Gestaltung des Alter(n)s angelegt ist. Mit den beiden, alternativen Zukünften wird zugleich eine Handlungs*alternative* eröffnet. Ob die Zukunft des Alter(n)s gut oder schlecht sein wird, ist demnach nicht gänzlich kontingent, sondern durch menschliches Wissen und Handeln beeinflussbar. Krankes Alter(n) wird so von einer unausweichlichen Gefahr zu einem managebaren Risiko. Jedoch werden Handlungsmöglichkeiten nicht lediglich aufgezeigt, sondern dringender Handlungsbedarf signalisiert und entsprechende Verantwortlichkeiten für die Vermeidung von Alterungsrisiken zugeschrieben, u. a. über die Verdeutlichung gesellschaftlicher Folgerisiken, die ein Ignorieren der Altersrisiken mit sich bringen würde. Im Vergleich beider Zukünfte werden bereits zu ergreifende Maßnahmen der Risikovermeidung angedeutet.

---

234 vgl. z. B. von Kondratowitz 2002: *Konjunkturen, Ambivalenzen, Kontingenzen*.
235 vgl. Fuchs 2008: *Prävention*.
236 vgl. Dietrich 2009: *Verhältnis Ethik & Empirie*.

2.2 Die schlechte Wirklichkeit des Alter(n)s: Variationen des demografischen Krisendiskurses

Die Darstellungen der Wirklichkeit des Alter(n)s, die sich in den untersuchten Argumentationen von GSAAM-MedizinerInnen finden, unterscheiden sich auf den ersten Blick nur wenig von denen der A4M und SENS Foundation. Im Einklang mit dem demografischen Krisendiskurs werden vor allem individuelle Leiden und gesellschaftliche Kosten des Alter(n)s beschrieben. Das leidvolle Erleben von Krankheit und geringer Lebensqualität im Alter wird hervorgehoben und Szenarien einer die Gesellschaft bedrohenden Überalterung der Gesellschaft werden entworfen. Diese Darstellungen der individuellen und gesellschaftlichen Wirklichkeit des Alter(n)s finden sich sehr häufig als gewichtige Auftakte der untersuchten Argumentationen von GSAAM-MedizinerInnen. Mit Rückgriff auf pointierte Kernthesen des demografischen Krisendiskurses wird „*das Szenario, vor dem sich [...] Anti-Aging aufstellt*"[237] entworfen.

Dabei zeigt sich weder ein Schwerpunkt auf individuellen Leiden wie im Falle der SENS Foundation noch eine klare Rangfolge der Argumente, wie sie Mykytyn mit ihrer Formulierung „aging's pain, pain's costs"[238] für A4M ausmacht. Im Umfeld der GSAAM werden *je nach Kommunikationskontext* eher die individuelle Leiden oder auch die gesellschaftliche Kosten in den Vordergrund gestellt: In Kommunikation mit (potenziellen) Anti-Aging-MedizinerInnen und politischen EntscheidungsträgerInnen werden häufig eher gesellschaftliche Kosten des Alter(n)s hervorgehoben. In Kommunikationen mit PatientInnen bzw. KundInnen und der Öffentlichkeit werden dagegen tendenziell die individuellen Leiden des Alterns in den Vordergrund gestellt.

Erstens werden die Darstellungen der individuellen Wirklichkeit des Alter(n)s untersucht. Es wird beschrieben, wie die GSAAM-MedizinerInnen die „Normalität" des individuellen Erlebens der Alterung als eine asymmetrisch abfallende Lebenskurve entwerfen, die mit körperlichem Verfall, Krankheit, Einsamkeit und schlechter Lebensqualität einhergeht. Individuelle Betroffenheit und Handlungsbedarf zum Wohle des Einzelnen werden hergestellt. Im *zweiten* Schritt werden die Beschreibungen der gesellschaftlichen Wirklichkeit des Alter(n)s untersucht. Die kausalen Verknüpfungen von Thesen der Überalterung, der Expansion der Morbidität, der Kostenexplosion und des drohenden Zusammenbruchs der Gesellschaft werden herausgearbeitet. Hier wird der Einzelne zusätzlich als Mitglied der Gesellschaft betroffen gemacht und Anti-Aging auch sozialethisch legitimiert. *Drittens* wird gefragt, ob der Handlungsbedarf, der über dieses nicht nur im Umfeld der GSAAM gängige Doppelargument geschaffen wird, tatsächlich so unabweisbar ist, wie seine normative Ladung der Argumente suggeriert. Um die Selektivität dieser Wirklichkeitsbeschreibungen anzudeuten, werden gegenläufige Darstellun-

---

237 Jacobi 2005: *AA: Sinnbild, Sehnsucht, Wirklichkeit*, S. 3.
238 Mykytyn 2006: *AAM (predictions, moral obligations & biomedical interventions)*, S. 18.

gen der Wirklichkeit des Alter(n)s vorgestellt, die sich an weniger prominenten Stellen im untersuchten empirischen Material finden.

2.2.1 Die individuellen Leiden des Alter(n)s: Der kontinuierliche Verlust von Lebensqualität

Zahlreiche, lebhafte Beschreibungen der altersbedingten Leiden des Einzelnen durchziehen das untersuchte empirische Material. Diese Darstellungen der schlechten Wirklichkeit des Alterns sind um die Vorstellung eines primär körperlichen Abbauprozesses zentriert. Fast ausnahmslos wird – wie in der naturwissenschaftlichen Altersforschung üblich – eine *kontinuierlich abfallende, körperliche „Lebenskurve"* angenommen. Diese wird meist ohne weitere Begründung mit kontinuierlich abfallender Lebensqualität gleichgesetzt:

Alexander Römmler definiert das Altern als den „kontinuierlichen Verfall physiologischer Kapazität mit der Zeit"[239] ist. Er beschreibt einen „somatischen und mentalen Kapazitätsverfall", eine „Altersinvolution"[240] und das „Verkommen"[241] des Organismus im Alter. Kleine-Gunk spricht von „Altern im Sinne der Degeneration",[242] von „zunehmenden Funktionsausfällen und schließlich Tod."[243] Günther Jacobi beschreibt einen „natürlichen Leistungsabfall"[244] ab dem 40. Lebensjahr. Diesen stellt auch Dr. D. eindrücklich aus erster Personenperspektive dar, indem er erklärt, dass im Alter:

> „mein Gedächtnis immer kontinuierlich abnimmt und abnimmt und abnimmt [...] Und meine Leistungsfähigkeit auch abnimmt. Und meine Sexualität auch abnimmt und das abnimmt und das abnimmt. Das ist irgendwie natürlich von 50 bis 104."[245]

Es fällt auf, dass die GSAAM-MedizinerInnen ihre Beschreibungen der individuellen Alterung als Verfall kaum genauer ausführen oder durch Verweise auf wissenschaftliche Erkenntnisse stützen. Sie haben vielmehr den Charakter von Vergewisserungen über alltagsweltliches Allgemeinwissen. „Das ist keine Erfindung, sondern lediglich eine

---

239 Römmler 2002: *Einführung i. d. AAM (AA Sprechstunde)*, S. 3.
240 ebd. S. 2. Römmler führt den Begriff Altersinvolution, der im ausgehenden 19. Jahrhundert in der psychologischen Thematisierung des Alters als Gegenbegriff zur Evolution entworfen wurde (vgl. von Kondratowitz 2008: *Alter, Gesundheit & Krankheit*), nicht weiter aus.
241 Römmler 2002: *Einführung i. d. AAM (AA Sprechstunde)*, S. 17.
242 [N.N.] 2009: *AA – Aussicht auf gesundes Altern*.
243 Kleine-Gunk 2003: *Alterungstheorien*, S. 19.
244 Jacobi 2005: *AA: Sinnbild, Sehnsucht, Wirklichkeit*, S. 8.
245 Interview P25:245.

Abbildung 9 Biologisches Altern nach Wolf

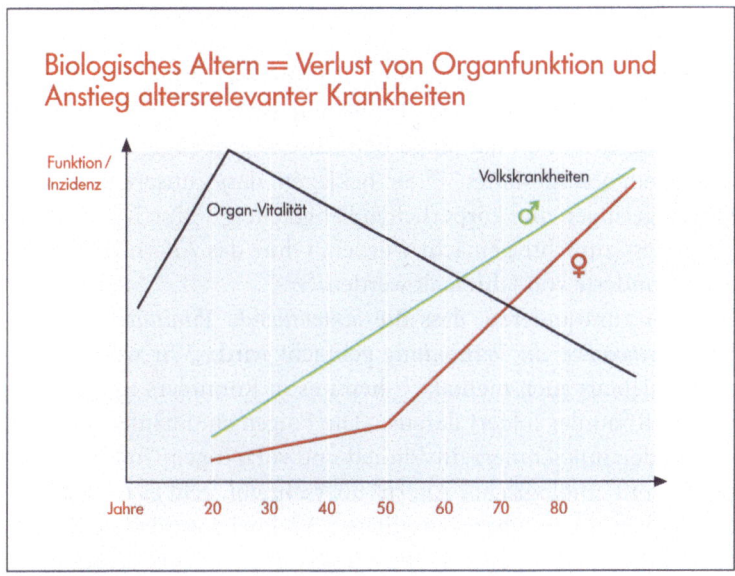

Quelle: Wolf et al. 2005: *Biolog. Altersmarker,* S. 33.

Beschreibung,"[246] erklärt Römmler, wohingegen er die „gute, natürliche Altersphase" als ein Konstrukt kritisiert.[247]

In den Veröffentlichungen Alfred Wolfs findet sich folgende Abbildung, anhand derer zwei im Umfeld der GSAAM wichtige Spezifizierungen der Vorstellung des Altersverfalls besonders deutlich werden.[248] Dies ist zum einen die *Asymmetrie der entworfenen Lebenskurve*. Alfred Wolf beschreibt einen „nahezu linearen"[249] altersbedingten Abfall der Vitalität. Anders als in einigen biogerontologischen Konzepten beginnt dieser nicht mit der Geburt und erstreckt sich über den gesamten Lebenslauf. Wie viele seiner KollegInnen geht Wolf davon aus, dass die Lebenskurve zu Beginn des zweiten Lebensjahrzehnts einen Scheitel aufweist. Wolfs Grafik zufolge beginnt das Leben mit einem steilen, 20 Jahre andauernden Anstieg der Organ-Vitalität, auf den eine um ein Vielfaches längere Phase des Verfalls folgt.

---

246 Alexander Römmler, Feldnotizen Podiumsdiskussion „Ist Altern eine erfundene Krankheit?", 6. Konferenz der GSAAM, Düsseldorf, 2006, P11:111.
247 ebd. P11:103.
248 Ähnliche Darstellungen finden sich in Wolf 2005: *Was ist AAM?* S. 318 und Jacobi 2005: *AA: Sinnbild, Sehnsucht, Wirklichkeit,* S. 8.
249 Wolf et al. 2005: *Biolog. Altersmarker,* S. 30.

Insbesondere in Römmlers frühen Texten finden sich geradezu euphorische Beschreibungen der ersten Lebensphase des Menschen, auch wenn sich der von Wolf dargestellte steile Vitalitätsanstieg im Jugendalter auch als aufwendige Entwicklungsarbeit interpretieren ließe. Römmler und Wolf schwärmen im Vorwort ihres Anti-Aging-Lehrbuchs ungeachtet der hohen Mortalitätsrate im Säuglingsalter: „Der Mensch ist als ‚Superjumbo' angelegt. Die Evolution hat junge Erwachsene großzügig mit körperlichen und geistigen Fähigkeiten ausgestattet."[250] Sie beklagen, dass „unsere ursprünglich so großartig angelegten geistigen und körperlichen Fähigkeiten"[251] durch den später einsetzenden Alterungsprozess zunichte gemacht würden. Ohne das Altern könne der Mensch „durchschnittlich hunderte von Jahren alt werden."[252]

Wolfs Grafik verdeutlicht zum anderen, dass die *abnehmende Vitalitätskurve mit einer ansteigenden „Krankheitskurve" in Verbindung* gebracht wird. „Wir welken und schrumpfen, sowohl körperlich als auch mental,"[253] heißt es in Römmlers Einführung in die Anti-Aging-Medizin. Römmler folgert daraus: „Die Folgen sind häufig spezielle Alterserkrankungen, verbunden mit Schmerz, Invalidität und vorzeitigem Tod."[254] Auch wenn Wolf seine Abbildung mit „Biologisches Altern" überschreibt, geht es dabei weniger um die Klärung eventueller biologischer Kausalitäten. Vielmehr werden epidemiologische Befunde auf den individuellen Lebenslauf projiziert und mit dem Verfallskonzept in einen nicht weiter begründeten Zusammenhang gebracht. Alfred Wolf entwirft ein für die von der GSAAM vorgeschlagenen Altersdiagnostik (siehe Teil 3, Kapitel 1.3.2) zentrales, dreiphasiges Modell:

Wolf beschreibt, dass der Körper die nachlassende Organ-Vitalität zunächst kompensieren könne und „erst von einer bestimmten ‚nicht-adaptiven' Insuffizienz-Grenze an kommt es zu typischen Defiziten, die zur diagnostizierbaren Krankheit führt."[255] Dieser „vorgegebene Kurvenverlauf" füllt nach Wolf „den Übergangsbereich zwischen vollkommener Gesundheit (G) und Krankheit (K)"[256] aus. Auch in Römmlers Texten finden sich Passagen, in denen der Kurvenverlauf nicht als typisch, sondern „vorgeschrieben" präsentiert wird: „Jeder ältere Mensch entwickelt solche Gesundheitsstörungen, wenn auch in unterschiedlichem Ausmaß,"[257] heißt es in seiner Einführung in die Anti-Aging-Medizin. Ähnlich beklagte ein Forschungsteam in seiner Konferenzpräsentation, dass völlig gesunde, alte Menschen als Versuchsgruppe schwierig zu finden seien. Der „Mainstream der Fälle" seien „leicht erkrankte Alte".[258]

---

250 Römmler et al. 2002: *Vorwort (AA Sprechstunde)*, S. VII.
251 Römmler 2002: *Einführung i. d. AAM (AA Sprechstunde)*, S. VIII.
252 ebd. S. VIII.
253 ebd. S. 10.
254 [N. N.] 2009: *AA – Aussicht auf gesundes Altern*, S. 1.
255 Wolf et al. 2005: *Biolog. Altersmarker*, S. 30.
256 ebd. S. 31, siehe auch Wolf 2005: *Was ist AAM?* S. 318.
257 Römmler 2002: *Einführung i. d. AAM (AA Sprechstunde)*, S. 1 f.
258 vgl. Feldnotizen ESAAM Konferenz, Düsseldorf, 2008, P3:312 ff.

Die von Verfall und Krankheit gekennzeichneten Erfahrungen älterer Menschen bewerten die GSAAM-MedizinerInnen nicht nur deshalb als problematisch, weil diese für das Individuum mit „Schmerz, Invalidität und vorzeitigem Tod"[259] verbunden sind. In vielen Darstellungen wird der körperliche Verfall auch in Zusammenhang mit einem Verfall des sozialen Lebens gebracht. Z. B. Frau Dr. G. führt die „marode",[260] „gequälte"[261] Situation vieler älterer Menschen nicht allein auf chronische Krankheiten, sondern auch auf Depressionen und Einsamkeit zurück.[262] Johannes Huber und Michael Klentze nennen in ihrem Gentest Ratgeber Krankheit und nachlassende Kräfte gar in einem Atemzug mit dem „deprimierenden Gefühl, von anderen Menschen immer weniger geliebt und gebraucht zu werden."[263]

Häufig werden Pflegebedürftige und/oder Demenzkranke als Inbegriff dieser leidvollen individuellen Wirklichkeit des Alterns präsentiert. Kleine-Gunk widmet eines seiner Editoriale tagesaktuell dem „Verstummen des Walter Jens".[264] Die Nachricht, dass dieser „Gigant des Geistes" mittlerweile „so hochgradig dement [ist], dass er seinen eigenen Namen nicht mehr weiß," beschreibt er als sozialen Tod zu Lebzeiten. Kleine-Gunk erklärt, dass dieses erschütternde Schicksal jedoch „alles andere als ungewöhnlich" sei. Denn zwei von drei Altersgenossen von Walter Jens ginge es genau so. Insgesamt kommt Kleine-Gunk zu dem Schluss:

> „Das ist nicht die Art von Altern, die wir uns wünschen. Mit zerbröselnden Knochen, verkalkenden Arterien und zunehmend nachlassender Gehirnfunktion jahrelang in Pflegeheimen zu siechen, möchten wir nicht als persönliches Schicksal erleben."[265]

Zu Verfall und Krankheit gesellen sich in den Beschreibungen charakteristischer Alterserfahrungen also Einsamkeit, Funktionslosigkeit, Kommunikationsunfähigkeit und Isolation im Pflegeheim. Insgesamt resultiere dies in einer mit dem Alter *kontinuierlich abfallenden Lebensqualität*. Dr. G. fasst zusammen: „Die Spirale der negativen Lebensqualität [...] dreht sich immer ins Schlechtere."[266] Während Jacobi den Menschen die Sorge vor dem Altern nehmen will,[267] mahnt Alfred Wolf: „Die Realität schlägt viele Hoffnungen."[268] Er legt nahe, dass sich angesichts der schlechten Wirklichkeit des Al-

---

259 [N.N.] 2009: *AA – Aussicht auf gesundes Altern*, S. 1.
260 Interview P19:67.
261 ebd. 59.
262 vgl. ebd. 67.
263 Huber et al. 2005: *Revolutionäre Snips-Methode*, S. 10.
264 Kleine-Gunk 2008: *Das Verstummen d. Walter Jens*.
265 Kleine-Gunk 2003: *Wozu AA?* S. 6.
266 Interview P19:67.
267 vgl. Jacobi 2005: *AA: Sinnbild, Sehnsucht, Wirklichkeit*, S. 12.
268 GSAAM Newsletter 3/2005, S. 1.

terns viele ältere Menschen unrealistische Hoffnungen auf ein Alter in Gesundheit machen würden und entsprechend aufgeklärt und behandelt werden müssten.[269]

Vergleicht man diese Darstellungen der individuellen Leiden des Alterns mit anderen Anti-Aging-Kontexten werden zwei wichtige Nuancierungen sichtbar: Im Vergleich zur SENS Foundation fällt erstens auf, dass der Tod in den Darstellungen der schlechten Wirklichkeit individuellen Alterns eine untergeordnete Rolle spielt. Zwar wird der Verlust gesunder Lebenszeit, vereinzelt auch das unnötig frühe Eintreten des Todes beklagt. Die Schlechtigkeit des Todes an sich und auch Leiden des Sterbens werden dagegen nicht in die Waagschale geworfen. Im Vergleich zur A4M und zu primär ästhetischen Anti-Aging-Kontexten fällt hingegen auf, dass Darstellungen älterer Menschen als „hässlich" in den Argumentationen wortführender GSAAM-MedizinerInnen kaum eine Rolle spielen. Lediglich Alfred Wolf weist „hängende, faltige Altershaut" nüchtern als typische Alterserscheinung aus.[270] Übergewicht ist sehr wohl ein Thema, wird jedoch meist nicht als Schönheits-, sondern als Gesundheitsproblem diskutiert.

In ästhetisch ausgerichteten Konferenzvorträgen, die im Umfeld der GSAAM allerdings eher selten sind, ist dies wie zu erwarten deutlich anders. Hier werden größere oder auch nur kleinste Abweichungen vom jugendlichen Schönheitsideal meist anhand von Voher-Nachher-Bildern von PatientInnen eingehend verhandelt.[271] Interessanterweise betont die Dermatologin Dr. F. jedoch, dass ihre ästhetisch-dermatologischen Eingriffe nicht primär der Schönheit, sondern eher der Authentizität ihrer Patientinnen dienen. In ihren Ausführungen über „Zornesfalten" scheint das Konzept einer „mask of aging" durch, die zum Wohle der Patientinnen korrigiert werden kann: „Und es geht ja gar nicht mal um das: ‚Ich empfinde es als unschön', sondern man sagt, ‚ich wirke immer zornig, bin das aber nicht mit meinem WESEN, also es verändert meinen Charakter.'"[272]

Über die mehr oder weniger drastischen Inszenierungen der individuellen Leiden des Alterns werden erste Handlungsbezüge hergestellt. Da die Alterung in der Lesart der GSAAM-MedizinerInnen das Wohlbefinden und die Handlungsfreiheit des Individuums bedroht, *wird jeder Einzelne zum potenziell Betroffenen*. Gleichzeitig wird signalisiert, dass es moralisch geboten ist, diese Leiden zu beenden. So erklärt Kleine-Gunk: „Mit einer derartigen ‚Normalität' wollen und dürfen wir uns nicht abfinden."[273] *Dringender Handlungsbedarf* zum Wohle des Einzelnen wird begründet, dem die GSAAM auf medizinischer Ebene nachzukommen verspricht und damit die Legitimität ihrer Disziplin kommuniziert.

---

269 vgl. auch Wolf 2005: *Was ist AAM?* S. 315.
270 Wolf et al. 2003: *Das Altern messbar machen*, S. 25.
271 vgl. z. B. Feldnotizen Anti-Ageing Medicine World Congress Paris 2006, P5:60 ff. und Feldnotizen ESAAM Konferenz, Düsseldorf, 2008, P3:71 ff.
272 Interview P24:221.
273 Kleine-Gunk 2008: *Das Verstummen d. Walter Jens*, S. 4.

2.2.2 Die bedrohte Zukunft der alternden Gesellschaft: Von der Überalterung zum Kollaps der Solidargemeinschaft

Das Risiko des Alter(n)s und der diesbezügliche Handlungsbedarf werden nicht allein mit Verweis auf individuelles Leiden des Alter(n)s begründet. Wie im demografischen Krisendiskurs werden auch gesellschaftliche Kosten des Alter(n)s in die Waagschale geworfen. Im untersuchten empirischen Material finden sich viele mehr oder weniger zugespitzte Variationen des bekannten Arguments, dass Deutschland mit einer Überalterung der Gesellschaft konfrontiert ist. Diese führe zu einer drastischen Zunahme von Krankheiten, wodurch wohlfahrtsstaatliche Kosten derart steigen, dass letztlich der Bestand der Gesellschaft bedroht sei.

Darstellungen der gesellschaftlichen Kosten des Alter(n)s finden sich häufig zwar als kurze, aber moralisch gewichtige „Auftakte" von Editorialen, Presseerklärungen oder Konferenzeröffnungen wortführender GSAAM-MedizinerInnen. Vielfach wird das Bild einer dramatischen „Übergangszeit" entworfen, aus dem sowohl die Notwendigkeit eines radikalen Umdenkens als auch die sozialethische Legitimität der GSAAM abgeleitet werden. Die GSAAM-MedizinerInnen sind dabei kaum um detail- und belegreiche Beschreibungen bemüht, sondern kommen mit stichwortartigen Verweisen auf Kernthesen der öffentlichen Diskussion über den demografischen Wandel aus.

„Immer mehr Menschen werden immer älter,"[274] ist auch im Umfeld der GSAAM eine zentrale Prämisse von Begründungen der Anti-Aging-Medizin. Viele meiner GesprächspartnerInnen gehen von einer „dramatisch [zunehmenden] Zahl älterer Menschen"[275] und deren „kontinuierlich"[276] oder gar „exponentiell"[277] steigenden Lebenserwartung aus. Um zu verdeutlichen, dass es sich dabei um eine problematische *Über*alterung der Gesellschaft handelt, wird weniger in die Vergangenheit[278] oder Gegenwart,[279] sondern in die Zukunft geschaut. Szenarien der zukünftigen Entwicklung der Altersstruktur der Bevölkerung Deutschlands werden entworfen, wobei einer „unverblümten, real basierenden, spannenden und [...] persönlich wach rüttelnden Art"[280] dabei häufig der Vorzug vor „nüchternen"[281] Statistiken gegeben wird. Am Beispiel dreier Darstellungen des

---

274 Jacobi 2005: *AA: Sinnbild, Sehnsucht, Wirklichkeit*, S. 3.
275 Wolf 2005: *Was ist AAM?* S. 315.
276 Kleine-Gunk 2007: *AAM. Hoffnung oder Humbug?* S. 54.
277 Wolf 2005: *Was ist AAM?* S. 315.
278 Eines der wenigen Beispiele historischer Argumente ist Römmlers schlichte Feststellung „Alte Menschen gab es zwar schon immer, aber das waren Einzelfälle." Römmler 2002: *Einführung i. d. AAM (1. GSAAM Konferenz)*, S. 5.
279 Den aktuellen, demografischen Forschungsstand referiert lediglich die externe Expertin Hilke Brockmann in ihrem Artikel „Biodemographie" in Jacobis „Kursbuch Anti-Aging" (vgl. Brockmann 2005: *Biodemografie*).
280 So Claudia Hennig und Michael Klentze in ihrer Ankündigung des Beitrag über die domgrafische Herausforderung auf dem ersten Europäischen Präventionstag (Hennig et al. 2005b: *Editorial*).
281 vgl. Kleine-Gunk 2008: *Das Verstummen d. Walter Jens*, S. 3.

zukünftigen Anteils älterer Menschen an der Bevölkerung Deutschlands werden Charakteristika der entworfenen Szenarien deutlich:

- *„Erstmals signifikant über zwanzig Prozent"*: Frank Schirrmacher geht in seinem Geleitwort zum „Kursbuch Anti-Aging" von der Annahme aus, dass in westlichen Gesellschaft historisch erstmals mehr ältere als junge und „mittlere" Menschen leben werden. Von welchen Altersgrenzen zwischen jungen, „mittleren" und älteren Menschen er ausgeht, erklärt er nicht. Auch den Zeithorizont seiner Prognose nennt er nicht. Schließlich konkretisiert Schirrmacher, dass der Anteil der Älteren an der Bevölkerung zwanzig Prozent signifikant übersteigen werde.[282]
- *„Die Hälfte der Deutschen"*: Claudia Hennig zieht in der Einleitung zu ihrem Interview mit Frank Schirrmacher im Journal der GSAAM dagegen nur eine Altersgrenze zwischen Jungen und Alten und kommt so zu einer noch eindrücklicheren Prozentzahl als Schirrmacher. Sie begründet die Notwendigkeit der Gestaltung des Alterns u. a. damit, dass „bis zum Jahre 2050 […] die Hälfte der Deutschen […] über 51 Jahre alt sein wird."[283]
- *„Mehr ältere als jüngere Menschen"*: Besonders dramatisch inszenierte der Neuropsychologe Pasquale Calabreses die Wirklichkeit der gesellschaftlichen Alterung im Rahmen einer Podiumsdiskussion auf dem Zweiten Europäischen Präventionstag als Problem der Menschheit. Calabrese mahnte, wir seien „vor Herausforderungen gestellt, die KEINE andere Generation […] bislang gestellt wurde."[284] Darauf argumentiert er dennoch historisch, dass die derzeitige demografische Entwicklung der „Zeit nach der PEST" gleiche. Denn „da gab es das erste Mal mehr ältere Menschen als jüngere."[285]

Neben den zur Dehnung einladenden Unschärfen der Darstellungen fällt auf, dass die Szenarien als quasi faktisch präsentiert werden. Dass es sich um Vorausberechnungen handelt und auf welchen Annahmen sie basieren, wird nicht kommuniziert. Günther Jacobi ist einer der wenigen, der den Konstruktionscharakter demografischer Berechnungen zumindest benennt. „Glaubt man den demografischen Berechnungen,"[286] schiebt dieser seiner These vom „Immer-älter-Werden" als „größter sozialer Herausforderung dieses Jahrhunderts" als Bedingung knapp voraus. Eilig fügt er jedoch an: „Sie haben im vergangenen Jahrhundert immer Recht behalten."[287]

Insbesondere Calabreses drastische Darstellung verdeutlicht, wie mit Rückgriff auf den demografischen Wandel argumentativ neuer Handlungsbedarf und auch neue

---

282 Schirrmacher 2005: *Geleitwort (Kursbuch AA)*.
283 Hennig 2005: *Zeitreise i. d. Realität (Interview Schirrmacher)*, S. 7.
284 Feldnotizen Podiumsdiskussion Zweiter Europäischer Präventionstag P13, 121.
285 ebd.
286 Jacobi 2005: *AA: Sinnbild, Sehnsucht, Wirklichkeit*, S. 3.
287 ebd.

Handlungsspielräume geschaffen werden. Häufig wird auch in Verbindung mit der kalendarischen Jahrtausendwende um das Jahr 2000 das Bild einer gesellschaftlichen Zeitenwende gezeichnet, die neue Denk- und Handlungsweisen erforderlich mache. So lässt Calabrese seine Ausführungen in der Feststellung kulminieren: „Wir leben in einer Übergangszeit und wir müssen über ganz neue Dinge nachdenken."[288]

Als problematisch wird die Überalterung deshalb bewertet, weil angenommen wird, dass sie mit einer *Zunahme von Krankheiten* einhergehe. In wichtigen Publikationen wortführender GSAAM-MedizinerInnen dominieren Formulierungen, die das Szenario einer *Expansion der Morbidität* nahe legen, also einer prozentualen Verlängerung der angenommenen Morbiditätsphase im Alter. Dieses Konzept der „Krankheitszunahme" wird nicht klar abgrenzen gegenüber anderen Szenarien, wie z. B. einer absoluten, aber nicht prozentualen Verlängerung der Morbiditätsphase oder einer Zunahme nicht im Hinblick auf die individuelle Morbiditäts*phase*, sondern auf die Morbiditäts*fälle* in der alternden Gesellschaft. Wie im Falle der Überalterung kommen die GSAAM-MedizinerInnen mit wenigen Belegen der zu erwartenden Expansion der Morbidität aus.

„Kaum eine Gelegenheit, bei der ich nicht auf die erschreckende Zunahme dieser Erkrankung [Demenz] in einer immer älter werdenden Gesellschaft hinweise,"[289] erklärt z. B. Kleine-Gunk. Er entwirft ein Szenario, in dem die Verlängerung der Lebenserwartung bereits heute mit einer Verlängerung der Morbiditätsphase erkauft wird. Unter den 85-Järigen leide jeder Dritte an demenziellen Erkrankungen, erklärt Kleine-Gunk, nachdem er Walter Jens' fortgeschrittenes Krankheitsstadium als Beispiel für ein solches Altersschicksal gibt. Mit 90 sei es „sogar normal, dement zu sein," denn „die Inzidenz steigt dann über 50 Prozent."[290] An anderer Stelle erklärt er: „Und sollte 100 Jahre tatsächlich einmal zur durchschnittlichen Lebenserwartung werden, dürfte die Geburtstagsfeier nur für wenige Jubilare zum ‚unvergesslichen Erlebnis' werden."[291] Vor diesem Hintergrund mahnt Kleine-Gunk mit millenistischem Timbre: „Altersassoziierte Krankheiten werden unser Schicksal im 21. Jahrhundert bestimmen."[292] Auch warnt er davor, dass das Altern zum „Synonym [...] für jahre- oder gar jahrzehntelange Pflegebedürftigkeit"[293] werde – nicht ohne selbst mit seinen Darstellungen dazu beizutragen.

Ähnliche Argumentationen durchziehen das untersuchte empirische Material. Römmler beschwört ein „epidemiehaftes" Ausbreiten „chronisch degenerativer Alterskrankheiten."[294] Eine seiner Abbildungen suggeriert, dass in der heutigen „Wohlstandsgesellschaft" „chronisch degenerative [Alters]Erkrankungen" 100 % der Morbidität oder gar

---

288 Feldnotizen Podiumsdiskussion Zweiter Europäischer Präventionstag P13:121.
289 Kleine-Gunk 2008: *Das Verstummen d. Walter Jens*, S. 3.
290 ebd.
291 Kleine-Gunk 2003: *Wozu AA?*
292 Kleine-Gunk 2009: *Individ. Altersprävention* und Kleine-Gunk 2009: *Wo die Lebensuhr tickt*.
293 Kleine-Gunk 2003: *Wozu AA?* S. 6.
294 vgl. [N.N.] 2009: *AA – Aussicht auf gesundes Altern*, S. 1.

der Mortalität der Wohlstandsgesellschaft ausmachen.[295] Die GSAAM lässt auch die Gerontologin Ursula Lehr für sich sprechen und zitiert sie in ihrem Journal mit den Worten: „Wir haben alles zu tun, damit die zusätzlichen Lebensjahre nicht eine Verlängerung des Dahinsiechens und Sterbens bedeutet."[296] Auch in den Argumentationen nicht wortführender Anti-Aging Ärzte spielt die Vorstellung einer Expansion der Morbidität eine wichtige Rolle.

Diese demografiebedingte Zunahme von Krankheiten wird deshalb als problematisch bewertete, weil angenommen wird, dass sie nicht nur individuelle Leiden, sondern auch *gesellschaftliche Kosten* verursacht. „Sie machen nicht nur diverse Beschwerden, sondern kosten therapeutisch und volkswirtschaftlich Unmengen Geld,"[297] argumentiert z. B. Alex Witasek im Journal der GSAAM. Ähnlich betont Claudia Hennig, dass es sowohl um individuelle Lebensqualität, als auch um die Volkswirtschaft gehe.[298] Auch Dr. I. will zum einen dem „Dahinsiechen" entgegenwirken und argumentiert zum anderen: „Im Gesamten betrachtet [...] kosten die Leute ja dann auch weniger, wenn sie fitter sind."[299]

Auch die Annahme, dass die immer älteren, kränken und pflegebedürftigeren Menschen „damit zunehmend [...] kostenintensiv"[300] werden und zu „steigenden Ausgaben"[301] oder gar einer „Kostenlawine"[302] im Gesundheitswesen beitragen, scheint kaum explikations- oder begründungsbedürftig. Die Problembeschreibungen beginnen meist bereits bei der Setzung, dass die gesellschaftlichen Kosten des demografischen Wandels derart hoch seien, dass die Gesellschaft „im Wanken", „aus den Fugen geraten", am „Ende der Normalität"[303] sei oder bald sein werde.

Weshalb und inwiefern genau nicht weniger als *der Bestand der Gesellschaft auf dem Spiel steht,* wird häufig nicht weiter konkretisiert. Es finden sich Darstellungen in denen dem demografischen Wandel u. a. mit historischen und politischen Vergleiche der Rang einer schlicht allumfassenden, gesellschaftlichen Großbedrohung verliehen wird. Das Problem der Überalterung wird dabei z. B. mit dem Zeitalter der Pest,[304] mit der Polkappenschmelze[305] oder auch mit dem Terrorismus verglichen. So beschreibt der stets um tagespolitische Aktualität seiner gesundheitspolitischen Glossen bemühte Wolf Bleichrodt die Gesellschaft im „Kriegszustand" mit der Alterung: „Wie der Terrorismus zerstört er [dieser Kriegsgegner] die Lebensgrundlagen unserer Infrastruktur – der mo-

---

295 vgl. Römmler 2002: *Einführung i. d. AAM (1. GSAAM Konferenz),* S. 6.
296 Hennig 2006: *Altern im Sinne des Reifens (Interview Lehr),* S. 9.
297 Witasek 2007: *Logische Voraussetzung für Regeneration,* S. 16.
298 vgl. Hennig et al. 2006b: *Editorial.*
299 Interview P15:67.
300 Kleine-Gunk 2003: *Wozu AA?* S. 6.
301 [N. N.] 2008: *Gesunde zum Arzt!* S. 1.
302 Hennig et al. 2005a: *Editorial.*
303 vgl. Druyen 2007: *Lebenszyklus im Umbruch.*
304 Pasquale Calabrese, Feldnotizen Podiumsdiskussion Zweiter Europäischer Präventionstag P13:121.
305 Roland Klatz, Feldnotizen Anti-Aging Medicine World Congress 2006, P5:297.

ralischen, der humanistischen genau so wie der sozialen und der finanziellen."[306] Auch Frau K. warnt im Brustton der Überzeugung: „Bei der alternden Gesellschaft WIRD unser System kollabieren, Wertesystem, Gesundheitssystem, allein schon Osteoporose..." Nach kurzem Zögern fügt sie an: „Also das wurde auf dem Kongress [Erster Europäischer Präventionstag] so gesagt, ob das tatsächlich kommt, weiß ich nicht."[307]

Häufig wird jedoch auch weniger weitreichend argumentiert, dass die umlagefinanzierte, gesetzliche Krankenversicherung die altersbedingte Kostenexplosion nicht tragen könne. So sieht Kleine-Gunk das Gesundheitssystem aufgrund der „immer kleiner werdenden Gruppe von erwerbstätigen, steuer- und abgabepflichtigen Menschen" vor dem Aus.[308] Dr. E. erklärt, dass die an Bruttolohn gekoppelten Ressourcen nicht ausreichen werden.[309] Auch Dr. A. ist sich sicher: „Die Gesellschaft kann das nicht mehr bezahlen, nur noch Grundversorgung."[310] Im Zentrum vieler Problemwahrnehmungen steht also, dass durch den demografiebedingten Zusammenbruch des Solidarprinzips wohlfahrtsstaatlicher Leistungen der Zusammenhalt der Gesellschaft bedroht sei. Vor diesem Hintergrund schlägt die GSAAM eine Neukonzeption intergenerationeller Solidarität vor, die im Folgenden genauer untersucht wird (siehe Teil 3, Kapitel 4).

2.2.3 Ein unhintergehbares Doppelargument? Gegenläufige Darstellungen der Wirklichkeit des Alter(n)s

Die moralische Ladung der skizzierten Darstellungen der individuellen Leiden und gesellschaftlichen Kosten des Alter(n)s ist beträchtlich. Alle Menschen werden argumentativ auf zweifache Weise zu Betroffenen gemacht: Als Einzelner ist jeder potenziell von Leiden des Alter(n)s betroffen. Und als Mitglied der Gesellschaft droht jedem das Ende gesellschaftlicher Solidarität. Dieses nicht nur im Umfeld der GSAAM gängige Doppelargument für die Behandlungsbedürftigkeit des Alter(n)s erscheint kaum hintergehbar. Denn wenn der Einzelne sich entscheiden würde, individuelle Alterungsrisiken zu ignorieren oder bewusst in Kauf nehmen, würde er damit nicht nur sein eigenes Wohl, sondern auch den Bestand der Gesellschaft gefährden. Sowohl individual- also auch sozialethisch besteht demnach dringender Handlungsbedarf. Fuchs spricht in diesem Zusammenhang von der Eröffnung eines *„Risiko-Ignoranz-Risikos"*, durch welches die Notwendigkeit von Prävention „unabweisbar" gemacht wird.[311] Umgekehrt wird die Anti-Aging-Medizin als Win-win-Situation für Individuum und Gesellschaft legitimiert.

Um die Gültigkeit dieses Doppelarguments und damit die Legitimität des Handlungsbedarfs zu prüfen, lässt sich fragen, ob seine deskriptiven Prämissen tatsächlich

---

306 Bleichrodt 2005: *Präventionsversicherung*, S. 15.
307 Interview P21:194 und 202.
308 Kleine-Gunk 2003: *Wozu AA?* S. 6.
309 Interview P17:891 und 532.
310 Interview P16:825.
311 Fuchs 2008: *Prävention*, S. 371.

der Wirklichkeit des Alter(n)s entsprechen. Im Rahmen der vorliegenden Untersuchung sei lediglich auf gegenläufige Argumentationen im Umfeld der GSAAM verwiesen, die erste Hinweise auf die Selektivität dieser Wirklichkeitsdarstellung liefern. Denn einige GSAAM-MedizinerInnen zeichnen – wenn auch an weniger prominenten Stellen – andere Bilder des Alter(n)s. Die Lebenslagen und Erfahrungen älterer Menschen werden darin nicht als von Verfall, Krankheit, Einsamkeit und schlechter Lebensqualität geprägt beschrieben. Auch finden sich Argumentationen, die der gängigen Formel „Überalterung = Expansion der Morbidität = Kostenlawine = gesellschaftlicher Kollaps" widersprechen.

Dieses eigene, kritische Potenzial wird im Umfeld der GSAAM jedoch bisher kaum genutzt. Obwohl die Argumente im Feld angelegt sind, wird keine Kontroverse über die Ausführungen wortführender MedizinerInnen geführt. Dies scheint nicht nur darin begründet, dass sich gegenläufigen Darstellungen häufig in Argumentationen von (mittlerweile) weniger einflussreichen AkteurInnen finden. Auch werden sie – wenn überhaupt – nur an weniger prominenten Stellen öffentlich geäußert. Zudem sind die meisten gegenläufigen Darstellungen der Wirklichkeit des Alter(n)s weder als Kritik am Konzept der GSAAM gemeint, noch werden sie als Widerrede wahrgenommen. Vielmehr findet sich im Umfeld der GSAAM diesbezüglich ein erstaunliches Maß an Toleranz für das Nebeneinander widersprüchlicher Positionen, welches die ärztliche Praxis jedoch kaum zu beeinträchtigen scheint. Bringt man die Klagen über die individuellen Leiden und gesellschaftlichen Kosten des Alterns jedoch mit den gegenläufigen Darstellungen in die bisher ausgebliebene Diskussion, lässt sich die die Selektivität dieser Wirklichkeitsbeschreibung anschaulich herausarbeiten:

Was die *individuelle Wirklichkeit des Alter(n)s* betrifft, finden sich zunächst grundlegende Reflexionen über die Beschaffenheit von Wissen über das Alter(n). Herr Dr. D. macht einen *„traurigen"* Wissensmangel aus und merkt selbstkritisch an, dass die medizinische Altersforschung unterentwickelt sei. „Weil wir gar nicht genau wissen: Wie denkt, wie fühlt ein 75-Jähriger, was kann er wirklich? [...] Wir wissen natürlich, welche Krankheiten sich zeigen, aber sonst wissen wir nicht viel von denen."[312] Für den *Konstruktionscharakter von Wissen über das Altern* möchte der Soziologe Thomas Druyen im GSAAM-Journal sensibilisieren. Druyen erklärt, dass Altersbilder stark historisch und gesellschaftlich geprägt sind. „Die Wirklichkeit des Alters dokumentieren sie nicht. Sie sind Deutungsmuster, mit denen wir bestimmte soziale Verhältnisse, politische Maßnahmen oder Meinungen einzufangen versuchen."[313] Der Soziologe kritisiert, dass die derzeitigen Alterskonstruktionen an „äußerlichen Stigmatisierungen" orientiert seien und dem subjektiven Selbstempfinden der Älteren widersprächen.[314] Auch Dr. D. weist darauf hin, dass es im Kern um eine *normative Kontroverse* geht und fasst zusammen:

---

312 Interview P25:209.
313 Druyen 2007: *Lebenszyklus im Umbruch*, S. 278.
314 ebd.

„Das heißt, wir haben eine große Auseinandersetzung: Was ist denn, was wäre denn noch NORMAL, was ist denn das Normale im Alter? [...] Und wo will man hin?"[315]

Neben diesen grundlegenden Überlegungen wird auch Kritik geäußert an der Vorstellung einer asymmetrischen, im Alter kontinuierlich ins Negative abfallenden Lebenskurve. Hier wird auf die *Heterogenität der Lebenslagen älterer Menschen* hingewiesen. „Alte Menschen stellen eine homogene Gruppe dar,"[316] ist eines der Vorurteile, welche Lothar Moltz in seiner Begrüßung zum Ersten GSAAM-Kongress ausräumen will (siehe Abbildung 10). Der ehemalige GSAAM-Beirat erklärt, dass „Altern nicht automatisch Verlust, Bewegungsunfähigkeit und Inkompetenz"[317] bedeute. Auch Thomas Druyen fordert eine Abkehr von dem Mythos,

> „dass Älterwerden und Altsein einem bestimmten Muster folgen. Es wird nicht von allen Menschen wie ein Uhrwerk durchlaufen, in dem automatisch Prozesse des körperlichen und geistigen Abbaus aufeinanderfolgen."[318]

Claudia Hennig spricht sich im Gespräch mit Ursula Lehr ebenfalls gegen „Vorurteile und Pauschalisierung"[319] in der Rede über das Altern aus. Lothar Moltz hält auch „der häufiger anzutreffenden Einstellung [...], dass Altern ein Makel sei"[320] entgegen: „Ältere Menschen können durch die ihnen zur Verfügung stehenden persönlichen und materiellen Ressourcen oft bis ins hohe Alter ein selbstständiges und eigenverantwortliches Leben führen."[321]

Wie beschrieben wird die Alterung häufig in dem Sine als ein „multifaktorieller Prozess"[322] beschrieben, dass multiple biologische Faktoren darin zusammenwirken (siehe Teil 3, Kapitel 1.1.3). Einige AkteurInnen betonen dagegen, dass die Alterung neben der körperlichen auch andere Dimensionen für das Individuum hat. Thomas Druyen kritisiert die häufige Vernachlässigung dieser *Multidimensionalität des Alterns* und unterstreicht: „Das Alter ist [...] eine komplexe Erscheinung mit kulturellen, biologischen und individuellen Aspekten."[323] Die Anti-Aging-Anwenderin Frau M. beschreibt, dass die körperliche Dimension für ihr eigenes Erleben des Alterns eher nachrangig ist und erklärt im Interview: „Dass das [Altern] einhergeht natürlich mit körperlichen Dingen,

---

315 Interview P25:241.
316 Moltz 2002: *Begrüßung (1. GSAAM Konferenz)*, S. 3.
317 ebd. S. 2 f.
318 Druyen 2007: *Lebenszyklus im Umbruch*, S. 280.
319 Hennig 2006: *Altern im Sinne des Reifens (Interview Lehr)*, S. 270.
320 Moltz 2002: *Begrüßung (1. GSAAM Konferenz)*, S. 2.
321 ebd. S. 4.
322 z. B. [N. N.] 2009: *AA – Aussicht auf gesundes Altern* und Kleine-Gunk 2007: *AAM. Hoffnung oder Humbug?* S. 54.
323 Druyen 2007: *Lebenszyklus im Umbruch*, S. 280.

da kommen wir dann gleich noch drauf. […] Aber das Seelische ist aus meiner Sicht viel, viel wichtiger."[324]

Es fällt auf, dass mehrere meiner GesprächspartnerInnen körperliche Leiden des Alterns betonen, wenn sie abstrakt über die problematische Wirklichkeit des Alterns reden. Wenn sie jedoch konkret von ihrer PatientInnen berichten, werden *nicht nur körperliche, sondern auch psychische und gesellschaftliche Probleme des Alterns* erwähnt. Beispielsweise erzählt Frau Dr. G., dass viele Frauen in der Menopause bei ihr in Behandlung sind, „weil eben alles mögliche wechselt: meistens der Partner, die Lebenssituation, noch mal ein beruflicher Neubeginn, oder aber ein großes Loch."[325] Eine plastische Chirurgin hat die Theorie, dass viele der Frauen, die zu ihr kommen, niemanden haben, der sie liebt und der sie überall berührt. „So kommt es, dass sie völlig depriviert sind. […] Durch die mangelnde Berührung ist das Körperbild und der Körper im Ungleichgewicht."[326]

Die problematischen Alterungserfahrungen, die Frau M. zu einer neuen Lebensführung im Alter veranlassten, erweitern das Spektrum psychosozialer Probleme des Alterns, die im Programm der GSAAM wenig Beachtung finden. Frau M. berichtet über die lange, belastende Pflege und den Tod ihres Mannes und ihrer Mutter[327] und beschreibt die Angst vor dem Sterben und dem Tod als ein zentrales, verdrängtes Problem des Alterns.[328] Frau M. erlebte den Übergang von ihrem sehr erfolgreichen Arbeitsleben in den Ruhestand als „wirklich verflixt schwierigen"[329] Übergang und „eine ganz schwere Zäsur,"[330] die u. a. von Erfahrungen der Altersdiskriminierung am Arbeitsplatz geprägt war. Sie berichtet von ihrer tiefen Verletzung, als während eines Seminars „diese junge Mitarbeiterin das sagte mit dem […] ich bin ein Grufti."[331] Zeitgleich bangte sie um ihre finanzielle Alterssicherung wegen des unklaren Ausgangs eines Gewerbesteuerprozesses.[332]

Mehrere GSAAM-MedizinerInnen weisen auf das Problem der *Altersdiskriminierung* hin. Claudia Hennig wendet sich in Anlehnung an Schirrmachers Methusalem Komplott „gegen die Altersdiskriminierung mit ihrer negativen selffulfilling prophecy."[333] Auch Bernd Kleine-Gunk warnt vor dem „Hass auf Alte",[334] welcher in seiner Darstellung die fast logische Konsequenz der demografisch bedingten Zunahme von Krankheiten ist. Beide argumentierten jedoch weniger gegen diese Vorurteile als für die Möglich-

---

324 Interview P22:258.
325 Interview P19:181.
326 Feldnotizen Anti-Ageing Medicine World Congress Paris 2006, P5:179.
327 vgl. Interview P22:216 ff.
328 vgl. ebd. 703 ff.
329 ebd. 787.
330 ebd. 254.
331 ebd. 627.
332 vgl. ebd. 238 ff.
333 Hennig 2005: *Zeitreise i. d. Realität (Interview Schirrmacher)*, S. 7.
334 Kleine-Gunk 2003: *Wozu AA?* S. 6.

keit, durch die Präventions- und Anti-Aging-Medizin der GSAAM diesen Vorurteilen nicht zu entsprechen. Dr. D. argumentiert hingegen, dass dies nicht die Art des Umgangs mit dem Altern sei, die er sich wünsche. Der GSAAM-Arzt hat den altersdiskriminierenden Arbeitsmarkt vor Augen und kritisiert:

> „Man kann sich nicht damit zufrieden geben, dass [...] jetzt irgendwie jemand, der 58 ist, nur weil er jetzt in der Industrie alt ist und nicht mehr gebraucht wird [...], im Leben [...] automatisch alt ist."[335]

Auch bezüglich der *gesellschaftlichen Wirklichkeit des Alter(n)s* finden sich gegenläufige Darstellungen im untersuchten empirischen Material. Die Vorstellung einer *Überalterung* der Gesellschaft wird – wenn auch nur an einer, aber dafür prominenter Stelle – als zu bekämpfendes Vorurteil kritisiert. Der ehemalige GSAAM Beirat und mittlerweile DIU-Absolvent Lothar Moltz konzipierte seinen Begrüßungsvortrag zur ersten Konferenz der GSAAM[336] bewusst in Anlehnung an den Dritten Bericht zur Lage der Älteren Generation in Deutschland.[337] U. a. mit Verweis auf die Arbeiten Andreas Kruses mahnt der Berliner Gynäkologe nicht nur eine multidisziplinäre Betrachtung des Alterns, sondern insbesondere die Aufklärung gängiger Vorurteilen gegenüber alten Menschen an, die er in folgender Abbildung auflistet:

Abbildung 10 Zu bekämpfende Vorurteile gegen alte Menschen nach Moltz

Die alten Menschen – Vorurteile
1. Der Anteil alter Menschen ist in den modernen Industriestaaten am höchsten
2. Alte Menschen stellen eine homogene Gruppe dar
3. Männer und Frauen altern in gleicher Art und Weise
4. Alte Menschen sind schwach und zerbrechlich
5. Alte Menschen können der Gesellschaft nichts geben
6. Alte Menschen stellen für die Gesellschaft eine ökonomische Belastung dar

Quelle: Moltz 2002: *Begrüßung (1. GSAAM Konferenz)*, S. 3.

---

335 Interview P25:273.
336 Moltz 2002: *Begrüßung (1. GSAAM Konferenz)*.
337 vgl. BMFSFJ (Bundesministerium für Familie 2000: *3. Altenbericht*.

Das erste Vorurteil, das Moltz auszuräumen gedenkt, ist die Vorstellung, dass der „Anteil alter Menschen [...] in den modernen Industriestaaten am höchsten" sei.[338] Dieser gerontologisch inspirierte, kritische Auftakt der Konferenzreihe der GSAAM scheint im Umfeld der GSAAM jedoch weitgehend folgenlos geblieben zu sein.

Was das Szenario einer altersbedingten *Expansion der Morbidität* betrifft, finden sich hingegen deutlich vielstimmigere, gegenläufige Beschreibungen: So leitet der Bundesvorsitzende der Jungen Union, Philipp Mißfelder, im Interview mit dem GSAAM-Journal seine Überlegungen mit der Einschränkung ein, dass wissenschaftlich noch nicht entschieden sei, ob mit einer Kompression oder einer Expansion der Morbidität zu rechnen sei.[339] Die Demografin Hilke Brockmann betont im Kursbuch Anti-Aging hingegen, dass „zahlreiche Studien belegen, dass ein längeres Leben nicht durch länger andauernde Krankheiten erkauft wird. Im Gegenteil, der Gewinn an Lebenszeit bedeutet gesunde Lebenszeit."[340] Auch die AutorInnen der Pressemitteilung zum Ersten Europäischen Präventionstag kommen ohne das Szenario der Krankheitszunahme aus. Sie schicken ihrer Veranstaltung im Gegenteil voraus: „Schon heute leben in den meisten EU-Ländern die Menschen länger und gesünder als noch vor einer Generation."[341] Sie argumentieren, dass dennoch noch zu wenig Prävention betrieben würde.

Auch andere GSAAM-MedizinerInnen beschreiben den Zusammenhang von Überalterung und Expansion der Morbidität keineswegs als zwingend. So findet z.B. sich das Argument, dass altersassoziierte Erkrankungen nicht aufgrund des demografischen Wandels, sondern durch die ungesunde Lebensweise junger Menschen verursacht würden.[342] Andere sehen die gesellschaftlichen Probleme des demografischen Wandels nicht primär in einer Zunahme von Erkrankungen, sondern im Bereich von Arbeitsmarkt und Rentensystem.[343] Oder es wird argumentiert, dass die Gesundheitskosten nicht wegen der Zunahme von Krankheitsfällen steigen, sondern durch die Abnahme erwerbstätiger Beitragszahler.[344]

Auch finden sich Darstellungen, die der Vorstellung einer *demografisch verursachten Kostenexplosion* zuwiderlaufen: „Alte Menschen stellen für die Gesellschaft eine ökonomische Belastung dar,"[345] ist ein weiteres der Vorurteile gegen ältere Menschen, zu deren Bekämpfung Moltz aufruft (siehe Abbildung 10). Denn er erklärt, dass ältere Menschen einen unverzichtbaren Beitrag zum gesellschaftlichen Leben leisten, und zwar auch im Hinblick auf die „betriebliche und volkswirtschaftliche Wertschöpfung."[346] Philipp Miß-

---

338 Moltz 2002: *Begrüßung (1. GSAAM Konferenz)*, S. 2.
339 vgl. Hennig 2007: *Bildung & Aufklärung (Interview Mißfelder)*, S. 274.
340 Brockmann 2005: *Biodemografie*, S. 33.
341 [N.N.] 2007: *Gipfeltreffen zum Thema Prävention*, S. 1.
342 vgl. Interview P17:492.
343 vgl. Hennig et al. 2005a: *Editorial*.
344 vgl. Jacobi 2005: *AA: Sinnbild, Sehnsucht, Wirklichkeit*.
345 Moltz 2002: *Begrüßung (1. GSAAM Konferenz)*, S. 3.
346 ebd. S. 4.

felder (CDU) thematisiert im Interview mit Hennig den demografischen Wandel nur als einen von mehreren Effekten für die Kostenentwicklung im Gesundheitswesen. Zudem betont er, dass dessen Größe bisher unklar sei.[347] Bleichrodt zeichnet in seiner Polemik gegen die Präventionspolitik der rot-grünen Bundesregierung ein gänzlich anderes Bild der Kostensituation. Um der Politik ihr Interesse am „sozialverträglichen Frühableben" älterer Menschen nachzuweisen, argumentiert er, dass „der kranke Alte" weniger kostenintensiv sei als der „kranke Junge" und der „gesunde Alte", weil:

„sein Leben nicht mehr lange dauert. Noch billiger ist der verwahrloste, demente Alte. Er kostet fast nichts und wenn sich niemand um ihn kümmert, entstehen auch keine Kosten."[348]

Auch finden sich Argumentationen, in denen das Kostenargument prinzipiell in Frage gestellt wird. So argumentiert Günther Verheugen im GSAAM-Journal, dass ein „reiner Kostenansatz" nicht zielführend sei, denn darüber würden die Gewinnchancen der Gesundheitsindustrie vergessen, die der demografische Wandel auch berge.[349] Dr. D. schimpft hingegen, dass er die Kostendiskussion insgesamt „ziemlich Banane" fände, weil für ihn die individuelle Lebensqualität vor den gesellschaftlichen Kosten käme.[350]

Schließlich finden sich auch Gegenstimmen in Bezug auf die Vorstellung eines *bevorstehenden Zusammenbruchs der Gesellschaft*. So verwies Michael Klentze auf die „Selbstheilungskräfte" des Systems und erklärte, „alles wird sich regulieren."[351] Und Frau Dr. A. erzählte, wie sie sich nach der Lektüre von Frank Schirrmachers Bestseller „Das Methusalem Komplott"[352] wachgerüttelt habe:

„Ne, ne, ich will mich nicht so nihilistisch da einfärben lassen durch diese Stimmung, weil ich glaube schon: […] Es passiert viel. […] Es gibt schon Ansätze. Es muss halt mehr werden […] Aber es ist glaube ich falsch zu sagen: Wir werden irgendwie den Bach runtergehen. […] Das glaub ich nicht."[353]

2.3 Die Möglichkeit guten Alter(n)s: Altern ja – aber gesundes Altern

Auch wenn die schlechte Wirklichkeit des Alter(n)s im Vordergrund der Altersdarstellungen steht, machen viele GSAAM-MedizinerInnen eine „dichotome Situation"[354] aus.

---

347 vgl. Hennig 2007: *Bildung & Aufklärung (Interview Mißfelder)*, S. 274.
348 Bleichrodt 2005: *Präventionsversicherung*, S. 15 f.
349 vgl. Hennig 2005: *Wachstumsmarkt Gesundheit (Interview Verheugen)*, S. 7.
350 vgl. Interview P23:349.
351 vgl. Feldnotizen 1. Präventionstag der GSAAM im Rahmen der Medica, Düsseldorf, 2005.
352 Schirrmacher 2005: *Methusalem-Komplott*.
353 P16:1152 ff.
354 Jacobi 2005: *AA: Sinnbild, Sehnsucht, Wirklichkeit*, S. 9.

Im Folgenden wird *erstens* untersucht, auf welche Weisen im Umfeld der GSAAM Grenzen zwischen gutem und schlechtem Alter(n) gezogen werden. Es wird herausgearbeitet, dass die Unterscheidung tendenziell nicht zwischen körperlichem und geistigem Altern oder verschiedenen Altersphasen gezogen wird. Häufiger wird zwischen besseren oder schlechteren individuellen Altersverläufen unterschieden, die auf genetische Begünstigung und gesunden Lebensstil zurückgeführt werden.

Zweitens wird herausgearbeitet, an welchen Vorstellungen guten Alter(n)s sich die argumentativen Trennarbeiten ausrichten. Es wird gezeigt, dass die Güte des Alter(n)s nicht an der Quantität, sondern der Qualität des Lebens bemessen wird. Vor diesem Hintergrund wird untersucht, an welchen Kriterien wiederum die Lebensqualität im Alter festgemacht wird und welche Gründe dafür angeführt werden, dass Gesundheit und Funktionsfähigkeit die Kriterien guten Alter(n)s sind.

In den Vorstellungen guten Alter(n)s sind auch die im *dritten* Schritt untersuchten Ziele der Gestaltung des Alterns begründet. Es wird beschrieben, wie sich auch hier die GSAAM von zwei in Verruf geratenen Anti-Aging-Zielen distanziert: der ästhetischen Verjüngung und der substanziellen Lebensverlängerung. Hingegen wird in Korrespondenz mit den Vorstellungen guten Alterns die Steigerung der Lebensqualität im Alter anvisiert. Zwei Besonderheiten dieser deutlich konsensfähigeren Zielformulierung werden herausgearbeitet: erstens die Alleinstellung, die das Ziel im Konzept der GSAAM erfährt und zweitens seine Ambivalenz bezüglich einer moderaten Lebensverlängerung.

2.3.1 Grenzverläufe: Durch Lebensstil und Gene begünstigtes Alter(n)

Die GSAAM-MedizinerInnen ziehen in ihren Argumentationen die Grenze zwischen gutem und schlechtem Alter(n) auf unterschiedliche Weisen. Nur sehr wenige Anklänge finden sich an die Rhetorik der A4M und der SENS Foundation, in denen dem alles dominierenden, körperlichen Verfall *lediglich marginale, geistige Reifungsprozesse* gegenübergestellt werden. Ein idealtypisches Beispiel findet sich dennoch in Hubers und Klentzes Gentestratgeber. Darin erklären die A4M nahen Ärzte, dass die „gelegentlich gerühmten" persönlichen Reifungsprozesse des Alterns nicht über das „tägliche Erleben" älterer Menschen hinwegtäuschen könnten. Denn:

> „Krankheiten, nachlassende körperliche und geistige Kräfte, das deprimierende Gefühl, von anderen Menschen immer weniger geliebt und gebraucht zu werden, schaffen so viel körperliches und seelisches Leiden, dass nur wenige dazu kommen, die positiven Aspekte des Altwerdens so richtig zu genießen."[355]

Die meisten GSAAM-MedizinerInnen räumen der Möglichkeit guten Alterns jedoch deutlich mehr Platz ein als Huber und Klentze in ihrem Ratgeber. Beispielsweise wer-

---

355 Huber et al. 2005: *Revolutionäre Snips-Methode*, S. 10.

den Persönlichkeitsentwicklungen im Alter nicht als Täuschungen über die Leiden des Alter(n)s abgewertet, sondern durchaus geschätzt. Sie sind jedoch nicht Teil ihres Konzepts zu Gestaltung des Alterns, sondern haben in den Argumentationen der MedizinerInnen häufig eher unterhalterische Funktion.[356] Sie finden im untersuchten empirischen Material meist nur am Rande Erwähnung, z. B. in den Vorträgen externer Persönlichkeiten aus Wissenschaft, Kunst und öffentlichem Leben, welche die GSAAM-Konferenzen regelmäßig rahmen,[357] auf letzten Folien von PowerPoint Vorträgen oder als (selbstironische) Reflexionen des eigenen Alterungsprozesses.

Zudem werden die positiven Aspekte des Alterns nicht nur in den Bereich des Geistigen angesiedelt. Wie zu erwarten werden Grenzen zwischen gutem und schlechtem Altern in vielen Argumentationen entlang der den Diskurs bestimmenden Unterscheidung zwischen gesundem und krankem Altern gezogen. Dieser Grenzverlauf wird jedoch – je nach Argumentationsziel – unterschiedlich konkretisiert. Häufig werden *verschiedene Phasen des Alterns* unterschieden. Kleine-Gunk z. B. betont im Interview mit den AntiAging News den zweiphasigen Verlauf des Alterns. Er beschreibt eine „junge", gesunde Altersphase, in der Krankheits- und Beschwerdefreiheit „für die meisten Menschen noch gelingt." Darauf folgt eine „alte", kranke Altersphase: „Ab 80 geht es dann zumeist los mit Erkrankungen, die dann doch die Lebensqualität deutlich vermindern."[358] Dieses Phasenmodell dient Kleine-Gunk dazu, die Ausweitung der von ihm bereits erstaunlich lange angesetzten ersten Phase als das Ziel der Anti-Aging-Medizin zu begründen.

Ähnliche Phasenmodelle entwirft Wolf Bleichrodt. Einmal kombiniert dieser wie Kleine-Gunk die Merkmale alt/jung und gesund/alt und unterscheidet entsprechend gesunde Junge, kranke Junge, gesunde Alte und kranke Alte.[359] Ein andermal steht die Unterscheidung aktiv/passiv im Vordergrund. Hier unterscheidet Bleichrodt den problematischen „älteren Mensch im Ruhestand", den vielversprechenden „aktiven Mensch in der Lebensmitte" sowie die wirtschaftlich uninteressanten „Hochbetagten".[360]

Neben den unterschiedlichen Phasenmodellen findet sich eine weitere, im Umfeld der GSAAM einflussreiche Dichotomisierung des Alterns. Hier liegt die Beobachtung zugrunde, dass der natürliche Altersverfall individuell stark variiert und sowohl besser als auch schlechter verlaufen kann. Entsprechend wird nicht primär zwischen guten und

---

356 vgl. z. B. Feldnotizen 6. Konferenz der GSAAM, Düsseldorf, 2006, P11:45.
357 Z. B. spricht die Gerontologin Ursula Lehr im Journalinterview von „Altern im positiven Sinn des Reifens" (Lehr 2009: *Langlebigkeit verpflichtet*), der von Michael Klentze euphorisch eingeführte Eröffnungsvortrag des Theaterintendanten Walter Weyers der GSAAM Konferenz 2006 behandelte „die Wertschätzung des Alterungsprozesses" (Feldnotizen 6. Konferenz der GSAAM, Düsseldorf, 2006, P11:45) und der Soziologe Thomas Druyens gibt im GSAAM Journal ein Plädoyer für die Wertschätzung des menschlichen, kulturellen und nicht wirtschaftlichen Vermögens alter Menschen (vgl. Druyen 2007: *Lebenszyklus im Umbruch*).
358 [N. N.] 2009: *AA – Aussicht auf gesundes Altern*, S. 3.
359 Bleichrodt 2005: *Präventionsversicherung*, S. 15 f.
360 Jacobi 2005: *AA: Sinnbild, Sehnsucht, Wirklichkeit*, S. 11.

schlechten Altersphasen unterschieden, die alle Menschen durchlaufen. Vielmehr wird zwischen *guten und schlechten individuellen Alterungsverläufen* unterschieden. Günther Jacobi beispielsweise erklärt in der Einführung zu seinem Kursbuch Anti-Aging, dass es einerseits zufriedene und gesunde Alte („happy and well") und andererseits aber gleichzeitig auch traurige kranke Alte („sad and sick")[361] gibt und führt in einem Merkkasten aus, dass die Entwicklung jenseits der 70 dichotom verlaufe:

> „Entweder hat man alles gut überstanden, beugt weiter vor und hat eine sehr gute Altersprognose; oder es resultiert Multimorbidität mit Verwaltung der Krankheiten bei unbefriedigender Lebensqualität. Wer die 80 ohne größere Hürden überschritten hat, der wird auch ohne Lifestyle-Korrekturen noch älter."[362]

Jacobi führt im Folgenden zwei Gründe für die dichotomen Altersverläufe an. Ob ein Mensch das Altern „gut übersteht" hängt Jacobi zufolge vom gesunden Lebensstil und von genetischen Komponenten ab. Vor diesem Hintergrund zieht er die Grenze zwischen gutem und schlechtem Altern nicht zwischen Körper und Geist, zwischen gesunden und kranken oder aktiven und passiven Altersphasen, sondern nimmt genetische Anlagen und Lebensstil als Unterscheidungsmerkmale. Diese Unterscheidung von durch Genetik und Lebensstil begünstigtem und nicht begünstigtem Altern klingt in vielen Darstellungen der individuellen Wirklichkeit des Alterns an.

Gerne werden – wie im genetischen Zweig der biologischen Altersforschung üblich[363] – extrem hochaltrige, gesunde Menschen als Beispiele der guten Möglichkeit des Alterns angeführt. In den Lebensstilen, Lebensphilosophien und Gendispositionen dieser „super-super-centenarians"[364] wird „das Geheimnis der über 100-Jährigen"[365] gesehen. Aber auch anhand weniger seltener Beispiele werden genetische und lebensstilbezogene Grenzen zwischen gutem und schlechtem Altern gezogen. Die folgenden Darstellungen verdeutlichen die jeweiligen Argumentationsmuster: Alexander Römmler räumt genetischen Unterschieden selbst neben seiner starken Hormonmangeltheorie des Alterns (siehe Teil 3, Kapitel 1.1.3) einen hohen Stellenwert ein und unterscheidet *genetisch günstiger und weniger günstig verlaufende Alterungsprozesse:*

> „Wer im Alter noch ‚jüngere' Hormonspiegel aufweist, ist hormonell weniger gealtert. Er hat offensichtlich eine günstigere Genausstattung. Durch besser erhaltene Kapazitäten seiner Zell- und Organsysteme sieht er meist stattlicher und vitaler aus, ist auch gesünder als Gleichaltrige mit weniger günstiger Ausstattung."[366]

---

361 vgl. ebd. S. 4.
362 ebd. S. 9.
363 vgl. z. B. Brockmann 2005: *Biodemografie*, S. 31.
364 Feldnotizen Anti-Ageing Medicine World Congress Paris 2006, P5:197.
365 Huber et al. 2005: *Revolutionäre Snips-Methode*, S. 13.
366 Römmler 2002: *Einführung i. d. AAM (AA Sprechstunde)*, S. 11.

Frau M. unterscheidet hingegen vor allem *gut oder schlecht gelebtes Altern*. Ihre Darstellung ihrer eigenen Alterungserfahrung lebt u. a. von der Kontrastierung mit dem negativen Alterungsverlauf ihres verstorbenen Mannes. Dessen unbewältigter Übergang in den Ruhestand, seine Depression, Kraftlosigkeit und Stürze sind für sie Sinnbild seiner falschen Lebenshaltung und Lebensweise. Ihre eigene Sinnsuche und Anti-Aging-Aktivitäten stellt sie hingegen als gutes Altern dar, anstatt es z. B. angesichts ihrer Brustkrebserkrankung als schlecht zu bewerten.[367]

Diese argumentativen Trennarbeiten durch die ständige Unterscheidungen und Bewertungen zweier Alterspole durchziehen das untersuchte empirische Material. Die Pole changieren dabei zwischen der Dichotomisierung von gesundem, körperlich und sozial funktionsfähigem Alter(n) und krankem, körperlich und sozial funktionsunfähigem Alter(n). Sie weisen aber auch starke lebensstilbezogene und genetische Grenzziehungen auf. Die damit verknüpften Theorien der genetischen Determiniertheit und der lebensstilbezogenen Gestaltbarkeit des Alter(n)s und die darin angelegten Handlungsbezüge werden im Folgenden genauer untersucht (siehe Teil 3, Kapitel 3.3). Denn wenn sich die Güte des Alter(n)s nicht über chronologisches Alter, Krankheits- oder Aktivitätsdiagnosen bestimmt, sondern über genetische Prädispositionen und Lebensstilentscheidungen, kann die Qualität der Alterung bereits vor der Manifestation der schlechten Alterung prognostiziert und behandelt werden.

2.3.2 Vorstellungen guten Alter(n)s: Gesundheit und Funktionsfähigkeit als Voraussetzungen für Selbstverwirklichung im Alter

Die Darstellungen der schlechten Wirklichkeit des Alter(n)s und auch die Grenzziehungen zwischen schlechtem und gutem Alter(n) werden in den untersuchten Argumentationen häufig als Beschreibungen empirischer Tatbestände präsentiert. Wenn jedoch z. B. Kleine-Gunk seinen Beschreibungen der Wirklichkeit des Alter(n)s die Wertung anfügt, „Das ist nicht die Art von Altern, die wir uns wünschen",[368] setzt dies eine Vorstellung davon voraus, welche Art des Alterns er stattdessen als wünschenswert erachtet. In vielen der untersuchten Argumentationen werden diese präskriptiven Prämissen als selbstverständlich vorausgesetzt und entsprechend *kaum expliziert, begründet oder diskutiert*.

Für die Analyse des Programms der GSAAM ist ein genaueres Herausarbeiten der Vorstellungen guten Alter(n)s sehr fruchtbar. Denn an ihnen sind sowohl die Inszenierungen der problematischen Wirklichkeit des Alter(n)s als auch die medizinische Praxis ausgerichtet. So ist das Ziel der Gestaltung des Alterns letztlich in Vorstellungen des guten Alterns begründet. Gleiches gilt für Kriterien der Messung von Altersrisiken und der Bewertung von Behandlungserfolgen und -misserfolgen. Letztlich entscheidet sich

---

367 vgl. Interview P22.
368 Kleine-Gunk 2003: *Wozu AA?* S. 6.

in Konzepten des guten Alterns, welche Arten des Alterns durch das Programm der GSAAM „selektiert" werden sollen und welche nicht. Vor diesem Hintergrund ist für die Anti-Aging-Kritik also nicht nur wichtig, ob die Alterung auf mehr oder weniger wissenschaftliche Weise als Krankheit(srisiko) beschrieben wird. Von zentraler Bedeutung ist zudem, *woran gutes Leben im Alter festgemacht wird.*

Zunächst fällt auf, dass die Vorstellungen guten Alter(n)s stark vom *Individuum* und dessen körperlicher Funktionsfähigkeit und Selbstverwirklichung her konzipiert sind. Vorstellungen eines guten gesellschaftlichen Umgangs mit dem Alter(n) (siehe ausführlich Teil 3, Kapitel 4.2) werden seltener artikuliert und sind dem guten individuellen Alter(n) nachgeordnet. Die meisten Argumentationen im Umfeld der GSAAM, in denen Vorstellungen des guten Alterns erläutert werden oder durchscheinen, sind zudem um den Begriff der Lebensqualität zentriert sind. Fast durchgängig wird „*Lebensqualität* als *das* erstrebenswerte Merkmal längeren Lebens"[369] genannt. Was auf den ersten Blick lediglich als Paraphrase für „gutes Leben" erscheint, birgt eine erste Positionierung der GSAAM in der Kontroverse über Anti-Aging. Betont wird, dass sich die Güte des Alter(n)s nicht an der Quantität der Lebensjahre, sondern der Qualität des Lebens bemisst. Denn auch wenn sich diese Vorstellung nur noch in sehr wenigen Anti-Aging-Kontexten findet, wird Anti-Aging von vielen KritikerInnen als primäres Lebensverlängerungsprojekt wahrgenommen.

In der Tat spielte die Länge des Lebens im Umfeld der GSAAM anfänglich eine deutlich größere Rolle als heute. Römmler und Wolf erklären beispielsweise im Vorwort zu ihrer Anti-Aging Sprechstunde: „Ein langes Leben in Gesundheit – und damit ein ‚hohes Alter' in Lebensjahren gerechnet – ist durchaus erstrebenswert."[370] Auch wenn mittlerweile die Qualität des Lebens an erste Stelle gerückt ist, gewinnt jedoch ein qualitativ hochwertiges Leben durch eine hohe Quantität an Lebensjahren durchaus noch an Wert.

Diese Akzentverschiebung von der Quantität auf die Qualität des Lebens ist ein weiterer Aspekt der um Mäßigung bemühten Neubegründung der deutschen Anti-Aging-Medizin. Denn anders als die Quantität ist die Qualität des Lebens im Alter ein leicht konsensfähiges Kriterium für gutes Alter(n). Eine folgenreiche konzeptuelle Konsequenz dieser Neugewichtung der Kriterien ist, dass nicht mehr das Leben *an sich* zum Wert erhoben wird, sondern *qualitativ hochwertiges* Leben. Vor diesem Hintergrund stellt sich die Frage, wie der Begriff Lebensqualität im Umfeld der GSAAM inhaltlich gefüllt wird. Welches sind nun wiederum die Kriterien, an denen die Qualität des Lebens im Alter bemessen wird?

In vielen der untersuchten Argumentationen wird Lebensqualität im Alter als Gesundheit und Funktionsfähigkeit des Einzelnen ausbuchstabiert. Dennoch finden auch komplexer angelegte Konzepte von Lebensqualität durchaus theoretische Erwähnung.

---

369 Jacobi 2005: *AA: Sinnbild, Sehnsucht, Wirklichkeit*, S. 9, Hervorhebungen im Original.
370 Römmler et al. 2002: *Vorwort (AA Sprechstunde)*, S. XI.

Günther Jacobis Ausführungen über Lebensqualität als dem Merkmal erstrebenswerten Alterns sind ein Beispiel für das im Feld häufig anzutreffende *Nebeneinander von reduzierten Praxisformeln und komplexeren Theorien* von Lebensqualität:

„Hohes Alter ist nur in Leistungsfähigkeit (m. E. in Gesundheit) erstrebenswert",[371] nennt Jacobi als eine der zentralen Botschaften seines medizinischen Anti-Aging-Konzepts und definiert: „Lebensqualität (= Vitalität, Leistungsfähigkeit)".[372] Gleichzeitig kritisiert Jacobi jedoch den Anti-Aging-Zeitgeist aufs Schärfste und pflichtet Anti-Aging KritikerInnen kulturpessimistisch bei: „Die Entwicklung gipfelt heute darin, dass sich das Ideal des schönen und intakten Menschen fast nur mehr von der Gesundheit her definiert."[373] Zudem konstatiert er, dass dem salutogenetischen Prinzip seines Anti-Agings zufolge die Alterung „eher als eine Entwicklung auf dem labilen Gesundheits-Krankheits-Kontinuum verstanden"[374] würde, an das es sich aktiv anzupassen gelte. So würden sicher viele GSAAM-MedizinerInnen zustimmen, dass gutes Altern auch andere Aspekte als Gesundheit und Funktionsfähigkeit umfasst. Ihre Praxis ist dennoch ausschließlich an Gesundheit und Funktionsfähigkeit ausgerichtet.

Der Begriff *Gesundheit als Kriterium für Lebensqualität* im Alter wird recht unterschiedlich ausbuchstabiert. Auch hier finden komplexere Gesundheitsbegriffe Erwähnung, wie z. B. die bekannte Definition der WHO. „Was sagt die WHO?" fragt Frau K. rhetorisch. „Gesundheit ist der Zustand VOLLKOMMENEN körperlichen, geistigen und sozialen Wohlbefindens, nicht allein das ausbleiben von Krankheiten und Gebrechen."[375] Nicht selten werden die komplexeren Begriffe von Gesundheit jedoch zu engeren Konzepten konkretisiert. So fährt Frau K. unmittelbar fort: „Ja und genau das machen wir. Also wir helfen ein körperliches Wohlbefinden zu erreichen"[376] Jedoch wird Gesundheit in vielen Argumentationen auch von Anfang an als Freiheit von altersassoziierten Krankheiten verstanden. Auf die Frage, ob in Würde altern nicht auch bedeute, nachlassende Leistungsfähigkeit zu akzeptieren, erwidert der zweite GSAAM-Präsident: „In Würde zu altern heißt für mich eben auch, ohne die typischen altersbedingten Krankheiten wie beispielsweise Osteoporose oder Arteriosklerose zu leben."[377] Wie der Begriff von Lebensqualität ist der Gesundheitsbegriff ist in den Vorstellungen des guten Alterns also quasi „nach oben offen" gehalten.

Neben oder auch in Verbindung mit Gesundheit werden häufig körperliche und kognitive Funktionsfähigkeit, Fitness, Vitalität oder auch Leistungsfähigkeit als Kriterien für Lebensqualität im Alter genannt. So erklären Hennig und Klentze im Editorial der

---

371 Jacobi 2005: *AA: Sinnbild, Sehnsucht, Wirklichkeit*, S. 3.
372 ebd. S. 8.
373 ebd. S. 4.
374 ebd. S. 10.
375 Interview P21:284, ein weiterer Bezug auf den Gesundheitsbegriff der WHO findet sich in Wolf 2005: *Was ist AAM?* S. 315.
376 Interview P21:284.
377 Müller 2010: *Für immer jung*, S. 4.

ersten Ausgabe ihres GSAAM-Journals: „Entscheidend für eine Lebensqualität bis ins hohe Alter sind körperliche und geistige Fitness."[378] Auch viele meiner GesprächspartnerInnen[379] erklären es als erstrebenswert „eben fit zu bleiben, sowohl körperlich als auch geistig" oder machen schlechtes Altern daran fest, „nicht mehr funktionsfähig"[380] zu sein. Wie zahlreiche Untersuchungen über Anti-Aging zeigen,[381] werden auch im Umfeld der GSAAM *Funktions-, Fitness- oder Vitalitätsnormen jüngere Altersgruppen* als Bewertungsmaßstäbe herangezogen. So heißt es etwa auf der GSAAM-Website als Untertitel der Rubrik „Warum Anti-Aging?": „Ich möchte so alt werden wie es geht – und das so jung wie möglich."[382]

Weniger diskutiert wurde bisher, dass die *Leistungsnormen zudem oft von bürgerlicher Prägung* sind. So diskutiert Bernd Kleine-Gunk Johann Wolfgang von Goethe als „Beispiel für erfolgreiches Altern" und sucht humorvoll nach dessen „Rezept für das, was man heute neuhochdeutsch als ‚successful aging' bezeichnet."[383] Die Güte von Goethes Alterungsprozess macht Kleine-Gunk dabei vor allem daran fest, dass es diesem gelang, „in einem derart hohen Alter bei vollständiger geistiger Frische noch Werke wie den Faust zu vollenden".[384] Dies führt er u. a. auf dessen „umfassende, nie versiegende Neugier auf das Leben insgesamt"[385] und seinen damit verbundenen „unstillbaren Wissensdurst" zurück, der diesem ein weiteres Merkmal des „‚successful aging' eines Schriftstellers" bescherte: Seinen Nachruhm.

Im Vergleich zu anderen Anti-Aging-Kontexten zeigen sich zwei weitere Besonderheiten der Vorstellungen guten Alterns im Umfeld der GSAAM, die mit den Spezifika ihrer Wirklichkeitsbeschreibungen korrespondieren. Erstens wird in Abgrenzung zu ästhetischen Anti-Aging-Kontexten *jugendliches Aussehen nur am Rande als Merkmal guten Alterns* hervorgehoben. Die wortführenden GSAAM-MedizinerInnen und auch meine GesprächspartnerInnen aus dem ästhetisch-dermatologischen Bereich sind bemüht, jugendliches Aussehen nicht ins Zentrum ihres Konzepts des guten Alterns zu rücken, es aber gleichzeitig als eine zusätzliche Option des guten Alterns offen zu halten. So findet sich in der Beschreibung von ästhetischem Anti-Aging auf der GSAAM-Website lediglich folgender empirischer Befund: „Wer jünger bleiben will, möchte häufig auch jünger aussehen."[386] In anderen Argumentationen finden ästhetische Merkmale im Kontext von Gesundheit Erwähnung. Frau K. erklärt: „Was WIR halt vermitteln ist, dass es SPASS macht, gesund zu sein, dass es erstrebenswert ist, schlank zu sein".[387]

---

378 Hennig et al. 2005a: *Editorial.*
379 vgl. z. B. Interview P15:79.
380 vgl. Feldnotizen Podiumsdiskussion 2. Europäischer Präventionstag, 2008, P13:33.
381 insb. Katz et al. 2004: *Is the functional normal?*
382 http://www.gsaam.de/was-ist-anti-aging/warum-anti-aging.html (28. 11. 2013).
383 Kleine-Gunk 2008: *Goethe. Ein Beispiel f. erfolgreiches Altern*, S. 133.
384 ebd.
385 ebd.
386 http://www.gsaam.de/was-ist-anti-aging/das-anti-aging-konzept.html (28. 11. 2013).
387 Interview P21:376, Hervorhebungen im Original.

Zweitens fällt auf, dass die Themen Sterben und Tod in den Vorstellungen des guten Alterns der GSAAM-MedizinerInnen keine nennenswerte Erwähnung finden. Es werden keine radikalen Anti-Aging-Positionen geäußert oder auch nur implizit deutlich, denen zufolge gutes Altern nur bei einer weitgehenden Abschaffung des Todes möglich wäre. Gleichzeitig finden sich aber auch *keine konkreten Vorstellungen eines guten Todes*.[388] Zwar wird ein „vorzeitiger Tod" von einigen als Kennzeichen der leidvollen Wirklichkeit des Alterns genannt. Daraus lässt sich jedoch lediglich schließen, dass Vorstellungen eines „rechtzeitigen Todes" bestehen. Woran sich dieser bemisst, ob und wenn ja wie Sterbensprozesse gut verlaufen können wird jedoch nicht thematisiert. Lediglich an einer Stelle im untersuchten empirischen Material findet sich hier ein Hinweis. In seinem Vortrag auf der Frankfurt Global Business Week formulierte Kleine-Gunk, dass gutes Altern für ihn auch bedeute, *„gesünder" zu sterben*. In der Abschlussfolie seines Vortrags konkretisierte er dies flapsig als „mit 100 gesund in die Kiste".[389] Dagegen fällt jedoch auf, dass für die Anti-Aging-Anwenderin Frau M. ein guter Umgang mit Sterben und Todes zentrales Kriterium für gelungenes Altern ist. So betont Frau M. mehrfach:

„Und ich hab – und das ist das Wichtigste – keine Angst mehr vor dem Sterben. […] Ich bin ganz sicher, dass es da eine Möglichkeit geben wird, dass ich irgendwie gut behütet, gut geschützt werde von irgendwelchen Menschen, ob Hospiz oder was auch immer. […] Denn ich bin allein, hab keine Kinder, […] Durch meinen Glauben bin ich ganz ruhig und sicher."[390]

Den meisten meiner GesprächspartnerInnen scheint es nicht weiter begründungsbedürftig, dass Gesundheit und Funktionsfähigkeit gutes Alterns maßgeblich ausmachen. Sie gehen selbstverständlich davon aus, dass diese sogar „im Interesse aller"[391] sind. Ob man diese Vorstellung des guten Alterns teilt oder nicht, hängt jedoch nicht zuletzt davon ab, ob sie *überzeugend begründet* wird. Vor diesem Hintergrund lohnt die Frage, welche Gründe eigentlich dafür genannt werden, dass Gesundheit und Leistungsfähigkeit im Alter erstrebenswert sind.

Hier fällt auf, dass die Vorstellungen des guten Alterns im untersuchten empirischen Material häufig nicht durch die Darlegung präskriptiver Prämissen begründet werden. Vielmehr werden *empirische Befunde über die in der Gesellschaft angeblich geltenden Vorstellungen über gelungenes Altern zur Legitimation* herangezogen. „Die demografische Entwicklung der nächsten Jahrzehnte unterstützt den Trend, dass Gesundheit bis ins hohe Alter von vielen als das höchste Gut erachtet wird",[392] erklärt beispielsweise Jacobi.

---

388 Ich danke Thomas Potthast für seine Hinweise auf das Fehlen einer Vorstellung des guten Todes im Umfeld der GSAAM.
389 vgl. Feldnotizen „Longevity & Anti-Aging – Neue Märkte für die Gesundheit", Frankfurt Global Business Week, IHK Frankfurt, Mai 2011.
390 Interview P22:679 ff.
391 Lehr 2009: *Langlebigkeit verpflichtet*, S. 9.
392 Jacobi 2005: *AA: Sinnbild, Sehnsucht, Wirklichkeit*, S. 2.

Auch finden sich zahllose Varianten der These, dass es ein „uraltes Grundbedürfnis",[393] ein „uralter Traum der Menschheit",[394] eine „conditio humana"[395] sei, „jung zu bleiben und dabei alt zu werden".[396] „Jeder will es werden, keiner will es sein: Alt,"[397] ist ein beliebter Merksatz der GSAAM-MedizinerInnen. „Alt werden ist in Teilen der Bevölkerung erstrebenswerter geworden als Reichtum",[398] erklären die HerausgeberInnen des Kursbuch Anti-Aging mit Verweis auf eine von dem Magazin Playboy in Auftrag gegebene Studie.

Aus erkenntnistheoretischer Perspektive liegt hier ein naturalistischer Fehlschluss vor. Mit Verweis auf das, was die meisten wollen, wird legitimiert, was alle tun sollen. Das Ziehen eines Sollens-Schlusses aus einem Seins-Befundes wird in folgendem Argument Günther Jacobis besonders deutlich: „Dass Anti-Aging nicht erst im Alter anfängt, ergibt sich schon aus den Wünschen des älter Werdenden."[399] Aus sozialwissenschaftlicher Perspektive ist zudem fraglich, ob es sich bei den Seins-Befunden tatsächlich um systematisch erhobene empirische Ergebnisse handelt. Hier fällt auf, dass viele GSAAM-MedizinerInnen an anderer Stelle im Gegenteil kritisieren, dass die meisten Menschen Gesundheit und Funktionsfähigkeit im Alter gerade nicht genügend anstreben. Wie z. B. Frau K. erklärt, müsse die Präventionsmedizin den Menschen diese Vorstellung des guten Alterns erst aufklärerisch vermitteln.[400]

Neben diesen empirischen Begründungen finden sich dennoch auch präskriptive Prämissen der von GSAAM-MedizinerInnen vertretenen Vorstellung des guten Alterns. In Bezug auf Gesundheit wird wie zu erwarten vielfach angeführt, dass altersassoziierte Krankheit oft mit „viel Leid und Schmerzen"[401] oder *„Schmerz, Invalidität und vorzeitigem Tod."*[402] verbunden ist. Gesundheit wird dagegen als Zustand der Abwesenheit dieser Übel verstanden. Viele bestimmen die Güte von Gesundheit auch positiv und weitreichender. Ulla Schmidt (SPD) wird im GSAAM-Journal beispielsweise gefragt, ob „Präventionsmedizin auch eine Frage von Humanismus" sei, „selbstverständlich unter der Prämisse des 21. Jahrhunderts."[403] Diese These wird im Titel des Interviews bereits als Tatsache postuliert, wobei die für das 21. Jahrhundert spezifischen Bedingungen des Humanismus nicht erläutert werden. Ulla Schmidt bejaht die Frage. Sie argumentiert

---

393 Jacobi 2005: *AA: Sinnbild, Sehnsucht, Wirklichkeit*, S. 7.
394 Römmler et al. 2002: *Vorwort (AA Sprechstunde)*, S. VII, siehe auch [N. N.] 2009: *AA – Aussicht auf gesundes Altern*.
395 [N. N.] 2009: *AA – Aussicht auf gesundes Altern*.
396 Jacobi 2005: *AA: Sinnbild, Sehnsucht, Wirklichkeit*, S. 7.
397 Wolf 2005: *Was ist AAM?* S. 315 siehe auch Feldnotizen 6. Konferenz der GSAAM, Düsseldorf, 2006, P11:177 und Jacobi 2005: *AA: Sinnbild, Sehnsucht, Wirklichkeit*, S. VI.
398 Jacobi et al. 2005: *Vorwort Kursbuch AA*, S. VI.
399 Jacobi 2005: *AA: Sinnbild, Sehnsucht, Wirklichkeit*, S. 9.
400 vgl. Interview P21:376.
401 Römmler et al. 2002: *Vorwort (AA Sprechstunde)*, S. IX.
402 Müller 2010: *Für immer jung*, S. 4.
403 [N. N.] 2007: *Eine Frage von Humanismus*, S. 382.

sinngemäß, dass Gesundheit eine Voraussetzung für Bildung sei und diese wiederum eine Voraussetzung für gesellschaftliche Teilhabe. Schmidt resümiert: „In der Gesundheit stecken die Bedingungen, die Faktoren, die ein gutes oder weniger gutes Leben bedeuten."[404]

Im Konzept der GSAAM werden Gesundheit und auch Funktionsfähigkeit hingegen meist nicht als Bedingung für gesellschaftliche Teilhabe, sondern für *Selbstverwirklichung durch individuelle Handlungsfreiheit und Selbstbestimmung* erachtet. Diese werden als äußerst wichtig für gelungenes Altern erachtet, weil die Möglichkeit, „als ‚Pflegefall' zu enden",[405] als Synonym für Handlungsunfreiheit und Fremdbestimmung gilt. Es geht jedoch nicht nur um die Aufrechterhaltung von Autonomie, sondern auch um die Erweiterung von Möglichkeiten der Entfaltung des Selbst. Günther Jacobi beispielsweise deutet an, dass eine gute Lebensqualität im Alter deshalb von so großer Bedeutung sei, weil nur so „noch gesetzte Ziele leichter und sicherer erreicht"[406] werden könnten. Frau K. sieht das ähnlich, bringt jedoch neben Gesundheit noch zwei weitere Bedingungen für Handlungsfreiheit ins Spiel, indem sie erklärt: „Weil: Wenn wir Geld, Zeit und Gesundheit haben, können wir all das tun, was wir gerne möchten."[407] Dies ist auch eine Lesart von Roland Klatzs Argument „Anti-Ageing is freedom".[408] Auch Frau F. schwärmt von einer „Lebensweise […] in Freiheit und Unabhängigkeit".[409] Dabei geht es jedoch nicht allein darum, alles machen zu können, was man möchte, sondern auch derjenige sein zu können, wer man sein will. Die HerausgeberInnen des Kursbuch Anti-Aging unterstreichen in ihrem Vorwort den Wert von Selbstbestimmung:

„Wir wünschen, dass die vom Philosophen *Sören Kierkegaard* formulierte allgemeine Bedrohung ‚Der, der ich bin, grüßt wehmütig den, der ich sein möchte' sowohl für den Leser, aber auch für die Klienten/Kunden/Patienten als Nutznießer keine Geltung bekommt."[410]

Es entsteht der Eindruck, dass die Bedingungen für Selbstverwirklichung und Selbstbestimmung zum Großteil in körperlicher Unversehrtheit des Einzelnen gesehen werden. Der Einzelne scheint sich im Alter vor allem durch Zielstrebigkeit, Aktivität und Selbstverwirklichung zu bewähren. Vielleicht sind dies die für das 21. Jahrhundert spezifische Bedingungen des Humanismus, welche die InterviewerIn des GSAAM-Journals im Sinn hat. Inwiefern dies nicht nur für den Einzelnen, sondern auch für die Gesellschaft als wünschenswert gilt, wird im Kontext der Vorstellung einer guten alternden Gesellschaft genauer untersucht (siehe Teil 3, Kapitel 4.2). Hier wird z. B. argumentiert,

---

404 ebd.
405 Hennig et al. 2005a: *Editorial*.
406 Jacobi 2005: *AA: Sinnbild, Sehnsucht, Wirklichkeit*, S. 11.
407 Interview P21:971.
408 Interview mit Roland Klatz, Feldnotizen Anti-Ageing Medicine World Congress Paris 2006, P5:297.
409 Interview P21:427.
410 Jacobi et al. 2005: *Vorwort Kursbuch AA*, S. VII, Hervorhebungen im Original.

dass Fitness im Alter u. a. wichtig ist, damit die Leute „gescheit arbeiten können"[411] und „auch im Alter noch von Nutzen"[412] sein können.

Am Rande findet sich zudem das Argument, dass Gesundheit, Funktionsfähigkeit und damit Nützlichkeit im Alter deshalb erstrebenswert sind, weil der Einzelne damit der Gefahr entgeht, als krank, pflegebedürftig und nutzlos diskriminiert zu werden. So greift z. B. Claudia Hennig Frank Schirrmachers *Antidiskriminierungs*argument auf,[413] Kleine-Gunk wendet sich gegen „Agism"[414] und auch Roland Klatz empfiehlt Anti-Aging als „Emanzipation".[415] Andere befürworten Gesundheit und Funktionsfähigkeit im Alter hingegen weder aufgrund verbesserter Lebenschancen, Nützlichkeit oder Gerechtigkeit, sondern argumentieren eher *hedonistisch,* dass diese „mehr Lebensfreude" brächten, „Spaß machen" oder den Genuss der Jahre nach der Erwerbstätigkeit[416] erst ermöglichten.

2.3.3 Ziele der Gestaltung des Alter(n)s: Von der Verjüngung zur Entkrankung

In dieser spezifischen Vorstellung von gutem Alter(n) als gesundem, funktionsfähigem, autonomem Alter(n) begründen sich auch die im Umfeld der GSAAM anvisierten Ziele der Gestaltung des Alter(n)s. Während die A4M und die SENS Foundation ihre Ziele vor allem von denen der Geriatrie und der Biogerontologie abgrenzen, sind wortführende GSAAM-MedizinerInnen bemüht, ihre Zielformulierung von umstrittenen Anti-Aging-Zielen abzugrenzen. Dies ist das im Fokus der Anti-Aging-Kritik stehende „,Forever young' als Behandlungsziel".[417] „Nein, altern ist keine Krankheit und *‚Anti-Aging' kein ewiger Jungbrunnen,*"[418] stellt insbesondere Bernd Kleine-Gunk unermüdlich klar. Damit greift er nicht nur gängigen Argumenten gegen Anti-Aging vor, sondern betont auch die Distanzierung der GSAAM von ihrer Mutterorganisation A4M und damit auch von ihrem eigenen ursprünglichen Ansatz. Kleine-Gunk räumt ein, dass die Anti-Aging-Medizin „bescheidener geworden" sei: „Die vollmundigen Versprechen von der ewigen Jugend werden zunehmend ersetzt durch eine realistische Medizin für ein gesundes Altern."[419]

Mit dem Slogan „forever young" werden meist zwei Ziele verbunden, von denen sich viele MedizinerInnen im Umfeld der GSAAM abgrenzen: Erstens eine ästhetische Verjüngung und zweitens eine substanzielle Lebensverlängerung. Beide Ziele werden,

---

411 Interview P17:835.
412 Hennig 2005: *Zeitreise i. d. Realität (Interview Schirrmacher),* S. 7.
413 ebd. S. 9.
414 Kleine-Gunk 2003: *Wozu AA?* S. 6.
415 Interview mit Roland Klatz, Feldnotizen Anti-Ageing Medicine World Congress Paris 2006, P5:297.
416 Hennig et al. 2007b: *Editorial.*
417 Kleine-Gunk 2008: *Prävention braucht mehr als Medizin,* S. 127.
418 Kleine-Gunk 2009: *Individ. Altersprävention.*
419 Kleine-Gunk 2007: *AA zwischen Science & Fiction,* S. 3, siehe auch Kleine-Gunk 2007: *AAM. Hoffnung oder Humbug?* S. A2059.

wie im Folgenden gezeigt wird, im Umfeld der GSAAM teilweise strikt abgelehnt, auch wenn die Grenzziehungen in der Praxis bisweilen nicht ganz so trennscharf sind:

Was das Ziel der *Verjüngung* angeht, grenzen sich viele GSAAM-MedizinerInnen scharf davon ab, jugendliches Aussehen im Alter als (primäres) Anti-Aging-Ziel zu erachten. „Anti-Aging ist nicht die Medizin für Leute, die dem Jugendwahn verfallen sind. [...] Die fürchten sich eher vor grauen Haaren, vor Falten oder sonstigen kosmetischen Makeln,"[420] stellt beispielsweise Bernd Kleine-Gunk klar. Ähnlich distanzieren sich viele meiner GesprächspartnerInnen – auch einige der DermatologInnen unter ihnen[421] – von ästhetischen Anti-Aging-Anwendungen, insbesondere von Botox und Fettabsaugen. Nicht selten nutzen sie wie Dr. D. diese Negativfolie zur Begründung ihres Behandlungsziels:

> „Es gibt ja nicht nur Anti-Aging als ‚Ich will nur schöner werden' oder ‚mit 70 so schön aussehen wie mit 20 oder auch das gleiche leisten können' [...] Das Motto ist heute: [...] nicht verjüngen, sondern [...] ‚gesund älter werden' ist die Idee."[422]

Diese Abgrenzung von ästhetischen Anti-Aging-Zielen nahm auch auf der Podiumsdiskussion des Zweiten Europäischen Präventionstags einigen Raum ein.[423] Zunächst lieferte Bernd Kleine-Gunk als Moderator dem Diskutanten Alexander Römmler eine Steilvorlage mit der Frage, ob denn der Ruf der Anti-Aging-Medizin, „an sichtbaren Zeichen des Alterungsprozesses orientiert"[424] zu sein, eigentlich gerechtfertigt sei. Kurz auf Römmlers verneinender Erklärung fragte die einzige nicht aus dem Umfeld der GSAAM stammende Diskutantin, eine Vertreterin der AOK, ob der Begriff Anti-Aging nicht zu klein geworden sei für das Projekt der GSAAM, „denn im Volksmund ist doch Anti-Aging Anti-Altern. Keiner will älter werden. Keiner will, dass man die Spuren des Alters sieht. Auch die ganze Frage der Ästhetik".[425] Als sie schließlich kritisiert, dies sei doch „keine Verbesserung von Volksgesundheit!"[426] schlug ihr einmal mehr aggressive Gegenrede entgegen.

Bei genauerer Betrachtung ist die Abgrenzungen vom Ziel der Verjüngung jedoch weniger trennscharf als mache Argumentation nahelegt. Denn „ästhetischem Anti-Aging" wird zum einen dennoch „durchaus seine Berechtigung"[427] eingeräumt. Nicht zuletzt ist es eine der „sieben Säulen des Anti-Agings" der GSAAM (siehe Abbildung 8),

---

420 Römmler et al. 2009: *Wofür steht die AAM heute?*
421 z. B. Feldnotizen ESAAM Konferenz, Düsseldorf, 2008, P3:254 und 286; Feldnotizen Anti-Ageing Medicine World Congress Paris 2006, P5:147 und Interview 24:389 ff.
422 Interview P25:325.
423 vgl. Feldnotizen Podiumsdiskussion 2. Europäischer Präventionstag, 2008, P13.
424 ebd. 69.
425 ebd. 84 ff.
426 ebd. 84 ff.
427 Römmler et al. 2009: *Wofür steht die AAM heute?*

wenn auch die letzte. Gänzlich unerstrebenswert scheint jugendliches Aussehen also nicht. Vielleicht erklärt sich die scharfe Abgrenzung von ästhetischen Anti-Aging-Zielen bei gleichzeitiger Einbeziehung ästhetischer Anwendungen in das eigene Programm dadurch, dass bei der Kritik ästhetischen Anti-Agings auch wichtige andere Abgrenzungen mitschwingen. So wird auf der GSAAM-Website eher die Interventionslogik kritisiert und klargestellt: „Das Ziel der Anti-Aging Medizin ist, den biologischen Alterungsprozess zu verlangsamen und nicht, dessen sichtbare Folgen lediglich zu kaschieren."[428] U. a. deshalb bezweifeln viele auch die Wissenschaftlichkeit[429] und die nachhaltige Wirksamkeit dieses Anti-Aging-Ansatzes.[430] Vor allem werden jedoch die starke kommerzielle Ausrichtung[431] und die teilweise unlauteren Geschäftspraktiken kritisiert.[432] Den fehlenden Heilungsbezug erwähnte hingegen nur eine meiner GesprächspartnerInnen.

Noch selbstverständlicher als jugendliches Aussehen wird die *substanzielle Verlängerung der Lebensspanne* durch die „Abschaffung" biologischer Alterungsprozesse im Umfeld der GSAAM abgelehnt. Auch wenn Römmler und Wolf betonen, dass man ohne Altern noch nicht unsterblich wäre,[433] spricht Kleine-Gunk in diesem Zusammenhang auch von Unsterblichkeit.[434] Es sind die gleichen Argumente der Anti-Aging-KritikerInnen (siehe Teil 2, Kapitel 1.2.1), mit denen sich die GSAAM von diesem Aspekt des „forever young" abgrenzt.

Am ausführlichsten untersucht Kleine-Gunk im GSAAM-Journal, ob es sich bei der angeblich universal angestrebten Unsterblichkeit eigentlich um einen „Fluch oder Segen" handelt.[435] Anhand von sechs kulturgeschichtlichen Fällen „fürchterlich missglückter Unsterblichkeit"[436] entwirft Kleine-Gunk ein Dystopie extremer Lebensverlängerung. Der menschliche Traum von der Unsterblichkeit resultiert darin jeweils in der qualvollen Verewigung aller erdenklichen Altersleiden. „Ewiges Leben ohne ewige Jugend ist offensichtlich wenig erstrebenswert,"[437] schließt Kleine-Gunk zunächst daraus, lehnt dann jedoch auch ewiges Leben mit ewiger Jugend klar ab.

Dazu führt er drei auch von Anti-Aging-KritikerInnen hervorgebrachte Argumente mit dem guten Leben in Feld: Erstens lehre schon das Alte Testament, dass das Leben nicht zuletzt durch seine Endlichkeit seinen Wert erhalte. Zweitens resultiere extreme Lebensverlängerung nicht in ewiger Freude, sondern endloser Langeweile. „Was sollen wir tausend Jahre lang machen, wenn die meisten schon mit einem verregneten

---

428 vgl. http://www.gsaam.de/was-ist-anti-aging/das-anti-aging-konzept.html (28.11.2013).
429 vgl. z. B. Interview 24:5 ff.
430 vgl. z. B. Feldnotizen ESAAM Konferenz, Düsseldorf, 2008, P3:286.
431 vgl. z. B. Interview 24:273 ff.
432 vgl. z. B. Feldnotizen Anti-Ageing Medicine World Congress Paris 2006, P5:147.
433 vgl. Römmler 2002: *Einführung i. d. AAM (AA Sprechstunde)*, S. 4.
434 vgl. Kleine-Gunk 2008: *Extreme Langlebigkeit*.
435 vgl. ebd.
436 ebd. S. 12.
437 ebd. S. 13.

Sonntag-Nachmittag nichts anzufangen wissen?"[438] In einem anderen Kontext erwähnt Kleine-Gunk drittens Probleme der Ressourcenknappheit und fragt, „ob die Erde, unser Rentensystem und vor allem wir selbst uns so lange ertragen."[439] Ähnlich wie im Falle der Verjüngung ist auch die Ablehnung von extremer Lebensverlängerung jedoch ambivalent. Kleine-Gunk macht selbst darauf aufmerksam:

> „Da erschein es fast wie ein Paradoxon, wenn auf der Jahrestagung der Deutschen Gesellschaft für Anti-Aging Medizin (GSAAM) im Mai der Engländer Aubrey de Grey einen Eröffnungsvortrag hält mit dem Titel: ‚Wie wir 1 000 Jahre alt werden können'."[440]

„Steht die ‚ewige Jugend' also doch wieder auf der Tagesordnung?"[441] Kleine-Gunk gelingt es nicht überzeugend, das von ihm thematisierte Paradoxon aufzulösen. In seinen Ausführungen deutet sich jedoch an, worin es bestehen könnte. Kleine-Gunks zentrale These ist, dass die „Protagonisten der ‚Extreme Longevity'" nicht vorschnell als „reine Spinner" abgetan werden können. Dabei verweist er auf de Greys Anstellung in Cambridge, auf dessen angeblich mit „Daten" untermauerte und bisher unwiderlegte Thesen sowie auf die Professionalität der damaligen Methuselah Foundation und ihre ersten Forschungserfolge. So entsteht der Eindruck, dass die wissenschaftliche Machbarkeit extremer Lebensverlängerung realistischer sei als die meisten annähmen.

Kleine-Gunk stellt der „im ‚alten Europa' [...] etwas größeren Skepsis" bezüglich der Wünschbarkeit extremer Lebensverlängerung also die Möglichkeit ihrer Machbarkeit gegenüber. Dabei scheint die Machbarkeit ewiger Jugend durchaus Bedeutung für die Wünschbarkeit zu haben. So fällt auf, dass Kleine-Gunk nicht seinen an anderer Stelle vehementen vorgetragenen Argumenten gegen die Wünschbarkeit Vorrang gibt. Vielmehr endet er mit der Aufforderung, dass sich jeder selbst überzeugen solle, „wie viel Science und wie viel Fiction hinter den Ideen Aubrey de Greys steckt."[442] Hier wird die werbestrategische Bedeutung von de Greys provokanten Thesen deutlich, mit denen die GSAAM ihre Konferenz bewirbt. Im Programmheft der Konferenz klingt hingegen die Skepsis stärker durch. De Grey wird einerseits als „einer der bedeutendsten aber zugleich umstrittensten Altersforscher unserer Zeit" angekündigt. Dem kurzen Abstract seines Vortrags ist jedoch folgende kritische Anmerkung nachgestellt: „Beim Sterben Gott zu begegnen war in den Religionen immer ein positiver Gedanke. In Cambridge wollen die Wissenschaftler offenbar auf diese Begegnung verzichten."[443]

In der werbewirksamen Einladung de Greys und der vereinzelten, ambivalente Diskussion über seine Thesen eine „unsichtbare", „verleugnete" oder „implizite" „immorta-

---

438 Kleine-Gunk 2007: *AA zwischen Science & Fiction*, S. 4.
439 ebd.
440 ebd. S. 3.
441 ebd. S. 4.
442 ebd.
443 Programmheft der 7. Konferenz der GSAAM, 10.–12. Mai 2007, München.

lity objective",[444] zu sehen, wie John Vincent sie für das Anti-Aging-Projekt insgesamt ausmacht, wäre jedoch zu weit gegriffen. Hinzu kommt, dass Kleine-Gunk mit seiner journalistischen Thematisierung der Unsterblichkeit fast alleine steht. Für die meisten nicht-wortführenden GSAAM-MedizinerInnen spielt extreme Langlebigkeit als Ziel oder auch nur als Thema keine Rolle.

Lediglich einer meiner Gesprächspartner erwähnte nicht ohne Stolz, dass er in früheren Jahren beinahe zum Transhumanisten geworden wäre.[445] Auf meine Frage, wie er zu Anti-Aging gekommen sei, erzählte er, dass ihm bereits im Medizinstudium ein Buch in die Hände gefallen sei mit dem Titel ‚Secrets of live extension'. Das habe ihn bewegt. Nach dem Studium habe er dann eine Einstiegsstelle bekommen, wo ihm der Oberarzt vertraut habe und ihn „ein bisschen mit Hormonen experimentieren" ließ. Dann seien Römmler und Huber auf ihn zugekommen.[446] Dieser biomedizinwissenschaftliche Pioniergeist, den Mykytyn als zentrales Motiv der „involvement stories" US-amerikanischer Anti-Aging-MedizinerInnen beschreibt,[447] ist jedoch für das Umfeld der GSAAM untypisch.

Vielen meiner GesprächspartnerInnen wurde de Greys Position – wenn überhaupt – durch dessen Einführungsvortrag auf der GSAAM-Konferenz 2007 bekannt. Zwar ging die Werbestrategie der Konferenzorganisatoren mit dem Reiz provokanter Science Fiction durchaus auf. Die Beiträge zur Diskussion im Anschluss an de Greys Vortrag waren jedoch durchweg skeptisch. De Greys Vortrag gab seinen ZuhörerInnen vor allem Anlass zu gemeinsamem Schmunzeln und der gegenseitigen Bestätigung, dass sie extreme Lebensverlängerung „abartig" sei.[448]

Wenn „forever young" also nicht das Ziel der GSAAM ist, worin besteht es dann? In einem Interview mit Kleine-Gunk findet sich der Slogan „Altern ja – aber gesundes Altern"[449] als Zwischenüberschrift. Die neue Zielformulierung der GSAAM wird darin sehr anschaulich. Zunächst wird betont, dass sich Anti-Aging nicht gegen das Altern an sich richtet, sondern dass das Altern bejaht wird. Kleine-Gunk erklärt in diesem Zusammenhang gerne: „Es geht natürlich genauso wenig darum, gegen das Altern zu sein, wie Antibiotika gegen das Leben sind."[450] Aber es ist nur eine bestimmte Art des Alterns, die angestrebt wird: gesundes Altern. Im Umfeld der GSAAM besteht breiter Konsens über das Ziel, die *Lebensqualität des Einzelnen im Alter zu steigern*. In der Lesart der GSAAM-MedizinerInnen bedeutet dies vor allem eine Steigerung der Gesundheit und der körperlichen sowie kognitiven Funktionsfähigkeit im Alter. Die meisten meiner GesprächspartnerInnen begründet ihr Engagement im Bereich des Anti-Aging damit, dass

---

444 Vincent 2009: *Ageing, AA, & anti-anti-ageing*, S. 202
445 vgl. Feldnotizen 6. Konferenz der GSAAM, Düsseldorf, 2006, P11:254ff.
446 vgl. ebd.
447 vgl. Mykytyn 2006: *AAM (patient/practitioner movement)*.
448 vgl. Feldnotizen 7. GSAAM Konferenz, München, 2007, P8:18ff. und handschriftlich S. 7ff.
449 Harder 2009: *Alle reden von Prävention*, S. 24.
450 Müller 2010: *Für immer jung*, S. 4.

sie Krankheit im Alter vermeiden und die Lebensqualität im Alter verbessern möchten. Dabei steht einmal die Gesundheit im Vordergrund der Zielformulierung und mal die Funktionsfähigkeit:

Auf ihrer Website verdeutlicht die GSAAM ihr Behandlungsziel mit folgendem fiktiven Dialog: „Warum Anti-Aging? ‚Alt werden wir doch sowieso!' Stimmt! Aber gesund alt werden ist das Ziel! Und da kann die Anti-Aging Medizin einen erheblichen Beitrag leisten."[451] In einer Presseerklärung zum Zweiten Europäischen Präventionstags wird „das Ziel Vitalität und gesundes Altern" anvisiert.[452] Michael Klentze erklärt das Prinzip der Prävention mit den Fragen: „Wie bleibe ich gesund? Wie schaffe ich es, dass ich bis zum Ende des Lebens wirklich fit bleibe?"[453] Frau K. spricht vom „Weg zur Fitness, Leistungsfähigkeit und Lebensqualität in jedem Lebensalter".[454] Günther Jacobi beschreibt seinen Anti-Aging-Ansatz als das „Bestreben, beim Älterwerden funktionstüchtig (und vielleicht sogar gesund) und sozial kompetent zu bleiben."[455] Und Alfred Wolf zielt darauf, „die möglichst lebenslange Aufrechterhaltung der physischen, sozialen und spirituellen Aktivität (nach WHO) zu erreichen."[456]

Dass Lebensqualität im Umfeld der GSAAM meist als Gesundheit und Funktionsfähigkeit verstanden wird und an welchen Kriterien diese festgemacht werden, wurde bereits im Rahmen der Analyse von Vorstellungen guten Alter(n)s herausgearbeitet (siehe Teil 3, Kapitel 2.3.2). Dabei zeigte sich, dass Gesundheit in handlungsleitenden Formulierungen meist recht eng als Krankheitsfreiheit verstanden wird. Funktionsfähigkeit wird meist auf Körper und Geist bezogen und an Funktionsnormen jüngerer Altersgruppen und bürgerlichen Leistungsnormen bemessen. Die zentrale Bedeutung von Gesundheit und Funktionsfähigkeit wird darin gesehen, dass sie als Voraussetzungen für Selbstverwirklichung und Handlungsfreiheit im Alter erachtet werden.

Im Gegensatz zu Verjüngung und substanzieller Lebensverlängerung fügen sich diese Zielformulierungen recht problemlos in traditionelle Ziele der Medizin, der Gerontologie und auch in die öffentliche Diskussion über den demografischen Wandel. Neben diesen strategisch günstigen Ähnlichkeiten fällt jedoch auf, dass *diese Zielvorstellung im Umfeld der GSAAM eine gewisse Alleinstellung erfährt*. So werden neben Gesundheit und Funktionsfähigkeit so gut wie keine anderen Ziele der Gestaltung des Alter(n)s formuliert oder erwähnt. In dem Slogan „Altern ja – aber gesundes Altern" ist gar die Befürwortung des Alterns an das Erreichen dieses Ziels geknüpft. Es geht ihm also nicht um eine Verjüngung, sondern gewissermaßen um eine ‚Entkrankung' des Alterns. In dieser verabsolutierten Zielformulierung schwingt auch ein klares Nein zu krankem Altern mit.

---

451 http://www.gsaam.de/was-ist-anti-aging/warum-anti-aging.html (28.11.2013).
452 [N.N.] 2008: *Gesunde zum Arzt!* S. 1.
453 Kienzlen 2007: *Praxis Dr. Jungbrunnen.*
454 Interview P21:152.
455 Jacobi 2005: *AA: Sinnbild, Sehnsucht, Wirklichkeit,* S. 4.
456 Wolf 2005: *Was ist AAM?* S. 315.

Die Bemühungen der wortführenden GSAAM-MedizinerInnen, ihr weitgehend unkontroverses Ziel, die Steigerung von Lebensqualität im Alter, von Verjüngung und Unsterblichkeit abzugrenzen, scheinen recht erfolgreich gegenüber der Öffentlichkeit kommuniziert worden zu sein. So erklärte beispielsweise auf der Podiumsdiskussion des Zweiten Europäischen Präventionstags eine Vertreterin der AOK, die sich keineswegs als Befürworterin der Anti-Aging-Medizin positionierte: „Die Ziele, die Anti-Aging vertritt, sind ja sehr hehr und sind ja zu unterschreiben."[457] Vor dem Hintergrund dieses „Zielwechsels" erklärt sich vielleicht auch die Einschätzung des Ethikers Heinz Rüeggers, dass die GSAAM eigentlich gar kein Anti-Aging, sondern zu befürwortendes „Pro-Aging" betreibe.[458]

Während über das Ziel, die Lebensqualität im Alter zu steigern, im Umfeld der GSAAM Einigkeit herrscht, finden sich sehr *unterschiedliche Ansichten darüber, ob gleichzeitig auch eine moderate Erhöhung der Lebenserwartung angestrebt wird* oder nicht. Von einigen wird diese „moderate" Art der Lebensverlängerung *explizit als Ziel abgelehnt*. Frau M. erklärt beispielsweise entrüstet: „Lebensverlängerung um jeden Preis. [...] Das ist ÜBERHAUPT NICHT das Ziel dessen."[459] Sondern „einfach bei Krankheiten zu helfen, die Lebensqualität zu erhöhen."[460] Auch Bernd Kleine-Gunk argumentiert im Vorwort zu seinem Anti-Aging-Lehrbuch, dass die Erhöhung der Lebenserwartung nicht das Ziel von Anti-Aging, sondern eine demografische Tatsache sei und schließt daraus: „Genau das ist das Ziel von Anti-Aging Medizin. Nicht die Steigerung der Lebenserwartung, sondern der Erhalt von Lebensqualität steht im Vordergrund."[461] Ähnlich argumentiert Ursula Lehr im GSAAM-Journal. Sie präsentiert Langlebigkeit nicht als Ziel, sondern als eine gar verpflichtende Tatsache und kommt zu dem Schluss: „Langlebigkeit verpflichtet – wir müssen alles tun, um möglichst gesund ein hohes Lebensalter zu erreichen."[462] Auch Günther Jacobi wendet sich gegen „Prolongevisten"[463] und gegen „Lebensverlängerung *per se* als oberstes Gebot".[464] Vielmehr nennt er den gerontologischen Slogan „Add life to years, not years to life"[465] als Prinzip seines Anti-Aging.

Häufiger wird jedoch die Verbesserung der Lebensqualität als Ziel klar in den Vordergrund gestellt und eine Erhöhung der Lebenserwartung zwar nicht als Ziel formuliert, aber unter der Bedingung guter Lebensqualität *als Nebenfolge gerne in Kauf genommen*. Frau Dr. I. beispielsweise erklärt, dass ihr nicht „unbedingt die Lebensverlängerung als solche" wichtig sei. Sie lehnt Lebensverlängerung also nicht prinzipiell, sondern „be-

---

457 Feldnotizen Podiumsdiskussion 2. Europäischer Präventionstag, 2008, P13:84.
458 vgl. Rüegger 2009: *Alter(n) als Herausforderung*, siehe auch Einleitung Kapitel 2 (S. 20 ff.).
459 Interview P22:1095 f.
460 Interview P22:1211.
461 Kleine-Gunk 2003: *Wozu AA?* S. 6 f.
462 Hennig 2006: *Altern im Sinne des Reifens (Interview Lehr)*, S. 272.
463 Jacobi 2005: *AA: Sinnbild, Sehnsucht, Wirklichkeit*, S. 3.
464 ebd. S. 8.
465 ebd. S. 8.

dingt" ab. Ihre Bedingung für Lebensverlängerung lautet: „Aber mir ist wichtig: qualitativ besseres Leben, in der Zeit die man lebt [...] eben nicht nur dahinsiecht".[466] Eine idealtypische Formulierung des Arguments findet sich in Kleine-Gunks Anti-Aging-Lehrbuch. Dort betonen Christian Gruber und Johannes Huber: „‚Anti-Aging' bedeutet keineswegs, das Leben mit Gewalt und mit Mühe um einige Monate zu prolongieren – ohne Rücksicht auf die verbleibende Qualität."[467] Denn das primäre Ziel sei vielmehr:

> „die Qualität der zweiten Lebenshälfte so zu optimieren, dass man ohne multiple Bypass-Operation, ohne Osteoporose und Schenkelhalsfraktur und auch ohne den Vigilanz-Verlust, der einen hindert, weiter Kreuzworträtsel auflösen zu können, leben kann."[468]

Gruber und Huber fügen sogleich ihre bedingte Befürwortung von Lebensverlängerung an: „Und wenn man dabei auch eine Prolongation der Lebenszeit – bei guter Gesundheit und Lebensqualität – vornimmt, dann sollte man dies begrüßen."[469]

Es finden sich auch noch stärkere Positionen, in denen eine Verlängerung der Lebenserwartung – selbstverständlich unter der Bedingung guter Lebensqualität – nicht nur als Nebenfolge begrüßt wird, sondern *als gleichrangiges Ziel neben Lebensqualität formuliert* wird. Alexander Römmler zielte anfänglich explizit auch auf „weitere wesentliche Fortschritte hinsichtlich der Lebenserwartung".[470] Auch nach Christian Wüster steht die Anti-Aging-Medizin „für Lebensverlängerung und Prävention von Krankheiten wie Krebs, koronare Herzkrankheit, Apoplex, Osteoporose oder M. Alzheimer."[471] Selbst in Jacobis um Mäßigung bemühten Anti-Aging-Entwurf findet sich der Slogan „Länger gesund – länger leben"[472]

Jedoch wurden nicht nur in den Anfangszeiten der GSAAM, sondern auch nach dem Bruch mit A4M und dem Strategiewechsel zur Prävention an prominenter Stelle Lebensqualität und Lebensverlängerung als *doppeltes Anti-Aging-Ziel* formuliert. Bernd Kleine-Gunk betont: „Anti-Aging Gesellschaften weltweit weisen jedenfalls immer wieder nachdrücklich darauf hin, dass sie zwei Ziele verfolgen ‚Add years to your life and life to your years'."[473] Kleine-Gunk verspricht keinen ewigen Jungbrunnen, „aber einige gesunde Jahre oder Jahrzehnte dranhängen, vital alt werden – das geht."[474] Auch in der „BILD-Serie Prävention", mit welcher der Erste Europäische Präventionstag beworben wurde, machen die GSAAM-MedizinerInnen mit ihrem Doppelziel Schlagzeile. „Füh-

---

466 Interview 15:55 ff.
467 Gruber et al. 2003: *Altern*, S. 53.
468 ebd.
469 ebd.
470 Römmler 2002: *Einführung i. d. AAM (AA Sprechstunde)*, S. 2.
471 Wüster 2003: *Qualitätssicherung i. d. AAM*, S. 208.
472 Jacobi et al. 2005: *Vorwort Kursbuch AA*, S. VI.
473 Kleine-Gunk 2008: *Extreme Langlebigkeit*, S. 12 f.
474 Kleine-Gunk 2009: *Individ. Altersprävention*, S. 14.

Abbildung 11 Die Entwicklung der Überlebensrate mit Anti-Aging nach Römmler

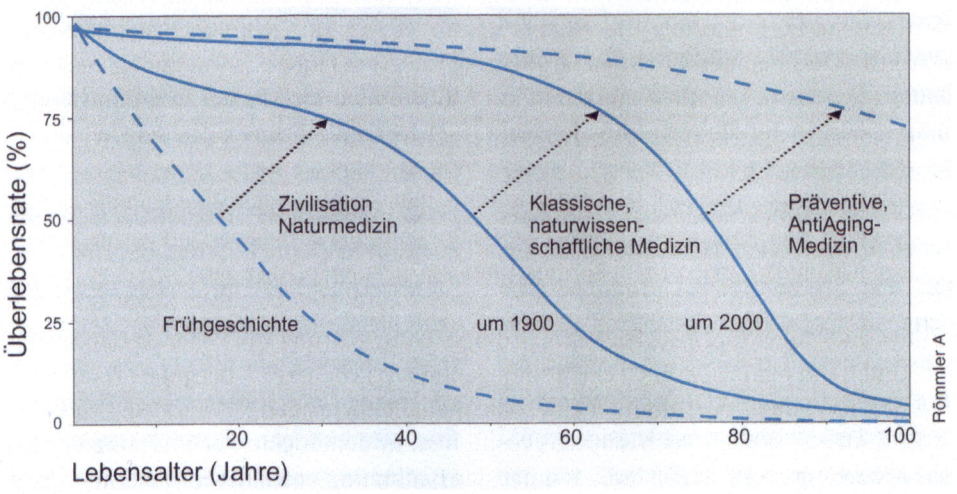

Quelle: Römmler 2002: *Einführung i. d. AAM (AA Sprechstunde)*, S. 2.

Abbildung 12 Die Entwicklung der Vitalität und Leistungsfähigkeit mit Anti-Aging nach Jacobi

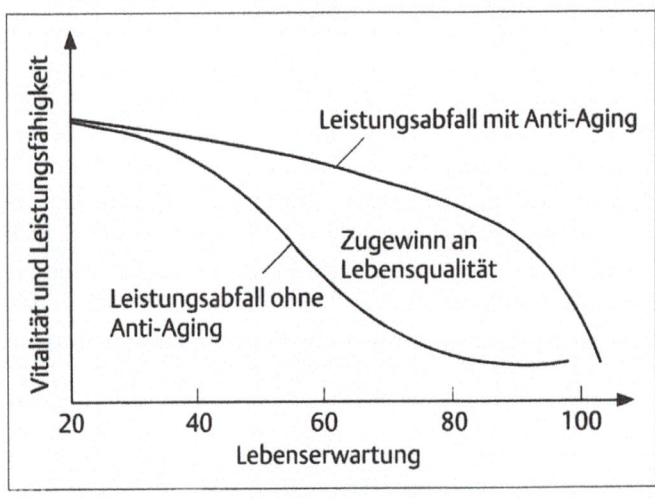

Quelle: Jacobi 2005: *AA: Sinnbild, Sehnsucht, Wirklichkeit*, S. 8.

rende Experten erklären in BILD, wie man gesünder und vor allem länger leben kann",[475] wird die siebenteilige Serie der Leserschaft angekündigt. Die Überschriften der einzelnen Folgen changiert von „Die richtige Vorsorge – sie schützt unsere Gesundheit und verlängert das Leben"[476] bis zu „Prävention – Wer rechtzeitig vorbeugt, lebt viel länger."[477]

Insgesamt findet sich im Umfeld der GSAAM also keine Einigkeit darüber, ob die Steigerung der Lebensqualität mit einer Verlängerung der Lebensspanne einhergehen sollte. Schließlich fragt sich, wie die Zielformulierung der GSAAM konkretisiert wird. Bis auf welches Niveau und wie lange soll die Lebensqualität angehoben werden? (Wie weit) Soll die Lebenserwartung gesteigert werden? Im untersuchten empirischen Material finden sich nur wenige, zunehmend moderate Konkretisierungen der Zielvorstellungen. Zwei davon sind die folgenden Grafiken, in denen wortführende GSAAM-MedizinerInnen das Ziel der deutschen Anti-Aging-Medizin visualisieren:

In seiner frühen Einführung in die Anti-Aging-Medizin vergleicht Alexander Römmler in einer Grafik den Zusammenhang von Überlebensrate und Lebensalter von der Frühgeschichte bis zur Anti-Aging-Zukunft (siehe Abbildung 11). Die historischen Lebenskurven, die er vergleicht, beschreiben also die Chance auf längeres Leben und nicht etwa die Gesundheit oder die Vitalität der Menschen. Die Fortschrittsgeschichte, in der Römmler seine „Präventive, Anti-Aging Medizin" sieht, wird sehr anschaulich. Der kontinuierliche zivilisatorische und medizinische Fortschritt geht mit einer kontinuierlichen Anhebung der Überlebensrate einher.

Römmler lässt seine Grafik im Lebensalter von null Jahren beginnen und nimmt für alle historischen Epochen ungeachtet der Säuglingssterblichkeit eine Überlebensrate von annähernd 100 % nach der Geburt an. So kommt er zu einer gänzlich unsymmetrischen Lebenskurve, die kontinuierlich mit dem Alter abfällt. Die Lebenskurve, die er für seine „Präventive, Anti-Aging Medizin" anvisiert, verläuft bis etwa zum 40. Lebensjahr wie die Lebenskurve im Jahr 2000. Während zweitere im Folgenden steil abfällt und auf eine Überlebensrate von 0 % zuläuft, sinkt die Überlebensrate mit Anti-Aging lediglich leicht ab. Im Alter von 100 Jahren ist eine Überlebensrate von 75 % erreicht. Interessanterweise endet hier der Wertebereich des Graphen, obwohl für die Lebenskurve mit Anti-Aging ein Ende des Lebens noch lange nicht erreicht ist. Sterben und Tod werden vermutlich nicht abgeschafft, aber in den ausgeblendeten Bereich ausgelagert.

Günther Jacobis früher Entwurf ist wie zu erwarten deutlich moderater als Römmlers Szenario (siehe Abbildung 12). Auch hier bringt Anti-Aging enorme Verbesserungen, jedoch nicht bezüglich der Lebenserwartung, sondern bezüglich der Lebensqualität. Jacobi vergleicht den Zusammenhang von „Vitalität und Leistungsfähigkeit" und der „Lebenserwartung" mit und ohne Anti-Aging. Er wählt für seine Grafik einen Wertebereich von 20 bis 100.

---

475 Banasch 2007: *Wie schütze ich mich vor Krebs? (BILD-Serie).*
476 ebd.
477 ebd.

Ab einer Lebenserwartung bzw. einem Lebensalter von 20 Jahren fallen auch in Jacobis Abbildung die Lebenskurven kontinuierlich ab. Ohne Anti-Aging findet der Abfall jedoch früher statt und die Lebenskurve stabilisiert sich auf niedrigem Niveau. Mit Anti-Aging hingegen bleibt die Lebenskurve länger auf höheren Vitalitätswerten und sinkt erst in späteren Jahren rapide ab. Bei einer Lebenserwartung bzw. im Lebensalter von 90 wäre beispielsweise eine „Vitalität und Leistungsfähigkeit" erreicht, die ohne Anti-Aging bereits mit 55 erreicht wäre. Beide Kurven treffen sich jedoch um den Wert 100. Nicht zuletzt aus der Abbildungsunterschrift wird also deutlich, dass Jacobi anders als Römmler und Kleine-Gunk keine Lebensverlängerung „an sich" anstrebt. Auch sind Sterben und Tod, wenn auch nur angedeutet, noch im Blickfeld.

In Bernd Kleine-Gunks Veröffentlichungen findet sich keine vergleichbare Grafik. In einem Interview mit den AntiAging News konkretisiert er jedoch die Zielvorstellung der deutschen Anti-Aging-Medizin. Hier fällt auf, dass er nicht auf Lebensverlängerung, sondern den Gesundheitszustand abstellt. Während Jacobi 90-Jährige auf eine Lebensqualität von heute 55-Jährigen heben will, ist Kleine-Gunk bescheidener und gibt seinem Szenario zudem einen klaren Zeitrahmen:

> „In 20 Jahren wird dann jemand mit 85 oder 90 tatsächlich noch einen Gesundheitszustand haben wie ein heute Siebzig- oder Fünfundsiebzigjähriger. Ich halte das für ein realistisches Ziel. Das ist nicht das Versprechen von ewiger Jugend, aber es ist die Aussicht auf ein gesundes Altern."[478]

Ob und wenn ja wie dies mit einer Erhöhung der Lebenserwartung einhergeht, konkretisiert der zweite GSAAM-Präsident nicht. Wie bereits erwähnt (siehe Teil 3, Kapitel 2.3.2), formuliert Kleine-Gunk an anderer Stelle das Ziel: „Mit 100 gesund in die Kiste."[479]

2.3.4 Sozialpolitische Kontextualisierung: Gesundes Altern als gerontologisches und sozialpolitisches Ziel

Gesundes Altern und die Prävention altersassoziierter Krankheiten sind seit Jahren auch gerontologische und sozialpolitische Ziele. Mitte der 1990er Jahre begann in Deutschland eine Diskussion über die sozialstaatliche Leistungstiefe in der Prävention und Gesundheitsförderung,[480] auf die mehrere Vorstöße zur Etablierung von Prävention

---

478 [N.N.] 2009: *AA – Aussicht auf gesundes Altern*.
479 vgl. Feldnotizen „Longevity & Anti-Aging – Neue Märkte für die Gesundheit", Frankfurt Global Business Week, IHK Frankfurt, Mai 2011.
480 Zum Überblick z. B. Hensen et al. 2008: *Das Gesundheitswesen im Wandel sozialstaatlicher Wirklichkeiten*, Hurrelmann et al. 2007: *Krankheitsprävention & Gesundheitsförderung* und Franzkowiak 2008: *Prävention im Gesundheitswesen*.

als eine vierte, kostendämpfende Säule im Gesundheitswesen folgten.[481] In diesem Zusammenhang erlangte zwei altersbezogene Argumente zentrale Bedeutung für die Präventionsdiskussion: Zum einen wurde der demografische Wandel und der damit in Zusammenhang gebrachte Anstieg chronischer, also nicht therapierbarer Krankheiten zu einem wichtigen Argument für den Ausbau der Prävention.[482] Zum anderen wurde auf bisher ungenutzte, altersbezogene Möglichkeiten der Prävention verwiesen:

Ein wichtiger gerontologischer Beitrag zur Präventionsdebatte war der Nachweis, dass *auch ältere Menschen über ungenutzte gesundheitliche Ressourcen verfügten*. Um das Jahr 2000 erschienen in kurzer Folge politisch einflussreiche Dokumente, in denen Vorschläge gemacht wurden, auf welche Weise diese Präventionspotenziale genutzt werden könnten.[483] Seitdem sind vermehrt gerontologische und gesundheitspsychologische Forschungen[484] und Konzepte[485] zum Thema gesundes Altern und Prävention im Alter entstanden. Mit der Neubestimmung von Anti-Aging als gesundem Altern brachte die GSAAM ihre Ziele in Übereinstimmung mit den Zielen der Altersforschung und -politik. Bezugnahmen auf deren Forschungsbestände und Konzepte finden sich allerdings nicht. Jedoch bestehen auch wichtige Unterschiede. Im Vergleich mit zwei aktuellen gerontologischen Konzepten für gesundes Altern – „Zukunft Altern" von Kruse und Wahl (2010) und „Prävention im Alter" von Susanne Wurm und Clemens Tesch-Römer (2009) – wird deutlich, dass das Ziel gesundes Altern im Umfeld der GSAAM anders begründet, konzipiert und angestrebt wird:

- *Wie wird das Ziel begründet?* Dass Gesundheit und Lebensqualität im Alter überhaupt zu steigern sind, wird im Umfeld der GSAAM über *negative, stereotype und teilweise auch als Drohkulisse inszenierte Darstellungen* der Lebensqualität im Alter und der gesellschaftlichen Kosten des Alter(n)s begründet. Die AutorInnen der gerontologischen Entwürfe mahnen hingegen eine differenzierte Sicht auf die verschiedenen Dimensionen des Alterns sowie die Stärken und Schwächen des Alters an.[486]

---

481 insb. Sachverständigenrat für die Konzertierte Aktion im Gesundheitswesen. 2002. *Gutachten 2000/2001*, Rosenbrock 2006: *Das „Gesetz zur Stärkung der gesundheitlichen Prävention"* und Mosebach et al. 2007: *Gesundheitspolitische Umsetzung von Prävention & Gesundheitsförderung*.
482 z. B. Sachverständigenrat für die Konzertierte Aktion im Gesundheitswesen 2002: *Gutachten 2000/2001*, S. 138.
483 insb. Walter et al. 2001: *Gesundheit der Älteren & Potenziale der Prävention & Gesundheitsförderung*, DZA 2001: *Personale, gesundheitliche & Umweltressourcen im Alter* und Kruse 2002: *Gesund Altern*.
484 insb. die gesundheitspsychologischen Forschungen am Deutschen Zentrum für Altersfragen zu psychischen und sozialen Ressourcen für Gesundheit im Alter, vgl. Schüz et al. 2008: *Health and health psychology in later life*.
485 insb. Kruse 1999: *Regeln für gesundes Älterwerden*, BMG 2006: *Gesund Altern*, Walter 2008: *Möglichkeiten der Gesundheitsförderung & Prävention im Alter*, Wurm et al 2009: *Prävention im Alter* und Kruse et al. 2010: *Zukunft Altern*.
486 z. B. Kruse 2006: *Plädoyer für ein Pro-Aging*, S. 4.

Auch sozialwissenschaftliche Befunden über Lebenszufriedenheit im Alter werden einbezogen.[487]
- *Wie ist das Ziel konzipiert?* Auch werden unterschiedliche *Vorstellungen guten Alter(n)s* zugrunde gelegt. Lebensqualität im Alter wird im Umfeld der GSAAM maßgeblich an Krankheitsfreiheit sowie an körperlicher und kognitiver Funktionsfähigkeit festgemacht und als zentrale Voraussetzungen für individuelle Handlungsfreiheit erachtet. Lebensqualität, Gesundheit, Funktionsfähigkeit und Selbstverwirklichung im Alter sind auch in den gerontologischen Entwürfe Kriterien guten Alterns. Sie sind jedoch aufgrund eines anderen Menschenbildes und sozialwissenschaftlichen Befunden über Gesundheit im Alter vielschichtiger konzipiert: Sie werden als Interaktionen zwischen objektiven Lebensbedingungen, subjektiven Wahrnehmungen und individuellen Gestaltungsmöglichkeiten verstanden. Sie umfassen nicht nur körperliche, sondern insbesondere auch psychische und soziale Aspekte.[488] Und sie werden sowohl im Hinblick auf Stärken als auch auf Schwächen des Alterns ausbuchstabiert.
- *Wie wird das Ziel angestrebt?* Entsprechend sind auch die gerontologischen Strategien zur Erreichung der Ziele komplexer konzipiert – auch wenn sich die praktische Umsetzung schwierig gestaltet. Kruse und Wahl betonen, dass (gesundheitliche) Potenziale des Alterns gestaltet und nutzet werden sollten, aber gleichzeitig und gleichermaßen auch Schwächen des Alterns gestaltet und akzeptiert werden müssen. Wurm und Tesch-Römer zufolge sollte Prävention im Alter nicht nur Krankheitsprävention, sondern auch Früherkennung, Rehabilitation und aktivierenden Pflege umfassen. Zudem sollte das Präventionskonzept in eine ganzheitliche Perspektive der Gesundheitsförderung eingebettet sein, in der psychische, soziale und gesellschaftliche Ressourcen für Gesundheit und Lebensqualität im Alter gefördert werden.[489] Die Strategie für gesundes Altern der GSAAM ist im Vergleich eindimensional.

2.4 Inhaltliche Fokussierung: Die medizinische Operationalisierung gesundheitlicher Alterungsrisiken

Die skizzierte Risikokonstruktion ist das Fundament der Risikodiagnostik, auf welcher die sieben Säulen der Präventions- und Anti-Aging-Medizin stehen. Erst durch die Eröffnung und Anvisierung einer guten Möglichkeit des Alter(n)s gegen seine schlechte Wirklichkeit wird die Vorstellung plausibel, dass gesundheitliche Alterungsrisiken früher und besser als bisher „sichtbar" gemacht werden sollten. Den individuellen Risikodiagnosen, welche die GSAAM ihren Behandlungen als Fundament zugrunde legt,

---

487 Tesch-Römer et al. 2006: *Subjektive Lebenszufriedenheit oder Unzufriedenheit im Alter?*
488 vgl. Schöllgen et al. 2011: *Ressources for health.*
489 Wurm et al. 2009: *Prävention im Alter,* S. 325 f.

kommt in diesem Zusammenhang u. a. die Funktion zu, die unbekannt bleibende Alterszukunft des Einzelnen medizintechnisch in den Bereich des Erwartbaren zu holen. Im folgenden Kapitel wird deshalb fokussiert, wie gesundheitliche Alterungsrisiken im Umfeld der GSAAM medizintechnisch am Einzelnen konkretisiert werden und welche Handlungsstrukturen für das Risikomanagement darin angelegt sind.

3 Individuelle Risikodiagnostik als normative Basis der Anti-Aging-Praxis

Viele GSAAM-MedizinerInnen legen ihrer Praxis die Erstellung individueller Risikoprofile zugrunde (siehe Teil 3, Kapitel 1.3.2). Durch unterschiedlich medizintechnische Verfahren wie z. B. Blut-, Speichel- oder Urinuntersuchungen, Kalkulationen des biologischen Alters oder im Folgenden genauer untersuchten prädiktiven Gentests wird das Alterungsrisiko am Einzelnen konkretisiert. Dabei werden verschiedene Gründe angeführt, weshalb es sinnvoll ist, zu Beginn einer Behandlung eine individuelle Risikodiagnostik durchzuführen. Die Erstellung individueller Risikoprofile dient demnach zur Ausrichtung des ärztlichen Handelns, zur Individualisierung der Behandlung, zur Aktivierung zu Eigenverantwortlichkeit und sie bietet nicht zuletzt auch ökonomische Vorteile. Mit jeder dieser vier Funktionen der Risikodiagnostik werden grundlegende Weichen für die Struktur der Anti-Aging-Behandlung gestellt, die im Folgenden untersucht werden:

Erstens wird herausgearbeitet, wie die ärztliche Praxis über die Eröffnung eines neuen Diagnoseraumes zwischen Krankheit und Gesundheit legitimiert und normativ ausgerichtet wird. Prädiktive Gentests zur Ermittlung von Erkrankungswahrscheinlichkeiten werden *zweitens* als Fallbeispiel fokussiert, an dem untersucht wird, wie der neue Diagnoseraums konkret erschlossen wird. *Drittens* wird gezeigt, wie genetische Alterungsrisiken und ihre Behandelbarkeit im Umfeld der GSAAM argumentativ begründet werden. Schließlich werden *viertens* die in der Risikodiagnostik angelegten Handlungsbezüge herausgearbeitet und die Verantwortlichkeitszuschreibungen für gesundheitliche Alterungsrisiken fokussiert.[490]

3.1 Ein neuer Diagnoseraum zwischen Krankheit und Gesundheit

Die Erstellung individueller Risikoprofile zu Beginn einer Anti-Aging-Behandlung wird im Umfeld der GSAAM u. a. als Instrument der Strukturierung der praktischen Tätigkeit von Anti-Aging-MedizinerInnen beworben.[491] In diesem Sinne erklären Claudia

---

490 Ein detaillierter Kapitelüberblick findet sich in der Einleitung zu Teil 3 (S. 197 ff.).
491 vgl. Wolf 2002: *Das AA Erstgespräch*, S. 25.

Hennig und Michael Klentze, dass diese neue Diagnostik dem Arzt „eine gezielte Risikovermeidung und Life Style Anpassung"[492] ermöglicht. Die Risikotestung strukturiert die ärztliche Praxis jedoch nicht nur, sondern legitimiert sie zunächst als solche. Im Folgenden wird *erstens* herausgearbeitet, wie über die Eröffnung eines neuen Diagnoseraumes zwischen Krankheit und Gesundheit Alterungsverläufe präsymptomatisch prognostizierbar gemacht werden und damit ärztliches Handeln an Gesunden legitimiert wird. *Zweitens* wird gezeigt, dass es sich bei der Generierung von Risikowissen in dem neuen Diagnoseraum nicht allein um ein empirisches Messproblem handelt, wie im Feld häufig angenommen wird. Denn um Messergebnisse zu bewerten, ist eine Definition von Normalwerten nötig. *Drittens* werden die vereinzelt geäußerten Kritikpunkte vorgestellt, die der breiten Zustimmung zur Risikotestung im Umfeld der GSAAM gegenüber stehen.

3.1.1 Die Präsymptomatisierung kranken Alter(n)s und die Begründung ärztlichen Handelns an Gesunden

Den GSAAM-MedizinerInnen stellt sich ein spezifisches Legitimitätsproblem. Aufgrund ihres Prinzips der zuvorkommenden Vermeidung von gesundheitlichen Alterungsrisiken können sie ihr ärztliches Handeln nicht wie üblich über Diagnose von Krankheitssymptomen begründen. Denn ihrem Ansatz zufolge sollten bereits „Gesunde zum Arzt!"[493] U. a. für die Legitimation ihres ärztlichen Handelns an Gesunden ist die Risikodiagnostik von entscheidender Bedeutung. In diesem Sinne formuliert Alfred Wolf, dass es die über Verfahren der Risikokalkulation erzielte „Gesundheitsdiagnose" ist, die weitere ärztliche Maßnahmen überhaupt erst „veranlasst".[494]

Um ärztliches Handeln an Gesunden zu legitimieren und zu strukturieren, wird, wie Alfred Wolf instruktiv herausarbeitet, ein *neuer „diagnostischer Raum" zwischen den herkömmlichen „Diagnosepolen" Krankheit und Gesundheit eröffnet* (siehe Abbildung 13). Ziel der unterschiedlichen Risikokalkulationsverfahren ist es, in dem graduellen Übergangsbereich zwischen Krankheit und Gesundheit körperliche, aber teilweise auch seelische und soziale Indikatoren zu messen, die darauf hindeuten, dass im Alter Krankheiten ausgebildet werden.[495] Es sind diese „Befunde im Zwischenraum von ‚Gesund' und ‚Pathologisch'," die „Anlass für eine konkrete medizinische Prävention oder Intervention"[496] geben.

---

492 Hennig et al. 2005a: *Editorial*.
493 [N. N.] 2008: *Gesunde zum Arzt!*
494 Wolf et al. 2003: *Das Altern messbar machen*, S. 27.
495 In dem von der Familie Wolf entwickelten Risikokalkulationsverfahren werden diese Vorboten als „biologische Altersparameter" oder auch als „das biologische Alter" verstanden, welches über die Vitalität des Organismus messbar gemacht werden. Die Spezifik dieses Altersbezüge zu untersuchen, wäre eine lohnende Fallstudie.
496 Wolf et al. 2003: *Das Altern messbar machen*, S. 29.

Claudia Hennig fasst dieses Diagnostikprinzip der GSAAM nicht räumlich, sondern zeitlich als „lead time". Den TeilnehmerInnen ihres Workshops „Anti-Aging Sprechstunde" erklärt sie, dass dies die Zeit sei, „wo vielleicht schon Veränderungen in den Werten oder in dem Untersuchungsbefund da sind, der Patient selbst aber noch kein Krankheitsgefühl hat."[497] Die „Pointe" dieser neuen Diagnostik für die ärztliche Praxis nahm Hennig dabei gleich vorweg: „Ich guck den Patienten nicht an: Was hat er? Sondern: Was kriegt er […]. Um zu wissen, was er kriegen kann, mach ich viele Dinge."[498] Ähnlich beschreibt Dr. E., dass er „präventiv-prädiktiv vorhersagend" tätig ist. „Ohne jetzt Zauberer zu sein," könne er:

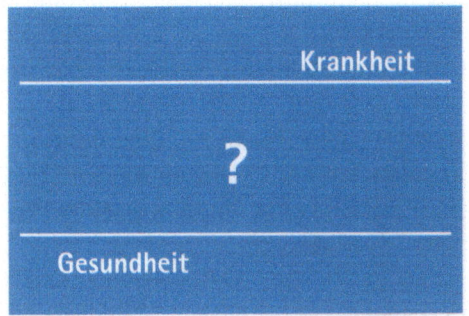

Abbildung 13 Der diagnostische Raum der Risikokalkulation nach Wolf

Quelle: Wolf 2002: *Das AA Erstgespräch*, S. 30.

„aufgrund einer Momentaufnahme und des klinischen Wissens […] eine Projektion machen […] in die Zukunft, ich kann ihm zeigen: ‚So wirst du aussehen in 10 Jahren.' […] Oder: ‚Das und das wird höchstwahrscheinlich passieren.'"[499]

Bei den Testverfahren handelt es sich also nicht um eine Diagnostik im klassischen Sinne. Vielmehr werden *präsymptomatische Vorboten kranken Alter(n)s* ermittelt und für Prognosen der Güte des Verlaufs von Alterungsprozessen herangezogen. Der unbekannt bleibende Alterungsverlauf des Einzelnen wird damit medizintechnisch in den Bereich des Erwartbaren und damit auch des Gestaltbaren geholt. Über diese Konstruktion legitimiert sich die ärztliche Handlung an Gesunden.

Die Erschließung des neuen „Prognoseraums" geht mit einer Erweiterung der altersbezogenen Kategorisierung von Menschen einher. Unterschieden wird nicht mehr nur zwischen jungen und alten Menschen und allen Abstufungen zwischen diesen Polen. Mit der Risikotestung werden Menschen, die bisher nicht (gänzlich) in die Kategorie „alt" fielen, zudem unterschieden in potenziell zukünftig von krankem Alter(n) Betroffene und Nicht-Betroffene. Systematischer als in bisherigen Alterskonstruktionen wird eine *Kategorie „präsymptomatisch von krankem Alter(n) betroffener" Menschen* begründet. In dieser Konstruktion sind alle noch nicht (gänzlich) alten Menschen testungsbedürftig und die RisikoträgerInnen unter ihnen behandlungsbedürftig. Die Gruppe der von Alterung „Betroffenen" wird dadurch ausgeweitet und damit auch eine neue

---

497 Feldnotizen Workshop „Der Anti-Aging Patient", Hennig, 8. GSAAM Konferenz, München, 2008, P7:12.
498 ebd. P7:14
499 Interview P17:113.

Zielgruppe der Anti-Aging-Medizin geschaffen. Die Gestaltung des Alter(n)s wird damit ein Stück weit ihres Altersbezugs enthoben.[500] Denn Altersrisiken sind nicht nur bereits vor dem Auftreten erster Symptome ermittelbar, sondern schon in jungen Jahren.

3.1.2 Kontrastierender Fallvergleich: Die geriatrische Frailty-Testung

Die geriatrische Diskussion über das Konzept Frailty[501] (Gebrechlichkeit) lässt sich für die Analyse der Risikodiagnostik der GSAAM fruchtbar machen. Im Vergleich mit der geriatrischen Frailty-Testung werden die Charakteristika der Risikodiagnostik noch einmal deutlich:

Der geriatrischen Frailtytestung liegt die Annahme zugrunde, dass ein bestimmtes Maß an Gebrechlichkeit mit einem erhöhten statistischen Risiko für eine negative Entwicklung des Gesundheitszustandes, für zunehmenden Pflegebedarf und Mortalität einhergeht. Über die Feststellung des Grades der Gebrechlichkeit einer älteren Person sollen sich gesundheitliche Alterungsrisiken besser quantifizieren und vorhersagen lassen als über bisherige Indikatoren wie chronologisches Alter, Morbidität, kognitive Einbuße oder Behinderung. Physische Gebrechlichkeit umfasst in der verbreiteten Konzeption von Linda Fried und KollegInnen[502] ungewollten Gewichtsverlust, Erschöpfung, schwache Greifkraft, langsames Gehtempo und geringe körperliche Aktivität. In einfach durchführbaren Tests – z. B. anhand der im Internet kostenlos erhältlichen SHARE Frailty Instrument Calculators[503] – werden ältere Menschen auf diese fünf Variablen hin getestet. Je nachdem, wie viele der Variablen positiv getestet werden, wird die Testperson als „nicht gebrechlich", „prä-gebrechlich" oder „gebrechlich" eingestuft, wobei sich unterschiedliche Kategorisierungsweisen finden.

Sowohl die Frailty-Testung als auch die Risikodiagnostik der deutschen Anti-Aging-Medizin zielen darauf, dass altersmedizinische Interventionen durch die Ermittlung von Vorboten schlechter gesundheitlicher Alterungsverläufe gezielter, bedarfsgerechter und präventiver eingesetzt werden können als bisher. Um diese Vorboten zu ermitteln, wird ein neuer Diagnoseraum zwischen Gesundheit und Krankheit erschlossen. Im Hinblick darauf wie und warum dieser Diagnoseraum erschlossen wird, zeigen sich jedoch Unterschiede:

- *Was wird gemessen?* Die körperlichen Zustände, die in der geriatrischen Frailtytestung gemessen werden – z. B. ungewollter Gewichtsverlust, Erschöpfung, schwache Greifkraft, langsames Gehtempo und geringe körperliche Aktivität –, sind aus der

---

500 Auf eine ähnliche „Entzeitlichung" von Erkrankungen weist Peter Wehlings in seiner Analyse der Entgrenzung der Medizin hin (siehe Wehling et al. 2011: *Entgrenzung d. Medizin*, S. 22 f.).
501 vgl. Fried et al. 2001: *Frailty in older adults*, Fried et al. 2004: *Untangling the concepts of disability, frailty, and comorbidity* und Bergmann et al. 2007: *Frailty*.
502 Fried et al. 2001: *Frailty in older adults*.
503 vgl. Romero-Ortuno et al. 2010: *A frailty instrument for primary care*.

Perspektive der GSAAM Symptome, die es bereits zu vermeiden gilt. Die GSAAM möchte *präsymptomatische Vorboten von Krankheit und Gebrechlichkeit im Alter* bestimmen, also noch bevor Anzeichen von Gebrechlichkeit festzustellen sind. Bei der Frailtytestung handelt es sich also um eine Früherkennung[504] altersbezogener Defizite.[505] Die Anti-Aging-MedizinerInnen zielen hingegen auf eine ursachenorientierte Primärprävention dieser Defizite. U. a. deshalb werden Vorboten kranken Alterns nicht auf physiologischer, sondern verstärkt auf biochemischer Ebene gesucht und die Testpersonen sind Gesunde und nicht potenzielle geriatrische PatientInnen.
- *Wie wird getestet?* Die Frailtytestung ist bewusst einfach konzipiert, um ihre Umsetzung in der Community Medicine zu erleichtern. Wenige Variablen werden in einer einfachen, wenig technisierten und kostenlosen Testung erfasst. Ergebnis ist eine auf Grundlage der ersten SHARE Welle errechnete Messzahl, aufgrund derer die Testperson einer der drei Gebrechlichkeitskategorien zugeordnet wird. Die Risikotestungen der GSAAM umfassen hingegen häufig sehr viele Variablen, die teilweise in aufwendigen laborchemischen Verfahren ermittelt werden und entsprechend teuer sind. Im Falle prädiktiver Gentests sind die Testergebnisse entsprechend komplex und schwer zu interpretieren. Welche Statistiken der Zuweisung von Risikowerten zugrunde gelegt werden, obliegt den die Testung durchführenden Firmen.
- *Wozu wird getestet?* Die Frailtytestung soll der Forschung dazu dienen, den Gesundheitszustand der älteren Bevölkerung besser feststellen zu können. So soll der geriatrische Versorgungsbedarf besser planbar werden. In der medizinischen Praxis sollen vulnerable PatientInnen besser identifiziert werden. Die geriatrische Versorgung soll besser koordiniert werden können und man verspricht sich, Perspektiven einer Tertiärprävention zu eröffnet. Solche epidemiologische oder gesundheitsplanerische Überlegungen spielen bei der Risikotestung der GSAAM keine Rolle. Durch die Testungen wird das ärztliche Handeln an Gesunden begründet und normativ ausgerichtet. Die Testung bietet auch ökonomische Vorteile. In der medizinischen Praxis werden die erstellten Risikoprofile dazu genutzt, die Testpersonen zu Eigenverantwortung für ihre Risiken zu aktivieren. Es wäre wichtig zu untersuchen, ob sich ähnliche Dynamiken bei der Vermittlung von Ergebnissen der Frailtytestung finden.

3.1.3 Neukonzeptionen des Normalen

Die Risikokalkulationen, die der neue Diagnoseraum ermöglicht, gelten im Umfeld der GSAAM als die Evidenzbasis, anhand der entschieden wird, wie und in welcher Gewichtung die sieben Säulen der Präventions- und Anti-Aging-Medizin in der Behandlung zum Tragen kommen. In vielen Argumentationen wird die Erstellung von Risiko-

---

504 vgl. Fried et al. 2004: Fried et al. 2004: *Untangling the concepts of disability, frailty, and comorbidity,* S. 261.
505 Bergmann et al. 2007: *Frailty,* S. 773.

profilen als ein *empirischer Vorgang* der Erhebung einer „Ist-Situation"[506] dargestellt. In den wenigen kritischen Bezugnahmen auf die Generierung von Risikowissen werden entsprechend empirische Messprobleme fokussiert. Diskutiert werden insbesondere die Anzahl und die Auswahl der zu messenden Parameter oder die Notwendigkeit der Qualitätssicherung von Messverfahren:

So sprich Kleine-Gunk von der „*Gefahr einer Überdiagnostik* und zwar in besonderer Weise in der Laboranalytik."[507] Zum einen würden gelegentlich unkritisch aussagelose Werte erhoben, die zu nutzlosen Testergebnissen führten. Zum anderen würde schnell eine unübersehbare Anzahl von Werten gemessen. Auch Kley argumentiert, dass es häufig „zu einer unnötigen Überflutung mit Informationen und zu dabei typischerweise auftretenden Fehlinterpretationen [...] kommt."[508] Herr Dr. E. problematisiert hingegen den Vorhersagewert „isolierter" Werte und legt nahe, dass dieses Problem durch eine umfassende, interdisziplinäre Betrachtung auszuräumen ist.[509] Die Schwierigkeit, altersspezifische von erkrankungsbedingten Veränderungen zu unterscheiden, will Kley mit einem „besonderen Qualitätsmanagement" möglich machen.[510]

In dem neuen diagnostischen Raum, der bisher als medizinisch unproblematisch galt, stellen sich jedoch auch *normative Probleme*, die von den GSAAM-MedizinerInnen bisher kaum als solche thematisiert werden. Denn auch noch so präzise gemessene Werte können nur dann als riskant oder unriskant bewertet werden, wenn auch eine ‚Soll-Situation' angenommen wird. Ihr Informationswert ergibt sich erst durch die Feststellung eventueller Abweichungen der Testergebnisse von dieser Norm. Bei der Ermittlung von Risikoprofilen wird darum immer auch eine *Neukonzeption des Normalen* vorgenommen. Eine Kontroverse über die zentrale Frage „Was ist denn das Normale im Alter?"[511] ist in Herrn Dr. D.s Wahrnehmung bisher jedoch ausgeblieben.

Dabei handelt es sich nicht nur um ein konzeptuelles Problem. Diese normativen Fragen sind gerade auch für die medizinische Praxis von zentraler Bedeutung. Eines der *drängendsten Praxisprobleme* vieler BesucherInnen von GSAAM-Konferenzen ist, Testergebnisse zu bewerten und in konkrete ärztliche Ratschläge zu überführen. „Was machen mit all diesen Informationen?"[512] beschreibt eine meiner Gesprächspartnerinnen die Lage. Dabei geht es um nicht weniger als die Frage, was eigentlich zu tun ist. Für viele GSAAM-ÄrztInnen bedeutet dies konkret „Was soll ich dem denn geben?"[513]

---

506 Interview P17:241.
507 Kleine-Gunk 2005: *AA. Institute & Sprechstunden*, S. 376, Hervorhebung im Original.
508 Kley 2003: *AA Labor*.
509 Interview P17:285 ff.
510 Kley 2003: *AA Labor*.
511 Interview P25:241.
512 Feldnotizen ESAAM Konferenz, Düsseldorf, 2008, P3:185
513 Feldnotizen Workshop „Der Anti-Aging Patient", Hennig, 8. GSAAM Konferenz, München, 2008, P7:7, siehe auch Feldnotizen 8. GSAAM Konferenz, München, 2008, P6:27 und 233.

Zentraler Bestandteil der Lehrtätigkeit wortführender GSAAM-ÄrztInnen ist vor diesem Hintergrund, ihre Neukonzeption des Normalen zu vermitteln und die entsprechenden *Bewertungspraktiken einzuüben*. So empfanden es die meisten TeilnehmerInnen von Claudia Hennigs Workshop „Anti-Aging Sprechstunde" als besonders hilfreich, gemeinsam beispielhafte Risikoprofile zu betrachten, die Güte oder Schlechtigkeit einzelner Laborwerte zu ermitteln und zu einer Entscheidung über die richtige Dosierung von Supplementen und Hormonpräparaten zu gelangen.

Insgesamt fällt auf, dass die in diesem Zusammenhang zahlreich auftretenden normativen Fragen meist nicht ergebnisoffen diskutiert oder wissenschaftlich bearbeitet werden. In vielen Fällen werden sie *autoritativ entschieden oder auch technisch vorweggenommen*. Im Rahmen von Konferenzvorträgen und -workshops richten die TeilnehmerInnen ihre Fragen nach der richtigen Interpretation von Risikoprofilen wie zu erwarten an die Vortragenden. Diese geben meist mit mehr oder weniger detaillierten Begründungen eine eindeutige Norm vor. Kritische Nachfragen wurden – wenn überhaupt – nur hinter vorgehaltener Hand nach den Veranstaltungen geäußert.[514] Über eine „inexistente Diskussionskultur"[515] klagt Dr. D. nicht nur in diesem Zusammenhang. Einige Testverfahren nehmen den ÄrztInnen die Bewertungsarbeit teilweise auch ab. Denn in manchen Geräten, Computerprogrammen oder Laborberichten sind Bewertungen bereits eingeschrieben.

Risikoinformationen werden in den einzelnen Testverfahren auf unterschiedliche Weisen generiert. Über welche Neukonzeptionen des Normalen Alterungsrisiken im Einzelnen konstruiert werden, lässt sich deshalb *nur anhand konkreter Testverfahren* untersuchen. Im folgenden Kapitel wird deshalb für ein Fallbeispiel genauer untersucht, auf welche Weise die Alterung messbar und behandelbar gemacht wird. Das Fallbeispiel sind prädiktive Gentests zur Ermittlung des Risikos, altersassoziierte Erkrankungen zu entwickeln (siehe Teil 3, Kapitel 3.1.4.

Vorab seien jedoch einige über konkrete Testverfahren hinausgehende Hinweise darauf erwähnt, welche Referenzwerte zur Beurteilung von Messwerten favorisiert werden. Diese verdeutlichen die Kontingenz und die Tragweite der Normierungen. Teilweise werden die Werte einer Testperson ins Verhältnis zu *Durchschnittswerten von Vergleichsgruppen* gesetzt. So erklären Alfred, Florian und Georg Wolf, dass die Referenzdaten ihrer Bioaging Tests „einer großen eigenen Datenbank (Publikation geplant)"[516] entstammen und „durch mehrere wissenschaftliche Studien an mehr als 1500 Personen validiert"[517] seien. Auch Alexander Römmler geht teils von Vergleichspopulationen aus, kombiniert dies jedoch mit *Altersnormen*. Im Hinblick auf Hormonersatztherapien empfahl der erste Präsident der GSAAM zunächst einen „enggefasste Referenzbe-

---

514 vgl. z. B. Feldnotizen 7. GSAAM Konferenz, München, 2007, P8:63 und Feldnotizen 8. GSAAM Konferenz, München, 2008, P6:245.
515 Interview P25:1051.
516 Wolf et al. 2003: *Das Altern messbar machen*, S. 30.
517 Wolf et al. 2005: *Biolog. Altersmarker*, S. 35.

reich von 25- bis 30jährigen".[518] Später ist von den „Verhältnissen" die Rede, die 30 oder 40 Jahre „im Körper geherrscht" haben.[519]

Rolof Kley kritisiert hingegen, dass „Normal- bzw. Referenzwertkollektive aus anderen Personengruppen [...] häufig nicht exakt den biologischen Gegebenheiten des untersuchten Individuums entsprechen."[520] Bei der Interpretation der Testresultate bestehe vielmehr die Problematik, „dass individuelle Normalwerte der einzelnen Personen nicht vorliegen".[521] Vor diesem Hintergrund formuliert Kley wie einige seiner KollegInnen den „Wunschtraum", *Referenzdaten der Testperson aus jüngeren Lebensjahren* zur Bewertung von Testergebnissen zur Verfügung zu haben. Kley fordert:

> „Deshalb sollte es auch Aufgabe der Anti-Aging-Medizin sein, Daten aus jüngeren Lebensabschnitten zu gewinnen und zu archivieren, um diese dann im Alter für Vergleichsanalysen und Plausibilitätsprüfungen heranziehen zu können."[522]

3.1.4 Vereinzelte Kritik an der Risikodiagnostik

Fast alle meiner GesprächspartnerInnen sahen in den im Umfeld der GSAAM vermarkteten Risikotestverfahren eine sinnvolle und nützliche Unterstützung ihrer ärztlichen Praxis und stellten die Sinnhaftigkeit von Risikotestungen nicht prinzipiell infrage. Lediglich Jacobi kritisiert im Hinblick auf die US-amerikanische Anti-Aging-Szene den *„Drang nach allumfassender Krankheitssuche"* durch Screeningverfahren. Herr Dr. D. kritisiert hingegen die *hohen Kosten* der „irre teuren Analyseuntersuchungen, die sich ohnehin niemand leisten kann."[523] Diese fielen zudem bereits im Vorfeld der eigentlichen Behandlung an:

> „,Zahlen Sie 180 €, damit sie sehen, ob Sie Fett im Bauch haben!' Aber dann hat man ja noch gar nichts dagegen gemacht! Und wenn man das dann für alle Krankheiten macht und noch für die Gene, dann ist man schnell bei 1 200 €, die sich kein Mensch leisten kann."[524]

Auch Frau K. erklärt: „Wir stecken das Geld lieber direkt in die Biovitalstoffe, anstatt in teure Laboranalysen."[525] Neben diesen prinzipiellen Bedenken werden auch Probleme bei der Ausgestaltung der Risikotests angesprochen. Kleine-Gunk spricht selbst von

---

518 Römmler 2002: *Einführung i. d. AAM (AA Sprechstunde),* S. 11.
519 vgl. Feldnotizen Podiumsdiskussion 2. Europäischer Präventionstag, 2008, P13:62.
520 Kley 2003: *AA Labor.*
521 ebd.
522 ebd.
523 Interview P25:1010.
524 ebd.
525 Interview P21:824ff.

der „*Gefahr einer Überdiagnostik* und zwar in besonderer Weise in der Laboranalytik."[526] Zum einen würden gelegentlich unkritisch aussagelose Werte erhoben, die zu nutzlosen Testergebnissen führten. Zum anderen würde schnell eine unübersehbare Anzahl von Werten gemessen, die, wie auch Kley argumentiert, „zu einer unnötigen Überflutung mit Informationen und zu dabei typischerweise auftretenden Fehlinterpretationen, aber auch […] unnötig hohen Kosten kommt."[527] Frau Dr. D. kritisiert hingegen, dass viele ihrer KollegInnen lediglich körperliche Risikotestungen durchführen, diesen aber *keine entsprechenden Lebensstilberatungen* folgen lassen würden:

> „Die sagen dann ihren Leuten bestenfalls noch: ‚Dann gucken Sie mal, wie Sie 10 Kilo abnehmen oder mehr Sport machen.' Aber die haben nicht die Kompetenz, die Menschen in lebensverändernden Maßnahmen zu begleiten."[528]

Im untersuchten Material finden sich keine Hinweise darauf, dass im Umfeld der GSAAM eine Kontroverse über diese vereinzelten Kritikpunkte geführt wird.

3.2 Fallbeispiel: Prädiktive Gentests

Der neue Diagnoseraum zwischen Krankheit und Gesundheit wird in den verschiedenen Risikotestverfahren der GSAAM auf unterschiedliche Weisen erschlossen. Wie Wissen über gesundheitliche Alterungsrisiken generiert wird, wie es beschaffen ist und Handlungsräume mit strukturiert, lässt sich deshalb nicht pauschal sagen. Im Folgenden wird deshalb eine der neuen medizinischen Dienstleistungen der GSAAM zur Sichtbarmachung gesundheitlicher Alterungsrisiken als Fallbeispiel untersucht. Dies sind prädiktive Gentests, auch Polymorphismusdiagnostik oder Suszeptibilitätstests genannt. Hier wird eine sehr häufig auftretende Variante genetischer Normabweichungen einer Person getestet, nämlich im Folgenden genauer beschriebene Single Nucleotide Polymorphismus (kurz: SNPs). Ausgehend von einer solchen Polymorphismusbestimmung werden u.a. Aussagen darüber getroffen, welches *statistische Risiko eine Person hat, in Zukunft altersassoziierte Erkrankungen* zu entwickeln.

Das Wissen und der Umgang mit genetischen Alterungsrisiken sind nicht nur für viele GSAAM-MedizinerInnen und deren KlientInnen *Neuland, sondern auch für die Anti-Aging-Kritik*.[529] Insgesamt finden hier Verfahren zur Risikotestung kaum Erwähnung. Spezifisch genetische Risiken werden bisher in der sozialwissenschaftlichen Altersforschung kaum als Thema wahrgenommen. Ähnliche Untersuchungen aus Kultur-

---

526 Kleine-Gunk 2005: *AA. Institute & Sprechstunden*, S. 376, Hervorhebung im Original.
527 Kley 2003: *AA Labor*.
528 Interview P19:89 ff.
529 Mein Dank Sebastian Schuol für seine interdisziplinäre genetische Beratung.

wissenschaften, Gender- und Disability Studies oder der Bioethik werden entsprechend wenig rezipiert.

Im Folgenden wird *erstens* beschrieben, was prädiktive Gentests für die Falluntersuchung interessant macht. Es wird gezeigt, dass die genetische Risikotestung im Umfeld der GSAAM zur Schlüsseltechnik für die Individualisierung der Anti-Aging-Behandlung avancierte, welche für die deutsche Neubegründung der Anti-Aging-Medizin von strategisch wichtiger Bedeutung ist. Zur Einordnung wird *zweitens* ein kurzer Überblick über die Bedeutung prädiktiver Gentests in der medizinischen Praxis und über Perspektiven der Kritik gegeben.

3.2.1 Eine Schlüsseltechnik für die Personalisierung der Anti-Aging-Behandlung

Prädiktive Gentests finden im Umfeld der GSAAM erstmals um das Jahr 2005 breite Erwähnung. So eröffneten Johannes Huber und Michael Klentze den ersten Präventionstag auf der Medica mit dem einzigen anwendungsbezogenen Vortrag über „Individualisierte Medizin durch Polymorphismusdiagnostik".[530] Im gleichen Jahr erschien ihr Ratgeber über die „revolutionäre Snips-Methode".[531] Auch Alfred Wolf und Söhne nahmen die „Untersuchung der wichtigen Risiko-Polymorphismen (SNPs)" in ihre Risikokalkulationskonzepte auf.[532]

Dabei wird unterschiedlich erklärt, worin *das innovative Moment* prädiktiver Gentests eigentlich besteht. Anfangs findet sich mehrfach das Argument, dass die Polymorphismusdiagnostik zur Abschätzung der Risiken einer Hormontherapie wichtig sei.[533] Auch wird argumentiert, dass die DNA-Diagnostik im Gegensatz zu anderen Risikokalkulationsverfahren „immerwährend gültige" Information liefere.[534] Meist wird der zentrale Beitrag der Gentests zur Erneuerung der Anti-Aging-Medizin jedoch darin gesehen, dass die Behandlungen nun *individualisiert oder personalisiert* werden könnten. So sieht Klentze in prädiktiven Gentests „eines der wichtigsten Tools für eine individuelle Einstellung des Patienten in der Altersprävention."[535] Auch Kleine-Gunk sieht den Mehrwert darin, den Menschen erstmals ein „persönliches, lebenslanges Präventionsprogramm *maßzuschneidern*."[536]

Die Profilierung ihres Programms als individualisiert steht im Kontext der allgemeinen Diskussion über eine Individualisierung oder Personalisierung der Medizin.[537]

---

530 vgl. z. B. Hennig et al. 2005b: *Editorial*.
531 Huber et al. 2005: *Revolutionäre Snips-Methode*.
532 vgl. z. B. Wolf et al. 2005: *Biolog. Altersmarker*, S. 33.
533 siehe z. B. Gruber et al. 2003: *Altern*, S. 56 und Hennig et al. 2005a: *Editorial*. Hier finden sich jedoch auch kritische Stimmen (siehe. Kley 2003: *AA Labor*).
534 vgl. Siffert 2005: *Primär- & Sekundärprävention durch DNA-Diagnostik*, S. 286.
535 Klentze 2005: *Personalisierte Medizin*, S. 22.
536 Kleine-Gunk 2005: *AA. Institute & Sprechstunden*, S. 377, Hervorhebung im Original.
537 vgl. z. B. Karger et al. 2011: *Personalisierte Medizin*.

Sie ist für die GSAAM insofern von strategischer Bedeutung, als sie zur *Abgrenzung von zwei anderen Präventionskontexten* dient. Die Individualisierung ist zum einen ein zentrales Argument wortführender GSAAM-MedizinerInnen bei der Abgrenzung ihrer Supplementierungs- und Hormonersatzkonzepte von den im Umfeld der A4M üblichen, in Verruf geratenen hohen Dosierungen von Nahrungsergänzungsmitteln und Hormonpräparaten. Es wird argumentiert, dass mit der Risikokalkulation der individuelle Bedarf genau ermittelt wird und die Substitution so risikoärmer werde. Zum anderen werden die Vorteile des personalisierten Ansatzes gegenüber staatlichen Präventionskonzepten hervorgehoben. So betont beispielsweise Dr. E., die GSAAM mache es „nicht wie die Politik sich das immer vorstellt nach dem Gießkannenprinzip, so einfach so: ‚Wir machen mal was, [...], wir beruhigen mal alle wieder.' [...] sondern wir machen das individuell."[538]

Vor dem Hintergrund dieser Bemühungen der GSAAM, die Anti-Aging-Medizin als individualisierte Präventionsmedizin neu zu begründen, avancierten prädiktive Gentests zu einer Schüsseltechnik der GSAAM zur Personalisierung ihrer Behandlungen. Die Bedeutung prädiktiver Gentests im Umfeld der GSAAM zeigt sich unter anderem darin, dass sich auf allen untersuchten Konferenzen Vorträge zum Thema gehalten wurden[539] und GentestanbieterInnen auf den Industrieausstellungen ihre Dienstleistungen bewarben. In fast jeder Ausgabe des GSAAM-Journals finden sich Artikel über Polymorphismusdiagnostik.[540] Auch stellt die Polymorphismusdiagnostik einen der *thematischen Schwerpunkte der Ausbildungstätigkeit der GSAAM* dar. In enger Zusammenarbeit mit Genlaboren[541] bildet die GSAAM über Konferenzvorträge, Journalartikel und Weiterbildungsangebote ÄrztInnen darin aus, prädiktive Gentests als Bestandteil der Risikodiagnostik zu Beginn einer Behandlung durchzuführen. Einige meiner GesprächspartnerInnen berichteten, dass sie Gentests in ihrer Praxis durchführen[542] oder perspektivisch durchführen wollen.[543] Entsprechend besuchen sie Weiterbildungsveranstaltungen der GSAAM und nutzen deren Kontakte zu Genlaboren. Die Bedeutung prädiktiver Gentests spiegelt sich nicht zuletzt auch darin, dass im Logo der GSAAM die beiden As für Anti-Aging zu einer DNA ähnlichen Struktur verschlungen sind (siehe Abbildung 14).

Auch wenn prädiktive Gentests zur Erneuerung des Programms der GSAAM von zentraler Bedeutung sind, bedeutet dies jedoch nicht, dass alle GSAAM-MedizinerInnen ihren Behandlungen eine genetische Risikodiagnostik zugrunde legen. Frau Dr. A.

---

538 Interview P17:273.
539 vgl. insb. Feldnotizen „Workshop Genes, Aging", Feldnotizen ESAAM Konferenz, Düsseldorf, 2008, P3:356 ff., Feldnotizen 8. GSAAM Konferenz, München, 2008, P6:101 ff., Feldnotizen 6. Konferenz der GSAAM, Düsseldorf, 2006, P11:428 ff.
540 vgl. insb. Klentze 2005: *Personalisierte Medizin*, Schneeberger et al. 2006: *Genetische Risikoevaluierung* und Huber 2007: *Bedeutung d. Gendiagnostik f. Präventionsmedizin*.
541 siehe z. B. Feldnotizen ESAAM Konferenz, Düsseldorf, 2008, P3:367.
542 siehe z. B. Interview P25:693 ff.
543 siehe z. B. Interview P23:527 ff.

Abbildung 14 Das Logo der GSAAM

Quelle: http://gsaam.de/ (29.11.2013)

möchte in diesem Zusammenhang die Polymorphismusdiagnostik noch nicht als etablierten Bestandteil der medizinischen Praxis im Umfeld der GSAAM bezeichnen. Sie beschreibt jedoch: „Das ist so in [...] Entwicklung im Moment gerade. [...] Es ist schon in bestimmten, speziellen Kreisen etabliert."[544]

Im Folgenden wird untersucht, wie die Ermittlung genetischer Risikoinformationen im Umfeld der GSAAM dargestellt wird (siehe Teil 3, Kapitel 3.3). Vorab sei jedoch skizziert, wie der *Ablauf einer solchen Testung* im untersuchten empirischen Material beschrieben wird: Eine Ärztin oder ein Arzt besucht von der GSAAM angebotene Weiterbildungen über prädiktive Gentests und tritt in Kooperation mit einem Genlabor, das prädiktive Gentests in bestimmten Varianten anbietet. So können entweder einzelne Polymorphismen vom Arzt zur Testung ausgewählt werden oder aber das Labor bietet bereits auf verschiedene Personengruppen (z.B. Frauen, Männer, Risikogruppen) zugeschnittene Produkte an, in denen eine bestimmte Kombinationen von Polymorphismen getestet wird.

Getestet werden zum einen altersbezogene Erkrankungsrisiken. Ermittelt wird hier u.a. die statistische Wahrscheinlichkeit, zukünftig Thrombose, Herzinfarkt, Brustkrebs, Osteoporose, Alzheimer Demenz, metabolisches Syndrom, Hypertonie und Adipositas auszubilden. *Diese prädiktiven Gentests zur Ermittlung altersbezogener Erkrankungsrisiken werden im Folgenden untersucht.* Daneben wurden im Umfeld der GSAAM bald auch pharmako- und nutrigenetische Testungen populär,[545] die Erkenntnisse über die Metabolisierung von Medikamenten, insbesondere von Hormonpräparaten, und die (Un)Verträglichkeit von Nahrungsmitteln eines Menschen liefern sollen.

Anhand einer ersten Anamnese schlagen die ÄrztInnen ihren KlientInnen also vor, welche dieser Aspekte getestet werden sollten. Die zu testende Person gibt eine Speichelprobe ab, welche die Ärztin oder der Arzt an ein Genlabor schickt. Dort wird die DNA der Testperson auf eine von der Ärztin oder dem Arzt bestimmten und/oder von dem Labor angebotenen Auswahl einzelner genetischer Polymorphismen hin untersucht. Zusammen mit dem Testergebnis schickt das Labor der Ärztin oder dem Arzt eine Interpretation der ermittelten Polymorphismenkonstellation zu. Teilweise werden auch bereits Behandlungsvorschläge gemacht. Ein mögliches Testergebnis wäre, dass die DNA der Testperson im ApoE-Gen einen homozygoten ApoE4-Polymorphismus aufweist. Daraus wird u.a. abgeleitet, dass die Testperson ein erhöhtes Herzinfarktrisiko hat sowie ein erhöhtes Risiko, an einer Demenz bei Alzheimer-Krankheit zu erkranken. Daraufhin werden entsprechende Ernährungs- und Lebensstilempfehlungen gegeben und bestimmte Medikationen mit Nahrungsergänzungsmitteln und Hormonen empfohlen.

---

544 Interview P16:1622 ff.
545 vgl. z.B. Feldnotizen ESAAM Konferenz, Düsseldorf, 2008, P3:421 ff.

Im untersuchten empirischen Material finden sich unterschiedliche Konzepte davon, in welchen Fällen die Durchführung von Suszeptibilitätstests sinnvoll ist. Michael Klentze erklärt, dass er *jede Behandlung* u. a. mit einem prädiktiven Gentest beginnt. „Ich kann Ihnen gar nichts empfehlen, wenn ich nicht weiß, was in ihrem Körper passiert,"[546] argumentiert Klentze. Mehrere meiner GesprächspartnerInnen berichteten hingegen, dass sie prädiktive Gentests nur dann empfehlen würden, *wenn die Familienanamnese bereits auffällige Erkrankungsrisiken zeigen* würde, die durch Gentests genauer analysiert werden könnten.[547] Auch findet sich das Argument, dass prädiktive Gentests *nur bei Personen sinnvoll seien, die bereits gesundheitsbewusst lebten* und dies noch optimieren wollten. So erklärte mir eine Ärztin: „Es hat auch keinen Sinn, mit arbeitslosen, kettenrauchenden Leuten einen Polymorphismustest zu machen, die mit diesen Informationen gar nichts anzufangen wissen."[548]

3.2.2 Zur Einordnung: Gentests in der medizinischen Praxis und Perspektiven der Kritik

Die GSAAM-MedizinerInnen sind nicht die Einzigen, die diese Variante prädiktiver Gentests in ihr medizinisches Programm aufgenommen haben. Im Folgenden wird kurz skizziert, in welchem Kontext prädiktive Gentests entwickelt wurden, wo sie Anwendung finden und welche Kontroversen sich darüber entspannen.[549] Vor diesem Hintergrund wird noch einmal die gerontologische Fragestellung an diese komplexe Materie fokussiert: Wie werden gesundheitliche Alterungsrisiken durch prädiktive Gentests messbar und gestaltbar gemacht?

Das Wissen darüber, dass das menschliche Genom auf der Ebene der Basensequenzen der DNA zahllose kleinste Variationen aufweist (ausführlich siehe Teil 3, Kapitel 3.3.1) ist relativ neu. Es ist eines der Resultate der verstärkten Förderung der sog. *New Genetics,* also der Molekularbiologie und der Erforschung ihrer Anwendungen. Eines der wesentlichen und durchaus unerwarteten Ergebnisse der Sequenzierung des menschlichen Genoms durch das Human Genome Project (HUGO) und andere Projekte war, dass sich eine enorme Anzahl dieser Polymorphismen findet. Christian Schneeberger, einer der GenexpertInnen im Umfeld der GSAAM, berichtet, dass insgesamt etwa drei bis dreieinhalb Millionen Single Nucleotide Polymorphisms (SNPs) im humanen Genom zu finden seien.[550] SNPs sind damit die häufigste Form genetischer Variation.

---

546 Feldnotizen ESAAM Konferenz, Düsseldorf, 2008, P3:421.
547 vgl. insb. Interview P23:527.
548 Feldnotizen ESAAM Konferenz, Düsseldorf, 2008, P3:183.
549 Folgender Überblick basiert auf den Darstellungen und Einschätzungen von Marx-Stölting 2007: *Pharmakogenetik & Pharmakogentests,* S. 54 ff., Melzer et al. 2008: *Genetic tests for common diseases,* Lock et al. 2006: *When it runs in the family,* Hildt 2006: *Autonomie i. d. biomedizinischen Ethik* und Lemke 2007: *Gouvernementalität & Biopolitik,* S. 129 ff.
550 Schneeberger et al. 2005: *Genetische Variation,* S. 54 und Schneeberger 2006: *HapMap.*

Die Förderung der New Genetics war mit der Hoffnung verbunden, durch die „Entschlüsselung" des Genoms neue medizinische, aber auch agrarwissenschaftliche, kriminologische und andere Anwendungen entwickeln zu können. Die Anwendbarkeit der neuen genetischen Informationen erwies sich aber in vielen Fällen als schwierig. Eine vielversprechende Anwendung eröffnete jedoch die Beobachtung, dass verschiedenartige Zusammenhänge zwischen bestimmten genetischen Variationen und Phänotypen bestehen. Gleichzeitig wurden enorme Fortschritte bei der Sequenzierung der DNA erzielt. Vor diesem Hintergrund wurden verschiedene genetische Testmethoden entwickelt, bei denen es sich bisher um die *einzigen konkreten klinischen Anwendungen* der New Genetics handelt. Entsprechend forciert wurde diese vermarktet und in verschiedenen medizinischen Kontexten aufgegriffen.

Es finden sich unterschiedliche Arten genetischer Tests. *Diagnostische Gentests* werden nach dem Auftreten von Krankheitssymptomen zur Bestätigung der Diagnose von relativ seltenen auftretenden monogenetischen Krankheit herangezogen. Im Unterschied dazu werden *prädiktive Gentests* vor dem Auftreten von Krankheitssymptomen an gesunden Menschen durchgeführt. Diese Tests sollen Auskunft über die Suszeptibilität, also die Empfänglichkeit, für eine bestimmte Krankheit geben. Auch werden Aussagen über die Wahrscheinlichkeit, mit der eine genetische Variation vererbt wird, getroffen. Prädiktive Gentests gibt es erstens für die Vorhersage der Erkrankungs- und Vererbungswahrscheinlichkeit für monogenetische Krankheiten (z. B. Chorea Huntington) bei denen ein fast zwangsläufiger Zusammenhang zwischen Genotyp und Phänotyp besteht.

Zweitens sind vor allem von forschenden Unternehmen prädiktive Gentests für andere Arten von Krankheiten entwickelt worden. Dabei handelt es sich um Krankheiten, für deren Auftreten mehrere Gene und vielfältige Wechselwirkungen mit Umweltfaktoren eine Rolle spielen und die anders als die monogenetischen Krankheiten sehr weit verbreitet sind. Beispiele sind Brust- und Eierstockkrebs, Diabetes, Herzkreislauferkrankungen und Alzheimer Demenz. Auch wurden pharmako- und nutrigenetische Tests entwickelt, mit denen Aussagen über die Metabolisierung und damit über die Wirksamkeit und Verträglichkeit von Medikamenten und Nahrungsmitteln getroffen werden. Es sind diese Varianten genetischer Testverfahren, die im Umfeld der GSAAM Anwendung gefunden haben. Im Folgenden werden *ausschließlich Suszeptibilitätstests für nicht monogenetische Krankheiten* untersucht, pharmako- und nutrigenetische Testungen hingegen nicht. In Deutschland sind Suszeptibilitätstests für Brust- und Eierstockkrebs mittlerweile fester Bestandteil der genetischen Medizin und auch der Gesundheitspolitik.[551]

Gleichzeitig entspann sich in der Humangenetik, in Medizin, Bioethik und Sozialwissenschaften eine kritische Diskussion über Polymorphismusanalysen. *Auch im Kontext der Anti-Aging-Medizin wurden kritische Stimmen* laut (ausführlicher siehe Teil 3,

---

551 vgl. Hildt 2006: *Autonomie i. d. biomedizinischen Ethik*, S. 214.

Kapitel 3.3.4). So fand beispielsweise im März 2006 auf dem Anti-Aging Medicine World Congress in Paris eine Session mit dem Titel „Genetics: Any major breakthroughs for Anti-Aging Medicine?" statt.[552] Hier zeigte sich eine nicht untypisch Diskussionskonstellationen: Empörte Humangenetiker diskutierten mit enthusiastischen Unternehmern und GesundheitspolitikerInnen. MolekularbiologInnen referierten ihre hochspeziellen Ergebnisse. Die ÄrztInnen im Publikum schienen von der genetischen Materie mehr oder weniger überfordert.

Dabei finden sich u. a. folgende Perspektiven der Kritik: Ein Haupteinwand aus naturwissenschaftlicher Sicht ist, dass es sich bei diesen prädiktiven Gentests um *„genetischen Reduktionismus"* handelt. Denn anhand weniger Genvariationen wird das Auftreten von Krankheiten vorhergesagt, die bekanntermaßen vielfältige Ursachen haben: andere genetische Ursachen, andere nicht-genetische biologische Ursachen sowie nichtbiologische Ursachen. Auch weisen die *Testverfahren methodische Schwächen* auf. So ist die Bestimmung von Genvariationen im Labor nicht gänzlich frei von Fehlerquellen. Zudem basieren die Vorhersagen von Erkrankungswahrscheinlichkeiten auf Statistiken über die Korrelation von Polymorphismen mit dem Auftreten bestimmter Phänotypen. Auch wenn diese Statistiken in den vergangenen Jahren kontinuierlich erweitert wurden, ist das *statistische Material,* anhand dessen die Erkrankungsrisiken berechnet werden, bisher *häufig noch nicht ausreichend.*

Aus medizinischer Sicht wird die Kritik erhoben, dass der medizinische Nutzen des Risikowissens in vielen Fällen fraglich bleibt.[553] Denn für einige der Krankheiten, für deren Auftreten Risiken vorhergesagt werden, gibt es bisher *keine oder keine gezielten Präventionsmaßnahmen.* Selbst wenn die Vorhersage von Erkrankungsrisiken wissenschaftlich einwandfrei möglich wäre, bleibt zudem der *Wahrscheinlichkeitscharakter der Testergebnisse problematisch,* nicht nur, weil es einigen Aufwands bedarf, diesen medizinischen Laien zu vermitteln:

Ermittelt nämlich ein Test, dass eine Person ein niedrigeres Risiko oder gar einen „genetischen Schutz" davor hat, eine Krankheit zu entwickeln, heißt das nicht, dass die Person nicht eines Tages doch daran erkranken kann. Ein erfreuliches Testergebnis kann sich also insofern als „trügerisch" erweisen, als es zur Unterlassung von Präventionsmaßnahmen führen könnte, die sich im Nachhinein als sinnvoll herausstellen. Auch wenn ein erhöhtes Erkrankungsrisiko ermittelt wird, bedeutet dies nicht, dass die Testperson zwangsläufig erkranken wird. Auch ein unerfreuliches Testergebnis kann sich deshalb insofern als „trügerisch" erweisen, als Präventionsmaßnahmen ergriffen werden können, die teilweise selbst medizinischen Folgerisiken bergen können, sich im Nachhinein jedoch als sinnlos erweisen.

---

552 vgl. Feldnotizen Anti-Ageing Medicine World Congress Paris 2006, handschriftlich.
553 vgl. z. B. Melzer et al. 2008: *Genetic tests for common diseases.*

Wichtige Themen der ethischen Diskussion sind u. a.,[554] wie nicht allein wegen des Wahrscheinlichkeitscharakters der Risikoinformationen der *Informed Consent* der Testpersonen gewährleistet werden kann. Der ärztlichen Beratung und Begleitung der Testpersonen kommt in diesem Zusammenhang eine zentrale Bedeutung zu. Im Hinblick auf eine autonome Lebensgestaltung stellt sich zudem die Frage nach einem Recht auf Nichtwissen. Auch wird befürchtet, dass z. B. Versicherungsgesellschaften die Risikoinformationen nutzen könnten und dies zur *Diskriminierung* von Trägern bestimmter genetischer Konstellationen führen kann.

Von sozialwissenschaftlicher Seite wurde zum einen die Kritik des genetischen Reduktionismus auf die Ausblendung psychologischer, sozialer und umweltbedingter Faktoren bei der Entstehung und dem Verlauf von Krankheiten erweitert. Zum anderen wurde auch die Frage nach der Neustrukturierung von Handlungsräumen in die Diskussion eingebracht.[555] Der Soziologe Thomas Lemke argumentiert in diesem Zusammenhang, dass nicht nur der naturwissenschaftliche und medizinische Realitätsgehalt prädiktiver Gentests untersucht werden sollte, sondern auch, welche neuen Realitäten sie schaffen. Denn ein Stück weit unabhängig von der Frage, ob prädiktive Gentests „funktionieren", ist ihnen eine *spezifische Struktur individuellen und gesellschaftlichen Handelns* eingeschrieben. In diesem Sinne „schaffen" sie neue soziale Realitäten, die aus sozialwissenschaftlicher Sicht auf ihre Selektivität und Normativität hin untersucht werden sollten.

Vor diesem Hintergrund wird im Folgenden untersucht, *welchen neuen Realitäten des Alter(n)s* mit den von der GSAAM propagierten Gentests einhergehen. In einem ersten Analyseschritt wird herausgearbeitet, wie der neue Diagnoseraum zwischen Krankheit und Gesundheit konkret erschlossen wird. Hier fragt sich, wie *genetische Alterungsrisiken und ihre Gestaltbarkeit argumentativ konstruiert* werden. Zu diesem Zweck werden Darstellungen der genetischen Wirklichkeit des Alter(n)s und umweltbezogene Alterungstheorien im Umfeld der GSAAM untersucht. Im zweiten Schritt werden die darin eingeschriebenen neuen Realitäten des Alter(n)s fokussiert. Es wird herausgearbeitet, welche Neustrukturierungen der *Selbstwahrnehmung, Handlungsweise und Verantwortlichkeit* ihrer KlientInnen im Programm der GSAAM angelegt oder auch anvisiert sind.

3.3 Die Begründung genetischer Alterungsrisiken und ihrer Behandelbarkeit

Am Beispiel prädiktive Gentests wird im Folgenden untersucht, wie der neue Diagnoseraum der GSAAM konkret erschlossen wird. Wie kommt bisher unbekannten oder als

---

554 vgl. z. B. Mieth 2006: *Ethische Probleme prädiktiver Gentests* und Hildt 2006: *Autonomie i. d. biomedizinischen Ethik.*
555 vgl. z. B. Lemke 2007: *Gouvernementalität & Biopolitik,* S. 129 ff.

unproblematisch geltenden körperlichen Phänomen die Bedeutung präsymptomatischer Vorboten kranken Alterns zu? Durch welche Neukonstruktion des Normalen wird der Alterungsprozess also prognostizierbar und behandelbar gemacht? Ausgangspunkt hierfür sind Darstellungen der genetischen Wirklichkeit des Alter(n)s, in denen die genetische Kalkulierbarkeit des Alterns begründet wird. Diese münden häufig in symbolische Gen-Umwelt-Interaktions-Modelle, in denen der genetischen Determiniertheit des Alterungsverlaufs seine umweltbezogene Gestaltbarkeit an die Seite gestellt wird. Umweltbezogene Alterungstheorien sind insgesamt von großer Überzeugungskraft und Bedeutung im Umfeld der GSAAM. Heute wird meist davon ausgegangen, dass der Alterungsverlauf durch die richtige Lebensführung maßgeblich beeinflusst werden kann. Es wird herausgearbeitet, wie die Alterung mit Rückgriff auf diese biogerontologisch und alltagsweltlich inspirierten Konzepte als ein genetisch kalkulierbares und lebensstilbezogen kontrollierbares Risiko konstruiert wird. Die Selektivität dieser Konstruktion wird u. a. anhand (selbst)kritischer Stimmen im Umfeld der GSAAM deutlich.

3.3.1 Molekulargenetische Alterungstheorien: Die genetische Prognostizierbarkeit des Alter(n)s

Darstellungen der genetischen Wirklichkeit des Alter(n)s sind integraler Bestandteil der Theorien körperlicher Alterung, die wortführende GSAAM-MedizinerInnen entwerfen (siehe Teil 3, Kapitel 1.1.3). Wie bereits gezeigt, finden sich hier zum einen evolutionsbiologische Alterungstheorien, in denen die biologische „Sinnlosigkeit" des Alterns begründet wird. Diese sind zwar für die Begründung der Behandlungsbedürftigkeit des Alterns wichtig, für ihre Suche nach konkreten Möglichkeiten der Gestaltung von Alterungsprozessen spielen sie hingegen keine Rolle. Hierfür richten die GSAAM-MedizinerInnen ihre Aufmerksamkeit auf molekulargenetische Faktoren der individuellen Alterung. Diese werden im Folgenden daraufhin untersucht, wie sie zur Erschließung des neuen Diagnoseraums fruchtbar gemacht werden.

Zunächst fällt auf, dass die *Größe molekulargenetischer Einflüsse* auf den Verlauf des menschlichen Alterungsprozesses im Umfeld der GSAAM sehr *unterschiedlich eingeschätzt* wird. Es finden sich Formulierungen, in welchen den Genen ein starker, bisweilen determinierender Einfluss auf das Alter(n) zugeschrieben wird. So bezeichnet Römmler in seiner Einführung in die Anti-Aging-Medizin das Altern zwar als „multifaktorielles Geschehen", fügt jedoch an, dass es „im Genom der Spezies festgelegt" sei.[556] Diese widersprüchliche Hierarchie der Faktoren konkretisiert er an anderer Stelle in der Formulierung, dass „die Genetik als Steuerungsinstrument" über den Mechanismen des biochemischen Alterns stehe.[557] In seinen folgenden Ausführungen „Wie man altert" behandelt er „genetisches Altern" jedoch erst als drittes von vier Themen.

---

556 Römmler 2002: *Einführung i. d. AAM (1. GSAAM Konferenz)*, S. 7.
557 ebd. S. 12.

Abbildung 15 Der Einfluss des genetischen Erbes auf die Alterung nach Huber und Klentze

Quelle: Huber et al. 2005: *Revolutionäre Snips-Methode*, S. 17.

Besonders stark stellen Johannes Huber und Michael Klentze den Einfluss genetischer Faktoren auf die Alterung in ihrem Ratgeber für AnwenderInnen von prädiktiven Gentests dar: „Dass in den Genen, unseren Erbanlagen, der Schlüssel für das Geheimnis vieler mit dem Altern verbundener organischer Prozesse liegt, ist heute unumstritten,"[558] erklärten Huber und Klentze und visualisieren ihre Botschaft in folgendem Schaubild (siehe Abbildung 15).

Der Vorstellung, dass die Alterung ein genetisch programmierter Prozess sei, erteilt Kleine-Gunk hingegen explizit eine Absage. „Altern ist kein genetisch gesteuerter Prozess,"[559] erklärt dieser in seiner mehrfach publizierten Abhandlung über Alterungstheorien. Damit möchte er der Vorstellung, dass die Alterung „durch spezifische Alterungs- oder sogar ‚Todesgene'" genetisch programmiert ist, eine klare Absage erteilen. In seinen Ausführungen über „Genetik und Altern" präsentiert er ausschließlich seine Evolutionstheorie des Alterns, die jedoch ihrerseits nicht ohne die Annahme einer starken genetischen Komponente von Alterungsprozessen auskommt.

Andere drücken die Stärke genetischer Alterungsfaktoren prozentual aus. So erklärt Alfred Wolf ohne weitere Erklärung schlicht: „Nur etwa 25–30 % des Alterungsprozesse verlaufen […] genetisch programmiert."[560] Dem kommt auch Günther Jacobis Schätzung nahe, der zufolge der Alterungsprozess „zu etwa 25 % eine genetische Komponente" hat. Jacobi fügt dennoch gleich die eher deterministisch anmutende Beobachtung an, dass „für das Erreichen eines hohen Alters […] ein Locus auf Chromosom 4 des humanen Genoms angenommen"[561] werde.

Ähnlich unterschiedlich fallen die Abhandlungen darüber aus, *auf welche Weisen „die Gene" konkret die menschliche Alterung beeinflussen*. Betrachtet man zunächst die AkteurInnen, die molekulargenetische Alterstheorien in das Programm der GSAAM eingebracht haben, deutet sich bereits eine Fokussierung auf genetische Polymorphismen an:

---

558 Huber et al. 2005: *Revolutionäre Snips-Methode*, S. 11.
559 Kleine-Gunk 2003: *Alterungstheorien*, S. 19.
560 Wolf 2005: *Was ist AAM?* S. 315.
561 Jacobi 2005: *AA: Sinnbild, Sehnsucht, Wirklichkeit*, S. 10.

Im Gegensatz zu Kleine-Gunk[562] und Wolf[563] wagen Römmler[564] und Jacobi[565] genauere Darstellungen verschiedener genetischer Komponenten der Alterung. Sie präsentieren verschiedene Systematiken der vielschichtigen Zusammenhänge von Alterung und Genen, deren Verschiedenheit und Unschärfen jedoch den Eindruck erwecken, dass sie sich mit der komplexen Materie selbst nicht gerade leicht tun. Huber[566] und Klentze[567] hingegen reduzieren das weite Feld molekulargenetischer Altersforschung weitgehend auf genetische Polymorphismen und deren Korrelation mit altersassoziierten Erkrankungen. Entsprechend kommen sie zu kohärenter anmutenden Darstellungen.

Die offensichtlich schwierige wissenschaftliche Berichterstattung zum Thema Altern und Gene wurde im Verlauf meiner Feldforschung zunehmend auf den österreichischen Biochemieprofessor Christian Schneeberger[568] übertragen. In seiner Artikelreihe im GSAAM-Journal[569] und seinen zahlreichen Konferenzvorträgen behandelt Schneeberger jedoch nicht die Genetik des Alterns. Er war vielmehr bemüht, MedizinerInnen im Umfeld der GSAAM wissenschaftliche Grundlagen der Polymorphismusdiagnostik zu vermitteln, die sein damaliges Labor Genosense[570] vertrieb. Weniger mit den theoretischen Hintergründen als mit der medizinischen Nutzbarkeit der Polymorphismusdiagnostik ist Kira Kubenz befasst.[571] Die GSAAM-Ärztin war zum Zeitpunkt der Untersuchung Vorsitzende des Vereins „Gene und Gesundheit e. V."[572] und versuchte, in ihren Artikeln und Vorträgen PatientInnen das Thema Genanalysen näher zu bringen.

Innerhalb der Darstellungen der genetischen Wirklichkeit des Alterns lässt sich die *Verkürzung molekulargenetischer Alterungsfaktoren auf wenige Single Nucleotide Polymorphismen (SNPs)* noch deutlicher ausmachen. Die Komplexität molekulargenetischer Alterungstheorien wird häufig eingangs erwähnt. Die vielfältigen genetischen Komponenten und ihre komplexen Wirkmechanismen werden in deutlicher Orientierung an der Anwendung prädiktiver Gentests meist auf einige wenige genetische Polymorphismen und deren Zusammenhang mit altersassoziierten Krankheiten reduziert.

---

562 Kleine-Gunk 2009: *Individ. Altersprävention.*
563 Wolf 2005: *Was ist AAM?*
564 Römmler 2002: *Einführung i. d. AAM (AA Sprechstunde),* S. 12 ff.
565 Jacobi 2005: *AA: Sinnbild, Sehnsucht, Wirklichkei,* S. 10.
566 Huber 2005: *Polymorphismusdiagnostik* und Huber et al. 2005: *Revolutionäre Snips-Methode.*
567 Klentze 2005: *Personalisierte Medizin.*
568 z. B. Schneeberger et al. 2005: *Genetische Variation* und Feldnotizen Workshop „Genes, Aging", ESAAM Konferenz, Düsseldorf, 2008, P3:365 ff.
569 Der erste Teil seiner Artikelserie „Die Bedeutung der genetischen Polymorphismen für die Präventionsmedizin" siehe Schneeberger et al. 2006: *Genetische Risikoevaluierung.*
570 siehe http://www.genosense.com (3. 2. 2011).
571 z. B. Kubenz 2007: *Keine Angst vor Genanalysen,* Kubenz 2008: *Prädiktive Genanalysen via Internet* und Kubenz 2008: *Prädiktive Genanalysen via Internet.*
572 siehe http://www.gene-und-gesundheit.de (3. 2. 2011).

Besonders anschaulich wird dies in Römmlers Ausführungen über „Genetisches Altern".[573] Römmler präsentiert eine Tabelle mit einer relativ vielschichtigen Systematik verschiedener Zusammenhänge von Genen und Altern. Für „typisches [im Gegensatz zu krankhaft beschleunigtem] Altern" nennt der GSAAM-Präsident zwei genetische Komponenten:

- Im Gegensatz zu Jacobi, der „für das Erreichen eines hohen Alters […] ein Lokus auf Chromosom 4 des humanen Genoms" annimmt, betont Römmler, dass „typisches Altern" nicht durch einzelne Gene und Chromosome verursacht werde, sondern *polygenetische Ursachen* habe. In Römmlers Tabelle heißt es: „Tausende Gene sind in Alterungsprozesse involviert".[574] Während der Biogerontologe David Gems erklärt, dass die genetische Altersforschung „noch am Anfang" stehe und ihr Ziel zunächst sei, Erkenntnisse über die Alterung einfacher Modellorganismen auf Säugetiere zu übertragen,[575] spricht Römmler davon, dass viele der Gene, die die Lebenserwartung des Menschen beeinflussen, „bereits identifiziert, geklont und charakterisiert"[576] seien.
- Als zweite genetische Komponente typischen Alterns listet Römmler die im Folgenden genauer untersuchten *genetischen Polymorphismen* auf. Unter diesem Stichwort heißt es in Römmlers Tabelle schlicht: „Zahllose individuelle Punktmutationen führen zu individuellen Risikoprofilen."[577]

Während Römmler in seiner Tabelle also von vielfältigen polygenetischen Ursachen der Alterung und zahllosen Polymorphismen spricht, läuft sein kurzer Text rasch auf eine beispielhafte Auflistung von 24 Polymorphismen zu, denen er „Einfluss auf Krankheiten und Lebensspanne"[578] beimisst. Diese Auswahl wird nicht weiter begründet und auch kein Ausblick mehr auf die in der Tabelle erwähnten „zahllosen" weiteren Polymorphismen gegeben. Auf die tausend polygenetischen Ursachen kommt Römmler auch nicht zu sprechen, sondern nivelliert im Text den Unterschied zwischen Genen und Polymorphismen durch unklare Formulierungen. So spricht er beispielsweise von „Genen bzw. Polymorphismen" oder nennt als Beispiele für polygenetische Ursachen des Alterns keine Gene, sondern Polymorphismen.

Die drei Überschriften, in die er seinen knappen Text gliedert, zeigen die Praxisorientierung der Verkürzung genetischer Komponenten auf Polymorphismen.[579] Einleitend geht Römmler kurz auf die genetisch bedingte Krankheit Progeria ein, die all-

---

573 Römmler 2002: *Einführung i. d. AAM (AA Sprechstunde)*, S. 12 ff.
574 ebd. S. 13.
575 vgl. Gems 2009: *Revolution d. Alterns*, S. 10.
576 Römmler 2002: *Einführung i. d. AAM (AA Sprechstunde)*, S. 13.
577 ebd.
578 ebd. S. 14.
579 vgl. ebd. S. 12 ff.

gemein als ein „beschleunigtes Altern durch Veränderungen einzelner Gene oder Chromosomen" (Überschrift 1) gedeutet wird. Die in seiner Tabelle erwähnten polygenetischen Ursachen der normalen Alterung finden keine Erwähnung. Römmler geht direkt zum Thema „Punktmutationen" (Überschrift 2) über. Auch im Falle der Progeria handelt es sich um eine Punktmutation. Römmler versteht unter dem Begriff jedoch die mittels prädiktiver Gentests ermittelten genetischen Basenvariationen. Nach der kaum erklärenden Feststellung, dass diese „in die Alterungsprozesse und in die Entwicklung chronisch-degenerativer Krankheiten involviert" seien, folgt schon der letzte Abschnitt über „Medizinische Konsequenzen" (Überschrift 3). Darin ist von der Bestimmung persönlicher Risikoprofile durch prädiktive Gentests und von entsprechenden Interventionen die Rede.

Worum handelt es sich nun eigentlich bei den genetischen Polymorphismen, welche die GSAAM-ÄrztInnen im den Vordergrund ihrer Darstellungen der genetischen Wirklichkeit des Alterns stellen? Die Frage, was Single Nucleotide Polymorphismus (kurz: SNPs) sind, wie sie mit der Alterung zusammenhängen und welche medizinischen Optionen sich daraus ergeben, hat sich auch für die wortführenden GSAAM-MedizinerInnen als *schwierige Vermittlungsaufgabe* erwiesen:

Michael Klentze berichtete, dass der von Huber und ihm verfasste PatientInnenratgeber zu prädiktiven Gentests[580] nun eher für die Ausbildung von ÄrztInnen verwendet würde. Denn für die PatientInnen sei die genetische Materie einfach zu schwierig.[581] Christian Schneeberger beschrieb hingegen auch die Kommunikation mit MedizinerInnen als problematisch. Eine seiner Hauptaufgaben als Leiter des auf prädiktive Gentests spezialisierten Labors Genosense sei, unermüdlich zu versuchen, MedizinerInnen genetische Grundkenntnisse über Polymorphismen näher zu bringen, um ihnen ihre Angst vor den Genen zu nehmen. Denn die meisten LaiInnen dächten beim Stichwort Gene an schlimme monogenetische Krankheiten oder an ethisch bedenkliche Gentechniken.

Huber und Klentze verzichten in ihrem Ratgeber erstaunlicherweise gänzlich auf genetische Details und beschreiben Polymorphismen lediglich als von krankhaften Mutationen zu unterscheidende „individuelle Normvarianten" von Genen, welche die „Individualität unter den Menschen" erklärten.[582] Im GSAAM-Journal wird Klentze etwas konkreter und erklärt, dass die „Vielgestaltigkeit" der Gene darin bestehe, dass „eine Base" (siehe Abbildung 16) von der in einer Population üblichen DNS-Sequenz abweiche (siehe Abbildung 17). Diese verändere „regelmäßig" den genetischen Code und „damit die Proteinstruktur des codierten Proteins."[583] In den Artikeln und Konferenzvorträgen Christian Schneebergers wird die Komplexität der Materie hingegen sehr viel deutlicher. Entsprechend voraussetzungsreich sind seine Ausführungen.

---

580 Huber et al. 2005: *Revolutionäre Snips-Methode*.
581 vgl. Feldnotizen Session „Polymorphismusdiagnostik", 6. Konferenz der GSAAM, Düsseldorf, 2006, P11:435 und P31:207.
582 Huber et al. 2005: *Revolutionäre Snips-Methode*, S. 12 f.
583 Klentze 2005: *Personalisierte Medizin*, S. 18.

Abbildung 16   Der Aufbau von Chromosomen

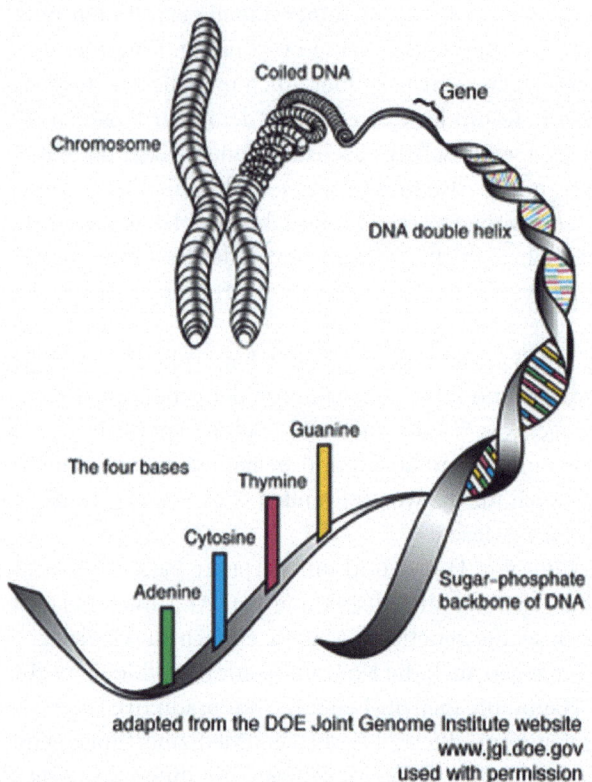

Quelle: http://www.northwestern.edu/science-outreach/genome/genome.html (29.11.2013)

Zur Einordnung der folgenden Untersuchung der Konstruktion genetischer Alterungsrisiken im Umfeld der GSAAM werden genetische Polymorphismen zunächst in die Systematik und Geschichte der Genetik eingeordnet. Genetische Mutationen sind verschiedenste dauerhafte Veränderungen des Erbguts, die sich im Hinblick auf ihre Ursachen, Mechanismen, Erblichkeit, Größe der Veränderung und Auswirkungen für den Organismus erheblich unterscheiden. Eine Art genetischer Mutationen sind sogenannte Punktmutationen. Wie Klentze andeutet, ist hier nur eine Nukleinbase einer DNA-Sequenz verändert ist. Daher ist von Single Nucleotide Polymorphisms (SNPs) die Rede. Polymorphismen sind solche Punktmutationen, bei denen das Leseraster erhalten bleibt, weil lediglich eine Base gegen eine andere ausgetauscht ist (Substitution) und nicht etwa fehlt (Deletion) oder neu hinzukommt (Insertion). Abbildung 17 zeigt ein Beispiel, indem 94 % einer Population die Base Guanin (G) an vorletzter Stelle der DNA-Sequenz aufweisen, die verbleibenden 6 % der Population jedoch die Base Thymin (T).

Die Auswirkung eines solchen Polymorphismus auf die Proteinkodierung ist weniger zwangsläufig als Klentzes Darstellung suggeriert. Das durch das Gen kodierte Protein ändert sich nur dann, wenn der Polymorphismus erstens überhaupt in einer codierenden Region der DNA-Sequenz auftritt und zweitens wenn er auch den Einbau einer abweichenden Aminosäure bewirkt. Zudem hängt es ebenfalls von der Lage des Polymorphismus und der substituierten Aminosäure ab, ob ein verändertes Protein überhaupt seine Aufgabe nicht oder nicht mehr vollständig ausführen kann. Während über die Wirkmechanismen einzelner Polymorphismen noch relativ wenig bekannt ist, bestehen mittlerweile umfangreiche Statistiken darüber, wie stark einzelne Polymorphismen mit dem Auftreten bestimmter Phänotypen, also z. B. mit altersassoziierten Erkrankungen, korrelieren. Auf diesem statistischen, jedoch nicht kausalen Wissen basiert die Idee, durch prädiktive Gentests das Risiko für das Auftreten dieser Merkmale zu errechnen.

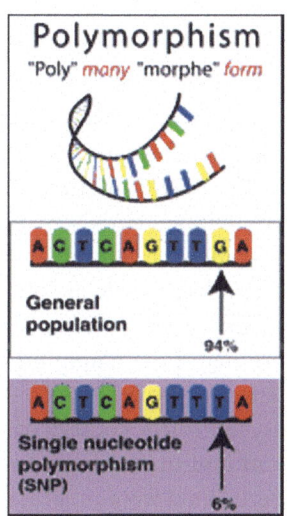

Abbildung 17 Die Struktur von Single Nucleotid Polymorphisms (SNPs)

Quelle: http://www.genomenewsnetwork.org/resources/whats_a_genome/Chp4_1.shtml (29.11.2013)

Vor diesem Hintergrund stellt sich die Frage, auf welche Weise Polymorphismen im Umfeld der GSAAM mit der Alterung in Zusammenhang gebracht werden. Auch hier finden sich unterschiedliche Konzepte. Polymorphismen werden erstens als eine *genetische Ursache der biologischen Alterung* beschrieben. So ist z. B. ohne nähere Erläuterung davon die Rede, dass die SNPs für die Alterung „mitverantwortlich" seien.[584] Zweitens wird auch darauf hingewiesen, dass Polymorphismen *genetische Folgen biologischer Alterung* seien. Hier findet sich sowohl die Vorstellung, dass schädliche Polymorphismen durch altersbedingte Zell- und Molekülschäden neu entstehen,[585] als auch dass diese schon immer vorliegen und erst durch die Alterung aktiviert werden.[586]

Zumeist stellen die GSAAM-MedizinerInnen jedoch drittens einen deutlich schwächeren Altersbezug her. Wie in der genetischen Forschung üblich, bringen sie genetische Polymorphismen in *Zusammenhang mit dem Auftreten (altersassoziierter) Erkrankungen*. Wie dieser Zusammenhang genau beschaffen ist, wird jedoch unterschiedlich beschrieben. Ein Blick auf den diesbezüglichen Forschungsstand ist hilfreich, um zu-

---

[584] Huber et al. 2005: *Revolutionäre Snips-Methode*, S. 14, siehe auch Römmler 2002: *Einführung i. d. AAM (AA Sprechstunde)*, S. 13 f.
[585] vgl. Römmler 2002: *Einführung i. d. AAM (AA Sprechstunde)*, S. 9.
[586] vgl. Huber et al. 2005: *Revolutionäre Snips-Methode*, S. 13 und 15.

nächst die Relevanz der Darstellung des Zusammenhangs zu verdeutlichen und eine fachfremde Einschätzung der Berichterstattungen der GSAAM-ÄrztInnen vornehmen zu können. Hier sind die Ausführungen der Biodemografin Hilke Brockmann im Kursbuch Anti-Aging[587] aufschlussreich:

Brockmann erklärt, dass sich die genetische Altersforschung für ihre bisher eher seltenen Untersuchungen am Menschen u. a. die neueren Erkenntnisse über Polymorphismen des menschlichen Genoms zu Nutze macht. Sie erklärt, dass dabei Kohorten älterer und jüngerer Menschen im Hinblick auf Normabweichungen ihrer mittlerweile recht einfach zu ermittelnden DANN-Sequenzen verglichen werden. Auf diese Weise entstanden in den vergangenen Jahren zunehmend umfangreiche Datenbanken,[588] aus denen errechnet werden kann, welche Polymorphismen mit welchen Phänotypen (z. B. Hochaltrigkeit oder Erkrankungen) statistisch korrelieren.

Brockmann nennt die häufig im Zusammenhang mit der Alterung diskutieren Polymorphismen des Apolipoprotein-E-Gens (ApoE) als Beispiel. Sie erklärt, dass das ApoE Gen für ein Protein kodiert, das in Leber, Gehirn, Milz, Nieren und Makrophagen hergestellt wird und in drei typischen Polymorphismen auftritt, die als ApoE2, ApoE3 und ApoE4 bezeichnet werden. Brockmann beschreibt sehr differenziert, wie stark diese einzelnen Polymorphismen mit der Lebenserwartung und verschiedenen Krankheiten statistisch korrelieren:

> „Träger des Apo-E4-Allels haben im Alter von 75 und 80 Jahren ein um 85 % höheres Sterberisiko als Nichtträger. Auch sind sie einem signifikant höheren Alzheimer-Risiko und einem höheren Risiko, an ischämischen Herzerkrankungen zu sterben, ausgesetzt. Individuen mit einem Apo-E2-Allel sind dagegen sehr viel zahlreicher unter den Hundertjährigen (12,8 %) als unter der repräsentativen Kontrollgruppe (6,8 %) zu finden."[589]

Brockmann unterstreicht, dass ein entsprechender Wirkmechanismus – wie in vielen anderen Fällen auch – „noch nicht entschlüsselt" sei.[590] So stellt sie klar, dass es sich bisher um einen *statistischen, nicht jedoch um einen kausalen Zusammenhang* handelt. Abschließend weitet Brockmann den Blick und kontrastiert ihre Darstellung des sehr speziellen statistischen Zusammenhangs von Polymorphismen und Erkrankungen mit der Komplexität der menschlichen Alterung im Allgemeinen. Sie betont, dass die Alterung „durch eine Vielzahl von Mechanismen beeinflusst wird."[591] Sie schätzt, dass etwa ein Viertel dieser Mechanismen genetisch kontrolliert sind, der deutlich größere Teil jedoch mit frühen oder späten „primär sozialen Lebensereignissen" in Zusammenhang steht. Darüber hinaus weist sie auf die Rolle des „essenziellen Zufalls" von Alterungsprozessen

---

587 vgl. Brockmann 2005: *Biodemografie*, S. 30 f.
588 siehe auch Schneeberger 2006: *HapMap*.
589 Brockmann 2005: *Biodemografie*, S. 31.
590 ebd.
591 ebd.

hin. Im Gegensatz zu einige ihrer biogerontologischen KollegInnen, die von einer noch nicht entschlüsselten genetischen Steuerung der Alterung ausgehen,[592] betont Brockmann, dass die Befunde schon heute zeigten, dass „Alterungsprozess immer auch stochastischen Einflüssen ausgesetzt sind."[593]

Anhand von Brockmanns Darstellungen der genetischen Wirklichkeit des Alter(n)s lassen sich drei *Kriterien für eine sachliche Berichterstattung* über die Materie aufstellen:

- Erstens sollte die *Art des Zusammenhangs* von Polymorphismen und Alterung adäquat dargestellt werden. Bisher handelt es sich um einen statistischen und nicht um einen kausalen Zusammenhang.
- Zweitens sollte *nicht nur über Wissen, sondern auch über Wissenslücken* berichtet werden. Denn den bisherigen Erkenntnissen über den Zusammenhang von Polymorphismen und Erkrankungen stehen bisher noch zahlreichere offene Fragen gegenüber.
- Und drittens sollte die Bedeutung von Polymorphismen mit Verweis auf die vielfältigen anderen genetischen, biologischen, sozialen und stochastischen Faktoren der Alterung *relativiert* werden.

Im Hinblick auf die Berichterstattung der GSAAM über den Zusammenhang genetischer Polymorphismen und der Alterung stellen sich also drei Fragen: Wird der statistische Charakter des Zusammenhangs adäquat dargestellt? Wird auf den bisher noch lückenhaften Wissensstand aufmerksam gemacht? Und wird die Bedeutung von Polymorphismen mit Verweis auf die Komplexität von Erkrankungs- und Alterungsprozessen relativiert? Insgesamt zeigt sich ein heterogenes Bild:

Was Darstellungen der *Art des Zusammenhangs* betrifft lohnt eine Untersuchung der Verbformen, mit denen die GSAAM-MedizinerInnen Polymorphismen und Krankheiten verknüpfen. Insbesondere in den Artikeln des an MedizinerInnen gerichteten GSAAM-Journals finden sich häufig *passive Wendungen, die klar einen statistischen Zusammenhang markieren*. Polymorphismen sind hier „assoziiert mit" oder „korreliert mit" Erkrankungen.[594] Schneeberger formuliert teilweise noch vorsichtiger und assoziiert Polymorphismen nicht einmal mit Krankheiten, sondern lediglich mit der „Individualität" der Menschen. „In keinem Fall jedoch", stellt Schneeberger klar, „sollten die Begriffe [Polymorphismus und Mutation] verwendet werden, um eine Aussage über die phänotypische Ausprägung der betroffenen Veränderung zu treffen."[595] Die Aussagen, die sein Labor Genosense generiert, sind in der Tat keine Aussagen über phänotypische

---

592 vgl. z. B. Gems 2009: *Revolution d. Alterns.*
593 Brockmann 2005: *Biodemografie,* S. 31.
594 z. B. Huber 2005: *Polymorphismusdiagnostik* und Klentze 2005: *Personalisierte Medizin.*
595 Schneeberger et al. 2005: *Genetische Variation,* S. 55.

Ausprägungen, wohl aber über statistische Wahrscheinlichkeiten phänotypischer Ausprägungen.

Daneben finden sich zahlreiche *ambivalentere Formulierungen, die keine klare Unterscheidung zwischen statistischem und kausalem Zusammenhang* erkennen lassen. Polymorphismen „definieren" oder „verkünden" hier eine „Risikokonstellation" oder eine „Neigung".[596] Sie sind „assoziiert mit dem Einfluss auf"[597] die Alterung, lassen die „Veranlagung" zu einer Erkrankung erkennen[598] oder sind oft auch mit Vor- oder Nachteilen für die Gesundheit „verbunden".[599] Ein anschauliches Beispiel dieser Kategorie ist folgende, gerne in Artikeln und Konferenzvorträgen aufgegriffene Grafik von Johanne Huber (siehe Abbildung 18). Hier wird vermittelt, dass ein starker Zusammenhang zwischen ApoE-Polymorphismen, Erkrankungen und Langlebigkeit besteht. Wie der Zusammenhang konkret beschaffen ist, wird nicht spezifiziert und bleibt damit dehnbar.

Insbesondere in Veröffentlichungen, die an PatientInnen gerichtet sind, finden sich zudem *aktive Verbkonstruktionen, die einen kausalen Zusammenhang* zwischen Polymorphismen und Erkrankungen oder gar der Alterung suggerieren. Hier haben Polymorphismen z. B. „Einfluss auf", „führen zu"[600] oder sind „mitverantwortlich für"[601] biologische Alterungsprozessen. Genvarianten sind in die Genese altersspezifischer Erkrankungen „involviert"[602] oder „bestimmen" die Medikamentenverträglichkeit.[603] Sie „schützen" vor Gefahren oder „vergrößern" sie[604] und sind „verantwortlich für"[605] Fetteinlagerung und ähnliches.

Huber und Klentze erläutern in ihrem Ratgeber gar, wie der ApoE4 Polymorphismus konkret den Ausbruch einer Alzheimer Demenz bewirken könne[606] – während Brockmann im gleichen Jahr betont, dass ein Wirkmechanismus bisher nicht entschlüsselt sei. So erklären Huber und Klentze mit starken Anklängen an die alltagsweltliche Vorstellung eines altersbedingten Flexibilitätsverlusts, dass es die wichtigste Funktion des ApoE-Gens sei, LDL-Cholesterin aus den Membranen der Zellen zu schleusen, damit die Membranen flexibel bleiben und der Stoffwechsel der Zelle gewährleistet ist. Der ApoE4 Polymorphismus betreibe die Cholesterinbeseitigung jedoch nur wenig aktiv und hielte deshalb die Zellwände nur vermindert flexibel. Wenn die Zellwände aber nicht oder vermindert flexibel wären, sei der Stoffwechsel der Zelle gestört und es könn-

---

596 vgl. Huber et al. 2005: *Revolutionäre Snips-Methode*.
597 vgl. Römmler 2002: *Einführung i. d. AAM (AA Sprechstunde)*.
598 vgl. Kubenz 2007: *Keine Angst vor Genanalysen*.
599 vgl. Huber et al. 2005: *Revolutionäre Snips-Methode*.
600 vgl. Römmler 2002: *Einführung i. d. AAM (AA Sprechstunde)*.
601 vgl. Huber et al. 2005: *Revolutionäre Snips-Methode*.
602 vgl. Huber 2005: *Polymorphismusdiagnostik*.
603 vgl. Kubenz 2007: *Keine Angst vor Genanalysen*.
604 vgl. Huber et al. 2005: *Revolutionäre Snips-Methode*.
605 vgl. Huber 2005: *Polymorphismusdiagnostik*.
606 vgl. Huber et al. 2005: *Revolutionäre Snips-Methode*, S. 52.

Abbildung 18 ApoE-Allele und ihre Risiken nach Huber und Klentze

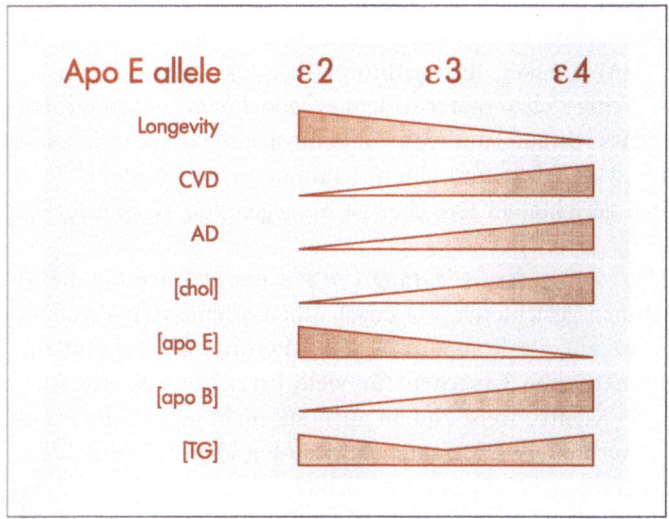

Quelle: Klentze 2005: *Personalisierte Medizin*, S. 19.

ten gefährliche Reaktionen in der Zelle ausgelöst werden, bis hin zum Zelltod. Im Fall von Gehirnzellen kommt es nach Huber und Klentze

> „zum Untergang ganzer Neuronenpopulationen vorwiegend einer Gehirnregion, dem Hippocampus […]. Das zieht den Verlust des Gedächtnisses bis hin zur Demenz und zur Alzheimererkrankung nach sich."[607]

Auch die wenigen nicht wortführenden GSAAM-MedizinerInnen, die in ihren Ausführungen über prädiktive Gentests überhaupt auf wissenschaftliche Grundlagen eingehen, konzipieren den Zusammenhang von Polymorphismen und Erkrankungen stark vom Phänotyp her. Herr Dr. D. erklärt lediglich „Also es gibt bei Demenz diesen ApoE4"[608] und Frau Dr. A. spricht von einem „Demenzgen".[609]

Was die *Darstellung des Forschungsstandes* betrifft, finden sich in den Beschreibungen der GSAAM-MedizinerInnen zahlreiche Hinweise auf die Wissenslücken, die den bisherigen Erkenntnissen gegenüberstehen. Die Unklarheiten werden jedoch in Kommunikationen mit KlientInnen tendenziell nicht mitkommuniziert. Auch werden häu-

---

607 ebd.
608 Interview P25:785.
609 Interview P16:1565.

fig keine Konsequenzen für die medizinische Praxis daraus gezogen. Besonders deutlich wird dies in Klentzes Artikel über die personalisierte Medizin. Dort erklärt Klentze zunächst, dass „Die Beziehung zwischen DNS-Variation und Unterschieden im menschlichen Phänotyp (so wie [...] Anfälligkeit für bestimmte Erkrankungen) [...] bisher nur wenig verstanden"[610] sei. Wenige Sätze später spricht er jedoch von „enormen" Forschungserfolgen und davon, dass wir aufgrund von Fallkontrollstudien wüssten, „dass eine Beziehung zwischen dem Gendefekt und einem Krankheitsrisiko besteht."[611] In Hubers und Klentzes an Laien gerichtetem Ratgeber ist hingegen von Wissenslücken kaum mehr die Rede.

Ähnliches gilt für die *Relativierung der Bedeutung von Polymorphismen* für die Alterung. In den an MedizinerInnen gerichteten, wissenschaftlich orientierten Veröffentlichungen finden sich Hinweise auf die Komplexität von Alterung und Erkrankung. Schneeberger betont: „Die genetischen Ursachen für viele Erkrankungen des Menschen sind extrem komplex."[612] Klentze weist zudem auch auf nicht genetische Faktoren hin. Er erklärt, dass „weit verbreitete Erkrankungen des Menschen [...] durch das Zusammenspiel multipler genetischer Faktoren sowie Lebensstil und Umweltfaktoren verursacht"[613] werden. In Kommunikationen mit PatientInnen erscheinen hingegen tendenziell die Polymorphismen einzelner Gene als zentrale Prädiktoren für Erkrankungen im Alter. Huber und Klentze präsentieren in ihrem Ratgeber die Polymorphismen von lediglich zehn Genen als „neue Waffen gegen das Alter"[614] und wollen damit gar „den Zufall in der Medizin ausschalten".[615] Auch in Kubenz' Texten wird der Blick meist nicht auf die vielen anderen genetischen und nicht genetischen Einflüsse geweitet.

Insgesamt wird im Umfeld der GSAAM also der Zusammenhangs von Polymorphismen und altersassoziierten Erkrankungen tendenziell überinterpretiert. Wissenslücken werden nicht konsequent kommuniziert und eine Relativierung der Bedeutung von Polymorphismen bleibt häufig aus oder folgenlos für die Praxis. Dieser Befund ist nicht nur deshalb bedeutsam, weil er in vielen Punkten nicht Brockmanns Skizze des Forschungsstandes der genetischen Altersforschung entspricht. Interessant ist zudem, dass die Kategorie Alter dadurch eine spezifische Konfiguration erfährt: *Krankes Alter(n) wird als genetisch prognostizierbar konstruiert*. Durch den Zuschnitt der Darstellungen wird der Verlauf von Alterungsprozessen ein Stück weit vorhersagbarer gemacht. Zudem wird die Kalkulierbarkeit des Alterns weitgehend ihres Altersbezugs enthoben. Denn die genetischen Altersrisiken sind nicht nur bereits vor Auftreten erster Symptome ermittelbar, sondern schon in jungen Jahren. Wie diese *Präsymptomatisierung kranken Alter(n)s* zur Neustrukturierung altersbezogener Handlungsräume bei-

---

610 Klentze 2005: *Personalisierte Medizin*, S. 17.
611 ebd. siehe auch Huber 2005: *Polymorphismusdiagnostik*, S. 60.
612 Schneeberger 2006: *HapMap*, S. 45.
613 Klentze 2005: *Personalisierte Medizin*, S. 16.
614 Huber et al. 2005: *Revolutionäre Snips-Methode*, S. 10.
615 ebd. S. 17.

trägt, wird später genauer untersucht (siehe Teil 3, Kapitel 3.4). Zunächst wird untersucht, welche neuen Möglichkeiten der Gestaltung des Alter(n)s an diese genetische Prognostizierbarkeit angeschlossen werden.

3.3.2 Gen-Umwelt-Interaktionsmodelle: Von der Determiniertheit zur Gestaltbarkeit des Alter(n)s

Viele der Abhandlungen über Polymorphismen laufen auf eine Gratwanderung zu: Die wortführenden GSAAM-MedizinerInnen machen einerseits genetische Einflüsse auf Alterung und Erkrankungen sehr stark, um die genetische Kalkulierbarkeit des Alterns insbesondere für ein fachfremdes Publikum plausibel zu machen. Nicht selten tragen diese Teile der Darstellungen Züge eines *genetischen Reduktionismus und Determinismus*. Andererseits sind die AutorInnen jedoch bemüht, den Alterungsprozess nicht als gänzlich genetisch vorbestimmt erscheinen zu lassen. Denn sonst ließen sich heute schlicht keine medizinischen Gestaltungsspielräume eröffnen.

Zu diesem Zweck werden im Anschluss an Beschreibungen der genetischen Prognostizierbarkeit des Alterns häufig Modelle einer Gen-Umwelt-Interaktion entworfen. In diesen versuchen die GSAAM-ÄrztInnen zu verdeutlichen, dass *Umweltfaktoren und genetische Prädisposition zusammenwirken*. Auf welche Weisen Gene und Umwelt in Verbindung miteinander stehen, wird dabei relativ ungenau und unterschiedlich beschrieben. Kommuniziert wird jedoch, dass genetische Altersrisiken mehr oder weniger über Umweltfaktoren beeinflusst werden können:

„Unsere individuelle genetische Ausstattung kann es uns zwar leichter oder schwerer machen, gesund und aktiv alt zu werden," erklären Huber und Klentze in ihrem Gentestratgeber. Diese deterministische Vorstellung lösen sie jedoch sogleich wieder auf, indem sie betonen: „Unser Schicksal haben wir in dieser Hinsicht dennoch weitgehend selbst in der Hand."[616] Im Rahmen eines Konferenzvortrags über „Kardiovaskuläre Risikodiagnostik mit SNP" konkretisiert Klentze seine Vorstellung der Interaktion von Genen und Umwelt anhand einer Abbildung aus einem epigenetischen Lehrbuch (siehe Abbildung 19). Genetische Faktoren stehen darin ebenso gewichtigen umweltbezogenen Faktoren gegenüber. Zu Krankheitsrisiken führt es nur dann, wenn beide sich überlagern. Klentze macht sich die These der AutorInnen der Abbildung zu eigen. Ihnen zufolge können genetische Risiken durch eine gesunde Umwelt ebenso wettgemacht werden, wie eine ungesunde Umwelt durch eine gute genetische Prädisposition. Wie dieser *Ausgleich der Risiken* konkret abläuft, erläutert Klentze nicht. Vielmehr betont er: „Es gibt also keine guten oder schlechten Gene, sondern nur solche, die zur Umwelt, den Lebensbedingungen und dem Lebensstil passen,"[617] bzw. Lebensstile, die zu den genetischen Risiken passen oder nicht.

---

616 ebd. S. 11.
617 Klentze 2005: *Personalisierte Medizin*, S. 18.

Abbildung 19 Gen-Umwelt-Interaktion nach Klentze

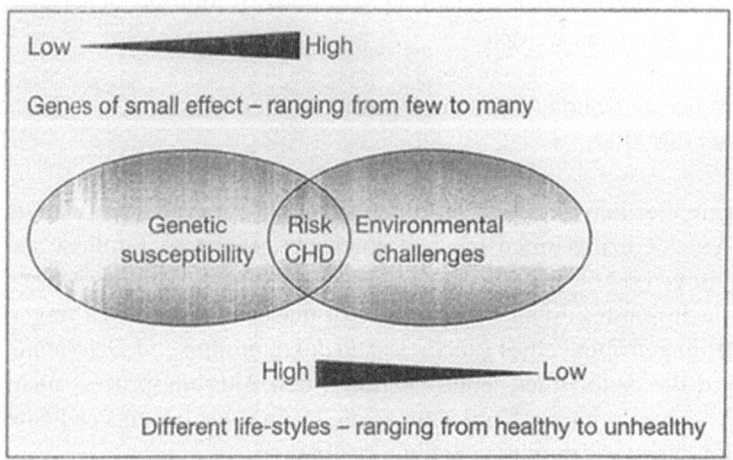

Quelle: Talmud et al. 2004: *Gene:environment interactions*, S. 32.

Ähnlich betont Christian Schneeberger, dass es positive *und* negative genetische Prädispositionen *und* Umwelteinflüsse gibt.[618] Schneeberger veranschaulicht sein Konzept der Interaktion „genetischer Individualität und Umweltfaktoren" in drei aufeinanderfolgenden Power Point Folien, die häufiger auf GSAAM Veranstaltungen gezeigt werden (siehe Abbildung 20). Schneeberger erklärt, dass sich im „gesunden Zustand" Gut und Böse genetischer und umweltbezogener Faktoren in der Waage hielten (Bild 1). Jedoch kann auch ein „unglücklicher Zustand" eintreten, in dem beide nicht ausgeglichen sind (Bild 2). Das Ziel der Präventionsmedizin sei dann, beides wieder auszugleichen, indem „Engelchen vermehrt anstatt die Teufelchen gestärkt" werden (Bild 3). Da dies auf genetischer Seite bisher nicht möglich ist, kann ein Ausgleich zwischen Gut und Böse nur über Umweltfaktoren erfolgen.

Daneben stellt Kleine-Gunk ein Modell, in dem Gene und Umwelt noch weitreichender „interagieren". Der GSAAM-Präsident greift zu diesem Zweck das populäre Stichwort „Epigenetik" auf. Schon früher erwähnen auch Jacobi,[619] Huber[620] und Klentze[621] die Epigenetik in ihren genetischen Alterungstheorien. Anders als Kleine-Gunk problematisieren sie jedoch die komplexen epigenetischen Mechanismen, die die Genaktivität regulieren, primär als Ursache oder auch Folge biologischer Alterungsprozesse. Kleine-Gunk

---

618 vgl. Feldnotizen ESAAM Konferenz, Düsseldorf, 2008, P3:385 ff.
619 Jacobi 2005: *AA: Sinnbild, Sehnsucht, Wirklichkeit*, S. 10.
620 z. B. Feldnotizen zu Hubers key note speach „Epigenetische Reparaturen", 8. GSAAM Konferenz, München, 2008, P6:219.
621 Huber et al. 2005: *Revolutionäre Snips-Methode*, S. 18.

hingegen erklärt, dass die *Genaktivität nicht unveräußerlich sei, sondern auch durch Umwelteinflüsse* und insbesondere die Nahrung *reguliert* wird. So titelt er: „Gene lassen sich durch Nahrung beeinflussen,"[622] und stellt damit sowohl die Befreiung aus der „Sklaverei" der Gene als auch die genetische Fundierung herkömmlicher Lebensstilempfehlung in Aussicht:

Abbildung 20   Gen-Umwelt-Interaktion nach Schneeberger

> „Es sieht so aus, als ob wir nicht einfach mit einem fertigen Bauplan auf die Welt kommen, der dann nur noch abgelesen wird – mit uns als Sklaven unserer Gene. Vielmehr interagiert unser Genom tatsächlich mit unserer Umwelt. Und es lässt sich beeinflussen, was darin eingeschaltet wird und was nicht."[623]

Genauere Wirkmechanismen und Belege nennt Kleine-Gunk im Rahmen des knappen Interviews nicht. Auch was dies für die Aussagekraft prädiktiver Gentests bedeutet, wird nicht angesprochen. Es entsteht jedoch der Eindruck, dass die Ernährung zukünftig zur „Gentherapie" avancieren könnte.

So unterschiedlich diese Gen-Umwelt-Interaktions-Modelle auch sind, und so wenig die Interaktionsweisen darin geklärt werden, eine Botschaft wird klar kommuniziert: Der genetischen Prognostizierbarkeit des Alter(n)s, welche die Annahme starker genetischer Alterungsfaktoren voraussetzt, wird die lebensstilbezogene Kontrollierbarkeit des Alter(n)s an die Seite gestellt. So manövrieren die GSAAM-MedizinerInnen ihre bisweilen deterministisch anmutenden genetischen Alterungskonzepte aus der Sackgasse der Unmöglichkeit medizinischer Interventionen und begründen die Behandelbarkeit genetischer Altersrisiken. Gruber und Huber argumentieren in diesem Zusammenhang:

Quelle: eigene Fotografien der Vortragsfolien

---

622 Kleine-Gunk 2010: *Gene lassen sich durch Nahrung beeinflussen*.
623 ebd. S. 22.

„Auch wenn diese und andere genetische Gegebenheiten derzeit nicht zu ändern sind, so liegt die Chance der Kenntnis der individuellen genetischen Risikokonstellation darin, präventiv einschreiten zu können."[624]

Riskante Polymorphismen sollen dabei durch die systematische Behandlung nicht-genetischer Faktoren gemanagt werden. Systematisch wird diese Behandlung durch ihre Ausrichtung an genetischen Risiken. In diesem Sinne erklärte Klentze: „The genes tell you what you have to eat, what you have to do and how to survive."[625] Hier scheint bereits ein spezifischer Umweltbegriff durch, der im Folgenden untersucht wird.

3.3.3 Umweltbezogene Alterungstheorien: Die lebensstilbezogene Kontrollierbarkeit des Alter(n)s

Von der umweltbezogenen Gestaltbarkeit gesundheitlicher Alterungsrisiken müssen die meisten GSAAM-MedizinerInnen jedoch nicht mittels komplizierter Gen-Umwelt-Interaktionsmodelle überzeugt werden. Vielmehr herrscht breiter Konsens darüber, dass der gute Verlauf der Altersphase erheblich von einer gesunden Lebensführung abhängt. Stellvertretend für viele seiner KollegInnen erklärt Alfred Wolf beispielsweise:

> „Ernährung, körperliche Aktivität, Genussmittel, insbesondere Nikotin und Alkohol, sowie Stress sind am Alterungsprozess erheblich beteiligt und stellen mit 30–40% die häufigsten Ursachen der typischen Volkskrankheiten dar."[626]

Günther Jacobi bringt die zentrale Botschaft der Darstellungen dieser und ähnlicher Alterungstheorien wie folgt auf den Punk: „Es konnte eindrucksvoll bestätigt werden, was Heilkundler immer schon ahnten: Menschen bestimmen weitgehend selbst, wie sie altern!"[627] Durch das skizzierte Nebeneinander von genetischen und umweltbezogenen Alterungstheorien entsteht folgendes Bild der Alterung: Die Güte ihres Verlaufs ist genetisch prognostizierbar, gleichzeitig aber selbst bestimmbar. Ein schlechter Alterungsverlauf kann durch eine frühzeitige Prognose und entsprechende Selbstgestaltung positiv beeinflusst werden.

Die Vorstellung der lebensstilbezogenen Gestaltbarkeit des Alterns ist nicht nur im Umfeld der GSAAM weit verbreitet. Hier fand die GSAAM beispielsweise gewichtige Fürsprecherinnen in Ulla Schmidt[628] und Ursula Lehr.[629] Diese bei genauerer Betrachtung recht komplexe These scheint kaum begründungsbedürftig. Dass der Alterungs-

---

624 Gruber et al. 2003: *Altern*.
625 Feldnotizen ESAAM Konferenz, Düsseldorf, 2008, P3:398.
626 Wolf 2005: *Was ist AAM?*
627 Jacobi 2005: *AA: Sinnbild, Sehnsucht, Wirklichkeit*, S. 4.
628 vgl. [N.N.] 2007: *Eine Frage von Humanismus*, S. 380.
629 vgl. Hennig 2006: *Altern im Sinne des Reifens (Interview Lehr)*, S. 272.

verlauf durch Ernährung, Sport u. ä. verbessert werden kann, wird *als wissenschaftlich bewiesen dargestellt, konkrete Wirkmechanismen werden häufig nicht benannt oder belegt.* Zudem blickt diese lebensstilbezogene Alterungstheorie im Programm der GSAAM in zweierlei Hinsicht auf eine interessante Geschichte. Denn anfänglich wurden erstens deutlich mehr Umweltfaktoren als nur der Lebensstil diskutiert. Und zweitens bestanden zunächst erhebliche Zweifel bezüglich der lebensstilbezogenen Kontrollierbarkeit des Alterungsverlaufs:

Erstens fällt auf, dass die wortführenden GSAAM-MedizinerInnen anfänglich relativ breit gefächerte Umwelteinflüsse auf die Alterung diskutierten. Im Zeitverlauf wurden diese *Umweltfaktoren jedoch zunehmend auf individuelle Lebensstilentscheidungen enggeführt.* So haben nicht-lebensstilbezogene Umweltfaktoren in Römmlers und Kleine-Gunks frühen Publikationen einen relativ hohen Stellenwert. Römmler nennt im Tagungsband der ersten GSAAM-Konferenz die Alterungsfaktoren „Umwelt" und „Beruf/ Familie" noch vor „Lebensstil".[630] Römmler und Kleine-Gunk beschreiben „Radioaktivität, UV-Licht […] Schwefeldioxyd, Ozon"[631] und auch „Umweltgifte"[632] als maßgeblich beteiligt an der Bildung freier Radikale. Und Günther Jacobi hebt neben einem gesunden Lebensstil auch die Bedeutung der sozialen Umwelt hervor. Er zählt „solide Partnerbeziehung, kompetenter Umgang mit Konflikten und Stress, gute und lange Ausbildung"[633] zu den zentralen Einflüssen auf den Alterungsverlauf. Systematischen Eingang in das medizinische Programm fanden diese Umweltfaktoren auch damals nicht. Die Vielfältigkeit von Umweltbezügen fand jedoch Erwähnung.

In späteren Texten buchstabieren die GSAAM-MedizinerInnen Umwelteinflüsse meist nur noch als gesunde Lebensführung aus. Diese wird zudem häufig als eine freie Entscheidung jedes Einzelnen dargestellt. Besonders augenfällig ist dies in Klentzes Gen-Umwelt-Interaktionsmodell (siehe Abbildung 19). Hier werden „environmental challenges" ohne weitere Erläuterung als „life-style choices" ausbuchstabiert.[634]

Jacobi gelingt es gar, das ursprünglich radikal umweltbezogene Konzept der Salutogenese[635] auf selbstverantwortliche Lebensführung zu reduzieren.[636] Von der salutogenetischen Forderung nach umfassenden gesellschaftspolitischen Maßnahmen der Friedens-, Armuts- und Umweltpolitik bleibt bei Jacobi das „Kohärenzgefühl" als Antwort auf die Frage, „wie Gesundheit entsteht", übrig. Jacobi fokussiert eine „früh erworbene", „aktive Grundeinstellung" als Voraussetzung des Kohärenzgefühls. Darunter versteht er „das Gefühl der optimistischen Zuversicht, dass sich alles zum Guten wenden wird".

---

630 vgl. Römmler 2002: *Einführung i. d. AAM (1. GSAAM Konferenz).*
631 vgl. ebd. S. 8.
632 Kleine-Gunk 2003: *Alterungstheorien.*
633 Jacobi 2005: *AA: Sinnbild, Sehnsucht, Wirklichkeit,* S. 4.
634 vgl. Abbildung 19 und Talmud et al. 2004: *Gene:environment interactions,* S. 32.
635 vgl. First international conference on health promotion 1986: *Ottawa Charter* und Rosenbrock 2008: *Primärprävention,* S. 11 ff.
636 vgl. Jacobi 2005: *AA: Sinnbild, Sehnsucht, Wirklichkeit,* S. 9 f.

Hier setzt er auf die „Mobilisierung des Kohärenzsinns" und schlägt vor, „Ressourcen der Selbstverantwortung" freizusetzen, die das „vordringliche Anti-Aging-Ziel", nämlich die „Reduzierung von Risikofaktoren", unterstütze. Jacobi setzt dabei voraus, dass Selbstverantwortung zu einem gesunden Lebensstil führt und dass ein gesunder Lebensstil wiederum Risikofaktoren reduziert.

Zweitens fällt auf, dass sich Alexander Römmler in frühen Texten noch recht *skeptisch bezüglich des Einflusses der Lebensführung* auf die Alterung zeigte. Römmler stand damit in der Tradition stärker biogerontologisch orientierter Anti-Aging-Kontexte. Deren VertreterInnen geben sich mit der These der lebensstilbezogenen Kontrollierbarkeit des Alterns gerade nicht zufrieden. „Hinter Alterskrankheiten steckt mehr als ein ungesunder Lebenswandel,"[637] betonen beispielsweise Rüdiger Schmitt und Simone Homm in ihrem „Handbuch Anti-Aging und Prävention" und versuchen, diese alltagsweltliche Vorstellung biogerontologisch zu widerlegen. Ähnlich erklärte Römmler in seinen frühen Lehrbuchartikeln, dass die bekannten Verhaltensstrategien „nicht reichen"[638] oder lediglich „kleine Schritte sein mögen."[639]

In Römmlers späteren Veröffentlichungen ist von dieser Skepsis wenig übrig. Wie viele seiner KollegInnen vertritt er mittlerweile die Ansicht, dass sich im Falle altersassoziierter Erkrankungen „das Nachlassen der altersbedingten organischen Leistungsreserve und eine oft träge, ungesunde Lebensweise […] unglücklicherweise"[640] ergänzen. Nach anfänglichen, biogerontologisch inspirierten Zweifeln scheinen die wortführenden GSAAM-MedizinerInnen ihr Programm schon bald auf die Betonung der lebensstilbezogenen Kontrollierbarkeit des Alterns eingeschwenkt zu haben.

Auch für die *systematische Behandlung speziell genetischer Alterungsrisiken* empfiehlt die GSAAM in erster Linie Lebensstilmaßnahmen und ergänzende Medikationen. Nicht nur die Risiken, sondern auch ihre Gestaltbarkeit wird in einem symbolischen Zentrum postmoderner Individualität verortet: Während die Risiken in Normvarianten der DNA vermutet werden, wird in individuellen Lebensstilentscheidungen der Schlüssel zur Gestaltung genetischer Risiken gesehen. Unterschiedliche Kombinationen der ersten fünf der sieben Säulen der Anti-Aging-Medizin werden empfohlen: Lebensstil, ausgewogene Ernährung, Bewegung, Supplementierung und Hormonersatztherapie. Beispielsweise finden sich im untersuchten Material folgende Empfehlungen für TrägerInnen des ApoE4 Polymorphismus bzw. zur Prävention von Demenz bei Alzheimer-Krankheit:

- *Lebensstil:* Die umfangreichsten Empfehlungen finden sich in Hubers und Klentzes Ratgeber für prädiktive Gentests.[641] Sie empfehlen einen „genetischen Lebensstil" bestehend aus niedrigen Cholesterinspiegeln, regelmäßigem Sport, Gewichtskontrolle,

---

637 Schmitt et al. 2008: *Handbuch AA & Prävention*, S. 47.
638 Römmler et al. 2002: *Vorwort (AA Sprechstunde)*, S. VIII.
639 Römmler 2002: *Einführung i. d. AAM (1. GSAAM Konferenz)*, S. 8.
640 [N.N.] 2009: *AA – Aussicht auf gesundes Altern*, S. 1
641 vgl. Huber et al. 2005: *Revolutionäre Snips-Methode*, S. 52 ff.

kein Nikotin sowie Denk- und Konzentrationsübungen. Auch Herr Dr. D. spricht in diesem Zusammenhang von Trainingseffekten.[642] Was das spezifisch „Genetische" an diesen Empfehlungen ist, bleibt unklar. In ihrer BILD-Serie Prävention gibt die GSAAM unter dem Titel „So schützen Sie sich vor Alzheimer" fast identische Lebensstilempfehlungen, ohne jedoch Bezüge zum ApoE4 Polymorphismus oder anderen genetischen Risiken herzustellen.[643]

- *Ernährung:* Huber und Klentze zufolge sollte auch der Speiseplan „genfreundlich" gestaltet sein. Sie empfehlen wenig tierische Fette, viel Seefisch, u. a. grüne und gelbe Gartengemüse, eine mediterrane Diät und Vollkornprodukte. Dies deckt sich weitgehend mit den Empfehlungen in der BILD Serie. Die Biogerontologin Hilke Brockmann spricht hingegen lediglich davon, dass es bisher so scheine, dass ApoE mit dem Essensverhalten interagiere, konkret mit dem Konsum von Fetten. Wie dieser und viele andere Wirkmechanismen funktionierten, sei jedoch noch nicht entschlüsselt.[644] In der BILD-Serie heißt es hingegen, dass Studien belegten, dass ungesättigte Fettsäuren das Alzheimer-Risiko „um bis zu 60 Prozent reduzieren!"
- *Nahrungsergänzung:* Huber und Klentze empfehlen zudem die regelmäßige Einnahme von Nahrungsergänzungsmitteln, konkret von Omega-3-Fettsäuren, Isoflavonen, Antioxidanzien, Vitaminen, Folsäure und Zink. Auch Herr Dr. D. empfiehlt „Vitamine".
- *Medizinische Maßnahmen:* In ihrer BILD-Serie Prävention gibt die GSAAM nur Lebensstil- und Ernährungsempfehlungen sowie einen sehr hoffnungsvollen Ausblick auf Erfolge bei der Entwicklung von Alzheimermedikamenten. Es werden jedoch auch im engeren Sinne medizinische Maßnahmen empfohlen. Huber und Klentze raten zum einen zur regelmäßige Kontrolle von Homozystein-, Cholesterin- und anderer Werte. Zum anderen wird „eventuell" die Gabe von Statinen, Pregnenolon und Koenzym Q10 empfohlen. In Bezug auf die Statine sind Huber und Klentze jedoch unterschiedlicher Meinung. Während Huber Statine zur Alzheimerprävention empfiehlt, spricht sich Klentze vehement dagegen aus und empfiehlt sie lediglich nur zur Prävention kardiovaskulärer Erkrankungen.[645] Herr Dr. D. nennt hingegen gänzlich andere Medikamente zur „Demenzprävention":[646] Natürliches Östrogen für Frauen und gut dosiertes Testosteron und DHEA für Männer ohne Krebserkrankungen.

Am Beispiel der Handlungsempfehlungen für ApoE4-TrägerInnen werden drei Probleme der zum Management genetischer Alterungsrisiken empfohlenen Maßnahmen deutlich. Erstens wird die schwierige Frage, *wie sich einzelne Maßnahmen auf genetische Risiken auswirken, meist nicht angesprochen.* Zweitens *unterscheiden sich zum Teil die*

---

642 vgl. Interview P25:797.
643 vgl. Banasch 2007: *So schützen Sie sich vor Alzheimer (BILD-Serie).*
644 vgl. Brockmann 2005: *Biodemografie*, S. 31.
645 vgl. Feldnotizen ESAAM Konferenz, Düsseldorf, 2008, P3:408.
646 vgl. Interview P25:793 f.

Empfehlungen einzelner ÄrztInnen und Labors. Drittens finden sich ähnlich heterogene und komplexe Handlungsvorschriften auch für andere (genetische) Alterungsrisiken. Diese addieren sich zu einem *nicht nur kaum überblickbaren, sondern zum Teil auch widersprüchlichen System wenig begründeter Verhaltensregeln*. Eines der zahlreichen Beispiele dafür, wie das Management eines Risikos dem Management eines anderen Risikos zuwiderlaufen kann, sind die Empfehlungen zum Kaffeekonsum in der BILD-Serie Prävention. Hier wird einerseits zu sechs bis sieben Tassen Kaffee täglich geraten, um Diabetes vorzubeugen, während andererseits empfohlen wird, möglichst nicht mehr als drei Tassen Kaffee täglich zu trinken, um sich vor Knochen- und Gelenkerkrankungen zu schützen. In voller Konsequenz sind zur prospektiven Eigenverantwortungsübernahme also recht komplexe Abwägungen von Risiken und Folgerisiken nötig.

3.3.4 (Selbst)Kritische Stimmen

Im Umfeld der GSAAM finden sich nur wenige gegenläufige Darstellungen molekularbiologischer und umweltbezogener Alterungstheorien. Dennoch finden sich einige (selbst)kritische Stimmen bezüglich des Nutzens genetischer Informationen für die Anti-Aging-Praxis. Die genetische Prognostizierbarkeit des Alter(n)s und die lebensstilbezogene Kontrollierbarkeit genetischer Alterungsrisiken wird darin infrage gestellt. Wie bereits erwähnt, fand sich auf dem Anti-Aging Medicine World Congress 2006 in Paris eine Session, in der unter Leitung eines externen humangenetischen Experten der Nutzen von Suszeptibilitätstests äußerst kontrovers diskutiert wurde.[647]

Aber auch Michael Klentze, der prädiktive Gentests wortführend in das Programm der GSAAM eingebracht hat, räumte in einem seiner Vorträge auf GSAAM-Konferenzen Schwierigkeiten beim ärztlichen Umgang mit genetischen Informationen ein. „Wenn sie es wissenschaftlich machen, dann wird es schwierig,"[648] erklärte Klentze, aber beruhigte die medizinischen ZuhörerInnen damit, dass man mit der Zeit Routine bei der Auswertung der Ergebnisse bekomme. Auch Klentzes Ko-Referent sagte offen: „Wenn man ehrlich ist: Das Wissen ist nicht da. Man kann praktische Erfahrungen sammeln und sich was zusammenreimen."[649] Im privaten Gespräch kritisierte dieser, dass das Labor Genosense „Daten unkritisch, tendentziös berichten" würde, indem es nur „alle genehmen Studien aufgeführen" würden.[650]

Einige KonferenzbesucherInnen scheinen das ähnlich zu sehen. „Wir gehen nicht zu Klentze. Polymorphismus ist alles Quatsch. Das ist keineswegs ausgereift,"[651] erklärte ein Konferenzbesucher. Eine Ärztin berichtet offen, dass sie sich selbst mit der Materie bisweilen überfordert fühle. Sie erzählt, dass eines Tages einer ihrer reichen Patienten

---

[647] vgl. Feldnotizen Anti-Ageing Medicine World Congress Paris 2006, P5.
[648] vgl. Feldnotizen 6. Konferenz der GSAAM, Düsseldorf, 2006, P11:430.
[649] vgl. ebd. P11:432.
[650] vgl. ebd. P11:432.
[651] Feldnotizen 7. GSAAM Konferenz, München, 2007, P8:12.

zusammen mit einem Professor in ihre Sprechstunde kam und sie aufforderten, ihnen zu erklären, was das mit den Polymorphismen auf sich habe. „Das ist eine ganz schöne Probe,"[652] resümiert die Ärztin. Herrn Dr. D. zufolge sind jedoch weniger genetische Wissenslücken als fehlende Praxisbezüge das Problem. Obwohl er selbst auch Polymorphismusdiagnostik anbietet, kommt er zu der nüchternen Einschätzung: „Im Bereich Genetik kann man zwar viel forschen gerade, aber in Sachen Anwendung gibt's eigentlich nichts Neues zu sagen."[653] Frau Dr. A. artikuliert hingegen ein ethisches Problem. „Kann der Einzelne für sich überhaupt ENTSCHEIDEN, ob er das wissen möchte [...] oder nicht?" fragt sie sich. Anders als in der ethischen Debatte sieht sie darin keine Herausforderung für die ärztliche Beratung, sondern für die ärztliche Einschätzung der Mündigkeit ihrer Kundschaft. So fragt sie: „Wie willst Du prüfen, wie mündig und reif ein Mensch ist, dass er das wissen darf?"[654]

Im untersuchten Material finden sich keine Hinweise darauf, dass diese (selbst)kritischen Stimmen im Umfeld der GSAAM aufgegriffen würden. Während die GSAAM auf die in den WHI Studien erhobene Kritik an Hormonersatztherapien – wenn auch mit zeitlicher Verzögerung – einging und mit einem Konzept der „Risikominimierung" von Hormonersatztherapien reagierte, scheint die Kritik an prädiktiven Gentests bisher weitgehend folgenlos geblieben zu sein. Die GSAAM grenzt sich lediglich gegen „prädiktive Genanalysen via Internet"[655] ab und plädiert ganz im Sinne vieler ethischer Debattenbeiträge dafür, dass die Durchführung der Genanalysen ÄrztInnen vorbehalten sein sollte.

3.4 Handlungsbezüge der Risikokonstruktion

In dem von der GSAAM vorgeschlagenen diagnostischen Fundament sind spezifische Handlungsbezüge angelegt, die im Folgenden genauer untersucht werden. Denn nicht nur in der genetischen Risikokonstruktion sind Präferenzen für bestimmte Selbstwahrnehmungen, Handlungsräume und Verantwortlichkeiten der Testenden und der Getesteten eingeschrieben.

Erstens wird herausgearbeitet, dass gesundheitliche Alterungsrisiken in den Körpern und dem Verhalten Einzelner gesucht und gefunden werden und das Individuum so zum Ort des Risikos wird. Das mit der Risikotestung verbundene Dienstleistungskonzept erschließt zweitens auch neue Handlungsräume. Die Generierung von Risikowissen wird durch ihre Technisierung weitgehend aus der Arzt-Patient-Interaktion ausgelagert, wodurch diese eine Ökonomisierung erfährt. Die ÄrztInnen spielen deshalb vor

---

652 vgl. Feldnotizen ESAAM Konferenz, Düsseldorf, 2008, P3:185.
653 Interview P25:1085.
654 vgl. Interview P16:1541.
655 Kubenz 2008: *Prädiktive Genanalysen via Internet*.

allem bei der Vermittlung von Risikowissen eine Rolle. Hier zeigt sich drittens, dass den Testpersonen Wissen über ihre Risiken zunächst bewusst zugemutet wird, um sie zu prospektiver Eigenverantwortlichkeit zu motivieren.

3.4.1 Die Verortung von Alterungsrisiken im Individuum

Die Risikodiagnostik wird im Umfeld der GSAAM als eine Maßnahme zur Individualisierung oder Personalisierung der Behandlung verstanden (siehe Teil 3, Kapitel 3.2.1).[656] Zum einen sollen die Besonderheiten des medizinischen Einzelfalls mehr Beachtung finden, um in der Behandlung „von Stereotypien hin zu Individualität"[657] zu kommen. Zum anderen gilt es auch das Ziel, den Präferenzen des einzelnen Kunden mit „customer tailored"[658] Angeboten begegnen zu können. Dabei fällt auf, dass in dem Individualisierungsansatz der GSAAM eine spezifische Problemwahrnehmung präferiert wird. Gesundheitliche Alterungsrisiken werden in den Testverfahren der GSAAM primär *im Körper und im Verhalten des Einzelnen gesucht*. An anderen möglichen „Orten" des Risikos wie z. B. in den Lebenswelten des Einzelnen wird hingegen nicht systematisch nach Alterungsrisiken gesucht und entsprechend werden auch keine gefunden.

Am Beispiel prädiktiver Gentests wird dies besonders deutlich. Hier werden Single Nucleotide Polymorphismus der menschlichen DNA als Ursprung der Individualität des Menschen verstanden, auch wenn die Statistiken über deren Korrelation mit Erkrankungen populationsbezogen sind. Gesundheitliche Alterungsrisiken werden damit im symbolischen Zentrum des Individuums, in den Genen, angesiedelt. Dem alltagsweltlich nach wie vor weit verbreiteten kausalen Genbegriff der „Old Genetics" folgend, liegen genetische Risiken meist in der Familie.[659] Die wortführenden GSAAM-MedizinerInnen greifen hingegen auf den stochastischen Genbegriff der „New Genetics" und die Annahme starker lebensstilbezogener Alterungsfaktoren zurück. Vor diesem Hintergrund verorten sie gesundheitliche Risiken des Alter(n)s tendenziell im Einzelnen.

Mit der Risikotestung werden die Risiken nicht nur im Einzelnen verortet, sondern *auch der Einzelne in der Risikokonstruktion*. Durch die Auswahl, Messung und Bewertung präsymptomatischer Vorboten schlechten Alter(n)s wird die unbekannt bleibende gesundheitliche Alterszukunft des Einzelnen medizintechnisch in den Bereich des Erwartbaren geholt. Ermittelt wird also, ob eine Person sich auf dem Weg in eine gute oder in eine schlechte Alter(n)szukunft befindet. „Damit man weiß, wo man steht,"[660] lautet eine häufige Begründung für die Durchführung der Tests. Durch das Testergebnis

---

656 vgl. z. B. Klentze 2005: *Personalisierte Medizin*, Hennig et al. 2005a: *Editorial*, Kleine-Gunk 2007: *AAM. Hoffnung oder Humbug?* S. 58 f., Römmler 2002: *Einführung i. d. AAM (AA Sprechstunde)*, S. 5 und Look 2006: *Personalisierte Medizin & Prävention*.
657 Klentze 2005: *Personalisierte Medizin*, S. 16.
658 vgl. Feldnotizen ESAAM Konferenz, Düsseldorf, 2008, P3:394.
659 vgl. Lock et al. 2006: *When it runs in the family*.
660 Feldnotizen 6. Konferenz der GSAAM, Düsseldorf, 2006, P11:338, siehe auch Interview P22:483.

wird die getestete Person präsymptomatisch zu einem potenziell von krankem Alter Betroffenen bzw. nicht Betroffenen gemacht. Sie wird damit behandlungsbedürftig. Ihrem zuvorkommenden Aufwand für Maßnahmen der Altersprävention wird dadurch Sinn verliehen.

3.4.2 Die Technisierung und Ökonomisierung der Risikokalkulation

Auch in einer zweiten Hinsicht werden die Weichen der medizinischen Praxis durch die Risikodiagnostik neu gestellt. Denn die im Umfeld der GSAAM angewandten Verfahren zur Risikotestung sind mit einem spezifischen Dienstleistungskonzept verbunden. Die Risikokalkulation wird darin zunehmend von medizintechnischen Geräten oder medizinischen Labors übernommen und dadurch *tendenziell aus der Arzt-Patient-Interaktion* ausgelagert. Über ihre Weiterbildungsangebote und Industrieausstellungen vermittelt die GSAAM solche Zusammenarbeiten. Als KundInnen dieser Labors kaufen die ÄrztInnen deren Dienstleistungen, verkaufen diese an ihre KlientInnen weiter und verdienen selbst an den mit den Gentests verbundenen Beratungen und Folgebehandlungen. Am Beispiel prädiktiver Gentests wird besonders deutlich, dass es „externe" AkteurInnen sind, die auf mehr oder weniger technisierte Weise Wissen über gesundheitliche Alterungsrisiken generieren:

So fällt auf, dass ÄrztInnen, die prädiktive Gentests anbieten, zur Begründung ihrer Praxis häufig keine molekularbiologischen Theorien über die genetische Kalkulierbarkeit des Alter(n)s anführen, sondern das Dienstleistungskonzept beschreiben. Sie erklären also häufig nicht, was SNPs sind, wie sie festgestellt und in statistische Korrelationen mit Erkrankungen gebracht werden (siehe Teil 3, Kapitel 3.3.1). Stattdessen beschreiben sie, wie sie die Speichelprobe entnehmen, zum Labor schicken und welche Informationen sie vom Labor zurückbekommen. In der Tat müssen ÄrztInnen für die Durchführung prädiktiver Gentests nicht zwangsläufig über umfangreiche molekulargenetische Expertise verfügen. Denn es sind nicht die ÄrztInnen selbst, welche die Kalkulation genetischer Risiken vornehmen, sondern molekulargenetische Labors. Hier werden individuelle Risiken anhand einer Speichelprobe und einiger Anamnesedaten mit Hilfe molekularbiologischer Sequenzierungsverfahren und statistischer Berechnungen ermittelt. Im Vergleich zu herkömmlichen Anamnesegesprächen in der ärztlichen Praxis fällt auf, dass die Informationen erstens weitgehend *ohne Ansehen der Person* generiert werden. Zweitens ist die Wissensproduktion *stärker technisiert*.

Testanbieter, wortführende GSAAM-MedizinerInnen und auch viele meiner GesprächspartnerInnen sprechen die *ökonomischen Vorteile* dieses neuen Dienstleistungskonzepts der Risikotestung an. Dabei finden drei Hinsichten, in denen die Risikotestung die Ökonomie der ärztlichen Praxis verbessert, mehrfach Erwähnung: Erstens wird argumentiert, dass die *private Zahlungsbereitschaft für Risikoprofile deutlich höher* sei als die private und öffentliche Zahlungsbereitschaft für ärztliche Beratung. Ausführlich beschrieb Claudia Hennig in ihrem Workshop „Anti-Aging Sprechstunde" das Problem, dass die für ein umfassendes Risikomanagement notwendige ärztliche Beratungsleistung nicht lukrativ über die Krankenkassen abgerechnet werden könne. Zudem bestünde weder auf Seiten der KlientInnen noch der ÄrztInnen bisher ein Bewusstsein dafür, dass gute Beratung Geld kostet. Für umfassende „Befindlichkeitsscores" und ausführliche Laborwerte hingegen, „dafür bezahlen die Leute auch viel Geld."[661]

Als zweiter ökonomischer Vorteil der Risikotests wird hervorgehoben, dass es sich dabei um eine Dienstleistung handle, für deren Durchführung und Auswertung *keine teure ärztliche Arbeitszeit erforderlich* ist. Diese werde z. B. von den Testpersonen selbst, von Sprechstundenhilfen, Messgeräten, Computerprogrammen oder Laboren übernommen. Frau Dr. G. erzählt beispielsweise, dass es immer ihr Problem gewesen sei, „dass ich mich einfach pro Tag nicht multiplizieren kann. Das heißt, ich kann einfach nur eine bestimmte Zahl an Stunden arbeiten."[662] Für dieses Problem sieht sie in den Risikotests der GSAAM eine Lösung. Sie erklärt, dass es in der Anti-Aging-Medizin inzwischen gute, technische Methoden gäbe, „wie man auch eben Leute noch behandeln kann, was ein Stück von mir unabhängig ist."[663]

Drittens wird hervorgehoben, dass die Risikodiagnostik nicht nur – wie im folgenden Kapitel ausgeführt – zu Lebensstilveränderungen motiviert, sondern damit auch zum *Erwerb weiterführender Untersuchungen* und Anwendungen. Alfred Wolf erklärt in diesem Zusammenhang, dass Tests, die das persönliche Risiko aufzeigen, dazu führen, „dass mehr Personen weitergehenden Untersuchungen zustimmen."[664] Auf der GSAAM-Website wurden einige Zeit unter dem Stichwort „Anti-Aging Quicktest" die Risikotests der Antiaging News-Website als „Ihr erster Schritt in der Prävention" empfohlen, die wiederum vom Wolfschen Unternehmen Bioaging zur Verfügung gestellt worden waren.[665] „Mittleres bis höheres Risiko" ergab mein Selbstversuch und mir wurde geraten: „Sie sollten unbedingt weitergehende Untersuchungen zur Präzisierung Ihres Risikos vornehmen lassen und eine entsprechende Behandlung zur Risiko-Minderung beginnen."[666]

Im Hinblick auf die Veränderung von Handlungsbezügen fällt auf, dass in dem Dienstleistungskonzept der Risikodiagnostik die *Arzt-Patient-Beziehung um verschiedene Unternehmer-Kunden-Beziehungen erweitert* wird. ÄrztInnen werden einerseits KundInnen von Unternehmen, die Geräte oder Dienstleistungen zur Risikokalkulation verkaufen. In der Interaktion mit ihren KlientInnen wird ihre ärztliche Rolle um die Rolle eines Unternehmers erweitert, der Selbstzahlerleistungen anbietet. Testungswillige nehmen die GSAAM-MedizinerInnen als Dienstleister für ihr Risikomanagement

---

661 vgl. Feldnotizen Workshop „Der Anti-Aging Patient", Hennig, 8. GSAAM Konferenz, München, 2008, P7:21 und 9.
662 Interview P19:39.
663 Interview P19:43.
664 Wolf et al. 2005: *Biolog. Altersmarker*, S. 32.
665 http://www.gsaam.de/was-ist-anti-aging/anti-aging-quicktests.html (4. 5. 2011).
666 Feldnotizen Selbstversuch Anti-Aging Quicktest, 2010, P27:1777.

in Anspruch. Und an der Güte ihrer Testergebnisse entscheidet sich, inwiefern sie vom Kunden auch zu „präsymptomatischen Patienten" werden.

3.4.3 Die Zumutung von Risikowissen zur Aktivierung Eigenverantwortung

Da die Erstellung individueller Risikoprofile also meist aus der Arzt-Patient-Interaktion ausgelagert ist, spielen die ÄrztInnen weniger bei der Generierung als bei der *Vermittlung von Risikowissen* eine Rolle. Ein Vorteil der Risikotestung wird im Umfeld der GSAAM darin gesehen, dass die Testergebnisse über ihren medizinischen Informationsgehalt hinaus noch einen weiteren gesundheitlichen Nutzen bieten: Das Risikowissen soll die *Compliance der Testpersonen erhöhen*. Die GSAAM-MedizinerInnen zielen mit der Erstellung individueller Risikoprofile auch darauf, dass sich ihre KlientInnen ihrer Risiken bewusst werden und sich so ihre Bereitschaft erhöht, anschließende Präventionsmaßnahmen gewissenhaft und kontinuierlich durchzuführen.

In der Vermittlung des Risikowissens geht es also auch darum, den Menschen ihre persönlichen Risiken aufzuzeigen.[667] Dazu wird den Testpersonen das *Wissen über ihre Risiken zunächst bewusst zugemutet*. Im Vergleich zur A4M wird deutlich, dass diese Art der Vermittlung von Risikowissen nicht selbstverständlich ist. Während im Umfeld der GSAAM dem Einzelnen seine Risiken *zugemutet* werden, werben die Präsidenten der A4M eher damit, die Risiken des Einzelnen medizinisch *auszuräumen*. Roland Klatz erklärte mir: „Jeder, der zu mir kommt, dem gebe ich eine Garantie, dass er im folgenden Jahr nicht an Herzinfarkt, Krebs und was noch... sterben wird."[668] Die GSAAM bietet ihren KlientInnen hingegen keine Garantie, sondern zunächst eine Verunsicherung: Auch wenn Wolf betont, dass die Testverfahren „weder schmeichelhafte noch zerstörerische ‚Altersdiagnosen' liefern"[669] sollen, werden die Testergebnisse nicht selten auch als *„Droh- und Frohwerte"*[670] inszeniert. Ziel ist eine klare Unterscheidung und Bewertung von guten und schlechten körperlichen Zuständen und Verhaltensweisen. Zur Bewusstwerdung über die eigenen Risiken reicht nach Alfred Wolf eine

„einfache Auflistung der ganz persönlichen Risiken [...]. Eine Einteilung der Risiken in ‚hoch', ‚mittel', ‚gering' ist am wirksamsten (optimal in den Ampelfarben: rot, gelb, grün)."[671]

Kleine-Gunk lässt seine PatientInnen sich selbst mit „Plus- und Minuspunkte" bewerten, um ihnen einen Eindruck zu vermitteln, „was sich auf seinen Gesundheitsstatus und die Lebenserwartung positiv bzw. negativ auswirkt."[672] Besonders deutlich formu-

---

667 vgl. z. B. Wolf et al. 2005: *Biolog. Altersmarker*, S. 32.
668 Feldnotizen Anti-Ageing Medicine World Congress Paris 2006, P5:299.
669 Wolf et al. 2003: *Das Altern messbar machen*, S. 29.
670 Kleine-Gunk 2005: *AA. Institute & Sprechstunden*, S. 376.
671 Wolf et al. 2005: *Biolog. Altersmarker*, S. 32.
672 Kleine-Gunk 2005: *AA. Institute & Sprechstunden*, S. 376.

liert Michael Klentze die Idee, über die Vermittlung von Wissen über genetische Risiken die Verantwortung an PatientInnen abzugeben. In einem seiner Workshops über Polymorphismusdiagnostik beschrieb er das „Motto" der Informationsvermittlung wie folgt: „Bei Dir gibt es das oder das Thema, jetzt entscheiden Sie."[673] Auch in ihrem Gentestratgeber machen Huber und Klentze sehr deutlich, wie das Risikowissen wirken soll. Eines ihrer Fallbeispiele ist die Patientin Frida, die durch einen prädiktiven Gentest als homozygote ApoE4 Trägerin identifiziert wurde. Huber und Klentze diagnostizieren ihr deshalb ein hohes Herzinfarkt- und Alzheimerrisiko. Eindrücklich beschreiben sie, wie der *Schock über dieses Testergebnis durch ärztliche Beratung in Motivation für Lebensstilveränderungen umschlagen* soll:

> „Man kann sich vorstellen, dass Frida von dieser Entdeckung zunächst geschockt war. Als ich ihr aber erklärte, dass sie nun den Gegner kenne und ihn besiegen könne, da wurde sie kampfeslustig und außerordentlich motiviert, ihren Lebensstil danach auszurichten. In der rechtzeitigen Erkennung solch gravierender Krankheitsrisiken liegt immerhin auch eine große Chance, die drohenden Gefahren abzuwenden."[674]

Die durch die Testergebnisse erst mobilisierte Sorge um den Verlauf des eigenen Alterungsprozesses verspricht die GSAAM zu „Gelassenheit und Hoffnung werden zu lassen,"[675] wenn das Risiko kranken Alter(n)s unter ärztlicher Anleitung systematisch in das gegenwärtige Verhalten einbezogen wird. Bereits in vielen allgemeinen Beschreibungen des Diagnostikprinzips deutet sich an, auf welche Weise Verantwortung für gesundheitliche Alterungsrisiken zugeschrieben wird. Der Prognose einer negativen Alterszukunft wird häufig die Bedingung angefügt: „wenn Du so weitermachst."[676] In diesem Sinne bietet die GSAAM *neue Möglichkeit der Übernahme prospektiver Eigenverantwortung* für krankes Alter(n). Den Ergebnissen der Risikotestung kommt also im doppelten Sinne die Bedeutung einer normativen Basis für gut gelebtes Alter(n) zu. Sie gelten nicht nur als Evidenzbasis dafür, *was* zu tun ist, sondern vor allem auch dafür, *dass* etwas zu tun ist.

Viele meiner GesprächspartnerInnen berichteten, dass sie Risikotestverfahren erfolgreich in Ihrer Praxis einsetzen konnten, um ihre KlientInnen zu Verhaltensänderungen zu bewegen. Wie Dr. E. haben viele GSAAM-MedizinerInnen die Erfahrung gemacht, dass diese Risikoinformationen „zum Teil hochmotivierend"[677] auf die PatientInnen wirkt und sie dazu bewegen könnten, Lifestyleveränderungen vorzunehmen.[678]

---

673 Feldnotizen 6. Konferenz der GSAAM, Düsseldorf, 2006, P11:430.
674 Huber et al. 2005: *Revolutionäre Snips-Methode*, S. 56.
675 Jacobi 2005: *AA: Sinnbild, Sehnsucht, Wirklichkeit*, S. 12.
676 z. B. Interview P17, 113 und Feldnotizen Workshop „Der Anti-Aging Patient", Hennig, 8. GSAAM Konferenz, München, 2008, P7:12.
677 Interview P17:145.
678 vgl. z. B. Feldnotizen 6. Konferenz der GSAAM, Düsseldorf, 2006, P11:338.

Frau Dr. B. erzählt über ihre Erfahrungen mit einem gemieteten Gerät zur Messung oxidativen Stresses: „Das ist ein schöner Marker für die Patienten, dass sie was an der Hand haben und sehen können: Ja, da ist ... da muss ich was tun."[679]

Auch aus Patientenperspektive scheint eine solche kritische Bestandsaufnahme des eigenen Alterungsprozesses durchaus von Interesse. „Ich liebe Tests,"[680] sagt beispielsweise Frau M. – allerdings nur, wenn sie nicht computergestützt sind, weil sie „nicht mit dem PC umgehen kann."[681] „Einfach damit man mal weiß: Wo steht man eigentlich? [...] Und wo könnte ich was verbessern?"[682] In ihrer Erzählung über ihre mehrfachen Erfahrungen mit Tests zur Ermittlung von Altersrisiken scheint das Motivationskonzept der GSAAM-ÄrztInnen aufzugehen. Sie erzählt, dass sie durch den Test festgestellt habe, dass sie nicht auf einem Bein stehen kann, ohne „nach kürzester Zeit umzukippen":

„Das hab ich in dem Test erkannt, dass da ein Defizit ist bei mir, [...] und dann hab ich mich mit meiner Personal Trainerin zusammengesetzt, dann hat die mir da so eine Apparatur gegeben, auf der ich jetzt immer vor meinem Waschbecken hin- und her balanciere."[683]

3.5 Inhaltliche Fokussierung: Verantwortlichkeiten für gesundheitliche Alterungsrisiken

Mit der Risikodiagnostik werden also entscheidende Weichen für die Anti-Aging-Praxis gestellt: Die Alterung wird präsymptomatisch prognostizierbar und besser gestaltbar; ärztliches Handeln am Gesunden wird legitimiert und an neuen Normalwerten ausgerichtet; gesundheitliche Alterungsrisiken werden im Individuum verortet; das Arzt-Patient-Interaktion wird technisiert und ökonomisiert, und mit dem Risikowissen werden auch Handlungsverbindlichkeiten für den Einzelnen kommuniziert. Insbesondere der Befund, dass die KlientInnen durch das Wissen über ihre Alterungsrisiken zu Verantwortlichen für ihren Alterungsverlauf werden, lenkt die Aufmerksamkeit auf Verantwortlichkeitszuschreibungen im Programm der GSAAM. Denn weder die argumentative Trennarbeit zwischen schlechtem und gutem Alter(n) noch die Ergebnisse einer Risikotestung haben den Charakter „neutraler" Informationen, gegenüber denen es sich ohne weiteres indifferent oder auch tatenlos bleiben ließe. Im Folgenden wird deshalb untersucht, welche Verantwortlichkeiten im Umfeld der GSAAM für das Management gesundheitliche Alterungsrisiken zugewiesen werden.

---

679 Interview P23:179.
680 ebd. P23:499.
681 ebd. P23:366.
682 ebd. P23:483.
683 Interview P22:358.

4 Eigenverantwortung für gesundheitliche Alterungsrisiken

Die schlechte Wirklichkeit des Alterns wird im Konzept der SENS Foundation primär als ein komplexes Problem biotechnischer Ingenieurskunst verstanden. Für die A4M-Präsidenten ist die Alterung eine im Prinzip durch den kontinuierlichen medizinischen Fortschritt heilbare Metakrankheit. Viele GSAAM-ÄrztInnen verstehen die schlechte Wirklichkeit des Alter(n)s hingegen vor allem auch als *ein Problem mangelnder individueller und sozialstaatlicher Verantwortung für gesundheitliche Alterungsrisiken.* Im Folgenden wird *erstens* das doppelte Verantwortungsproblem untersucht, welches viele GSAAM-ÄrztInnen als eine Ursache der schlechten Wirklichkeit des Alterns erachten: die individuelle Verschuldung schlechten Alter(n)s durch unverantwortliche Lebensführung und sozialstaatliche Verantwortungslosigkeiten für Prävention. *Zweitens* wird herausgearbeitet, dass zur Neujustierung der Verantwortlichkeiten für gesundheitliche Alterungsrisiken eine Stärkung der (finanziellen) Eigenverantwortung vorgeschlagen wird.[684]

4.1 Die Kritik bestehender Unverantwortlichkeiten für eine gute Alterszukunft

Viele GSAAM-MedizinerInnen machen ihren Darstellungen des Altersrisikos ein doppeltes Verantwortungsproblem aus, das im Folgenden erarbeitet wird. Häufig und ausgiebig wird zum einen kritisiert, dass die (älteren) Menschen zu wenig Eigenverantwortung für ihre Gesundhaltung im Alter übernähmen, sondern durch eine schlechte Lebensführung krankes Alter selbst verschuldeten. Zum anderen wird auch der Gesundheitspolitik eine mangelnde Verantwortlichkeit diagnostiziert, denn sie gäbe das uneingelöste Versprechen einer vollen, umlagefinanzierten Gesundheitsversorgung im Alter und übernähme keine Verantwortung für die systematische Etablierung von Prävention als vierte Säule des Gesundheitswesens.

4.1.1 Die individuelle Verschuldung kranken Alterns durch die schlechte Lebensführung

Darstellungen der individuellen, leidvollen Wirklichkeit des Alterns (siehe Teil 3, Kapitel 2.2.1) enthalten häufig bereits Annahmen darüber, welches die Ursachen des Problems sind und wer für ihre Lösung verantwortlich zeichnet. Die ProtagonistInnen der A4M und der SENS Foundation stellen häufig das Vorherrschen einer „Pro-Aging Trance" in den Vordergrund in ihrer Diagnose. Sie zeichnen ein Bild der individuellen Wirklichkeit des Alterns, in dem die meisten älteren Menschen die Leiden des Alterns

---

[684] Ein detaillierter Kapitelüberblick findet sich in der Einleitung zu Teil 3 (S. 197 ff.).

als unabänderlich erachten und deshalb *passiv erdulden* würden.[685] Daran schließen sie ihre aufklärerische Botschaft von der neuen Gestaltbarkeit des Alterns an und Medizin und Naturwissenschaften werden in die Pflicht genommen, die Alterung zu bekämpfen. Im Umfeld der GSAAM finden sich jedoch nur *wenige Anklänge an diese Erduldungsthese*. So spricht z. B. Alexander Römmler zwar öfters davon, dass Alterungsprozesse nicht hinzunehmen[686] oder „das Altersschicksal nicht einfach passiv zu erdulden"[687] seien.[688] Diese Aussagen sind jedoch nicht zentraler Bestandteil von Darstellungen der individuellen Wirklichkeit des Alterns, sondern eher knapp gehaltene Legitimationen dafür, dass das Altern nicht nur gestaltbar, sondern zum Zweck der Leidensvermeidung auch gestaltungsbedürftig ist.

In den Argumentationen vieler GSAAM-MedizinerInnen ist die Vorstellung, dass gesundheitliche Alterungsrisiken eigenverantwortlich vermieden werden können, hingegen eng verknüpft mit der These, dass schlechte Alterungsverläufe vom Individuum verschuldet werden. Vielfach wird beschrieben, dass das Altersschicksal vom Einzelnen nicht erduldet, sondern *aktiv verschuldet* wird, und zwar durch falsche Lebensführung, mangelndes Gesundheitsbewusstsein und fehlende Eigenverantwortung. Mehr oder weniger drastische Darstellungen eines Mangels an Selbstführung auf Seiten der (älteren) Menschen finden sich insbesondere in Jacobis Lehrbuch, in Hennigs Gesellschaftsrubrik im GSAAM-Journals, im Umfeld des Europäischen Präventionstags, in den gesundheitspolitischen Glossen Bleichrodts sowie in zahlreichen Problemwahrnehmungen von KonferenzbesucherInnen. Günther Jacobi beschreibt in seinem Kursbuch Anti-Aging, dass seit dem vergangenen Jahrhundert zunehmend ein Lebensstil zu beobachten sei, der den „biologischen Lebensvorteilen" zuwider laufe:

„Körperliche Untätigkeit, Übergewicht, krank machender Stress und Konsumgifte sind nachgewiesene Risiken, die in der Lebensmitte bereits beginnen, den Gewinn an Jahren aufzuzehren und die Langlebigkeit individuell zu verkürzen. Das Resultat nennt man Zivilisationskrankheiten."[689]

Im gleichen Kontext spricht Jacobi von „viele Jahre eingeschliffenen, riskanten Lebensstilen", von „schweren Fehlern im Verständnis von Gesundheitspflege und Krankheitsprävention" und von älteren Menschen im Ruhestand, die „meist 20 Jahre oder länger wenig aktiv für ihre Gesunderhaltung getan und selten Ärzte, Therapeuten oder Trainer konsultiert" haben.[690] Auch Herr Dr. E. kritisiert, dass „unser Lebensstil einfach nicht

---

685 vgl. z. B. für den deutschen Kontext Schmitt et al. 2008: *Handbuch AA & Prävention*, S. 11.
686 Feldnotizen 6. Konferenz der GSAAM, Düsseldorf, 2006, P11:138.
687 [N. N.] 2009: *AA – Aussicht auf gesundes Altern*.
688 siehe auch GSAAM Newsletter 2/2004, S. 1
689 Jacobi et al. 2005: *Kursbuch AA*, S. 2.
690 vgl. ebd. S. 11.

angepasst ist."[691] Frau K. problematisiert die allgemeine Entfremdung von „den Wurzeln und […] einer gesunden Lebensweise, […] einer natürlichen […] Lebensweise."[692] Auch für Frau Dr. A. sind die Bereiche. „wo's Not tut". die Psyche und das Verhalten.[693]

Neben Bewegungsmangel und Rauchen werden in diesem Zusammenhang vor allem ungesunde oder gar „sündhafte"[694] Ernährungsgewohnheiten beklagt. Calabrese befürchtet, dass der demografische Wandel u. a. „noch mehr Millionen ältere, fehlernährten Menschen" bringen wird.[695] Häufig findet sich die in der orthomolekularen Medizin gängige Vorstellung von einer allgemeinen Unterversorgung der Menschen mit Nähr-, Vital- und Ballaststoffen. Frau K. erklärt: „Es gibt sehr viele Studien, die belegen, dass wir einfach TOTAL unterversorgt sind." „Grade Senioren ernähren sich oft nicht gesund."[696] Als weiteres ernährungsbezogenes Problem neben Fehlernährung wird das Übergewicht genannt. Bernd Kleine-Gunk spricht von „einer Zeit, in der es den meisten Menschen bereits schwer fällt, ihr Körpergewicht auch nur im oberen Normbereich zu halten."[697] Frau K. betont, dass Adipositas „mittlerweile eine richtige Volkskrankheit" sei und erklärt: „Nur dadurch, dass die immer das Falsche essen, werden die immer dicker und immer dicker."[698]

Insgesamt gewinnt man den Eindruck, dass die Menschen selbst die einfachsten Grundregeln der Ernährung verlernt hätten. So klagt ein Arzt im GSAAM-Journal, dass die Menschen nicht mehr ausreichend kauen, sondern das Essen zur „Schlingzeit" verkomme.[699] Und auf der Podiumsdiskussion des Zweiten Europäischen Präventionstags kritisierte der Ökotrophologe Nikolai Worm, dass die Menschen es sich einfach zu bequem machen, anstatt auf ihre Kalorienbilanz zu achten:

> „Ich kenn keinen, der heute einen Fernseher ohne Fernbedienung kauft, ich kenn keinen, der freiwillig seine Heizung auf 13 Grad runterstellt, ich kenn keinen, der nicht oben warm angezogen durch den Winter geht, das sind alles Dinge, die in die Kalorienbilanz mit eingehen."[700]

Vom „inneren Schweinehund"[701] ist häufig die Rede und von symptomorientierter Kurzsichtigkeit. Herr Dr. E. klagt: „Sobald der Schmerz weg ist, verfällt der wieder in seine alten Verhaltensmuster."[702] Nikolai Worm verdeutlicht die Tragweite des Problems mit

---

691 Interview P17:440.
692 Interview P21:1055.
693 Interview P16:291.
694 Jacobi 2005: *AA: Sinnbild, Sehnsucht, Wirklichkeit*, S. 10.
695 Feldnotizen Podiumsdiskussion 2. Europäischer Präventionstag, 2008, P13:121.
696 Interview P21:60 und 344.
697 Kleine-Gunk 2007: *AAM. Hoffnung oder Humbug?* S. A 2056.
698 Interview P21:364.
699 vgl. Witasek 2007: *Logische Voraussetzung für Regeneration*, S. 16.
700 Feldnotizen Podiumsdiskussion 2. Europäischer Präventionstag, 2008, P13:119.
701 z. B. Interview P15:175, Interview P16:1434, Kienzlen 2007: *Praxis Dr. Jungbrunnen*.
702 Interview P17:225.

seiner Vermutung: „Ich glaube, wir haben ein Faulheitsgen aus der Evolution mit einimplantiert bekommen."[703] Besonders konkret bringt Alfred Wolf die schlechte Lebensführung Älterer mit den Problemen des demografischen Wandels in Zusammenhang – auch wenn er an anderer Stelle „intrinsische", biologische Ursachen in den Vordergrund stellt:

> „Mehr als 80 % der Älteren über 65 Jahre ernähren sich mangelhaft, weniger als ein Drittel essen täglich die empfohlenen fünf Portionen Obst und Gemüse [...] Auch betreiben 80 % der Älteren keinen Sport, verursachen damit Krankheitskosten von 77 Mrd. US $, die durch Altensport gespart werden könnten. Über 25 % der Älteren setzen eigenständig Medikamente ab, mit zum Teil dramatischen Folgen für ihre Gesundheit."[704]

Zwei gerne angeführte Paradebeispiele schlechter Lebensführung entbehren hingegen jeden Altersbezugs, sind jedoch klar geschlechtlich und schichtbezogen konnotiert: Dies ist zum einen der wahlweise gestresste, kettenrauchende, übergewichtige, alkoholabhängige Bauarbeiter,[705] Arbeitslose,[706] Sozialhilfeempfänger[707] oder „ausländische Mitbürger".[708] Zum anderen wird auch der Manager, der „60 Stunden am Tag [sic] am PC sitzt und sich nicht bewegt,"[709] kritisiert. Frau K. warnt: „Gucken Sie sich das mal an, wie die Manager ihre Gesundheit [ruinieren], die liegen nachher mit Herzinfarkten im Krankenhaus."[710]

In den Argumentationen vieler GSAAM-MedizinerInnen klingt eine „*inverse" Modernisierungstheorie des Alterns* durch. Beklagt wird nicht, dass mit Einzug der Moderne die Gesellschaft das Altern nicht mehr würdigt, sondern dass die Menschen durch die Annehmlichkeiten der Zivilisation einen verweichlichten, nachlässigen Lebensstil führten, der für das Gelingen der Alterung nachteilig ist. Die Chancen auf längeres, gesundes Leben, den medizintechnischer Fortschritt und Wohlstand eröffneten, würden so vom Einzelnen verspielt. Als vormoderne Beispiele gesunder Lebensführungen werden gerne Steinzeitmenschen, biblische Gestalten oder auch Naturvölker angeführt.[711] Bernd Kleine-Gunk spricht in diesem Zusammenhang selbst von einer „Verklärung eines einfachen Lebens", welche „die Anti-Aging Medizin wie ein roter Faden bis in unsere Zeit hinein durchzieht".[712]

---

703 Feldnotizen Podiumsdiskussion 2. Europäischer Präventionstag, 2008, P13:119.
704 GSAAM Newsletter 3/2005, S. 1.
705 vgl. Interview P16:291.
706 vgl. Feldnotizen ESAAM Konferenz, Düsseldorf, 2008, P3:183.
707 vgl. Interview P16:972 ff.
708 vgl. Interview P17:540.
709 Interview P17:141.
710 Interview P21:898.
711 vgl. z. B. Feldnotizen Anti-Ageing Medicine World Congress, Paris, 2006, P5:195.
712 Kleine-Gunk 2008: *Extreme Langlebigkeit*, S. 15.

Kondratowitz' historische Untersuchung der wissenschaftlichen Thematisierung des Alter(n)s legt nahe, dass die GSAAM damit nicht nur in der Tradition der Anti-Aging-Medizin steht.[713] Dass Krankheit u. a. als Ergebnis einer krankmachenden maßlosen Lebensführung ist, beschreibt Kondratowitz als ein zu Beginn des 19. Jahrhunderts im Bürgertum weit verbreitetes Krankheitskonzept. Appelle zur insbesondere ernährungsbezogenen Selbstdisziplinierung waren auch damals weit verbreitet. Dabei handelt es sich um eines der alltagsweltlichen Vorverständnisse, auf welche die beginnende wissenschaftliche Thematisierung des Alterns im deutschen Kulturkreis stieß.

Zwei widersprüchliche Erklärungen für das Vorherrschen einer schlechten Lebensführung finden sich in den Darstellungen der GSAAM-ÄrztInnen: Erstens wird argumentiert, dass des den Menschen schlicht am richtigen Wissen und Bewusstsein mangele. Zweitens findet sich die Erklärung, dass nicht das Wissen, sondern die in dreierlei Hinsicht mangelnde Eigenverantwortung für dessen Umsetzung das Problem sei.

In Bezug auf *mangelndes Wissen und falsches Bewusstsein* findet sich die These, dass die problematische Wirklichkeit des Alterns *verdrängt oder ignoriert* werde. Die HerausgeberInnen des Kursbuch Anti-Aging zitieren in ihrem Vorwort eine Umfrage der Bertelsmann-Stiftung, der zufolge „die überwiegende Mehrheit der Deutschen die demografische Entwicklung [verdrängt] und […] keine Konsequenzen für die eigene Lebensplanung und Vorsorge"[714] zieht. Auch Frau K. kritisiert, dass viele Menschen das Thema Gesundheit verdrängen würden. „Solang sie halt nichts spüren, denken sie: Es ist alles in Ordnung."[715] Günther Jacobi vermutet zusätzlich auch Desinteresse und erklärt die schlechte Lebensführung „durch Ignoranz oder mangelnde bisherige Aufklärung, durch anders gelagerte Interessen und durch Verdrängung, falsch verstandene Scham und unbegründete Angst."[716] „Der männliche Hang zur Verdrängung kann fatale Folgen haben,"[717] lautet ein Aufmacher in der Zeitschriftenbeilage ‚Prävention'.

Eine weitere These ist, dass die Menschen *zu wenig oder das falsche Wissen* hätten. Ein Konferenzbesucher beklagt: „Die Patienten haben keine Ahnung"[718] von Prävention. Frau Dr. A. und Frau K. sehen dagegen eher ein Problem der Selbstüberschätzung und argumentiert, dass die Leute zwar dächten, sie wüssten schon alles über Prävention, aber faktisch wenig wüssten.[719] Auch Herr Dr. E. kommt zu dem Schluss: „Die Selbsteinschätzung ist […] das Problem."[720] An anderer Stelle legt er mit seiner Bemerkung

---

713 von Kondratowitz 2008: *Alter, Gesundheit & Krankheit*, S. 67 und 71.
714 Jacobi 2005: *AA: Sinnbild, Sehnsucht, Wirklichkeit*, S. VI.
715 Interview P21: 744.
716 Jacobi 2005: *AA: Sinnbild, Sehnsucht, Wirklichkeit*, S. 11.
717 Zeitschriftenbeilage Prävention, Jg. 1 (2009) Heft 3, S. 3.
718 Feldnotizen ESAAM Konferenz, Düsseldorf, 2008, P3:147.
719 vgl. Interview P16, 279 und Interview P21:64.
720 Interview P17:720.

„der Zwischenspeicher im Gehirn ist sehr begrenzt"[721] hingegen eher ein Intelligenzproblem nahe.

Nicht selten wird im gleichen Atemzug mit Wissens- und Bewusstseinsmangel zweitens *fehlende Eigenverantwortung* der (älteren) Menschen ausgemacht. Dabei fällt auf, dass der Tatbestand der Verantwortungslosigkeit häufig an der gegenteiligen Annahme festgemacht wird, dass die Menschen das Wissen und Bewusstsein sehr wohl hätten, aber dennoch einen schlechten Lebensstil führen. Gerade in der Diskrepanz zwischen Wissen und Bewusstsein über die Handlungsfolgen und gegenteiligem Handeln wird das moralische Problem gesehen. Dabei lassen sich *drei verschiedenen Ebenen der Verantwortungslosigkeit* ausmachen: Erstens wird kritisiert, dass die Menschen nicht eigenverantwortlich auf die Erfüllung ihres als gegeben angenommenen Wunsches nach gutem Altern hinwirken. In diesem Zusammenhang wird gerne das Rauchen als Inbegriff *verantwortungsloser Lebensführung* angeführt. So urteilt z. B. Günther Jacobi scharf über Raucher, die das rauchbedingte Risiko einer verkürzten Lebenserwartung eingehen: „Wer in Zeiten unbegrenzter Informationsmöglichkeiten eine solche Lebensverkürzung bewusst in Kauf nimmt, handelt ohne Eigenverantwortung."[722]

Zweitens wird insbesondere im Kontext der Europäischen Präventionstage eine mangelnde Eigenverantwortung für die *Durchführung und Finanzierung von Anti-Aging- und Präventionsmaßnahmen* beklagt. Mit dem Titel „Gesundheit ja – zahlen nein!" war eine Podiumsdiskussion auf dem Zweiten Europäischen Präventionstag angekündigt. Aus diesem Titel spricht die polemische Kritik der VeranstalterInnen an der vermeintlichen Anspruchshaltung und gleichzeitigen finanziellen Verantwortungsverweigerung der Menschen. Gleichzeitig wird oft betont, dass es den Menschen jedoch nicht an finanziellen Mitteln mangele. „Sie sind auch bereit, sich Alufelgen zu kaufen oder dreimal im Jahr in Urlaub zu fahren,"[723] betont Claudia Henning häufig.

In diesem Zusammenhang wird auch die im Kontext des Anti-Agings beliebte Autometapher entworfen, interessanterweise jedoch nicht in ihrer ursprünglichen, von Aubrey de Grey geprägten Bedeutung. De Grey veranschaulicht seinen „Ingenieursansatz" gegen das Altern gerne anhand der Existenz faktisch nicht „gealterter" Oldtimer. Vielmehr wird die akribische Autopflege zum Beispiel dafür, dass die Menschen sehr wohl äußerst verantwortliches Pflegeverhalten an den Tag legen, jedoch nicht im Hinblick auf sich selbst, sondern lediglich auf ihre Autos. So erklärt z. B. Claudia Henning in der BILD-Serie Prävention: „Wenn es um die Pflege unseres Autos geht, scheuen wir keine Kosten und Mühen. Aber in Sachen Gesundheit sind wir Deutschen immer noch echte Präventions-Muffel."[724]

---

721 ebd. P17:572.
722 Jacobi 2005: *AA: Sinnbild, Sehnsucht, Wirklichkeit*, S. 11, Hervorhebung im Original.
723 Feldnotizen Workshop „Der Anti-Aging Patient", Hennig, 8. GSAAM Konferenz, München, 2008, P7:22.
724 [N. N.] 2007: *Wie wichtig ist d. Prävention?* vgl. auch Roland Klatz P3:293.

Eine dritte Ebene der Verantwortungslosigkeit, die viele der GSAAM-MedizinerInnen ausmachen, ist die *mangelnde Eigenverantwortung für im Krankheitsfall anfallende Kosten*. Frau Dr. A. kritisiert wie viele ihrer GSAAM-KollegInnen:

> „In Deutschland ist das Thema, dass leider wirklich ne Generation ..[…] Anfang oder Mitte 50 aufwärts damit groß wurde: Der Staat wird's schon richten, wenn ich krank bin. […] und das ist ein Auslaufmodell […], das ist klar."[725]

Die „Vollkaskomentalität"[726] der Menschen ist auch in den Augen Claudia Hennigs eines der Hauptprobleme, gegen das es anzukämpfen gilt. Gemeint sind dabei nicht nur gesetzlich Versicherte. Ein Berliner Präventionsarzt kritisiert im Gespräch mit zustimmenden KollegInnen: „Die Privatpatienten sind mit der Mentalität aufgewachsen, dass irgendjemand das alles schon für sie bezahlen wird."[727] Dies bedeutet für ihn einen lästigen Mehraufwand, weil die privat Versicherten aufwendige Atteste und Bericht von ihm verlangen, um die privaten Krankenversicherer zur Erstattung der Behandlungskosten zu bewegen. Der Arzt erzählt, dass er sich einfach weigere noch Berichte zu schreiben, „wenn das wirklich einfach Sachen sind, die ganz klar in den Bereich der Eigenverantwortung gehören."[728]

Auch zu dieser einflussreichen „Verschuldungsthese" finden sich im untersuchten empirischen Material nicht weiter diskutierte gegenläufige Argumentationen, die Hinweise auf die Selektivität der These liefern. So finden sich z.B. einzelne Argumentationen, in denen nicht von mangelndem, sondern im Gegenteil von *großem Wissen und Bewusstsein der Menschen für Gesundheit und Gesundhaltung* die Rede ist. So argumentiert Wolf Bleichrodt, dass der boomende Gesundheitsmarkt zeige, dass die Menschen die Bedeutung von Prävention längst erkannt hätten und diese bereits „sozusagen als Gesundheitsmanager in eigener Sache" umsetzten.[729] Auch in einer Pressemitteilung zu ersten Europäischen Präventionstag ist von „der zunehmenden Eigenverantwortung der Menschen für ihre Gesundheit"[730] die Rede. Auch Römmler erklärt, dass es keine „Luxusgeschöpfe" seien, die in seine Praxis kämen, sondern „Menschen wie Du und ich, die natürlich ein ganz anderes Bewusstsein dafür haben, was in ihrem Körper so passiert."[731]

In Römmlers Erklärung schwingen bereits *schichtspezifische Verantwortungsunterschiede* mit, die ebenfalls mehrfach Erwähnung finden. Auf meine Frage, ob Eigenverantwortung für die meisten Leute ein Fremdwort sei, erwidert Frau Dr. A. beispielsweise entschieden:

---

725 Interview P16:777.
726 Hennig 2006: *Prävention – Eigenverantwortung ist angesagt (Interview Leienbach)*, S. 7.
727 Feldnotizen ESAAM Konferenz, Düsseldorf, 2008, P3:139.
728 ebd. P3:139.
729 Bleichrodt 2005: *Präventionsversicherung*, S. 16.
730 [N.N.] 2007: *Gipfeltreffen zum Thema Prävention*, S. 1.
731 Feldnotizen Podiumsdiskussion 2. Europäischer Präventionstag, 2008, P13:98.

„Nein! [...] Gesundheitsgedanken, Präventionsgedanken sind sehr wohl auch gekoppelt an den sozialen Status, [...] und an das Einkommen. [...] aber da wo anscheinend auch mehr Geld schon traditionsgemäß [...] verdient wird, [...] existiert auch mehr Eigenverantwortung."[732]

Zudem wird – wenn auch nur am Rande – erwähnt, dass nicht nur der Mangel an Wissen, Bewusstsein und Eigenverantwortung Ursachen für ungesunde Lebensweisen sein können, sondern dass diese auch andere Ursachen haben kann. So findet sich das Argument, dass der schlechte Lebensstil der Menschen oft nicht „selbst gewählt", sondern durch die *Zwänge des Arbeits- und Familienlebens* „aufgepfropft"[733] sei. Besonders eindrücklich spricht Frau K. von ihren eigenen Erfahrungen mit Doppelbelastung, Entlassungswellen und finanziellen Sorgen und fasst zusammen:

„Natürlich: Gesunde Ernährung, Bewegung weiß jeder, dass es wichtig ist. Aber: Die Leute haben stressige Jobs, die haben kleine Kinder, die haben manchmal Doppelbelastung. Sie sind einfach manchmal nicht in der Lage, das Leben... das zu tun, wie sie es einfach gesundheitlich bräuchten."[734]

Bei Frau K. klingen zudem Zweifel daran durch, *inwiefern ein gesunder Lebensstil wirklich zu gesundem Alter führt*. Am Beispiel obst- und gemüsereicher Ernährung kritisiert sie: „Oftmals ist es auch so, dass selbst wenn sie das tun, fehlen trotzdem wichtige Spurenelemente, die in unserer Ernährung [aufgrund der industriellen Nahrungsmittelproduktion] gar nicht mehr vorkommen."[735]

Schließlich fällt auf, dass die von Bernd Kleine-Gunk angeführten *prominenten Beispiele für erfolgreiches und unerfolgreiches Alterns der Verschuldungsthese widersprechen*. Johann Wolfgang von Goethe präsentiert Kleine-Gunk als Beispiel erfolgreichen Alterns, räumt jedoch ein: „Sicherlich war Goethe kein Gesundheitsapostel [...]. Um sich irgendwelchen Diätregimen oder gar einer asketischen Lebensweise zu verschreiben, war er viel zu sehr Genussmensch."[736] Kleine-Gunk handelt Goethes genussvoller Lebensstil humorvoll als Kavaliersdelikt ab, während Ähnliches in anderen Zusammenhängen als verantwortungslose Lebensführung gilt. Den an Demenz erkrankten Walter Jens nennt Kleine-Gunk hingegen als Beispiel kranken Alterns. Der Fall erscheint in Kleine-Gunks Darstellung u. a. deshalb als tragisch, weil Walter Jens sein Gehirn in vorbildlicher, verantwortungsvoller Weise zu Höchstleistungen brachte und dennoch quasi „unverschuldet" an Demenz erkrankte.

---

732 Interview P16:882.
733 Jacobi 2005: *AA: Sinnbild, Sehnsucht, Wirklichkeit*, S. 12.
734 Interview P21:444.
735 ebd. P21:104.
736 Kleine-Gunk 2008: *Goethe. Ein Beispiel f. erfolgreiches Altern*, S. 133.

4.1.2 Uneingelöste Vollversorgungsversprechen und präventionsbezogene Verantwortungslosigkeit des Sozialstaats

Das Verantwortungsproblem hinter dem demografischen Risiko wird zwar überwiegend, aber nicht ausschließlich auf individueller Ebene verortet. Neben den zahlreichen Klagen über den Mangel an gesundheitlicher Selbstverantwortung des Einzelnen wird deutlich *seltener auch die Verantwortlichkeit des Sozialstaats als unzureichend kritisiert.* Aus den komplexen sozial-, arbeits-, gesundheits- und finanzpolitischen Verantwortlichkeiten im Kontext des demografischen Wandels fokussieren die GSAAM-MedizinerInnen dabei vor allem zwei gesundheitspolitische Aspekte, die im Folgenden untersucht werden: Das Auseinanderklaffen von Anspruch und Wirklichkeit in Bezug auf die sozialstaatliche Verantwortung erstens für die Übernahme von Krankheitskosten und zweitens für die Implementierung und Finanzierung von Gesundheitsförderungs- und Präventionsmaßnahmen.

Die Erfahrungen der GSAAM-MedizinerInnen mit den Gesundheitsreformen und ihren teils erheblichen Frustrationen über deren Auswirkungen auf ihre ärztliche Praxis nehmen großen argumentativen Raum ein. Häufig ist von der „realexistierenden Not des Allgemeinmediziners auf dem Land"[737] die Rede. Die Rationierung[738] und Budgetierung[739] der medizinischen Grundversorgung wird beklagt. Die Ineffizienzen und Unfreiheiten mit einer über „Zwangsbeiträge"[740] finanzierten „Staatsmedizin" werden kritisiert.[741] Und von der „gegängelten" ÄrztInnenschaft[742] und deren Hoffnungen auf mehr medizinische Qualität und angemessenere Vergütung durch mehr freie Marktwirtschaft im Gesundheitswesen wird viel gesprochen.[743] Eines der wiederkehrenden Motive in diesen Argumentationen ist die Kritik, dass der Sozialstaat seinen BürgerInnen ein *Recht auf die Erstattung all ihrer Krankheitskosten suggeriere, obwohl er dieses faktisch nicht garantieren könne* und gleichzeitig die medizinische Versorgung sogar rückbaue:

„Die Regierung verspricht allen alles, gleichzeitig budgetiert sie die Ausgaben für die Versorgung,"[744] heißt es in einer Pressemitteilung zum Ersten Europäischen Präventionstag. Häufig wird in diesem Zusammenhang auf den ersten Paragrafen des fünften Sozialgesetzbuches verwiesen, in dem die gesetzliche Krankenversicherung geregelt

---

737 vgl. z. B. Interview P16:555.
738 vgl. z. B. Bleichrodt 2005: *Staatliches Exklusivmarketing*, S. 15.
739 vgl. z. B. [N. N.] 2009: *Armutszeugnis der Ärztekammern & Universitäten*.
740 vgl. z. B. Feldnotizen „Longevity & Anti-Aging – Neue Märkte für die Gesundheit", Frankfurt Global Business Week, IHK Frankfurt, Mai 2011.
741 vgl. z. B. Bleichrodt 2008: *Banken + Politik*, S. 10.
742 vgl. z. B. Feldnotizen Workshop „Der Anti-Aging Patient", Hennig, 8. GSAAM Konferenz, München, 2008, P7:43.
743 vgl. z. B. Feldnotizen „Menopause Andropause Anti-Aging" Kongress, 2005, Wien und Feldnotizen „Longevity & Anti-Aging – Neue Märkte für die Gesundheit", Frankfurt Global Business Week, IHK Frankfurt, Mai 2011.
744 [N. N.] 2009: *Armutszeugnis der Ärztekammern & Universitäten*.

ist. Darin heißt es: „Die Krankenversicherung als Solidargemeinschaft hat die Aufgabe, die Gesundheit der Versicherten zu erhalten, wiederherzustellen oder ihren Gesundheitszustand zu bessern."[745] Wolf Bleichrodt kritisiert diese „schwammige und unhaltbare Aussage ‚Jeder soll das bekommen, was er für seine Gesundheit braucht.'"[746] Er argumentiert, dass sich die GesundheitspolitikerInnen nicht dazu durchringen könnten, „dem Bürger zu sagen, dass er für seine Gesundheit selbst verantwortlich ist."[747]

Alex Witasek spricht gar von einem „Recht auf Gesundheit",[748] das den BürgerInnen „vorgegaukelt" würde. Ein Recht auf Gesundheit ist anders als das erwähnte Recht auf Gesundheits*versorgung* im deutschen Grundgesetz jedoch nicht konkret festgeschrieben.[749] In diesen Argumentationen ist nicht mehr eine sozialschmarotzerische „Vollkaskomentalität" der Individuen das Problem, sondern uneingelöste „Vollkaskoversprechen" des Sozialstaates. Dass in § 1 SGB V nicht nur die Solidarität, sondern auch die Eigenverantwortung für Gesundheitsversorgung geregelt ist, wird in diesem Kontext meist nicht thematisiert.

Kritisiert wird dabei nicht primär, dass der Sozialstaat seinen Aufgaben nicht nachkommt, sondern die *Unaufrichtigkeit der PolitikerInnen*. Denn diese würden den BürgerInnen „versprechen",[750] „vorgaukeln"[751] oder „einreden",[752] dass der Sozialstaat verantwortlich sei und damit die faktische Eigenverantwortlichkeit des Einzelnen verschleiern. Einer von Bleichrodts Kommentaren zur Gesundheitsreform im GSAAM-Journal ist illustriert mit dem Bild eines Politikers, der beim Schwören eines Eides hinter seinem Rücken die Finger kreuzt. „Ich wurde nicht von den Politikern getäuscht, sondern ich habe mich in ihnen getäuscht,"[753] lautet sein bitterer Schluss. Weniger pathetisch appelliert auch Volker Leienbach im GSAAM-Journal an die „Ehrlichkeit in der Politik".[754]

Neben den Vollversorgungsversprechen wird im Umfeld der GSAAM auch die *mangelnde Verantwortlichkeit des Sozialstaats für die Etablierung von Prävention und Gesundheitsförderung als vierte Säule des Gesundheitswesens* kritisiert. Wortführende GSAAM-MedizinerInnen beklagen, dass Primärprävention und Gesundheitsförderung von staatlicher Seite bisher strukturell vernachlässigt wurden, auch wenn dies die BürgerInnen in die Lage versetzen würde, ihr vermeintliches Recht auf Gesundheitsversorgung gar nicht erst in Anspruch nehmen zu müssen. Wie in der präventionspolitischen Debatte insgesamt, wird dabei häufig auf die geringe finanzielle Ausstattung der Sektoren Prävention und Gesundheitsförderung verwiesen. Insbesondere wird kritisiert, dass

---

745 § 1 SGB V.
746 Bleichrodt 2007: *Editorial*, S. 271.
747 ebd.
748 Witasek 2007: *Logische Voraussetzung für Regeneration*, S. 16.
749 vgl. z. B. Pestalozza 2007: *Recht auf Gesundheit*.
750 [N. N.] 2009: *Armutszeugnis der Ärztekammern & Universitäten*.
751 Witasek 2007: *Logische Voraussetzung für Regeneration*, S. 16.
752 Hennig 2005: *Zeitreise i. d. Realität (Interview Schirrmacher)*, S. 8.
753 Bleichrodt 2007: *Ein Arzt sieht rot*, S. 13.
754 Hennig 2006: *Prävention – Eigenverantwortung ist angesagt (Interview Leienbach)*, S. 7.

im Gesamtbudget der gesetzlichen Krankenversicherungen, denen rechtlich die Hauptzuständigkeit für Prävention und Gesundheitsförderung zukommt, weniger als 5 % für präventive Ansätze vorgesehen sind.[755] So leitete Bernd Kleine-Gunk beispielsweise den Redebeitrag einer AOK-Vertreterin auf der Podiumsdiskussion im Rahmen des Zweiten Europäischen Präventionstags mit der beißenden Frage ein, ob die Umbenennung der AOK von Krankenkasse in „Gesundheitskasse" angesichts ihrer geringen Ausgaben für Krankheitsprävention und Gesundheitsförderung ein PR-Gag gewesen sei.[756] Auch Herr Dr. E. kritisiert, dass nur „drei Prozent" der Gesundheitsausgaben für Präventivmaßnahmen ausgegeben würden, die lediglich für einige wirkungslose Informationsbroschüren ausreichten, obwohl „eigentlich aggressives Marketing gemacht werden [müsste] für diese Geschichte, was richtig viel kostet."[757]

Kritisiert wird jedoch nicht nur, dass zu wenig Mittel zur Verfügung stehen, sondern dass diese auch für die falsche Art von Prävention ausgegeben werden. „Prävention wird in der Öffentlichkeit – und selbst in Teilen der ÄrztInnenschaft – noch immer mit Früherkennung verwechselt,"[758] kritisiert Claudia Hennig. Dabei geht es im Verständnis der GSAAM nicht um die frühzeitige Erkennung von Krankheiten, die in der einflussreichen nosologischen Präventionstrias[759] als Sekundärprävention bezeichnet wird, sondern um die Vermeidung von Krankheiten durch primärpräventive Maßnahmen. In diesem Sinne argumentiert auch Herrn Dr. D.: „Die Präventionsausgaben […] beschränken sich fast alle auf VORSORGEmaßnahmen und es gibt da keine eigentliche Prävention."[760]

4.1.3 Sozialpolitische Kontextualisierung: Das Scheitern des Präventionsgesetzes

Die Klagen über diesen Mangel an sozialstaatlicher Verantwortungsübernahme stehen u. a. *im Kontext der Diskussion über das Scheitern des sogenannten Präventionsgesetzes.* Die rot-grüne Bundesregierung hatte 2004 unter Federführung von Gesundheitsministerin Ulla Schmidt (SPD) den Entwurf für ein „Gesetz zur Stärkung der gesundheitlichen Prävention" erarbeitet,[761] das als entscheidender Schritt hin zu der allseits befürworteten Etablierung von Prävention als vierte Säule des deutschen Gesundheitswesens neben Kuration, Rehabilitation und Pflege galt. Der Gesetzesentwurf wurde 2005 nach zähen Verhandlungen über Kompetenzen und (finanzielle) Verpflichtungen der zahl-

---

755 vgl. z. B. Hurrelmann et al. 2007: *Einführung*, S. 14.
756 vgl. Feldnotizen Podiumsdiskussion 2. Europäischer Präventionstag, 2008, P13:42 ff.
757 Interview P17:604, siehe auch z. B. [N. N.] 2007: *Ergebnispapier Experten-Forum Prävention.*
758 Hennig 2007: *Editorial.*
759 siehe Caplan 1964: *Preventive psychiatry* sowie Franzkowiak 2008: *Prävention i. Gesundheitswesen*, S. 197 ff. und Walter et al. 2006: *Alt und gesund?* S. 122.
760 Interview P25:97.
761 siehe Bundestagsfraktionen SPD und BÜNDNIS 90/DIE GRÜNEN 2005: *Entwurf Präventionsgesetz.* Einen guten Überblick über die komplexe Architektur des Gesetzesentwurfs und die politische Kontroverse darüber gibt Rosenbrock 2006: *Gesetz zur Stärkung d. gesundheitlichen Prävention.*

reichen AkteurInnen im Bundesrat abgelehnt[762] und galt damit angesichts der Niederlage der rot-grünen Koalition in den vorgezogenen Neuwahlen des Bundestags als gescheitert.[763]

Dem Scheitern des Präventionsgesetzes ging eine seit Mitte der 1990er Jahre verstärkte Diskussion über die sozialstaatliche Leistungstiefe in der Krankheitsprävention und Gesundheitsförderung voraus.[764] Diese „neue" Präventionsdiskussion[765] war nicht allein eine späte Folge des salutogenetischen Paradigmenwechsels in der Gesundheitsforschung.[766] Neben dem Zugewinn an Lebensqualität und dem Bemühen um gesundheitliche Chancengleichheit wurden zunehmend auch Kostenargumente für Prävention stark gemacht.[767] Die These, dass sich durch die Prävention vor allem chronischer Erkrankungen Krankheitskosten einsparen und die Leistungsfähigkeit der BeitragszahlerInnen länger erhalten lasse, wurde zu einem Hauptargument für Prävention. In diesem Zusammenhang ist eine Konjunktur altersbezogener Argumente festzustellen, die u. a. von gerontologischer Seite erfolgreich in die präventionspolitische Diskussion eingebracht wurde.[768] Zum einen wurde der demografische Wandel zunehmend als Grund für die fiskalische Krise des Gesundheitswesens und damit für den Ausbau von Prävention zur Kostendämpfung angeführt. Zum anderen wurde auf ungenutzte Präventionspotenziale älterer Menschen hingewiesen und damit das Alter als neuer Gegenstand von Präventionsmaßnahmen entdeckt.

Im Hinblick auf die gesundheitspolitische Diskussion der GSAAM-ÄrztInnen scheinen vor allem zwei Aspekte des geplanten Präventionsgesetzes interessant: Zum einen wurden in dem Gesetzesentwurf *Kostenargumente* für Prävention noch stärker in den Vordergrund gestellt als dies in der bisherigen Präventionsdiskussion der Fall war. Mit weniger relativierenden Verweisen auf den Gewinn von Lebensqualität und gesundheitlicher Chancengleichheit wurde erklärt, dass die Reformbemühungen auf die Vermeidung von Krankheitskosten und die Förderung der Beschäftigungsfähigkeit zielen.[769] Allerdings lässt sich bis heute nur schwer abschätzen, in welchem Verhältnis Kosten und Nutzen einer Etablierung von Prävention als vierte Säule des Gesundheitssystems zueinander stehen würden. Denn sowohl die Messung der Langzeitwirkungen von Präventionsmaßnahmen als auch die ökonomische Evaluation von Präventionskosten und

---

762 siehe Bundesregierung; Bundesrat 2005: *Stellungnahme Präventionsgesetz.*
763 vgl. Robertz-Grossmann et al. 2006: *Nach d. gescheiterten Präventionsgesetz.*
764 vgl. z. B. Hensen et al. 2008: *Gesundheitswesen im Wandel,* S. 13.
765 vgl. z. B. Hurrelmann et al. 2007: *Einführung,* Rosenbrock 2008: *Primärprävention,* Franzkowiak 2008: *Prävention i. Gesundheitswesen,* Hensen et al. 2008: *Gesundheitswesen und Sozialstaat* und Schmidt et al. 2007: *Gesundheit fördern – oder fordern?*
766 siehe First international conference on health promotion 1986: *Ottawa Charter.*
767 siehe Sachverständigenrat für die Konzertierte Aktion im Gesundheitswesen 2002: *Gutachten 2000/2001 Bedarfsgerechtigkeit & Wirtschaftlichkeit,* S. 133 ff.
768 siehe insb. Walter et al. 2001: *Gesundheit der Älteren (Expertise 3. Altenbericht)* und Kruse 2002: *Gesund altern.*
769 vgl. Bundesregierung; Bundesrat 2005: *Stellungnahme Präventionsgesetz,* S. 1.

vermiedenen Krankheitskosten sind bei genauerer Betrachtung keineswegs trivial und entsprechende Instrumente zur Abschätzung der Kosten-Effektivität von Prävention werden in Deutschland bisher nur in geringem Maße eingesetzt.[770]

Zum anderen wurde das *Individuum stärker als bisher in die Verantwortung* für Prävention und Gesundheitsförderung genommen.[771] Während in § 1 SGB V zuerst die sozialstaatliche Solidarität und dann die Eigenverantwortlichkeit in der Gesundheitsversorgung erwähnt werden, war dies im Gesetzesentwurf umgekehrt. Der fünfte der insgesamt 26 Paragrafen war dem Thema „Eigenverantwortung" gewidmet und erst in § 6 wurden die Verantwortlichkeiten der sozialen Präventionsträger geregelt. Auch hier spielt jedoch die Eigenverantwortung eine Rolle, denn es wurde u.a. als Aufgabe der Träger beschrieben, auf mehr Eigenverantwortung der Versicherten hinzuwirken.[772]

Diese Entwicklungen gingen einher mit gesundheitswissenschaftlichen Diskussionen über den Grad der Medikalisierung,[773] Ökonomisierung,[774] Individualisierung[775] und Aktivierung[776] der Prävention und Gesundheitsförderung in Deutschland, denen u.a. unterschiedliche Konzepte von einer gerechten Verantwortungsverteilung in Bezug auf die Gesundheitsvorsorge zugrunde liegen.[777]

Es fällt auf, dass die wortführenden GSAAM-ÄrztInnen ihr Programm sowohl inhaltlich als auch institutionell *kaum an diese gesundheitswissenschaftliche Debatten anknüpfen*, sich aber teilweise dennoch als InitiatorInnen einer neuen Debatte empfehlen. Ihre bisweilen scharfe Kritik an der Gesundheits- und Präventionspolitik sowohl der rot-grünen Bundesregierung als auch der großen Koalition hat weniger den Charakter

---

770 vgl. z.B. Plamper et al. 2007: *Kosten & Finanzierung von Prävention & Gesundheitsförderung*, S. 372 ff.
771 Schmidt et al. 2007: *Gesundheit fördern – oder fordern?* S. 12.
772 vgl. Bundestagsfraktionen SPD und BÜNDNIS 90/DIE GRÜNEN 2005: *Entwurf Präventionsgesetz*, S. 5.
773 Zur Diskussion über das Verhältnis von nosologischer Krankheitsprävention und salutogenetischer Gesundheitsförderung und der damit verbundenen gesundheitswissenschaftlichen Kontroverse darüber, ob das Gesundheitsverhalten oder die Lebenslage der Menschen von größerer Bedeutung für erfolgreiche Prävention siehe z.B. Rosenbrock 2008: *Primärprävention*, S. 11 ff., Franzkowiak 2008: *Prävention i. Gesundheitswesen*, S. 205 f. und Schmidt et al. 2007: *Gesundheit fördern – oder fordern?*
774 Zur der ursprünglichen Ökonomisierungskritik an der „wettbewerblichen Zurichtung" der Gesundheitsförderung im Kontext der neuformulierten Wiedereinführung von § 20 SGB V „Prävention und Selbsthilfe" siehe z.B. Mosebach et al. 2007: *Gesundheitspolitische Umsetzung von Prävention*, S. 348 ff., Schmidt et al. 2007: *Gesundheit fördern – oder fordern?* S. 11 und Hurrelmann et al. 2007: *Einführung*, S. 15. U.a. Hensen et al. kritisieren die Rolle der Prävention bei der Privatisierung von Gesundheitskosten und -risiken (vgl. Hensen et al. 2008: *Gesundheitswesen im Wandel*, S. 13).
775 Dass Gesundheitsförderung zur Privatangelegenheit kaufkräftiger KonsumentInnen verkommt kritisieren z.B. Schmidt et al. (vgl. Schmidt et al. 2007: *Gesundheit fördern – oder fordern?* S. 12.). U.a. Rosenbrock weist zudem darauf hin, dass durch die häufige Reduzierung der Ursachen von Gesundheitsrisiken auf individuelles Fehlverhalten die Legitimation verschaffe, sich auf symbolische Politik zu beschränken (vgl. Rosenbrock 2008: *Primärprävention*, S. 7).
776 Im Kontext der Diskussion über den aktivierenden Sozialstaat kritisieren Schmidt et al., dass über die Ökonomisierung und Individualisierung von Prävention und Gesundheitsförderung hinaus heute auch zu befürchten sei, dass „[...] nicht-kaufkräftige BürgerInnen zur Gesundheitsforderung [sic] aktivierend gezwungen werden." (Schmidt et al. 2007: *Gesundheit fördern – oder fordern?* S. 12).
777 vgl. z.B. Hensen et al. 2008: *Gesundheitswesen im Wandel*, S. 13.

gesundheitswissenschaftlicher Erörterungen. In vielen Fällen sind die Argumentationen eher von den Erfahrungen und Belangen des „Berufsstandes" der ÄrztInnenschaft her konzipiert,[778] die nach Meinung vieler GSAAM-MedizinerInnen bisher in der präventionspolitischen Debatte unterrepräsentiert waren.[779]

Besonders deutlich wird dieser *eher standespolitische als gesundheitswissenschaftliche Charakter der Diskussion* über Präventionspolitik im Umfeld der GSAAM in Wolf Bleichrodts Kommentaren im GSAAM-Journal.[780] Der Münchner Gynäkologe ist einer der wenigen GSAAM-ÄrztInnen, die sich über eine allgemeine Kritik an zu wenig und falsch investierten Mittel für Prävention hinausgehend inhaltlich mit Entwicklungen und Konzepten der Präventionspolitik auseinandersetzen, weshalb seine Kommentare im GSAAM-Journal als eine Art gesundheitspolitisches Sprachrohr der GSAAM erscheinen. Bleichrodt fokussiert seine Kritik auf eine Schelte der „politischen Kaste."[781] Auf die Rolle anderer AkteurInnen des Gesundheitswesens geht er dagegen kaum ein. Scharf kritisiert er die Verlogenheit, Inkompetenz, Machtbesessenheit, Geldgier und anhaltende, absichtliche Untätigkeit der PolitikerInnen in Sachen Prävention. Polemisch unterstellt er gar ein volkswirtschaftliches Interesse am „sozialverträglichen Frühableben"[782] der BürgerInnen, auch wenn er gleichzeitig feststellt, dass Prävention sozialstaatlich schlicht nicht finanzierbar sei.[783]

Bleichrodt kritisiert auch die Verteilung der Verantwortlichkeit für Prävention zwischen dem Sozialstaat und dem Individuum. Seine *Kritik an der Individualisierung von (finanziellen) Verantwortlichkeiten* für Prävention gerät dabei interessanterweise fast schärfer als in der gesundheitswissenschaftlichen Diskussion. An dem Entwurf des Präventionsgesetzes bemängelt Bleichrodt noch vor dessen Scheitern, dass die Sozialbeiträge dafür verwendet würden, den Bürger „auf eigene Kosten" in Präventionsberatungen zu „zwingen". „Wohlgemerkt wird er nur beraten – für medizinische Leistungen, die sich aus diesen Beratungen ergeben, wird nicht bezahlt."[784] Faktisch bleibe die Prävention also „wie bisher schon der Eigenverantwortung überlassen"[785] und sei nach wie vor keine Kassenleistung.

Mehrfach kritisiert der GSAAM-Arzt, dass die Politik durch den bereits erwähnten § 1 SGB V ihre „Verantwortung für ein gesundes Gemeinwesen" auf „den einzelnen Bürger abwälzen" und damit „das eigene Unvermögen kaschieren."[786] Denn nachdem zunächst die Erhaltung, Wiederherstellung und Verbesserung der Gesundheit der

---

778 vgl. z. B. Bleichrodt 2007: *Ein Arzt sieht rot.*
779 vgl. z. B. [N. N.] 2007: *Ergebnispapier Experten-Forum Prävention.*
780 vgl. http://www.frauenarzt-bleichrodt.de/Praxis/Team/Dr-Wolf-Bleichrodt (29.11.2013).
781 Bleichrodt 2008: *Banken + Politik*, S. 12.
782 vgl. z. B. Bleichrodt 2008: *Banken + Politik*, S. 13, Bleichrodt 2007: *Ein Arzt sieht rot*, S. 12 und Bleichrodt et al. 2006: *Enteignung d. Gesundheit*, S. 416.
783 vgl. z. B. Bleichrodt 2005: *Präventionsversicherung*, S. 16.
784 Bleichrodt 2005: *Staatliches Exklusivmarketing*, S. 14 f.
785 ebd. S. 15.
786 Bleichrodt et al. 2006: *Enteignung der Gesundheit*, S. 415.

Versicherten als Aufgabe der solidarischen Krankenversicherung festgeschrieben wird, heißt es in diesem Paragraphen: „Die Versicherten sind für ihre Gesundheit mitverantwortlich; sie sollen [...] dazu beitragen, den Eintritt von Krankheit und Behinderung zu vermeiden oder ihre Folgen zu überwinden."[787] Teilweise überzeichnet Bleichrodt die Formulierungen des Paragrafen in seinen Darstellungen. So ist „der Patient" einmal nicht wie im Gesetzestext *mit*verantwortlich, sondern „verantwortlich"[788] für seine Gesundheit. Und der Beitrag zur Vermeidung und Überwindung von Krankheit und Behinderung wird an einer Stelle zu der gesetzlichen Regelung, dass sich die Versicherten „so verhalten müssen, dass Krankheit und Behinderung gar nicht erst eintreten!"[789] Bleichrodt macht daran eine unverstellte Entsolidarisierung der Politik fest – auch wenn er gleichzeitig kritisiert, dass die Politik die Bürger mit uneingelösten Vollversorgungsversprechen über ihre faktische Eigenverantwortung täuschen würde:

> „Wir steuern mit Riesenschritten auf eine Selbstzahlermedizin zu, mit tatkräftiger Unterstützung der Politik, die sich damit weiterer Verpflichtungen gegenüber dem Bürger entledigt und ihm dies auch mit Hilfe des Präventionsgesetzes als Fortschritt durch neu gewonnene Freiheit verkaufen wird."[790]

Diese Entwicklung bewertet Bleichrodt deswegen als schlecht, weil er darin *gravierende Gerechtigkeitsprobleme* sieht. „Prävention bleibt weiter etwas für wohlhabende Selbstzahler,"[791] kritisiert der GSAAM-Arzt und wirft der Gesundheitspolitik, insbesondere der damaligen Gesundheitsministerin Ulla Schmidt (SPD), vor, die Zweiklassenmedizin zwar nach außen hin anzuprangern, nach innen aber bereits tatkräftig „eine zweite Medizin der Eigenleistungen"[792] voranzutreiben. Neben diesen Problemen der Verteilungsgerechtigkeit kritisiert Bleichrodt es als ungerecht, dem Einzelnen *retrospektive Verantwortung* für Krankheiten zuzuschreiben. Denn während sich früher als Kranker „gut ruhen" ließ im „sozialen Netz", sei heute das Fazit: „Schuld ist das Opfer, denn es hat seinen schlechten Gesundheitszustand schließlich selbst verursacht."[793] Und: „Wer krank ist, ist ein Störenfried, ein Risikofaktor, ein Schmarotzer."[794]

Zum einen fällt auf, dass *Bleichrodt mit seiner scharfen Individualisierungskritik im Umfeld der GSAAM relativ alleine steht*. Wie bereits erwähnt, finden sich insgesamt kaum inhaltliche Auseinandersetzungen mit Präventionspolitik im untersuchten empirischen Material. Lediglich Herr Dr. D., der als einer der wenigen GSAAM-ÄrztInnen gesund-

---

787 § 1 SGB V.
788 Bleichrodt 2008: *Banken + Politik*, S. 13.
789 Bleichrodt 2007: *Ein Arzt sieht rot*, S. 13.
790 Bleichrodt 2005: *Staatliches Exklusivmarketing*, S. 15.
791 Bleichrodt 2008: *Banken + Politik*, S. 13.
792 vgl. Bleichrodt 2005: *Staatliches Exklusivmarketing*, S. 15.
793 Bleichrodt 2007: *Ein Arzt sieht rot*, S. 13.
794 ebd.

heitswissenschaftlichen Kreisen nahe steht,[795] kritisiert die mangelnde kommunale Verankerung der Gesundheitspolitik[796] und dass Präventionsleistungen den GKVen nur zu Marketingzwecken im Wettbewerb untereinander dienten.[797] Claudia Hennig steht jedoch der Individualisierung nicht so skeptisch gegenüber wie Wolf Bleichrodt. Zwar heißt es in der Presseerklärung zu einem ihrer Europäischen Präventionstage, dass die Nichtverantwortlichkeit des Staates „bitter" sei, „weil es so gar nicht dem entspricht, was man sich unter den ureigensten Aufgaben des Staates und seiner Organe vorstellt."[798] Andererseits erklärt Hennig jedoch, dass das Präventionsgesetz im Grunde das Richtige wollte, nämlich „die Verpflichtung zu einer flächendeckenden Erziehung der Bürger zur gesundheitlichen Selbstverantwortung."[799]

Zum anderen fällt auf, dass Wolf Bleichrodt aus seiner Individualisierungskritik gänzlich *andere Schlüsse für die Neuverteilung der Verantwortlichen zieht als in der gesundheitswissenschaftlichen Diskussion* üblich. Anstatt den Sozialstaat in die Verantwortung zu nehmen, schwenkt er selbst mit Verweis auf volkswirtschaftliche Sachzwänge auf einen klaren Eigenverantwortlichkeitskurs um und erklärt die von ihm aufgeworfenen Gerechtigkeitsprobleme zu Kollateralschäden. Wie die Verantwortlichkeiten für Altersprävention den GSAAM-MedizinerInnen zufolge in Zukunft besser verteilt werden sollten, um die bestehenden individuellen und sozialstaatlichen Verantwortungslosigkeiten zu beheben, wird im Folgenden untersucht.

4.2 Anti-Aging verändert das Gesundheitswesen: Die Neujustierung der Verantwortung für gutes Altern

Die Kritik an den bestehenden Unverantwortlichkeiten für eine gute Alterszukunft korrespondiert mit Vorschlägen für eine Neujustierung der Verantwortlichkeiten von Individuum und Sozialstaat. Im Gegensatz zur A4M und der SENS Foundation weist das Konzept der GSAAM eine *akzentuierte und auch systematisch bearbeitete politische Dimension* auf. Ihr medizinisches Konzept ist in einen gesundheits- und alterspolitischen Entwurf eingebettet, den wortführende GSAAM-MedizinerInnen insbesondere über die Präventionstage auch in die politische Diskussion einzubringen versuchen. In diesem Sinne lautete der Titel der ersten Ausgabe des GSAAM-Journals: „Anti-Aging verändert das Gesundheitswesen."[800]

Im Folgenden wird *erstens* herausgearbeitet, dass gesundheitliche Eigenverantwortung im Umfeld der GSAAM nicht immer von zentraler Bedeutung war. Es wird ge-

---

795 vgl. z. B. Interview P25:1051.
796 vgl. ebd. P25:153.
797 vgl. ebd. P25:121.
798 [N. N.] 2009: *Armutszeugnis der Ärztekammern & Universitäten*.
799 Hennig 2007: *Editorial*.
800 Anti Aging for Professionals, 2005, Jg. 1, Bd. 1.

zeigt, wie mit dem Strategiewechsel der GSAAM die Verantwortung des Einzelnen gegenüber individuellen Freiheiten und Pflichten von Medizin und Naturwissenschaften in den Vordergrund gestellt wird und tendenziell eine selbstverpflichtende Konnotation erfährt. *Zweitens* wird untersucht, welche Gründe dafür angeführt werden, dass die Menschen eigenverantwortlicher sein sollten. Hier finden sich mehrere Begründungen, in denen individuelle Pflichten einseitig akzentuiert werden und deren präskriptive Prämissen nicht expliziert werden. In einer der Begründungen wird der normative Bezugspunkt jedoch benannt. Hier wird argumentiert, dass gesundheitliche Eigenverantwortlichkeit ein gerechteres Prinzip der intergenerationellen Solidarität ist als die bisherige umlagefinanzierte Gesundheitsversorgung. *Drittens* wird gezeigt, dass dem Sozialstaat dabei vor allem die Verantwortung zugesprochen wird, die Eigenverantwortung der Menschen sowie den Aufbau einer marktförmigen Infrastruktur für Altersprävention zu fördern.

4.2.1 Von wissenschaftlichen Pflichten und individuellen Freiheiten zur Verpflichtung auf Eigenverantwortlichkeit

Mit der Neuausrichtung der GSAAM lässt sich die Emphase eines speziellen Konzepts von Verantwortlichkeit feststellen: die Verpflichtung des Einzelnen zu eigenverantwortlichem Management von Altersrisiken. In frühen Texten insbesondere der GSAAM-Präsidenten stehen hingegen zunächst andere Verantwortlichkeiten im Vordergrund. Ähnlich wie im Kontext der SENS Foundation und teilweise auch der A4M werden aus den drohenden individuellen Leiden und gesellschaftlichen Kosten des Alterns vor allem *medizinische und „scientific obligations"*[801] *zur Erforschung und Behandlung des Alterns* abgeleitet. Römmlers Konzept von Alterung als chronisch-degenerativer Systemkrankheit entsprechend wird vor allem die Medizin in die Pflicht genommen, sich endlich auch der Behandlung des bisher als „natürlich" verkannten Phänomen Alterns zu widmen.[802] Kleine-Gunk betont zudem die wissenschaftliche Verantwortung der Anti-Aging-Medizin, „tatsächlich wirksame und vorbeugende Strategien" gegen altersassoziierte Erkrankungen zu entwickeln.[803] Diese Selbstverpflichtung der Anti-Aging-MedizinerInnen in ihren frühen, meist an die medizinische Öffentlichkeit gerichteten Kommunikationen korrespondiert mit dem Bemühen, ihre Disziplin zu etablieren.

Auch das Subjekt wurde damals bereits angesprochen, jedoch nicht mit einer Verpflichtungsbotschaft, sondern mit einer auch im Umfeld der SENS-Foundation und der A4M üblichen *„Freiheitsbotschaft"*. Dieser zufolge muss die Alterung nicht länger passiv erduldet werden, sondern *kann* aktiv gestaltet werden.[804] So lässt Römmler seinen da-

---

801 Mykytyn 2006: *AAM (predictions, moral obligations & biomedical interventions)*, S. 18.
802 vgl. z. B. Römmler 2002: *Einführung i. d. AAM (AA Sprechstunde)*, S. 2.
803 vgl. z. B. Kleine-Gunk 2003: *Wozu AA?*
804 vgl. z. B. Römmler 2002: *Einführung i. d. AAM (AA Sprechstunde)*, S. 19 und [N. N.] 2009: *AA – Aussicht auf gesundes Altern*.

maligen Ausführungen über „Lebensgewohnheiten" keine Verantwortlichkeitsappelle an den Einzelnen folgen.[805] Auch Frau Dr. G. beschreibt es als zentrale Botschaft ihrer Beratungspraxis, dass die Einzelnen „durch eigene Bemühungen und auch Behandlungen das Schlimmste verhindern KÖNNEN."[806]

Vermittelt wird, dass die Emanzipation des vernünftigen Menschen von der schlechten Natur des Alterns durch die Aktivität des Einzelnen und medizintechnische Unterstützung möglich ist. Diese neue Freiheit der Gestaltung auch zu nutzen, wird dabei als *Gebot der Klugheit* dargestellt, nicht aber als Verantwortung oder Verpflichtung des Einzelnen. Mehrfach findet sich in Anspielung an die Finanzkrise das Argument, dass eine individuelle Gesundheitsvorsorge „definitiv die einzige Investition mit garantierter Rendite"[807] sei. Diese Investition wird zwar als besser dargestellt als die Nicht-Intervention. Zum Gebot erhoben wird sie dennoch nicht. Die Vorstellung einer prinzipiellen Freiheit des Individuums, sich für bessere oder schlechtere Handlungsalternativen zu entscheiden und diese auch erfolgreich umzusetzen, wird in Herrn Dr. E.s Argumentation besonders deutlich. Seine Ausführungen über die Risiken des Rauchens lässt er in dem Sprichwort enden: „Jeder ist dann letztendlich seines eigenen Glückes Schmied."[808]

Diese liberale Freiheitsbotschaft tritt jedoch mit dem Strategiewechsel der GSAAM in den Hintergrund. Anstatt eines freiheitlichen „Survival of the Fittest" wird zunehmend eine sozialethische Verpflichtung zu Eigenverantwortung begründe. Argumente für vermehrte Aktivitäten des Einzelnen treten deutlich in den Vordergrund und erfahren tendenziell eine verpflichtende Konnotation. Die Betonung neuer medizinisch-wissenschaftlicher Pflichten und individueller Freiheiten tritt dagegen in den Hintergrund: Insbesondere in den maßgeblich von Claudia Hennig und Peter Schlink geprägten Marketingkampagnen für die Europäischen Präventionstage und in der Gesellschaftsrubrik des GSAAM-Journals finden sich vermehrt *Appelle an die Eigenverantwortlichkeit des Einzelnen* an prominenter Stelle. „Mediziner fordern mehr Eigenverantwortung und ein neues Verständnis von individueller Prävention,"[809] ist die Schlagzeile einer Presseerklärung. „Prävention – Eigenverantwortung ist angesagt,"[810] ist der Titel eines Interviews im GSAAM-Journal mit Volker Leienbach, dem Direktor des Verbandes der privaten Krankenversicherung. Auch Alexander Römmler nimmt den Einzelnen mittlerweile klar in die Verantwortung. „Prävention ist Dauer-Pflicht,"[811] ist der Titel eines seiner Interviews in der Zeitschrift AntiAging News. Dort erwiderte Römmler auf die Einstiegsfrage, wann der beste Zeitpunkt für Prävention sei: „Gedanken über Prä-

---

805 vgl. Römmler 2002: *Einführung i. d. AAM (AA Sprechstunde)*, S. 20.
806 Interview P19:59.
807 Hennig et al. 2006a: *Editorial*, vgl. auch Volker Leienbach, Feldnotizen 1. Präventionstag auf der Medica, Düsseldorf, 2005, handschriftlich.
808 Interview P17:784.
809 [N. N.] 2008: *Gesunde zum Arzt!*
810 Hennig 2006: *Prävention – Eigenverantwortung ist angesagt (Interview Leienbach)*.
811 [N. N.] 2008: *Prävention ist Dauer-Pflicht*.

vention hat man sich stets zu machen. Also bereits von Anfang unseres Lebens an."[812] Über Kleine-Gunk wird ebenfalls berichtet, dass er „hier zunächst eine Bringschuld des Patienten"[813] sehe. Wolf Bleichrodt hofft schließlich, dass nicht nur „möglichst viele ihre Gesundheitsvorsorge als Privatsache begreifen," sondern diese auch „selbst gestalten."[814]

Die GSAAM-MedizinerInnen betonen, dass es sich beim Management gesundheitlicher Alterungsrisiken nicht um eine oktroyierte Pflicht, sondern um eine *innere Verpflichtung* handeln sollte. So plädiert Wolf dafür, Prävention „grundsätzlich als Lebensform denn als eine ‚Verordnung' zu begreifen."[815] Bleichrodt lobt in diesem Zusammenhang, dass schon viele Menschen „sozusagen als Gesundheitsmanager in eigener Sache"[816] Prävention betrieben.

Diese neue Ansprache des Subjekts findet sich häufig in Kommunikationen, die nicht (nur) an ein medizinisches Fachpublikum, sondern (auch) an die Öffentlichkeit gerichtet sind. Während die GSAAM in ihrer Etablierungsphase zunächst vor allem die medizinisch-wissenschaftliche Pflicht zur Altersprävention gegenüber dem medizinischen Umfeld kommunizierte, wurde mit der Hervorhebung der Pflicht zur Eigenverantwortung nun zum einen vermehrt auch um KundInnen geworben. Zum anderen erwies sich diese Öffentlichkeitsarbeit[817] auch als gut anschlussfähig an die alters- und gesundheitspolitische Diskussion über Altersprävention. Die wortführenden GSAAM-MedizinerInnen suchten und erhielten in diesem Punkt die Fürsprache einflussreicher Personen des öffentlichen Lebens:

„Wir müssen uns klar machen, dass wir für die Erhaltung unserer Gesundheit selbst verantwortlich sind",[818] unterstrich auch die damalige *Gesundheitsministerin Ulla Schmidt* (SPD) im Interview mit Claudia Hennig. Schmidt hatte in dem Entwurf ihres gescheiterten Entwurfes für ein „Gesetz zur Stärkung der gesundheitlichen Prävention" zum Leidwesen vieler GesundheitswissenschaftlerInnen ebenfalls die eigenverantwortliche Gesundheitsvorsorge gegenüber gesamtgesellschaftlichen und medizinischen Maßnahmen deutlich akzentuiert.[819] Auch die *Gerontologin Ursula Lehr* forderte im GSAAM-Journal im Hinblick auf die Altersprävention: „Hier muss freilich jeder Einzelne etwas tun!"[820] Die von Seiten der Gerontologie in die Präventionsdiskussion eingebrachte Strategie der Mobilisierung ungenutzter gesundheitlicher Potenziale des

---

812 ebd.
813 Müller 2010: *Für immer jung*, S. 3.
814 Bleichrodt 2005: *Präventionsversicherung*, S. 16.
815 [N. N.] 2007: *Ergebnispapier Experten-Forum Prävention*, S. 2.
816 Bleichrodt 2005: *Präventionsversicherung*, S. 16.
817 vgl. Hennig et al. 2005b: *Editorial*.
818 [N. N.] 2007: *Eine Frage von Humanismus*, S. 381.
819 Bundestagsfraktionen SPD und BÜNDNIS 90/DIE GRÜNEN 2005: *Entwurf Präventionsgesetz*.
820 Hennig 2006: *Altern im Sinne des Reifens (Interview Lehr)*, S. 272.

Alter(n)s[821] insbesondere durch die Aktivierung älterer Menschen[822] spitzte Lehr dabei auf eine Verpflichtung zu. „Verantwortung für die eigene Gesundheit ist eine staatsbürgerliche Pflicht",[823] erklärte schließlich der *Mitherausgeber der FAZ Frank Schirrmacher* im GSAAM-Journal vor dem Hintergrund seines umstrittenen Aufrufs zu einem „Aufstand der Alten".[824]

4.2.2 Gesundheitliche Eigenverantwortung als gerechtere Form intergenerationeller Solidarität

Angesichts der Emphase von Eigenverantwortlichkeit stellt sich die Frage, wie die Verpflichtung zu gesundheitlicher Eigenverantwortung im Umfeld der GSAAM eigentlich begründet wird. Im untersuchten empirischen Material lassen sich *fünf Argumentationsmuster* ausmachen, die im Folgenden untersucht werden: Gesundheitliche Eigenverantwortung wird erstens mit dem Wollen des Einzelnen, zweitens mit dem Können des Einzelnen, drittens mit dem Nicht-Können des Sozialstaats, viertens mit dem Nicht-Wollen des Sozialstaats und schließlich fünftens mit dem Nicht-Sollen des Sozialstaats begründet. In allen fünf Argumentationsmustern geht es im Kern um eine Neukalibrierung des Verhältnisses individueller und gesellschaftlicher Verantwortlichkeiten für das Erreichen einer guten Alterszukunft.

Erstens findet sich das Argument, dass sich das Individuum deshalb verantwortlicher zeigen sollte, weil das Ziel der Altersprävention – die Vermeidung individueller Altersleiden – im Interesse des Individuums liegt oder zumindest liegen sollte. Das Sollen wird hier mit dem *Wollen des Einzelnen* verknüpft. Für die Forderung, dass „jeder Einzelne mehr gesundheitliche Selbstverantwortung zeigen"[825] muss, findet sich z. B. die Begründung: „Schließlich ist es wünschenswert, die [gewonnenen] Lebensjahre […] bei guter Gesundheit und mit hoher Lebensqualität zu verbringen."[826] Das Argument, dass das Individuum verantwortlich ist, weil es um die Erreichung von dessen Zielen geht, erweitert Kleine-Gunk um den Hinweis auf die Nicht-Zuständigkeit des Staates. Er argumentiert, dass

---

821 insb. Walter et al. 2001: *Gesundheit der Älteren (Expertise 3. Altenbericht)* und Kruse 2002: *Gesund altern*.
822 insb. Kruse 1999: *Regeln f. gesundes Älterwerden (Weltgesundheitstag)* und Kruse et al. 2004: *Botschaften f. gesundes Älterwerden*.
823 Hennig 2005: *Zeitreise i. d. Realität (Interview Schirrmacher)*, S. 9.
824 Schirrmacher 2005: *Methusalem-Komplott*.
825 [N.N.] 2008: *Gesunde zum Arzt!* S. 2.
826 Hennig 2007: *Bildung & Aufklärung (Interview Mißfelder)*, S. 274, siehe auch [N.N.] 2008: *Gesunde zum Arzt!* S. 2.

„nicht alles, was mit dem eigenen Wohlbefinden und der persönlichen Lebensqualität zusammenhängt, hat automatisch einen Anspruch darauf, von der Solidargemeinschaft getragen zu werden. Hier müssen auch die Patienten umdenken, nicht nur die Kassen."[827]

Kleine-Gunk legt damit eine verantwortungsverweigernde Anspruchshaltung des Einzelnen nahe. Auch Hennig und Klentze argumentieren, dass gesundheitliche Selbstverantwortung „in unserem ureigensten Interesse liegen" sollte. „Es käme ja auch niemand auf die Idee, seine Vermögensplanung ‚Vater Staat' zu überlassen,"[828] ist ihre Analogie dafür, dass Gesundheitsförderung nicht Gegenstand staatlicher Fürsorge, sondern privaten gesundheitlichen Unternehmertums sein sollte.

Ist das Argument schlüssig? Zum einen fällt auf, dass hier lediglich die individuellen Nutzen angesprochen werden, während sonst meist von einer Win-win-Situation für Individuum und Gesellschaft die Rede ist. Dem Argumentationsmuster folgend könnten nicht nur aus individuellen Nutzen individuelle Verantwortung, sondern auch aus gesellschaftlichem Nutzen gesellschaftliche Verantwortungen ableitet werden, wie es z. B. Volker Leienbach im Interview im GSAAM-Journal tut.[829] Prinzipieller lässt sich zum anderen fragen, ob sich daraus, dass eine Handlung als gewünscht erachtet wird, Forderungen nach mehr Verantwortungsübernahme für diejenigen ableiten lassen, die davon wahrscheinlich profitieren würden. Eine individuelle Verantwortung für das Streben oder Nicht-Streben nach einem nützlichen Ziel scheint plausibel (Wer will, der darf.). Eine Verpflichtung darauf (Wer will, der soll.) scheint erst unter Hinzunahme einer weiteren Prämisse schlüssig. Diese könnte z. B. sein, dass jeder, der ein Ziel will, vernünftigerweise auch die notwendigen Mittel wollen muss.

Zweitens findet sich eine Reihe von Argumentationen, in denen die Forderung nach mehr Selbstverantwortlichkeit nicht mit dem Wollen, sondern mit dem *Können des Individuums* in Verbindung gebracht wird. Betrachtet man beispielsweise die zahlreichen Klagen über die individuelle Verschuldung kranken Alterns (siehe Teil 3, Kapitel 4.1.1), fragt sich, unter Hinzunahme welcher Sollens-Vorstellung eine Schuld konstruiert wird. Beklagt wird im Kern, dass die Menschen ihre Alterung positiv gestalten *könnten*, es aber dennoch nicht tun. Die Annahme scheint, dass Gestaltungsspielräume nicht nur genutzt werden können, sondern auch genutzt werden *sollten*.

Ist dieses Argument schlüssig? Auch hier fällt zunächst auf, dass das Argumentationsmuster nur auf das Individuum und nicht auch auf dem Sozialstaat angewandt wird. Denn analog ließen sich aus dem Können des Staates sozialstaatliche Pflichten ableiten. Auch hier wird nicht explizit, weshalb aus Gestaltungsmöglichkeiten nicht lediglich eine Freiheit resultiert, diese zu nutzen (Wer kann, der darf.), sondern eine Verpflichtung dazu (Wer kann, der soll.). Bei der präskriptiven Prämisse im Hintergrund

---

827 Harder 2009: *Alle reden von Prävention*, S. 25.
828 Hennig et al. 2007a: *Editorial*, S. 3.
829 vgl. Hennig 2006: *Prävention – Eigenverantwortung ist angesagt (Interview Leienbach)*, S. 7.

könnte es sich um eine kapitalistische Körpernorm handeln, wie Lemke sie in seiner Analyse der Ökonomisierung von Lebensprozessen beschreibt. Lemke zufolge gebietet der ökonomische Umgang mit sich selbst, den „höchsten Lebensgewinn" aus dem biologischen Eigenkapital zu erzielen.[830]

Häufiger finden sich jedoch drittens Argumentationen, in denen die Forderung nach mehr gesundheitlicher Verantwortlichkeit des Einzelnen nicht mit dem Wollen oder Können des Individuums, sondern mit dem *Nicht-Können sozialstaatlicher Akteure* in Verbindung gebracht wird. Hier ist es „der demografische Wandel", der „uns darauf gestoßen" hat, „dass wir alle verpflichtet sind, unser persönliches und gesellschaftliches Vermögen zu pflegen und zu mehren."[831] Viele GSAAM-MedizinerInnen argumentieren, dass der Sozialstaat aufgrund des demografischen Wandels nicht mehr die Verantwortung für Krankheitskosten im Alter tragen kann und deshalb das Individuum zum Wohle der Gesellschaft Selbstverantwortung in Sachen Prävention übernehmen sollte. Frau Dr. D. formuliert das im Umfeld der GSAAM gängige Argument:

„Das Eigenengagement oder die Eigeninitiative... EIGENVERANTWORTUNG für meine Gesundheit wird immer wichtiger, weil es sonst zu teuer wird. Die Gesellschaft kann das sonst nicht mehr bezahlen."[832]

Diese Argumentation ähnelt der allgemeinen präventionspolitischen Diskussion, die sich u. a. durch eine verstärkte Kostenargumentation für Prävention, eine Konjunktur altersbezogener Argumente und eine Akzentuierung der gesundheitlichen Eigenverantwortung auszeichnet (siehe auch Teil 3, Kapitel 4.1.2). Im Umfeld der GSAAM wird diese gängige Argumentation jedoch häufig in drei Punkten auf spezifische Weise akzentuiert, die im Folgenden erarbeitet werden: Eigenverantwortung wird tendenziell als einzige Möglichkeit der Rettung des Sozialstaats beschrieben, mit Selbstzahlermedizin gleichgesetzt und zur staatsbürgerlichen Pflicht zugespitzt:

Das Nicht-(Zahlen)-Können des Staates wird im Umfeld der GSAAM direkt als Argument für mehr (gesundheitliche) Eigenverantwortlichkeit hervorgebracht. In der präventionspolitischen Debatte werden hingegen zunächst Kostenargumente für Prävention hervorgebracht und zudem eigenverantwortliche Aspekte aus unterschiedlichen Präventionsansätzen hervorgehoben. Das „Ende" der bisherigen Gesellschaftsordnung erscheint oft als sicher und innerhalb des bestehenden Systems nicht abwendbar. Gesundheitliche Eigenverantwortung in Sachen Prävention wird dagegen häufig als die *einzige Möglichkeit* dargestellt, das Gemeinwesen und das Wohl des Einzelnen zu erhalten. Prävention wird so tendenziell bereits mit Eigenverantwortlichkeit gleichgesetzt. In vielen Argumentationen wird der vorgeschlagene Verantwortungswechsel als unaus-

---

830 vgl. Lemke 2007: *Gouvernementalität & Biopolitik*, S. 138.
831 S. Druyen 2007: *Lebenszyklus im Umbruch*, S. 284.
832 Interview P16:825 ff.

weichliche Folge aus dem Akzeptieren der neuen, demografischen Realitäten präsentiert. Claudia Hennig argumentiert beispielsweise dass

> „bei der jetzigen demografischen und wirtschaftlichen Lage [...] die Stärkung und positive Bewertung von Eigenverantwortung die wichtigste präventive Maßnahme [ist]."[833]

In diesem Punkt spielen sich Claudia Hennig und Frank Schirrmacher im Interview die Bälle zu. „Wir müssen endlich akzeptieren: Niemand wird uns retten, außer wir tun es selbst und zwar jetzt."[834] desillusioniert Schirrmacher die LeserInnen u. a. in Bezug auf ihre vermeintlichen Ansprüche auf sozialstaatliche Verantwortlichkeiten. Auch der Soziologe Thomas Druyen konstatiert im GSAAM-Journal: „Wo wir nichts an den Zuständen ändern können, bleibt uns die Freiheit, uns selbst zu verwandeln."[835] Und Wolf Bleichrodt, der die uneingelösten Vollversorgungsversprechen der Politik anprangert, kommt zu dem Schluss, dass es, wenn man die faktische Eigenverantwortung bitter erkannt hätte, für den Bürger „nur eine Botschaft" gäbe: „Ich kümmere mich um meine Gesundheit selbst! [...] Ich will aber gesund alt werden, und deshalb nehme ich meine Zukunft selbst in die Hand!"[836] An anderer Stelle spricht Bleichrodt in diesem Zusammenhang von einer „Frage des Überlebens" und einer „längst fälligen wirklichen Gesundheitsreform an Haupt und Gliedern."[837]

Unter gesundheitlicher Eigenverantwortung wird dabei nicht nur eine gesunde Lebensführung verstanden. Häufig wird Eigenverantwortung ohne Umschweife auch mit der Etablierung von Prävention als eine auf der *Selbstzahlerleistungen basierenden Medizin* gleichgesetzt. Nach Bleichrodt ist „Prävention [...] als individuelle Maßnahme, die jeder für sich im Sinne von Eigenverantwortung auf eigene Kosten umsetzt, [...] notwendig und sinnvoll."[838] Dass es auch in den gesundheits- und präventionspolitischen Reformbemühungen um eine solche monetäre Umsteuerung geht, kann, wie Hensen et al. feststellen, „nicht verschleiert werden."[839] Auch im Umfeld der GSAAM finden sich wenige „Verschleierungsversuche". Vielmehr überwiegt ein offenes Marketing für die Etablierung einer Selbstzahlermedizin im Bereich der Prävention. Hennig sieht in diesem Zusammenhang die „von uns allen gewollten Chancen einer Selbstzahlermedizin zum Schutz der Erstattungsmedizin, die sich ihrem Ende langsam, aber sicher nähert."[840] Dahinter steht die klare Marktlogik: „Das alles gibt es natürlich nicht zum Nulltarif."[841]

---

833 Hennig 2006: *Prävention – Eigenverantwortung ist angesagt (Interview Leienbach)*, S. 8.
834 Hennig 2005: *Zeitreise i. d. Realität (Interview Schirrmacher)*, S. 8.
835 Druyen 2007: *Lebenszyklus im Umbruch*, S. 285.
836 Bleichrodt 2007: *Ein Arzt sieht rot*, S. 13.
837 Bleichrodt 2005: *Staatliches Exklusivmarketing*, S. 15.
838 Bleichrodt 2005: *Präventionsversicherung*, S. 16.
839 Hensen et al. 2008: *Gesundheitswesen im Wandel*, S. 13.
840 Hennig et al. 2005a: *Editorial*.
841 ebd.

Die gesundheitliche Eigenverantwortung erfährt zudem im Umfeld der GSAAM nicht nur wie in der präventionspolitischen Debatte eine Akzentuierung, sondern häufig auch einen Verpflichtungscharakter. Während der Soziologe Thomas Druyen im GSAAM-Journal von der „Freiheit, uns selbst zu verwandeln,"[842] spricht, ist im Umfeld der GSAAM öfters auch von einer *Verpflichtung zur Eigenverantwortlichkeit* die Rede. „Wir haben nicht das Recht auf Gesundheit, sondern die Verpflichtung, uns gesund zu erhalten!"[843] erklärt Alex Witasek im GSAAM-Journal. Schirrmacher spricht den Einzelnen im GSAAM-Journal als Staatsbürger an, dessen Pflicht es ist, seinen Staat durch (finanziell) eigenverantwortliche Prävention aus der demografischen Krise zu retten. Schirrmachers Formulierung, dass „Verantwortung für die eigene Gesundheit [...] eine staatsbürgerliche Pflicht"[844] ist, greift insbesondere Claudia Hennig mehrfach auf.[845]

Ist das Argument, dass der Einzelne eine staatsbürgerliche Pflicht hat, zum Erhalt der Gesellschaft durch (finanziell) eigenverantwortliche Prävention beizutragen, schlüssig? Hier ließen sich zunächst die empirischen Prämissen des Arguments hinterfragen. So lässt sich z.B. fragen, ob dem Sozialstaat tatsächlich durch den demografischen Wandel sein Ende droht und inwieweit finanziell eigenverantwortliche Prävention demografiebedingte Probleme des Sozialstaats lösen kann. Hier fällt zum einen auf, dass auch im Umfeld der GSAAM – wenn auch am Rande – *alternative Lösungsmöglichkeiten innerhalb des bestehenden Systems* der gesetzlichen Krankenversicherung Erwähnung finden. Herr Dr. E. fragt sich beispielsweise, ob es sinnvoll wäre, die Kassenbeiträge nicht nur an das Bruttoeinkommen zu koppeln, sondern auch an gesundheitliche Risikofaktoren wie Risikosportarten oder den Body Mass Index.[846] Herr Dr. D. hingegen argumentiert für eine Ausweitung und Demokratisierung des Leistungskataloges der GKVen.[847] Alexander Römmler und Alfred Wolf forderten ursprünglich ein Umdenken bezüglich des Krankheitsbezugs als Kriterium der Leistungserstattung.[848] Frau Dr. A. hingegen argumentiert für die Reduzierung der GKVen auf eine Grundversorgung und eine gleichzeitige Verpflichtung zur privaten Zusatzversicherung nach Schweizer Modell.[849] Diskutiert wurde zeitweise auch die Einführung einer privaten Präventionsversicherung.[850]

Zum anderen wird die Frage, ob Prävention und Gesundheitsförderung tatsächlich zu Kostendämpfungen im Gesundheitswesen führen, auch im Umfeld der GSAAM kontrovers diskutiert,[851] obwohl die Kostenersparnis als Hauptargument für gesundheitliche Eigenverantwortung angeführt wird. Es finden sich Argumentationen, in denen klar

---

842 Druyen 2007: *Lebenszyklus im Umbruch*, S. 285.
843 Witasek 2007: *Logische Voraussetzung für Regeneration*, S. 16.
844 Hennig 2005: *Zeitreise i. d. Realität (Interview Schirrmacher)*, S. 9.
845 vgl. z.B. Hennig et al. 2007a: *Editorial*.
846 vgl. Interview P17:784 ff.
847 vgl. Interview P25:481.
848 vgl. Römmler et al. 2002: *Vorwort (AA Sprechstunde)*, S. XI.
849 vgl. z.B. Interview P16:759 ff.
850 vgl. z.B. Bleichrodt 2005: *Präventionsversicherung*.
851 Plamper et al. 2007: *Kosten & Finanzierung von Prävention & Gesundheitsförderung*.

von Einsparungen die Rede ist und diese auch beziffert werden. „Den Ausgaben für wissenschaftlich begründete Vorsorgemaßnahmen stehen dadurch vermeidbare Behandlungskosten in siebzehnfacher Höhe gegenüber,"[852] heißt es in einer Presseerklärung der GSAAM. Und in den AntiAging News findet sich folgende Rechnung: *Jeder Euro, der in Prävention investiert wird, erspart 29 Euro an vermiedenen Behandlungskosten.*"[853] Häufiger wird jedoch betont, dass „niemand weiß,"[854] ob Prävention Einsparpotenziale bietet oder aber ein Verlustgeschäft ist.[855] Im GSAAM-Journal fordert Klaus Richter, der ehemalige stellvertretende Vorstandsvorsitzende der BARMER GEK:

> „Die These, gezielte Prävention und Gesundheitsförderung verbessere die Gesundheit, Lebensqualität und die Kostensituation nachhaltig, sollte definitiv und ohne methodische Schwächen alsbald von Versorgungsforschung und Gesundheitsökonomie untersucht werden."[856]

Im Interview auf diese Unklarheit angesprochen, argumentiert Kleine-Gunk, dass es in erster Linie nicht um die Ökonomie der Krankenkassen, sondern um die Lebensqualität der Patienten gehe.[857] Trotz des unklaren Kosten-Nutzen-Verhältnisses von Prävention gehen insbesondere Claudia Hennig und Wolf Bleichrodt jedoch davon aus, dass „eine vollständige, umfassende Prävention durch Staat und Krankenkassen überhaupt nicht finanzierbar"[858] ist. Bleichrodt zufolge könnte man „Prävention – von Politikern jetzt staatlich verordnet – sogar als sicheren Weg in den volkswirtschaftlichen Bankrott bezeichnen."[859] Vor diesem Hintergrund argumentieren sie für die Etablierung von Prävention im Selbstzahlerbereich. Die Kosten der Selbstzahler klammern sie dabei aus der Kosten-Nutzen-Analyse schlicht aus.

Prinzipieller stellt sich die Frage, ob sich das Sollen der Einzelnen überzeugend mit dem Nicht-(Mehr)-Können des Sozialstaats begründen lässt. Wie auch im Falle der Argumente mit dem Wollen und Können der Individuen wird hier das Sollen mit Verweis auf Ist-Zustände begründet, ohne dass die normativen Annahmen, vor denen die Ist-Zustände bewertet werden, expliziert und begründet werden. Zudem fällt auf, dass nur für den Sozialstaat finanzielle Sachzwänge geltend gemacht werden. Dem Argumentationsschema folgend könnte umgekehrt auch Sollens-Forderungen an den Sozialstaat mit dem Nicht-Können von Individuen begründet werden, die sich privat zu finanzierende Präventionskosten nicht leisten können.

---

852 [N.N.] 2009: *Armutszeugnis der Ärztekammern & Universitäten*.
853 [N.N.] 2008: *Sackgasse Reparaturmedizin – Hoffnung Prävention*, S. 1, Hervorhebungen im Original.
854 vgl. Bleichrodt 2005: *Präventionsversicherung*, S. 16.
855 vgl. Hennig 2007: *Editorial*.
856 Richter 2008: *Prävention promoten*, S. 8.
857 vgl. Harder 2009: *Alle reden von Prävention*.
858 Hennig 2007: *Editorial*, siehe auch [N.N.] 2007: *Ergebnispapier Experten-Forum Prävention*.
859 Bleichrodt 2005: *Präventionsversicherung*, S. 16.

Neben dem Argument, dass das Individuum verantwortlicher sein sollte, weil der Staat nicht mehr für Krankheitskosten aufkommen könne, findet sich viertens auch das Argument, dass für Primärprävention schon immer das Individuum und *noch nie der Sozialstaat verantwortlich* war und dass dies auch in Zukunft so sein werde. Das Sollen des Einzelnen wird hier mit dem Nicht-Tun oder auch dem Nicht-Wollen sozialstaatlicher AkteurInnen begründet. Hier ist es nicht der durch den demografischen Wandel drohende Kollaps des Sozialsystems das Problem, sondern die Gesundheitspolitik, die sich aus ihrer Verantwortung für Gesundheitsförderung und Prävention stiehlt (siehe auch Teil 3, Kapitel 4.1.2).

In einer Presseerklärung zum Zweiten Europäischen Präventionstag etwa heißt es, dass längst klar sei, dass die Vorsorgeuntersuchungen der Kasse nur eine „wenig umfassende" Grundversorgung darstellen. „Die in der Präventionsmedizin notwendigen, umfangreichen Check-Ups, um das persönliche Risiko eines jeden Einzelnen zu ermitteln, sind bisher überwiegend Privatleistungen."[860] Wolf Bleichrodt kritisiert nun einerseits, dass auch wenn das Präventionsgesetz nicht gescheitert wäre, Präventions- und Anti-Aging-Medizin „eben bis jetzt keine Kassenleistung [ist], […] sondern […] wie bisher schon der Eigenverantwortung überlassen [bleibt]."[861] Gleichzeitig argumentiert er jedoch, dass Prävention „im Sinne der Solidargemeinschaft weder von Umlage finanzierten Krankenkassen, noch von Beihilfestellen geleistet werden kann und darf."[862] Denn seine These ist, dass dies zum „volkswirtschaftlichen Bankrott" führe. Der Einzelne ist hier nicht wie im vorigen Argument mit der plötzlichen, bitteren Erkenntnis der faktischen Eigenverantwortlichkeit konfrontiert, sondern ihm bleibt keine Wahl, die wenn auch unbefriedigende Realität zu akzeptieren.

Lässt sich das Sollen der Individuen überzeugend mit dem Nicht-Tun sozialstaatlicher AkteurInnen begründen? Auch hier ließe sich im Umkehrschluss fragen, weshalb nicht dem Argumentationsschema folgend auch aus der Verantwortungslosigkeit der Individuen ein staatliches Sollen abgeleitet werden könnte. Zudem ließe sich aus der Tatsache, dass die Gesundheitspolitik schon immer die Prävention der Eigenverantwortung überlassen hat, auch schließen, dass sie dies endlich tun solle. Nur weil es schon immer so war und vermutlich nicht geändert wird, ist die Eigenverantwortlichkeit noch nicht gut zu heißen.

Ein weiteres Argument für die gesundheitliche Eigenverantwortlichkeit ist schließlich, dass die Solidargemeinschaft nicht verantwortlich sein soll, weil die umlagefinanzierte gesetzliche Krankenversicherung als ungerecht erachtet wird. Hier wird das Sollen der Einzelnen also mit dem *Nicht-Sollen sozialstaatlicher AkteurInnen* begründet. Im Kern wird argumentiert, dass in der gesetzlichen Krankenversicherung die Rechte und Pflichten der LeistungsempfängerInnen und der BeitragszahlerInnen ungerecht verteilt

---

860 [N.N.] 2008: *Gesunde zum Arzt!* S. 2.
861 Bleichrodt 2005: *Staatliches Exklusivmarketing*, S. 15, siehe auch Bleichrodt 2006: *Lahme Ente*, S. 144.
862 Bleichrodt 2005: *Präventionsversicherung*, S. 16.

sind. Das Argument findet sich öfters in historischer Rahmung. Die gesetzliche Krankenversicherung wird dabei als eine lediglich kurze Unterbrechung der historisch ursprünglichen und besseren Maxime der Selbstverantwortung dargestellt.

Was die LeistungsempfängerInnen betrifft, findet sich das Argument, dass diese eine Vollversorgung durch die gesetzliche Krankenkasse erwarten, ohne selbst aktiv zu werden (siehe auch Teil 3, Kapitel 4.1.1). Frau Dr. A. beispielsweise kritisiert diese „passive Rolle":

> „Wir kommen zurück zu dem, was eigentlich schon immer klar war vor Bismarck: Jeder muss sich um sich selbst kümmern, ja? […] das ist eigentlich eine GANZ KURZE Strecke in […] der Menschheitsgeschichte, in der wir […] uns in die passive Rolle begeben konnten als Kranke, […] aber .. so isses halt. Ja."[863]

Auch Frank Schirrmacher kritisiert, dass „wir eingeredet bekommen haben oder uns einreden, dass das vom Staat finanziert wird," obwohl die „Vollversorgung" lediglich „für zwanzig Jahre eine Ausnahme in der Geschichte" war.[864] Bleichrodt wendet diese Passivität auch zu einer Unfreiheit und preist die neue Wende zur Eigenverantwortlichkeit: „Endlich erhalten die mündigen Bürger ein Selbstbestimmungsrecht über ihre Gesundheit."[865]

Dabei fällt auf, dass zwischen EmpfängerInnen und ZahlerInnen in den Argumentationen häufig polarisiert wird. Auf der einen Seite stehen die Nehmenden und auf der anderen Seite die Gebenden. Dass EmpfängerInnen in der Regel gleichzeitig auch ZahlerInnen und ZahlerInnen potenzielle EmpfängerInnen sind, wird nicht thematisiert. So sind die BeitragszahlerInnen nach Meinung vieler GSAAM-ÄrztInnen benachteiligt, weil sie für die Kosten der LeistungsempfängerInnen aufkämen, selbst von ihren Beiträgen aber vermutlich nicht profitieren. Bleichrodt kritisiert, dass der Staat „nicht nur meine Steuern, sondern auch meine Versicherungsbeiträge kassiert und nach seinem Gutdünken umverteilt."[866] In seinem „Bekenntnis" zur Eigenverantwortlichkeit heißt es:

> „Ich weiß, dass meine Beiträge andere bekommen, die zwar weniger oder gar nichts einbezahlt haben, aber es nach Meinung meiner Politiker dringender benötigen als ich. Ich anerkenne, dass ich aller Wahrscheinlichkeit nicht mehr von dem profitieren werde, was ich jemals beigetragen habe."[867]

---

863 Interview P16:825 ff.
864 vgl. auch Hennig 2005: *Zeitreise i. d. Realität (Interview Schirrmacher)*, S. 8.
865 Bleichrodt 2005: *Präventionsversicherung*, S. 16.
866 Bleichrodt 2007: *Ein Arzt sieht rot*, S. 13.
867 ebd.

Vor diesem Hintergrund stellt auch Herr Dr. E. die prinzipielle Frage: „Warum ist unsere gesetzliche Krankenkasse solidarisch finanziert?"[868] Bernd Kleine-Gunk hingegen lehnt das Solidarprinzip nicht prinzipiell ab. Er zeichnet jedoch ein beinahe schon wirklich erscheinendes Zukunftsszenario, demzufolge es die BeitragszahlerInnen unter den Bedingungen des demografischen Wandels nicht mehr gerecht finden werden, Krankheitskosten solidarisch zu finanzieren. Kleine-Gunk argumentiert, dass sich die demografischen Zahlenverhältnisse zwischen Jung und Alt so verändern werden, dass die wenigen Jungen es schlicht nicht mehr „akzeptieren" würden, für die vielen Alten aufzukommen:

> „Eine immer kleiner werdende Gruppe von erwerbstätigen, steuer- und abgabepflichtigen Menschen wird es auf Dauer nicht akzeptieren, für eine immer größer werdende Gruppe von immer älter werdenden und damit zunehmend pflege- und kostenintensiven Mitmenschen aufzukommen."[869]

Das Problem sind hier also nicht volkswirtschaftliche Kosten, die sich der Sozialstaat nicht mehr leisten kann, sondern die ungerechte Verteilung dieser Kosten, die die BeitragszahlerInnen nicht mehr akzeptieren werden. Aus den vielen Ungleichheitslagen zwischen gesellschaftlichen Gruppen wie z. B. zwischen Arm und Reich, Männern und Frauen, Deutschen und Nichtdeutschen etc. nimmt Kleine-Gunk die Ungleichheit zwischen Jung und Alt ins Visier. In seiner selektiven Beschreibung des Gegensatzes von Jung und Alt deuten sich dabei zwei Gerechtigkeitsdimensionen an: Zum einen beschreibt er die Jungen als erwerbstätig und damit sozialabgabepflichtig, während die Alten pflegebedürftig und damit sozialkostenintensiv sind. Eine Ungerechtigkeit besteht demnach darin, dass die Jungen immer geben, während die Alten nur nehmen.[870] Zum anderen beschreibt Kleine-Gunk, dass die Gruppe der Jungen immer kleiner und die der Alten immer größer wird. Die zweite Ungerechtigkeit besteht demnach darin, dass immer weniger BeitragszahlerInnen für immer mehr LeistungsempfängerInnen zahlen.

Vor dem Hintergrund dieser doppelten Ungerechtigkeitslage fordert Kleine-Gunk, dass das Alter nicht zum Synonym für Pflegebedürftigkeit zu Lasten der Solidargemeinschaft werden sollte. So ist es die soziale Erwartung, bei Pflegebedürftigkeit im Alter von der Solidargemeinschaft unterstützt zu werden, die unsolidarisch erscheint und nicht z. B. die Zahlungsunwilligkeit der Jungen. Sein Szenario legt nahe, dass die Ge-

---

868 Interview P17:784.
869 Kleine-Gunk 2003: *Wozu AA?* S. 6.
870 Dass ältere Menschen nicht nur EmpfängerInnen intergenerationaler Solidarität sind, sondern diese auch leisten, wird an einer vereinzelten Argumentation für eine umgekehrte Entsolidarisierung deutlich. „Statt das Vermögen im Alter zu vererben, sollte man es besser in die die eigene Gesundheit investieren," erklärte Hubertus Erlen, damals Vorstandsvorsitzender der Schering AG, auf dem Ersten Präventionstag der GSAAM und riet damit den Älteren, eher an die eigenen Gewinnchancen, als an das Wohl der Nachkommen zu denken. (vgl. Feldnotizen 1. Präventionstag der GSAAM im Rahmen der Medica, Düsseldorf, 2005)

sellschaft nur dann Bestand haben könne, wenn sich die Solidaritäten zwischen Alt und Jung wandelten. Mit seinem Zukunftsszenario, bereitet Kleine-Gunk argumentativ die Ablösung der Versorgungspflicht der Gemeinschaft vor.[871]

Dass eine eigenverantwortliche Altersprävention die bessere Form der intergenerationellen Solidarität ist, erwähnt Kleine-Gunk an dieser Stelle nicht explizit. Seine Argumentation korrespondiert jedoch mit dem Konzept der Eigenverantwortlichkeit. Wolf Bleichrodt hingegen zieht aus der von ihm beschriebenen Ungerechtigkeit des gesetzlichen Krankenversicherungssystems den Schluss: „Ich sorge vor – für mich, für mich, und nur für mich – das leiste ich mir einfach! Ich will gut leben, denn…man gönnt sich ja sonst nichts!"[872] Hier scheint ein *marktliberaler Gerechtigkeitsbegriff* durch. Gerecht ist die Finanzierung der Gesundheitsversorgung demnach, wenn jeder für seine eigenen Kosten selbst zahlt und nicht etwa, wenn alle BeitragszahlerInnen den gleichen Prozentsatz ihres Einkommens (Bürgerversicherung) oder gehaltsunabhängig den gleichen Betrag (Kopfpauschale) zahlen. In dieser radikalen Formulierung würden jedoch vermutlich viele GSAAM-MedizinerInnen dem Argument für mehr Eigenverantwortlichkeit nicht zu stimmen.

Neben der ungerechten Verteilung von Rechten und Pflichten zwischen BeitragszahlerInnen und LeistungsempfängerInnen machen viele GSAAM-MedizinerInnen noch eine andere Ungerechtigkeit aus, die eine weitere AkteurInnengruppe des gesetzlichen Krankenversicherungssystems betrifft: die ÄrztInnenschaft. Häufig wird kritisiert, dass ÄrztInnen durch die gesetzlichen Krankenkassen in ihrer medizinischen, freiberuflichen Tätigkeit eingeschränkt und unter Wert bezahlt werden. Bleichrodt argumentiert beispielsweise, dass „100 Jahre gesetzliche Krankenversicherung […] zum Verlust der ursprünglichen Maxime geführt" hätten, „dass jede Arzt-Patientbeziehung eine selbstzuzahlende Verpflichtung für die freiberufliche Leistung des Arztes bedeutet."[873] Auch hier wird also mehr Eigenverantwortlichkeit der PatientInnen zur Aufhebung der Ungerechtigkeit vorgeschlagen. Mit ähnlichen Gerechtigkeitsüberlegungen im Hintergrund versuchte Claudia Hennig den TeilnehmerInnen ihres Workshops „Anti-Aging Sprechstunde" zu mehr Selbstbewusstsein für den Marktwert ihrer Arbeit zu verhel-

---

[871] Lediglich verwiesen sei in diesem Zusammenhang auf die theologische Festschreibung der Verantwortungsverlagerung des österreichischen Anti-Aging-Mediziners und katholischen Theologen Johannes Huber (siehe auch Teil 1, Kapitel 3.1). Huber schlägt eine „vernünftig", an das Zeitalter der Biomedizin angepasste Neuinterpretation des vierten Gebotes vor, demzufolge man Vater und Mutter ehren „und sie wohl auch versorgen" soll (Huber 2001: *Abschied von der Steinzeitmoral*, S. 111 ff.). Huber argumentiert im Kern, dass die Älteren „rechtzeitig ihre überzogene Anspruchshaltung aufgeben und bereit werden [sollten], wieder soziale Pflichten zu übernehmen," (ebd. S. 113.) damit angesichts des demografischen Wandels keine Gerechtigkeitsprobleme entstehen. Zur Bedeutung von Religiosität im Kontext von Anti-Aging siehe auch Spindler 2008: *Surrogate religion, spiritual materialism or protestant ethic?*
[872] Bleichrodt 2007: *Ein Arzt sieht rot*, S. 13.
[873] Bleichrodt 2002: *Praxismanagment für AAM*, S. 202.

fen[874] und forderte nicht weniger als die Befreiung der ÄrztInnenschaft von den Krankenversicherungen und ihren Kammern:

„Wenn wir uns von den KVen befreit haben, dann befreien wir uns auch mal von den Kammern. Die Ärzte sind wie eine Schafsherde manchmal, die sich alles bieten lassen. Es gibt keine Berufsgruppe, die so gegängelt wird wie die Ärzte."[875]

Sind die Argumente für das Sollen des Individuums mit dem Nicht-Sollen der Gesellschaft überzeugend? Argumentationslogisch scheinen sie insofern schlüssiger als die Argumente mit Wollen und Können des Individuums und dem Nicht-Können und Nicht-Tun des Sozialstaates, als nicht mit empirischen Sachlagen, sondern normativ mit einer Vorstellung von einer gerechten Gesundheitsversorgung argumentiert wird. Es ließe sich vermuten, dass es sich in vielen Fällen dabei um die präskriptive Prämisse handelt, die in den empirischen Argumentationen implizit bleibt. Diese Gerechtigkeitsvorstellung wäre eine Erklärungsansatz dafür, weshalb im Umfeld der GSAAM meist nicht innerhalb des bestehenden und als ungerecht empfundenen Systems nach Lösungen der fiskalischen Krise des Gesundheitswesens gesucht wird.

4.2.3 Die Verantwortung der Politik für Aktivierung und Deregulierung

Auch wenn die Hauptverantwortlichkeit für das Erreichen einer guten Alterszukunft im Umfeld der GSAAM beim Individuum angesiedelt ist, bedeutet dies nicht, dass gesellschaftliche AkteurInnen überhaupt nicht in der Verantwortung gesehen würde. Im Gegenteil war eines der Ziele, welche die GSAAM mit der Einführung des Europäischen Präventionstags als zweites Veranstaltungsformat neben den medizinischen GSAAM-Kongressen verfolgte, „einen breiten wissenschaftlichen, politischen und gesellschaftlichen Dialog zum Entwicklungsbedarf von Prävention und Gesundheitsförderung in Europa"[876] anzustoßen. Bernd Kleine-Gunk betont in diesem Zusammenhang, dass die Frage, „wie ein gesundes Altern im 21. Jahrhundert aussehen soll", breit gefächert angegangen werden müsse, worunter er eine Einbeziehung von „Wirtschaft, Politik und allen gesellschaftliche relevanten Gruppen" fasste.[877]

Nur selten wird dabei jedoch die Vermeidung gesundheitlicher Alterungsrisiken an sich als gesellschaftliche Aufgabe verstanden. Als eine der wenigen meiner GesprächspartnerInnen betont Frau Dr. A.: „Also das ist schon gesellschaftliche Aufgabe."[878] In der Gesellschaftsrubrik des GSAAM-Journals sind es nicht wortführende GSAAM-Medi-

---

874 vgl. Feldnotizen Workshop „Der Anti-Aging Patient", Hennig, 8. GSAAM Konferenz, München, 2008, P7:21 ff.
875 ebd. P7:43.
876 [N.N.] 2007: *Gipfeltreffen zum Thema Prävention.*
877 vgl. Kleine-Gunk 2008: *Prävention braucht mehr als Medizin.*
878 Interview P16:303, siehe auch Interview P25:349.

zinerInnen, sondern der Bundestagsabgeordnete Philipp Mißfelder (CDU) sowie der Direktor des Verbandes der privaten Krankenversicherung, Volker Leienbach, die Prävention u. a. zur „gesamtgesellschaftlichen Aufgabe"[879] erklären. Bezüglich der GSAAM-Konferenzen bemerkt Herr Dr. D. treffend: „Die gesellschaftliche Komponente ist hier auf dem Kongress natürlich gleich Null"[880] – was bei Kongressen einer medizinischen Fachgesellschaft auch kaum anders zu erwarten ist.

Stattdessen finden sich *drei andere Lesarten der Verantwortung gesellschaftlicher AkteurInnen* für Altersprävention, die im Folgenden herausgearbeitet werden: Erstens findet sich die Forderung, dass die Gesundheitspolitik Primärprävention zumindest zum Teil in die umlagefinanzierte Gesundheitsversorgung aufnehmen sollte. Deutlich seltener wird die Politik zweitens in der Verantwortung gesehen, gesamtgesellschaftliche Maßnahmen zur Schaffung gesünderer Lebenswelten zu ergreifen. Drittens wird in vielen Argumentationen die aktivierende und ökonomisierende Rolle des Sozialstaats akzentuiert. Demnach ist es die Aufgabe der Politik, die Eigenverantwortlichkeit der Menschen zunächst einzugestehen und systematisch zu fördern. Zudem soll eine marktförmige Infrastruktur geschaffen werden für Dienstleistungen zur eigenverantwortlichen Altersprävention.

Eine erste Lesart der Verantwortlichkeit des Sozialstaats ähnelt dem Krankheitspräventionsansatz der „old public health".[881] Hier wird es als Aufgabe der Gesundheitspolitik formuliert, *Altersprävention zu einem Teil der umlagefinanzierten Gesundheitsversorgung zu machen.* So hofft beispielsweise Frau Dr. C.: „Vielleicht wird irgendwann einmal Anti-Aging ins Gesundheitssystem aufgenommen."[882] Der GSAAM-Präsident Bernd Kleine-Gunk hingegen entwirft eine doppelte Strategie, der zufolge sowohl die Kassen als auch die PatientInnen umdenken müssten: Zum einen fordert er, dass die Kassen vernünftige, evidenzbasierte Prävention bezahlen sollten. „Dafür müssen die Ressourcen geschaffen werden."[883] Zum anderen werde „aber auch der Patient nicht darum herumkommen, in seine Gesundheit zu investieren."[884]

Auch Claudia Hennig schlägt in dem PatientInnenmagazin „Gesund älter werden" vor, die Politik solle von den Krankenkassen Tarife für präventionsmedizinische Leistungen einfordern, „die auch für weniger Betuchte erschwinglich sind."[885] Meist argumentiert Hennig jedoch für mehr Eigenverantwortung, wie z. B. im Interview mit Volker Leienbach im GSAAM-Journal. Auf Leienbachs ausführliches Argument, dass Primärprävention eine gesamtgesellschaftliche Aufgabe sei und „deshalb auch ordnungspoli-

---

879 vgl. Hennig 2007: *Bildung & Aufklärung (Interview Mißfelder)*, S. 276 und Hennig 2006: *Prävention – Eigenverantwortung ist angesagt (Interview Leienbach)*, S. 7.
880 Interview P25:990.
881 vgl. Caplan 1964: *Preventive psychiatry* und Franzkowiak 2008: *Prävention i. Gesundheitswesen.*
882 Interview P20:121.
883 Harder 2009: *Alle reden von Prävention*, S. 25.
884 ebd.
885 Hennig 2007: *Editorial.*

tisch korrekt über Steuern finanziert werden"[886] sollte, stellte Hennig die Gegenfrage, ob nicht aus demografischen und wirtschaftlichen Gründen die Stärkung von Eigenverantwortung die wichtigste präventive Maßnahme sei. Leienbach räumt ein, dass die Verantwortung „unbestreitbar" beim Einzelnen liege und eine wichtige Voraussetzung für Prävention sei. An Leienbachs ursprünglichem Plädoyer für gesamtgesellschaftliche Verantwortung vorbei wählt Hennig als Titel des Interviews: „Prävention – Eigenverantwortung ist angesagt".[887]

Diese Argumentationen für die Aufnahme von Primärprävention in die umlagefinanzierte Gesundheitsversorgung scheinen im Umfeld der GSAAM jedoch von relativ wenig Gewicht und praktischer Relevanz. Zum einen stehen sie im Gegensatz zu den deutlich zahlreicheren Pleiteerklärungen des Kassensystems und zu dem Ungerechtigkeitsempfinden vieler GSAAM-MedizinerInnen an der derzeitigen Umlagefinanzierung. Zum anderen fällt auf, dass die GSAAM sehr viel stärker auf das von Kleine-Gunk geforderte Umdenken der PatientInnen hinarbeitet als auf das der gesetzlichen Krankenversicherungen. Zwar finden sich unter den GesprächspartnerInnen, die sich die GSAAM zur Herstellung eines gesellschaftlichen Dialogs über Altersprävention suchte, auch VertreterInnen gesetzlicher Krankenversicherungen.[888] An diese wird zum Teil auch Kritik herangetragen, wie zum Beispiel an die Vertreterin der AOK auf der Podiumsdiskussion des Zweiten Europäischen Präventionstags. Eine systematische Kommunikation und Kooperation mit gesetzlichen Krankenversicherungen zur Etablierung von Altersprävention als Kassenleistung betreibt die GSAAM jedoch nicht. Konkreter waren dagegen die Versuche, mit privaten Krankenversicherern Tarife für Präventionsleistungen auszuhandeln. „Das wird mir gelingen, da bin ich schon lange dran",[889] erzählte ein Marketingstratege der GSAAM. Im untersuchten empirischen Material finden sich jedoch keine Hinweise darauf, dass es der GSAAM gelungen ist, eine solche private Präventionsversicherung als Gegenmodell zum staatlichen Präventionsgesetz[890] zu etablieren.

Weniger deutliche Anklänge finden sich zweitens an den Gesundheitsförderungsansatz der „new public health",[891] demzufolge (Alters)Prävention nicht nur eine gesundheitspolitische, sondern eine *gesellschaftspolitische Aufgabe* ist. Hier wird der Staat in der Verantwortung gesehen, politische Maßnahmen zur Sicherung von Frieden, Bildung, Nahrung, Einkommen, einer intakte Umwelt etc. zu ergreifen, die als fundamentale Voraussetzung für die Gesundheit der Bevölkerung gesehen werden. Günther Jacobi bezieht sich als einziger wortführender GSAAM-Arzt zwar explizit auf dieses sa-

---

886 Hennig 2006: *Prävention – Eigenverantwortung ist angesagt (Interview Leienbach)*, S. 7.
887 ebd.
888 vgl. z. B. Richter 2008: *Prävention promoten* und Feldnotizen Podiumsdiskussion 2. Europäischer Präventionstag, 2008, P13:40 ff.
889 Feldnotizen „Menopause Andropause Anti-Aging" Kongress, 2005, Wien.
890 vgl. Bleichrodt 2005: *Präventionsversicherung*.
891 vgl First international conference on health promotion 1986: *Ottawa Charter* und z. B. Rosenbrock 2008: *Primärprävention*, S. 11 ff.

lutogenetische Modell.[892] In seiner eigenwilligen Lesart klammert er jedoch die für den Ansatz charakteristischen gesamtgesellschaftlichen Aspekte fast gänzlich aus und reduziert ihn auf die Stärkung des „Kohärenzgefühls" des Einzelnen (siehe ausführlich Teil 3, Kapitel 3.3.3).

Dennoch erwähnen einzelne GSAAM-MedizinerInnen eher am Rande, dass sie gesellschaftspolitische Maßnahmen sinnvoll fänden. Jedoch fällt auf, dass daraus meist keine entsprechenden Forderungen an die Politik gestellt werden: Mehrfach wird auf die Bedeutung eine altersgerechteren Stadt- und Wohnungsplanung hingewiesen.[893] Eine bessere Kennzeichnung der Nährstoffzusammensetzung von Lebensmitteln wird befürwortet.[894] Zwar weisen wortführende GSAAM-MedizinerInnen in frühen Texten darauf hin, dass Umweltgifte, die sich nachteilig auf den Alterungsprozess auswirken, wie z. B. Lebensmittelzusätze, Pflanzenschutzmittel und Strahlungen, reduziert werden sollten.[895] Entsprechende umweltpolitische Forderungen oder Aktivitäten finden sich jedoch nicht.

Ähnlich werden in einem Artikel über Elektrosmog im GSAAM-Journal individuelle elektromagnetische Risikoanalysen und elektrosmogreduzierte Produkte angeboten,[896] aber keine gesellschaftspolitischen Maßnahmen zur Reduzierung von Elektrosmog gefordert. Die Kritik der AOK-Vertreterin auf der Podiumsdiskussion des Zweiten Europäischen Präventionstages, die „Verbesserung krankmachender Lebenswelten" verspreche einen „viel, viel größeren Gesundheitsgewinn" als die individuumsbezogene Prävention der GSAAM, war so ziemlich die einzige Äußerung der angefeindeten GKV-Repräsentantin, welche die GSAAM-ÄrztInnen unkommentiert ließen.[897]

Herr Dr. D., der als einer der wenigen meiner GesprächspartnerInnen das Fehlen eines gesamtgesellschaftlichen Ansatzes der GSAAM kritisiert, argumentiert in diesem Zusammenhang, dass die GSAAM versuche, den Präventionsgedanken „ZUMINDEST" im Rahmen ihrer ärztlichen Möglichkeiten, nämlich „streng medizinisch ausgerichtet" zu verfolgen. „Das ist schon in Ordnung, ne? Das Gesellschaftliche fehlt dann noch ein bisschen."[898] Gesellschaftspolitische Maßnahmen sind in der Tat nicht die Kernkompetenz einer medizinischen Fachgesellschaft. Eine andere Forderung, nämlich die nach mehr gesundheitlicher Eigenverantwortung, bringt die GSAAM jedoch aktiv in die öffentliche und politische Diskussion ein:

---

892 vgl. Jacobi 2005: *AA: Sinnbild, Sehnsucht, Wirklichkeit*, S. 9 f.
893 vgl. Interview P25:349 und Feldnotizen 7. GSAAM Konferenz, München, 2007, P8:24. Mehrfach trat der ehemalige Bremer Bürgermeister Hennig Scherf auf GSAAM Veranstaltungen auf, dessen „Alten-WG" u. a. von Kleine-Gunk als richtungsweisend gelobt wird (vgl. Feldnotizen „Longevity & Anti-Aging – Neue Märkte für die Gesundheit", Frankfurt Global Business Week, IHK Frankfurt, Mai 2011).
894 vgl. Interview P17:752.
895 vgl. z. B. Wolf 2002: *Nichthormonelle AA-Maßnahmen* und Feldnotizen 7. GSAAM Konferenz, München, 2007, P8:24.
896 vgl. Bärtels et al. 2008: *Prävention elektromagnetische Belastung*.
897 vgl. P13 Feldnotizen Podiumsdiskussion 2. Europäischer Präventionstag, 2008, P13:96.
898 Interview P25:381.

Neben der kaum forcierten Forderung nach der Erweiterung des Kassensystems um Alterspräventionsleistungen und den wenig fordernden Anklängen an gesellschaftspolitische Möglichkeiten der Schaffung gesundheitsförderlicher Lebenswelten findet sich ein dritte Lesart der Verantwortung des Staates für Altersprävention. Hier wird es als staatliche Aufgabe beschrieben, die *Eigenverantwortlichkeit für gesundes Altern zu fördern*. Mehrfach findet sich die Forderung, die Politik solle zunächst erst einmal eingestehen, dass nicht der Sozialstaat, sondern zunehmend die Menschen selbst für gesundes Altern verantwortlich seien. Besonders pointiert fordern Claudia Hennig und Wolf Bleichrodt ein solches sozialstaatliches Bekenntnis zur Eigenverantwortlichkeit. „Sollten die Politiker nicht eher wahrheitsgemäß darauf verweisen, dass jeder, der im Alter selbstbestimmt und gesund leben möchte, eine Eigenverantwortung hat?"[899] fragte Claudia Hennig Frank Schirrmacher im Interview. Und auch Wolf Bleichrodt zufolge „sollten sich die Gesundheitspolitiker endlich dazu durchringen, dem Bürger zu sagen, dass er für seine Gesundheit selbst verantwortlich ist."[900]

Auch über diese Verantwortungsklärung hinaus wird es als die Aufgabe der Politik formuliert, Maßnahmen zur Förderung der Eigenverantwortlichkeit der Menschen zu ergreifen. Zum einen soll hier auf eine Einstellungsänderung der Menschen hingewirkt werden. Claudia Henning zufolge ist u. a. die Politik gefragt, „die Vollkaskomentalität abzubauen und die Eigenverantwortung zu fördern".[901] Mehrfach ist in diesem Zusammenhang von Bildung oder auch Aufklärung[902] die Rede. Einige meiner GesprächspartnerInnen bebildern ihre Argumentationen mit Beispielen aus schulischer Gesundheitsbildung.[903] Auf ältere Menschen zugeschnittene Settingansätze finden im untersuchten empirischen Material dagegen kaum Erwähnung.

Zum anderen wird der Staat jedoch auch in der Verantwortung gesehen, den Aufbau einer marktförmigen Infrastruktur zu fördern, die den BürgerInnen die Informationen, Dienstleistungen und Produkte anbietet, die diese zur Ausübung ihrer gesundheitlichen Eigenverantwortung benötigen. „Der Staat muß es möglich machen, dass wir attraktive Finanzierungsmodelle finden, mit denen wir unserer Eigenverantwortung gerecht werden können,"[904] forderte beispielsweise Frank Schirrmacher im GSAAM-Journal. Und was die von der GSAAM empfohlenen Produkte zur Altersprävention betrifft, nutzte Claudia Hennig ihr Interview mit dem damaligen EU-Kommissar für Unternehmen und Industrie, Günther Verheugen, um für eine Deregulierung des Marktes für höher dosierte Nahrungsergänzungsmittel zu werben.[905]

---

899 Hennig 2005: *Zeitreise i. d. Realität (Interview Schirrmacher)*, S. 8.
900 Bleichrodt 2007: *Editorial*.
901 Hennig 2006: *Prävention – Eigenverantwortung ist angesagt (Interview Leinbach)*, S. 7.
902 vgl. z. B. Interview P16:303 und Hennig 2007: *Bildung & Aufklärung (Interview Mißfelder)*, S. 276.
903 vgl. z. B. Interview P17:440 ff.
904 Hennig 2005: *Zeitreise i. d. Realität (Interview Schirrmacher)*, S. 8.
905 vgl. z. B. Hennig 2005: *Wachstumsmarkt Gesundheit (Interview Verheugen)*, S. 11 f.

Dieser aktivierende und ökonomisierende Aspekt der staatlichen Verantwortung gewann im Zuge des Strategiewechsels der GSAAM an Bedeutung. Insbesondere im Umfeld der OrganisatorInnen des Europäischen Präventionstags finden sich hier die konkretesten Forderungen an die Politik bzw. den Staat, die die wortführenden GSAAM-ÄrztInnen in ihrer politischen Lobbyarbeit insbesondere an VertreterInnen der Gesundheitswirtschaft und liberaler und konservativer Parteien auch konkret herantragen.

Insgesamt fällt auf, dass im Umfeld der GSAAM die *gesellschaftliche Dimension von Altersprävention stärker wirtschaftlich gedacht* wird als in der präventionswissenschaftlichen und -politischen Diskussion üblich. In Aufzählungen der gesellschaftlich relevanten AkteurInnen, welche die GSAAM mit ihren Präventionstagen ansprechen will, rangieren Wirtschaft oder Industrie beispielsweise häufig direkt nach oder manchmal auch vor der Politik.[906] So finden sich auch Argumentationen, in denen nicht der Staat in der Verantwortung gesehen wird, alterspräventionsbezogene Märkte zu schaffen oder zu deregulieren, sondern in denen die Einführung von Altersprävention von vorne herein (auch) als *Aufgabe der Marktwirtschaft* erachtet wird:

Zum einen wird die AnbieterInnenseite in die Verantwortung genommen. „Wem nützt es, wenn vermehrt Prävention betrieben wird?" fragt eine Presseerklärung zum Ersten Europäischen Präventionstag und antwortet sogleich: „Dem Staat, den Apothekern und den Versicherungen. Ergo müssen auch die Nutznießer der Präventionsmedizin für deren Etablierung Sorge tragen. Auch in finanzieller Hinsicht."[907] Interessanterweise werden hier weder die ÄrztInnenschaft noch pharmazeutische Unternehmen als wirtschaftliche Nutznießer und damit Verantwortliche genannt, auch wenn die GSAAM und ihre gesundheitswirtschaftlichen SponsorInnen den Präventionstag nicht zuletzt auch aus ökonomischen Motiven finanzieren.

Wolf Bleichrodt leitet die Verantwortung „der Privatmediziner" in ihrer Funktion als ärztlich-unternehmerische AkteurInnen des Gesundheitsmarkts hingegen nicht aus deren Nutzen, sondern aus dem Versagen der Präventionspolitik ab. Sowohl den Entwurf des Präventionsgesetzes und auch dessen Scheitern verspottet Bleichrodt als „staatliches Exklusivmarketing"[908] oder ein „staatlich etabliertes Beschäftigungsprogramm"[909] für Anti-Aging Professionals. Die GSAAM-MedizinerInnen übernähmen damit die Verantwortung, die der Staat verweigere und sogar selbst an marktwirtschaftlich-medizinische Initiativen delegiere. Die Anti-Aging- oder PräventionsmedizinerInnen erfüllen nach Bleichrodt damit „die wichtige politische Aufgabe, das Gesundheitswesen vor dem Kollaps durch ausufernde Krankheitskosten einer immer älter werdenden Bevölkerung zu bewahren."[910] Zum anderen argumentiert Bleichrodt jedoch auch von der Nachfrage-

---

906 vgl. z. B. Kleine-Gunk 2008: *Prävention braucht mehr als Medizin*.
907 [N.N.] 2007: *Gesundheitsplanung statt Krankheitsmanagement*.
908 Bleichrodt 2005: *Staatliches Exklusivmarketing*.
909 ebd. S. 15.
910 ebd. S. 15.

seite her, dass „die Selbstzahler" Alterspräventionsleistungen von der Wirtschaft „für sich einfordern":

„Der Markt schafft sich selbst, Politiker und so genannte Gesundheitsfunktionäre brauchen wir eigentlich nicht dazu – und wenn, dann nur, um die Zweiklassenmedizin weiter und nachhaltiger zu etablieren."[911]

Eine sozialstaatliche Regelung des Managements gesundheitlicher Alterungsrisiken ist Bleichrodt zufolge also nicht nötig. Denn verantwortungsbewusste UnternehmerInnen und KundInnen schaffen die notwendige medizinische Infrastruktur im Rahmen der freien Marktwirtschaft selbst – und zudem auf eine „klassenlose" Weise.

---

911 Bleichrodt 2006: *Lahme Ente*, S. 144.

Teil 4:
Diskussion

Wie wird Anti-Aging im Umfeld der GSAAM also neu begründet und was ist daran problematisch? Im Folgenden wird die Grounded Theory über die Selektivität und Normativität des Anti-Aging-Wissens im Umfeld der GSAAM in eine Reformulierung der Kritik überführt. Diskutiert werden vier Aspekte des Anti-Aging-Wissens, das im Untersuchungszeitraum (2004–2011) handlungsleitend war: seine biomedizinische Evidenz, die formulierten Ziele der Gestaltung des Alter(n)s, Bedeutungsverschiebungen der Kategorie Alter und die Konzeption der Verantwortung für das Erreichen guten Alter(n)s.

Im *ersten Kapitel* wird die Evidenz des Ansatzes diskutiert. Die Frage, ob das Konzept der GSAAM ausreichend naturwissenschaftlich fundiert ist, wird zwar nicht beantwortet, aber aus sozialwissenschaftlicher Perspektive differenziert. Zu diesem Zweck werden Schwierigkeiten bei der Prüfung der Evidenz der Anti-Aging-Medizin skizziert und damit Evidenz als ein einfach festzustellendes und objektives Kriterium hinterfragt. Zudem wird präzisiert, welche Evidenzansprüche im Falle der GSAAM zur Diskussion stehen, nämlich die These der besseren Kalkulierbarkeit und Vermeidbarkeit gesundheitlicher Alterungsrisiken. In Bezug auf das Fallbeispiel prädiktive Gentests werden die evidenzbezogenen Eindrücke zusammengefasst und der naturwissenschaftlichen Diskussion übergeben.

Die Befunde über Ziele, Bedeutungsverschiebungen und Verantwortung werden der Positionierung des Problemzugriffs zwischen Beschreibung und Bewertung folgend (siehe Teil 2, Kapitel 3.3) in *zwei analytischen Schritten* diskutiert: Im ersten Schritt werden deskriptive Prämissen über *das Phänomen* fokussiert. Ausgangspunkt sind die bisherigen Thesen über die deutsche Anti-Aging-Medizin von Stöhr, Rüegger, Heiß und Eichinger (siehe Einleitung, Kapitel 2). Deren teilweise konträren Wahrnehmungen der Ziele, der Bedeutungsverschiebungen und der Verantwortungskonstruktion werden mit der erarbeiteten Grounded Theory kontrastiert. Zur Konturierung meiner Befunde werden auch die Ergebnisse der sozialgerontologischen Untersuchungen über Anti-Aging als Wissensform von Katz, Marshall, Vincent, von Kondratowitz und Tulle (siehe Teil 2, Kapitel 1.3.5) hinzugezogen.

Im zweiten Schritt wird als Teil des interdisziplinären Transfers der Untersuchung ausführlicher als in sozialwissenschaftlichen Arbeiten üblich diskutiert, was *das Problem* ist. Zu diesem Zweck wird nicht eigens eine systematische Altersethik entworfen. Die Kritik wird stattdessen aus der sozialgerontologischen Anti-Aging-Kritik entwickelt, insbesondere aus den Problemwahrnehmungen der genannten AutorInnen im Umfeld der kritischen und foucaultschen Gerontologie. Deren Kritikpunkte an Anti-Aging werden untersucht und genauer herausgearbeitet, aus welchen Gründen sie bestimmte Aspekte des Anti-Agings als problematisch bewerten. Folgendes Beispiel verdeutlicht das Vorgehen:

Es findet sich z. B. der Kritikpunkt, dass die Alterung als ein Problem der inaktiven und verantwortungslosen Lebensführung des Einzelnen umdefiniert wird.[1] Die normativen oder evaluativen Vorannahmen, aufgrund derer diese deskriptive Prämisse als problematisch bewertet wird, bleiben wie in vielen anderen sozialwissenschaftlichen Argumentationen implizit. Die latenten präskriptiven Prämissen, die in diesem Befund mitschwingen, lassen sich zu folgendem Argument ausformulieren: Andere Alterungsfaktoren als die Lebensführung des Einzelnen werden ausgeblendet. Das ist zum einen problematisch, weil es wissenschaftlichen Befunden über Alterungsfaktoren widerspricht. Zum anderen wird dem Einzelnen damit ungerechtfertigt Verantwortung für den gesundheitlichen Verlauf der Alterung zugeschrieben. Denn aufgrund der zahlreichen Alterungsfaktoren ist es nicht die Lebensführung des Einzelnen alleine, welche den Verlauf der Alterung kausal verursacht. Zudem sind Ressourcen der eigenverantwortlichen Lebensführung ungleich verteilt, weshalb es ungerecht ist, allen Menschen gleichermaßen Verantwortung dafür zuzuschreiben. Mit der Herausarbeitung dieser präskriptiven Prämissen gewinnt die Kritik an Argumentationskraft.

Für diese Explikation der Argumente erwies es sich als hilfreich, das Konzept der GSAAM in einigen Punkten mit einem gerontologischen Konzept der Gestaltung des Alter(n)s zu kontrastieren. Als Vergleichsfolie dienen die „Wege in eine gute Alternszukunft"[2] der Gerontologen Andreas Kruse und Hans-Werner Wahl. Denn deren Expertisen haben die Diskussion und die Gestaltung von Prävention und Gesundheitsförderung im Alter in Deutschland maßgeblich mitgeprägt.[3] Teilweise werden auch Argumente aus der gesundheitswissenschaftlichen Diskussion über Gesundheitsförderung im aktivierenden Sozialstaat,[4] der medizinethischen Diskussion über gesundheit-

---

1 vgl. z. B. Katz 2001: *Growing older without aging?* S. 29.
2 vgl. Kruse et al. 2010: *Zukunft Altern*, insb. S. 343 ff.
3 vgl. z. B. BVPG et al. 1999: *15 Regeln für gesundes Älterwerden* und Kruse 2002: *Gesund altern*.
4 vgl. Schmidt et al. 2007: *Gesundheitsförderung im aktivierenden Sozialstaat*.

liche Eigenverantwortung[5] und der soziologischen Diskussion über die Genetifizierung von Risiken[6] hinzugezogen.

Diese Ausarbeitung der sozialgerontologischen Problemwahrnehmungen fördert erwartungsgemäß keine systematische gerontologische Ethik zutage. Vielmehr finden sich Mischargumente, von denen viele auf die folgenden präskriptiven Prämissen zurückgehen: sozialwissenschaftliche und biomedizinische Evidenz, die gleichberechtigte Diversität von Lebensformen, die Multidimensionalität des Menschen, der solidarische Ausgleich u. a. kapitalismusbedingter Chancenungleichheiten und die Autonomie im Hinblick auf die Deutung und Gestaltung des Alter(n)s.

Auf diese Weise wird im *zweiten Kapitel* zunächst das von der GSAAM anvisierte Ziel der Gestaltung des Alter(n)s diskutiert. Die These, dass es sich (auch) um ein Verjüngungs- oder Unsterblichkeitsprogramm handelt, wird widerlegt und gezeigt, dass primär eine Steigerung der Lebensqualität im Alter angestrebt wird, worunter die Aufrechterhaltung von Krankheitsfreiheit und Funktionsfähigkeit verstanden wird. Drei Gründe werden herausgearbeitet, weshalb die Zielkonstruktion der GSAAM aus sozialgerontologischer Perspektive problematisch ist, obwohl gesundes Alter(n) auch ein Ziel der Sozialgerontologie ist: erstens die tendenziösen Darstellungen der Wirklichkeit des Alter(n)s, mit denen das Ziel begründet wird; zweitens das eindimensionale und ungerechte Konzept guten Alter(n)s; und drittens das Fehlen einer demokratischen Aushandlung von Idealen und Zielen der Gestaltung des Alter(n)s.

Im *dritten Kapitel* werden Bedeutungsverschiebungen der Kategorie Alter zur Diskussion gestellt. Die These, dass die GSAAM eine Pathologisierung des Alter(n)s betreibt, wird widerlegt. Es wird gezeigt, dass vielmehr eine Medikalisierung gesundheitlicher Alterungsrisiken, eine Präsymptomatisierung kranken Alter(n)s und eine Medikalisierung der Lebensführung festzustellen sind. Vier Probleme dieser Bedeutungsverschiebungen werden diskutiert: erstens ihre schwache Evidenz; zweitens die Nichtthematisierung des Einflusses altersdiskriminierender Diskurse und standespolitischer Interessen auf die Wissensproduktion; drittens die Beschränkungen von Spielräumen bei der Deutung des Alter(n)s; und viertens die mangelhafte inter- und innerdisziplinäre Aushandlung der Bedeutungsverschiebungen.

Im *vierten Kapitel* wird der Themenbereich Verantwortung fokussiert, der in der Anti-Aging-Kritik bisher weniger im Mittelpunkt steht. Diskutiert wird die Stärkung der lebensstilbezogenen und finanziellen Eigenverantwortung für das Management gesundheitlicher Alterungsrisiken, welche die GSAAM zur Neujustierung der Verantwortung für gutes Alter(n) vorschlägt. Vier sozialgerontologische Kritikpunkte werden herausgearbeitet: die ungerechtfertigte und diskriminierende Zuschreibung von Verantwortung; die Ungerechtigkeit des marktliberalen Konzepts intergenerationeller Solidarität;

---

5   vgl. Marckmann et al. 2004: *Gesundheitliche Eigenverantwortung.*
6   vgl. Lemke 2007: *Gouvernementalität & Biopolitik.*

die dreifache Ökonomisierung von Gesundheit im Alter; und die Beschneidung von Möglichkeiten der autonomen Gestaltung des Alter(n)s.

Ergebnis der Diskussion ist eine deskriptiv und präskriptiv geschärfte Reformulierung der Kritik der Anti-Aging-Medizin in Deutschland. Gemäß der vorgenommenen Positionierung zwischen Beschreibung und Bewertung (siehe Teil 2, Kapitel 3.3) zielt die Kritik nicht darauf, zu einem (ethisch begründeten) Urteil darüber zu kommen, wie die Alterung gestaltet werden *sollte*. Durch die Offenlegung der Kontingenz des Anti-Aging-Wissens soll reflexiver Raum für eine aufgeklärte, demokratische Deliberation über die Konzeption und Gestaltung des Alterns geschaffen werden. In der Diskussion der sozialgerontologischen Problemwahrnehmungen wird jedoch auch ein Plädoyer dafür abgegeben, wie die Alterung gestaltet werden *könnte*. Es wird gezeigt, welche Positionen von sozialgerontologischer Seite in eine solche Deliberation eingebracht werden.

1 Evidenz: Quacksalberei oder Stand geriatrischer Forschung?

Handelt es sich bei dem Behandlungskonzept der GSAAM um Quacksalberei, wie Manfred Stöhr kritisiert?[7] Oder bewegt sich die GSAAM damit, wie Heinz Rüegger nahelegt, weitgehend auf dem Boden der Wissenschaft und der Geriatrie?[8] Die Beantwortung der Frage, ob das Konzept der GSAAM medizinisch und naturwissenschaftlich fundiert ist, liegt nicht im Kompetenzbereich einer soziologischen Untersuchung. Wirkung und Wirksamkeit der Anti-Aging-Medizin sind dennoch auch in der sozialgerontologischen Anti-Aging-Kritik wichtige Argumente. Die Frage der Evidenz des Konzepts der GSAAM wird im Folgenden also nicht beantwortet und harrt weiter der naturwissenschaftlichen und medizinischen Bearbeitung. Jedoch können zwei Beiträge zu einer sozialwissenschaftlichen Differenzierung des Evidenzproblems geleistet werden. Dies ist erstens die Problematisierung von naturwissenschaftlicher Evidenz als objektivem Bewertungskriterium und zweitens eine Klärung, welche Evidenzansprüche der GSAAM eigentlich zur Diskussion stehen.

1.1 Schwierigkeiten der Evidenzprüfung

„Es ist ja ganz einfach", erklärte mir Roland Klatz, der Präsident der A4M. „Schwarz oder Weiß: Entweder Anti-Aging funktioniert, oder es funktioniert eben nicht. Das ist der Maßstab." Die Wahrheit stehe also bereits fest, ich müsse sie lediglich festhalten.[9] Bei genauerer Betrachtung ist die Frage, ob es sich bei der GSAAM um Quacksalberei han-

---

7 vgl. Stöhr 2005: *Wahrheit über AA*, S. 91 ff.
8 vgl. Rüegger 2009: *Alter(n) als Herausforderung*, S. 92 ff.
9 vgl. Feldnotizen Anti-Ageing Medicine World Congress Paris 2006, P5:284.

delt oder ob ihr Programm dem Stand geriatrischer Forschung entspricht, jedoch nicht ohne Weiteres zu beantworten. Zwar lässt sich sagen, dass die GSAAM weder konzeptuell noch institutionell viel mit der Geriatrie gemein hat. Ansonsten erweist sich jedoch die Evidenz als ein weniger leicht feststellbares Kriterium als Roland Klatz nahelegt. Aus sozialwissenschaftlicher Perspektive fallen *vier Schwierigkeiten der Evidenzprüfung* ins Auge:

Erstens kann die Frage nach der medizinischen und naturwissenschaftlichen Evidenz der deutschen Anti-Aging-Medizin nicht pauschal beantwortet werden. Denn die von der GSAAM vorgeschlagenen „sieben Säulen der Präventions- und Anti-Aging-Medizin" umfassen mehrere Risikotestverfahren und eine Vielzahl von medizinischen und lebensstilbezogenen Methoden. Die *Verfahren müssten deshalb einzeln und systematisch auf ihren medizinischen und naturwissenschaftlichen Realitätsgehalt hin geprüft werden*. So räumt Stöhr ein, dass sich „teilweise seriöse Angebote"[10] finden, auch wenn er die Anti-Aging-Medizin sonst als unwissenschaftlich kritisiert.

Zweitens müssen zwei Dimensionen der Evidenz unterschieden werden. Zum einen fragt sich, ob ausreichend belegt ist, dass und wie die Behandlungsmethoden im Körper wirken *(Wirkungen und Wirkweisen)*. Zweitens ist zu prüfen, ob die Behandlungen tatsächlich helfen, gesundheitliche Alterungsrisiken zu vermeiden *(Wirksamkeit)*. Diese beiden Kriterien der Evidenz können in unterschiedlichen Kombinationen vorliegen. Sind für eine Methode beide Kriterien nachgewiesen oder nicht nachgewiesen ist der Fall relativ eindeutig. Es gibt jedoch auch Fälle, in denen nur die Wirkung oder nur die Wirksamkeit nachgewiesen ist. Aus sozialwissenschaftlicher Perspektive ist hier von Interesse, wie diese differenzierten Evidenzbefunde kommuniziert werden. Ein Beispiel für die problematische Kommunikation der Evidenzlage ist die Kalorienrestriktion, deren Wirkungen wissenschaftlich belegt sind, deren medizinische Wirksamkeit jedoch bisher für den Menschen nicht nachgewiesen ist. Eine Kalorienrestriktion (kurz CR) um ca. 30 % gilt als eine der wenigen, biogerontologisch umfangreich belegten Methoden zur Verlangsamung biologischer Alterungsprozesse von Modellorganismen. Eine Wirksamkeit beim Menschen wurde bisher jedoch nicht eindeutig festgestellt. So steht Bernd Kleine-Gunk dem „Dinner Cancelling" skeptisch gegenüber und sorgt gerne für Erheiterung mit der Feststellung: „Ob man dann länger lebt, oder ob es einem nur länger vorkommt, ist unklar."[11] Dennoch empfiehlt er die Einnahme von Medikamenten, die eine Kalorienrestriktion imitieren, sogenannte CR-Mimetika, wie z. B. Resveratrol.

Neben der Vielzahl von zu prüfenden Methoden und den zwei Dimensionen der Evidenz besteht eine dritte Schwierigkeit beim Nachweis der Evidenz der Anti-Aging-Medizin. Um insbesondere die Wirkungen alterungsbezogener Interventionen messen zu können, benötigt man eine *Theorie darüber, worin Alterungsprozesse eigentlich bestehen*. Ob es Biomarker gibt, an denen Alterung festgemacht werden kann, und wel-

---

10 Stöhr 2005: *Wahrheit über AA*, S. 110.
11 vgl. Feldnotizen 8. GSAAM Konferenz, München, 2008, P6:174.

ches diese sind, ist in der biologischen Altersforschung jedoch keineswegs unstrittig.[12] In diesem Zusammenhang ist problematisch, dass die medizinische Praxis der GSAAM in vielen Fällen nur vage an biogerontologische Alterungstheorie zurückgebunden ist (siehe Teil 3, Kapitel 1.1.3). Biogerontologische Begründungen lassen vielmehr auf dem Weg in die medizinische Praxis und auch im Zeitverlauf zugunsten alltagsweltlicher Alterungskonzepte nach. Aufgrund der biogerontologischen Theoriedefizite der Praxis und auch der Praxisferne der biogerontologischen Grundlagenforschung scheint eine Überprüfung der Wirkungen und Wirksamkeiten schwierig.

Viertens besteht *im Bereich der Prävention ein spezifisches Evidenzproblem*. Denn der wissenschaftliche Nachweis der Wirksamkeit präventiver Maßnahmen ist äußerst aufwendig. Meist handelt es sich um Langzeiteffekte, die nachgewiesen werden müssen, was jahrzehntelange Beobachtungszeiträume erforderlich macht. Zudem ist es insbesondere bei Lebensstilmaßnahmen (z. B. Ernährung) kaum möglich, die Langzeitwirkung einzelner Faktoren (z. B. der tägliche Verzehr von Äpfeln) nachzuweisen. Entsprechend selten werden solche ressourcenintensiven Studien durchgeführt, zumal wenn sie nicht im Interesse forschender Unternehmen liegen. So kommt es, dass die Wirksamkeit zahlreiche Präventionsmaßnahmen, auch solcher, über die medizinisch Konsens besteht, bisher nicht systematisch belegt ist. Vor diesem Hintergrund fordert Klaus Richter, ehemaliger stellvertretender Vorstandsvorsitzender der BARMER GEK im GSAAM-Journal, dass die Wirksamkeit von Krankheitsprävention und Gesundheitsförderung endlich methodisch einwandfrei belegt werden sollte, auch wenn er selbst davon ausgehe, dass dies „sicherlich" der Fall sei.[13] Angesichts dieses Evidenzproblems der Prävention ist die Betonung wortführender GSAAM-MedizinerInnen, sie betrieben im Gegensatz zur A4M evidenzbasierte Prävention, problematisch. Umgekehrt beschreibt auch Stöhr das Evidenzproblem der Prävention, setzt seinen Vorwurf der Quacksalberei jedoch nicht systematisch in Bezug dazu. So argumentiert der Neurologe, dass es angesichts der Tatsache, dass die Wirksamkeit vieler, insbesondere präventiver Behandlungsweisen nicht hundertprozentig bewiesen sei, dennoch nicht sinnvoll sei, gänzlich auf Prävention zu verzichten.[14]

Aus sozialwissenschaftlicher Perspektive ist fünftens anzufügen, dass die Wirksamkeit medizinischer Maßnahmen nicht nur von medizinischen, sondern *auch von psychischen und sozialen Faktoren* abhängt. Konsequenterweise müssten diese bei der Wirksamkeitsmessung systematisch berücksichtigt werden und nicht – wie im Falle von Argumentationen mit Placebo-Kontrasten – unproblematisiert bleiben.[15] Einer meiner Gesprächspartner stellte in diesem Zusammenhang die These auf, dass wir mit einer gänzlich evidenzbasierten Medizin, wenn es sie denn gäbe, nicht unbedingt besser be-

---

12 Einen Überblick über die biogerontologische Suche nach Biomarkern geben Butler et al. 2004: *Biomarkers of aging*.
13 vgl. Richter 2008: *Prävention promoten*, S. 8.
14 vgl. Stöhr 2005: *Wahrheit über AA*, S. 103.
15 vgl. von Kondratowitz 2003: *AA*, S. 159.

dient seien. Denn, so erklärte er, „wenn Ärzte nur wissenschaftlich wären, dann wären die Patienten auch nicht zufrieden".[16]

Diese fünf skizzierten Schwierigkeiten der Evidenzprüfung verdeutlichen, dass weiterhin Forschungsbedarf zur Klärung der Frage besteht, ob das Konzept der GSAAM medizinisch und naturwissenschaftlich fundiert ist. Zudem wird deutlich, dass die Wissenschaftlichkeit des Anti-Agings häufig nur schwierig nachweisbar ist. Auch ist weniger evident als allgemein angenommen, woran die Evidenz eigentlich zu messen ist. Dies relativiert die Vorstellung, dass die Kontroverse über Anti-Aging mit einer Überprüfung der Wissenschaftlichkeit einfach und objektiv entschieden werden könnte.

1.2 Sind Risiken besser kalkulierbar und kontrollierbar? Eindrücke am Beispiel von Gentests

Das Evidenzproblem des Anti-Agings lässt sich auch in einer zweiten Hinsicht sozialwissenschaftlich differenzieren. Anhand der Befunde über das Anti-Aging-Konzept der GSAAM lässt sich konkretisieren, welches die zu bewertenden Evidenzansprüche der GSAAM eigentlich sind. Hier zeigt sich, dass es nicht nur um die nebenwirkungsfreie Wirksamkeit einzelner Methoden wie z. B. der erweiterten Hormonersatztherapie[17] geht. Im Kern geht es vielmehr um die Frage, ob die GSAAM mit ihrem medizinischen Konzept *gesundheitliche Alterungsrisiken tatsächlich besser kalkulierbar und kontrollierbar* macht. Der Evidenzanspruch der GSAAM ist wohlgemerkt nicht wie im Falle der A4M, dass gesundheitliche Alterungsrisiken ausgeräumt werden. Eichingers Einschätzung, es werde suggeriert, dass Krankheit grundsätzlich und vollständig vermeidbar sei, wenn der Einzelne nur frühzeitig und gründlich genug das Nötige unternimmt,[18] trifft deshalb nicht zu. Sie läuft der Risikologik zuwider: Risiken werden nicht gänzlich ausgeräumt, sondern bessere medizinisch assistierte Möglichkeiten des eigenverantwortlichen, andauernden Risikomanagements in Aussicht gestellt. Aus sozialwissenschaftlicher Perspektive ist es dieser Evidenzanspruch, zu dem medizinischer und naturwissenschaftlicher Klärungsbedarf besteht.

Diese Frage lässt sich *für das Fallbeispiel prädiktive Gentests noch einmal konkretisieren*. Hier stellen sich v. a. zwei Fragen: Lässt sich das Risiko kranken Alter(n)s erstens mithilfe prädiktiver Gentests tatsächlich zuverlässiger als bisher kalkulierbar? Und sind genetische Risiken für altersassoziierte Erkrankungen zweitens durch gesunde Lebensführung und medizinische Begleitmaßnahmen effektiver als bisher kontrollierbar? Mit der folgenden Zusammenfassung der fachfremden Eindrücke bezüglich der Evidenz molekulargenetischer und umweltbezogener Alterungstheorien im Umfeld der GSAAM

---

16 vgl. Feldnotizen 6. Konferenz der GSAAM, Düsseldorf, 2006, P11:249.
17 vgl. z. B. Dören 2007: *Gesundheitsrisiko*.
18 vgl. Eichinger 2011: *AA als Medizin?* S. 139.

(siehe Teil 3, Kapitel 3.3) soll zum einen konkretisiert werden, welche Art von Fragen an die medizinische und naturwissenschaftliche Diskussion weitergegeben werden. Zum anderen werden diese Eindrücke in der Diskussion der Ziele, Bedeutungsverschiebungen und Verantwortlichkeiten als exemplarische „Evidenzhypothese" herangezogen.

Zunächst zur *genetischen Kalkulierbarkeit kranken Alter(n)s*: Dass sich genetische Polymorphismen laborchemisch bestimmen lassen und dass diese in statistischer Korrelation zu bestimmten Phänotypen stehen, ist wissenschaftlich weitgehend anerkannt. Laborverfahren sind allerdings nicht frei von Fehlerquellen und die Statistiken zur Herstellung der Krankheitsbezüge entsprechen in vielen Fällen noch nicht wissenschaftlichen Standards (siehe Teil 3, Kapitel 3.3.1). Die Untersuchung molekulargenetischer Alterungstheorien der GSAAM zeigte jedoch, dass der Zusammenhang von genetischen Polymorphismen und altersassoziierten Erkrankungen tendenziell überinterpretiert wird und diesbezüglich bestehende Wissenslücken keine ausreichende Erwähnung finden. Zudem wird der Einfluss genetischer Polymorphismen auf den Alterungsprozess nicht oder nicht konsequent mit Verweisen auf andere genetische, andere biologische und nicht-biologische Alterungsfaktoren relativiert. Unberücksichtigt bleibt auch, dass biologische Alterungsprozesse nicht gänzlich nach Plan verlaufen und ein Element „essenziellen Zufalls" bleibt.[19] In dieser Hinsicht scheint die These der GSAAM, dass der gesundheitliche Alterungsverlauf genetisch kalkulierbar ist, nicht ausreichend empirisch fundiert.

Dieser mangelnde naturwissenschaftliche Realitätsgehalt prädiktiver Gentests wurde auch auf mehreren Anti-Aging-Konferenzen deutlich kritisiert.[20] Im untersuchten Material finden sich jedoch kaum Reaktionen auf diese Kritik. Dennoch lässt sich nicht pauschal sagen, dass die GSAAM medizinische Peer-Review-Verfahren meiden würde und auch nicht, dass Qualitätssicherungsmaßnahmen der Medizin gänzlich versagt hätten. So stellt die GSAAM ihr Programm z. B. im Deutschen Ärzteblatt zur Diskussion,[21] worauf sich in der Zeitschrift eine Diskussion über ihre Hormontherapien entspann.[22] Auch als Reaktion auf die in den WHI-Studien erhobene Kritik an Hormonersatztherapien (HRT) reagierte die GSAAM mit einem Konzept der „Risikominimierung" von Hormonersatztherapien. Im Falle prädiktiver Gentests für altersassoziierte Erkrankungsrisiken scheint hingegen eine solche *wissenschaftliche Kontroverse noch auszustehen*.

Bezüglich der *eigenverantwortlichen Kontrollierbarkeit genetischer Risiken* für altersassoziierte Erkrankungen zeichnet sich folgendes Bild ab: Dass sich genetische Risiken *kalkulieren* lassen, gilt als wissenschaftlich gesichert. Auf das Risiko, altersassoziierte Erkrankungen zu entwickeln, haben die meisten beteiligten Genvarianten jedoch einen

---

19 vgl. Brockmann 2005: *Biodemografie*, S. 31.
20 insb. auf dem Anti-Ageing Medicine World Congress Paris 2006 (siehe Konferenzprogramm S. 114 ff. und Feldnotizen handschriftlich) und der 6. Konferenz der GSAAM, Düsseldorf, 2006 (siehe Feldnotizen P11:430).
21 siehe Kleine-Gunk 2007: *AAM. Hoffnung oder Humbug?*
22 Koch 2007: *Schnelle Vorteilnahme.*

sehr geringen Einfluss. Auch die Möglichkeiten der *Kontrollier*barkeit genetischer Risiken werden kontrovers diskutiert (siehe Teil 3, Kapitel 3.2.2). Hier wird u. a. kritisiert, dass die Risikoinformationen, bei denen es sich ja nicht um Kausal-, sondern um Wahrscheinlichkeitsaussagen handelt, tatsächlich zu einer Optimierung des Lebensstils führen. Denn selbst wenn genetische Risiken für eine Krankheit festgestellt werden, bedeutet dies nicht, dass die Testperson zwangsläufig erkranken wird. Entsprechende Präventionsmaßnahmen und deren eventuelle Nebenwirkungen wären also unter Umständen nicht nötig. Umgekehrt können negative Testergebnisse eine „falsche Sicherheit" suggerieren. Im Zentrum der Kritik steht jedoch, dass vielen der genetisch testbaren Erkrankungsrisiken bisher keine neuen Präventions- und Therapieoptionen gegenüberstehen.[23]

Betrachtet man nun, wie im Umfeld der GSAAM die Kontrollierbarkeit genetischer Risiken begründet wird, entsteht folgendes Bild (siehe Teil 3, Kapitel 3.3.2): Die Untersuchung der Gen-Umwelt-Interaktionsmodelle wortführender GSAAM-MedizinerInnen zeigte, dass die zentrale Frage, wie Gene und Umwelt in Verbindung miteinander stehen, unterschiedlich und eher metaphorisch als naturwissenschaftlich beantwortet wird. Trotz dieser *schwachen Begründung der Gen-Umwelt-Interaktion* wird eine systematische Behandlung nicht-genetischer Faktoren zur Kontrolle genetischer Risiken empfohlen. Die Untersuchung der umweltbezogenen Alterungstheorien der GSAAM zeigte zudem, dass anfänglich ein breites Spektrum an Umwelteinflüssen diskutiert wurde, das von Strahlungen und Umweltgiften über beruflichen Stress, stabile Paarbeziehung und Bildungsstand bis hin zu gesundem Lebensstil reichte. Mittlerweile werden Umwelteinflüsse meist nur noch als individuelle Lebensstilentscheidungen ausbuchstabiert. Diese *Reduktion der Umwelteinflüsse* steht auch im Widerspruch dazu, dass die GSAAM sich anfangs in biogerontologischer Tradition sehr skeptisch bezüglich des Einflusses individueller Lebensstilentscheidungen auf die Alterung zeigte.

Zudem gilt die These, dass der gute Verlauf der Altersphase „weitgehend" von der richtigen Lebensführung abhängt, im Umfeld der GSAAM – wie in anderen Diskussionszusammenhängen auch – als kaum begründungsbedürftig. Konkrete Wirkmechanismen und wissenschaftliche Beweise der Wirksamkeit werden nicht genannt. Am Beispiel der Handlungsempfehlungen für ApoE4-TrägerInnen wurden *drei weitere Probleme der zum Management genetischer Alterungsrisiken empfohlenen Lebensstilmaßnahmen* deutlich: Erstens wird häufig nicht erklärt, wie einzelne Maßnahmen konkret zur Kontrolle genetischer Risiken beitragen. Zweitens unterscheiden sich die Empfehlungen einzelner MedizinerInnen und Labors teilweise. Und drittes finden sich ähnlich heterogene und komplexe Handlungsvorschriften zur Vermeidung anderer altersbezogener Erkrankungsrisiken. Diese addieren sich zu einem nicht nur kaum überblickbaren, sondern zum Teil auch widersprüchlichen System wenig begründeter Verhaltensregeln.

Im Vergleich zur geriatrischen Diskussion über die Frailty-Testung (vgl. Teil 3, Kapitel 3.1.2) wird noch einmal die insgesamt schwache Konzeption der Risikodiagnostik

---

23 vgl. z. B. Deutscher Ethikrat 2012: *Helfen Gentests im Kampf gegen Volkskrankheiten?*

der GSAAM deutlich, sowie die mangelhafte innerfachliche Diskussion darüber. In der geriatrischen Diskussion über Frailty werden u. a. Fragen der Konzeption, der Messung und der Aussagekraft von Frailty kontrovers diskutiert.[24] Arbeiten darüber, wie Frailty von älteren Menschen erlebt und bewältigt wird, sind im Entstehen.[25] Auch wenn diese Fragen in Forschung und Klinik sicher noch stärker berücksichtigt werden sollten,[26] so werden sie im Gegensatz zur Risikodiagnostik der GSAAM immerhin formuliert, diskutiert und teilweise auch wissenschaftlich bearbeitet. Die Diskussionen in Geriatrie und Anti-Aging-Medizin gleichen sich jedoch in dem Punkt, dass die Probleme ihrer Testungen überwiegend als empirische Probleme verstanden werden, die sich durch eine möglichst exakte Messung beheben lassen. Dass jedoch auch normative Probleme bestehen, z. B. welcher Grad altersbezogener Defizite bzw. welche präsymptomatischen körperlichen Zeichen als gut bzw. schlecht bewertet werden, wird wenig problematisiert. Hierfür kann die vorliegende Untersuchung für die Diskussion über Frailty fruchtbar gemacht werden.

Diese Eindrücke bezüglich der Begründungen für prädiktive Gentests im Umfeld der GSAAM führen zu folgender, naturwissenschaftlich zu diskutierenden Hypothese: Der Evidenzanspruch der GSAAM, gesundheitliche Alterungsrisiken mit prädiktiven Gentests besser kalkulieren und durch Lebensstiländerungen besser kontrollieren zu können, ist nicht ausreichend medizinisch und naturwissenschaftlich fundiert.

2   Ziele: „Forever young" und/oder Prävention für gesundes Altern?

In den bisherigen Thesen über die Anti-Aging-Medizin in Deutschland (siehe Einleitung, Kapitel 2) finden sich unterschiedliche Annahmen darüber, welche Ziele die GSAAM verfolgt. Manfred Stöhr beschreibt, dass Anti-Aging insgesamt und auch die GSAAM auf ewige Jugend, Schönheit und Gesundheit zielen, und kritisiert den dahinterstehenden „Unsterblichkeitswahn".[27] Heinz Rüegger zufolge „bekämpft" die GSAAM das Altern gar nicht, um die Lebensspanne zu verlängern, sondern „gestaltet" es lediglich, um eine Kompression der Morbidität und als Nebenfolge eventuell auch eine moderate Lebensverlängerung zu erreichen. Rüegger argumentiert, dass sich die GSAAM nur aus einem gedankenlosen Selbstmissverständnis heraus als Anti-Aging bezeichne. Denn eigentlich betreibe sie eine Präventivmedizin für gesundes Altern und sei damit vielmehr „Pro-Aging".[28] Wolfgang Heiß kritisiert hingegen, dass die GSAAM nur offiziell auf eine moderate Präventionsbotschaft für gesundes Altern eingeschwenkt hätte, während sie inoffiziell weiterhin auf die Verhinderung und Umkehrung des Alterns und auf Unsterb-

---

24 Bergmann et al. 2007: *Frailty*, S. 773.
25 Nicholson et al. 2012: *Experience of living at home with frailty in old age*.
26 vgl. Bergmann et al. 2007: *Frailty*, S. 773.
27 vgl. Stöhr 2005: *Wahrheit über AA*, S. 91 ff.
28 vgl. Rüegger 2009: *Alter(n) als Herausforderung*, S. 92 ff.

lichkeit ziele.[29] Tobias Eichingers macht dagegen drei parallele Ziele der deutschen Anti-Aging-Medizin aus: gesundes Altern, eine Verlängerung der jugendlichen Lebensphase und eine substanzielle Lebensverlängerung.[30] Zunächst ist also zu diskutieren, welche Ziele der Gestaltung des Alter(n)s im Umfeld der GSAAM verfolgt werden.

2.1 Was ist das Phänomen? Altern ja – aber gesundes Altern

Die konträren Annahmen über die Ziele der GSAAM können anhand der vorliegenden Untersuchung wie folgt differenziert werden (siehe Teil 3, Kapitel 2.3.3): Zwar wurde „forever young" in den Anfangsjahren der GSAAM im Anklang an die A4M auch als ein Ziel formuliert. Mittlerweile werden im Umfeld der GSAAM *Verjüngung, substanzielle Lebensverlängerung und erst recht Unsterblichkeit klar abgelehnt*. In der Praxis sind die Grenzziehungen zu ästhetischen Anti-Aging-Kontexten und dem Lebensverlängerungsprojekt der SENS Foundation teilweise jedoch nicht ganz so trennscharf. Das primäre Ziel der GSAAM ist, nicht die Quantität, sondern die *Qualität des Lebens im Alter zu steigern*. Die Steigerung der Lebensqualität besteht dabei in der Aufrechterhaltung von Gesundheit und der körperlichen sowie kognitiven Funktionsfähigkeit. Mit dem Slogan „Altern ja – aber gesundes Altern"[31] bringt Kleine-Gunk die Zielformulierung der GSAAM auf den Punkt. Im Hinblick auf das Lebensende finden sich nur wenige, unkonkrete Zielformulierung wie: „Mit 100 gesund in die Kiste".[32] Insgesamt wird also keine Verjüngung, sondern gewissermaßen eine „Entkrankung" des Alter(n)s angestrebt.

Die Zielformulierung der GSAAM ist damit anders akzentuiert als das von Stephen Katz beschriebene Ideal der Anti-Aging-Kultur. Nach Katz zielt Anti-Aging auf „growing older without aging",[33] wobei das „Alterskriterium" Chronologie von dem Kriterium Funktionalität abgelöst wird.[34] „Gesundes Alter(n)" als Ziel altersmedizinischer Interventionen wird Katz zufolge in das Ziel „funktionsfähiges Alter(n)" inkorporiert. Auch in der Zielformulierung der GSAAM erlangt die Funktionalität gegenüber der Gesundheit eine Aufwertung, jedoch keine Alleinstellung. Vielmehr scheint der „Inkorporierungsprozess" umgekehrt: „Funktionsfähiges Alter(n)" wird in das Ziel „gesundes Altern" inkorporiert.

Courtney Mykytyns Argument, dass es sich bei Anti-Aging nicht zwangsläufig um „anti-death" handelt, sondern häufig das gerontologisch anschlussfähige Ziel „adding

---

29 Heiß 2011: *AAM & Geriatrie*, S. 94.
30 Eichinger 2011: *AA als Medizin?* S. 123f.
31 Harder 2009: *Alle reden von Prävention*, S. 24.
32 vgl. Feldnotizen „Longevity & Anti-Aging – Neue Märkte für die Gesundheit", Frankfurt Global Business Week, IHK Frankfurt, Mai 2011.
33 Katz 2001: *Growing older without aging?*
34 vgl. z. B. Katz 2006: *From chronology to functionality*.

years to life and life to years" verfolgt wird,³⁵ trifft auch für Anti-Aging im Umfeld der GSAAM zu. Eine „Optimierung" alternder Körper, wie Mykytyn sie für die A4M beschreibt, wird jedoch nicht angestrebt. Maßstab der Gestaltung ist nicht „the best-a-body-can-and-has-ever-been"³⁶ und auch keine „jugendlichen Spitzenwerte".³⁷ Vielmehr sind es idealerweise „individuelle Referenzwerte" aus dem 30. bis 40. Lebensjahr der Behandelten, welche GSAAM-MedizinerInnen ihrer Optimierung des Managements gesundheitlicher Alterungsrisiken zugrunde legen.

Während im Umfeld der GSAAM breiter Konsens darüber herrscht, dass die Steigerung von Lebensqualität im Alter – verstanden als Gesundheit und Funktionsfähigkeit – angestrebt werden sollte, besteht *keine Einigkeit darüber, ob auch eine moderate Steigerung der Lebenserwartung erzielt werden soll.* Teilweise wird eine auch nur geringfügige Verlängerung der Lebenserwartung abgelehnt. Häufiger wird diese als *Neben*effekt der Kompression der Morbidität akzeptiert oder auch begrüßt. Kleine-Gunk erhebt die moderate Lebensverlängerung jedoch teilweise auch zu einem gleichrangigen Ziel neben der Kompression der Morbidität.

Während die A4M ihre gegenwärtigen Ziele klar als Überganszziele versteht, bis die biomedizinische Forschung das Erreichen radikalerer Ziele ermöglicht (siehe Teil 1, Kapitel 2.1.3), werden im Umfeld der GSAAM *seltener und weniger gewichtige Zukunftsziele* formuliert. Auch die GSAAM-Präsidenten erhoffen sich zukünftig biogerontologische Interventionen, mit denen gesundheitliche Alterungsrisiken besser vermieden werden können. Damit verbindet sich jedoch eher die Hoffnung, die gegenwärtigen Ziele besser erreichen zu können, als die Formulierung besserer Ziele. Auch findet sich keine Diskrepanz zwischen den formulierten und in der medizinischen Praxis verfolgten Zielen. Die GSAAM erschließt mit ihren „sieben Säulen der Präventions- und Anti-Aging Medizin" keine neuen Gestaltungsräume, sondern zielt auf eine optimierte Nutzung bisheriger Gestaltungsmöglichkeiten. Weder in Formulierungen gegenwärtiger und zukünftiger Ziele noch in den praktisch verfolgten Zielen lässt sich also eine „inoffizielle"³⁸ oder implizite „immortality objective"³⁹ der GSAAM ausmachen.

Beim Anti-Aging im Umfeld der GSAAM handelt es sich also nicht um ein explizites (Stöhr), inoffizielles (Heiß), implizites (Vincent) oder paralleles (Eichinger) Lebensverlängerungs- oder Unsterblichkeitsprogramm. Rüeggers These trifft den Fall besser, denn das primäre Ziel der GSAAM besteht darin, die Lebensqualität im Alter zu steigern. Jedoch handelt es sich bei der Selbstbezeichnung als Anti-Aging nicht um ein gedankenloses Selbstmissverständnis. Die GSAAM-Präsidenten betonen, dass sie „mehr" wollen als Prävention. Alexander Römmler, der erste GSAAM-Präsident, versteht darunter auch die frühzeitigere Therapie von Altersbeschwerden und -krankheiten. Für seinen

---

35 vgl. Mykytyn 2009: *AA is not anti-death.*
36 Mykytyn 2008: *Medicalizing the optimal,* S. 317.
37 Eichinger 2011: *AA als Medizin?* S. 140.
38 vgl. Heiß 2011: *AAM & Geriatrie,* S. 94.
39 Vincent 2009: *Ageing, AA, & anti-anti-ageing,* S. 202

Nachfolger Bernd Kleine-Gunk besteht der Mehrwert hingegen in dem Streben nach zukünftigen biogerontologischen Strategien gegen den Risikofaktor biologische Alterung an sich.

2.2 Was ist das Problem?

Wenn die GSAAM also nicht substanzielle Lebensverlängerung, sondern gesundes Alter(n) als ihr vorrangiges Interventionsziel formuliert, wie ist dieses Ziel zu bewerten? Rüegger kommt zu dem Urteil, dass es sich um unbedenkliches Pro-Aging handelt. Dabei wählt er den selben Bewertungsmaßstab wie Stöhr, nämlich ob das Ziel der Natur des Alter(n)s entspricht oder nicht. Vor diesem Hintergrund unterscheidet Rüegger problematisches Anti-Aging, das auf eine unnatürliche, substanzielle Lebensverlängerung zielt, von unproblematischem Pro-Aging, das auf gesundes Alter(n) zielt. Ist das Programm der GSAAM, da es weder auf ewige Jugend, substanzielle Lebensverlängerung oder Unsterblichkeit zielt, also im Umkehrschluss unproblematisch?

Im Rahmen der Erarbeitung des Problemzugriffs auf Anti-Aging wurden zwei wissenschaftliche Debatten herausgearbeitet, in denen die Natürlichkeit des Alterns problematisiert wird: zum einen die sozialgerontologische Theoriediskussion über das Verhältnis von Natur und Kultur in Bezug auf die Kategorie Alter (siehe Teil 2, Kapitel 2) und zum anderen die innerethische Kontroverse über Natürlichkeitsargumente „biokonservativer" EthikerInnen gegen Anti-Aging (siehe Teil 2, Kapitel 1.2.1). In beiden Debatten wird deutlich, dass die Natur des Alterns nie „ganz natürlich", sondern immer auch das Ergebnis menschlicher Selbstgestaltung ist. Aufgrund dieser „sozialen und biologischen Ko-Konstruktion" alternder Körper (Sozialgerontologie) bzw. der „artifiziellen Natur" des Alter(n)s (Bioethik) ist die *Natürlichkeit kein überzeugender Referenzpunkt für die universale Bewertung von Anti-Aging*. In diesem Sinne erwiderte auch der GSAAM-Präsident Römmler auf Stöhrs Unnatürlichkeitskritik: „Die gute, natürliche Altersphase ist ein Konstrukt."[40]

Rüeggers positive Bewertung natürlichen Pro-Agings ist nicht nur aufgrund der Schwäche von Natürlichkeitsargumenten problematisch, sondern auch deshalb, weil *Natürlichkeit als einziges Bewertungskriterium* herangezogen wird. Aus dieser Perspektive sind Zielsetzungen „unterhalb" der Schwelle des „unnatürlichen" Enhancements per se unproblematisch. In der Tat scheint es auf den ersten Blick keine Argumente gegen Prävention und „gesundes Alter(n)" als Ziel zu geben. Was könnte gegen das Bemühen, altersassoziierte Beschwerden und Krankheiten zu vermeiden, einzuwenden sein? „Was ist das für eine Soziologie, die Prävention kritisiert?!"[41] entgegnete mir eine Ärz-

---

40 Feldnotizen Podiumsdiskussion „Alter: eine erfundene Krankheit?", 6. Konferenz der GSAAM, Düsseldorf, 2006, P11:103.
41 Feldnotizen Menopause, Andropause, Anti-Aging Kongress, Wien, 2005, handschriftlich S. 11.

tin entgeistert auf meine Erklärung, dass ich das Alterspräventionskonzept der GSAAM kritisch untersuche. Es ist dieser Wertekonsens über Prävention und gesundes Altern, den sich die GSAAM für die Lösung des Imageproblems des Anti-Agings erfolgreich zu Nutzen gemacht hat.

Aus sozialgerontologischer Perspektive ist das Ziel der GSAAM dennoch problematisch. Es ist nicht so, dass Gesundheit im Alter als schlecht und nicht erstrebenswert erachtet würde. Im Gegenteil ist gesundes Altern auch ein gerontologisches Ziel. Die Kritik bezieht sich vielmehr darauf, *wie das Ziel konstruiert ist.* In den Argumentationen der GSAAM-MedizinerInnen wird das Ziel der Gestaltung des Alter(n)s maßgeblich über argumentative Trennarbeiten zwischen der schlechten Wirklichkeit des Alterns und der guten Möglichkeit des Alterns begründet (siehe Teil 3, Kapitel 2.1). Dies deckt sich mit dem argumentationslogischen Befund, dass deskriptive und präskriptive Prämissen in der Bildung handlungsleitender Urteile wechselseitig aufeinander bezogen sind (siehe Teil 2, Kapitel 3.2.3). Vor diesem Hintergrund wird die Bewertung des Ziels vielschichtiger. So fragt sich z. B., über welche Darstellungen der Wirklichkeit des Alter(n)s Handlungsbedarf geschaffen wird (deskriptive Prämisse des Ziels) und an welchen Kriterien gutes Alter(n) festgemacht wird (präskriptive Prämissen des Ziels).

2.2.1 Negative Darstellungen der Wirklichkeit des Alter(n)s als Drohkulisse

Hans-Joachim von Kondratowitz sieht einen zentralen Grund der gerontologischen Empörung über Anti-Aging darin, dass die Gerontologie ihre aufklärerischen Bemühungen angesichts der ungebrochenen oder gar verschärften *negativen Stereotypisierung des Alter(n)s* gescheitert sieht.[42] Betrachtet man die Darstellungen der individuellen und gesellschaftlichen Wirklichkeit des Alter(n)s, über die im Umfeld der GSAAM Handlungsbedarf geschaffen wird, finden sich in der Tat häufig wenig differenzierte, negative Darstellungen individueller Leiden und gesellschaftlicher Kosten (siehe Teil 3, Kapitel 2.2). Das Erleben des Einzelnen wird als primär körperlicher Verfallsprozess beschrieben. Dabei wird eine asymmetrische, abfallende Lebenskurve angenommen, die mit einer kontinuierlich ansteigenden Krankheitskurve zusammenfällt. Beide bedrohen das Wohlbefinden, die Handlungsfreiheit und auch die gesellschaftliche Integration des Einzelnen oder machen diese gar unmöglich. Auf gesellschaftlicher Ebene wird eine problematische Überalterung der Gesellschaft ausgemacht. Diese gehe mit einer starken Zunahme von Krankheiten einher, die häufig als eine Expansion der Morbidität ausbuchstabiert wird. Folge sei eine dramatische Kostenexplosion im Gesundheitswesen, die letztendlich den Bestand der Gesellschaft bedroht. Insgesamt wird die Alterung als individuelles und gesellschaftliches Übel ersten Ranges dargestellt, während jüngere Lebensphasen tendenziell idealisiert und andere individuelle und gesellschaftliche Probleme ausgeblendet werden. Während Römmler zwar anmerkt, dass die gute, natürliche

---

42 von Kondratowitz 2003: *AA*, S. 156.

Altersphase ein Konstrukt sei,[43] wird diese einseitige Darstellung der Wirklichkeit des Alterns als objektiv präsentiert.

Es lohnt sich, genauer zu untersuchen, worin genau das sozialgerontologische Unbehagen an dieser Berichterstattung über das Alter(n) besteht und was es entsprechend eigentlich sozialgerontologisch aufzuklären gilt. In den untersuchten sozialgerontologischen Problemwahrnehmungen lassen sich vier Einwände ausmachen, an denen sich zwei normative Bezugspunkte herausarbeiten lassen, die auch mehreren der im Folgenden diskutierten Argumente zugrunde liegen:

Stereotype Darstellung des Alterns sind erstens deshalb problematisch, weil sie *sozialwissenschaftlichen Befunden über das individuelle Erleben und die gesellschaftliche Bedeutung des Alter(n)s widersprechen*. Diese zeichnen ein deutlich differenzierteres und heterogeneres Bild individuellen und gesellschaftlichen Alter(n)s. Die weniger prominenten gegenläufigen Darstellungen der Wirklichkeit des Alter(n)s im untersuchten empirischen Material liefern erste Hinweise auf diese Heterogenität (siehe Teil 3, Kapitel 2.2.3). Die Wissenschaftlichkeit des Anti-Agings steht also nicht nur auf medizinisch-naturwissenschaftlichem, sondern auch auf sozialwissenschaftlichem Gebiet infrage.

Die Stereotypisierung ist jedoch nicht nur aufgrund ihrer Unwissenschaftlichkeit problematisch. Denn die Heterogenität des Alter(n)s wird zweitens nicht auf zufällige Weise reduziert. Vielmehr fällt auf, dass vor allem negative Aspekte des Alter(n)s herausgegriffen werden und ihre negativen Wertungen teilweise auch noch verstärkt werden. Ältere Menschen werden so auf negative Zuschreibungen festgelegt, an die auch weitere Abwertungen oder Ausgrenzungen ansetzen können. Versucht man zu explizieren, vor welcher Hintergrundannahme diese *Negativierung eigentlich als altersdiskriminierend* bewertet wird, führt dies zu einem ersten normativen Bezugspunkt der Sozialgerontologie, auf den mehrere der im Folgenden diskutierten Argumente zurückgehen:

Die Soziologin Gesa Lindemann arbeitet zum Verständnis sozialwissenschaftlicher Bewertungspraktiken heraus, dass die zentrale präskriptive Prämisse sozialwissenschaftlicher Forschung die prinzipielle Gleichheit aller sozialen Personen ist (siehe Teil 2, Kapitel 3.2.3).[44] Diese Grundannahme lässt sich für die Sozialgerontologie wie folgt ausbuchstabieren: Alle sozialen Personen sind unabhängig von Alter und Gesundheitszustand gleich. Entsprechend sollte ihnen der gleiche Wert zukommen. Neal King und Toni Calasanti benennen in diesem Zusammenhang die *gleichberechtigte Diversität der Gesellschaft*[45] als normativen Bezugspunkt. Auch John Vincent plädiert für ein gleichberechtigtes und damit auch gleichwertiges Nebeneinander unterschiedlicher Lebensphasen, Körper, Generationen und kultureller Alterskonstruktionen.[46] Vor diesem Hintergrund wird die negative Stereotypisierung als altersdiskriminierend bewertet.

---

43 vgl. Feldnotizen Podiumsdiskussion „Alter: eine erfundene Krankheit?", 6. Konferenz der GSAAM, Düsseldorf, 2006, P11:103.
44 vgl. Lindemann 2006: *Faktische Kraft d. Normativen*, S. 342.
45 vgl. King et al. 2006: *Empowering the old*.
46 vgl. z. B. Vincent 2006: *Ageing contested*.

Drittens fällt auf, dass die Heterogenität der Wirklichkeit des Alter(n)s auch in einer weiteren Hinsicht nicht auf zufällige Weise reduziert wird. Vielmehr werden körperliche Krankheiten und Funktionsverluste sowie Gesundheitskosten herausgegriffen. In der sich u. a. dadurch auszeichnenden „allumfassend *medikalisierten Alternssicht*"[47] sieht Kondratowitz ein zentrales Problem des Anti-Agings. Dieses Argument geht auf eine zweite Grundannahme zurück, die mehren Argumenten gegen Anti-Aging zugrunde liegt. Der medizinkritische Impetus der Sozialgerontologie speist sich u. a. aus der Kritik an einem primär medizinisch und naturwissenschaftlich bestimmten Menschenbild. Aus sozialgerontologischer Perspektive sollte der Mensch und damit auch sein Altern nicht auf körperliche Aspekte reduziert werden, sondern in *seiner Gesamtheit als körperlicher, psychischer und sozialer Prozess* betrachtet werden. Dabei wird das gerontologische Menschenbild deshalb als besser erachtet, weil es dem Menschen in seiner Verfasstheit gerechter werde und in diesem Sinne „humaner" sei. Vor diesem Hintergrund erklärt sich beispielsweise Vincents Kritik, dass die Natur des Alterns „nicht getrennt von der Menschlichkeit" konzipiert werden dürfe.[48]

Kondratowitz nennt einen vierten Grund, weshalb diese tendenziöse Berichterstattung über das Altern problematisch ist. Er kritisiert, dass diese Darstellung „nun sogar *offen als Drohkulisse benutzt* wird,"[49] um Verhaltensveränderungen zu erwirken. Auch im Falle der GSAAM haben die negativen, medikalisierenden und stereotypen Altersbeschreibungen die argumentative Funktion, ein neues Behandlungsziel zu begründen und damit medizinischen Handlungsbedarf und auch Behandlungswilligkeit zu schaffen. Da diese Darstellungen sozialwissenschaftlichen Befunden über die Heterogenität des Alter(n)s widersprechen, der gleichwertigen Diversität von Lebensformen zuwiderlaufen und auf ein auf körperliche Aspekte reduziertes Menschenbild zurückgehen, ist das neue Behandlungsziel der GSAAM problematisch.

2.2.2 Ein eindimensionales Konzept guten Alter(n)s mit ungleichen Chancen auf gutes Leben

Das Ziel der Gestaltung des Alterns wird dadurch begründet, dass zwischen dem, wie das Alter(n) *ist* (deskriptive Prämisse), und dem, wie das Alter(n) *sein sollte* (präskriptive Prämisse), eine Differenz ausgemacht wird. Neben den Darstellungen der Wirklichkeit des Alter(n)s im Umfeld der GSAAM ist also auch die Vorstellung guten Alter(n)s zu diskutieren, die dem Streben der GSAAM nach gesundem Alter(n) zugrunde liegt.

Gutes Alter(n) wird im Umfeld der GSAAM stark vom Individuum her gedacht (siehe Teil 3, Kapitel 2.3.2). Nicht die Quantität, sondern die *Qualität des einzelnen Lebens* gilt als erstrebenswertes Merkmal des Alterns. Ein qualitativ hochwertiges Leben

---

47 von Kondratowitz 2003: *AA*, S. 157.
48 vgl. Vincent 2007: *Science & imagery in ‚war on old age'*, S. 941.
49 von Kondratowitz 2003: *AA*, S. 156, eigene Hervorhebung.

gewinnt jedoch durch eine hohe Anzahl von Lebensjahren durchaus noch zusätzlich an Wert. Lebensqualität im Alter wird dabei an zwei Kriterien festgemacht: erstens an *Gesundheit* und zweitens an *körperlicher und kognitiver Funktionsfähigkeit* des Einzelnen. Gesundheit wird in der Praxis meist als Krankheitsfreiheit operationalisiert, in der Theorie aber auch komplexer konzipiert. Funktionsfähigkeit wird überwiegend an Funktionsnormen des mittleren Lebensalters festgemacht und auch mit bürgerlichen Leistungsnormen verknüpft. Jugendliches Aussehen spielt hingegen eine untergeordnete Rolle. Auch werden kaum konkrete Vorstellungen eines guten Sterbens und Todes artikuliert. Vereinzelt ist von „gesundem Sterben" und einem nicht vorzeitigen, sondern „rechtzeitigen Tod" die Rede.

Gesundheit wird erwartungsgemäß deswegen als gut erachtet, weil sie als Freiheit von mit Krankheit verbundenen Leiden, Schmerzen, Funktionseinbußen und Lebenszeitverlusten erachtet wird. Gesundheit und Funktionsfähigkeit gelten jedoch auch als die Voraussetzungen für die Selbstverwirklichung im Alter, also für individuelle Handlungsfreiheit und Selbstbestimmung. „Als Pflegefall zu enden" gilt hingegen als Synonym für Handlungsunfreiheit und Fremdbestimmung. Es geht jedoch nicht nur um die *Aufrechterhaltung der Autonomie* im Alter, sondern auch um die Erweiterung der *Möglichkeiten der Entfaltung des Selbst*. Gesundheit und Funktionsfähigkeit gelten als Voraussetzungen dafür, alles tun zu können, was man möchte, und auch derjenige zu sein, der man sein will. Am Rande findet sich auch das Argument, dass gesundes, funktionsfähiges Altern deshalb gut sei, weil man damit der Diskriminierung kranken Alter(n)s entgehe.

Wie ist diese Vorstellung guten Alter(n)s zu bewerten? Auch in der Gerontologie werden Lebensqualität, Gesundheit, Funktionsfähigkeit und Selbstverwirklichung im Alter als gut und erstrebenswert erachtet. Anders als im Umfeld der A4M und der SENS Foundation gerne angenommen (siehe Teil 1, Kapitel 2), werden Krankheit und Gebrechlichkeit im Alter nicht als gut oder gar wünschenswert erachtet. Es wird nicht nur auf deren Akzeptanz gezielt, sondern durchaus auch auf gesundes Alter(n). Aufgrund der beiden bereits skizzierten normativen Bezugspunkte der Sozialgerontologie – der Multidimensionalität des Menschen und der gleichberechtigten Diversität von Lebensformen (siehe Diskussion, Kapitel 2.2.1) – werden Lebensqualität, Gesundheit, Funktionsfähigkeit und Selbstverwirklichung im Alter jedoch deutlich anders verstanden als im Umfeld der GSAAM. Das *auf den ersten Blick gemeinsame Ziel ist also grundlegend anders konstruiert.*

Legt man die gleichberechtigte Diversität von Lebensformen und die Multidimensionalität des Menschen als Maßstäbe zugrunde, ergeben sich folgende *Eckpfeiler für eine sozialgerontologische Konzeption guten Alter(n)s:* Da die Alterung als körperlicher, psychischer und sozialer Prozess verstanden wird, bestimmt sich gutes Alter(n) auch auf allen diesen Dimensionen des Daseins. Alter(n) sollte zudem in seiner Heterogenität und insbesondere in seiner Gleichzeitigkeit von Stärken und Schwächen als gleichwertig wahrgenommen werden und gelebt werden können. Dies bedeutet nicht, dass Schwächen des Alter(n)s schlicht gutgeheißen werden. Vielmehr sollen ältere Menschen auch bei körperlichen Veränderungen und Einschränkungen als gleichwertig wahrgenommen und behandelt werden. Welche Konsequenzen diese Grundannahmen für das Verständnis der Kriterien guten Alter(n)s und des Ziels gesundes Altern haben, wird deutlich, wenn man vergleicht, wie die GSAAM und die Gerontologen Kruse und Wahl[50] die Begriffe Lebensqualität, Gesundheit, Funktionsfähigkeit und Selbstverwirklichung verstehen:

Während im Umfeld der GSAAM *Lebensqualität* häufig als Krankheitsfreiheit und körperliche sowie geistige Funktionsfähigkeit konzipiert ist, verstehen die Gerontologen Lebensqualität als eine *Interaktion zwischen vielschichtigen objektiven Lebensbedingungen und subjektiven Wahrnehmungen*:[51] Unter objektiven Lebensbedingungen fassen sie vor allem materielle Ressourcen (u. a. Einkommen, Vermögen, Lage und Qualität der Wohnung) und immaterielle Ressourcen (u. a. Bildungsstand, körperliche und seelisch-geistige Gesundheit, Leistungs- und Widerstandsfähigkeit) eines Menschen. Unter subjektivem Wohlbefinden und Lebenszufriedenheit führen sie aktuelle und habituelle Affekte und Stimmungen auf. Zudem verweisen sie auf die Alltagsaktivitäten, den Bewegungsradius, die sozialen Netzwerke und den Zugang zu öffentlichen Räumen und plädieren insbesondere dafür, die Person-Umwelt-Interaktion in die Erfassung subjektiven Wohlbefindens einzubeziehen.

Auch Kruses und Wahls Begriffe von Gesundheit und Funktionsfähigkeit sind komplexer angelegt als die der GSAAM-MedizinerInnen. Die Gerontologen grenzen ihren *Gesundheitsbegriff* sowohl von der „unrealistischen", ursprünglichen WHO-Definition ab als auch von einem engen Verständnis von Gesundheit als Freiheit von Krankheit.[52] Sie schließen sich der 1986 in der Ottawa-Charta entworfenen neueren WHO-Definition von Gesundheit an und heben – nicht ganz trennscharf – fünf Merkmale derselben hervor: erstens persönlich sinnerfüllte Aktivität; zweitens Lebenszufriedenheit; drittens subjektiv erlebte Gesundheit; viertens Gesundheitsverhalten; und fünftens gesunder Lebensstil. U. a. zwei Aspekte dieser Definition sind Kruse und Wahl besonders wichtig: Erstens wird Gesundheit nicht losgelöst von Funktionen und Fähigkeiten, aber auch *nicht allein durch Funktionen und Fähigkeiten erschöpfend erklärt*. Zweitens kommt die mögliche *Kreativität des Menschen in der Erzeugung von Gesundheit* in dem Blick, durch die sich selbst im Falle chronischer Erkrankung Gesundheit verwirklichen lässt.

Was das Konzept von *Funktionsfähigkeit* betrifft, fällt zunächst auf, dass Kruse und Wahl im Gegensatz zu den GSAAM-MedizinerInnen die „Stärken des Alterns" weniger an Leistungsnormen jüngerer Altersgruppen messen, sondern insbesondere drei *spezifisch altersbezogene Stärken* hervorheben:[53] Eine Stärke des Alterns sehen die Gerontolo-

---

50 vgl. Kruse et al. 2010: *Zukunft Altern,* insb. S. 343 ff.
51 vgl. ebd. S. 280 ff.
52 vgl. ebd. S. 449 ff.
53 vgl. ebd. S. 4.

gen darin, dass ältere Menschen über mehr und reichhaltigere Erfahrungen und Kenntnisse verfügen können. Zweitens verfügen sie im Durchschnitt über höheres Vermögen als jüngere Altersgruppen, auch wenn dies für nachfolgende Generationen voraussichtlich nicht mehr zutreffen wird. Ein Schlüsselbegriff in Kruses und Wahls Konzept ist drittens die Generativität. Darunter verstehen sie die *Mitverantwortung und Fürsorge für nachfolgende Generationen*. Ein zentrales Merkmal guten Alterns ist in ihren Augen die Möglichkeit, auf Grundlage erworbener und gewachsener ideeller und materieller Mittel Generativität zu verwirklichen.[54] Hier wird deutlich, dass die Gerontologen im Gegensatz zur GSAAM nicht primär individuelle, sondern auch gesellschaftliche Funktionen älterer Menschen in den Vordergrund stellen. Darunter verstehen sie mehr als soziale Integration, nämlich gesellschaftliche Teilhabe.

Vor diesem Hintergrund erscheinen auch die *Begriffe von Handlungsfreiheit und Selbstentfaltung* im Alter, mit denen die GSAAM ihre Vorstellung guten Alterns letztlich begründet, eindimensional. Körperliche Gesundheit und Funktionsfähigkeit sind sicherlich wichtige Faktoren für Autonomie und Selbstentfaltung im Alter, bei Weitem jedoch nicht die Einzigen. Der Wert der Selbstverwirklichung liegt in der gerontologischen Konzeption zudem nicht allein in individueller Handlungsfreiheit. Kruse und Wahl sehen einen noch weiterreichenden gesellschaftlichen Mehrwert, nämlich nicht weniger als die Gewährleistung der *demokratischen Strukturen der Gesellschaft* und der *Gerechtigkeit und Solidarität zwischen den Generationen*.[55]

Schließlich ist im Gegensatz zur GSAAM die *Vorstellung eines guten Sterbens* integraler Bestandteil der gerontologischen Vorstellung guten Alterns. Kruse und Wahl schließen Vergänglichkeit und Todesnähe in persönliches Wachstum im Altern selbstverständlich ein.[56] Die Frage, wie der *Umgang mit der Endlichkeit und den Grenzen des Daseins im Alter* gelingen kann, ist deshalb auch Bestandteil ihres Gestaltungskonzepts.[57] So diskutieren sie beispielsweise, wie Selbstverantwortung im Prozess des Sterbens gewährleistet werden kann, beschreiben jedoch auch eine bewusst angenommene Abhängigkeit als gelungene Auseinandersetzung mit Sterben. Kleine-Gunks eher beiläufige Erwähnung eines „gesünderen Sterbens" nach dem Motto „mit 100 gesund in die Kiste"[58] ist im Vergleich wenig ausgearbeitet und verdeutlicht die Schwierigkeit, auch das Sterben unter die Maxime gesunden Alterns zu subsumieren.

Da Kruse und Wahl also die Kriterien guten Alter(n)s deutlich anders verstehen als im Umfeld der GSAAM, hat gesundes Alter(n) in ihrer Zielformulierung einen anderen Stellenwert und eine andere Ausrichtung. Anders als die GSAAM zielen sie nicht primär auf die Prävention gesundheitlicher Alterungsrisiken, sondern formulieren ein *doppel-*

---

54 vgl. ebd. S. 38.
55 vgl. ebd. S. 39 ff.
56 vgl. z. B. ebd. S. 10.
57 vgl. z. B. ebd. S. 477 ff.
58 vgl. Feldnotizen „Longevity & Anti-Aging – Neue Märkte für die Gesundheit", Frankfurt Global Business Week, IHK Frankfurt, Mai 2011.

tes Ziel: Potenziale des Alter(n)s sollen gestaltet und genutzt werden und Schwächen des Alter(n)s sollen gestaltet und akzeptiert werden.

Die Förderung und Nutzung von *Potenzialen des Alterns* wird dabei meist an erster Stelle genannt. Darunter werden jedoch nicht allein gesundheitliche Präventionspotenziale verstanden. Vielmehr zielen die Gerontologen auf ein „andauerndes Streben nach den bestmöglichen Entfaltungsstrukturen für ältere Menschen"[59] zur Aufrechterhaltung und Wiederherstellung von Gesundheit, Selbstständigkeit und Wohlbefinden älterer Menschen. Gemeint sind dabei sehr weitreichende Entfaltungsstrukturen, u. a. was das Miteinander der Generationen, das bürgerschaftliche Engagement und die alternde Arbeitswelt betrifft. Aber durchaus auch eigene oder professionelle Interventionen in körperliche Alterungsprozesse zur „Optimierung der erlebens-, leistungs- und verhaltensbezogenen Ausweitungen des Alterns insgesamt jenseits des heute üblichen bzw. ‚normalen' Alterns."[60] In diesem Zusammenhang formulieren sie differenzierte Gesundheitsziele, die nicht allein die Vermeidung von Erkrankungen und Funktionseinbußen umfassen, sondern auch die Erhaltung der Unabhängigkeit und Selbstständigkeit, die Erhaltung der aktiven Lebensgestaltung, die Vermeidung von psychischen Erkrankungen aufgrund von Überforderung, sowie die Aufrechterhaltung eines angemessenen Systems der Unterstützung.[61]

Gleichzeitig und gleichermaßen zielen die Gerontologen auf einen neuen Umgang mit den *Schwächen des Alterns,* insbesondere der erhöhten Wahrscheinlichkeit von Verlusterfahrungen und Grenzsituationen. Kruse und Wahl fordern die Bewusstwerdung und Akzeptanz der Schwächen des Alterns sowie die qualitätsvolle, „individuelle und gesellschaftliche Sorge für die vielfache psychische und somatische Verletzlichkeit des Alterns".[62] Vor diesem Hintergrund ist das Ziel von Altersinterventionen nicht nur wie im Konzept der GSAAM die Vermeidung von Krankheit und den Erhalt von Selbstständigkeit. Ebenso wichtig ist im gerontologischen Konzept die Gestaltung von Verlusten körperlicher und kognitiver Fähigkeiten, von Pflegebedürftigkeit und dem Umgang mit Erfahrung von Verwitwung und (mehrfacher) Erkrankung.

Anhand dieses Vergleichs der Vorstellung guten Alter(n)s und der entsprechenden Zielkonstruktion der GSAAM und der Gerontologen Kruse und Wahl lässt sich konkretisieren, was aus sozialgerontologischer Perspektive das Problem ist. Kritisiert wird, dass *zentrale Aspekte und Erfahrungen des Menschseins aus der Vorstellung guten Alter(n)s ausgeblendet und damit abgewertet* werden. Erstens sind psychische, soziale und gesellschaftliche Aspekte von Lebensqualität, Gesundheit, Funktionsfähigkeit und Selbstverwirklichung im Alter nicht systematischer Teil der Vorstellung guten Alter(n)s und damit auch nicht der Zielformulierung. Dies läuft dem normativen Bezugspunkt

---

59 Kruse et al. 2010: *Zukunft Altern,* S. VII.
60 ebd. S. 248.
61 ebd. S. 455.
62 ebd. S. VII.

der Mehrdimensionalität menschlichen Lebens zuwider. Wird gutes Alter(n) maßgeblich über körperliche Gesundheit und Funktionsfähigkeit definiert, ist Krankheit im Alter per se schlechtes Alter(n). In der gerontologischen Konzeption ist die *Lebensqualität im Falle körperlicher und psychischer Krankheiten* hingegen nicht zwangsläufig schlecht. Kruse und Wahl weisen auf sozialwissenschaftliche Befunde darüber hin, dass viele ältere Menschen „trotz körperlicher Alterungsprozesse durchaus zu einem produktiven und kreativen Leben fähig" sind.[63]

Es lässt sich argumentieren, dass die GSAAM als ein ärztlich-unternehmerischer Interessenverbund ein multidimensional angelegtes Ziel der Gestaltung des Alterns wie es die Gerontologie verfolgt, gar nicht umsetzen könnte. Denn insbesondere die Umsetzung gesellschaftspolitischer Gestaltungsmaßnahmen liegt nicht in der Kompetenz der GSAAM-MedizinerInnen. Kann man ihre Zielformulierung also als eindimensional kritisieren, oder beschränken sie sich berechtigterweise auf die gesundheitlichen Ziele, die sie medizinisch erreichen können? Es gäbe jedoch auch Möglichkeiten, ein multidimensionaleres Ziel zu verfolgen und dennoch die medizinischen Kompetenzen nicht zu überschreiten. Die GSAAM-MedizinerInnen könnten in ihrer politischen Arbeit (siehe Teil 3, Kapitel 4.2) die über ihre medizinische Praxis hinausgehende mehrdimensionale Gestaltung des Alterns fordern. Sie könnten sich mit gesellschaftlichen AkteurInnen vernetzen, die andere Aspekte eines umfassenderen Ziels bearbeiten können. Der vorliegende Fall legt jedoch nahe, dass die Alterung in anderen als ärztlich-unternehmerischen Handlungskontexten besser multidimensional gestaltet werden kann.

Zweitens bestehen auch Bedenken bezüglich der gleichberechtigten Diversität von Lebensformen. Denn auch die Schwächen des Alter(n)s sind nicht Teil der Vorstellung guten Alter(n)s. Es fehlen Vorstellungen darüber, was ein guter, gleichwertiger Umgang mit Krankheit, Gebrechlichkeit und Sterben sein könnte, obwohl diese bisher faktisch ein Teil der „Fundamentaldynamik"[64] der Altersphase sind. Vor diesem Hintergrund kritisiert Stephen Katz, dass das Ideal „gesundes, funktionsfähiges Alter(n)" die *negativen Erfahrungen von Krankheit, Armut, Einsamkeit und Marginalisierung vieler älterer Menschen verschleiern* würde.[65] Dies ist kein Plädoyer dafür, das Sein zum Sollen zu erheben. Vielmehr zielt Katz' Kritik darauf, dass Altersformen, die von dem Anti-Aging-Ideal abweichen, „indirekt missbilligt" oder gar „sanktioniert" werden.

Denn angesichts der Tatsache, dass „Verletzlichkeiten" bisher faktisch Bestandteil von Alter(n)serfahrungen sind, und das Altersideal aber auf gesundes Altern eingeführt ist, wird den vielen Menschen, die im Alter Krankheit, Funktionsverluste und Sterben erfahren, das Erreichen guten Alter(n)s unmöglich gemacht. Vor diesem Hintergrund kritisiert Vincent, dass Menschen daran gehindert werden, ihr Lebensende kulturell wertvoll und anerkannt zu gestalten. Durch die Engführung des Ideals haben *ältere*

---

63 vgl. ebd. S. 42.
64 vgl. ebd. S. 44.
65 vgl. Katz 2001: *Growing older without aging?*

Menschen weniger Chancen als jüngere, den Kriterien guten Lebens zu genügen. Darin besteht eine *weitere Verschärfung der Abwertung von Schwächen des Alter(n)s,* welche der gleichberechtigten Diversität der Lebensformen zuwiderläuft und deshalb als altersdiskriminierend bewertet wird.

Eine der politischen Strategien der kritischen Gerontologen ist vor diesem Hintergrund, das „Monopol" gesunden Alter(n)s durch den *Entwurf alternative Vorstellungen guten Alter(n)s* zu brechen. Denn die gleichberechtigte Diversität von Lebensformen korrespondiert mit einem diverseren Konzept guten Alter(n)s. So schlägt Katz vor, „neue Lebensformen des Alterns zu erfinden".[66] Vincent plädiert dafür, nicht nur im Rückgriff auf traditionelle Alterstugenden, sondern durchaus auch mit Hilfe der „power of science", die Vorstellung eines guten, „gesunden Todes" zu „renaturalisieren".[67]

2.2.3 Mangelnde demokratische Aushandlung

Aus der Forderung nach einer gleichberechtigten Diversität von Lebensformen resultiert auch, dass allen *ein Mitspracherecht u. a. bei der Formulierung von Vorstellungen guten Alterns und von Gestaltungszielen zukommt.* Vincent fordert deshalbeine demokratische Deliberation von Vorstellungen guten Alterns.[68] Der Vorwurf lautet, dass medizinische und naturwissenschaftliche Wissenseliten ihren ohnehin schon einflussreichen Alterungskonzepten noch mehr Deutungsmacht verleihen, während die Alterungskonzepte anderer Gesellschaftsgruppen nicht ausreichend in die Aushandlung der Bedeutung von Alter(n) einfließen.

Insbesondere wird darauf hingewiesen, dass die Ziele und Ideale älterer Menschen keine Berücksichtigung finden und häufig nicht mit dem Anti-Aging-Ideal übereinstimmen. Einige der sozialwissenschaftlichen Untersuchungen über Anti-Aging-AnwenderInnen (siehe Teil 2, Kapitel 1.3.3) sollen deshalb *den bevormundeten „Betroffenen" eine Stimme verleihen.* „Users of anti-ageing medicine talk back,"[69] ist der Untertitel einer solchen Untersuchung, in dem dieser Kampf um die Anerkennung überhörter Stimmen deutlich wird. Auch Emmanuelle Tulles phänomenologisches Interesse für die Körpererfahrungen älterer AthletInnen (siehe Teil 2, Kapitel 2.3.2) ist von diesem kritischen Impetus getragen. Eines ihrer zentralen Argumente ist, dass ältere ProfisportlerInnen nicht das Ziel sportwissenschaftlicher Anti-Aging-Programme verfolgen.[70]

Zusammenfassend lässt sich Kleine-Gunks Zielformulierung „Altern ja – aber gesundes Alter" also Folgendes entgegnen: *Gesundes Altern ja. Aber* nicht motiviert durch tendenziöse Darstellungen der Wirklichkeit des Alter(n)s; nicht gemessen an einem auf Krankheitsfreiheit und körperliche und geistige Funktionsfähigkeit reduzierten Begriff

---

66 vgl. ebd.
67 Vincent 2006: *Ageing contested,* S. 694.
68 vgl. Vincent 2009: *Ageing, AA, & anti-anti-ageing.*
69 Watts-Roy 2009: *A protest vote?*
70 vgl. insb. Tulle 2008: *Acting your age?*

von Lebensqualität; nicht als einziges Ziel der Gestaltung des Alterns; und auch nicht als medizinisch gesetztes Ziel, sondern als Ergebnis einer demokratischen Aushandlung von Idealen und Gestaltungszielen des Alter(n)s.

3 Bedeutungsverschiebungen: Eine Pathologisierung des Alterns?

Neben der Wissenschaftlichkeit und den Zielen des Anti-Agings werden in den bisherigen Thesen über die deutsche Anti-Aging-Medizin (siehe Einleitung, Kapitel 2) auch Bedeutungsverschiebungen der Kategorie Alter(n) problematisiert. Manfred Stöhr macht im Umfeld der GSAAM eine *Pathologisierung des Alterns* aus. Er kritisiert, dass die Alterung an sich als Krankheit umgedeutet wird und auch altersphysiologische Vorgänge (z.B. sinkende Hormonspiegel) mit massiver Unterstützung der Pharmaindustrie zu behandlungsbedürftigen Krankheiten hochstilisiert werden. Dies bewertet er als problematisch, weil er die Alterung nicht als pathologischen, sondern natürlichen physiologischen Prozess verstanden wissen will.[71] Auch Tobias Eichinger beobachtet eine Umdefinition der Alterung als Krankheit (Pathologisierung). Er macht jedoch auch zwei andere, *nicht spezifisch altersbezogene Bedeutungsverschiebungen* aus, mit denen die deutsche Anti-Aging-Medizin das traditionelle Tätigkeitsfeld der Medizin erweitert. Er problematisiert, dass sowohl Erkrankungs*wahrscheinlichkeiten* (Probabilisierung) als auch Kundenwünsche ohne Krankheitsbezug (in Eichingers Lesart: Medikalisierung) zum Gegenstand medizinischen Handelns erhoben werden.[72]

Bedeutungsverschiebungen der Kategorie Alter sind nicht nur in sozialwissenschaftlichen Problemzugriffen auf Anti-Aging als Wissensform ein zentraler Ansatzpunkt der Kritik (siehe Teil 2, Kapitel 2), sondern finden auch in ethischen Arbeiten Erwähnung. Neben der Pathologisierung werden auch die Medikalisierung und Biologisierung des Alterns kritisiert. Mit diesen Stichwörtern verbinden sich komplexe Argumente, die in der sozialwissenschaftlichen und ethischen Anti-Aging-Diskussion teilweise unterschiedlich konzipiert sind. Vor diesem Hintergrund lohnt es sich, genauer zu diskutieren, welche Bedeutungsverschiebungen sich im Umfeld der GSAAM genau finden und was daran problematisch ist.

---

71 vgl. Stöhr 2005: *Wahrheit über AA*, S. 113 und Feldnotizen Podiumsdiskussion „Alter: eine erfundene Krankheit?", 6. Konferenz der GSAAM, Düsseldorf, 2006, P11:97.
72 vgl. Eichinger 2011: *AA als Medizin?* S. 135 ff.

3.1 Was ist das Phänomen? Die Medikalisierung von Alterungsrisiken und Lebensführung und die Präsymptomatisierung des Alter(n)s

Die Kritik an Bedeutungsverschiebungen gewinnt an Schärfe, wenn zum einen differenziert herausgearbeitet wird, in welche „Richtungen" sich Bedeutungen verschieben (z. B. Pathologisierung, Medikalisierung oder Biologisierung) und auf welche Aspekte des Alter(n)s sich diese Bedeutungsverschiebungen konkret beziehen (z. B. auf die Alterung an sich oder auf körperliche „Symptome" der Alterung). Zunächst lassen sich Stöhrs und Eichingers Pathologisierungsthesen anhand der Untersuchungsergebnisse differenzieren. Die *Pathologisierung* des Alterns wird darin an zwei verschiedenen Aspekten des Alterns festgemacht: Stöhr versteht unter Pathologisierung einmal, dass die *Alterung an sich* als pathologischer und nicht als physiologischer Prozess verstanden wird. Auch Eichinger spricht davon, dass Altern selbst als Krankheit interpretiert wird. Mit der Abkehr von Römmlers früher Definition von Alterung als „chronisch-degenerativer Systemkrankheit" ist dieser Tatbestand im Umfeld der GSAAM nicht mehr erfüllt. Kleine-Gunk wendet sich im Gegenteil explizit gegen eine Umdeutung der Alterung als Krankheit (siehe Teil 3, Kapitel 1.1.2).

Stöhr führt jedoch auch eine zweite Lesart der Pathologisierung an. Er kritisiert, dass *körperliche Zeichen der Alterung, die bisher als normal galten* (z. B. sinkende Hormonspiegel), zu Krankheiten umdefiniert werden. Die GSAAM ist in der Tat einer der medizinischen Kontexte, in dem die medizinische Behandlung von altersassoziierten Veränderungen des Hormonhaushalts der Frau mit Hormonersatztherapien mit vorangetrieben und auch auf die männliche „Andropause" ausgeweitet wurde (siehe Teil 3, Kapitel 1.3.1). Mehrere Befunde sprechen dennoch gegen die These, dass es pathologisierende Bedeutungsverschiebungen sind, durch welche körperliche Zeichen der Alterung behandlungsbedürftig gemacht werden. Zwar werden bisher als normal geltende Zeichen der Alterung als medizinisch behandlungsbedürftig erklärt. Dennoch werden sie *explizit nicht als Krankheit umdefiniert*. Der Aufgabenbereich der Medizin wird also nicht ausgeweitet, indem bisher normale Phänomene als krankhaft und damit behandlungsbedürftig umdefiniert werden. Die Bedeutungsverschiebung, durch die sich der neue Behandlungsbedarf ergibt, ist anders akzentuiert. Neben der Kategorie „krank" wird eine *neue Kategorie eröffnet* und in den medizinischen Zuständigkeitsbereich gestellt:

Dabei handelt es sich nicht um die Unterscheidung funktional/dysfunktional, wie Stephen Katz und Barbara Marshall für den Umgang mit Sexualität und Gedächtnis in den von ihnen untersuchten Anti-Aging-Kontext beschreiben. Nicht die Gesundheit, sondern das Funktionieren von Sexualität bzw. Gedächtnis wird hier zum Ziel medizinischer Intervention erklärt, weswegen Katz und Marshall von einer „Medikalisierung des Funktionalen" sprechen. Auch ist keine „Medikalisierung des Optimalen" auszumachen, wie sie Courtney Mykytyn für die auf die „Maximierung" alter Körper zielende US-amerikanische Anti-Aging-Medizin beschreibt.

Vielmehr wird ein „neuer Diagnoseraum" zwischen gesund und krank eröffnet (siehe Teil 3, Kapitel 3.1). Bisher nicht oder als normal erachtete körperliche Zeichen werden nicht als Krankheiten definiert, sondern als *präsymptomatischer Vorboten kranken Alterns* verstanden. *Sie gelten nicht als krankhaft, sondern als potenziell krankheitsassoziiert.* Es sind also gesundheitliche Alterungsrisiken, die konstruiert und in den Zuständigkeitsbereich der Medizin definiert werden. Analog zu Katz/Marshall und Mykytyn lässt sich also von einer *Medikalisierung gesundheitlicher Alterungsrisiken* sprechen. Im Gegensatz zu einer Pathologisierung des Alterns ist der Krankheitsbezug hier stochastisch gelockert. Eichinger spricht in diesem Zusammenhang instruktiv von einer an Krankheitswahrscheinlichkeiten ausgerichteten Probabilisierung der Medizin.[73] Dies geht mit einer weiteren Bedeutungsverschiebung einher. Im Übergangsbereich zwischen den Kategorien gesund und krank wird eine Kategorie „präsymptomatisch krankes Altern" eröffnet, in welcher der Symptombezug von krankem Alter(n) gelockert wird. In diesem Sinne lässt sich von einer *Präsymptomatisierung kranken Alter(n)s* sprechen, also von einer „Entzeitlichung"[74] altersassoziierter Erkrankungen.

Weiter lässt sich fragen, ob sich im Konzept der GSAAM neben diesen Medikalisierungstendenzen auch Anzeichen einer *Biologisierung* des Alter(n)s finden, wie sie Vincent für die biogerontologische Anti-Aging-Forschung beschreibt.[75] Wortführende GSAAM-MedizinerInnen greifen in ihren anfänglichen Bemühungen, die Praxis der GSAAM in Einklang mit biologischen Alterungstheorien zu bringen, die von Vincent als biologistisch und modernistisch kritisierten Theorieangebote der Biogerontologie auf (siehe Teil 3, Kapitel 1.1.3). Damit trägt die GSAAM zur Verbreitung dieser Konzepte bei, leistet jedoch *keinen eigenständigen Beitrag zu einer noch weiterreichenden Biologisierung* des Alter(n)s. Im Gegenteil lassen die Bemühungen wortführender GSAAM-MeizinerInnen um eine nachträgliche biogerontologische Verwissenschaftlichung der medizinischen Praxis über die Jahre nach.

Auch erfüllt das Programm der GSAAM ein von Vincent beschriebenes, zentrales Merkmal der Biologisierung nicht, nämlich eine konsequente Ausblendung nicht-biologischer Alterungsfaktoren. Die GSAAM-MedizinerInnen reduzieren die Alterung nicht allein auf biologische Prozesse wie z. B. molekulare und zelluläre Schäden, physiologische Mängel oder genetische Defekte. Vielmehr räumen sie mittlerweile auch dem Lebensstil zentrale Bedeutung für den Verlauf der Alterung ein, während Römmler sich anfänglich jedoch in biologistischer Tradition äußerst skeptisch gegenüber der lebensstilbezogenen Gestaltbarkeit des Alterns äußerte (siehe Teil 3, Kapitel 3.3.3). *Nicht-biologische Aspekte der Alterung werden also nicht ausgeblendet,* jedoch auch nicht systematisch berücksichtigt, wie Vincent fordert. Im Gegenteil lässt sich über die Jahre eine

---

73 vgl. ebd. S. 136 ff.
74 vgl. z. B. Wehling et al. 2011: *Entgrenzung d. Medizin,* S. 22 f.
75 vgl. z. B. Vincent 2007: *Science & imagery in ‚war on old age',* S. 941.

Reduzierung des Begriffs umweltbezogener Alterungsfaktoren auf individuelle Lebensstilentscheidungen feststellen.

Dies führt zu einem weiteren Aspekt der medikalisierenden Bedeutungsverschiebungen im Umfeld der GSAAM. Pathologisierende, medikalisierende oder biologisierende Bedeutungsverschiebungen werden – wie später gezeigt wird (siehe insb. Diskussion, Kapitel 3.2.3) – u. a. deshalb kritisiert, weil Medizin und Naturwissenschaften dadurch gegenüber dem Individuum an Deutungs- und Gestaltungsmacht über die Alterung gewinnen. Was die Art der Machtausübung betrifft, finden sich oft Bedenken, dass das Problem Altern weitgehend in Krankenhäusern, medizinischen Praxen oder biologischen Laboren technisch gelöst werden soll. Im Konzept der GSAAM soll krankes Altern jedoch weniger durch neue biomedizinische Interventionen in Alterungsprozesse als durch *biomedizinisch optimierte Techniken der Selbstführung*[76] vermieden werden.

Die medikalisierende Bedeutungsverschiebung liegt dabei darin, dass diese Techniken des selbstgeführten Managements gesundheitlicher Alterungsrisiken *weitergehender als bisher biomedizinisch normiert und assistiert* werden. So sind es die Risikodiagnosen der GSAAM, die Anlass für Lebensstilveränderungen geben sollen. Die Planung der Lebensstilveränderungen erfolgt durch GSAAM-MedizinerInnen und ist an den getesteten Risikowerten ausgerichtet. Die so ermittelte richtige Lebensweise wird durch medizinische Begleitbehandlungen und Kontrolluntersuchungen ergänzt, wie z. B. durch die Einnahme von Nahrungsergänzungsmitteln oder die Überwachung von Risikowerten.

Dies deckt sich mit Kondratowitz' Beobachtung, dass die von Anti-Aging forcierte „Biomedikalisierung" des Alter(n)s anspruchsvoller ist als die Medikalisierungen vergangener Jahrhunderte. Kondratowitz argumentiert, dass es sich nicht um eine „engstirnige" Überantwortung des Alterns an die Biomedizinwissenschaften handelt, sondern um eine umfassende, biomedizinwissenschaftliche Legitimierung eines Standards der eigenverantwortlichen, selbstkontrollierenden und sich auf den gesamten Organismus und Lebenslauf erstreckenden Lebensführung.[77] In diesem Sinne ist im Umfeld der GSAAM eine *Medikalisierung der richtigen Lebensführung* auszumachen, der zufolge jeder sein Alter(n) durch das Führen einer medizinisch normierten und assistierten Lebensweise selbst gestalten kann und – wie später diskutiert wird – auch gestalten sollte.

Die deskriptive Prämisse der Kritik an Bedeutungsverschiebungen lässt sich also wie folgt differenzieren: Die Alterung kommt nicht deshalb weiterreichend unter medizinische Deutungs- und Gestaltungshoheit, weil die Alterung an sich oder einige ihrer körperlichen Zeichen als Krankheit umdefiniert werden (Pathologisierung). Vielmehr wird ein neuer Diagnoseraum zwischen gesund und krank eröffnet. In diesem werden

---

[76] Diese Techniken des selbstgeführten Managements gesundheitlicher Alterungsrisiken sind nicht gleichzusetzen mit Foucaults subjektphilosophischem Konzept der „Technologien des Selbst" (vgl. z. B. Foucault 1993: *Technologien d. Selbst*). Es wäre jedoch lohnend genauer herauszuarbeiten, inwiefern sie mit diesen in Verbindung stehen.

[77] vgl. von Kondratowitz 2003: *AA*, S. 158.

präsymptomatische Vorboten kranken Alterns definiert, die nicht als krankhaft, sondern als potenziell krankheitsassoziiert verstanden werden. Krankheit im Alter wird auf diese Weise präsymptomatisch prognostizierbar und behandelbar. Es sind also gesundheitliche Alterungsrisiken, die über eine Präsymptomatisierung kranken Alterns konstruiert und medikalisiert werden. Eine Biologisierung des Alterns lässt sich im Umfeld der GSAAM nicht feststellen. Die Alterung wird nicht allein auf biologische Faktoren reduziert. Im Gegenteil wird einer gesunden Lebensführung maßgeblicher Einfluss auf die Alterung beigemessen. Eine weitere Bedeutungsverschiebung besteht jedoch darin, dass die Lebensführung eine Medikalisierung erfährt. Das Dienstleistungskonzept der GSAAM besteht weniger in weiterreichenden Interventionen in biologische Alterungsprozesse. Vielmehr werden biomedizinisch optimierte Techniken der Selbstführung angeboten, in denen die richtige Lebensführung weiterreichend als bisher medizinisch normiert und unterstützt wird.

3.2 Was ist das Problem?

Aus welchen Gründen werden die wie auch immer gearteten Bedeutungsverschiebungen der Kategorie Alter nun als problematisch bewertet? In den Argumentationen von Stöhr und Eichinger, dass im Umfeld der GSAAM eine Pathologisierung des Alter(n)s auszumachen ist, finden sich zwei häufig angeführte Begründungen. Erstens argumentiert Stöhr, dass *die Pathologisierung der natürlicherweise abfallenden biologischen Lebenskurve widerspricht*. Die Schwäche von Natürlichkeitsargumenten wurde bereits in der Diskussion der Ziele diskutiert (siehe Diskussion, Kapitel 2.2). Zweitens wird die Legitimität von Bedeutungsverschiebungen häufig daran gemessen, ob dafür ausreichend medizinische und naturwissenschaftliche Evidenz vorliegt.

3.2.1 Schwache Evidenz für Diagnoseraum und Lebensstilempfehlungen

Für Stöhr wie für viele seiner medizinischen und ethischen KollegInnen ist medizinische und naturwissenschaftliche Evidenz der einzig legitime Grund für eine Bedeutungsverschiebung der Kategorie Alter(n). Der Philosoph Klaus Peter Rippe arbeitet diese Variante des Medikalisierungsarguments instruktiv heraus.[78] Rippe zeigt, dass es in der Kritik an Bedeutungsverschiebungen im Kern um die *gerechte Verteilung von Deutungs- und Gestaltungsmacht über Lebensprozesse* geht. Kritisiert wird, dass die Medizin oder die Biologie Aspekte des Alter(n)s durch Umdefinitionen in ihren Zuständigkeitsbereich bringt, für die sie jedoch nicht zuständig sein *sollten*. Für Stöhr und Rippe ist das Kriterium dafür, dass die Zuständigkeit der Biomedizin gerechtfertigt ist, die Evidenz. Die *Bedeutungsverschiebungen sind demnach dann problematisch, wenn sie*

---

78 vgl. Rippe 2008: *Abschaffung d. Alters*, S. 419 ff.

medizinisch und naturwissenschaftlich nicht belegt sind. Auch für sozialgerontologische KritikerInnen der Medikalisierung spielt die Evidenz eine wichtige Rolle bei der Bewertung von Bedeutungsverschiebungen. So kritisieren auch Katz und Marshall, dass die von Anti-Aging forcierte Medikalisierung nicht in erster Linie auf robusten neuen Forschungserkenntnissen basiere.

Vor diesem Hintergrund fragt sich, ob die im Umfeld der GSAAM festzustellenden Bedeutungsverschiebungen – die Medikalisierung gesundheitlicher Alterungsrisiken, die Präsymptomatisierung kranken Alterns und die Medikalisierung der Lebensführung – medizinisch und naturwissenschaftlich ausreichend belegt sind. Hier wäre naturwissenschaftlich zu prüfen, ob die GSAAM ihren neuen Diagnoseraum zwischen gesund und krank auf wissenschaftlich fundierte Weise erschließt. Sind die über die Risikodiagnostik erstellten Prognosen gesundheitlicher Alterungsverläufe fundiert? Lassen sich diese gesundheitlichen Altersrisiken präziser als bisher feststellen und über die vorgeschlagene, medizinisch optimierte Lebensführung besser als bisher kontrollieren? Bei der sozialwissenschaftlichen Untersuchung des empirischen Materials entstand – wie bereits diskutiert (siehe Diskussion, Kapitel 1.2) – am Beispiel prädiktiver Gentests zur Ermittlung von Erkrankungswahrscheinlichkeiten der *Eindruck, dass für diese spezifische Erschließung des neuen Diagnoseraums keine ausreichende Evidenz* vorliegt. Diese Eindrücke lassen sich in der Diskussion mit Eichingers Einschätzungen aus ethischer Perspektive noch einmal konturieren:

Eichinger sieht das generelle Evidenzproblem einer an Wahrscheinlichkeiten ausgerichteten Medizin darin, dass populationsbezogene statistische Daten auf den individuellen Einzelfall angewendet werden. Er argumentiert, dass die Einbeziehung genetischer Prognoseverfahren diese prinzipielle Kluft zu verringern scheine. Dafür sei jedoch besondere Erfahrung und ärztliche Urteilskraft erforderlich.[79] Vorliegende Untersuchung legt eine skeptischere Einschätzung nahe: Mögliche Fehlerquellen im Labor werden nicht thematisiert; die den Risikoberechnungen zugrunde gelegten Statistiken über die Korrelation von Genotyp und Phänotyp werden häufig nicht genannt oder zugänglich gemacht und weisen in vielen Fällen bisher noch statistische Mängel auf; der Zusammenhang von genetischen Polymorphismen und dem Auftreten altersassoziierter Erkrankungen wird auf mehreren Ebenen überinterpretiert. Vor diesem Hintergrund ist die *Evidenz der genetischen Risikoprofile und damit die Legitimation ärztlichen Handelns an Gesunden fraglich*. Die von Eichinger erwähnten Probleme der ärztlichen Kompetenz im Umgang mit genetischen Testverfahren kommen dabei noch hinzu.

Was die medizinische Planung von Lebensstilmaßnahmen betrifft, ist Eichinger hingegen skeptischer. Allerdings nicht, was die Evidenz betrifft. Er beschreibt, dass es sich hier um „Common-Sense-Wissen" handle, um einen „Grundstock an vernünftigen Verhaltensweisen, den jeder Gesundheitswillige sich und seinem Körper ohnehin

---

79 vgl. Eichinger 2011: *AA als Medizin?* S. 139.

schuldet."⁸⁰ Seine Kritik bezieht sich jedoch darauf, dass dieses „Allgemeingut" als altersmedizinische Dienstleistung umdefiniert werde, zumal es keine spezifischen Altersbezüge aufweise. Die Untersuchung der im Umfeld der GSAAM gängigen Gen-Umwelt-Interaktionsmodelle und lebensstilbezogenen Alterungstheorien deutet jedoch auf Evidenzprobleme hin. Die an genetische Risikoprofile anschließenden *Lebensstilempfehlungen sind in vielen Fällen medizinisch und naturwissenschaftlich kaum fundiert*, sondern basieren, wie Eichinger andeutet, auf alltagsweltlichen Alterungs- und Gesundheitskonzepten.

3.2.2 Die Nichtthematisierung des Einflusses von Diskursen und Interessen auf die Wissensproduktion

Die Skepsis gegenüber medizinischer und naturwissenschaftlicher Evidenz geht im Umfeld der sozialwissenschaftlichen Anti-Aging-Kritik jedoch weiter. Hier wird nicht nur gefragt, ob Evidenzen für die Bedeutungsverschiebungen vorliegen. Vincent, Katz/Marshall, Tulle und Kondratowitz zeigen auf unterschiedliche Weisen, dass Bedeutungsverschiebungen im Kontext von Anti-Aging selbst dann, wenn naturwissenschaftliche Belege ausreichend vorliegen, nicht objektiv sind. Vielmehr ist die biomedizinische Produktion von Anti-Aging-Wissen – wie jede Wissensproduktion – *mit gesellschaftlichen Diskursen und Interessen der Wissensproduzenten verknüpft*. Kritisiert wird, dass diese diskursiven und interessengeleiteten Anteile der Produktion von Anti-Aging-Wissen häufig nicht thematisiert oder reflektiert werden. Stattdessen wird das Wissen über Alter(n) meist *als objektiv präsentiert* und damit mehr Geltung beansprucht als ihm eigentlich zukommt. Vor diesem Hintergrund werden Bedeutungsverschiebungen, welche die Zuständigkeit von Medizin und Naturwissenschaften für das Alter(n) ausweiten, als nicht gerechtfertigt bewertet. Es wird jedoch nicht nur kritisiert, *dass* die Bedeutungsverschiebungen diskursiv geformt und interessengeleitet sind, sondern dass sie dies *auf eine Weise* sind, die mit normativen Bezugspunkten der Sozialgerontologie kollidiert:

So weist John Vincent in seinen Untersuchungen der biogerontologischen Wissensproduktion nach, wie alltagsweltliche, negative Altersbilder in als evident geltende biogerontologische Befunde einfließen. Da diese Altersbilder sozialgerontologischen Befunden und der gleichberechtigten Diversität des Lebens widersprechen, ist eines seiner zentralen Argumente, dass sich die Biogerontologie bewusst machen sollte, dass einige ihrer Vorannahmen altersdiskriminierend sind und sich dieser entsprechend entledigen sollte.⁸¹ In Bezug auf kommerzielle Anti-Aging-AnbieterInnen wird hingegen häufig der Einfluss ökonomischer Interessen auf die Wissensproduktion kritisiert. So bringt Man-

---

80 ebd. S. 120.
81 vgl. z.B. Vincent 2006: *Ageing contested*, S. 694.

fred Stöhr beispielsweise die Pathologisierung des Alter(n)s im Umfeld der GSAAM mit einer massiven Unterstützung der Pharmaindustrie in Verbindung.[82]

Die Untersuchung des Wissens über Alter(n) im Umfeld der GSAAM zeigte, dass die dort vorzufindenden Bedeutungsverschiebungen der Kategorie Alter u. a. auch auf Einflüsse altersdiskriminierender Diskurse und standespolitischer Interessen der GSAAM-MedizinerInnen zurückgehen. Zunächst zu *diskursiven Einflüssen,* die - anders als im Falle der Biogerontologie - durch die häufig alltagsweltlich begründeten Argumentationen relativ offen zutage liegen: Bezüglich der Medikalisierung gesundheitlicher Alterungsrisiken fällt auf, dass die Konstruktion von Alterung als Risiko nicht primär biomedizinisch begründet wird. Sie nimmt ihren Ausgang in argumentativen Trennarbeiten zwischen schlechtem und gutem Alter(n), die alltagsweltlich begründet werden und *negative Stereotypisierungen des Alter(n)s* (re)produzieren (siehe Teil 3, Kapitel 2). Das Problem besteht auch nicht darin, wie Eichinger argumentiert, dass „keinerlei Kriterien für Normalität"[83] bereitgehalten werden. Vielmehr wird die Definition von Normalwerten für die Prognosen individueller Alterszukünfte kaum naturwissenschaftlich begründet. In der Präferenz für Referenzwerte des Einzelnen aus dem mittleren Erwachsenenalter bei der Risikotestung spiegelt sich eine den Altersdiskurs durchziehende *unkritische Idealisierung jüngerer Lebensphasen* (siehe Teil 3, Kapitel 3.1.2).

Zudem wird im Umfeld der GSAAM offen besprochen, dass ihr Dienstleistungskonzept für das medizinisch optimierte, eigenverantwortliche Management gesundheitlicher Alterungsrisiken nicht nur die demografische Krise abmildern, sondern auch standespolitische Interessen der GSAAM-MedizinerInnen bedienen soll. So steht die Präsymptomatisierung kranken Alterns zur Legitimation ärztlichen Handelns an Gesunden (siehe Teil 3, Kapitel 3.1.1) auch im Zusammenhang mit der *Erschließung neuer Kundenkreise* für individuelle Gesundheitsleistungen, welche auch auf die Verbesserung *ärztlich-unternehmerischer Gewinnchancen* zielen. Die Bedeutungsverschiebungen sind zudem verwoben mit dem gesundheitspolitischen Votum wortführender GSAAM-MedizinerInnen für eine *aktivierende Gesundheitspolitik* und die *Ökonomisierung des Gesundheitssektors.* Auch diese standespolitischen Interessen spielen eine Rolle bei der Verortung gesundheitlicher Alterungsrisiken in den Körpern und Lebensweisen des Individuums (siehe Teil 3, Kapitel 3.4.1), bei der Reduzierung umweltbezogener Alterungsfaktoren auf individuelle Lebensstilentscheidungen (siehe Teil 3, Kapitel 3.3.3), bei der These, dass die Menschen schlechte Alterungsverläufe häufig durch falsche Lebensführung verschulden (siehe Teil 3, Kapitel 4.1.1) und bei entsprechenden Appellen an die (finanzielle) Eigenverantwortung. Aus sozialgerontologischer Perspektive sollten sich also auch die GSAAM-MedizinerInnen der diskursiven Anteile ihrer Bedeutungs-

---

82 vgl. Stöhr 2005: *Wahrheit über AA,* S. 113 und Feldnotizen Podiumsdiskussion „Alter: eine erfundene Krankheit?", 6. Konferenz der GSAAM, Düsseldorf, 2006, P11:97.
83 vgl. Eichinger 2011: *AA als Medizin?* S. 139.

verschiebungen der Kategorie Alter(n) entledigen und ihre Interessenverflechtungen thematisieren.

3.2.3 Eine Beschneidung von Deutungsspielräumen des Alter(n)s

Im Umfeld der kritischen Gerontologie findet sich auch ein dritter Kritikpunkt an pathologisierenden, medikalisierenden oder biologisierenden Bedeutungsverschiebungen der Kategorie Alter. Problematisiert wird, dass die Ausweitung der ohnehin großen biomedizinwissenschaftlichen Deutungsmacht über das Altern die *Autonomie des Subjekts beschneidet*. Denn ein dritter normativer Bezugspunkt der Sozialgerontologie besteht darin, dass die Menschen über die Deutung und Gestaltung ihres Alter(n)s mit entscheiden können sollen. Vor diesem Hintergrund wendet sich Stephen Katz gegen die mit Anti-Aging verbundenen *diskursiven Zwänge des Subjekts*. Seine Kritik zielt u. a. darauf, dass von medizinischer und naturwissenschaftlicher Seite im Rahmen einer altersdiskriminierenden, kapitalistischen Gesellschaftsordnung vorgegeben wird, was Alterung ist. Stattdessen fordert er mehr diskursiven Raum für die Selbstdeutungen älterer Menschen.

Lässt sich auch für Anti-Aging im Umfeld der GSAAM eine solche Einschränkung von Deutungsspielräumen feststellen? Das Risikokonzept der GSAAM schränkt in der Tat die Möglichkeiten des Einzelnen ein, seinen *Körper und sein Verhalten anders als unter dem Blickwinkel gesundheitlicher Alterungsrisiken wahrzunehmen*. Denn die Risikotestverfahren versprechen, Vorboten schlechter Alterungsverläufe zahlreicher und besser festzustellen. Durch die Präsymptomatisierung kranken Alterns wird diese Risikodeutung auch weiter als bisher auf den Lebensverlauf ausgeweitet. Nicht nur Ältere, sondern im Prinzip alle Menschen sind potenziell von krankem Altern betroffen. Zudem ist diese von der GSAAM vorgegebene Deutung des Alter(n)s durch die Betonung der gesellschaftlichen Dimension des Risikos normativ aufgeladen. Da Körper und Verhalten also *auch für die Gesellschaft bedrohlich sein können, lässt sich diese Deutung schwieriger abweisen,* als wenn es lediglich um individuelle Risiken ginge.

Nicht nur die Beschneidung von Deutungsspielräumen, sondern auch der autonomen Gestaltung des Alter(n)s wird in der sozialgerontologischen Anti-Aging-Kritik problematisiert. Diese verwandten Autonomiebedenken werden im Rahmen der Diskussion des Eigenverantwortungskonzepts der GSAAM diskutiert (siehe Diskussion, Kapitel 4.2.4).

3.2.4 Mangelnde inter- und innerdisziplinäre Aushandlung

Auch die Art der Aushandlung der Bedeutungsverschiebungen ist problematisch. Da es sich um wissenschaftliche Wahrheitsansprüche handelt, wird anders als im Falle der Ziele kein Demokratiedefizit, sondern eine mangelnde interdisziplinäre Aushandlung ausgemacht. Kritisiert wird, dass die medizinischen und naturwissenschaftlichen Disziplinen *andere mit dem Alter befasste Wissenschaften nicht in die Aushandlung ihrer Bedeutungsverschiebungen einbezieht*, während die Gerontologie ihrerseits um Interdisziplinarität bemüht ist. Denn die Vormachtstellung der Naturwissenschaften bei der Deutung von Lebensprozessen wird *angesichts des ganzheitlichen Menschenbildes als reduktionistisch* bewertet. So arbeitet z. B. Vincent heraus, wie in der biogerontologischen Wissensproduktion die komplexen sozialen und psychologischen Aspekte des Alterns ausgeblendet werden.[84] Und eine der wenigen Bewertungen, die Courtney Mykytyn ihrer Ethnografie über die US-amerikanische Anti-Aging-Medizin anfügt, lautet, dass die Deutungshoheit über das Altern nicht „gerecht" verteilt sei zwischen biologischen, philosophischen und psychologischen Konstruktionen des Alter(n)s.[85]

Die GSAAM versteht sich als eine interdisziplinäre medizinische Fachgesellschaft (siehe Teil 1, Kapitel 3.2). Mehrere meiner GesprächspartnerInnen betonten, dass sie die Zusammenarbeit verschiedener medizinischer Disziplinen für ihre medizinische Praxis als sehr fruchtbar erleben. Eine Zusammenarbeit mit nicht-medizinischen Disziplinen findet sich – wie in vielen medizinischen Fachgesellschaften – jedoch nicht. In einer solchen interdisziplinären Aushandlung wären die Bedeutungsverschiebungen der Kategorie Alter(n) vermutlich anders ausgefallen. Was die Medikalisierung gesundheitlicher Alterungsrisiken betrifft, hätte eine interdisziplinäre Aushandlung mit Gerontologie und Gesundheitswissenschaften beispielsweise die Frage aufgeworfen, ob bei einer weiterreichenden medizinischen Deutung und Bearbeitung gesundheitlicher Altersrisiken *psychische und soziale Dimensionen von Gesundheit im Alter unbearbeitet* bleiben.[86] Auch der Medikalisierung der richtigen Lebensführung wären *sozioökonomische Faktoren der Lebensführung und ihre Ungleichverteilung* entgegengehalten worden.

Im Falle der deutschen Anti-Aging-Medizin ist jedoch nicht nur ein Mangel an interdisziplinärer, sondern auch an innerdisziplinärer Aushandlung der Bedeutungsverschiebungen festzustellen. Die GSAAM-MedizinerInnen handeln auch untereinander Bedeutungen des Alter(n)s kaum aus. Im untersuchten empirischen Material finden sich *keine Hinweise auf kontroverse, ergebnisoffene Diskussionen über Konzepte des Alterns*, wie am Beispiel der Definition präsymptomatischer Vorboten kranken Alterns für die Risikokalkulation gezeigt wurde (siehe Teil 3, Kapitel 3.1.2). Bedeutungen des Alter(n)s werden häufig von wortführenden GSAAM-MedizinerInnen gesetzt, wobei nicht-wortführende MedizinerInnen im Umfeld der GSAAM solche Vorgaben oft auch erwarten und einfordern.

Diese nicht nur im Umfeld der GSAAM vorzufindende medizinische Wissenskultur ist vermutlich teilweise darin angelegt, dass es sich bei der Medizin um eine „Handlungswissenschaft" handelt. Das Ringen um Bedeutungen ist immer auch mit der Bewältigung einer komplexen Praxis verknüpft, die für viele meiner Gesprächspart-

---

[84] vgl. z. B. Vincent 2008: *The cultural construction old age.*
[85] vgl. Mykytyn 2008: *Medicalizing the optimal*, S. 316 f.
[86] vgl. z. B: von Kondratowitz 2003: *AA*, S. 157.

nerInnen verständlicherweise im Vordergrund steht. Dennoch fällt auf, dass wortführende GSAAM-MedizinerInnen die wenn auch vereinzelte Kritik nicht für konstruktive Diskussionen innerhalb der GSAAM nutzen, wie z. B. die (selbst)kritischen Stimmen bezüglich prädiktiver Gentests (siehe Teil 3, Kapitel 3.3.4). Gleichzeitig zeigen nicht-wortführende GSAAM-MedizinerInnen, die Kritisches äußern, häufig eine enorme Toleranz gegenüber den Bedeutungen, die wortführende GSAAM-MedizinerInnen vorgeben, mit denen sie jedoch nicht übereinstimmen.

Beispielhaft für beide Beobachtungen kritisiert Herr Dr. D. den Stil der wissenschaftlichen Auseinandersetzung praktizierender Mediziner insgesamt als „miserabel".[87] Aus dem Umfeld der GSAAM berichtet er von Fällen, in denen kontroverse Diskussionen im Anschluss an Konferenzvorträge aktiv unterbunden wurden.[88] Als er selbst nach einem Vortrag über eine radiologische IGeL-Leistung zur bildgebenden Bauchfettmessung kritisch nachfragt, ob eine kostenfreie Bestimmung des Body-Mass-Indexes nicht genauso effizient wäre, pflichtete der Moderator dem Vortragenden schlicht bei und beendete die Diskussion.[89]

4 Verantwortung: Eine gute oder schlechte Stärkung gesundheitlicher Eigenverantwortung?

Im Mittelpunkt der Anti-Aging-Kritik stehen die drei bisher diskutierten Aspekte: die Evidenz und die Ziele des Anti-Agings sowie die altersbezogenen Bedeutungsverschiebungen. Seltener wird dagegen problematisiert, wie *Verantwortung für das Erreichen guten Alter(n)s* zugeschrieben wird. Sowohl Manfred Stöhr als auch Tobias Eichinger machen in Bezug auf die deutsche Anti-Aging-Medizin eine Neujustierung der Verantwortlichkeiten für Gesundheit im Alter aus (siehe Einleitung, Kapitel 2). Neben seiner harschen Anti-Aging-Kritik hebt Stöhr auch eine positive Auswirkung des Anti-Aging-Booms hervor, nämlich „eine Stärkung der Eigenverantwortlichkeit, sodass Gesundheit und Leistungsfähigkeit als ureigenes Anliegen begriffen werden."[90]

Auch Eichinger beobachtet eine solche Stärkung der gesundheitlichen Eigenverantwortung, bewertet sie jedoch negativ. Für Eichinger steht diese Verantwortungsverschiebung im Kontext der zunehmenden Präferenzorientierung der Medizin. Seine Beobachtung, dass PatientInnen in die Freiheit eines fortdauernden, selbstzuzahlenden, medizinischen Selbstmanagements entlassen werden, bewertet er als eine Bedrohung für die traditionelle, heilende Medizin. Denn erstens werde die ärztliche Expertise und Verantwortung individuellen Kundenwünschen untergeordnet. Und zweitens stimuliere

---

87 vgl. Interview P25:1085.
88 vgl. ebd. P25:1012.
89 vgl. ebd. P25:585 und 984.
90 vgl. Stöhr 2005: *Wahrheit über AA*, S. 115.

die Anti-Aging-Medizin mit ihren Angeboten auch die Kundenwünsche und mache sich dabei zur Komplizin eines Defizitmodells des Alterns.[91]

4.1 Was ist das Phänomen? Lebensstilbezogene und finanzielle Eigenverantwortung mit staatsbürgerlicher Verpflichtung

In der Tat fällt auf, dass im Umfeld der GSAAM die schlechte Wirklichkeit des Alter(n)s weniger als ein Problem ärztlicher Heilkunst (A4M) oder biomedizinischer Ingenieurskunst (SENS) dargestellt wird, sondern als ein Problem mangelnder Verantwortung für gesundheitliche Alterungsrisiken. Viele GSAAM-MedizinerInnen machen ein *doppeltes Verantwortungsproblem* aus. Häufig und ausgiebig wird erstens kritisiert, dass die (älteren) Menschen durch eine schlechte Lebensführung Krankheit im Alter mit verschulden. Als Ursachen ihrer schlechten Lebensführung werden fehlendes Wissen und Bewusstsein genannt. Vor allem wird aber ein wohlstandsbedingter *Mangel an Eigenverantwortlichkeit für die Gesunderhaltung im Alter* kritisiert. Im Gegensatz zur A4M und der SENS Foundation wird also keine passive Erduldung von Leiden des Alterns problematisiert, sondern eine individuelle Verschuldung kranken Alterns ausgemacht (siehe Teil 3, Kapitel 4.2.2). Zweitens wird jedoch auch der Gesundheitspolitik mangelnde Verantwortlichkeit diagnostiziert. Die Politik gäbe zum einen *uneinlösbare Versprechen* einer vollen, umlagefinanzierten Gesundheitsversorgung im Alter. Zum anderen übernähme sie *keine (finanzielle) Verantwortung für die systematische Etablierung von Prävention* als vierte Säule des Gesundheitswesens (siehe Teil 3, Kapitel 4.1.2).

Angesichts dieses doppelten Verantwortungsproblems schlägt die GSAAM eine Neujustierung der Verantwortlichkeiten für gesundheitliche Alterungsrisiken vor. Mit der Akzentverschiebung von Anti-Aging auf Prävention stehen dabei nicht mehr primär medizinische und naturwissenschaftliche Verantwortungen und individuelle Freiheiten im Mittelpunkt. Vielmehr wird das Individuum stärker als bisher in die Verantwortung genommen. Der *Eigenverantwortung* für das Management gesundheitlicher Alterungsrisiken wird die *Schlüsselrolle bei der Vermeidung individueller Leiden und gesellschaftlicher Kosten des Alterns* zugesprochen (siehe Teil 3, Kapitel 4.2.1). Die GSAAM bietet dem Einzelnen medizinische Dienstleistungen an, welche die Übernahme der Eigenverantwortung für gesundheitliche Alterungsrisiken erleichtern und optimieren sollen.

Die Verpflichtung auf gesundheitliche Eigenverantwortung wird im Umfeld der GSAAM unterschiedlich begründet (siehe Teil 3, Kapitel 4.2.2). Häufig findet sich die Begründung, dass *der Sozialstaat angesichts des demografischen Wandels nicht mehr verantwortlich sein könne*. Diese auch in der präventionspolitischen Debatte gängige Argumentation wird dabei häufig in drei Aspekten zugespitzt: Gesundheitliche Eigenverantwortung wird erstens als die *einzige Möglichkeit* zum Erhalt des Sozialstaats dargestellt.

---

91 vgl. Eichinger 2011: *AA als Medizin?* S. 114 f.

Zweitens wird unter Eigenverantwortung nicht nur eine gesündere *Lebensführung*, sondern auch die finanzielle Eigenverantwortung für die Nutzung der auf *Selbstzahlerleistungen* basierenden Präventionsmedizin verstanden. Eigenverantwortung wird drittens tendenziell zu einer *staatsbürgerlichen Pflicht* erhoben.

Es finden sich jedoch auch viele Argumentationen, in denen die Notwendigkeit für mehr Eigenverantwortung damit begründet wird, dass er *Sozialstaat nicht verantwortlich sein sollte*. Denn die umlagefinanzierte gesetzliche Krankenversicherung wird als prinzipiell bzw. unter den Bedingungen des demografischen Wandels ungerecht erachtet. Dabei werden zwei Dimensionen der Ungerechtigkeit ausgemacht: erstens, dass (immer mehr alte) LeistungsempfängerInnen von der Umlagefinanzierung profitieren, während zweitens (immer weniger junge) BeitragszahlerInnen für die LeistungsempfängerInnen zahlen, selbst jedoch nicht profitieren. Hier scheint ein marktliberaler Gerechtigkeitsbegriff durch, demzufolge die Gesundheitsversorgung gerechter wäre, wenn alle mit ihrem eigenen Kapital für sich selbst (vor)sorgen würden. Ausgehend von dieser präskriptiven Prämisse erachten viele GSAAM-MedizinerInnen *gesundheitliche Eigenverantwortung als gerechtere Form der intergenerationellen Solidarität*. Um die solidarisch finanzierten, altersbezogenen Gesundheitskosten zu reduzieren, sollte jeder noch bevor Gesundheitskosten entstehen für das Management seiner eigenen gesundheitlichen Alterungsrisiken aufkommen. Als weiteres Argument für mehr Eigenverantwortung führen GSAAM-MedizinerInnen zudem ihre ärztliche Autonomie an. Denn sie sehen sich durch die gesetzlichen Krankenkassen in ihrer Freiberuflichkeit beschnitten.

Die Verantwortung für das Erreichen gesunden Alter(n)s wird jedoch nicht ausschließlich beim Einzelnen angesiedelt, sondern auch beim Sozialstaat (siehe Teil 3, Kapitel 4.2.3). Dessen Verantwortung wird vor allem darin gesehen, seine BürgerInnen zu altersbezogener Eigenverantwortlichkeit *zu aktivieren*. Zudem soll durch die *Deregulierung des Gesundheitsmarktes* der Aufbau einer marktwirtschaftlichen Infrastruktur für neue medizinische Dienstleistungen gefördert werden, welche dem Einzelnen die Erfüllung seiner Eigenverantwortung erleichtern oder ermöglichen sollen.

Von drei Thesen ist diese von der GSAAM vorgeschlagene Neujustierung der Verantwortlichkeiten für das Erreichen gesunden Alterns abzugrenzen: Erstens bedeutet die Stärkung der Eigenverantwortlichkeit nicht, dass die dem Management gesundheitlicher Alterungsrisiken „vorgeschaltete ärztliche Expertise"[92] wegfällt. Auch nutzen der Einzelne die ärztliche Expertise nicht lediglich, „um sich eine Lebensführung […] zu schaffen, die er sich wünscht."[93] Wie bereits diskutiert, handelt es sich vielmehr um eine Medikalisierung der richtigen Lebensführung (siehe Diskussion, Kapitel 3.1). Die Ausübung der Eigenverantwortung für gesundheitliche Alterungsrisiken ist medizinisch induziert, normiert und überwacht. Es handelt sich also nicht primär um eine Verant-

---

92 vgl. von Kondratowitz 2003: *AA*, S. 159.
93 vgl. Eichinger 2011: *AA als Medizin?* S. 114.

wortungsverschiebung *zwischen Arzt bzw. Ärztin und PatientIn*. Vielmehr werden die Verantwortlichkeiten *zwischen Individuum und Sozialstaat* neu justiert.

Zweitens handelt es sich nicht um eine gänzliche Privatisierung gesundheitlicher Alterungsrisiken. Die Prävention altersassoziierter Erkrankungen wird *nicht zur reinen Privatangelegenheit kaufkräftiger KundInnen erklärt*,[94] sondern tendenziell als staatsbürgerliche Pflicht gerahmt. „Anti-Aging verändert das Gesundheitswesen"[95] hier also nicht in dem Sinne, dass intergenerationelle Solidarität zugunsten eines „survival of the fittest" abgeschafft würde. Vielmehr wird das eigenverantwortliche Management gesundheitlicher Altersrisiken als *gerechtere Form intergenerationeller Solidarität* verstanden und hat damit eine starke sozialethische Konnotation. Denn ausgehend von einem marktliberalen Gerechtigkeitsbegriff und der Annahme, dass gesundheitliche Alterungsrisiken durch gute Lebensführung des Einzelnen weitgehend vermeidbar sind, erscheinen umlagefinanzierte Kosten für altersbezogene Gesundheitsförderung und tendenziell auch für Kosten kranken Alterns nicht mehr gerechtfertigt.

Drittens stehen die nicht unerheblichen Bemühungen der GSAAM, die neue Verantwortung gegenüber ihren KundInnen zu kommunizieren, im Widerspruch zu einer vor allem in der deutschen bioethischen Debatte zentralen Problemwahrnehmung. Hier wird die Anti-Aging-Medizin häufig als wunscherfüllende oder präferenzorientierte Medizin wahrgenommen.[96] Im Falle der GSAAM scheint jedoch weniger die Medizin mit neuen PatientInnenwünschen, sondern die KlientInnen mit neuen Verantwortungen konfrontiert zu werden. In diesem Sinne ließe sich *anstatt von einer wunscherfüllenden eher von einer „verantwortungsgenerierenden" Medizin* sprechen.

4.2 Was ist das Problem?

Ein bereits diskutierter sozialgerontologischer Kritikpunkt an medikalisierenden Bedeutungsverschiebungen der Kategorie Alter lautet, dass die Deutung des Alter(n)s nicht noch weitreichender in die Verantwortung der Biomedizin fallen sollte als bisher (siehe Diskussion, Kapitel 3.2.3). Vielmehr sollten Spielräume der Menschen, ihre Alterung selbst zu deuten, gestärkt werden. Ist die Forderung der GSAAM nach mehr Eigenverantwortung für das Management gesundheitlicher Alterungsrisiken vor diesem Hintergrund zu begrüßen? Auch in dem gerontologischen Konzept der Gestaltung des Alter(n)s von Kruse und Wahl spielt Eigenverantwortung eine wichtige Rolle. Die Gerontologen betonen die Möglichkeiten einer „Selbstintervention" durch gesunde Le-

---

94 vgl. z. B. Schmidt et al. 2007: *Gesundheit fördern – oder fordern?* S. 12 und Hensen et al. 2008: *Gesundheitswesen im Wandel*, S. 13.
95 Untertitel der ersten Ausgabe des GSAAM Journals „Anti-Aging for Professionals", 1(1), 2005.
96 vgl. insb. Maio 2006: *Präferenzorientierung in Medizin als ethisches Problem* und Maio 2010: *Altwerden ohne alt zu sein?*

bensstile[97] und Kruses „15 Regeln für gesundes Älterwerden"[98] sind der aktivierenden Rhetorik der GSAAM-MedizinerInnen recht ähnlich. Auch diese zielen auf eine Aktivierung und die stärkere Gesundheitsorientierung älterer Menschen. Die ersten beiden Regeln lauten: „1. Regel: Seien Sie in allen Lebensaltern körperlich, geistig und sozial aktiv" und „2. Regel: Leben Sie in allen Lebensaltern gesundheitsbewusst."[99]

Der gerontologische Ansatz zur Förderung von Eigenverantwortung ist jedoch – ähnlich wie im Falle des Gestaltungsziels – anders konzipiert als der der GSAAM. Die wenigen Argumente in kritisch-gerontologischen Untersuchungen über Anti-Aging, die sich auf diese Verantwortungskonzeption beziehen, kommen deshalb anders als Stöhr zu einer negativen Einschätzung der Eigenverantwortungsstärkung.

4.2.1 Ungerechtfertigte, diskriminierende Verantwortungszuschreibungen

Eine der empirischen Prämissen der Verpflichtung auf Eigenverantwortung für gesundheitliche Alterungsrisiken ist die These, dass der Einzelne in Sachen Prävention nicht genügend Verantwortung zeigt. Häufig wird argumentiert, das die Menschen aufgrund von mangelndem Wissen, Bewusstsein und Eigenverantwortung ungesunde Lebensstile führen und damit schlechte Alterungsverläufe maßgeblich mit verschulden (siehe Teil 3, Kapitel 4.1.1). Im Folgenden wird die Stimmigkeit dieser Verschuldungsthese anhand von drei Fragen genauer untersucht: Zeigen sich die Menschen tatsächlich verantwortungslos? Verursachen sie damit schlechte Alterungsverläufe? Und lässt sich ihnen dafür retrospektiv Verantwortung zuschreiben? In den wenigen gegenläufigen Argumentationen im untersuchten empirischen Material wird modellhaft nach Antworten gesucht.

Erstens fragt sich, ob tatsächlich eine präventionsbezogene Verantwortungslosigkeit aufseiten der Individuen festzustellen ist. Besteht ein allgemeiner Mangel an Wissen, Bewusstsein und Eigenverantwortung für gesundheitliche Alterungsrisiken und *überwiegen ungesunde Lebensstile?* In den wenigen gegenläufigen Argumentationen im untersuchten empirischen Material (siehe Teil 3, Kapitel 4.1.1) finden sich Hinweise darauf, dass sich auch diese *Situation komplexer und heterogener* darstellt. So ist z. B. auch im Umfeld der GSAAM davon die Rede, dass im Gegenteil ein wachsendes oder auch großes Wissen und Bewusstsein der Menschen für Gesundheit und Gesundhaltung festzustellen ist. Auch wird darauf hingewiesen, dass sich im Hinblick auf die Lebensführung schichtbezogene Unterschiede finden. Eine systematische Fundierung der Verschuldungsthese mit sozialwissenschaftlichen Befunden würde zu einer wichtigen Differenzierung dieses argumentativen Ausgangspunkts beitragen.

Zweitens lohnt es zu prüfen, ob schlechte Alterungsverläufe tatsächlich maßgeblich durch unverantwortliche Lebensführung verursacht werden. An dieser These setzen

---

97 vgl. Kruse et al. 2010: *Zukunft Altern.*
98 vgl. Kruse 1999: *Regeln f. gesundes Älterwerden (Weltgesundheitstag).*
99 ebd.

mehrere kritische Argumente an. Stephen Katz formuliert den zentralen sozialgerontologischen Einwand, dass Krankheit, Gebrechlichkeit und Disengagement im Alter darin *zu einem Problem individueller Inaktivität und Verantwortungslosigkeit umgedeutet* werden.[100] Diese Umdeutung wird in zweierlei Hinsicht als problematisch bewertet:

Einerseits wird kritisiert, dass *die eigentlichen Probleme nicht thematisiert* werden. So werden andere Ursachen negativer Alterungsverläufe ausgeblendet. Besonders deutlich wird dies in den umweltbezogenen Alterungstheorien im Umfeld der GSAAM (siehe Teil 3, Kapitel 3.3.3). In diesen ist eine Reduktion der komplexen umweltbezogenen Alterungsfaktoren auf individuelle Lebensstilentscheidungen auszumachen. Zudem finden sich auch gegenläufige Argumentationen, in denen darauf hingedeutet wird, dass viele andere Faktoren als die Lebensführung – unter anderem auch zufällige biologische Prozesse – den Alterungsverlauf bestimmen. Besonders augenfällig ist, dass Kleine-Gunks prominente Beispiele für erfolgreiches und unerfolgreiches Alter(n) der Verursachungsthese zuwiderlaufen: Goethes Altern wird als positives Beispiel präsentiert und humorvoll darauf hingewiesen, dass sein Altern gelang, obwohl er nachweislich ungesund lebte. Negatives Beispiel ist Walter Jens' Demenzerkrankung, deren Dramatik auch daran festgemacht wird, dass er erkrankte, obwohl er sein Gehirn mehr als vorbildlich nutzte. Das Argument geht jedoch über eine *Kritik an der Dethematisierung anderer Alterungsfaktoren* hinaus. In der Argumentation schwingt auch mit, dass das eigentliche Problem nicht darin besteht, krankes Altern zu verhindern, sondern die dahinterstehende Vorstellung guten Alter(n)s zu hinterfragen (siehe Diskussion, Kapitel 2.2.2).

Die von Katz beschriebene Umdeutung wird jedoch auch in einer zweiten Hinsicht als problematisch bewertet. Kritisiert wird, dass die Umdeutung mit einer *ungerechtfertigten und zweifach diskriminierenden Verantwortungszuweisung* einhergeht. Marckmann und KollegInnen schlagen zur begrifflichen Schärfung der politischen Diskussion über gesundheitliche Eigenverantwortung u. a. eine Differenzierung zwischen verschiedenen Verantwortungsgegenständen vor.[101] Anhand ihrer Unterscheidung zwischen retrospektiver und prospektiver Verantwortung lassen sich die sozialgerontologischen Bedenken bezüglich der Verantwortungszuweisungen genauer herausarbeiten. Prospektive Verantwortung richtet sich Marckmann et al. zufolge auf zukünftig zu Leistendes wie z. B. eine gesunde Lebensführung. Retrospektive Verantwortung bezieht sich hingegen auf die Folgen bereits vergangener Handlungen. Die Verpflichtung auf mehr *prospektive Verantwortung* für gesundheitliche Alterungsrisiken wird im Umfeld der GSAAM also u. a. damit begründet, dass *retrospektive Verantwortung* für die Folgen schlechter Lebensführung zugeschrieben wird. Die AutorInnen weisen u. a. darauf hin, dass solche Verantwortungszuschreibungen *nur unter zwei Bedingungen gerechtfertigt* sind:

Retrospektive Verantwortung für schlechte Alterungsverläufe kann demnach nur dann gerechtfertigt zugeschrieben werden, wenn erstens geklärt ist, dass diese *tatsäch-*

---

100 vgl. z. B. Katz 2001: *Growing older without aging?* S. 29.
101 vgl. Marckmann et al. 2004: *Gesundheitliche Eigenverantwortung,* insb. S. 715 f.

lich durch eigenverantwortliches Handeln kausal verursacht wurden. U. a. aufgrund der bereits diskutierten Dethematisierung anderer Alterungsfaktoren ist die kausale Verursachung im untersuchten Fall fraglich. Hierin besteht ein erstes altersdiskriminierendes Element der Verantwortungszuweisung. Ältere Menschen werden für etwas verantwortlich gemacht, was sie nicht gänzlich und eindeutig kausal verursacht haben. Zudem fällt auf, dass die Verschuldungsthese in den untersuchten Argumentationen auch ohne die systematische Anführung von Belegen für Kausalzusammenhänge von großer alltagsweltlicher Plausibilität ist. Dies könnte im Zusammenhang mit Kondratowitz' Beobachtung stehen, dass die bürgerliche Vorstellung, dass Krankheiten u. a. die Folgen einer krankmachenden, maßlosen Lebensführung sind, zu den kulturellen Vorverständnissen gehört, die in das moderne Verständnis alternder Körper einflossen.[102]

Für die gerechtfertigte Zuschreibung retrospektiver und prospektiver Verantwortung gilt Marckmann und KollegInnen zufolge zudem eine zweite Bedingung. Diese ist, dass die *Lebensführung das Ergebnis einer autonomen Entscheidung* war bzw. ist. Das Problem der Entscheidungsautonomie sehen sie jedoch darin, dass eigenverantwortliches Handeln von politischen Rahmenbedingungen und physischen, psychischen, ökonomischen Ressourcen abhängt, die jedoch ungleich verteilt sind. In dieser Ungleichverteilung von Ressourcen der Eigenverantwortlichkeit besteht das zweite diskriminierende Element der Emphase gesundheitlicher Eigenverantwortung. Denn sie läuft dem sozialgerontologischen Ideal der gleichberechtigten Diversität zuwider.

Zwar finden sich auch im Umfeld der GSAAM vereinzelte Argumentationen, in denen problematisiert wird, dass die Lebensführung auch schichtspezifisch geprägt ist und dass Zwänge des Berufs- und Familienlebens bestehen. Meist wird der *individuelle Lebensstil jedoch zu einer gänzlich autonomen Entscheidung stilisiert*. Im Gegenzug ist eine *Dethematisierung struktureller Chancenungleichheiten* festzustellen. Besonders augenfällig ist dies in den nicht selten angestimmten scharfen Tönen gegen die angebliche Vollkaskomentalität von KassenpatientInnen, die erwarten würden, dass der Staat für ihre Gesundheit aufkomme. Mehrfach ist von Übergewichtigen, Faulen, Arbeitslosen, Migranten oder Sozialhilfeempfängern die Rede, die sich zwar zwei Päckchen Zigaretten pro Tag leisten würden, aber nicht bereit wären, in ihre Gesundheit zu investieren (siehe Teil 3, Kapitel 4.1.1).

Die Autonomie der Entscheidung für eine gesunde Lebensführung steht im Falle der GSAAM auch in einer zweiten Hinsicht infrage. In der medizinischen Praxis wird das durch die Risikodiagnostik ermittelte Risikowissen den Testpersonen häufig bewusst zugemutet, um prospektive Verantwortung für das Management gesundheitlicher Alterungsrisiken zu mobilisieren (siehe Teil 3, Kapitel 3.4.3). Die Testergebnisse werden zu diesem Zweck bisweilen als „Droh- und Frohwerte" inszeniert. In Verbindung mit den negativen, stereotypen Darstellungen der individuellen Wirklichkeit des Alterns im Umfeld der GSAAM werden *Ängste vor schlechten Alterungsverläufen mobilisiert*. Dies

---

102 vgl. von Kondratowitz 2008: *Alter, Gesundheit & Krankheit*, S. 67.

verhindert eine selbstbestimmte, aufgeklärte Entscheidung für das eigenverantwortliche Management gesundheitlicher Alterungsrisiken.

4.2.2 Ein ungerechtes Konzept intergenerationeller Solidarität

Die zweite präskriptive Prämisse des Eigenverantwortlichkeitskonzepts der GSAAM ist die These, dass sich neben dem Individuum auch der Sozialstaat in Sachen Prävention verantwortungslos zeigt. Anders als die individuelle Verschuldungsthese wird diese Einschätzung in der gesundheitswissenschaftlichen Diskussion weitgehend geteilt. Wortführende GSAAM-MedizinerInnen kritisieren, dass die Gesundheitspolitik uneinlösbare Versprechen eines Rechts auf Gesundheit für alle gäbe, dem sie selbst durch den Abbau von Leistungen zuwiderhandelt. Auch hätte sie sich als unfähig erwiesen, Prävention und Gesundheitsförderung als vierte Säule des Gesundheitssystems zu etablieren (siehe Teil 3, Kapitel 4.1.2). Insbesondere mit der Kritik der präventionsbezogenen Verantwortungslosigkeit des Sozialstaats ist die GSAAM der gesundheitswissenschaftlichen Diskussion nahe.[103] Auch hier werden u. a. im Kontext des Scheiterns des sog. Präventionsgesetzes der faktische Abbau der umlagefinanzierten Gesundheitsversorgung und die mangelnde präventionspolitische Verantwortung der Politik kritisiert.

Mehr als diese Einschätzung eint die GSAAM und die Gesundheitswissenschaften jedoch nicht. Im Umfeld der GSAAM wird die Stärkung (finanzieller) Eigenverantwortung für gesundheitliche Alterungsrisiken häufig als einzige Möglichkeit zur Abwendung des demografischen Kollapses der Gesellschaft dargestellt. Das Scheitern des Präventionsgesetzes wird vor diesem Hintergrund als „staatliches Exklusivmarketing" für „Anti-Aging Professionals"[104] interpretiert. Dabei *knüpft die GSAAM nicht systematisch an die gesundheitswissenschaftlichen Kontroversen* über den Grad der Medikalisierung, Ökonomisierung, Individualisierung und Aktivierung von Krankheitsprävention und Gesundheitsförderung in Deutschland an.

Problematisch ist jedoch nicht nur, dass die gesundheitswissenschaftliche Expertise ungenutzt bleibt. Die Kritik bezieht sich vor allem auch darauf, dass die vorgeschlagene Neujustierung intergenerationeller Solidarität als ungerecht bewertet wird. Eine wichtige normative Begründung, die im Umfeld der GSAAM für die Stärkung von Eigenverantwortlichkeit angeführt wird, lautet: Es ist gerechter, wenn der Einzelne für seine eigenen Risiken auch finanziell vorsorgt, als wenn Krankheitskosten gemeinschaftlich getragen werden (siehe Teil 3, Kapitel 4.2.2). Vor diesem Hintergrund üben Neal King und Toni Calasanti sozialgerontologische Selbstkritik (siehe auch Teil 2, Kapitel 1.3.4). Sie kritisieren, dass die Gerontologie versäumt hätte, klar zu machen, dass sie das Em-

---

103 vgl. z. B. Sachverständigenrat für die Konzertierte Aktion im Gesundheitswesen 2002: *Gutachten 2000/2001 Bedarfsgerechtigkeit & Wirtschaftlichkeit,* Rosenbrock 2006: *Gesetz zur Stärkung d. gesundheitlichen Prävention,* S. 6, Hurrelmann et al. 2007: *Einführung,* S. 14, Franzkowiak 2008: *Prävention i. Gesundheitswesen,* S. 207.
104 Bleichrodt 2005: *Staatliches Exklusivmarketing,* S. 15.

powerment älterer Menschen auf grundsätzlich andere Weise zu erreichen suche als die Anti-Aging-Industrie: *nicht durch freien Marktindividualismus, sondern durch eine gleichberechtigte, solidarische Diversität.*[105]

King und Calasanti fügen der gleichberechtigten Diversität von Lebensformen, die als normativer Bezugspunkt der Sozialgerontologie bereits herausgearbeitet wurde (siehe Diskussion, Kapitel 2.2.1), das Adjektiv solidarisch hinzu. Hintergrund der Argumentation scheint die Beobachtung, dass dem Ideal einer gleichberechtigten Diversität eine Realität gegenübersteht, in der erhebliche Ungleichheiten bestehen, u. a. aufgrund des kapitalistischen Gesellschaftssystems (siehe Diskussion, Kapitel 4.2.3). Im Sinne einer Realisierung des Ideals gilt es, diese ungleichen Verhältnisse wenn nicht zu verändern, so doch *zumindest solidarisch auszugleichen*.

Entsprechend ist problematisch, dass die *Ressourcen für das vorgeschlagene eigenverantwortliche Management gesundheitlicher Alterungsrisiken ungleich verteilt* sind. Dies betrifft zum einen die finanziellen Ressourcen. Das Konzept der GSAAM besteht zu einem großen Teil aus individuellen Gesundheitsleistungen (IGeL), die nicht von Krankenkassen erstattet, sondern von den KlientInnen selbst bezahlt werden. Personen, die über weniger Einkommen und Vermögen verfügen, haben deshalb weniger Möglichkeiten, in medizinische Selbstzahlerleistungen zu investieren, als finanziell Bessergestellte. Aber nicht nur finanzielle, sondern auch andere Ressourcen einer eigenverantwortlichen Lebensführung wie z. B. Wissen, Autonomie und soziale Netzwerke sind ungleich verteilt.[106] In diesem Sinne lässt sich Mykytyns Vermutung deuten, dass die von ihr beschriebene Medikalisierung zu noch größeren Problemen sozialer Gerechtigkeit führen könnte als die in der Bioethik perhorreszierten Unsterblichkeitsszenarien.[107]

Diese Chancenungleichheiten werden auch im Umfeld der GSAAM als Problem wahrgenommen. So findet sich z. B. die Forderung, dass die Gesundheitspolitik verhindern müsse, „dass sich ausgerechnet in der Krankheitsvorbeugung eine neue Art von Zweiklassenmedizin festsetzt."[108] Diese und ähnliche *kritische Stimmen* (siehe auch Teil 3, Kapitel 3.1.4) *finden jedoch keine systematische Berücksichtigung* in dem vorgeschlagenen Konzept intergenerationeller Solidarität. Zwar wird durchaus kritisiert, dass die Gesundheitsreform „Kranke, Arbeitslose, Sozialhilfeempfänger und andere ‚Verlierer'"[109] benachteiligt. Nicht diskutiert wird jedoch, dass das vorgeschlagene Konzept intergenerationeller Solidarität niedrigere Einkommensschichten und präventionsfernere Bevölkerungsgruppen benachteiligt. Ein Grund hierfür liegt in der Dethematisierung struktureller Chancenungleichheiten, die in der bereits diskutierten Verschuldungsthese angelegte ist (siehe Diskussion, Kapitel 4.2.1). Bzw. scheint nicht gänzlich geklärt, ob „alle Bürger" unter die Zielformulierung der GSAAM fallen sollen. So merkt der ge-

---

105 vgl. King et al. 2006: *Empowering the old.*
106 vgl. z. B. Marckmann et al. 2004: *Gesundheitliche Eigenverantwortung*, S. 716.
107 vgl. Mykytyn 2009: *AA is not anti-death*, S. 223 f.
108 Hennig 2007: *Editorial*, S. 2.
109 Bleichrodt 2007: *Ein Arzt sieht rot*, S. 13.

sundheitspolitisch wortführende GSAAM-Arzt Wolf Bleichrodt an, dass man diesen berechtigten, sozialethischen Wunsch zumindest „hinterfragen dürfen" sollte.[110]

Problematisch ist also einerseits, dass die Ressourcen für das vorgeschlagene Management gesundheitlicher Alterungsrisiken ungleich verteilt sind. Andererseits müssten aus sozialgerontologischer Perspektive deshalb in einem Eigenverantwortlichkeitsentwurf *Maßnahmen zum Ausgleich dieser Chancenungleichheiten* vorgesehen sein. Hierin besteht ein entscheidender Unterschied zu gerontologischen und gesundheitspolitischen Konzepten zur Förderung von Eigenverantwortlichkeit. Sowohl Kruses gerontologisches Konzept für gesundes Altern[111] als auch der Entwurf des Präventionsgesetztes[112] sehen neben der Stärkung von gesundheitlicher Eigenverantwortlichkeit auch Maßnahmen zur Verringerung gesundheitlicher Ungleichheiten vor. Diese gesellschaftspolitischen und zielgruppenorientierten Maßnahmen sind darin zwar in den Augen vieler SozialmedizinerInnen immer noch zu wenig akzentuiert[113] und finden aufgrund ihrer schweren Umsetzbarkeit seltener den Weg in die Praxis als Eigenverantwortlichkeitsappelle. Dennoch ist der Ausgleich von Chancenungleichheiten systematischer Teil der Konzepte.

Im solidarischen Ausgleich dieser Chancenungleichheiten wird die zentrale Verantwortung des Wohlfahrtsstaats gesehen – und nicht wie im Entwurf der GSAAM in der Aktivierung seiner BürgerInnen und in der Deregulierung des Gesundheitsmarkts (siehe Teil 3, Kapitel 4.2.3). Vor diesem Hintergrund sehen Katz und Marshall Anti-Aging im Zusammenhang mit neoliberalen Sozialpolitikkonzepten und kritisieren die dafür charakteristische Verpflichtung des Einzelnen auf aktive, risikovermeidende Lebensstile als *„antiwelfarist"*.[114] Im Kern wird also eine Verantwortungsverschiebung zwischen Wohlfahrtsstaat und Individuum kritisiert – und nicht wie in der ethischen Diskussion über wunscherfüllende Medizin zwischen Ärztinnen bzw. Ärzten und PatientInnen.[115] Diese wird wieder im Vergleich der Konzepte der GSAAM und der Gerontologen Kruse und Wahl besonders deutlich:

Kruse und Wahl betonen sowohl, dass die gesellschaftlichen Verhältnisse zum Wohle älterer Menschen verändert werden *müssen,* als auch, dass ältere Menschen sich selbst verändern *können.* Sie stellen zuerst „neue Anforderungen an gesellschaftliche Akteure"[116] und erst an zweiter Stelle auch an „ältere und alle Generationen".[117] In der Konzeption der GSAAM *können hingegen die Verhältnisse nicht verändert werden,* wäh-

---

110 vgl. Bleichrodt et al. 2006: *Enteignung der Gesundheit,* S. 16.
111 vgl. Kruse 2007: *Prävention & Gesundheitsförderung im Alter,* Kapitel 2 und II f.
112 vgl. Bundestagsfraktionen SPD und BÜNDNIS 90/DIE GRÜNEN 2005: *Entwurf Präventionsgesetz* und Schmidt et al. 2007: *Gesundheit fördern – oder fordern?* S. 2.
113 vgl. z. B. Schmidt et al. 2007: *Gesundheit fördern – oder fordern?* S. 2.
114 vgl. Katz et al. 2003: *New sex for old* und Katz et al. 2004: *Is the functional normal?* eigene Hervorhebung.
115 vgl. z. B. Eichinger 2011: *AA als Medizin?* S. 150.
116 Kruse et al. 2010: *Zukunft Altern,* S. 507.
117 ebd. S. 517.

rend sich die Menschen verändern sollen. Problematisch ist, dass der Wohlfahrtsstaat aus seiner ohnehin nicht eingelösten Verantwortung für altersbezogene Gesundheitsförderung und die Schaffung diesbezüglicher Chancenausgleich entlassen wird. Vor diesem Hintergrund kritisiert der Soziologe Thomas Lemke im Hinblick auf die „Genetifizierung" von Risiken, dass an die Stelle der „Vision sozialen Fortschritts" ein „therapeutisches Regime der Selbstverbesserung" trete.[118]

Die Selbstverbesserung durch das eigenverantwortliche Management gesundheitlicher Alterungsrisiken wird im Umfeld der GSAAM auch als eine staatsbürgerliche Pflicht formuliert. Schließlich lässt sich die Begründung dieser Pflicht prüfen. Der Philosoph Klaus Peter Rippe argumentiert in seiner Untersuchung über Anti-Aging-Medizin, dass eine Pflicht zum eigenverantwortlichen Risikomanagement weder gegenüber sich selbst noch gegenüber der Gesellschaft plausibel begründet werden kann.[119] Denn im Falle eines gänzlich eigenverantwortlichen Gesundheitssystems hat Rippe zufolge das Verhalten des Einzelnen keine Auswirkungen auf die Kosten der Gemeinschaft. Die GSAAM schlägt jedoch kein gänzlich eigenverantwortliches Gesundheitssystem vor, sondern eine selbstzuzahlende Prävention mit reduzierter solidarischer Grundversorgung. Hier hat das Risikomanagement des Einzelnen also Auswirkungen auf gemeinschaftliche Gesundheitskosten.

Rippe weist jedoch darauf hin, dass eine Pflicht zum Risikomanagement auch dann nicht plausibel begründet werden kann, wenn jedem ein Recht auf Behandlung und Kostenerstattung zugesprochen würde. Denn dieses *Recht stünde dem Menschen als Menschen zu, unabhängig von seinem Verhalten.* Deshalb könne Prävention lediglich Bürgertugend oder Klugheitsgebot sein, nicht aber eine Pflicht. Das Problem besteht jedoch gerade darin, dass die GSAAM mit ihrem Entwurf auch die Frage aufwirft, ob das Recht auf Gesundheitsversorgung dem Einzelnen weiterhin *unabhängig* von seinem Verhalten zustehen sollte. Eine solche Reduzierung des Rechts auf Gesundheitsversorgung wird aus sozialwissenschaftlicher Perspektive abgelehnt.

4.2.3 Eine dreifache Ökonomisierung

Die von der GSAAM vorgeschlagene Neujustierung der Verantwortung für gesundheitliche Alterungsrisiken beinhaltet also auch eine Stärkung der finanziellen Eigenverantwortung. Die medizinischen Dienstleistungen zur Optimierung des eigenverantwortlichen Risikomanagements werden vor allem als Selbstzahlerleistungen im Gesundheitssystem etabliert. Es handelt es sich in diesem Anti-Aging-Kontext also weniger um ein Problem der gerechten Mittelallokation im Gesundheitswesen.[120] Vielmehr ist eine Ökonomisierung der altersbezogenen Gesundheitsförderung auszumachen. So-

---

118 vgl. Lemke 2007: *Gouvernementalität & Biopolitik*, S. 141.
119 vgl. Rippe 2008: *Abschaffung d. Alters*, S. 423 ff.
120 Ehni et al. 2009: *Lebensverlängerung & distributive Gerechtigkeit*, S. 285.

zialgerontologische Untersuchungen über Anti-Aging sind häufig auch kapitalismuskritisch angelegt (siehe Teil 2, Kapitel 1.3.4). Im Folgenden wird für drei Ebenen der Ökonomisierung – der Ökonomisierung des Arzt-Patient-Verhältnisses, der Gesundheit im Alter und der Vorstellung guten Alter(n)s – herausgearbeitet, worin sozialgerontologische Bedenken an dieser Ökonomisierung bestehen.

Auf der *Ebene der medizinischen Praxis* besteht die Ökonomisierung darin, dass die *Arzt-Patient-Beziehung um eine Unternehmer-Kunde-Beziehung erweitert* wird (siehe Teil 3, Kapitel 3.4.2). Eichinger kritisiert daran, dass die Medizin ihren Kunden in einem „vertraglichen Verhältnis moralisch neutral" gegenübertrete und am Behandlungserfolg nur aus Kundenbindung interessiert sei. „Echte Mitmenschlichkeit und Empathie" würden hingegen überflüssig.[121] Aus sozialgerontologischer Perspektive ist hingegen eher problematisch, dass der Einfluss ökonomischer Ressourcen und Interessen auf die Gestaltung der medizinischen Praxis steigt.

Wie bereits diskutiert, ist zum einen problematisch, dass die Behandlung direkt von den ökonomischen Ressourcen der KlientInnen abhängt und *kein solidarischer Ausgleich der Ungleichverteilung ökonomischer Ressourcen* vorgesehen ist (siehe Diskussion, Kapitel 4.2.2). Zum anderen werden ökonomische Spielräume und damit auch Interessen der ÄrztInnenschaft vergrößert. Mehrere meiner GesprächspartnerInnen kritisierten, dass dies *auf Kosten medizinisch sinnvoller Maßnahmen* gehen könne. Dies wird z. B. daran deutlich, dass im Rahmen einer Selbstzahlermedizin Informationen über Möglichkeiten der Risikotestung und Appelle für mehr eigenverantwortliche Lebensführung von einem Marketing für die Stimulierung der Nachfrage nach Selbstzahlerleistungen nicht zu trennen sind. Die Mahnung des damaligen EU-Kommissars Günther Verheugen im GSAAM-Journal: „Eins bleibt jedoch klar: Information heißt nicht Werbung,"[122] ist vor diesem Hintergrund ebenso widersprüchlich wie zahnlos.

Eine grundlegendere Ebene der Ökonomisierung besteht darin, dass *Gesundheit im Alter stärker als bisher als eine Ware verstanden* wird. So wird im Umfeld der GSAAM auch die Forderung erhoben, dass Gesundheit zu einem Gut gemacht werden sollte, „das kosten muss und darf."[123] Überspitzt formuliert muss die Ware „gesundes Altern" im Konzept der GSAAM käuflich erworben werden und darf zu diesem Zweck gewinnbringend verkauft werden. Anhand der gesundheitswissenschaftlichen Kritik der „wettbewerblichen Zurichtung der Gesundheitsförderung"[124] lässt sich nach Gründen forschen, weshalb Gesundheit aus sozialgerontologischer Perspektive eigentlich ein Gut sein sollte, das nichts kostet. Ein zentrales Motiv der Kapitalismuskritik ist – stark verkürzt –, dass der Kapitalismus u. a. auf der Ungleichverteilung von Ressourcen basiert und diese zugleich (re)produziert. Befürchtet wird, dass die *Ungleichverteilung von öko-*

---

121 vgl. Eichinger 2011: *AA als Medizin?* S. 150.
122 Hennig 2005: *Wachstumsmarkt Gesundheit (Interview Verheugen)*, S. 13.
123 vgl. Feldnotizen „Longevity & Anti-Aging – Neue Märkte für die Gesundheit", Frankfurt Global Business Week, IHK Frankfurt, Mai 2011.
124 Schmidt et al. 2007: *Gesundheit fördern – oder fordern?* S. 12.

nomischen und gesundheitlichen Ressourcen im Alter (re)produziert wird. Diese steht jedoch im Widerspruch zu der prinzipiellen Gleichheit sozialer Personen. Die Realisierung von Gesundheit im Alter sollte deshalb nicht ökonomisiert werden.

Nun ist Gesundheit jedoch auch im Kontext einer umlagefinanzierten Gesundheitsversorgung nicht außerhalb der Sphäre des Ökonomischen angesiedelt. Jedoch fällt auf, dass ökonomische Interessen darin an anderer Stelle verhandelt werden als im Vorschlag der GSAAM.[125] Im umlagefinanzierten Gesundheitssystem werden ökonomische Interessen zwischen ärztlicher Ständevertretung, Gesundheitspolitik, Gesundheitswirtschaft und Krankenkassen politisch verhandelt und sind dadurch weitgehend aus der ärztlichen Beratungssituation ausgelagert. Im Konzept der GSAAM werden *ökonomische Interessen über Angebot und Nachfrage marktwirtschaftlich verhandelt*. Problematisch ist dabei, dass den KundInnen in der ärztlichen Beratungssituation eine *schwächere Verhandlungsposition* zukommt als den VerhandlungspartnerInnen im Gesundheitswesen, denen sich wortführende GSAAM-MedizinerInnen gerne entledigen würden.

Stephen Katz problematisiert auch eine *dritte Ebene* der Ökonomisierung: die *Ökonomisierung der Vorstellung guten Alter(n)s*. Katz zeigt, dass das Anti-Aging-Ideal des „growing older without aging" auch mit dem kapitalistischen Leistungsideal der Konsumgesellschaft korrespondiert.[126] Auch im Umfeld der GSAAM wird die Güte des Alterns u. a. an Funktions- und Leistungsfähigkeit gemessen und auch mit der Produktivität älterer Menschen in Verbindung gebracht (siehe Teil 3, Kapitel 2.3.2). Auch schwingt bei der Begründung für gesundheitliche Eigenverantwortung die Vorstellung mit, dass der höchste Lebensgewinn aus dem biologischen Eigenkapital[127] zu erzielen ist (siehe Teil 3, Kapitel 4.2.2). Der Einschätzung des Philosophen Bernward Gesang, dass Anti-Aging nicht mit einer Wettbewerbsmentalität verbunden sei, ist deshalb nicht zuzustimmen.[128] Gesangs Schlussfolgerung, dass deshalb „auch keine Komplizenschaft mit falschen sozialen Normen zu diagnostizieren"[129] sei, hilft jedoch bei der Explikation von Katz' Argument:

Ein wichtiger Beitrag sozialgerontologischer Forschung zum Verständnis des gesellschaftlichen Umgangs mit der Alterung war und ist aufzuzeigen, dass Zusammenhänge zwischen ökonomischen Strukturen der Gesellschaft und Altersdiskriminierung bestehen (siehe Teil 2, Kapitel 1.3.4). Dieser Zusammenhang besteht u. a. darin, dass ältere Menschen zu einigen der in einer kapitalistischen Leistungsgesellschaft *hoch gehandelten Güter* – z. B. Möglichkeiten der Erwerbstätigkeit oder Ressourcen für körperliche Arbeit – tendenziell weniger Zugang haben als jüngere Altersgruppen. Deshalb ist es ungerecht, diese Güter zu Kriterien guten Alter(n)s und zu Normen der Gestaltung des Alter(n)s zu machen.

---

125 Ich danke Lea Schumacher für diesen Hinweis.
126 vgl. Katz 2001: *Growing older without aging?*
127 vgl. Lemke 2007: *Gouvernementalität & Biopolitik*, S. 138.
128 Gesang 2007: *Perfektionierung des Menschen*, S. 151.
129 ebd.

4.2.4 Eine Beschneidung von Spielräumen der Gestaltung des Alter(n)s

Mit der Stärkung gesundheitlicher Eigenverantwortung ist in dem Konzept der GSAAM auch das Ziel verbunden, die Autonomie und Selbstentfaltung älterer Menschen zu fördern (siehe Teil 3, Kapitel 2.3.3). Neue Möglichkeiten der Übernahme prospektiver Eigenverantwortung werden eröffnet, um gesundes Altern als Voraussetzung für autonomes Alter(n) zu verwirklichen. Neben der fraglichen Evidenz der Autonomieversprechen (siehe Diskussion, Kapitel 1.2) und dem verkürzten Autonomiebegriff (siehe Diskussion, Kapitel 2.2.2) wird in der sozialgerontologischen Diskussion auch ein dritter Punkt problematisiert. Ähnlich wie in der gesundheitswissenschaftlichen Aktivierungskritik[130] und in der Gouvernementalitäts-Forschung wird gefragt, worin das Fremdbestimmte an Appellen zur Selbstbestimmung besteht.[131]

Kondratowitz sieht in Bezug auf Anti-Aging einen Konflikt zwischen individuellen Präferenzen und gesamtgesellschaftlichen Erwartungen. Er befürchtet, dass Anti-Aging zu einem „Ethos für eine dauerhafte, rastlose und letztlich niemals abgeschlossene Selbstauseinandersetzung mit der eigenen Lebensführung"[132] mutieren könnte. Denn aufgrund der umfassenden biomedizinwissenschaftlichen Legitimierung dieses Standards der Lebensführung gäbe es *keinerlei Legitimation mehr, Verhaltensänderungen begründet zu verweigern*. Kondratowitz sieht also die Autonomie der Menschen in Bezug auf die Wahl ihrer Lebensstile und der Gestaltung ihres Alter(n)s gefährdet und damit auch die gleichberechtigte Diversität von Lebensformen.

In den Eigenverantwortungsappellen der GSAAM lassen sich in diesem Sinne vier Aspekte des Fremdbestimmten ausmachen, die in enger Verbindung zu sozialgerontologischen Bedenken bezüglich der Beschneidung der autonomen Deutung des Alter(n)s stehen (siehe Diskussion, Kapitel 3.2.3). Lebensstile oder Gestaltungsweisen des Alter(n)s, die vom Konzept der GSAAM abweichen, werden dadurch zwar nicht gänzlich delegitimiert. Dennoch wird *neuer Legitimationsbedarf geschaffen und die Legitimation teilweise auch erschwert*:

Erstens ist festzuhalten, dass der Lebensstil, den man eigenverantwortlich führen soll, nicht aufoktroyiert, sondern durchaus selbst gewählt ist. Eine „völlige Wahl- und Gestaltungsfreiheit in Fragen der eigenen Lebensführung,"[133] wie Eichinger sie beschreibt, besteht jedoch nicht. Denn die Entscheidung, ob und wie die Lebensführung geändert werden muss, wird von den behandelnden MedizinerInnen getroffen. Auch die Personalisierung der Behandlung durch individuelle Risikoprofile ändert dies nicht prinzipiell. Das eigenverantwortliche Management gesundheitlicher Alterungsrisiken ist also *selbst gewählt, aber „fremdnormiert"*.

---

130 Schmidt et al. 2007: *Gesundheit fördern – oder fordern?* S. 12.
131 vgl. Lemke 2007: *Gouvernementalität & Biopolitik*, S. 186.
132 von Kondratowitz 2003: *AA*, S. 158.
133 Eichinger 2011: *AA als Medizin?* S. 149.

Zweitens *steigt insgesamt der Bedarf, die eigene Lebensführung zu legitimieren*, weil gesundheitliche Alterungsrisiken durch die Risikotestung genauer als bisher sichtbar gemacht werden können. Dies beschreiben viele GSAAM-MedizinerInnen als einen zentralen Nutzen der Fundierung einer Behandlung durch die Ermittlung individueller Risikoprofile (siehe Teil 3, Kapitel 3.4.3). *Der Legitimierungsbedarf wird zudem auch im Lebensverlauf zeitlich ausgedehnt*. Denn zum einen sind schlechte Alterungsverläufe im Konzept der GSAAM bereits in jüngeren Jahren präsymptomatisch prognostizierbar. Zum anderen ist das Risikomanagement, da es auf die Vermeidung zukünftiger Übel gerichtet ist, prinzipiell nicht abschließbar (siehe Teil 3, Kapitel 3.1.1). Insbesondere diese zeitliche „Entgrenzung"[134] der Notwendigkeit des Risikomanagements über den Lebenslauf wird als Autonomiebeschneidung problematisiert.

Drittens ist die *Entscheidung des Einzelnen* für oder gegen den „fremdnormierten" Lebensstil in zweierlei Hinsicht *normativ aufgeladen*. Kondratowitz argumentiert, dass die Gestaltungsanforderungen schwer abzuweisen sind, weil sie biomedizinisch begründet werden. Denn der Biomedizin kommt – aus sozialgerontologischer Perspektive zu Unrecht (siehe auch Diskussion, Kapitel 3.2.4) – die größte Deutungs- und Gestaltungsmacht über den Alterungsprozess zu. Die GSAAM untermauert ihre Gestaltungsanforderungen zudem mit Verweis auf die demografische Krise der Gesellschaft. Das eigenverantwortliche Management gesundheitlicher Alterungsrisiken wird in diesem Zusammenhang auch als eine staatsbürgerliche Pflicht an den Einzelnen herangetragen. Auch dies *erschwert die Abweisbarkeit der Gestaltungsanforderung*. Vor diesem Hintergrund wird in der gesundheitswissenschaftlichen Diskussion kritisiert, dass die Gesundheits*förderung* im aktivierenden Sozialstaat zur Gesundheits*forderung* gerät.[135]

Der vierte Aspekt des Fremdbestimmten in den Selbstbestimmungsappellen der GSAAM ist anders gelagert als die ersten drei. Hier wird nicht die Möglichkeit autonomer Gestaltung eingeschränkt, sondern *bestehende Fremdbestimmungen dethematisiert*. Wie bereits diskutiert, wird die Lebensführung des Einzelnen im Umfeld der GSAAM häufig als eine gänzlich autonome Entscheidung dargestellt (siehe Diskussion, Kapitel 4.2.1). Demnach ist jeder seines Glückes Schmied und es ist eines jeden freie Entscheidung, eigenverantwortliches Management gesundheitlicher Alterungsrisiken zu betreiben oder nicht. Dass die Lebensführung zum Teil auch sozioökonomisch bedingt ist und auch die Ressourcen für die autonome Wahl von Lebensstilen ungleich verteilt sind, wird nicht thematisiert. Vor diesem Hintergrund sind Maßnahmen zur Verringerung von Chancenungleichheiten aus sozialgerontologischer Perspektive immer auch Maßnahmen zur Förderung der Autonomie.

---

134 vgl. Eichinger 2011: *AA als Medizin?* S. 128 f. und 139 f.
135 Schmidt et al. 2007: *Gesundheit fördern – oder fordern?* S. 12.

Zusammenfassung

Die Anti-Aging-Medizin in Deutschland ist angetreten, um Anti-Aging als seriöse Präventivmedizin neu zu begründen. Über diese Neubegründung liegen nur wenige, konträre Thesen vor. Ausgangspunkt der Untersuchung ist deshalb die Frage: Wie wird Anti-Aging neu begründet und wie ist dies zu bewerten?

Ein systematisch kontextualisierter Begriff von Anti-Aging

Ausgangspunkt der Untersuchung ist keine im Vorhinein bestimmte Definition von Anti-Aging, sondern das Vorhaben, systematisch zu erarbeiten, was im Umfeld der einschlägigen medizinischen Fachgesellschaft – der Deutschen Gesellschaft für Prävention und Anti-Aging Medizin e. V. (kurz: GSAAM) – unter Anti-Aging verstanden wird. Denn mit dem Schlagwort Anti-Aging verbinden sich recht unterschiedliche Konzepte und Methoden der Gestaltung des Alter(n)s. Der Umgang mit dieser „komplizierten Kartografie" des Anti-Agings ist sowohl für die Anti-Aging-Kritik als auch für AkteurInnen im Feld von zentraler Bedeutung. Systematisierungen des heterogenen Anti-Aging-Feldes sind dabei wichtige Orientierungspunkte. Sie bilden jedoch die ambivalenten Grenzziehungen innerhalb des Feldes und dessen schnelle Entwicklungen häufig nicht ab. Ein *systematisch an einen sozialen Kontext rückgebundener Anti-Aging-Begriff* ist deshalb die Voraussetzung dafür, dass eine Kritik das Feld auch tatsächlich betrifft.

Das methodische Vorgehen im Forschungsstil Grounded Theory

Zur empirischen Fundierung der Kritik wird der Anti-Aging-Begriff im Umfeld der GSAAM im Forschungsstil Grounded Theory (Strauss/Corbin) erarbeitet. Denn dieses stark kontextorientierte, iterativ zyklische Vorgehen gewährleistet konzeptuell repräsentative Ergebnisse über das wenig beforschte und in schneller Entwicklung befindliche Untersuchungsfeld. Ausgangspunkt der Datenerhebung waren wiederholte Zyklen *teilnehmender Beobachtung von Anti-Aging-Medizinkonferenzen* und anderen Anti-Aging-Veranstaltungen. Im Zeitraum von 2004 bis 2011 wurden 14 solcher meist mehrtägigen Veranstaltungen in Deutschland (12), Österreich (1) und Frankreich (1) teilnehmend beobachtet.

Die teilnehmenden Beobachtungen wurden in *Feldnotizen* dokumentiert. Zudem waren sie Ausgangspunkt für *formelle Interviews und informelle Einzel- und Gruppengespräche* mit insgesamt 46 BesucherInnen dieser Veranstaltungen. *Veröffentlichungen* wortführender GSAAM-MedizinerInnen wurden zusammengetragen sowie verschiedene *Dokumente* (z. B. Curricula von Weiterbildungsangeboten oder Produktbeschreibungen). Die mehrstufige Kodierung des empirischen Materials zur Entwicklung der Hauptkategorien wurde mithilfe der Software Atlas.ti durchgeführt. Eine Liste der untersuchten empirischen Materialien findet sich auf S. 423 ff.

Ein wissenssoziologischer Problemzugriff und seine ethische Erweiterung

Schon seit Längerem lässt sich auch im deutschsprachigen Raum nicht mehr begründet von einer mangelnden wissenschaftlichen Bearbeitung des Themas Anti-Aging sprechen. U. a. finden sich medizinische und naturwissenschaftliche Arbeiten, in denen Anti-Aging primär als ein Problem mangelnder Evidenz verstanden wird. In ethischen Untersuchungen wird häufig die Wünschbarkeit radikaler Ziele des Anti-Agings beurteilt. Weniger bekannt sind sozialwissenschaftliche Arbeiten, deren AutorInnen soziale Kontingenzen des Phänomens Anti-Aging problematisieren. Betrachtet man diesen multidisziplinären Problemhorizont, fällt u. a. auf, dass sich *kaum Bezugnahmen zwischen ethischen und sozialwissenschaftlichen Arbeiten* finden. Dies hängt u. a. damit zusammen, dass sich ethische und sozialwissenschaftliche Problemzugriffe in ihren Praktiken der Beschreibung und Bewertung fundamental unterscheiden. Dabei können sozialwissenschaftliche und ethische Untersuchungen aufgrund der Unterschiedlichkeit ihrer Problemzugriffe in wichtigen Punkten voneinander profitieren:

Ein Beitrag, um welchen sozialwissenschaftliche Untersuchungen die ethische Anti-Aging-Diskussion bereichern können, liegt in der systematischen Verortung von *Anti-Aging-Wissen zwischen Natur und Kultur*. Denn in der ethischen Diskussion werden medizinische und naturwissenschaftliche Deutungen des Alter(n) eher unter dem Blickwinkel der Evidenz als der sozialen Kontingenz betrachtet und damit ein Stück weit als außerdiskursive Tatsachen vorausgesetzt. Im Umfeld der kritischen und foucaultschen Gerontologie sind eine Reihe von Untersuchungen entstanden, in denen jedoch empirisch gezeigt wird, welche sozialen Kontingenzen das Anti-Aging-Wissen – wie jedes andere Wissen auch – aufweist. Die Wissensproduktion ist auch von Diskursen,

Interessen und sozialpolitischen Kontexten geprägt. Vor diesem Hintergrund wird *Anti-Aging* auch in der vorliegenden Untersuchung als eine *Wissensform* problematisiert.

Ein Beitrag, um welchen ethische Untersuchungen die sozialwissenschaftliche Anti-Aging-Diskussion bereichern können, liegt in der Reflexion der Verortung der *Anti-Aging-Kritik zwischen Beschreibung und Bewertung*. Denn betrachtet man ethische Kritiken sozialwissenschaftlicher Bewertungspraktiken wird u. a. deutlich, dass in sozialwissenschaftlichen Untersuchungen Bewertungen und deren normative Bezugspunkte häufig latent bleiben. Zur konzeptuellen Schärfung der Kritik ist deshalb eine Explikation der Bewertungspraktiken wichtig. Eingehender als in sozialwissenschaftlichen Untersuchungen üblich wird darum diskutiert, *was an der beobachteten Wissensform aus welchen Gründen problematisch ist*. Ziel der Untersuchung ist eine empirisch fundierte und konzeptuell geschärfte Reformulierung der Kritik an Anti-Aging-Medizin in Deutschland.

Die Fragestellung

Wie wurde Anti-Aging in Deutschland neu begründet? Wie ist diese Neubegründung zu bewerten? Zur Beantwortung dieser Ausgangsfragen wird das *Wissen über Alter(n)*, das im Untersuchungszeitraum (2004–2011) im Umfeld der GSAAM handlungsleitend war, wie folgt untersucht:

Die Alter(n)skonzepte werden zum einen auf ihre *sozialen Kontingenzen* hin untersucht. Es wird herausgearbeitet, wie und warum sich das Wissen über Alter(n) im Umfeld der GSAAM im Zeitverlauf verändert hat und wie es sich von den Wissensbeständen in anderen Anti-Aging Kontexten unterscheidet. Das handlungsleitende Wissen wird auch mit gegenläufigen Darstellungen kontrastiert, die sich in an weniger prominenten Stellen im untersuchten empirischen Material finden. So wird das im Umfeld der GSAAM vorhandene, aber bisher kaum genutzte kritische Potential herausgearbeitet. Zur Kontrastierung der Befunde werden auch sozialgerontologische Konzepte des Alterns herangezogen.

Zum anderen wird die *normative Strukturiertheit des Anti-Aging-Wissens* systematisch in den Blick genommen. Inspiriert von einem Modell ethischer Urteilsbildung werden drei Arten von Wissen über Alter(n) unterschieden: Darstellungen der Wirklichkeit des Alter(n)s, Vorstellungen guten Alter(n)s und Wissen über die Gestaltung des Alter(n)s. Denn die Urteile darüber, wie das Altern zu gestalten ist, begründen sich im Zusammenspiel von deskriptiven Prämissen (Was ist Alter(n)?) und präskriptiven Prämissen (Was ist gutes Alter(n)?).

Die Diskussion der Befunde über das Anti-Aging-Wissen wird um eine *Diskussion der Frage erweitert, was daran problematisch ist*. Diese Kritik wird aus Argumenten der kritisch gerontologischen Forschung über Anti-Aging entwickelt. Die dort hervorgebrachten Kritikpunkte werden systematisch zusammengetragen und ihre häufig latenten normativen Bezugspunkte expliziert. So wird nicht nur deutlich, was aus sozialgerontologischer Perspektive problematisch ist, sondern auch in welchen Wertvorstellungen und Menschenbildern sich die Kritik begründet.

Ergebnisse der Untersuchung

Wie lässt sich die Kritik an der Anti-Aging-Medizin in Deutschland also reformulieren? In sechs Fazits wird zusammengefasst, auf welche Weise die Anti-Aging-Medizin in Deutschland neu begründet wurde und was daran problematisch ist:

Fazit 1: Der untersuchte Anti-Aging-Kontext

Anti-Aging im Umfeld der Deutschen Gesellschaft für Prävention und Anti-Aging Medizin e. V. (GSAAM) ist ein bisher wenig diskutierter Kontext des heterogenen Anti-Aging-Feldes. Er unterscheidet sich sowohl im Hinblick auf seine Handlungsstrukturen als auch auf sein Anti-Aging-Konzept von der viel diskutierten American Academy of Anti-Aging Medicine (A4M) und der SENS Foundation von Aubrey de Grey. Bei der medizinischen Fachgesellschaft GSAAM handelt es sich weder um eine soziale Bewegung noch um eine „Kommandozentrale" des Anti-Aging-Booms, sondern um einen *ärztlich-unternehmerischen Interessenverbund,* der zu einem Dienstleistergefüge ausdifferenziert wurde. Dieser konnte v. a. durch Weiterbildungsangebote für MedizinerInnen, Konferenzen und Publikationen die Anti-Aging-Medizin in Deutschland etablieren und wirkte auch auf europäischer Ebene bei der Etablierung der Disziplin federführend mit.

Um das Jahr 2005 begann die GSAAM einen Emanzipationsprozess von ihrer US-amerikanischen Muttergesellschaft A4M zu durchlaufen. Dieser kulminierte in einem Bruch mit den US-amerikanischen BegründerInnen der Anti-Aging-Medizin und einem damit verbundenen *Strategiewechsel:* Um sich von dem negativen Image des Anti-Agings zu befreien, begann die GSAAM, die Anti-Aging-Medizin als seriöse Präventionsmedizin neu zu begründen. Dabei schloss sie mit mehr politischem Fingerspitzengefühl als ihre US-amerikanischen KollegInnen an bestehende Diskussionen und Strukturen an. Sie richtete z. B. einen Masterstudiengang Präventionsmedizin an der Dresden International University (DIU) ein.

Fazit 2: Das Behandlungskonzept der deutschen Anti-Aging-Medizin

Wortführende GSAAM-MedizinerInnen formulieren den Anspruch, den medizinischen Umgang mit dem Alter(n) durch jüngste Fortschritte der biologischen Alterungsforschung (Biogerontologie) zu erneuern. Im Gegensatz zur SENS Foundation basiert ihr Behandlungskonzept jedoch auf einer eher praxisgeleiteten und strategischen Akzentverschiebung ihres Alterungsverständnisses: Die Alterung wird u. a. in Abgrenzung zur A4M nicht mehr tendenziell als (Meta)Krankheit, sondern als *Haupterkrankungsrisiko* definiert. Entsprechend schlägt die GSAAM gegen schulmedizinische Heilungsansätze die Prävention als besseres Prinzip der Gestaltung des Alterns vor. Dennoch halten wortführende GSAAM-MedizinerInnen an der umstrittenen Selbstbezeichnung Anti-Aging fest, u. a., weil sie perspektivisch mit biogerontologischen Innovationen auch über Prävention hinauszielen.

Für die medizinische Praxis wird ein individuelles Management gesundheitlicher Alterungsrisiken vorgeschlagen, das sieben herkömmliche Behandlungsansätze umfasst: Lebensstil, ausgewogene Ernährung, Bewegung, Supplementierung, Hormonersatztherapie, mentale Balance und ästhetisches Anti-Aging. Diese Behandlungsansätze werden im Vergleich zur A4M näher am schulmedizinischen Konsens ausbuchstabiert. Das innovative Moment des Behandlungskonzepts besteht v. a. darin, dass die Entscheidung, wie diese herkömmlichen Ansätze an den Behandelten zum Einsatz kommen, *durch die Vorschaltung einer neuen Risikodiagnostik personalisiert und damit optimiert* werden soll:

Die Idee ist, am besten noch vor dem Auftreten von Alterungssymptomen die gesundheitlichen Alterungsrisiken eines Menschen zu kalkulieren. Dafür wird ein neuer Diagnoseraum zwischen Krankheit und Gesundheit eröffnet. Unterschiedliche, teilweise im Umfeld der GSAAM entwickelte Risikodiagnostikverfahren werden hierfür angeboten: z. B. umfangreiche Blutuntersuchungen, Urintests und insb. prädiktive Gentests zur Ermittlung der Suszeptibilität für altersassoziierte Erkrankungen. Anhand der ermittelten Risiken wird entschieden, welche der herkömmlichen Behandlungsarten bei der Testperson personalisiert zum Einsatz kommen sollen. Die Risikotestung und die daran anschließende Beratung und Behandlung werden überwiegend als selbstzuzahlende, individuelle Gesundheitsleistungen (IGeL) angeboten.

Fazit 3: Die Evidenz des Präventionskonzepts
Bezüglich der medizinischen und naturwissenschaftlichen Evidenz des Behandlungskonzepts der GSAAM liegen konträre Thesen vor. Die Frage, ob es weitgehend dem Stand geriatrischer Forschung entspricht oder aber unfundiert ist, lässt sich sozialwissenschaftlich nicht beantworten, aber in zweierlei Hinsicht differenzieren: *Erstens* kann die Evidenzfrage nicht einfach mit Ja oder Nein beantwortet werden. Denn die *Evidenzprüfung ist aus mehreren Gründen schwieriger als häufig angenommen*. So können die zahlreichen Test- und Behandlungsmethoden der GSAAM nicht pauschal beurteilt werden, sondern müssten einzeln geprüft werden. Ein spezifisches Evidenzproblem der Prävention besteht zudem darin, dass Langzeiteffekte insb. von Lebensstilmaßnahmen nur aufwendig zu untersuchen sind. Auch müssen zwei Dimensionen der Evidenz unterschieden werden: der Nachweis von Wirkungen im Körper und der Nachweis der Wirksamkeit im Hinblick auf das Behandlungsziel. Diese können wiederum an unterschiedlichen Kriterien gemessen werden. Vor diesem Hintergrund lässt sich die Frage, ob das Konzept der GSAAM evident ist, um die Frage erweitern, inwiefern diese Schwierigkeiten der Evidenzprüfung in der *Kommunikation von Evidenzansprüchen gegenüber LaiInnen* einen Widerhall finden.

Zweitens kann konkretisiert werden, welches die Evidenzansprüche der GSAAM sind, zu denen medizinischer und naturwissenschaftlicher Diskussionsbedarf besteht. In Aussicht gestellt wird nicht, dass gesundheitliche Alterungsrisiken gänzlich ausgeräumt werden. Der Anspruch der GSAAM ist jedoch, *gesundheitliche Alterungsrisiken besser kalkulierbar und kontrollierbar* zu machen als bisher. In Bezug auf prädiktive Gentests zur Ermittlung altersbezogener Erkrankungsrisiken entstand aus sozialwissenschaftlicher Perspektive der Eindruck, dass dies fraglich ist. Denn in molekularbiologischen Alterungstheorien, die GSAAM-MedizinerInnen zur Begründung dieser genetischen Testungen anführen, werden multifaktorielle Krankheitsursachen auf genetische Faktoren reduziert. Die komplexen genetischen Faktoren der Alterung werden zudem auf einzelne Single Nucleotide Polymorphismus (SNPs) enggeführt. U. a. vor diesem Hintergrund ist fraglich, ob gesundheitliche Alterungsrisiken durch die Ermittlung dieser genetischen Polymorphismen präziser kalkulierbar sind als bisher. Auch wenn nicht zufriedenstellend geklärt wird, wie Gene und Umwelt interagieren, wird die systematische Behandlung umweltbezogener Alterungsfaktoren zum Management genetischer Risiken empfohlen. Die komplexen Umwelteinflüsse auf Alterungsprozesse werden dabei auf Lebensstilentscheidungen des Einzelnen reduziert. Deshalb ist auch fraglich, ob die gesundheitlichen Alterungsrisiken besser kontrollierbar werden als bisher.

Insgesamt *steht im Umfeld der GSAAM eine Kontroverse über die Evidenz ihrer Risikodiagnostik in zweierlei Hinsicht aus:* Zum einen wird auch im Umfeld der GSAAM Kritik an (genetischen) Testverfahren geäußert. Im untersuchten Material finden sich jedoch keine Hinweise darauf, dass diese innerhalb der Organisation aufgegriffen wird. Zum anderen stellt sich die GSAAM durchaus der Diskussion mit der medizinischen Fachöffentlichkeit, z. B. mit ihrem Artikel im Deutschen Ärzteblatt.[1] (Genetische) Risikotestverfahren fanden in diesem Artikel aber nur am Rande Erwähnung. Im Mittelpunkt stand u. a. die erweiterte Hormonersatztherapie, über die sich im Ärzteblatt auch eine Kontroverse entspann.

Fazit 4: Die Ziele der deutschen Anti-Aging-Medizin

Anti-Aging im Umfeld der GSAAM zielt weder gegenwärtig noch perspektivisch oder praktisch auf Verjüngung, eine substanzielle Verlängerung der Lebensspanne oder Unsterblichkeit. Nicht die Quantität, sondern die *Qualität des Lebens im Alter* soll gesteigert werden. Lebensqualität wird dabei als Krankheitsfreiheit und körperliche und kognitive Funktionsfähigkeit verstanden und als Voraussetzungen für Selbstverwirklichung im Alter erachtet. Das Ziel ist also nicht, die Alterung oder gar den Tod abzuschaffen. Auch ästhetische Ziele spielen im Vergleich zu anderen Anti-Aging-Kontexten eine untergeordnete Rolle. Das *Alter(n) soll vielmehr von Krankheit und Funktionsverlusten befreit* werden. „Altern ja – aber gesundes Altern" ist die Devise. Dabei besteht kein Konsens darüber, ob dies mit einer moderaten Verlängerung der Lebenserwartung

---

1 siehe Kleine-Gunk 2007: *AAM. Hoffnung oder Humbug?*

einhergehen sollte oder nicht. Die deutsche Anti-Aging-Medizin ist also kein Verjüngungs- und Unsterblichkeitsprojekt. Dies bedeutet jedoch nicht, dass es sich im Umkehrschluss um unproblematisches Pro-Aging handelt. Denn aus sozialgerontologischer Perspektive ist problematisch, wie das Ziel „gesundes Altern" begründet, ausbuchstabiert und ausgehandelt ist:

Dass die Lebensqualität im Alter überhaupt zu steigern ist, wird *erstens* über tendenziöse und teilweise auch als Drohkulisse inszenierte *Darstellungen der Wirklichkeit des Alter(n)s* begründet. Die Berichterstattung im Umfeld der GSAAM über die individuellen Leiden und gesellschaftlichen Kosten des Alter(n)s weist klare Merkmale einer *negativen Stereotypisierung des Alter(n)s* auf. Dies ist nicht nur problematisch, weil es sozialwissenschaftlichen Befunden widerspricht, in denen die Heterogenität der individuellen und gesellschaftlichen Wirklichkeit des Alter(n)s deutlich wird. Zudem werden aus dieser Heterogenität vor allem negative und medizinische Aspekte des Alter(n)s herausgegriffen. Diese Verkürzungen widersprechen zwei normativen Bezugspunkten der Sozialgerontologie: der gleichwertigen und gleichberechtigten Diversität von Lebensformen und der Multidimensionalität des Alter(n)s. Die Berichterstattung über das Alter(n) ist deshalb tendenziell *altersdiskriminierend und reduktionistisch.*

Die Zielformulierung der GSAAM ist *zweitens* von einer problematischen *Vorstellung guten Alter(n)s* getragen. Lebensqualität, Gesundheit, Funktionsfähigkeit und Selbstverwirklichung im Alter sind auch sozialgerontologische Kriterien guten Alter(n)s. Aufgrund der erwähnten normativen Bezugspunkte werden diese jedoch diverser und multidimensionaler ausbuchstabiert. Problematisch ist deshalb, dass in der Vorstellung guten Alter(n)s der GSAAM und damit auch in ihrem Gestaltungsziel *zentrale Aspekte und Erfahrungen des Menschseins ausgeblendet* sind:

Dies sind zum einen *psychische, soziale und gesellschaftliche Aspekte* von Lebensqualität, Gesundheit, Funktionsfähigkeit und Selbstverwirklichung im Alter. Ihre Nichtberücksichtigung läuft sozialwissenschaftlichen Befunden über Lebensqualität im Alter sowie dem normativen Bezugspunkt der Mehrdimensionalität menschlichen Lebens zuwider. Der Begriff von Lebensqualität ist vor diesem Hintergrund *unwissenschaftlich und reduktionistisch.* Reduziert man gutes Alter(n) auf körperliche Gesundheit und Funktionsfähigkeit, hat dies zudem zur Folge, dass Krankheit im Alter per se schlechtes Alter(n) ist. In der vielschichtigeren sozialgerontologischen Konzeption lässt sich hingegen durchaus auch bei Krankheit im Alter(n) Lebensqualität realisieren.

Denn zum anderen werden auch *Schwächen des Alter(n)s aus der Vorstellung guten Alter(n)s ausgeblendet,* obwohl diese bisher faktisch Bestandteil der Altersphase sind. So fehlen Vorstellungen darüber, was gutes Alter(n) z. B. unter den Bedingungen von Krankheit, Gebrechlichkeit und Sterben sein kann. Stattdessen werden bürgerliche Leistungsnormen jüngerer Lebensphasen als Kriterien guten Alter(n)s herangezogen. Durch diese Engführung des Alter(n)sideals haben *ältere Menschen weniger Chancen als Jüngere, den Kriterien guten Lebens zu genügen.* In dieser ungleichen Verteilung von Chancen auf gutes Leben besteht auch eine weitere Verschärfung der Abwertung von

Schwächen des Alter(n)s. Im Sinne der gleichberechtigten Diversität von Lebensformen ist jedoch eine Chancengleichheit auf gutes Leben geboten, welche durch diversere und multidimensionalere Ideale und Ziele der Gestaltung des Alter(n)s eher gewährleistet werden kann. Entsprechend ist gesundes Alter(n) aus sozialgerontologischer Perspektive nur eines von mehreren Zielen der Gestaltung des Alter(n)s und ist zudem mehrdimensionaler konzipiert.

Ein weiteres Gerechtigkeitsproblem der Zielformulierung besteht *drittens* darin, dass Ziele der Gestaltung des Alter(n)s *demokratisch ausgehandelt und nicht von medizinischer Seite gesetzt* werden sollten. Insbesondere sollte berücksichtigt werden, welche Vorstellungen guten Alter(n) und Ziele der Gestaltung des Alter(n)s ältere Menschen selbst haben.

Fazit 5: Bedeutungsverschiebungen der Kategorie Alter

Im Umfeld der GSAAM ist gegenwärtig keine Pathologisierung des Alter(n)s auszumachen. Weder der biologische Alterungsprozess noch körperliche Zeichen der Alterung werden als Krankheit verstanden. Die Bedeutung der Kategorie wird jedoch auf andere Weisen verschoben: Zur medizinischen Operationalisierung des Konzepts von Alterung als Haupterkrankungsrisiko wird ein neuer Diagnoseraum zwischen Gesundheit und Krankheit eröffnet. In diesem werden präsymptomatische Vorboten kranken Alterns definiert, die nicht als krankhaft, sondern als potenziell krankheitsassoziiert verstanden werden. Krankheit im Alter wird auf diese Weise weitergehend als bisher präsymptomatisch prognostizierbar und behandelbar gemacht. Es ist also eine *Präsymptomatisierung kranken Alterns* und damit eine *Medikalisierung gesundheitlicher Alterungsrisiken* auszumachen.

Auch eine Biologisierung des Alterns lässt sich nicht feststellen. Die Alterung wird nicht stärker als bisher auf biologische Faktoren reduziert. Im Gegenteil wird einer gesunden Lebensführung maßgeblicher Einfluss auf die Alterung beigemessen. Eine weitere Bedeutungsverschiebung besteht deshalb darin, dass die *Lebensführung eine Medikalisierung* erfährt. Denn das Behandlungskonzept der GSAAM besteht weniger in weiterreichenden medizinischen Eingriffen in Alterungsprozesse, sondern in medizinischen Dienstleistungen zur Optimierung des eigenverantwortlichen Managements gesundheitlicher Alterungsrisiken. Die individuelle Lebensführung wird dabei stärker als bisher im Hinblick auf gesundheitliche Alterungsrisiken gedeutet und entsprechend medizinisch normiert und unterstützt.

Diese drei Bedeutungsverschiebungen – die Präsymptomatisierung kranken Alterns und die Medikalisierung von Alterungsrisiken und von der Lebensführung – gehen mit einer Erweiterung der medizinischen Deutungs- und Gestaltungsmacht über die Alterung einher. Diese ist in vier Hinsichten problematisch:

Erstens ist zu prüfen, ob die Bedeutungsverschiebungen und die damit verbundene weiterreichende medizinische Zuständigkeit für das Alter(n) insofern gerechtfertigt sind, als *ausreichend medizinische und naturwissenschaftliche Evidenz* für sie vorliegt. Denn am Fallbeispiel prädiktive Gentests entstand – wie in Fazit 3 dargelegt – der Eindruck, dass fraglich ist, ob Alterungsverläufe präziser als bisher prognostizierbar sind und ob sie durch eine medizinisch optimierte Lebensführung besser kontrollierbar werden.

Die sozialgerontologische Skepsis gegenüber medikalisierenden Bedeutungsverschiebungen der Kategorie Alter geht jedoch weiter. Denn *zweitens* ist problematisch, dass die neuen Deutungen des Alter(n)s als objektiv verstanden werden. Nicht thematisiert wird jedoch, dass sie – wie jede Wissensproduktion – *auch im Zusammenhang mit gesellschaftlichen Diskursen und Interessen der Wissensproduzenten* stehen. Objektive Geltung kann aus dieser Perspektive prinzipiell nicht beanspruch werden. Zudem ist problematisch, auf welche Weisen die Wissensproduktion diskurs- und interessengeleitet ist:

Die diskursiven Anteile an den Bedeutungsverschiebungen im Umfeld der GSAAM liegen vergleichsweise offen zutage. Denn das zentrale Konzept von Alterung als Haupterkrankungsrisiko wird eher alltagsweltlich als naturwissenschaftlich begründet. Über diese alltagsweltlichen Deutungen des Alter(n)s finden *negative Stereotypisierungen des Alter(n)s und Abwertungen kranken Alter(n)s,* die für weite Teile der Thematisierung des Alterns charakteristisch sind, Eingang in die vorgeschlagenen Bedeutungsverschiebungen. Eines von mehreren Beispielen ist die Definition von Normalwerten für die Prognose individueller Alterungsverläufe, welche für die Präsymptomatisierung kranken Alter(n)s von zentraler Bedeutung ist. Hier ist eine nicht weiter begründete Präferenz für individuelle Referenzwerte aus dem mittleren Erwachsenenalter festzustellen. Sie korrespondiert mit der für den Altersdiskurs charakteristischen Idealisierung jüngerer Lebensphasen.

Im Umfeld der GSAAM wird offen besprochen, dass das auf den Bedeutungsverschiebungen basierende Dienstleistungskonzept *auch ökonomische und sozialpolitische Interessen vieler GSAAM-MedizinerInnen bedient.* So steht die Präsymptomatisierung kranken Alterns z. B. auch im Zusammenhang mit der Erschließung neuer KundInnensegmente für lukrative Selbstzahlerleistungen. Und die Medikalisierung der Lebensführung korrespondiert mit dem Votum wortführender GSAAM-MedizinerInnen für eine aktivierende Gesundheitspolitik und die Ökonomisierung der altersbezogenen Prävention und Gesundheitsförderung.

Problematisiert wird *drittens,* dass die Ausweitung der ohnehin großen biomedizinischen Deutungsmacht über das Altern die *Autonomie des Subjekts beschneidet.* Denn ein weiterer normativer Bezugspunkt der Sozialgerontologie ist, dass dem Einzelnen Spielräume bei der Deutung und Gestaltung des Alter(n)s bleiben sollten. So wird es mit den Bedeutungsverschiebungen im Umfeld der GSAAM für den Einzelnen schwieriger, seinen Körper und sein Verhalten anders als unter dem Blickwinkel gesundheitlicher Alterungsrisiken wahrzunehmen und zu bewerten. Durch die Präsymptomatisierung kranken Alterns wird diese Risikodeutung weiter als bisher auf den Lebensverlauf ausgeweitet und, da das Risikomanagement prinzipiell nicht abschließbar ist, auch verstetigt. Durch die Betonung der gesellschaftlichen Dimension des Risikos wird die ohnehin gewichtige biomedizinische Risikodeutung auch sozialethisch konnotiert und schwieriger abweisbar.

Viertens ist die mangelhafte inter- und innerdisziplinäre Aushandlung der Bedeutungsverschiebungen problematisch. *Andere mit dem Alter befasste Disziplinen werden nicht in die Bedeutungsaushandlung einbezogen.* Entsprechend gehen psychische und soziale Dimensionen des Alterns nicht systematisch in die Wissensproduktion ein. Zudem werden *im Umfeld der GSAAM Bedeutungen des Alter(n)s kaum ausgehandelt,* sondern oft von wortführenden GSAAM-MedizinerInnen gesetzt. Diese greifen die vereinzelte Kritik aus eigenen Reihen nicht systematisch auf. Nicht-wortführende GSAAM-MedizinerInnen zeigen hingegen oft große Toleranz gegenüber Deutungsansprüchen wortführender GSAAM-MedizinerInnen, mit denen sie nicht übereinstimmen.

Fazit 6: Die Neujustierung der Verantwortung für gesundes Altern

Im Umfeld der GSAAM wird die schlechte Wirklichkeit des Alter(n)s nicht primär als ein Problem ärztlicher Heilkunst (A4M) oder biomedizinischer Ingenieurskunst (SENS Foundation) verstanden. Vielmehr wird ein *doppeltes Verantwortungsproblem* ausgemacht: Zum einen wird die individuelle Verschuldung schlechter Alterungsverläufe durch verantwortungslose Lebensführung problematisiert, wohingegen A4M und SENS Foundation eher die individuelle Erduldung der Leiden des Alterns als Problem ausmachen. Zum anderen wird kritisiert, dass der Sozialstaat uneinlösbare Vollversorgungsversprechen für Gesundheitsversorgung im Alter gibt und keine Verantwortung für die Einführung von Prävention als vierte Säule des Gesundheitswesens übernimmt. Deshalb schlagen wortführende GSAAM-MedizinerInnen eine *Neujustierung der Verantwortlichkeiten zwischen Individuum und Sozialstaat* vor:

Der *Eigenverantwortung für das Management gesundheitlicher Alterungsrisiken* wird eine Schlüsselrolle bei der Vermeidung individueller Leiden und gesellschaftlicher Kosten des Alter(n)s zugesprochen. Eigenverantwortung wird dabei häufig als einzige Alternative zum umlagefinanzierten Gesundheitssystem dargestellt, als Selbstzahlermedizin verstanden und auch tendenziell als eine staatsbürgerliche Pflicht formuliert. Begründet wird dieses Verantwortungskonzept häufig damit, dass Eigenverantwortung (angesichts des demografischen Wandels) eine *gerechtere Form intergenerationeller Solidarität* ist: Um die bisher solidarisch finanzierten, altersbezogenen Gesundheitskosten zu reduzieren, sollte jeder und jede noch bevor Gesundheitskosten entstehen für das Management der eigenen gesundheitlichen Alterungsrisiken aufkommen. Um eine gänzliche Privatisierung handelt es sich also nicht. Dem Sozialstaat kommt dabei die Verantwortung zu, seine BürgerInnen zu gesundheitlicher Eigenverantwortung zu aktivieren. Zudem sollte durch die Deregulierung des Gesundheitsmarkts der Aufbau einer marktwirtschaftlichen Infrastruktur für medizinische Dienstleistungen gefördert werden, die den Einzelnen bei der Erfüllung seiner Eigenverantwortung unterstützen.

Diese Neujustierung der Verantwortung für gesundes Altern ist *erstens* problematisch, weil der Einfluss der individuellen Lebensführung auf den Alterungsverlauf sehr stark betont wird, während die zahlreichen anderen Alterungsfaktoren kaum Berücksichtigung finden. Das multidimensionale Phänomen der *Alterung wird so als ein Problem individueller Inaktivität und Verantwortungslosigkeit umgedeutet*. Die zur Begründung für mehr Eigenverantwortung angeführte These, dass der Einzelne durch schlechte Lebensführung Krankheit im Alter mit verschuldet, ist heikel. Denn retrospektive Eigenverantwortung für einen schlechten Alterungsverlauf könnte nur dann gerechtfertigt zugeschrieben werden, wenn sich eindeutig nachweisen ließe, dass dieser durch schlechte Lebensführung kausal verursacht wurde.

Prospektive Eigenverantwortung für Lebensführung und selbstzuzahlende Präventionsmaßnahmen lässt sich hingegen nur dann gerechtfertigt zuschreiben, wenn der geforderte Lebensstil das Ergebnis einer autonomen Entscheidung ist. Die *strukturelle Ungleichverteilung von Ressourcen für eigenverantwortliche Lebensführung* – von finanziellen Mitteln über Wissen bis hin zu Netzwerken – wird im Umfeld der GSAAM jedoch nicht thematisiert. Entsprechende selbstkritische Stimmen im Umfeld der GSAAM und gesundheitswissenschaftliche Diskussionen finden im Konzept der GSAAM keine Berücksichtigung. Eigenverantwortung wird so zu einer autonomen Entscheidung stilisiert. Das eigenverantwortliche Management gesundheitlicher Alterungsrisiken ist deshalb *zweitens kein gerechteres Konzept intergenerationeller Solidarität*. Es benachteiligt sozio-ökonomisch schwächer gestellte und präventionsferne Bevölkerungsschichten. Die Autonomie der Entscheidung für Eigenverantwortlichkeit ist zudem dadurch gefährdet, dass in der Behandlungssituation mitunter Ängste vor schlechten Alterungsverläufen mobilisiert werden, um Menschen zu Eigenverantwortung zu aktivieren.

Aus sozialgerontologischer Perspektive sollte eine Stärkung gesundheitlicher Eigenverantwortung deshalb mit Maßnahmen zum Ausgleich dieser Chancenungleichheiten einhergehen. Darin wird die zentrale Aufgabe des Wohlfahrtsstaats gesehen und nicht primar in der Aktivierung seiner BürgerInnen und der Liberalisierung des Gesundheitsmarktes. Problematisch ist also, dass der Wohlfahrtsstaat aus seiner ohnehin nicht eingelösten präventionsbezogenen Verantwortung entlassen wird, während *dem Einzelnen schlecht begründete Präventionspflichten auferlegt* werden. Zudem wird damit die Frage aufgeworfen, ob ein Recht auf Gesundheitsversorgung im Alter dem Einzelnen weiterhin unabhängig von seinem Gesundheitsverhalten zugesprochen werden soll.

Drittens ist problematisch, dass die Stärkung finanzieller Eigenverantwortung mit einer *dreifachen Ökonomisierung* einhergeht. In der *Arzt-Patient-Interaktion* treten neben medizinischen Behandlungskriterien die ungleich verteilten ökonomischen Ressourcen der KundInnen und die ökonomischen Interessen der MedizinerInnen stärker zutage. *Gesundheit im Alter wird umfassender als bisher als eine Ware verstanden*, wodurch die Ungleichverteilung von ökonomischen und gesundheitlichen Ressourcen im Alter (re)produziert wird. Der Wert dieser Ware soll weniger zwischen Institutionen des Gesundheitswesens politisch verhandelt, sondern über Angebot und Nachfrage des Selbstzahlermarktes bestimmt werden. Den KundInnen in der ärztlichen Beratungssituation kommt dabei eine schwächere Verhandlungsposition zu als den VerhandlungspartnerInnen im Gesundheitswesen. Auch lassen sich *Einflüsse des kapitalistischen Leistungsideals auf die Vorstellung guten Alter(n)s* feststellen. Dies benachteiligt ältere Menschen, die über weniger Leistungsfähigkeit verfügen als Jüngere. Zudem sollte dem Menschen *an sich* ein Wert zukommen, und nicht in Abhängigkeit von seiner Leistungsfähigkeit.

Viertens bestehen auch Bedenken im Hinblick auf die *Spielräume der Gestaltung des Altern(n)s*. Zwar entscheidet sich der Einzelne frei für die medizinisch normierte Gestaltungsweise des Alter(n)s. Aber zum einen *wächst die Notwendigkeit, sich zu entscheiden*. Denn durch die genauere Sichtbarmachung von Risiken steigt insgesamt der Bedarf, die eigene Lebensführung zu legitimieren. Durch die Präsymptomatisierung kranken Alterns wird der Legitimationsbedarf auch zeitlich auf jüngere Lebensphasen ausgeweitet. Und da das Risikomanagement auf die Vermeidung zukünftiger Übel zielt, endet der Legitimationsbedarf nie. Zum anderen werden *abweichende Entscheidungen erschwert*. Denn die vorgeschlagene Gestaltungsweise des Alter(n)s beansprucht biomedizinische Legitimität und ist angesichts der Dominanz biomedizinischer Altersbilder nur schwer abweisbar. Hinzu kommt, dass die Gestaltungsmöglichkeit auch als eine staatsbürgerliche Pflicht zur Lösung der demografischen Krise der Gesellschaft kommuniziert wird. Spielräume für die autonome Gestaltung des Alter(n)s werden andererseits jedoch auch überschätzt: Die Entscheidung für den medizinisch normierten Lebensstil wird – wie bereits erwähnt – als autonom stilisiert.

Schluss und Ausblick

Was ist angesichts dieser Bedenken zu tun? In der Anti-Aging-Kritik wird der Handlungsbedarf auf unterschiedlichen Ebenen angesiedelt: Im Kontext der (bio)gerontologischen Kampagnen gegen kommerzielle Anti-Aging-AnbieterInnen wird z. B. eine *stärkere Regulierung* gefordert. Unfundierte Anti-Aging-Behandlungen sollen durch staatliche Maßnahmen des Verbraucherschutzes und die Stärkung wissenschaftlicher und medizinischer Qualitätssicherungsmaßnahmen verhindert werden.[1] In Bezug auf (zukünftige) fundierte Anti-Aging-Behandlungen wird in der ethischen Diskussion der Handlungsbedarf hingegen häufig auf der Ebene der *Ausgestaltung der Anwendung* der Behandlung angesiedelt. So wird z. B. argumentiert, dass Gerechtigkeitsbedenken keine prinzipiellen Argumente gegen die Entwicklung evidenter Interventionen in biologische Alterungsprozesse sind, sondern Argumente für die Bekämpfung von Ungerechtigkeiten bei der Anwendung dieser Methoden.[2]

Die vorgelegte Reformulierung der Kritik an der Anti-Aging-Medizin in Deutschland zielt nicht auf die Formulierung handlungsleitender Urteile (siehe Teil 2, Kapitel 3.3). Dennoch wird an den aufgezeigten Problemen deutlich, auf welcher Ebene der Handlungsbedarf aus sozialgerontologischer Perspektive vor allem angesiedelt ist. Problemzugriffe auf Anti-Aging als Wissensform sind in erster Linie Plädoyers dafür, dass Anti-Aging *nicht ohne seine gesellschaftlichen Bedingungen* verstanden und entsprechend auch „behandelt" werden kann. Anti-Aging ist aus dieser Perspektive nicht nur ein medizinisches Partikularfeld, das bei Regelverstößen staatlich reguliert werden muss. Anti-Aging-Methoden sind auch keine neutralen Medizintechniken, die erst in ihrer Anwendung problematisch werden können und deren Anwendungsprobleme es entsprechend

---

1 vgl. z. B Mehlman et al. 2004: *AAM*.
2 vgl. z. B. Harris 2004: *Immortal ethics*, S. 530 und Post 2004: *Establishing an appropriate ethical framework*, S. 537.

sind, die gesellschaftlich bearbeitet werden müssen. Denn Anti-Aging-Methoden sind nicht ohne Weiteres z. B. von Gerechtigkeitsproblemen bei ihrer Anwendung zu trennen, weil Ungerechtigkeiten teilweise bereits in sie eingeschrieben sind.

Im Falle der deutschen Anti-Aging-Medizin wird deutlich, dass diese gesellschaftlichen Bedingungen des Anti-Agings nicht nur in negativen, stereotypen und medikalisierten Altersbildern bestehen, sondern auch in sozialpolitischen Kontexten.[3] Die deutsche Anti-Aging-Medizin konnte sich u. a. deshalb konfliktloser etablieren als die US-amerikanische Anti-Aging-Medizin, weil sie nicht nur an den demografischen Krisendiskurs, sondern auch *an bestehende alters- und präventionsbezogene Konzepte des aktivierenden Sozialstaats anknüpft und diese provokant zuspitzt.* Auch wenn die GSAAM bisher die Alterung in Deutschland nur zu einem geringen Maße mitgestaltet, besteht ihre biopolitische Bedeutung v. a. darin, dass sie sich als Vorreiterin bei der Konzeption und Umsetzung dieser sozialpolitischen Konzepte positioniert. Für die weitere Bearbeitung des Themas ist vor diesem Hintergrund wichtig, die Entwicklung der altersbezogenen Präventionspolitik und der auch damit verwobenen gerontologischen Aktivierungsansätze kritisch weiter zu verfolgen.

Sozialwissenschaftliche Kritik an Anti-Aging ist also auch Kritik an den gesellschaftlichen Bedingungen, die Anti-Aging anschlussfähig machen. Handlungsbedarf wird deshalb nicht nur in Bezug auf die Regulierung unfundierter Anti-Aging-Methoden und auf die Ausgestaltung von Anwendungsweisen fundierter Behandlungen gesehen, sondern auch in Bezug auf die *gesellschaftlichen Verhältnisse.* So betonen King und Calasanti, dass die kritische Gerontologie im Hinblick auf Anti-Aging keine „einfache Lösung" anbietet, sondern vielmehr die Notwendigkeit eines gesellschaftlichen Umbaus in Richtung Umverteilung nahelegt.[4] Zentraler Beitrag kritisch gerontologischer Analysen dazu besteht darin, durch die Offenlegung der Kontingenzen von Anti-Aging-Wissen, eine Reflexion über die gesellschaftlichen Bedingungen hinaus zunächst erst zu ermöglichen. Dadurch soll die Grundlage geschaffen werden für eine aufgeklärte und demokratische Deliberation der Frage, wie die Alterung gestaltet werden sollte.

Am Beispiel der prädiktiven Gentests im Umfeld der GSAAM lassen sich diese verschiedenen Ebenen des Handlungsbedarfs abschließend wie folgt konkretisieren: Die sozialgerontologischen Bedenken an dieser Form der Risikodiagnostik lassen sich nicht z. B. durch die auch von der GSAAM geforderten Einführung eines Arztvorbehalts für die Durchführung genetischer Suszeptibilitätstests ausräumen. Auch das Aufstellen von Standards für den Umgang mit genetischem Risikowissen würden nicht alle Kritikpunkte einholen. Vielmehr wird die prinzipielle Frage aufgeworfen und der gesellschaftlichen Diskussion übergeben, ob die Alterung ein genetisch kalkulierbares und durch lebensstilbezogene und finanzielle Eigenverantwortung zu managendes Gesundheitsrisiko ist und sein sollte.

---

3 vgl. z. B. van Dyk 2009: *Junge Alte im Spannungsfeld*, S. 318.
4 vgl. King et al. 2006: *Empowering the old*, S. 152.

Um die schnelle Dynamik des Anti-Aging-Feldes nicht aus dem Blick zu verlieren, lässt sich abschließend fragen, wie sich die Anti-Aging-Medizin in Deutschland zukünftig entwickeln könnte. Wie sehen wortführende GSAAM-MedizinerInnen selbst die Zukunft ihres Fachs? Mehrfach wird ein Ausblick auf *Fortschritte der biologischen Alterungsforschung (Biogerontologie)* gegeben,[5] wenn auch weniger konkret und forciert als im Umfeld der A4M und der SENS Foundation. Es besteht die Hoffnung, dass neue Erkenntnisse über die Biologie des Alterns die derzeitigen Behandlungsmöglichkeiten noch erweitern könnten.

Die Biogerontologie ist ihrerseits mittlerweile auch im deutschsprachigen Raum etabliert und wird von Wissenschaft und Politik als ein *Zukunftsfeld biomedizinischer Innovation* wahrgenommen.[6] Die biologische Alterungsforschung zielt nicht mehr allein darauf zu verstehen, wie die äußerst komplexen biologischen Alterungsprozesse ablaufen. Verschiedene Forschungsstrategien werden verfolgt, um zu prüfen, wie die Grundlagenforschung über das Altern auch praktisch angewandt werden könnte. Geriatrische Therapien könnten so verbessert werden oder auch medizinische Eingriffe in die biologische Alterung selbst ermöglicht werden.[7] Ein weiteres medizinisches Anwendungsfeld der Biogerontologie wird darin gesehen, die Forschung über Biomarker der Alterung[8] zu nutzen, um biologische Alterungsprozesse von PatientInnen besser messbar und auch prognostizierbar zu machen.[9] Wie die GSAAM positioniert auch die Biogerontologie ihre in Aussicht gestellten medizinischen Innovationen im Kontext einer personalisierten, auf Genomanalysen basierenden und präventiv ausgerichteten Medizin.

Wenn die Zukunftspläne der deutschen Anti-Aging-Medizin und der Biogerontologie aufgehen, könnten sich das *Präventionskonzept der GSAAM und die biogerontologischen Innovationen in der Tat gut ergänzen*. Die Biogerontologie könnte dem Behandlungsansatz der GSAAM biowissenschaftliche Begründungen nachliefern. Und die deutsche Anti-Aging-Medizin könnte die Etablierung einer mit mehr wissenschaftlicher Reputation und politischer Flankierung ausgestatteten biogerontologisch erweiterten Altersmedizin in zweierlei Hinsicht mit vorbereiten: zum einen, indem sie die Vorstellung etabliert, dass der gesundheitliche Alterungsverlauf eines Menschen präsymptomatisch prognostizierbar ist und durch eine medizinisch assistierte Lebensführung kontrolliert werden kann. Zum anderen stünde mit der deutschen Anti-Aging-Medizin ein an biomedizinischen Innovationen interessierter ärztlich-unternehmerischer Interessenbund bereit, dessen Ausbildungsstrukturen, Netzwerke und Vertriebswege als Verbreitungspfade für biogerontologische Innovationen genutzt werden könnten.

Es bleibt jedoch nicht nur abzuwarten, ob und wie der *weite Weg von der biologischen Grundlagenforschung in die medizinische Praxis* gelingt. Da es sich bei der Anti-Aging-

---

5 vgl. z. B. [N. N.] 2009: *AA – Aussicht auf gesundes Altern.*
6 vgl. Fraunhofer ISI und IAO 2011: *Altern entschlüsseln.*
7 vgl. Ehni et al. 2012. *Das Altern abschaffen?* Spindler et al. im Erscheinen. *Diskurs Biogerontologie.*
8 vgl. z. B. Butler et al. 2004: *Biomarkers of aging.*
9 vgl. z. B. Holsboer et al. 2007: *Therapiewege der Zukunft*, S. 218.

Medizin in Deutschland um einen ärztlich-unternehmerischen Interessenverbund handelt, ist auch unklar, ob sich ausreichend Risikokapital und finanzielle Eigenverantwortung mobilisieren lassen, sodass sich das Geschäftskonzept der GSAAM *dauerhaft als profitabel erweist*. Bisher scheint das Präventionskonzept deutlich weniger lukrativ als z. B. ästhetisch-dermatologischer Anti-Aging-Anwendungen. Gänzlich offen ist zudem, *ob und wie sich die Bevölkerung das Präventionskonzept aneignet* und zu welchen Widerständen und Umdeutungen es dabei eventuell kommt.[10] Für die weitere Bearbeitung des Themas ist vor diesem Hintergrund wichtig, neben den sozialpolitischen Kontexten auch die Etablierung der Biogerontologie in Deutschland sowie die Perspektiven und Praktiken von Anti-Aging-AnwenderInnen kritisch zu begleiten.

---

10 Interessante Ergebnisse zu dieser Frage sind aus dem Promotionsprojekt von Larissa Pfaller, Universität Erlangen, in Kürze zu erwarten.

Liste der untersuchten empirischen Materialien

Das untersuchte empirische Material umfasst Feldnotizen, Interviews und Veröffentlichungen. Die Feldnotizen und Interviews sind im Rahmen von 14 Feldforschungen auf Anti-Aging-Veranstaltungen entstanden. Alle nummerierten Materialien wurden mit Hilfe von Atlas.ti kodiert. Abbildung 21 (S. 433 ff.) gibt einen Überblick über die untersuchten empirischen Materialien und ihre zeitliche Entstehung.

**Feldnotizen über teilnehmende Beobachtungen
von Anti-Aging-Veranstaltungen:**
- Feldnotizen Frankfurt Global Business Week 2011
- Feldnotizen Menopasue, Andropause, Anti-Aging Kongress, Wien 2005
- Feldnotizen Präventionstag Medica 2005
- P3 Feldnotizen ESAAM Kongress 2008
- P5 Feldnotizen A4M Kongress 2008
- P6 Feldnotizen 8. GSAAM Konferenz 2008
- P7 Feldnotizen Workshop Anti-Aging Patient Hennig 2008
- P8 Feldnotizen 7. GSAAM Kongress 2007
- P11 Feldnotizen 6. GSAAM Konferenz 2006
- P12 Feldnotizen 2. Europäischer Präventionstag 2008
- P13 Feldnotizen Podiumsdiskussion 2. Europäischer Präventionstag

Interviews mit BesucherInnen von Anti-Aging-Veranstaltungen:
- P14 Transkript Interview Herr Dr. H.
- P15 Transkript Interview Frau Dr. I.
- P16 Transkript Interview Frau Dr. D.
- P17 Transkript Interview Herr Dr. E.
- P19 Transkript Interview Frau Dr. G.

- P20 Transkript Interview Frau Dr. C.
- P21 Transkript Interview Frau K.
- P22 Transkript Interview Frau M.
- P23 Transkript Interview und Postscript Frau Dr. B.
- P24 Transkript Interview Frau Dr. F.
- P25 Transkript Interview und Postscripts Herr Dr. D.

Untersuchte Veröffentlichungen aus dem Umfeld der GSAAM:

[N. N.]. 2005. „Schulungsprogramme". *Anti-Aging for Professionals.* Bd. 1, H. 1, S. 121–125.

[N. N.]. 2007. „Eine Frage von Humanismus. Präventionsmedizin (Interview mit Ulla Schmidt)". *Journal of Preventive Medicine.* Bd. 3, H. 3+4, S. 380–382.

[N. N.]. 2007. Ergebnispapier Experten-Forum Prävention. Pressemitteilung zum 1. Europäischen Präventionstag (25.11.2007). http://gpev.eu/indexd5e8.html?id=34 (4.1.2012).

[N. N.]. 2007. Gegründet: Der „ADAC" der gesundheitlichen Prävention. Pressemitteilung zum Ersten Europäischen Präventionstag (20.11.2007). http://www.openpr.de/pdf/172285/Geguendet-Der-ADAC-der-gesundheitlichen-Praevention.pdf (2.1.2012).

[N. N.]. 2007. Gesundheitsplanung statt Krankheitsmanagement. Pressemitteilung zum 1. Europäischen Präventionstag (25.11.2007). http://www.openpr.de/news/173376/Gesundheitsplanung-statt-Krankheitsmanagement.html (2.1.2012).

[N. N.]. 2007. Gipfeltreffen zum Thema Prävention in Bonn. Pressemitteilung zum 1. Europäischen Präventionstag (17.9.2007). http://gpev.eu/indexd5e8.html?id=34 (4.1.2012).

[N. N.]. 2007. „SPD-Atomlobbyist Linkohr. EU-Kommission veröffentlichte Liste über 55 ‚Sonderberater' (16. März 2007)". *NGO online Internet Zeitung.* http://www.ngo-online.de/2007/03/16/spd-atomlobbyist-linkohr/ (2.1.2012).

[N. N.]. 2007. „Wie wichtig ist die Prävention? Interview mit Claudia Hennig". *BILD (18.11.2007).* http://www.bild.de/tipps-trends/gesund-fit/ratgeber/hg-praevention-2997468.bild.html (4.1.2012).

[N. N.]. 2008. Gesund zum Arzt! Präventionsmedizin will vorbeugen statt heilen. Pressemitteilung zum Zweiten Europäischen Präventionstag (21.10.2008). http://www.openpr.de/drucken/253397/Gesunde-zum-Arzt-Praeventionsmedizin-will-vorbeugen-statt-heilen.html (2.1.2012).

[N. N.]. 2008. „Neues aus der Wissenschaft". *Journal of Preventive Medicine.* Bd. 4, H. 1, S. 96–97.

[N. N.]. 2008. „Prävention ist Dauer-Pflicht. Interview mit Alexander Römmler". *Anti-Aging News.* Bd. 2, H. 2, http://www.antiagingnews.net/gesundheitsvorsorge/wirkstoffe-der-praeventivmedizin/sackgasse-reparaturmedizin-hoffnung-praevention.html (19.5.2012).

[N. N.]. 2008. „Sackgasse Reparaturmedizin – Hoffnung Prävention". *Anti-Aging News.* Bd. 2, H. 2, http://www.antiagingnews.net/gesundheitsvorsorge/wirkstoffe-der-praeventivmedizin/sackgasse-reparaturmedizin-hoffnung-praevention.html (19.5.2010).

[N. N.]. 2009. „Interview: Anti-Aging – Aussicht auf gesundes Altern. Wofür steht die Anti-Aging-Medizin heute?". *Anti-Aging News*. H. 3, http://www.medcom24.de/content/Interview-Anti-Aging-Aussicht-auf-gesundes-Altern (4.1.2012).

[N. N.]. 2009. Präventionsmedizin: Armutszeugnis der Ärztekammern und Universitäten. GSAAM Pressemitteilung (27.10.2009). http://www.presseportal.de/pm/77554/1500253/praeventionsmedizin-armutszeugnis-der-aerztekammern-und-universitaeten-kritik-von-der-gsaam (4.1.2012).

Bader, Augustinus. 2005. „Brückenschlag zwischen der präventiven und regenerativen Medizin". *Anti Aging for Professionals*. Bd. 1, H. 1, S. 23–27.

Banasch, Sünje. 2007. „So schützen Sie sich vor Alzheimer. BILD-Serie Prävention – Rechtzeitig vorsorgen, heißt länger leben". *BILD (12.12.2007)*. http://www.bild.de/ratgeber/gesund-fit/gesundheit/alzheimer-3100984.bild.html (4.1.2012).

Banasch, Sünje. 2007. „Wie schütze ich mich vor Krebs? BILD-Serie Prävention: Rechtzeitig vorsorgen, heißt länger leben". *BILD (21.11.2007)*. http://www.bild.de/tipps-trends/gesund-fit/ratgeber/krebs-schutz-3025246.bild.html (4.1.2012).

Bärtels, Claude; Frank Mosler. 2008. „Präventivmedizin bei elektromagnetischen Belastungen. Magnetfeldverzerrungen sind als biologischer Wirkmechanismus unterhalb gesetzlicher Grenzwerte erkannt und bieten konkrete Ansätze für therapeutische und präventive Maßnahmen". *Journal of Preventive Medicine*. Bd. 4, H. 1, S. 70–79.

Bleichrodt, Wolf. 2002. „Praxismanagement für die Anti-Aging-Medizin". In: Römmler, Alexander; Alfred Wolf (Hg.). *Anti-Aging-Sprechstunde*. Berlin: Congress-Compact-Verlag, S. 199–208.

Bleichrodt, Wolf. 2005. „Präventionsversicherung – wohin führt die Reise? Private Präventionsversicherung oder staatliches Präventionsgesetz?". *Anti Aging for Professionals*. Bd. 1, H. 2, S. 14–16.

Bleichrodt, Wolf. 2005. „Staatliches Exklusivmarketing für Anti Aging-Professionals. Das Präventionsgesetz 2005 – und neues Leben blüht aus den Ruinen!". *Anti Aging for Professionals*. Bd. 1, H. 1, S. 11–15.

Bleichrodt, Wolf; Claudia Hennig. 2006. „Enteignung der Gesundheit – Krankheit als Manövriermasse der Politik. Claudia Hennig im Gespräch mit Wolf Bleichrodt zum GKV-Wettbewerbsstärkungsgesetz". *Prevention and Anti Aging for Professionals*. Bd. 2, H. 4, S. 410–416.

Bleichrodt, Wolf. 2006. „Lahme Ente mit großer Angst vorm schnellen Ende. Große ‚Gesundheitskoalition'". *Prevention and Anti Aging for Professionals*. Bd. 2, H. 2, S. 142–144.

Bleichrodt, Wolf. 2007. „Editorial". *Journal of Preventive Medicine*. Bd. 3, H. 3+4, S. 271.

Bleichrodt, Wolf. 2007. „Ein Arzt sieht rot. Kommentar zur Gesundheitsreform". *Gesund alt werden*. Bd. 1, H. 1, S. 12–13.

Bleichrodt, Wolf. 2008. „Banken + Politik = arm + krank? Wo bleibt die Präventionsmedizin?". *Gesund älter werden*. Bd. 2, H. 3, S. 10–13.

Brandhoff, Nici. 2005. „Kaiserberg Klinik. Ein einzigartiges Medizinkonzept ermöglicht den Erhalt von Körper und Gesundheit bis ins hohe Alter". *Anti Aging for Professionals*. Bd. 1, H. 1, S. 102–103.

Brettschneider, Helga. 2010. „Gene lassen sich durch Nahrung beeinflussen. Interview mit Bernd Kleine-Gunk. Bd. 3, H. 2, S. 22.

Brockmann, Hilke. 2005. „Biodemografie. Fakten und Folgen". In: Jacobi, Günther; Nicole Baake (Hg.). *Kursbuch Anti-Aging.* Stuttgart u. a.: Thieme, S. 27–33.

Dören, Martina. 2007. „Gesundheitsrisiko. Diskussion zu dem Beitrag ‚Anti-Aging-Medizin' von Bernd Kleine-Gunk". *Deutsches Ärzteblatt.* Bd. 104, H. 46, S. A3187.

Druyen, Thomas. 2007. „Lebenszyklus im Umbruch". *Journal of Preventive Medicine.* Bd. 3, H. 3+4, S. 278–285.

Grabowsi, Diana. 2006. „Ein von der GSAAM neu entwickeltes, zukunftsgerichtetes universitäres Ausbildungsmodell in der Präventions- und Anti-Aging-Medizin könnte auch ein Modell für Europa werden. Interview mit Alexander Römmler". *Prevention and Anti Aging for Professionals.* Bd. 2, H. 2, S. 248–251.

Gruber, Christian; Johannes Huber. 2003. „Altern. Genetische Aspekte und Polymorphismusdiagnostik". In: Kleine-Gunk, Bernd; Wilfried Bieger (Hg.). Bremen u. a.: UNI-MED Verlag, S. 53–58.

Grune, Tilman. 2005. „Mechanismen des zellulären Alterns". In: Jacobi, Günther; Nicole Baake (Hg.). Stuttgart u. a.: Thieme, S. 21–26.

Harder, Bernd. 2009. „Alle reden von Prävention – wir machen sie. Interview mit Bernd Kleine-Gunk". *Ärztliche Praxis Prävention.* Bd. 2, H. 3, S. 24–25.

Harder, Bernd. 2009. „Präventionsmediziner M.Sc". *Ärztliche Praxis Prävention.* Bd. 2, H. 6, S. 22–23.

Hennig, Claudia; Michael Klentze. 2005. „Editorial". *Anti Aging for Professionals.* Bd. 1, H. 1, S. 3.

Hennig, Claudia. 2005. „Eine Zeitreise in die Realität. Claudia Hennig spricht mit Frank Schirrmacher". *Anti Aging for Professionals.* Bd. 1, H. 1, S. 6–9.

Hennig, Claudia. 2005. „Wachstumsmarkt Gesundheit in Europa. Claudia Hennig spricht mit dem Vizepräsidenten der Europäischen Kommission, Günter Verheugen". *Anti Aging for Professionals.* Bd. 1, H. 2, S. 6–13.

Hennig, Claudia. 2006. „Altern im positiven Sinne des Reifens. Claudia Hennig spricht mit Ursula Lehr". *Prevention and Anti Aging for Professionals.* Bd. 2, H. 3, S. 270–272.

Hennig, Claudia; Michael Klentze. 2006. „Editorial". *Anti Aging for Professionals.* Bd. 2, H. 1, S. 3.

Hennig, Claudia; Michael Klentze. 2006. „Editorial". *Prevention and Anti Aging for Professionals.* Bd. 2, H. 2, S. 135.

Hennig, Claudia; Michael Klentze. 2006. „Editorial". *Prevention and Anti Aging for Professionals.* Bd. 2, H. 3, S. 267.

Hennig, Claudia. 2007. „Bildung und Aufklärung müssen im Vordergrund stehen. Dr. med. Claudia Hennig im Gespräch mit Philipp Mißfelder, MdB". *Journal of Preventive Medicine.* Bd. 3, H. 3+4, S. 274–276.

Hennig, Claudia; Michael Klentze. 2007. „Editorial". *Journal of Preventive Medicine.* Bd. 3, H. 1, S. 3.

Hennig, Claudia; Michael Klentze. 2007. „Editorial". *Gesund alt werden.* Bd. 1, H. 1, S. 2.

Hennig, Claudia. 2007. „Editorial". *Gesund älter werden.* Bd. 1, H. 2, S. 2.

Hennig, Claudia. 2008. „Editorial. Investition mit garantierter Rendite". *Gesund älter werden.* Bd. 2, H. 3, S. 2.

Huber, Johannes. 2001. *Abschied von der Steinzeitmoral. Chancen der Biomedizin.* Graz u.a.: Verlag Styria.

Huber, Johannes; Michael Klentze. 2005. *Die revolutionäre Snips-Methode. Genetisch bedingte Gesundheitsrisiken erkennen und aktiv gegensteuern.* München: Südwest.

Huber, Johannes. 2005. „Polymorphismusdiagnostik". *Anti-Aging for Professionals.* Bd. 1, H. 2, S. 58–61.

Huber, Johannes. 2006. „ApoE-Polymorphismus. Prävention neurodegenerativer Erkrankungen". *Anti-Aging for Professionals.* Bd. 2, H. 1, S. 9–11.

Huber, Johannes. 2007. „Bedeutung der Gendiagnostik für die Präventionsmedizin". *Journal of Preventive Medicine.* Bd. 3, H. 3+4, S. 310–311.

Huber, Johannes. 2009. „Möglichkeiten der alterspräventiven Medizin". In: Klingenböck, Ursula (Hg.). *Alter(n) hat Zukunft.* Innsbruck u.a.: Studien Verlag, S. 326–342.

Jacobi, Günther. 2005. „Anti-Aging. Sinnbild, Sehnsucht, Wirklichkeit". In: Jacobi, Günther; Nicole Baake (Hg.). *Kursbuch Anti-Aging.* Stuttgart u.a.: Thieme, S. 2–13.

Jacobi, Günther; Nicole Baake (Hg.). 2005. *Kursbuch Anti-Aging.* Stuttgart u.a.: Thieme.

Jacobi, Günther; Hans Konrad Biesalski; Ute Gola et al. 2005. „Vorwort". In: Jacobi, Günther; Nicole Baake (Hg.). *Kursbuch Anti-Aging.* Stuttgart u.a.: Thieme, S. VI–VII.

Kienzlen, Grit. 2007. Praxis Dr. Jungbrunnen. Anti-Aging-Ärzte im Clinch mit der Schulmedizin (Manuskript, SWR2 Wissen, 3.7.2007). http://www.swr.de/-/id=1915394/property=download/fd5ct4/swr2-wissen-20070307.rtf (29.11.2013).

Kleine-Gunk, Bernd. 2002. *Attraktiv und fit durch die Wechseljahre. Hormone als Chance für Ihre Gesundheit. Wie Sie trotzdem problemlos Ihr Gewicht halten.* Stuttgart: TRIAS.

Kleine-Gunk, Bernd. 2002 oder 2003. „Editorial. Sind wir alle Quaksalber [sic]?". *Anti-Aging-Medizin.* Bd. 1 oder 2, S. unklar.

Kleine-Gunk, Bernd; Wilfried Bieger (Hg.). 2003. *Anti-Aging. Moderne medizinische Konzepte.* Bremen u.a.: UNI-MED Verlag.

Kleine-Gunk, Bernd. 2003. „Wozu Anti-Aging? Vorwort und Danksagung". In: Kleine-Gunk, Bernd; Wilfried Bieger (Hg.). *Anti-Aging. Moderne medizinische Konzepte.* Bremen u.a.: UNI-MED Verlag, S. 6–7.

Kleine-Gunk, Bernd. 2005. „Anti-Aging. Institute und Sprechstunden". In: Jacobi, Günther; Nicole Baake (Hg.). *Kursbuch Anti-Aging.* Stuttgart u.a.: Thieme, S. 375–382.

Kleine-Gunk, Bernd. 2005. „Anti-Aging am Scheideweg". *Gynäkologie und Geburtshilfe*. Bd. 7, H. 3, S. 3.

Kleine-Gunk, Bernd. 2007. „Anti Aging zwischen Science und Fiction. Editorial". *Arzt & Prävention*. Bd. 6, H. 2, S. 3-4.

Kleine-Gunk, Bernd. 2007. „Anti-Aging. Die ersten 4000 Jahre". *Journal of Preventive Medicine*. Bd. 3, H. 1, S. 12-16.

Kleine-Gunk, Bernd. 2007. „Anti-Aging-Medizin. Hoffnung oder Humbug?". *Deutsches Ärzteblatt*. Bd. 104, H. 28-29, S. A2054-A2060.

Kleine-Gunk, Bernd. 2007. „Schlusswort. Diskussion zu dem Beitrag ‚Anti-Aging-Medizin' von Bernd Kleine-Gunk". *Deutsches Ärzteblatt*. Bd. 104, H. 46, S. A3188.

Kleine-Gunk, Bernd. 2008. „Editorial. Das Verstummen des Walter Jens". *Journal of Preventive Medicine*. Bd. 4, H. 1, S. 3-4.

Kleine-Gunk, Bernd. 2008. „Editorial. Prävention braucht mehr als Medizin". *Journal of Preventive Medicine*. Bd. 4, H. 2, S. 127-128.

Kleine-Gunk, Bernd. 2008. „Extreme Langlebigkeit – Fluch oder Segen? Kulturgeschichte des Alterns". *Journal of Preventive Medicine*. Bd. 4, H. 2, S. 12-15.

Kleine-Gunk, Bernd. 2008. „Johann Wolfgang von Goethe. Ein Beispiel für erfolgreiches Altern". *Journal of Preventive Medicine*. Bd. 4, H. 2, S. 133-135.

Kleine-Gunk, Bernd. 2009. „Erweiterte Hormonsubstitution". *Ärztliche Praxis Prävention*. Bd. 2, H. 3, S. 10-11.

Kleine-Gunk, Bernd. 2009. „Filler und Peelings". *Ärztliche Praxis Prävention*. Bd. 2, H. 6, S. 20-21.

Kleine-Gunk, Bernd. 2009. „Individuelle Altersvorsorge". *Ärztliche Praxis Prävention*. Bd. 2, H. 1, S. 14-19.

Kleine-Gunk, Bernd. 2009. „Wo die Lebensuhr tickt". *Ärztliche Praxis Prävention*. Bd. 2, H. 2, S. 10-13.

Kleine-Gunk, Bernd; Markus Metka. 2010. *Auf der Suche nach Unsterblichkeit. Die Geschichte der Anti-Aging Medizin von der Antike bis heute*. Wien: Brandstätter.

Kleine-Gunk, Bernd. 2010. *Das Frauen-Hormone-Buch. Liegt's an den Hormonen? Wie Östrogene und Co. Ihre Gesundheit, Sexualität und Jugendlichkeit beeinflussen*. Stuttgart: TRIAS, MVS, Medizinverlag Stuttgart.

Kleine-Gunk, Bernd. 2010. „Gene lassen sich durch Nahrung beeinflussen". *Ärztliche Praxis Prävention*. Bd. 3, H. 2, S. 22.

Kleine-Gunk, Bernd. 2010. „Innovative Hormonkosmetik". *Prävention*. Bd. 3, H. 1, S. 18-20.

Klentze, Michael. 2001. *Für immer jung durch Anti-Aging. Das biologische Alter selbst bestimmen*. Bergisch Gladbach: Ehrenwirth.

Klentze, Michael. 2003. *Anti-Aging. Die Macht der eigenen Hormone*. München: Südwest.

Klentze, Michael. 2004. *Anti Aging. Die Kraft der Sexualität*. München: Südwest-Verlag.

Klentze, Michael. 2005. „Personalisierte Medizin. Von Stereotypien hin zu Individualität durch genetische Polymorphismusdiagnostik". *Anti Aging for Professionals.* Bd. 1, H. 1, S. 16–22.

Kubenz, Kira. 2007. „Keine Angst vor Genanalysen". *Gesund älter werden.* Bd. 1, H. 2, S. 30–31.

Kubenz, Kira. 2008. „Prädiktive Genanalysen via Internet. Ein problematisches Geschäft". *Journal of Preventive Medicine.* Bd. 4, H. 1, S. 104–107.

Look, Markus-Peter. 2005. „Niedrigschwellige Entzündung (NE). Der innere Schwelbrand". *Anti Aging for Professionals.* Bd. 1, H. 1, S. 52–58.

Look, Markus-Peter. 2006. „Überlegungen zur personalisierten Medizin und Prävention. Essay". *Prevention and Anti Aging for Professionals.* Bd. 2, H. 4, S. 418–424.

Moltz, Lothar; Alexander Römmler; Michael Klentze (Hg.). 2002. *AntiAging Medizin 2001. 1. Konferenz der GSAAM, German Society of Anti-Aging Medicine e. V.* Berlin: Congress-Compact-Verlag.

Moltz, Lothar. 2002. „Begrüßung. Prävention und Alterungsprozesse. Eine Ausgabe der Anti-Aging-Medizin". In: Moltz, Lothar; Alexander Römmler; Michael Klentze (Hg.). *AntiAging Medizin 2001, 1. Konferenz der GSAAM.* Berlin: Congress-Compact-Verlag, S. 1–4.

Moltz, Lothar; Alexander Römmler; Michael Klentze. 2002. „Vorwort". In: Moltz, Lothar; Alexander Römmler; Michael Klentze (Hg.). *AntiAging Medizin 2001, 1. Konferenz der GSAAM.* Berlin: Congress-Compact-Verlag, S. V–VI.

Müller, Otmar. 2010. „Für immer jung. Anti-Aging Medizin". *Zahnärztliche Mitteilungen online.* H. 8, S. 26–34.

Nikol, Sigrid. 2002. „Potentielle Zukunft der Anti-Aging Therapie: Gentherapie. Grundlagen, präkolische und klinische Studien, Zukunftsperspektiven". In: Moltz, Lothar; Alexander Römmler; Michael Klentze (Hg.). *AntiAging Medizin 2001, 1. Konferenz der GSAAM.* Berlin: Congress-Compact-Verlag, S. 131–154.

Oberdorfer, Rudolf. 2005. „Anti Aging und der Faktor Glück". In: Jacobi, Günther; Nicole Baake (Hg.). *Kursbuch Anti-Aging.* Stuttgart u. a.: Thieme, S. 325–333.

Pflugmacher, Ingo. 2005. „Anti Aging in Praxis und Klinik. Rechtssicherheit bei Patienteninformation und Beratung". *Anti Aging for Professionals.* Bd. 1, H. 1, S. 111–112.

Richter, Klaus. 2008. „Prävention promoten. Hausärzte". *Journal of Preventive Medicine.* Bd. 4, H. 1, S. 8–10.

Römmler, Alexander; Alfred Wolf (Hg.). 2002. *Anti-Aging Sprechstunde. Teil 1., Leitfaden für Einsteiger.* Berlin: Congress-Compact-Verlag.

Römmler, Alexander. 2002. „Einführung in die Anti-Aging Medizin. Wie und warum wir altern – medizinische Konsequenzen". In: Römmler, Alexander; Alfred Wolf (Hg.). *Anti-Aging-Sprechstunde.* Berlin: Congress-Compact-Verlag, S. 1–24.

Römmler, Alexander. 2002. „Einführung in die Anti-Aging Medizin". In: Moltz, Lothar; Alexander Römmler; Michael Klentze (Hg.). *AntiAging Medizin 2001, 1. Konferenz der GSAAM.* Berlin: Congress-Compact-Verlag, S. 5–11.

Römmler, Alexander; Alfred Wolf. 2002. „Vorwort". In: Römmler, Alexander; Alfred Wolf (Hg.). *Anti-Aging-Sprechstunde.* Berlin: Congress-Compact-Verlag, S. VII–XII.

Römmler, Alexander. 2005. „Risikoreduktion einer Hormonersatzbehandlung (ERT/HRT). Transdermale Östrogene und mikronisiertes Progesteron oral". *Anti Aging for Professionals.* Bd. 1, H. 1, S. 44–50.

Römmler, Alexander. 2006. *Die Wahrheit über Hormone. Wie Hormone richtig eingesetzt werden und wann sie schaden.* München: Südwest.

Römmler, Alexander; Alfred Wolf. 2007. „GSAAM leitet Trägerwechsel mit der DIU ein". *Journal of Preventive Medicine.* Bd. 3, H. 1, S. 121–122.

Römmler, Alexander; Markus Metka; Roland Ballier. 2008. Anti-Aging am Scheideweg. Deutschsprachige Anti-Aging Fachgesellschaften distanzieren sich vom Düsseldorfer Anti-Aging Kongress. Presseerklärung (09. Sept. 2008). http://www.gsaam.de/Downloads/presse090908.pdf (25. 8. 2009).

Römmler, Alexander. 2008. „Newsletter Editorial". *Journal of Preventive Medicine.* Bd. 4, H. 2, S. 245–246.

Römmler, Alexander; Bernd Kleine-Gunk. 2009. „Wofür steht die Anti-Aging-Medizin heute? Das große Antiaging News-Interview". *Anti-Aging News.* Bd. 3, H. 3.

Schirrmacher, Frank. 2005. „Geleitwort". In: Jacobi, Günther; Nicole Baake (Hg.). Stuttgart u. a.: Thieme, S. V.

Schlink, Peter. 2005. „Anti Aging. Strategie, Marketing, Recht". *Anti Aging for Professionals.* Bd. 1, H. 1, S. 100.

Schlink, Peter. 2005. „anti aging world. www.anti-aging-world.de". *Anti Aging for Professionals.* Bd. 1, H. 2, S. 112–114.

Schlink, Peter. 2005. „Anti Aging-Berater. Ohne ihn läuft gar nichts". *Anti Aging for Professionals.* Bd. 1, H. 1, S. 104.

Schlink, Peter. 2005. „Anti-Aging. Prävention auf höchstem Niveau". *Anti-Aging for Professionals.* Bd. 1, H. 2, S. 116–119.

Schlink, Peter. 2005. „Präventivmedizin. Anti Aging in der Praxis". In: Frielingsdorf, Oliver; Lothar Krimmel (Hg.). *IGeL-Erfolg mit System.* Landsberg/Lech: ecomed, S. 278–295.

Schlink, Peter; Nicole Ziese. 2007. „Gemeinsam stark. medox – ESAAM/GSAAM. Zwei Partner – eine (präventionsmedizinische) Kommunikationsstrategie". *Journal of Preventive Medicine.* Bd. 3, H. 1, S. 116–118.

Schneeberger, Christian; Manfred Mueller. 2005. „Genetische Variation. Eine Einführung aus naturwissenschaftlicher Sicht". *Anti-Aging for Professionals.* Bd. 1, H. 2, S. 52–57.

Schneeberger, Christian; Manfred Mueller. 2006. „Genetische Risikoevaluierung des nicht-hereditären Mammakarzinoms. Serie: Die Bedeutung der genetischen Polymorphismen für die Präventionsmedizin". *Prevention and Anti Aging for Professionals.* Bd. 2, H. 3, S. 318–323.

Schneeberger, Christian. 2006. „HapMap. Die neue Landkarte des menschlichen Genoms". *Anti-Aging for Professionals.* Bd. 2, H. 1, S. 42–45.

Schneeberger, Christian; Manfred Mueller. 2007. „Genetik der individuellen Ernährung anhand von drei Beispielen. Serie: Die Bedeutung der genetischen Polymorphismen für die Präventionsmedizin". *Journal of Preventive Medicine.* Bd. 3, H. 1, S. 36–43.

Schneeberger, Christian. 2008. „Genetik des Typ 2 Diabetes. Zwei Beispiele". *Journal of Preventive Medicine.* Bd. 4, H. 1, S. 42–47.

Schroth, Rainer. 2005. „Die Chancen der orthomolekularen Medizin". *Anti Aging for Professionals.* Bd. 1, H. 1, S. 77–81.

Siffert, Winfried. 2005. „Primär- und Sekundärprävention durch DNA-Diagnostik". In: Jacobi, Günther; Nicole Baake (Hg.). *Kursbuch Anti-Aging.* Stuttgart u. a.: Thieme, S. 277–286.

Weilers, Jürgen. 2007. „Zukunftsweisende Weichenstellungen der GSAAM in 2007". *Journal of Preventive Medicine.* Bd. 3, H. 1, S. 122–123.

Witasek, Alex. 2007. „Die logische Voraussetzung für Regeneration". *Gesund Älter Werden.* Bd. 1, H. 2, S. 16–18.

Wolf, Alfred. 2002. „Das Anti-Aging-Erstgespräch, Erstbefunde und Erstlabor". In: Römmler, Alexander; Alfred Wolf (Hg.). *Anti-Aging-Sprechstunde.* Berlin: Congress-Compact-Verlag, S. 25–38.

Wolf, Alfred. 2002. „Nichthormonelle Anti-Aging-Maßnahmen". In: Römmler, Alexander; Alfred Wolf (Hg.). *Anti-Aging-Sprechstunde.* Berlin: Congress-Compact-Verlag, S. 39–60.

Wolf, Alfred; Florian Wolf; Georg Wolf. 2003. „Das Altern messbar machen". In: Kleine-Gunk, Bernd; Wilfried P. Bieger (Hg.). *Anti-Aging. Moderne medizinische Konzepte.* Bremen u. a.: UNI-MED Verlag, S. 25–31.

Wolf, Alfred; Georg Wolf; Florian Wolf. 2005. „Biologische Altersmarker, Vitalitätstests und Prävention". *Anti Aging for Professionals.* Bd. 1, H. 1, S. 30–35.

Wolf, Alfred. 2005. „Prävention. Health-Coaching von Jugend an (Editorial)". *GSAAM Newsletter.* H. 3, S. 1.

Wolf, Alfred. 2005. „Was ist Anti-Aging Medizin?". *Der Hautarzt.* Bd. 56, S. 315–320.

Wolf, Katharina. 2007. „Wie schütze ich mein Herz? BILD-Serie Vorsorge: Wer rechtzeitig vorbeugt, lebt viel länger". *BILD (12. 12. 2007).* http://www.bild.de/ratgeber/gesund-fit/gesundheit/schutz-herz-3090086.bild.html (4. 1. 2012).

Wolf, Katharina. 2007. „Wie schütze ich meine Knochen und Gelenke? BILD-Serie Prävention: Rechtzeitig vorsorgen, heißt länger leben". *BILD (12. 12. 2007).* http://www.bild.de/ratgeber/gesund-fit/gesundheit/gelenke-schutz-3101460.bild.html (4. 1. 2012).

Wolf, Katharina. 2007. „Wie schütze ich mich vor Depression? BILD-Serie Prävention: Rechtzeitig vorsorgen, heißt länger leben". *BILD (12. 12. 2007).* http://www.bild.de/ratgeber/gesund-fit/gesundheit/schutz-seele-3099458.bild.html (4. 1. 2012).

Wolf, Katharina. 2007. „Wie schütze ich mich vor Diabetes? BILD-Serie Prävention – Rechtzeitig vorbeugt, länger leben". *BILD (19. 11. 2007).* http://www.bild.de/tipps-trends/gesund-fit/ratgeber/diabetes-3002154.bild.html (4. 1. 2012).

Wüster, Christian. 2003. „Qualitätssicherung in der Anti-Aging-Medizin". In: Kleine-Gunk, Bernd; Wilfried Bieger (Hg.). *Anti-Aging. Moderne medizinische Konzepte.* Bremen u. a.: UNI-MED Verlag, S. 207–217.

Ziese, Nicole. 2007. „Aufklärung tut Not. Experten halten Workshops für interessierte Laien". *Journal of Preventive Medicine.* Bd. 3, H. 3+4, S. 400–404.

Ziese, Nicole. 2007. „Masterstudiengang Präventionsmedizin. Erfolgsstart bei der DIU in Dresden. Prof. Biedenkopf überreichte 34 Immatrikulationsurkunden an Junggebliebene". *Journal of Preventive Medicine.* Bd. 3, H. 3+4, S. 389–390.

Ziese, Nicole. 2007. „Transparenz für Qualität und Stärkung der Patientenrechte. Gründung der Gesellschaft für Prävention e. V.". *Journal of Preventive Medicine.* Bd. 3, H. 3+4, S. 378.

Ziese, Nicole. 2008. „GPeV – Win-Win-Situation für Patienten und Ärzte. Renaissance und Emanzipation der Hausärzte". *Journal of Preventive Medicine.* Bd. 4, H. 1, S. 98–100.

Ziese, Nicole. 2008. „GSAAM übernimmt fachliche und standespolitische Qualitätssicherung. 2. Europäischer Präventionstag". *Journal of Preventive Medicine.* Bd. 4, H. 2, S. 347.

Ziese, Nicole. 2008. „GSAAM und GPeV. Zwei Seiten einer Medaille". *Journal of Preventive Medicine.* Bd. 4, H. 1, S. 109–110.

Liste der untersuchten empirischen Materialien 433

Abbildung 21   Das untersuchte empirische Material

Datum Ort	teilnehmend beobachtete Anti-Aging Veranstaltungen	empirisches Material	
		Atlas.ti Nr.	Art des Materials
			2001: 3 Veröffentlichungen aus dem Umfeld der GSAAM
			2002: 13 Veröffentlichungen aus dem Umfeld der GSAAM
			2003: 7 Veröffentlichungen aus dem Umfeld der GSAAM
21.10.2004 Frankfurt a.M.	Vortrag Dr. Axel Bolland (Dhonau): "Mehr Wissen schafft mehr Körperbewusstsein – Anti-Aging fängt im Alltag an" AKANA Akademie für Naturheilkunde		Feldnotizen (2 Seiten, handschriftlich, nicht im Text zitiert)
			Interview Frau und Herr L. (AnwenderInnen), nicht transkribiert, nicht im Text zitiert
2.–4.12.2004 Heidelberg	6. Lifestyle- und Anti-Aging Kongress Universitäts-Frauenklinik Heidelberg		Feldnotizen (14 Seiten, handschriftlich, nicht im Text zitiert)
			2004: 1 Veröffentlichung aus dem Umfeld der GSAAM
28.09.2005 Heidelberg	Tag der offenen Tür TICEBA (Tissue & Cell Banking)		Feldnotizen (9 Seiten, handschriftlich, nicht im Text zitiert)
		P22	Transkript Interview Frau M. (Anwenderin)
19.11.2005 Düsseldorf	Präventionstag auf der Medica medox		Feldnotizen (14 Seiten, handschriftlich)
			2005: 36 Veröffentlichungen aus dem Umfeld der GSAAM
8.–10.12.2005 Wien	Menopause, Andropause, Anti-Aging Kongress Österreichische AAM und ESAAM		Feldnotizen (14 Seiten, handschriftlich)
4.–5.2.2006 Frankfurt a.M.	Kalyani Nargersheth: Rasayana Seminar (Ayurvedisches Anti-Aging)		Feldnotizen (7 Seiten, handschriftlich, nicht im Text zitiert)

Datum Ort	teilnehmend beobachtete Anti-Aging Veranstaltungen	empirisches Material	
		Atlas.ti Nr.	Art des Materials
23.–25.3.2006 Paris	Anti-Aging Medicine World Congress A4M	P5	Feldnotizen (18 Seiten, mit 3 informellen Interviews)
19.–21.5.2006 Düsseldorf	6. Konferenz der GSAAM	P11	Feldnotizen (22 Seiten, mit 8 informellen Interviews)
			2006: 12 Veröffentlichungen aus dem Umfeld der GSAAM
10.–12.5.2007 München	7. Konferenz der GSAAM	P8	Feldnotizen (3 Seiten)
25.11.2007 Bonn	1. Europäischer Präventionstag Gesellschaft für Prävention		Feldnotizen (4 Seiten, handschriftlich)
			2007: 39 Veröffentlichungen aus dem Umfeld der GSAAM
5.–7.6.2008 München	8. Konferenz der GSAAM	P6	Feldnotizen (11 Seiten, mit 5 informellen Interviews)
		P7	Feldnotizen des Workshops „Anti-Aging Sprechstunde" von Claudia Hennig (aufzeichnungsgestützt)
		P16	Transkript Interview Frau Dr. A. (Allgemeinmedizinerin)
		P17	Transkript Interview Herr Dr. E. (Facharzt)
		P20	Transkript Interview Frau Dr. C. (Rehabilitationsmedizinerin)
		P23	Transkript Interview Frau Dr. B. (Allgemeinmedizinerin)
		P25	Transkript Interview Herr Dr. D. (Allgemeinmediziner)

Liste der untersuchten empirischen Materialien

Datum Ort	teilnehmend beobachtete Anti-Aging Veranstaltungen	empirisches Material	
		Atlas.ti Nr.	Art des Materials
11.–14. 9. 2008 Düsseldorf	**European Congress on Anti-Aging an Aesthetic Medicine** ESAAM und A4M	P3	Feldnotizen (19 Seiten, mit 10 informellen Interviews)
		P14	Transkript Interview Herrn H. (Medizinstudent)
		P15	Transkript Interview Frau Dr. I. (Sportmedizinerin)
		P19	Transkript Interview Frau Dr. G. (psychosomatische Medizin)
		P24	Transkript Interview Frau Dr. F. (Dermatologin)
22.–23. 11. 2008 Bonn	**2. Europäischer Präventionstag** Gesellschaft für Prävention	P12	Feldnotizen (2 Seiten, mit 2 informellen Interviews)
		P13	Feldnotizen der Podiumsdiskussion (aufzeichnungsgestützt)
		P21	Transkript interview Frau K. (Anwenderin)
			2008: 19 Veröffentlichungen aus dem Umfeld der GSAAM
			2009: 10 Veröffentlichungen aus dem Umfeld der GSAAM
			2010: 7 Veröffentlichungen aus dem Umfeld der GSAAM
18. 5. 2011 Frankfurt a. M.	**Frankfurt Global Business Week Longevity & Anti-Aging, Neue Märkte für die Gesundheit** IHK Frankfurt a. M.		Feldnotizen (handschriftlich)

Literatur

[N. N.]. 2005. Schulungsprogramme. *Anti-Aging for Professionals*. Bd. 1, H. 1, S. 121–125.

[N. N.]. 2007. Eine Frage von Humanismus. Präventionsmedizin (Interview mit Ulla Schmidt). *Journal of Preventive Medicine*. Bd. 3, H. 3+4, S. 380–382.

[N. N.]. 2007. Ergebnispapier Experten-Forum Prävention. Pressemitteilung zum 1. Europäischen Präventionstag (25.11.2007). http://gpev.eu/indexd5e8.html?id=34 (4.1.2012).

[N. N.]. 2007. Gegründet: Der „ADAC" der gesundheitlichen Prävention. Pressemitteilung zum Ersten Europäischen Präventionstag (20.11.2007). http://www.openpr.de/pdf/172285/Geguendet-Der-ADAC-der-gesundheitlichen-Praevention.pdf (2.1.2012).

[N. N.]. 2007. Gesundheitsplanung statt Krankheitsmanagement. Pressemitteilung zum 1. Europäischen Präventionstag (25.11.2007). http://www.openpr.de/news/173376/Gesundheitsplanung-statt-Krankheitsmanagement.html (29.11.2013).

[N. N.]. 2007. Gipfeltreffen zum Thema Prävention in Bonn. Pressemitteilung zum 1. Europäischen Präventionstag (17.9.2007). http://gpev.eu/indexd5e8.html?id=34 (4.1.2012).

[N. N.]. 2007. SPD-Atomlobbyist Linkohr. EU-Kommission veröffentlichte Liste über 55 „Sonderberater" (16. März 2007). *NGO online Internet Zeitung*. http://www.ngo-online.de/2007/03/16/spd-atomlobbyist-linkohr/ (29.11.2013).

[N. N.]. 2007. Wie wichtig ist die Prävention? Interview mit Claudia Hennig. *BILD (18.11.2007)*. http://www.bild.de/tipps-trends/gesund-fit/ratgeber/hg-praevention-2997468.bild.html (4.1.2012).

[N. N.]. 2008. Gesunde zum Arzt! Präventionsmedizin will vorbeugen statt heilen. Pressemitteilung zum Zweiten Europäischen Präventionstag (21.10.2008). http://www.openpr.de/drucken/253397/Gesunde-zum-Arzt-Praeventionsmedizin-will-vorbeugen-statt-heilen.html (29.11.2013).

[N. N.]. 2008. Neues aus der Wissenschaft. *Journal of Preventive Medicine*. Bd. 4, H. 1, S. 96–97.

[N. N.]. 2008. Prävention ist Dauer-Pflicht. Interview mit Alexander Römmler. *Anti-Aging News.* Bd. 2, H. 2, http://www.antiagingnews.net/gesundheitsvorsorge/wirkstoffe-der-praeventivmedizin/sackgasse-reparaturmedizin-hoffnung-praevention.html (19. 5. 2012).

[N. N.]. 2008. Sackgasse Reparaturmedizin – Hoffnung Prävention. *Anti-Aging News.* Bd. 2, H. 2, http://www.antiagingnews.net/gesundheitsvorsorge/wirkstoffe-der-praeventivmedizin/sackgasse-reparaturmedizin-hoffnung-praevention.html (19. 5. 2010).

[N. N.]. 2009. Interview: Anti-Aging – Aussicht auf gesundes Altern. Wofür steht die Anti-Aging-Medizin heute? *Anti-Aging News.* H. 3, http://www.medcom24.de/content/Interview-Anti-Aging-Aussicht-auf-gesundes-Altern (4. 1. 2012).

[N. N.]. 2009. Präventionsmedizin: Armutszeugnis der Ärztekammern und Universitäten. GSAAM Pressemitteilung (27. 10. 2009). http://www.presseportal.de/pm/77554/1500253/praeventionsmedizin-armutszeugnis-der-aerztekammern-und-universitaeten-kritik-von-der-gsaam (4. 1. 2012).

A4M (American Academy of Anti-Aging Medicine). 2002. Official Position Statement on The Truth About Human Aging. http://www.worldhealth.net/pages/official_position_statement_on_the_truth/ (26. 11. 2011)

Ahlert, Günter. 1999. Biogerontologie. Stand und aktuelle Entwicklungen. *Zeitschrift für Gerontologie und Geriatrie.* Bd. 32, H. 2, S. 112–123.

Arber, Sara; Tushna Vandrevala; Tom Daly et al. 2008. Understanding gender differences in older people's attitudes towards life-prolonging medical technologies. *Journal of Aging Studies.* Bd. 22, H. 4, S. 366–375.

Arking, Robert; Vassily Novoseltsev; Janna Novoseltseva. 2004. The human life span is not that limited. The effect of multiple longevity phenotypes. *Journal of Gerontology: Biological Siences.* Bd. 59A, H. 7, S. 697–704.

Au, Cornelia. 2006. Anti-Aging im Spiegel der neueren Literatur. Eine Kurzübersicht. *Informationsdienst Altersfragen.* Bd. 33, H. 5, S. 8–10.

Baars, Jan; Dale Dannefer; Chris Phillipson et al. (Hg.). 2006. *Aging, Globalization, and Inequality. The new critical gerontology.* Amityville, NY: Baywood Publishing.

Backes, Gertrud. 2008. Von der (Un-)Freiheit körperlichen Alter(n)s in der modernen Gesellschaft und der Notwendigkeit einer kritisch-gerontologischen Perspektive auf den Körper. *Zeitschrift für Gerontologie und Geriatrie.* Bd. 41, H. 3, S. 188–194.

Baer, H. 2003. The work of Andrew Weil and Deepak Chopra – two holistic health/new age gurus. A critique of the holistic health/new age movements. *Medical Antropology Quarterly.* Bd. 17, H. 2, S. 233–250.

Banasch, Sünje. 2007. So schützen Sie sich vor Alzheimer. BILD-Serie Prävention – Rechtzeitig vorsorgen, heißt länger leben. *BILD (12. 12. 2007).* http://www.bild.de/ratgeber/gesund-fit/gesundheit/alzheimer-3100984.bild.html (4. 1. 2012).

Banasch, Sünje. 2007. Wie schütze ich mich vor Krebs? BILD-Serie Prävention: Rechtzeitig vorsorgen, heißt länger leben. *BILD (21. 11. 2007).* http://www.bild.de/tipps-trends/gesund-fit/ratgeber/krebs-schutz-3025246.bild.html (4. 1. 2012).

Bärtels, Claude; Frank Mosler. 2008. Präventivmedizin bei elektromagnetischen Belastungen. Magnetfeldverzerrungen sind als biologischer Wirkmechanismus unterhalb gesetzlicher Grenzwerte erkannt und bieten konkrete Ansätze für therapeutische und präventive Maßnahmen. *Journal of Preventive Medicine.* Bd. 4, H. 1, S. 70–79.

Bartlett, Helen; Mair Underwood. 2009. Life extension technology. Implications for public policy and regulation. *Health sociology review.* Bd. 18, H. 4, S. 423–433.

Beauchamp, Tom; James Childress. 1994. *Principles of biomedical ethics.* New York u. a.: Oxford University Press.

Becker-Schmidt, Regina; Gudrun-Axeli Knapp. 2001. *Feministische Theorien zur Einführung.* Hamburg: Junius.

Bengtson, Vern; Norella Putney; Malcom Johnson. 2005. The problem of theory in gerontology today. In: Hohnson, Malcom (Hg.). *The Cambridge handbook of age and ageing.* Cambridge: Cambridge University Press, S. 3–20.

Bergmann, Howard; Luigi Ferrucci; Jack Guralnik et al. 2007. Frailty: An emerging research and clinical paradigm. Issues and controversies. *Journal of Gerontology: Medical Sciences.* Bd. 62A, H. 7, S. 731–737.

Binstock, Robert. 2003. The war on ‚anti-aging medicine'. *The Gerontologist.* Bd. 43, H. 1, S. 4–14.

Binstock, Robert. 2004. The prolonged old, the long-lived society, and the politics of age. In: Post, Stephen; Robert Binstock (Hg.). *The fountain of youth.* Oxford: Oxford University Press, S. 362–386.

Binstock, Robert. 2004. The search for prolongevity. A contentious pursuit. In: Post, Stephen; Robert Binstock (Hg.). *The fountain of youth.* Oxford: Oxford University Press, S. 11–37.

Birkenstock, Eva. 2008. *Angst vor dem Altern? Zwischen Schicksal und Verantwortung.* Freiburg i. B. u. a.: Alber.

Birnbacher, Dieter. 1999. Ethics and social science. Which kind of co operation? *Ethical Theory and Moral Practice.* Bd. 2, S. 319–336.

Bleichrodt, Wolf. 2002. Praxismanagement für die Anti-Aging-Medizin. In: Römmler, Alexander; Alfred Wolf (Hg.). *Anti-Aging-Sprechstunde – Leitfaden für Einsteiger.* Berlin: Congress-Compact-Verlag, S. 199–208.

Bleichrodt, Wolf. 2005. Präventionsversicherung – wohin führt die Reise? Private Präventionsversicherung oder staatliches Präventionsgesetz? *Anti Aging for Professionals.* Bd. 1, H. 2, S. 14–16.

Bleichrodt, Wolf. 2005. Staatliches Exklusivmarketing für Anti Aging-Professionals. Das Präventionsgesetz 2005 – und neues Leben blüht aus den Ruinen! *Anti Aging for Professionals.* Bd. 1, H. 1, S. 11–15.

Bleichrodt, Wolf. 2006. Lahme Ente mit großer Angst vorm schnellen Ende. Große „Gesundheitskoalition". *Prevention and Anti Aging for Professionals.* Bd. 2, H. 2, S. 142–144.

Bleichrodt, Wolf. 2007. Editorial. *Journal of Preventive Medicine.* Bd. 3, H. 3+4, S. 271.

Bleichrodt, Wolf. 2007. Ein Arzt sieht rot. Kommentar zur Gesundheitsreform. *Gesund alt werden.* Bd. 1, H. 1, S. 12–13.

Bleichrodt, Wolf. 2008. Banken + Politik = arm + krank? Wo bleibt die Präventionsmedizin? *Gesund älter werden.* Bd. 2, H. 3, S. 10–13.

Bleichrodt, Wolf; Claudia Hennig. 2006. Enteignung der Gesundheit – Krankheit als Manövriermasse der Politik. Claudia Hennig im Gespräch mit Wolf Bleichrodt zum GKV-Wettbewerbsstärkungsgesetz. *Prevention and Anti Aging for Professionals.* Bd. 2, H. 4, S. 410–416.

BMFSFJ (Bundesministerium für Familie, Senioren, Frauen und Jugend). 2000. *Alter in Deutschland. Dritter Bericht zur Lage der älteren Generation ; Deutscher Bundestag, 14. Wahlperiode, Unterrichtung durch die Bundesregierung.* Berlin: Bundesministerium für Familie, Senioren, Frauen und Jugend.

BMG (Bundesministerium für Gesundheit und Soziale Sicherung). 2006. Gesund Altern. Prävention und Gesundheitsförderung im höheren Lebensalter. http://www.dnbgf.de/fileadmin/texte/Downloads/uploads/dokumente/2006/g-300.pdf.pdf (28.11.2011)

Boia, Lucian; Trista Selous. 2004. *Forever young. A cultural history of longevity.* London: Reaktion Books.

Borry, Pascal; Paul Schotsmans; Kris Dierickx. 2004. Empirical ethics. A challenge to bioethics (Editorial). *Medicine, Health Care and Philosophy.* Bd. 7, S. 1–3.

Borry, Pascal; Paul Schotsmans; Kris Dierickx. 2005. The birth of the empirical turn in bioethics. *Bioethics.* Bd. 19, H. 1, S. 49–71.

Brandhoff, Nici. 2005. Kaiserberg Klinik. Ein einzigartiges Medizinkonzept ermöglicht den Erhalt von Körper und Gesundheit bis ins hohe Alter. *Anti Aging for Professionals.* Bd. 1, H. 1, S. 102–103.

Brockmann, Hilke. 2005. Biodemografie. Fakten und Folgen. In: Jacobi, Günther; Nicole Baake (Hg.). *Kursbuch Anti-Aging.* Stuttgart u.a.: Thieme, S. 27–33.

Brückel, Joachim. 2002. Hormonelle „Verjüngungskuren". Warnen Sie Ihre Patienten vor falschen Versprechungen! *MMW – Fortschritte der Medizin.* Bd. 144, H. 39, S. 24.

Bundesregierung; Bundesrat. 2005. Stellungnahme des Bundesrates und Gegenäußerung der Bundesregierung zum Entwurf eines Gesetzes zur Stärkung der gesundheitlichen Prävention. Bundesdrucksache 15/5214, 7.4.2005. http://dip21.bundestag.de/dip21/btd/15/052/1505214.pdf (29.11.2011).

Bundestagsfraktionen SPD und BÜNDNIS 90/DIE GRÜNEN. 2005. Entwurf eines Gesetzes zur Stärkung der gesundheitlichen Prävention. Bundestagsdrucksache 15/4833, 15.2.2005. http://dip21.bundestag.de/dip21/btd/15/048/1504833.pdf (29.11.2011).

Butler, Judith. 1997. *Körper von Gewicht. die diskursiven Grenzen des Geschlechts.* Frankfurt a.M.: Suhrkamp.

Butler, Judith; Kathrina Menke. 1991. *Das Unbehagen der Geschlechter.* Frankfurt a.M.: Suhrkamp.

Butler, Robert; Michael Fossel; Mitchell Harmann et al. 2002. Is there an Antiaging Medicine? *Journal of Gerontology: Biological Sciences.* Bd. 57A, H. 9, S. B333–B338.

Butler, Rober; Richard Sprott; Hubert Warner et al. 2004. Biomarkers of aging. From primitive organisms to humans. *Journal of Gerontology: Biological Sciences.* Bd. 59A, H. 6, S. 560–567.

Butler, Robert. 1968. Age-ism. Another form of bigotry. *Gerontologist.* Bd. 9, H. 4, S. 243–246.

Butler, Robert. 2000. Anti-aging medicine. What makes it different from geriatrics? *Geriatrics.* Bd. 55, H. 6, S. 36–43.

Butler, Robert. 2001. Is there an ‚anti-aging' medicine? Nonscientists seeking to attract consumers to untested remedies. *Generations.* Bd. 25, H. 4, S. 63–65.

BVPG, (Bundesvereinigung Prävention und Gesundheitsförderung); Andreas Kruse. 1999. 15 Regeln für gesundes Älterwerden (23. 3. 2009). http://www.bvpraevention.de/cms/index.asp?inst=bvpg&snr=7249 (2.1.2012).

Calasanti, Toni. 2007. Bodacious berry, potency wood and the aging monster. Gender and age relations in anti-aging ads. *Social Forces.* Bd. 86, H. 1, S. 335–355.

Callahan, Daniel. 1977. On defining a ‚natural death'. *The Hastings Centre Report.* Bd. 7, H. 3, S. 32–37.

Callahan, Daniel. 1995. Aging and the life cycle. A moral norm? In: Callahan, Daniel; Ruud ter Meulen; Eva Topinkova (Hg.). *A world growing old – The coming health care challenges.* Washington, DC: Georgetown University Press, S. 20–27.

Callahan, Daniel. 2000. Death and the research imperative. *New England Journal of Medicine.* Bd. 342, H. 9, S. 654–656.

Caplan, Gerald. 1964. *Principles of preventive psychiatry.* New York u. a.: Basic Books.

Cardona, Beatriz. 2009. ‚Anti-ageing medicine' in Australia. Global trends and local practices to redefine ageing. *Health Sociology Review.* Bd. 18, H. 4, S. 446–460.

Chapman, Audrey. 2004. The social and justice implications of extending the human life span. In: Post, Stephen; Robert Binstock (Hg.). *The fountain of youth. Cultural, scientific, an ethical perspectives on a biomedical goal.* Oxford: Oxford University Press, S. 340–361.

Chopra, Deepak. 2008. *Ageless body, timeless mind. A practical alternative to growing old.* London u. a: Rider.

Clarke, Adele. 2005. *Situational analysis. Grounded theory after the postmodern turn.* Thousand Oaks, CA u. a.: Sage Publications.

Cole, Thomas. 1992. *The journey of life. A cultural history of aging in America.* Cambridge: Cambridge University Press.

Cole, Thomas; Barbara Thompson. 2001. Anti-aging. Are you for it or against it? *Generations.* Bd. 25, H. 4, Themenheft.

Cole, Thomas; Barbara Thompson. 2001. Introduction. ‚Aging' is going out of style. *Generations.* Bd. 25, H. 4, S. 6–8.

Corbin, Juliet; Anselm Strauss. 2008. *Basics of qualitative research. Techniques and procedures for developing grounded theory.* Los Angeles u. a.: Sage Publications.

de Grey, Aubrey. 2003. An engineer's approach to the development of real anti-aging medicine. *Science of Aging Knowledge Environment.* Bd. 3, H. 1, S. vp1.

de Grey, Aubrey. 2004. An Engineer's Approach To Developing Real Anti-Aging Medicine. In: Post, Stephen; Robert Binstock (Hg.). *The fountain of youth. Cultural, scientific, an ethical perspective on a biomedical goal.* Oxford: Oxford University Press, S. 249–267.

de Grey, Aubrey. 2005. Life extension, human rights, and the rational refinement of repugnance. *Journal of Medical Ethics.* Bd. 33, H. 11, S. 659–663.

de Grey, Aubrey. 2005. Like it or not, life-extension research extends beyond biogerontology. *EMBO Reports.* Bd. 6, H. 11, S. 1000.

de Grey, Aubrey. 2005. Resistance to debate on how to postpone ageing is delaying progress and costing lives. Open discussions in the biogerontology community would attract public interest and influence funding policy. *EMBO Reports.* Bd. 6, Themenheft, S. S49–S53.

de Grey, Aubrey. 2006. SENS's detractors should not intimidate aging-related scientists. Brief zu: Gray; Bürkle. 2006. SENS and the polarization of aging-related research (13. 4. 2006). S. 8. http://sageke.sciencemag.org/community/discussions/#395 (30. 11. 2013).

de Grey, Aubrey; Michael Rae. 2007. *Ending aging. The rejuvenation breakthroughs that could reverse human aging in our lifetime.* New York: St. Martin's Press.

de Grey, Aubrey; Michael Rae. 2010. *Niemals alt! So lässt sich das Altern umkehren. Fortschritte der Verjüngungsforschung.* Bielefeld: transcript.

Demetrius, Lloyd. 2005. Of mice and men. When it comes to studying ageing and the means to slow it down, mice are not just small humans. *EMOB Reports.* Bd. 6, Themenheft, S. S39–S44.

Derkx, Peter. 2009. Engineering substantially prolonged human life spans. Biotechnological enhancement and ethics. In: Edmondson, Ricca; Hans-Joachim von Kondratowitz (Hg.). *Valuing older people.* S. 187–208.

Deutscher Ethikrat 2012: Helfen Gentests im Kampf gegen Volkskrankheiten? Pressemitteilung vom 7. Mai 2012, http://www.presseportal.de/pm/42978/2247972/helfen-gentests-im-kampf-gegen-volkskrankheiten (17. 5. 2012).

Dietrich, Julia. 2009. Zum Verhältnis von Ethik und Empirie. Ein Überblick am Beispiel der Schmerzmedizin. In: Simon, Alfred; Jan Schildmann; Jochen Vollmann (Hg.). *Klinische Ethik. Aktuelle Entwicklungen in Theorie und Praxis.* Frankfurt a. M.: Campus, S. 225–241.

Dören, Martina. 2007. Gesundheitsrisiko. Diskussion zu dem Beitrag „Anti-Aging-Medizin" von Bernd Kleine-Gunk. *Deutsches Ärzteblatt.* Bd. 104, H. 46, S. A3187.

Druyen, Thomas. 2007. Lebenszyklus im Umbruch. *Journal of Preventive Medicine.* Bd. 3, H. 3+4, S. 278–285.

Dumas, Alex; Brian Turner. 2007. The life-extension project. A sociological critique. *Health Sociology Review.* Bd. 16, H. 1, S. 5–17.

DZA (Deutsches Zentrum für Altersfragen) (Hg.). 2001. *Personale, gesundheitliche und Umweltressourcen im Alter. Expertisen zum Dritten Altenbericht der Bundesregierung (Band 1).* Opladen: Leske u. Budrich.

Ehni, Hans-Jörg; Georg Marckmann. 2008. The normative dimensions of extending the human lifespan by age-related biomedical innovations. *Rejuvenation Research.* Bd. 11, H. 5, S. 965–969.

Ehni, Hans-Jörg; Georg Marckmann. 2009. Die Verlängerung der Lebensspanne unter dem Gesichtspunkt distributiver Gerechtigkeit. In: Knell, Sebastian; Marcel Weber (Hg.). *Länger leben? Philosophische und biowissenschaftliche Perspektiven.* Frankfurt a. M.: Suhrkamp, S. 264–286.

Ehni, Hans-Jörg; Georg Marckmann. 2009. Social justice, health inequities, and access to new age-related interventions. *Medicine Studies.* Bd. 1, H. 3, S. 281–295.

Ehni, Hans-Jörg, Julia Dietrich; Jon Leefmann; Mone Spindler. 2012. Das Altern abschaffen? Ethische Fragen der Biogerontologie. *ProAlter.* Bd 44, H. 5, S. 60–63.

Eichinger, Tobias. 2011. Anti-Aging als Medizin? Altersvermeidung zwischen Therapie, Prävention und Wunscherfüllung. In: Maio, Giovanni (Hg.). *Altwerden ohne alt zu sein? Ethische Grenzen der Anti-Aging-Medizin.* Freiburg i. B. u. a.: Alber, S. 118–155.

Eichinger, Tobias; Claudia Bozzaro. 2011. Die bioethische Debatte um Anti-Aging als Lebensverlängerung. Bezugspunkte und Argumentationsmuster. In: Maio, Giovanni (Hg.). *Vom Sinn des Alters. Reflexionen zum Alter jenseits des Fitnessimperativs.* Freiburg i. B. u. a.: Alber, S. 34–70.

Emerson, Robert; Rachel Fretz; Linda Shaw. 1995. *Writing ethnographic fieldnotes.* Chicago u. a.: Univiversity of Chicago Press.

Estep, Preston; Matt Kaeberlein; Pankaj Kapahi. 2006. Life extension pseudoscience and the SENS plan. (Einreichung zum „SENS Challenge"). *Technology Review.* H. 109, S. 80–84.

Featherstone, Mike. 1995. Post-bodies, aging and virtual reality. In: Featherstone, Mike; Andrew Wernick (Hg.). *Images of ageing. Cultural representations of later life.* London u. a.: Routledge Chapman & Hall, S. 227–244.

First international conference on health promotion. 1986. *Ottawa charter for health promotion.* WHO/HPR/HEP/95.1 (21. November 1986).

Fisher, Alfred; John Morley. 2002. Antiaging medicine. The good, the bad, and the ugly (Editorial). *Journal of Gerontology.* Bd. 57A, H. 10, S. M636–M639.

Fishman, Jenifer; Robert Binstock; Marcie Lambrix. 2008. Anti-aging science. The emergence, maintenance, and enhancement of a discipline. *Journal of Aging Studies.* Bd. 22, H. 4, S. 295–303.

Flick, Uwe. 2007. *Qualitative Sozialforschung. Eine Einführung.* Reinbek b. H.: Rowohlt-Taschenbuch-Verlag.

Forum Prävention. 2002. Gemeinsame Erklärung zur Gründung des Deutschen Forums Prävention und Gesundheitsförderung (11.7.2002). http://breitensport.infonet-sport.de/6179.html?&cHash=d1f45c4557&tx_mininews_pi2[showUid]=4228 (2.12.2011).

Foucault, Michel. 1993. Technologien des Selbst. In: Martin, Luther H.; Michel Foucault; Michael Bischoff (Hg.). *Technologien des Selbst.* Frankfurt a. M.: Fischer, S. 24–62.

Franzkowiak, Peter. 2008. Prävention im Gesundheitswesen. Systematik, Ziele, Handlungsfelder und die Position der Sozialen Arbeit. In: Hensen, Gregor; Peter Hensen (Hg.). *Gesundheitswesen und Sozialstaat. Gesundheitsförderung zwischen Anspruch und Wirklichkeit.* Wiesbaden: VS Verlag für Sozialwissenschaften/GWV Fachverlage GmbH, S. 195–219.

Fraunhofer ISI und IAO. 2011. Das Altern entschlüsseln. Auszug aus dem Bericht „Zukunftsfelder neuen Zuschnitts" im Auftrag des BMBF. http://www.bmbf.de/pubRD/02_Das_Altern_entschluesseln_Auszug.pdf (25.1.2012).

Fried, Linda; Chatherine Tangen; Jeremy Walston et al. 2001. Frailty in older adults. Evidence for a phenotype. *Journal of Gerontology: Medical siences.* Bd. 56A, H. 3, S. M146–M156.

Fried, Linda; Luigi Ferrucci; Jonathan Darer et al. 2004. Untangling the concepts of disability, frailty, and comorbidity. Implications for improved targeting and care. *Journal of Gerontology: Medical Sciences.* Bd. 59, H. 3, S. 255–263.

Fries, James. 1980. Aging, natural death, and the compression of morbidity. *The New England Journal of Medicine.* Bd. 303, H. 3, S. 130–136.

Fuchs, Michael. 2006. Biomedizin als Jungbrunnen? Zur ethischen Debatte über künftige Optionen der Verlangsamung des Alterns. *Zeitschrift für medizinische Ethik.* Bd. 52, H. 4, S. 355–366.

Fuchs, Peter. 2008. Prävention. Zur Mythologie und Realität einer paradoxen Zuvorkommenheit. In: Saake, Irmhild; Werner Vogd (Hg.). *Moderne Mythen der Medizin. Studien zur organisierten Krankenbehandlung.* Wiesbaden: VS Verlag für Sozialwissenschaften, S. 363–378.

Fukuyama, Francis. 2002. *Our posthuman future. Consequences of the biotechnology revolution.* New York: Farrar, Straus and Giroux.

Gaßmann, Karl-Günther. 2007. Märchen gibt es immer wieder. Eine kritische Analyse von Methoden und Behandlungsverfahren der Anti-Aging-Medizin. *Aktuelle Ernährungsmedizin.* Bd. 32, H. Supplement, S. 151–145.

Gems, David. 2009. Eine Revlution des Alterns. Die neue Biogerontologie und ihre Implikationen. In: Knell, Sebastian; Marcel Weber (Hg.). *Länger leben? Philosophische und biowissenschaftliche Perspektiven.* Frankfurt a. M.: Suhrkamp, S. 25–45.

Gesang, Bernward. 2007. *Perfektionierung des Menschen.* Berlin u. a.: de Gruyter.

Gesang, Bernward. 2009. Enhancement. Plädoyer für einen Liberalismus mit Auffangnetz. In: Kettner, Matthias (Hg.). *Wunscherfüllende Medizin. Ärztliche Behandlung im Dienst von Selbstverwirklichung und Lebensplanung.* Frankfurt a. M.: Campus-Verlag, S. 297–316.

Glaser, Barney. 1992. *Basics of grounded theory analysis. Emergence vs. forcing.* Mill Valley, CA: Sociology Press.

Glaser, Barney; Anselm Strauss. 1967. *The discovery of grounded theory. Strategies for qualitative research.* New York, NY: Aldine.

Glaser, Vicki. 2009. Personal profile. Interview with John Vincent, Ph. D. *Rejuvenation Research.* Bd. 12, H. 1, S. 59–63.

GOA, (United States General Accounting Office). 2001. Health products for seniors. Antiaging products pose potential for physical and economic harm. Report to Chairman, Special Committee on Aging, U. S. Senate. *GAO-01-1129.*

Göckenjan, Gerd. 2000. *Das Alter würdigen. Altersbilder und Bedeutungswandel des Alters.* Frankfurt a. M.: Suhrkamp.

Grabowsi, Diana. 2006. Ein von der GSAAM neu entwickeltes, zukunftsgerichtetes universitäres Ausbildungsmodell in der Präventions- und Anti-Aging-Medizin könnte auch ein Modell für Europa werden. Interview mit Alexander Römmler. *Prevention and Anti Aging for Professionals.* Bd. 2, H. 2, S. 248–251.

Gray, Douglas; Alexander Bürkle. 2006. SENS and the polarization of aging-related research. *Science of Aging Knowledge Environment*. H. 7, S. 8.

Grothe, Holger; Philipp Storz; Agata, Häussler, Bertram Daroszewska. 2011. Innovationen in der Anti-Aging-Medizin. Eine Analyse des Angebots, der Versorgungssituation und zukünftiger Entwicklungen an drei ausgewählten Beispielen. In: Maio, Giovanni (Hg.). *Vom Sinn des Alters. Reflexionen zum Alter jenseits des Fitnessimperativs.* Freiburg i. B. u. a.: Alber, S. 73–93.

Gruber, Christian; Johannes Huber. 2003. Altern. Genetische Aspekte und Polymorphismusdiagnostik. In: Kleine-Gunk, Bernd; Wilfried Bieger (Hg.). *Anti-Aging. Moderne medizinische Konzepte.* Bremen u. a.: UNI-MED Verlag, S. 53–58.

Gruman, Gerald. 1966. *A history of ideas about the prolongation of life.* Philadelphia: American Philosophical Society.

Grune, Tilman. 2005. Mechanismen des zellulären Alterns. In: Jacobi, Günther; Nicole Baake (Hg.). *Kursbuch Anti-Aging.* Stuttgart u. a.: Thieme, S. 21–26.

Haber, Carole. 2001. Anti-Aging: Why now? A historical framework for understanding the contemporary enthusiams. *Generations.* Bd. 25, H. 4, S. 9–14.

Haimes, Erica. 2006. What can the social sciences contribute to the study of ethics? Theoretical, empirical and substantive considerations. In: Rehmann-Sutter, Christoph; Marcus Düwell; Dietmar Mieth (Hg.). *Bioethics in cultural contexts. Reflections on methods and finitude.* Dordrecht: Springer, S. 277–298.

Halbekath, Jutta. 2003. Anti-Aging. Wundermittel gegen das Altern? *Clio.* H. 56, S. 24–26.

Haraway, Donna. 1997. *Modest witness second millennium. Femaleman meets oncomouse. Feminism and technoscience.* New York u. a.: Routledge.

Haraway, Donna; Carmen Hammer. 1995. *Die Neuerfindung der Natur. Primaten, Cyborgs und Frauen.* Frankfurt a. M. u. a.: Campus-Verlag.

Harber, Carole. 2004. Life extension and history. The continual search for the fountain of youth. *Journal of Gerontology: Biological science.* Bd. 59A, H. 6, S. 515–522.

Harder, Bernd. 2009. Alle reden von Prävention – wir machen sie. Interview mit Bernd Kleine-Gunk. *Ärztliche Praxis Prävention.* Bd. 2, H. 3, S. 24–25.

Harris, John. 2004. Immortal ethics. *Annals of the New York Academy of Sciences.* H. 1019, S. 527–534.

Haycock, David. 2008. *Mortal coil. A short history of living longer.* New Haven u. a.: Yale University Press.

Hayflick, Leonard. 2004. ‚Anti-aging' is an oxymoron. *Journal of Gerontology: Biological sciences.* Bd. 59A, H. 6, S. 573–578.

Hazzard, William. 2005. The conflict between biogerontology and antiaging medicine. Do geriatricians have a dog in this fight? *Journal of the American Geriatrics Society.* Bd. 53, H. 8, S. 1434.

Heiß, H. Wolfgang. 2011. Anti-Aging-Medizin und Geriatrie im Widerstreit für ein gutes Altern. In: Maio, Giovanni (Hg.). *Altwerden ohne alt zu sein? Ethische Grenzen der Anti-Aging-Medizin.* Freiburg i. B. u. a.: Alber, S. 94–109.

Helmchen, Hanfried; Siegfried Kanowski; Hans Lauter. 2006. *Ethik in der Altersmedizin. Mit einem Beitrag zur Pflegeethik.* Stuttgart: Kohlhammer.

Hennig, Claudia. 2005. Eine Zeitreise in die Realität. Claudia Hennig spricht mit Frank Schirrmacher. *Anti Aging for Professionals.* Bd. 1, H. 1, S. 6–9.

Hennig, Claudia. 2005. Wachstumsmarkt Gesundheit in Europa. Claudia Hennig spricht mit dem Vizepräsidenten der Europäischen Kommission, Günter Verheugen. *Anti Aging for Professionals.* Bd. 1, H. 2, S. 6–13.

Hennig, Claudia. 2006. Altern im positiven Sinne des Reifens. Claudia Hennig spricht mit Ursula Lehr. *Prevention and Anti Aging for Professionals.* Bd. 2, H. 3, S. 270–272.

Hennig, Claudia. 2006. Prävention – Eigenverantwortung ist angesagt. Claudia Hennig spricht mit Volker Leienbach. *Anti Aging for Professionals.* Bd. 2, H. 1, S. 6–8.

Hennig, Claudia. 2007. Bildung und Aufklärung müssen im Vordergrund stehen. Dr. med. Claudia Hennig im Gespräch mit Philipp Mißfelder, MdB. *Journal of Preventive Medicine.* Bd. 3, H. 3+4, S. 274–276.

Hennig, Claudia. 2007. Editorial. *Gesund älter werden.* Bd. 1, H. 2, S. 2.

Hennig, Claudia; Michael Klentze. 2005a. Editorial. *Anti Aging for Professionals.* Bd. 1, H. 1, S. 3.

Hennig, Claudia; Michael Klentze. 2005b. Editorial. *Anti Aging for Professionals.* Bd. 1, H. 2, S. 3.

Hennig, Claudia; Michael Klentze. 2006a. Editorial. *Prevention and Anti Aging for Professionals.* Bd. 2, H. 3, S. 267.

Hennig, Claudia; Michael Klentze. 2006b. Editorial. *Prevention and Anti Aging for Professionals.* Bd. 2, H. 2, S. 135.

Hennig, Claudia; Michael Klentze. 2007a. Editorial. *Gesund alt werden.* Bd. 1, H. 1, S. 2.

Hennig, Claudia; Michael Klentze. 2007b. Editorial. *Journal of Preventive Medicine.* Bd. 3, H. 1, S. 3.

Hensen, Georg; Peter Hensen. 2008. Das Gesundheitswesen im Wandel sozialstaatlicher Wirklichkeiten. In: Hensen, Gregor; Peter Hensen (Hg.). *Gesundheitswesen und Sozialstaat. Gesundheitsförderung zwischen Anspruch und Wirklichkeit.* Wiesbaden: VS Verlag für Sozialwissenschaften/GWV Fachverlage GmbH, S. 13–38.

Hensen, Gregor; Peter Hensen (Hg.). 2008. *Gesundheitswesen und Sozialstaat. Gesundheitsförderung zwischen Anspruch und Wirklichkeit.* Wiesbaden: VS Verlag für Sozialwissenschaften/GWV Fachverlage GmbH.

Heyflick, Leonard. 2005. Anti-aging medicine. Fallacies, realities, imperatives. *Journal of Gerontology: Biological Sciences.* Bd. 60A, H. 10, S. 1228–1232.

Hildt, Elisabeth. 2006. *Autonomie in der biomedizinischen Ethik. Genetische Diagnostik und selbstbestimmte Lebensgestaltung.* Frankfurt a. M. u. a.: Campus-Verlag.

Hirschauer, Stefan. 2001. Ethnographisches Schreiben und die Schweigsamkeit des Sozialen. Zu einer Methodologie der Beschreibung. *Zeitschrift für Soziologie.* Bd. 30, H. 6, S. 429–451.

Hirschauer, Stefan; Klaus Amann. 1997. *Die Befremdung der eigenen Kultur. Zur ethnographischen Herausforderung soziologischer Empirie.* Frankfurt a. M.: Suhrkamp.

Hoffmaster, Barry. 1992. Can ethnography save the life of medical ethics? *Social Science and Medicine.* Bd. 35, H. 12, S. 1421–1431.

Höhn, Hans-Joachim; Héctor Wittwer; Gunnar Hindrichs et al. 2004. *Welt ohne Tod. Hoffnung oder Schreckensvision?* Göttingen: Wallstein.

Holsboer, Florian; Hans Schüler 2007: Therapiewege der Zukunft. In: Gruss, Peter (Hg.): *Die Zukunft des Alterns – Die Antwort der Wissenschaft.* München: Beck, S. 192–219.

Horrobin, Steven. 2005. The ethics of aging interventions and life-extension. In: Rattan, Suresh (Hg.). *Aging interventions and therapies.* S. 1–27.

Huber, Johannes. 2001. *Abschied von der Steinzeitmoral. Chancen der Biomedizin.* Graz u. a.: Verlag Styria.

Huber, Johannes. 2005. Polymorphismusdiagnostik. *Anti-Aging for Professionals.* Bd. 1, H. 2, S. 58–61.

Huber, Johannes. 2007. Bedeutung der Gendiagnostik für die Präventionsmedizin. *Journal of Preventive Medicine.* Bd. 3, H. 3+4, S. 310–311.

Huber, Johannes; Michael Klentze. 2005. *Die revolutionäre Snips-Methode. Genetisch bedingte Gesundheitsrisiken erkennen und aktiv gegensteuern.* München: Südwest.

Hurrelmann, Klaus; Theodor Kloth; Jochen Haisch. 2007. Einführung. Krankheitsprävention und Gesundheitsförderung. In: Hurrelmann, Klaus; Thomas Altgeld (Hg.). *Lehrbuch Prävention und Gesundheitsförderung.* Bern: Huber, S. 11–19.

Imhasly, Patrick. 2008. „Wer sterben will, darf das weiterhin." *Neue Züricher Zeitung,* 28. 9. 2008, http://www.nzz.ch/nachrichten/wissenschaft/wer_sterben_will_darf_ das_weiterhin_1.938895. html.(6. 12. 2011).

International Longevity Center; AARP Andrus Foundation. 2002. Is there an ‚anti-aging' medicine? http://www.issuelab.org/research/is_there_an_anti_aging_medicine (6. 12. 2011).

Jacobi, Günther. 2005. Anti-Aging. Sinnbild, Sehnsucht, Wirklichkeit. In: Jacobi, Günther; Nicole Baake (Hg.). *Kursbuch Anti-Aging.* Stuttgart u. a.: Thieme, S. 2–13.

Jacobi, Günther; Hans Konrad Biesalsk; Ute Gola et al. 2005. Vorwort. In: Jacobi, Günther; Nicole Baake (Hg.). *Kursbuch Anti-Aging.* Stuttgart u. a.: Thieme, S. VI–VII.

Jacobi, Günther; Nicole Baake (Hg.). 2005. *Kursbuch Anti-Aging.* Stuttgart u. a.: Thieme.

Juengst, Eric; Robert Binstock; Maxwell Mehlman et al. 2003. Antiaging research and the need for public dialogue. *Science.* Bd. 299, H. 5611, S. 1323.

Juengst, Eric; Robert Binstock; Maxwell Mehlman et al. 2003. Biogerontology. ‚Anti-Aging Medicine' and the challenges of human enhancement. *Hastings Center Report.* Bd. 33, H. 4, S. 21–31.

Kalache, Alexander; Isabella Aboderin; Irene Hoskins. 2002. Compression of morbidity and active ageing. Key priorities for public heath policy in the 21st century. *Bulletin of the World Health Organization.* Bd. 80, H. 3, S. 243–250.

Kampf, Antje; Lynn Botelho. 2009. Anti-aging and biomedicine. Critical studies on the pursuit of maintaining, revitalizing or enhancing aging bodies. *Medicine Studies.* Bd. 1, H. 3, S. 187–195.

Kane, Robert. 2002. The future history of geriatrics. Geriatrics at the crossroads. *Journal of Gerontology: Biological Sciences.* Bd. 57A, H. 12, S. M803–M805.

Karger, Cornelia; Bärbel Hüsing. 2011. *Personalisierte Medizin im Gesundheitssystem der Zukunft. Einflussfaktoren und Szenarien.* Jülich: Forschungszentrum Jülich.

Kass, Leon. 2004. L'Chaim and its limits. Why not immortality? In: Post, Stephen; Robert Binstock (Hg.). *The fountain of youth. Cultural, scientific, an ethical perspectives on a biomedical goal.* Oxford: Oxford University Press, S. 304–320.

Katz, Stephen. 1996. *Disciplining old age. The formation of gerontological knowledge.* Charlottesville: University Press of Virginia.

Katz, Stephen. 2001. Growing older without aging? Positive aging, anti-ageism, and anti-aging. *Generations.* Bd. 25, H. 4, S. 27–32.

Katz, Stephen. 2003. Critical gerontological theory. Intellectual fieldwork and the life of ideas. In: Biggs, Simon; Ariela Lowenstein; Jon Hendricks (Hg.). *The need for theory. Critical approaches to social gerontology.* Amityville, NY: Baywood Publications, S. 15–32.

Katz, Stephen. 2006. From chronology to functionality. Critical reflections on the gerontology of the body. In: Baars, Jan (Hg.). *Aging, globalization, and inequality. The new critical gerontology.* Amityville, NY: Baywood, S. 123–137.

Katz, Stephen; Barbara Marshall. 2003. New sex for old. Lifestyle, consumerism, and the ethics of aging well. *Journal of Aging Studies.* Bd. 17, S. 3–16.

Katz, Stephen; Barbara Marshall. 2004. Is the functional ‚normal'? Aging, sexuality and the biomarking of successful living. *History of the Human Sciences.* Bd. 17, H. 1, S. 53–75.

Katz, Stephen; Kevin Peters. 2008. Enhancing the mind? Memory medicine, dementia, and the aging brain. *Journal of Aging Studies.* Bd. 22, H. 4, S. 348–355.

King, Neal; Toni Calasanti. 2006. Empowering the old. Critical gerontology and anti-aging in a global context. In: Baars, Jan (Hg.). *Aging, globalization, and inequality. The new critical gerontology.* Amityville, NY: Baywood Publications, S. 139–157.

Klatz, Ronald; Bob Goldman. 2007. *The official anti-aging revolution. Stop the clock. Time is on your side for a younger, stronger, happier you.* Laguna Beach, CA: Basic Health Publications.

Kleine-Gunk, Bernd. 2002 oder 2003. Editorial. Sind wir alle Quaksalber [sic]? *Anti-Aging-Medizin.* Bd. 1 oder 2, S. unklar.

Kleine-Gunk, Bernd. 2003. Alterungstheorien. In: Kleine-Gunk, Bernd; Wilfried Bieger (Hg.). *Anti-Aging. Moderne medizinische Konzepte.* Bremen u.a.: UNI-MED Verlag, S. 18–24.

Kleine-Gunk, Bernd. 2003. Wozu Anti-Aging? Vorwort und Danksagung. In: Kleine-Gunk, Bernd; Wilfried Bieger (Hg.). *Anti-Aging. Moderne medizinische Konzepte.* Bremen u.a.: UNI-MED Verlag, S. 6–7.

Kleine-Gunk, Bernd. 2005. Anti-Aging am Scheideweg. *Gynäkologie und Geburtshilfe.* Bd. 7, H. 3, S. 3.

Kleine-Gunk, Bernd. 2005. Anti-Aging. Institute und Sprechstunden. In: Jacobi, Günther; Nicole Baake (Hg.). *Kursbuch Anti-Aging.* Stuttgart u.a.: Thieme, S. 375–382.

Kleine-Gunk, Bernd. 2007. Anti Aging zwischen Science und Fiction. Editorial. *Arzt & Prävention.* Bd. 6, H. 2, S. 3–4.

Kleine-Gunk, Bernd. 2007. Anti-Aging. Die ersten 4000 Jahre. *Journal of Preventive Medicine.* Bd. 3, H. 1, S. 12–16.

Kleine-Gunk, Bernd. 2007. Anti-Aging-Medizin. Hoffnung oder Humbug? *Deutsches Ärzteblatt.* Bd. 104, H. 28–29, S. A2054–A2060.

Kleine-Gunk, Bernd. 2008. Editorial. Das Verstummen des Walter Jens. *Journal of Preventive Medicine.* Bd. 4, H. 1, S. 3–4.

Kleine-Gunk, Bernd. 2008. Editorial. Prävention braucht mehr als Medizin. *Journal of Preventive Medicine.* Bd. 4, H. 2, S. 127–128.

Kleine-Gunk, Bernd. 2008. Extreme Langlebigkeit – Fluch oder Segen? Kulturgeschichte des Alterns. *Journal of Preventive Medicine.* Bd. 4, H. 2, S. 12–15.

Kleine-Gunk, Bernd. 2008. Johann Wolfgang von Goethe. Ein Beispiel für erfolgreiches Altern. *Journal of Preventive Medicine.* Bd. 4, H. 2, S. 133–135.

Kleine-Gunk, Bernd. 2009. Filler und Peelings. *Ärztliche Praxis Prävention.* Bd. 2, H. 6, S. 20–21.

Kleine-Gunk, Bernd. 2009. Individuelle Altersvorsorge. *Ärztliche Praxis Prävention.* Bd. 2, H. 1, S. 14–19.

Kleine-Gunk, Bernd. 2009. Wo die Lebensuhr tickt. *Ärztliche Praxis Prävention.* Bd. 2, H. 2, S. 10–13.

Kleine-Gunk, Bernd. 2010. Gene lassen sich durch Nahrung beeinflussen. *Ärztliche Praxis Prävention.* Bd. 3, H. 2, S. 22.

Kleine-Gunk, Bernd. 2010. Innovative Hormonkosmetik. *Prävention.* Bd. 3, H. 1, S. 18–20.

Klentze, Michael. 2005. Personalisierte Medizin. Von Stereotypien hin zu Individualität durch genetische Polymorphismusdiagnostik. *Anti Aging for Professionals.* Bd. 1, H. 1, S. 16–22.

Kley, Rolof. 2003. Das Anti-Aging-Labor. In: Kleine-Gunk, Bernd; Wilfried P. Bieger (Hg.). *Anti-Aging – moderne medizinische Konzepte.* Bremen u. a.: UNI-MED Verlag, S. 32–52.

Knell, Sebastian. 2009. Sollen wir sehr viel länger leben wollen? Reflexionen zu radikaler Lebensverlängerung, maximaler Langlebigkeit und biologischer Unsterblichkeit. In: Knell, Sebastian; Marcel Weber (Hg.). *Länger leben? Philosophische und biowissenschaftliche Perspektiven.* Frankfurt a. M.: Suhrkamp, S. 117–151.

Knell, Sebastian; Marcel Weber (Hg.). 2009. *Länger leben? Philosophische und biowissenschaftliche Perspektiven.* Frankfurt a. M.: Suhrkamp.

Knell, Sebastian; Marcel Weber. 2009. Einleitung. In: Knell, Sebastian; Marcel Weber (Hg.). *Länger leben? Philosophische und biowissenschaftliche Perspektiven.* Frankfurt a. M.: Suhrkamp, S. 7–21.

Koch, Christian. 2007. Schnelle Vorteilnahme. Diskussion zu dem Beitrag „Anti-Aging-Medizin" von Bernd Kleine-Gunk. *Deutsches Ärzteblatt.* Bd. 104, H. 46, S. A3188.

Kontos, Pia. 1999. Local biology. Bodies of difference in ageing studies. *Ageing and Society.* Bd. 19, S. 677–689.

Korte, Herrman. 1995. *Einführung in die Geschichte der Soziologie.* Opladen: Leske + Budrich.

Kruse, Andreas. 1999. Regeln für gesundes Älterwerden. Wissenschaftliche Grundlagen (Expertise für den Weltgesundheitstag). http://www.who-tag.de/pdf/ExpertiseWGT99.pdf (2.1.2012).

Kruse, Andreas. 2002. *Gesund altern. Stand der Prävention und Entwicklung ergänzender Präventionsstrategien.* Baden-Baden: Nomos-Verlag.

Kruse, Andreas. 2006. Plädoyer für ein Pro-Aging. *Informationsdienst Altersfragen.* Bd. 33, H. 5, S. 4–7.

Kruse, Andreas. 2007. Prävention und Gesundheitsförderung im Alter. In: Hurrelmann, Klaus; Thomas Altgeld (Hg.). *Lehrbuch Prävention und Gesundheitsförderung.* Bern: Huber, S. 81–91.

Kruse, Andreas; Deutsches Forum Prävention und Gesundheitsförderung. 2004. Botschaften für gesundes Älterwerden. http://www.bvpraevention.de/bvpg/images/publikationen/botschaften_gesundes_aelterwerden.pdf (2.1.2012).

Kruse, Andreas; Hans-Werner Wahl. 2010. *Zukunft Altern. Individuelle und gesellschaftliche Weichenstellungen.* Heidelberg: Spektrum Akad.-Verlag.

Kubenz, Kira. 2007. Keine Angst vor Genanalysen. *Gesund älter werden.* Bd. 1, H. 2, S. 30–31.

Kubenz, Kira. 2008. Prädiktive Genanalysen via Internet. Ein problematisches Geschäft. *Journal of Preventive Medicine.* Bd. 4, H. 1, S. 104–107.

Lanzerath, Dirk. 2003. Krankheitsbegriff und Zielsetzung der modernen Medizin. Vom Heilungsauftrag zur Antiaging-Dienstleistung? *Gesundheit und Gesellschaft.* Bd. 3, H. 3, S. 14–20.

Lehr, Ursula. 2009. Langlebigkeit verpflichtet. Bewegungsförderung ohne Altersgrenze. In: Laumann, Karl-Josef (Hg.). *Prävention bis ins hohe Alter.* Sankt Augustin u.a.: Konrad-Adenauer-Stiftung, S. 9–25.

Lemke, Thomas. 2007. *Biopolitik zur Einführung.* Hamburg: Junius.

Lemke, Thomas. 2007. *Gouvernementalität und Biopolitik.* Wiesbaden: VS Verlag für Sozialwissenschaften.

Levy, Neil. 2009. Empirically informed moral theory. A sketch of the landscape. *Ethic Theory and Moral Pracice.* Bd. 12, H. 1, S. 3–8.

Lindemann, Gesa. 2006. Die faktische Kraft des Normativen. *Ethik in der Medizin.* Bd. 18, H. 4, S. 342–347.

Lock, Margret; Julia Freemann; Rosemary Sharples et al. 2006. When it runs in the family. Putting susceptibility genes in perspective. *Public Understanding of Science.* Bd. 15, S. 277–300.

Look, Markus-Peter. 2006. Überlegungen zur personalisierten Medizin und Prävention. Essay. *Prevention and Anti Aging for Professionals.* Bd. 2, H. 4, S. 418–424.

Maio, Giovanni (Hg.). 2010. *Altwerden ohne alt zu sein? Ethische Grenzen der Anti-Aging-Medizin.* Freiburg u.a.: Alber.

Maio, Giovanni. 2006. Die Präferenzorientierung der modernen Medizin als ethisches Problem. Ein Aufriss am Beispiel der Anti-Aging-Medizin. *Zeitschrift für medizinische Ethik.* Bd. 52, H. 4, S. 339–354.

Marckmann, Georg. 2005. Alter als Verteilungskriterium in der Gesundheitsversorgung? – Contra. *Ethik in der Medizin*. Bd. 130, S. 351–352.

Marckmann, Georg; Dan W. Brock (Hg.). 2003. Gesundheitsversorgung im Alter. zwischen ethischer Verpflichtung und ökonomischem Zwang. Stuttgart u. a.: Schattauer.

Marckmann, Georg; M. Möhrle; A. Blum et al. 2004. Gesundheitliche Eigenverantwortung. Möglichkeiten und Grenzen am Beispiel des malignen Melanoms. *Hautarzt*. H. 55, S. 715–720.

Marshall, Barbara. 2009. Rejuvenation's return. Anti-aging and re-masculinization in biomedical discourse on the ‚aging male'. *Medicine Studies*. Bd. 1, H. 3, S. 249–265.

Marshall, Barbara; Stephen Katz. 2002. Forever functional. Sexual fitness and the ageing male body. *Body & Society*. Bd. 8, H. 4, S. 43–70.

Marx-Stölting, Lilian. 2007. *Pharmakogenetik und Pharmakogentests. biologische, wissenschaftstheoretische und ethische Aspekte des Umgangs mit genetischer Variation*. Berlin: Lit-Verlag.

Mauron, Alex. 2005. The choosy reaper. From the myth of eternal youth to the reality of unequal death. *EMBO Reports*. Bd. 6, Themenheft, S. S67–S71.

Mehlman, Maxwell; Robert Binstock; Eric Juengst et al. 2004. Anti-Aging Medicine. Can consumers be better protected? *The Gerontologist*. Bd. 44, H. 3, S. 304–310.

Meltzer, Leslie. 2008. Human dignity and bioethics. Essays commissioned by the President's Council on Bioethics. *The New England Journal of Medicine*. Bd. 359, H. 6, S. 660–661.

Melzer, David; Stuart Hogarth; Kathy Liddell et al. 2008. Genetic tests for common diseases. New insights, old concerns. *British Medical Journal*. Bd. 336, H. 15. März, S. 590–593.

Michel, Jean-Pierre; Katharina Pils; Cornel Sieber. 2002. Commentary zu Kane 2002: „The future history of geriatrics". *Journal of Gerontology: Biological Sciences*. Bd. 57A, H. 12, S. M812–M813.

Mieth, Dietmar. 2006. Welche ethischen Probleme entstehen bei der Anwendung prädiktiver Gentests? In: AOK (Hg.). *Prädiktive Gentests in der Medizin. Vom richtigen Umgang mit Wissen und Nichtwissen*. S. 75–90.

Moltz, Lothar. 2002. Begrüßung. Prävention und Alterungsprozesse. Eine Augabe der Anti-Aging-Medizin. In: Moltz, Lothar; Alexander Römmler; Michael Klentze (Hg.). *AntiAging Medizin 2001, 1. Konferenz der GSAAM – German Society of Anti-Aging Medicine e. V.* Berlin: Congress-Compact-Verlag, S. 1–4.

Moltz, Lothar; Alexander Römmler; Michael Klentze. 2002. Vorwort. In: Moltz, Lothar; Alexander Römmler; Michael Klentze (Hg.). *AntiAging Medizin 2001, 1. Konferenz der GSAAM – German Society of Anti-Aging Medicine e. V.* Berlin: Congress-Compact-Verlag, S. V–VI.

Moody, Harry. 1993. *Ethics in an aging society*. Baltimore, MD u. a.: Johns Hopkins Press.

Moody, Harry. 1994. Four scenarios of an aging society. *Hastings Center Report*. Bd. 24, H. 5, S. 32–35.

Moody, Harry. 2001. Who's afraid of life-extension? A gerontologist's inner dialogue as advocate and opponent. *Generations*. Bd. 25, H. 4, S. 33–37.

Mosebach, Kai; Friedrich Wilhelm Schwartz; Ulla Walter. 2007. Gesundheitspolitische Umsetzung von Prävention und Gesundheitsförderung. In: Hurrelmann, Klaus; Thomas Altgeld (Hg.). *Lehrbuch Prävention und Gesundheitsförderung.* Bern: Huber, S. 343–355.

Mruck, Katja; Günter Mey. 1998. Selbstreflexivität und Subjektivität im Auswertungsprozeß biographischer Materialien. Zum Konzept einer „Projektwerkstatt qualitativen Arbeitens" zwischen Colloquium, Supervision und Interpretationsgemeinschaft. In: Jüttemann, Gerd (Hg.). *Biographische Methoden in den Humanwissenschaften.* Weinheim: Psychologie Verlags Union, S. 284–306.

Müller, Oliver; Claudia Bozzaro. 2010. Endlichkeit und Technisierung. Philosophisch-anthropologische Überlegungen zur Veränderung von Zeiterfahrungen und zum angemessenen Umgang damit am Beispiel der Anti-Aging-Medizin. In: Höfner, Markus (Hg.). *Endliches Leben. Interdisziplinäre Zugänge zum Phänomen der Krankheit.* Tübingen: Mohr Siebeck, S. 93–112.

Müller, Otmar. 2010. Für immer jung. Anti-Aging Medizin. *Zahnärztliche Mitteilungen online.* H. 8, S. 26–34. http://www.zm-online.de/m5a.htm?/zm/8_10/pages2/titel1.htm (2.1.2012).

Musschenga, Albert. 2005. Empirical ethics, context-sensitivity and contextualism. *Journal of Medicine and Philosophy.* Bd. 30, S. 467–490.

Mykytyn, Courtney. 2004. The natural coming of age. Anti-aging medicine and optimization. In: Bammé, Arno; Günter Getzinger; Bernhard Wieser (Hg.). *Yearbook 2004 of the Institute for Advances Studies on Science, Technology and Society.* München u. a.: Profil, S. 113–136.

Mykytyn, Courtney. 2006. Anti-aging medicine. A patient/practitioner movement to redefine aging. *Social Science & Medicine.* Bd. 62, S. 643–653.

Mykytyn, Courtney. 2006. Anti-aging medicine. Predictions, moral obligations, and biomedical intervention. *Anthropological quarterly.* Bd. 79, H. 1, S. 5–31.

Mykytyn, Courtney. 2006. Contentious terminology and contested cartography of anti-aging medicine. *Biogerontology.* Bd. 7, H. 4, S. 279–285.

Mykytyn, Courtney. 2007. *Executing Aging. An ethnography of process and event in anti-aging medicine (dissertation manuscript).* University of California.

Mykytyn, Courtney. 2008. Medicalizing the optimal. Anti-Aging medicine and the quandary of intervention. *Journal of Aging Studies.* Bd. 22, H. 4, S. 313–321.

Mykytyn, Courtney. 2009. Anti-Aging is not necessarily anti-death. Bioethics and the front lines of practice. *Medicine Studies.* Bd. 1, H. 3, S. 209–228.

Nassehi, Armin. 2006. Die Praxis ethischen Entscheidens. Eine soziologische Forschungsperspektive. *Zeitschrift für medizinische Ethik.* Bd. 52, H. 4, S. 367–377.

Nicholson, Caroline; Julienne Mayer; Mary Flatley et al. 2012. Experience of living at home with frailty in old age. A psychosocial qualitative study. *International Journal of Nursing Studies.* Bd. doi: 10.1016/j.ijnurstu.2012.01.006,

Öberg, Peter. 1996. The absent body. A social gerontological paradox. *Journal of Ageing and Identity.* Bd. 6, S. 198–207.

Olshansky, Jay; Bruce Carnes. 2001. *The quest for immortality. Science at the frontiers of aging.* New York: W. W. Norton & Co.

Olshansky, Jay; Bruce Carnes; Sebastian Vogel. 2002. *Ewig jung? Altersforschung und das Versprechen vom langen Leben.* München u. a.: Econ Verlag.

Olshansky, Jay; Leonard Hayflick; Bruce Carnes. 2002. No truth to the fountain of youth. *Scientific American.* Bd. 286, H. 6, S. 92–96.

Olshansky, Jay; Leonard Hayflick; Bruce Carnes. 2002. Position statement on human aging. *Journal of Gerontology: Biological sciences.* Bd. 57A, H. 8, S. B292–B297.

Olshansky, Jay; Leonard Hayflick; Thomas Perls. 2004. *Anti-aging medicine. The hype and the reality.*

Olshansky, Jay; Leonard Hayflick; Thomas Perls. 2004. Introduction. Anti-aging medicine: The hype and the reality. *Journal of Gerontology: Biological Sciences.* Bd. 59A, H. 6 und 7, S. V–VIII.

Olson, Leslie. 2008. Ethical aspects of anti-ageing science. A point of view. In: Stuckelberger, Astrid (Hg.). *Anti-aging medicine. Myths and chances.* Zürich: vdf Hochschulverlag, S. 226–243.

Ottaway, Susannah Ruth. 2009. David Boyd Haycock: Mortal coil. A short history of living longer (Rezension). *Medicine Studies.* Bd. 1, H. 3, S. 297–299.

Overall, Christine. 2003. *Aging, death, and human longevity.* Berkeley: University of California Press.

Overall, Christine. 2004. Longevity, identity and moral character. A feminist approach. In: Post, Stephen; Robert Binstock (Hg.). *The fountain of youth.* Oxford: Oxford University Press, S. 286–304.

Pestalozza, Christian. 2007. Das Recht auf Gesundheit. Verfassungsrechtliche Dimensionen. *Bundesgesundheitsblatt – Gesundheitsforschung – Gesundheitsschutz.* Bd. 50, S. 1113–1118.

Petersen, Alan; Kate Seear. 2009. In search of immortality. The political economy of anti-aging medicine. *Medicine Studies.* Bd. 1, H. 3, S. 267–279.

Plamper, Evelyn; Stephanie Stock; Karl Lauterbach. 2007. Kosten und Finanzierung von Prävention und Gesundheitsförderung. In: Hurrelmann, Klaus; Thomas Altgeld (Hg.). *Lehrbuch Prävention und Gesundheitsförderung.* Bern: Huber, S. 369–379.

Pontin, Jason. 2005. The SENS challenge. *Technology Review, 28. 7. 2005.* http://www.technologyreview.com/blog/pontin/14968/ (2.1.2012).

Pontin, Jason. 2006. Is defeating aging only a dream? No one has won our $20,000 Challenge to disprove Aubrey de Grey's anti-aging proposals. *Technology Review, 11. 6. 2006.* http://www.technologyreview.com/sens/index.aspx (2.1.2012).

Post, Stephen. 2004. Decelerated aging. Should I drink from a fountain of youth? In: Post, Stephen; Robert Binstock (Hg.). *The fountain of youth. Cultural, scientific, an ethical perspectives on a biomedical goal.* Oxford: Oxford University Press, S. 73–93.

Post, Stephen. 2004. Establishing an appropriate ethical framework. The moral conversation around the goal of prolongevity. *Journal of Gerontology: Biological Sciences.* Bd. 59, H. 6, S. 534–539.

Post, Stephen; Robert Binstock (Hg.). 2004. *The fountain of youth. Cultural, scientific, an ethical perspectives on a biomedical goal.* Oxford: Oxford University Press.

Prat, Enrique. 2007. Bioethikkommission. Eine Bilanz. *Imago Hominis.* Bd. 14, H. 3, S. 190–193.

President's Council on Bioethics (Hg.). 2003. *Beyond Therapy: Biotechnology and the pursuit of happiness. A report of the President's Council on Bioethics.* New York: ReganBooks.

Rabe, Thomas; Thomas Strowitzki. 2002. *Lifestyle und Anti-Aging Medizin.* Baden-Baden: Rendezvous-Verlag.

Rea, Michael. 2005. All hype, no hope? Excessive pessimism in the ‚anti-aging medicine' special sections. *Journal of Gerontology: Biological Sciences.* Bd. 60A, H. 2, S. 139.

Rea; Michael. 2005. Anti-Aging Medicine. Fallacies, realities, imperatives. *Journal of Gerontology: Biological Sciences.* Bd. 60A, H. 10, S. 1223–1227.

Richter, Klaus. 2008. Prävention promoten. Hausärzte. *Journal of Preventive Medicine.* Bd. 4, H. 1, S. 8–10.

Rieger, Hans-Martin. 2008. *Altern anerkennen und gestalten. Ein Beitrag zu einer gerontologischen Ethik.* Leipzig: Evangelische Verlags-Anstalt.

Rippe, Klaus Peter. 2008. Die Abschaffung des Alters. Anti-Aging-Medizin und die moralischen Grenzen medizinischen Fortschritts. In: Maio, Giovanni; Jens Clausen; Müller Uta (Hg.). *Mensch ohne Maß?* S. 405–433.

Robert, Leslie. 2004. The tree avenues of gerontology. From Basic research to clinical gerontology and anti-aging. Another French paradox. *Journal of Gerontology: Biological Sciences.* Bd. 59A, H. 6, S. 540–542.

Robertz-Grossmann, Beate; Uwe Prümel-Philippsen. 2006. Nach dem gescheiterten Präventionsgesetz. Hintergründe, Kritik und neue Perspektiven. *Prävention und Gesundheitsförderung.* Bd. 1, H. 1, S. 12–16.

Romero-Ortuno, Roman; Cathal Walsh; Brian Lawlor et al. 2010. A frailty instrument for primary care. Findings from the Survey of Health, Ageing and Retirement in Europe (SHARE). *BioMed Central Geritrics.* Bd. 10, H. 57.

Römmler, Alexander. 2002. Einführung in die Anti-Aging Medizin. In: Moltz, Lothar; Alexander Römmler; Michael Klentze (Hg.). *AntiAging Medizin 2001. 1. Konferenz der GSAAM – German Society of Anti-Aging Medicine e. V.* Berlin: Congress-Compact-Verlag, S. 5–11.

Römmler, Alexander. 2002. Einführung in die Anti-Aging Medizin. Wie und warum wir altern – medizinische Konsequenzen. In: Römmler, Alexander; Alfred Wolf (Hg.). *Anti-Aging-Sprechstunde. Leitfaden für Einsteiger.* Berlin: Congress-Compact-Verlag, S. 1–24.

Römmler, Alexander. 2005. Risikoreduktion einer Hormonersatzbehandlung (ERT/HRT). Transdermale Östrogene und mikronisiertes Progesteron oral. *Anti Aging for Professionals.* Bd. 1, H. 1, S. 44–50.

Römmler, Alexander. 2006. *Die Wahrheit über Hormone. Wie Hormone richtig eingesetzt werden und wann sie schaden.* München: Südwest.

Römmler, Alexander. 2008. Newsletter Editorial. *Journal of Preventive Medicine.* Bd. 4, H. 2, S. 245–246.

Römmler, Alexander; Alfred Wolf. 2002. Vorwort. In: Römmler, Alexander; Alfred Wolf (Hg.). *Anti-Aging-Sprechstunde. Leitfaden für Einsteiger.* Berlin: Congress-Compact-Verlag, S. VII–XII.

Römmler, Alexander; Alfred Wolf. 2007. GSAAM leitet Trägerwechsel mit der DIU ein. *Journal of Preventive Medicine.* Bd. 3, H. 1, S. 121–122.

Römmler, Alexander; Bernd Kleine-Gunk. 2009. Wofür steht die Anti-Aging-Medizin heute? Das große Antiaging News-Interview. *Anti-Aging News.* Bd. 3, H. 3, http://www.medcom24.de/content/Interview-Anti-Aging-Aussicht-auf-gesundes-Altern (3.1.2012).

Römmler, Alexander; Markus Metka; Roland Ballier. 2008. Anti-Aging am Scheideweg. Deutschsprachige Anti-Aging Fachgesellschaften distanzieren sich vom Düsseldorfer Anti-Aging Kongress. Presseerklärung (09. Sept. 2008). http://www.gsaam.de/Downloads/presse090908.pdf (25.8.2009).

Rosenbrock, Rolf. 2006. Das „Gesetz zur Stärkung der gesundheitlichen Prävention". Ein Regelungsversuch. *Prävention und Gesundheitsförderung.* Bd. 1, H. 1, S. 6–11.

Rosenbrock, Rolf. 2008. Primärprävention. Was ist das und was soll das? *Veröffentlichungsreihe der Forschungsgruppe Public Health: Schwerpunkt Bildung, Arbeit und Lebenschancen, Wissenschaftszentrum Berlin für Sozialforschung (WZB).* Bd. März 2008, http://bibliothek.wzb.eu/pdf/2008/i08-303.pdf (3.1.2012).

Rubinstein, Robert. 1990. Nature, culture, gender, age. A critical review. In: Rubinstein, Robert (Hg.). *Anthropology and Aging.* S. 109–128.

Rüegger, Heinz. 2009. *Alter(n) als Herausforderung. Gerontologisch-ethische Perspektiven.* Zürich: TVZ, Theologischer Verlag.

Rüegger, Heinz. 2011. Anti-Aging und Menschenwürde. Zu einer Lebenskunst des Alterns jenseits von Leistung und Erfolg. In: Maio, Giovanni (Hg.). *Altwerden ohne alt zu sein? Ethische Grenzen der Anti-Aging-Medizin.* Freiburg u.a.: Alber, S. 249–272.

Sachverständigenrat für die Konzertierte Aktion im Gesundheitswesen. 2002. *Gutachten 2000/2001: Bedarfsgerechtigkeit und Wirtschaftlichkeit. Zielbildung, Prävention, Nutzerorientierung und Partizipation.* Baden-Baden: Nomos Verlags-Gesellschaft.

Schäfer, Daniel. 2004. *Alter und Krankheit in der frühen Neuzeit. Der ärztliche Blick auf die letzte Lebensphase.* Frankfurt a.M.: Campus-Verlag.

Schicktanz, Silke; Mark Schweda (Hg.). 2011. *Pro-Age oder Anti-Aging? Altern im Fokus der modernen Medizin.* Frankfurt a.M.: Campus Verlag.

Schirrmacher, Frank. 2005. *Das Methusalem-Komplott.* München: Heyne.

Schirrmacher, Frank. 2005. Geleitwort. In: Jacobi, Günther; Nicole Baake (Hg.). *Kursbuch Anti-Aging.* Stuttgart u.a.: Thieme, S. V.

Schleidgen, Sebastian; Michael Jungert; Robert Bauer. 2009. Mission: Impossible? On Empirical-Normative Collaboration in Ethical Reasoning. *Ethic Theory and Moral Pracice.* Bd. 13, H. 1, S. 59–71.

Schlink, Peter. 2005. anti aging world. www.anti-aging-world.de. *Anti Aging for Professionals.* Bd. 1, H. 2, S. 112–114.

Schlink, Peter; Nicole Ziese. 2007. Gemeinsam stark. medox – ESAAM/GSAAM. Zwei Partner – eine (präventionsmedizinische) Kommunikationsstrategie. *Journal of Preventive Medicine.* Bd. 3, H. 1, S. 116–118.

Schmidt, Bettina; Petra Kolip (Hg.). 2007. *Gesundheitsförderung im aktivierenden Sozialstaat. Präventionskonzepte zwischen Public Health, Eigenverantwortung und sozialer Arbeit.* Weinheim u. a.: Juventa-Verlag.

Schmidt, Bettina; Petra Kolip. 2007. Gesundheit fördern – oder fordern? Eine Einführung. In: Schmidt, Bettina; Petra Kolip (Hg.). *Gesundheitsförderung im aktivierenden Sozialstaat – Präventionskonzepte zwischen Public Health, Eigenverantwortung und sozialer Arbeit.* Weinheim u. a.: Juventa-Verlag, S. 9–19.

Schmitt, Rüdiger; Simone Homm. 2008. *Handbuch Anti-Aging und Prävention. Die wichtigsten Forschungsergebnisse, die sinnvollsten Gesundheitsstrategien, die wirksamsten Praxistipps.* Marburg: Verlag im Kilian.

Schneeberger, Christian. 2006. HapMap. Die neue Landkarte des menschlichen Genoms. *Anti-Aging for Professionals.* Bd. 2, H. 1, S. 42–45.

Schneeberger, Christian; Manfred Mueller. 2005. Genetische Variation. Eine Einführung aus naturwissenschaftlicher Sicht. *Anti-Aging for Professionals.* Bd. 1, H. 2, S. 52–57.

Schneeberger, Christian; Manfred Mueller. 2006. Genetische Risikoevaluierung des nicht-hereditären Mammakarzinoms. Serie: Die Bedeutung der genetischen Polymorphismen für die Präventionsmedizin. *Prevention and Anti Aging for Professionals.* Bd. 2, H. 3, S. 318–323.

Schöllgen, Ina; Oliver Huxhold; Benjamin Schüz et al. 2011. Ressources for health. Differential effects of optimistic self-beliefs and social support according to socioeconomic status. *Health Psychology.* Bd. 30, H. 3, S. 326–335.

Schramme, Thomas. 2009. Ist Altern eine Krankheit? In: Knell, Sebastian; Marcel Weber (Hg.). *Länger leben? Philosophische und biowissenschaftliche Perspektiven.* Frankfurt a. M.: Suhrkamp, S. 235–263.

Schroeter, Klaus. 2007. Zur Symbolik des korporalen Kapitals in der „alterslosen Altersgesellschaft". In: Pasero, Ursula; Gertrud Backes; Klaus Schroeter (Hg.). *Altern in Gesellschaft. Ageing – Diversity – Inclusion.* Wiesbaden: VS Verlag für Sozialwissenschaften, S. 129–148.

Schroth, Rainer. 2005. Die Chancen der orthomolekularen Medizin. *Anti Aging for Professionals.* Bd. 1, H. 1, S. 77–81.

Schüz, Benjamin; Susanne Wurm; Clemens Tesch-Römer. 2008. Health and health psychology in later life. Research at the German Centre of Gerontology (Deutsches Zentrum für Altersfragen, DZA). *Zeitschrift für Gesundheitspsychologie.* Bd. 16, H. 3, S. 161–163.

Schweda, Mark; Georg Marckmann. 2011. Zwischen Krankheitsbehandlung und Wunscherfüllung. Anti-Aging-Medizin und der Leistungsumfang solidarisch zu tragender Gesundheitsversorgung. *Ethik in der Medizin.* Online first: DOI:10.1007/s00481-011-0154-8.

Settersten, Richard; Michael Ponsaran; Roselle Flatt. 2008. From the lab to the front line. How individual biogerontologists navigate their contested field. *Journal of Aging Studies.* Bd. 22, H. 4, S. 304–312.

Siffert, Winfried. 2005. Primär- und Sekundärprävention durch DNA-Diagnostik. In: Jacobi, Günther; Nicole Baake (Hg.). *Kursbuch Anti-Aging*. Stuttgart u.a.: Thieme, S. 277–286.

Skorupinski, Barbara; Konrad Ott. 1998. Technikfolgenabschätzung und Ethik. *TA-Datenbank-Nachrichten*. Bd. 7, H. 3/4, S. 73–77.

So-Barazetti, Barbara. 2008. Anti-Ageing Medicine in Switzerland. In: Stuckelberger, Astrid (Hg.). *Anti-ageing medicine. Myths and chances*. Zürich: vdf Hochschulverlag, S. 197–202.

Special Committee on Aging, United States Senate. 2001. Swindlers, hucksters and snake oil salesman. Hype and hope marketing antiaging products to seniors. http://purl.access.gpo.gov/GPO/LPS17524 (3.1.2012).

Spindelböck, Josef. 2000. Dem Leben auf der Spur? *Kirche heute*. Bd. 7, H. 10, S. 22–24.

Spindler, Mone. 2006. Anti-Aging als Forschungsgegenstand. Die Flexibilisierung alternder Körper und die Individualisierung von Altersrisiken. *Informationsdienst Altersfragen*. Bd. 33, H. 5, S. 11–14.

Spindler, Mone. 2007. Neue Konzepte für alte Körper. Ist Anti-Aging unnatürlich? In: Hartung, Heike; Christiane Streubel; Dorothea Reimuth et al. (Hg.). *Graue Theorie – Die Kategorien Alter und Geschlecht im kulturellen Diskurs*. Wien: Böhlau, S. 79–101.

Spindler, Mone. 2008. Surrogate religion, spiritual materialism or protestant ethic? Three functions of religiosity in anti-ageing. *Journal of Ageing Studies*. Bd. 22, H. 4, S. 322–330.

Spindler, Mone. 2009. Natürlich alt? Zur Neuerfindung der Natur des Alter(n)s in der Anti-Ageing-Medizin und der Sozialgerontologie. In: Dyk, Silke van; Stephan Lessenich (Hg.). *Die jungen Alten. Analysen einer neuen Sozialfigur*. Frankfurt a.M. u.a.: Campus-Verlag, S. 380–402.

Spindler, Mone. 2010. Vom Recht auf Gesundheit zur Pflicht zum gesunden Alter(n). Die Neubegründung der Anti-Aging-Medizin in Deutschland. *Das Gesundheitswesen*. Bd. 72, H. 3, S. 135–139.

Spindler, Mone; Christiane Streubel. 2009. The Media and Anti-Aging Medicine. Witch-Hunt, Uncritical Reporting or Fourth Estate? *Medicine Studies*. Bd. 3, H. 1, S. 229–247.

Spindler, Mone; Julia Dietrich; Hans-Jörg Ehni. Im Erscheinen. *Diskurs Biogerontologie: Ethische Implikationen der neuen Biologie des Alterns*. Wiesbaden: Springer VS.

Statistisches Bundesamt. 2009. *Beruf, Ausbildung und Arbeitsbedingungen der Erwerbstätigen in Deutschland. Mikrozensus 2008, Fachserie 1, Reihe 4.1.2, Band 2*. Wiesbaden: Statistisches Bundesamt.

Stock, Gregory; Daniel Callahan. 2004. Point-Counterpoint. Would doubling the human life span be a net positive or negative for us either as individuals or as a society? *Journal of Gerontology: Biological Sciences*. Bd. 59A, H. 6, S. 554–559.

Stoff, Heiko. 2004. *Ewige Jugend. Konzepte der Verjüngung vom späten 19. Jahrhundert bis ins Dritte Reich*. Köln u.a.: Böhlau.

Stöhr, Manfred. 2005. *Die Wahrheit über Anti-Aging. Risiken erkennen – Chancen nutzen*. Frankfurt a.M.: Eichborn.

Strauss, Anselm. 1993. *Continual permutations of action*. Hawthorne, NY: Aldine de Gruyter.

Strauss, Anselm; Juliet Corbin. 1990. *Basics of Qualitative Research. Grounded theory procedures and techniques.* Newbury Park, CA u. a.: Sage Publications.

Strübing, Jörg. 2005. *Pragmatistische Wissenschafts- und Technikforschung. Theorie und Methode.* Frankfurt a. M. u. a.: Campus-Verlag.

Strübing, Jörg. 2008. *Grounded theory. Zur sozialtheoretischen und epistemologischen Fundierung des Verfahrens der empirisch begründeten Theoriebildung.* Wiesbaden: VS Verlag für Sozialwissenschaften.

Stuckelberger, Astrid. 2008. *Anti-ageing medicine. Myths and chances.* Zürich: vdf Hochschulverlag.

Talmud, Philippa; Steve Humphries. 2004. Gene:environment interactions and coronary heart disease risk. In: Simopoulos, Artemis; Jose Ordovas (Hg.). *Nutrigenetics and nutrigenomics.* Basel u. a.: Karger, S. 29–40.

Taschwer, Klaus. 2007. Ganz klar Mist. *Der Standard (26. 6. 2007).* http://derstandard.at/2934098 (3. 1. 2012).

Taschwer, Klaus. 2007. Spitzenmediziner im Kreuzfeuer. *Der Standard (22. 6. 2007).* http://derstandard.at/2929448 (3. 1. 2012).

Tesch-Römer, Clemens; Susanne Wurm. 2006. Subjektive Lebenszufriedenheit oder Unzufriedenheit im Alter? Befunde aus dem Alterssurvey. *Informationsdienst Altersfragen.* Bd. 33, H. 5, S. 14–15.

Trüeb, Ralph. 2006. *Anti-Aging. Von der Antike zur Moderne.* Darmstadt: Steinkopff Verlag Darmstadt.

Tulle, Emmanuelle. 2008. Acting your age? Sports science and the ageing body. *Journal of Aging Studies.* Bd. 22, H. 4, S. 340–347.

Tulle-Winton, Emmanuelle. 2000. Old bodies. In: Hancock, Philip, Huges, Bill; Elizabeth Jagger; Kevin Paterson (Hg.). *The body, culture and society. An introduction.* Buckingham u. a.: Open University Press, S. 64–83.

Tulle-Winton, Emmanuelle. 2008. *Ageing, the body and social change. Running in later life.* Basingstoke: Palgrave Macmillan.

Twigg, Julia. 2004. The body, gender, and age. Feminist insights in social gerontology. *Journal of Aging Studies.* Bd. 18, S. 59–73.

Twigg, Julia. 2006. *The body in health and social care.* Basingstoke: Palgrave Macmillan.

van der Daele, Wolfgang. 2005. Soziologische Aufklärung zur Biopolitik. Einleitung zum Sonderheft „Biopolitik". *Leviathan.* Bd. 23, S. 7–41.

van der Daele, Wolfgang. 2008. Soziologische Aufklärung und moralische Geltung. Empirische Argumente im bioethischen Diskurs. In: Zychy, Michael; Herwig Grimm (Hg.). *Praxis in der Ethik. Zur Methodenreflexion in der anwendungsorientierten Moralphilosophie.* Berlin u. a.: de Gruyter, S. 119–151.

van Dyk, Silke. 2009. ‚Junge Alte' im Spannungsfeld von liberaler Aktivierung, ageism und anti-ageing-Strategien. In: van Dyk, Silke; Stephan Lessenich (Hg.). *Die jungen Alten. Analysen einer neuen Sozialfigur.* Frankfurt a. M.: Campus-Verlag, S. 316–339.

Vincent, John. 2003. Old age, sickness, death and immortality. A cultural gerontological critique of bio-medical models of old age and their fantasies of immortality. *Gerontolgia*. H. 4, S. 177–183.

Vincent, John. 2003. What is at stake in the ‚war on anti-aging medicine'? Review article. *Ageing and Society*. Bd. 23, H. 5, S. 675–684.

Vincent, John. 2006. Ageing contested. Anti-ageing science and the cultural construction of old age. *Sociology*. Bd. 40, H. 4, S. 681–698.

Vincent, John. 2007. Science and imagery in the ‚war on old age'. *Ageing and Society*. Bd. 27, S. 941–961.

Vincent, John. 2008. The cultural construction old age as a biological phenomenon. Science and anti-ageing technologies. *Journal of Aging Studies*. Bd. 22, H. 4, S. 331–339.

Vincent, John. 2009. Ageing, anti-ageing, and anti-anti-ageing. Who are the progressives in the debate on the future of human biological ageing? *Medicine Studies*. Bd. 1, H. 3, S. 197–208.

Vincent, John; Emannuelle Tulle; John Bond. 2008. Editorial (Themenheft: The anti-ageing enterprise). *Journal of Aging Studies*. Bd. 22, H. 4, S. 291–294.

Vincent, John; Emmanuelle Tulle; John Bond (Hg.). 2008. *The anti-ageing enterprise. Science, knowledge, expertise, rhetoric and values*. Themenheft des Journal of Aging Studies, Bd. 22, H. 4.

von Kondratowitz, Hans-Joachim. 2000. *Konjunkturen des Alters. die Ausdifferenzierung der Konstruktion des „höheren Lebensalters" zu einem sozialpolitischen Problem*. Regensburg: Transfer-Verlag.

von Kondratowitz, Hans-Joachim. 2002. Konjunkturen – Ambivalenzen – Kontingenzen. Diskursanalytische Erbschaften einer historisch-soziologischen Betrachtung des Alter(n)s. In: Dallinger, Ursula; Klaus Schroeter (Hg.). *Theoretische Beiträge zur Alternssoziologie*. Opladen: Leske + Budrich, S. 113–137.

von Kondratowitz, Hans-Joachim. 2003. Anti Aging. Alte Probleme und neue Versprechen. *Psychomed*. Bd. 15, H. 3, S. 156–160.

von Kondratowitz, Hans-Joachim. 2006. Strategien der Lebensvergewisserung? Anti-Aging als Provokation der Gerontologie. *Informationsdienst Altersfragen*. Bd. 33, H. 5, S. 2–3.

von Kondratowitz, Hans-Joachim. 2008. Alter, Gesundheit und Krankheit aus historischer Perspektive. In: Kuhlmey, Adelheid; Doris Schaeffer (Hg.). *Alter, Gesundheit und Krankheit*. Bern: Huber, S. 64–81.

von Kontradowitz, Hans-Joachim. 2009. The long road to a moralisation of old age. In: Edmondson, Ricca; Hans-Joachim von Kondratowitz (Hg.). *Valuing older people. A humanist approach to ageing*. Bristol: Policy Press, S. 107–122.

Walker, Alan. 1981. Towards a political economy of old age. *Ageing and Society*. Bd. 1, H. 1, S. 73–94.

Walker, Alan. 2005. Towards an international political economy of old age. *Ageing and Society*. Bd. 25, H. 6, S. 815–839.

Walter, Ulla. 2008. Möglichkeiten der Gesundheitsförderung und Prävention im Alter. In: Kuhlmey, Adelheid; Doris Schaeffer (Hg.). *Alter, Gesundheit und Krankheit*. Bern: Huber, S. 245–262.

Walter, Ulla; Claudia Fischer; Uwe Flick et al. 2006. *Alt und gesund? Altersbilder und Präventionskonzepte in der ärztlichen und pflegerischen Praxis*. Wiesbaden: VS Verlag für Sozialwissenschaften/GWV Fachverlage GmbH.

Walter, Ulla; Friedrich Wilhelm Schwartz. 2001. Gesundheit der Älteren und Potenziale der Prävention und Gesundheitsförderung. In: DZA (Deutsches Zentrum für Altersfragen) (Hg.). *Personale, gesundheitliche und Umweltressourcen im Alter. Expertise zum Dritten Altenbericht der Bundesregierung, Bd. 1*. Opladen: Leske u. Budrich, S. 145–251.

Warner, Huber; Julie Anderson; Steven Austad et al. 2005. Science fact and the SENS agenda. What can we reasonably expect from ageing research? *EMBO reports*. Bd. 6, H. 11, S. 1006–1008.

Watts-Roy, Diane. 2009. A protest vote? Users of anti-ageing medicine talk back. *Sociology Health Review*. Bd. 18, H. 4, S. 434–445.

Weaver, Gary; Linda Trevino. 1994. Normative and empirical business ethics. Separation, marriage of convencience, or marriage of necessity? *Business Ethics Quaterly*. Bd. 4, H. 2, S. 129–143.

Wehling, Peter. 2008. Selbstbestimmung oder sozialer Optimierungsdruck? Perspektiven einer kritischen Soziologie der Biopolitik. *Leviathan*. Bd. 36, H. 2, S. 249–273.

Wehling, Peter; Willy Viehöver. 2011. Entgrenzung der Medizin. Transformationen des medizinischen Feldes aus soziologischer Perspektive. In: Viehöver, Willy (Hg.). *Entgrenzung der Medizin. Von der Heilkunst zur Verbesserung des Menschen?* Bielefeld: Transcript, S. 2–50.

Weilers, Jürgen. 2007. Zukunftsweisende Weichenstellungen der GSAAM in 2007. *Journal of Preventive Medicine*. Bd. 3, H. 1, S. 122–123.

Weintraub, Arlene. 2006. The guru of anti-aging. There's plenty doctors can do to control the effects of old age, says a leading light in the anti-aging medical movement. *Business Week (20. 03. 2006)*. http://www.businessweek.com/magazine/content/06_12/b3976009.htm (4.1.2012).

Whitehouse, Peter; Eric Juengst. 2005. Antiaging medicine and mild cognitive impairment. Practice and policy issues for geriatrics. *Journal of the American Geriatrics Society*. Bd. 53, H. 8, S. 1417–1422.

WHO (World Health Organization). 2002. Active-Ageing. A policy framework. http://www.who.int/ageing/active_ageing/en/index.html (4.1.2012).

Wilson, Duff. 2007. Aging. Disease or business opportunity? *New York Times (15. 4. 2007)*. http://www.nytimes.com/2007/04/15/business/yourmoney/15aging.html (4.1.2012).

Witasek, Alex. 2007. Die logische Voraussetzung für Regeneration. *Gesund Älter Werden*. Bd. 1, H. 2, S. 16–18.

Wittwer, Héctor. 2004. Risiken und Nebenwirkungen der Lebensverlängerung. Eine Antwort auf die wissenschaftliche Preisfrage „Welt ohne Tod – Hoffnung oder Schreckensvision?". In: Höhn, Hans-Joachim; Héctor Wittwer; Gunnar Hindrichs et al. (Hg.). *Welt ohne Tod. Hoffnung oder Schreckensvision?* Göttingen: Wallstein, S. 19–58.

Wittwer, Héctor. 2009. Warum die direkte technische Lebensverlängerung nicht moralisch geboten ist. In: Knell, Sebastian; Marcel Weber (Hg.). *Länger leben? Philosophische und biowissenschaftliche Perspektiven*. Frankfurt a. M.: Suhrkamp, S. 210–232.

Wolf, Alfred. 2002. Das Anti-Aging-Erstgespräch, Erstbefunde und Erstlabor. In: Römmler, Alexander; Alfred Wolf (Hg.). *Anti-Aging-Sprechstunde. Leitfaden für Einsteiger.* Berlin: Congress-Compact-Verlag, S. 25–38.

Wolf, Alfred. 2002. Nichthormonelle Anti-Aging-Maßnahmen. In: Römmler, Alexander; Alfred Wolf (Hg.). *Anti-Aging-Sprechstunde. Leitfaden für Einsteiger.* Berlin: Congress-Compact-Verlag, S. 39–60.

Wolf, Alfred. 2005. Was ist Anti-Aging Medizin? *Der Hautarzt.* Bd. 56, S. 315–320.

Wolf, Alfred; Florian Wolf; Georg Wolf. 2003. Das Altern messbar machen. In: Kleine-Gunk, Bernd; Wilfried P. Bieger (Hg.). *Anti-Aging. Moderne medizinische Konzepte.* Bremen u. a.: UNI-MED Verlag, S. 25–31.

Wolf, Alfred; Georg Wolf; Florian Wolf. 2005. Biologische Altersmarker, Vitalitätstests und Prävention. *Anti Aging for Professionals.* Bd. 1, H. 1, S. 30–35.

Wolf, Katharina. 2007. Wie schütze ich mein Herz? BILD-Serie Vorsorge: Wer rechtzeitig vorbeugt, lebt viel länger. *BILD (12. 12. 2007).* http://www.bild.de/ratgeber/gesund-fit/gesundheit/schutz-herz-3090086.bild.html (4. 1. 2012).

Wurm, Susanne; Clemens Tesch-Römer. 2009. Prävention im Alter. In: Bengel, Jürgen; Matthias Jerusalem (Hg.). *Handbuch der Gesundheitspsychologie und medizinischen Psychologie.* Göttingen u. a.: Hogrefe, S. 317–327.

Wüster, Christian. 2003. Qualitätssicherung in der Anti-Aging-Medizin. In: Kleine-Gunk, Bernd; Wilfried Bieger (Hg.). *Anti-Aging. Moderne medizinische Konzepte.* Bremen u. a.: UNI-MED Verlag, S. 207–217.

Ziese, Nicole. 2007. Aufklärung tut Not. Experten halten Workshops für interessierte Laien. *Journal of Preventive Medicine.* Bd. 3, H. 3+4, S. 400–404.

Ziese, Nicole. 2007. Masterstudiengang Präventionsmedizin. Erfolgsstart bei der DIU in Dresden. Prof. Biedenkopf überreichte 34 Immatrikulationsurkunden an Junggebliebene. *Journal of Preventive Medicine.* Bd. 3, H. 3+4, S. 389–390.

Ziese, Nicole. 2007. Transparenz für Qualität und Stärkung der Patientenrechte. Gründung der Gesellschaft für Prävention e. V. *Journal of Preventive Medicine.* Bd. 3, H. 3+4, S. 378.

Ziese, Nicole. 2008. GPeV – Win-Win-Situation für Patienten und Ärzte. Renaissance und Emanzipation der Hausärzte. *Journal of Preventive Medicine.* Bd. 4, H. 1, S. 98–100.

Ziese, Nicole. 2008. GSAAM und GPeV. Zwei Seiten einer Medaille. *Journal of Preventive Medicine.* Bd. 4, H. 1, S. 109–110.

Zussmann, Robert. 2000. The contributions of sociology to medical ethics. *The Hastings Center Report.* Bd. 30, H. 1, S. 7–11.

The manufacturer's authorised representative in the EU is Springer Nature Customer Service Centre GmbH, Europaplatz 3, 69115 Heidelberg, Germany. If you have any concerns regarding our products, please contact ProductSafety@springernature.com

Printed and bound by CPI Group (UK) Ltd, Croydon, CR0 4YY

23/03/2026

02076676-0009